Tratamento de Água
CONCEPÇÃO, PROJETO E OPERAÇÃO DE ESTAÇÕES DE TRATAMENTO

SIDNEY SECKLER FERREIRA FILHO

gen | LTC

- **Atendimento ao cliente: (11) 5080-0751 | faleconosco@grupogen.com.br**

- Direitos exclusivos para a língua portuguesa
  Copyright © 2017, 2020, 2025 (5ª impressão) by
  GEN | Grupo Editorial Nacional S.A.
  Publicado pelo selo LTC | Livros Técnicos e Científicos Editora Ltda.
  Travessa do Ouvidor, 11
  Rio de Janeiro – RJ – 20040-040
  www.grupogen.com.br

- Reservados todos os direitos. É proibida a duplicação ou reprodução deste volume, no todo ou em parte, em quaisquer formas ou por quaisquer meios (eletrônico, mecânico, gravação, fotocópia, distribuição pela Internet ou outros), sem permissão, por escrito, do GEN | Grupo Editorial Nacional Participações S/A.

- Capa: Vinicius Dias

- Editoração eletrônica: Thomson Digital

- Ficha catalográfica

F441t

Ferreira Filho, Sidney Seckler
Tratamento de água : concepção, projeto e operação de estações de tratamento / Sidney Seckler Ferreira Filho. - 1. ed. - [5ª Reimpr.]. - Rio de Janeiro: GEN | Grupo Editorial Nacional. Publicado pelo selo LTC | Livros Técnicos e Científicos Editora Ltda., 2025.

   il. ; 27 cm.
   Inclui bibliografia
   ISBN: 978-85-352-8740-0

1. Engenharia hidráulica. 2. Abastecimento de água. I. Título.

17–42215
                          CDD: 627
                          CDU: 627

SOBRE O AUTOR

Sidney Seckler Ferreira Filho

Engenheiro Civil formado pela Escola Politécnica da USP (1988). Mestre em Engenharia Hidráulica e Sanitária pela Escola Politécnica da USP (1993). Doutor em Engenharia Hidráulica e Sanitária pela Escola Politécnica da USP (1996). Professor-Associado do Departamento de Engenharia Hidráulica e Ambiental da Escola Politécnica da USP, exercendo atividades de docência e pesquisa desde 1989 e com participação em mais de vinte cinco anos de atividades profissionais na área de Saneamento, envolvendo inúmeros estudos de concepção, projeto, dimensionamento e operação de estações de tratamento de águas de abastecimento para companhias de saneamento públicas e privadas no Brasil e América Latina.

DEDICATÓRIA

À minha querida e amada esposa, Ligia Hiromi Uegama Ferreira, que Deus permita que os ventos sempre unam nossos caminhos e corações em direção à eternidade.

Aos nossos queridos filhos, Laura Nami e Guilherme Dai, presentes que Deus nos encaminhou e que são as luzes de nossas vidas.

Dai de graça o que de graça recebeste

AGRADECIMENTOS

Às famílias, que recebem e acolhem, instruem, abraçam e esclarecem, e são sempre o porto seguro em nossas jornadas evolutivas.

Ao professor Kokei Uehara, exemplo de ser humano e de mestre, que me ensinou o amor à docência e cujos ensinamentos são sempre a luz correta e segura nos momentos de dificuldades.

À Escola Politécnica da Universidade de São Paulo, em especial aos colegas do Departamento de Engenharia Hidráulica e Ambiental, pelas incontáveis horas de convívio e aprendizado. Aos inúmeros alunos de graduação e pós-graduação, que sempre lançaram questionamentos inquietantes, me incentivando a estudar mais e seguir adiante.

Às diversas empresas de saneamento, em especial, a Companhia de Saneamento Básico do Estado de São Paulo (Sabesp), por permitirem a realização de estudos e investigações experimentais nas dependências de suas estações de tratamento de água e que hoje enriquecem este livro com numerosos exemplos e estudos de caso.

Aos engenheiros, técnicos e profissionais que trabalharam e ainda trabalham na estação de tratamento de água do Guaraú (Sabesp) – onde tudo começou, em 1990 –, pelo aprendizado em escala real dos problemas vivenciados na operação de estações de tratamento de água.

PREFÁCIO

Escrever um livro não é uma tarefa fácil, no entanto, pode-se tornar muito prazerosa quando os objetivos que a nortearam são claramente definidos.

Uma das perguntas mais comuns que fazemos quando se decide escrever um livro são quais serão os seus diferenciais em relação aos já existentes no mercado. Os livros mais tradicionais que versam sobre o tratamento de águas de abastecimento público são normalmente divididos em duas categorias. As primeiras são aquelas que se concentram nos fundamentos básicos de processos e nas operações unitárias que compõem o tratamento de águas de abastecimento, não abordando com profundidade aspectos de projeto e operação. A segunda categoria enfoca com mais profundidade aspectos de projeto, mas com pouco conteúdo teórico e de fundamentação de processos unitários. Dessa maneira, a proposta é possibilitar uma junção de ambos, ou seja, um livro que viabilize um correto e seguro dimensionamento das unidades de tratamento, sem que sejam abandonadas ou desconsideradas as razões e justificativas para sua concepção.

A maior parte dos livros técnicos e profissionais sobre tratamento de águas de abastecimento escritos em língua inglesa concentra-se nas tecnologias de tratamento clássicas e são complementadas com processos e operações unitárias que objetivam a remoção de contaminantes orgânicos e inorgânicos não removidos com eficiência pelo tratamento convencional de águas de abastecimento. Muitas dessas tecnologias ainda não são passíveis de aplicação no Brasil, seja por seus altos custos de implantação, seja por dificuldades operacionais e de manutenção de equipamentos. Tais aspectos são especialmente relevantes quando se considera que os principais clientes são empresas municipais e estaduais de saneamento, que, por sua peculiaridade, lidam com inúmeras dificuldades em sua implantação no território nacional. Apesar de o tratamento convencional de águas de abastecimento apresentar limitações, quando as estações de tratamento são bem concebidas, projetadas e operadas, sua potencialidade com relação à produção de água tratada que atenda aos padrões de potabilidade é bastante elevada, não podendo ser descartada sua adoção em países que apresentem limitações financeiras que restrinjam a utilização de processos de tratamento não convencionais. A segunda motivação para a materialização deste livro é, portanto, a possibilidade de discutir com bastante ênfase as potencialidades e limitações da adoção de estações de tratamento de água convencionais para abastecimento público, que vise ao melhor aproveitamento possível, evitando-se a utilização de tecnologias de tratamento de alto custo e não justificáveis do ponto de vista técnico e científico.

Hoje, quando se concebe uma estação de tratamento de água, seja esta qual for, é de fundamental importância que sejam considerados o tratamento e a disposição de seus resíduos líquidos e sólidos. No Brasil, somente a partir da década de 1990 os órgãos ambientais passaram a exigir que as novas estações de tratamento de água fossem concebidas dotadas de unidades de tratamento de lodos gerados nos processos de separação sólido-líquido. Em razão da pouca experiência brasileira no assunto em questão, a maior parte da literatura técnica em língua portuguesa não considera o assunto de maneira completa, sendo que este é, muitas vezes, enfocado em publicações diferentes. É imperioso reconhecer que não é possível mais dissociar o projeto de unidade de tratamento da fase líquida das unidades de tratamento da fase sólida, uma vez que as duas fases se encontram intimamente ligadas. Por conseguinte, a terceira motivação que justifica este livro foi a necessidade de contextualizar a concepção, o projeto e a operação de sistemas de tratamento da fase sólida e suas inter-relações com o projeto das unidades que compõem a fase líquida.

Por fim, a quarta e maior motivação deste livro foi a preparação de um material que compartilhasse minha vivência em inúmeros projetos e operação de estações de tratamento de águas de abastecimento e que, por inúmeros motivos, não são abordados na maioria dos livros técnicos que versam sobre o assunto. Uma vez que a maior parte de minha vida profissional esteve diretamente ligada à Companhia de Saneamento Básico do Estado de São Paulo (Sabesp), muito de meu aprendizado teve lugar nas dependências de suas inúmeras estações de tratamento de água. A experiência prática, associada a uma sólida formação acadêmica obtida na Escola Politécnica da Universidade de São Paulo, possibilitou que muitos problemas de qualidade de água e de tratamento de águas de abastecimento pudessem ser solucionados sem a adoção ou a implantação de tecnologias de tratamento sofisticadas e de alto custo. Essa experiência está descrita neste livro por meio de vários estudos de casos discutidos e dos vídeos disponíveis, de maneira que o leitor possa julgar se as soluções propostas possam ser adotadas em seus sistemas de produção de água devidamente adaptadas para sua realidade operacional.

Em resumo, após a leitura deste livro, será possível:

- Efetuar uma combinação entre aspectos teóricos e práticos que possibilite a concepção, o projeto e a operação de estações convencionais de tratamento de águas de abastecimento.
- Explorar as potencialidades do que se conhece como tratamento convencional de águas de abastecimento, avaliando as modificações que podem ser efetuadas do ponto de vista operacional e que possibilitem a maximização de sua eficiência.
- Considerar a concepção e o projeto das unidades que compõem o tratamento da fase sólida de parte da estação de tratamento de água como um todo, procurando analisar sua interferência da operação dos processos e das operações unitárias da fase líquida.
- Ter acesso à compilação de mais de vinte anos de experiência do autor em projeto e operação de estações convencionais de tratamento de águas de abastecimento e procurar repassá-la ao leitor de maneira que este conhecimento não seja perdido e dissipado no tempo e sim replicado de modo consistente e adaptado para as mais diferentes condições, se assim for o caso.

Por se tratar de um livro mais voltado ao projeto e à operação de estações de tratamento de água, optou-se pela abdicação de discussões teóricas extensas sobre os tópicos considerados. Quando necessário, será fornecida uma breve explicação teórica de algum ponto importante, se for realmente preciso justificar a adoção de um parâmetro de projeto ou de algum procedimento operacional que viabilize a otimização do processo ou da operação unitária.

O livro totaliza treze capítulos, que distribuem o tema da maneira a seguir.

Os Capítulos 1 a 7 enfocam os processos unitários envolvidos no tratamento da fase líquida, discutindo as etapas necessárias para a clarificação e desinfecção de águas para abastecimento público.

O Capítulo 8 apresenta uma discussão acerca dos diferentes agentes oxidantes que podem ser utilizados no tratamento de águas de abastecimento e suas potencialidades e aplicabilidades.

Os Capítulos 9 e 10 expõem algumas técnicas empregadas na remoção de compostos orgânicos no tratamento de águas de abastecimento, mais especificamente compostos orgânicos precursores de subprodutos da desinfecção e compostos causadores de gosto e odor.

Finalmente, os Capítulos 11 a 13 são dedicados à concepção e ao tratamento dos resíduos gerados em estações convencionais, mais especificamente a água de lavagem de filtros e o lodo gerado nos processos de separação sólido-líquido.

Este livro pode ser empregado em cursos de graduação e pós-graduação, lembrando que seu foco são os aspectos de projeto e operação. Cada capítulo contém alguns exemplos de cálculo e dimensionamento, ilustrando a aplicação dos conceitos fundamentais de projeto discutidos no texto. Para complementação teórica de algum ponto, sugere-se ao leitor a consulta a artigos científicos específicos citados nas referências ao fim dos capítulos.

Além de seu emprego em cursos de engenharias civil e ambiental, este livro também pode ser utilizado por profissionais do setor, uma vez que são extensivamente discutidas questões de projeto e operação de estações de tratamento de água, além da apresentação de inúmeros estudos de caso e vídeos ilustrativos.

Para finalizar, vale ressaltar que os estudos de caso apresentados consistem em experiências profissionais vivenciadas pelo autor, mas, muitas vezes, a solução proposta não necessariamente foi a melhor para o problema em questão. Nesse contexto, é recomendável que o leitor, sempre que possível, efetue o delineamento de seus problemas e de suas condicionantes específicas e avalie se a solução proposta pode ser adaptada a sua realidade.

Assim, se, de algum modo, este livro puder ser útil, posso afirmar que a missão foi cumprida e convido o leitor, então, a dividir seu conhecimento entre seus pares, possibilitando que este não se perca e possa ser útil para as futuras gerações.

SUMÁRIO

Concepção de Estações de Tratamento de Água para Abastecimento Público: Evolução Histórica, Situação Atual e Perspectivas Futuras

É provável que o leitor tenha conhecimento das principais operações e dos processos unitários que compõem uma estação de tratamento de água convencional para abastecimento público. No entanto, é interessante que se possa discutir como que, historicamente, foi possível estabelecer sua concepção e sua definição atual.

O processo de tratamento de água pode ser visto como um conjunto de manipulações da água em suas mais diferentes apresentações, de modo que esta possa ser considerada apta para o abastecimento público. Isso significa afirmar que a qualidade físico-química e microbiológica da água atende a determinados padrões de qualidade definidos por agências reguladoras.

A concepção de estações de tratamento de água que se conhece atualmente é fruto de um enorme conjunto de desenvolvimentos empíricos e científicos que ocorreram ao longo do tempo e que deverão fazer parte de nosso futuro.

Para que se possa melhor apresentar tal concepção, é interessante discorrer um pouco sobre a cronologia dos eventos que possibilitaram seu desenvolvimento (CRITTENDEN et al., 2012).

- 4000 a.C. – Relatos em sânscrito e em grego recomendavam que as "águas impuras" deveriam ser submetidas à fervura, expostas ao sol ou filtradas em leitos de areia antes de seu consumo.
- 1500 a.C. – São apresentados em algumas gravuras egípcias artefatos confeccionados artesanalmente com a finalidade de possibilitar a separação de sólidos presentes em águas empregadas para consumo (Fig. 1-1).

Figura 1-1 Artefato egípcio confeccionado para separação de sólidos.

Observe que, há muito tempo, os povos antigos tinham a plena convicção de que, para garantir a melhora da qualidade estética da água empregada para consumo e demais finalidades, era necessária sua filtração ou o uso de qualquer outro mecanismo que viabilizasse a separação de sólidos presentes na fase líquida. Ainda que de modo incipiente, eram valorizadas as águas de melhor "qualidade", mesmo que não fosse possível sua quantificação direta.

- 500 a.C. – Considerado o pai da medicina, Hipócrates observou que as águas de chuva deveriam ser fervidas e filtradas antes de seu consumo. Também se relata que ele teria notado que as águas tenderiam a se distinguir umas das outras por apresentarem características organolépticas distintas e outras qualidades.

Até então, todas as iniciativas de que se tem notícia para garantir águas de melhor qualidade para consumo humano eram somente efetuadas para uso individual ou domiciliar, não se tendo informações mais consistentes sobre a existência de sistemas públicos. Deve-se considerar que, nesta data, as populações residentes em conglomerados urbanos eram relativamente pequenas e, consequentemente, também era reduzido o consumo de água.

O grande progresso observado no setor de saneamento ocorreu um pouco mais adiante, com o florescimento e desenvolvimento da civilização romana.

- 300 a.C. a 300 d.C. – Engenheiros romanos criaram os primeiros sistemas públicos para abastecimento de água e os grandes aquedutos (Fig. 1-2).

Figura 1-2 Aquedutos construídos durante o Império Romano.

O sistema de transporte de água por aquedutos construídos pelos romanos era capaz de abastecer a cidade de Roma com uma vazão em torno de 5,7 m³/s, um valor considerável para a época (SYMONS, 2006).

A necessidade de se buscar águas de melhor qualidade estética para consumo para os conglomerados urbanos daquela época já refletia o contínuo crescimento das cidades, bem como a degradação das águas superficiais mais próximas do local de consumo, em razão de sua contaminação por lançamento de esgotos sanitários e demais dejetos.

É interessante observar que o conceito empregado pelas civilizações antigas com respeito à contínua busca por fontes de água "não contaminadas" e com melhor qualidade estética é até hoje também utilizado pelos profissionais envolvidos na concepção de sistemas de abastecimento de água, ainda que de maneira intuitiva.

- 100 d.C. a 300 d.C. – Em Roma, na Grécia, em Cartago e no Egito, relata-se que, concomitantemente com a construção dos grandes aquedutos, também foram construídos grandes tanques de sedimentação para a separação de material particulado.

Muito provavelmente, estes foram os primeiros sistemas de abastecimento público de água a contemplarem alguma unidade de tratamento.

- 500 d.C. a 1600 d.C. – Durante esse período, conhecido como a Idade Média, muito pouco foi efetuado com respeito ao desenvolvimento dos sistemas de saneamento públicos de saneamento.
- 1676 – O inventor holandês Anton van Leeuwenhoek efetua experiências em óptica e concebe os primeiros microscópios.

Embora a invenção do microscópio não esteja diretamente relacionada com o desenvolvimento das técnicas de tratamento de água propriamente ditas, esse equipamento permitiu que fossem visualizados microrganismos na fase líquida, denominados "animáculos", o que alimentou, até então, a tese da geração espontânea.

Até que se estabelecesse a relação direta entre água, microrganismos e saúde, as descobertas de Anton van Leeuwenhoek foram consideradas curiosidades pouco relevantes do ponto de vista científico.

- 1804 – O primeiro sistema público de abastecimento de água foi instalado na cidade de Paisley (na Escócia) por John Gibb, sendo a água tratada distribuída por tração animal.
- 1807 – A cidade de Glasgow (na Escócia) foi a primeira a cidade a contar com um sistema público de tratamento de água, bem como um sistema de distribuição.
- 1829 – Os primeiros filtros lentos de areia são instalados na cidade de Londres (no Reino Unido) por intermédio de James Simpson (Chelsea Water Works Company).

Observe que, desde o início do século XIX, os sistemas públicos de tratamento de água eram compostos unicamente de unidades de filtração, tendo sido estas desenvolvidas ao longo do tempo de modo meramente empírico, com poucos refinamentos técnicos e científicos. Assim sendo, a partir de 1829, pode-se dizer que a concepção dos sistemas públicos de abastecimento de água passou a incorporar unidades de tratamento de água, sendo estas compostas unicamente por sistemas de filtração. Veja que, até então, nenhum sistema de tratamento era concebido com uma unidade de desinfecção – esta apareceria mais tarde.

Apesar do sucesso da instalação dos primeiros filtros lentos de areia para o tratamento de águas de abastecimento e de sua rápida disseminação no meio técnico, sua aplicação era limitada a águas que apresentassem baixa concentração de partículas coloidais.

Do mesmo modo, para que os filtros lentos projetados até então pudessem ser operados a contento, suas taxas de filtração tinham se ser limitadas a 4 $m^3/m^2/dia$ – valor bastante reduzido e que ainda perdura.

Com o crescimento populacional das cidades europeias e norte-americanas durante a Revolução Industrial e a maior necessidade de água potável para atendimento público, as instalações de tratamento passaram a exigir grandes áreas, o que incentivou a realização de pesquisas para sua otimização. Desse modo, o tratamento de águas de abastecimento começou-se a migrar do empirismo para o campo científico.

- 1854 – John Snow demonstra de modo empírico que a água é um veiculador de doenças, embora não houvesse conhecimento significativo, até então, acerca do mundo microbiológico.

A maior contribuição do médico inglês John Snow não foi apenas apresentar as evidências que associavam a ocorrência de enfermidades à água consumida, mas também ter efetuado e estabelecido as bases da epidemiologia como ciência.

Embora a partir de 1854 já tivesse sido possível relacionar a água consumida com as enfermidades, ainda assim não era conhecido o motivo e os agentes causadores de enfermidades.

- 1864 – Louis Pasteur e Robert Koch propõem a teoria dos germes e derrubam a tese da geração espontânea.

Por fim, o mundo microbiológico é descoberto e, junto, nasce a microbiologia. Ao propor a teoria dos germes, não somente descobre-se a existência dos microrganismos, mas também se evidencia que alguns destes são capazes de causarem doenças. Era possível efetuar uma relação direta entre os microrganismos, água e saúde, algo impensável até então.

- 1881 – Robert Koch demonstra em laboratório que o cloro é capaz de inativar microrganismos patogênicos.
- 1892 – Uma epidemia de cólera atinge a cidade de Hamburgo (na Alemanha), no entanto, a cidade vizinha de Altona, que empregava o mesmo manancial e efetuava o tratamento da água por meio de filtros lentos, escapa da epidemia.

O evento ocorrido em ambas as cidades de Hamburgo e Altona demonstrou de maneira inequívoca a importância da filtração na produção de uma água segura do ponto de vista microbiológico. Os mecanismos de filtração começam, então, a ser objeto de pesquisas e estudos.

- 1885 – Começam a ser efetuados os primeiros estudos e aplicações do processo de coagulação no tratamento de águas de abastecimento nos Estados Unidos por M. C. Jeunnet.

A descoberta do processo de coagulação e seus benefícios no tratamento de águas de abastecimento possibilitaram uma efetiva otimização do processo de filtração, sendo que sua adoção como parte das estações de tratamento de água viabilizou o surgimento dos filtros rápidos por gravidade.

- 1890 a 1900 – Os maiores desenvolvimentos do processo de filtração rápida ocorreram por intermédio de Allan Hazen e de George Warren Fuller.

Allan Hazen, por meio de seus experimentos de filtração na cidade de Pittsburgh, nos Estados Unidos, apresentou resultados experimentais acerca da eficiência do processo de coagulação e filtração na remoção de bactérias, tendo obtido valores de remoção de 97% a 99%.

Por sua vez, George Warren Fuller estabeleceu as primeiras taxas de filtração para filtros rápidos por gravidade, que eram em torno de 120 m³/m²/dia. Durante muito tempo, as taxas clássicas de filtração situaram-se perto desse valor e, a partir de 1900, estabeleceu-se que o tratamento convencional de águas de abastecimento deveria ser dotado de etapas de coagulação química, floculação, sedimentação e filtração (LOGSDON et al., 2006).

O sucesso da filtração rápida e de suas inerentes vantagens em relação à filtração lenta fez com que muitas instalações concebidas como filtros lentos fossem convertidas a estações de tratamento de água do tipo convencional, inclusive no Brasil.

- 1908 – Ocorre a primeira aplicação regular do cloro como agente oxidante no tratamento de águas de abastecimento nas cidades de Chicago e Jersey City, nos Estados Unidos.

Com os primeiros resultados acerca da efetividade do cloro como agente desinfetante e de sua aplicabilidade prática no tratamento de águas de abastecimento, estabeleceu-se a necessidade de que, qualquer que fosse a modalidade de tratamento adotada, a etapa de desinfecção teria de ser necessariamente incorporada. Desse modo, a partir de 1908, estruturou-se o que se conhece hoje por tratamento convencional de águas de abastecimento (Fig. 1-3).

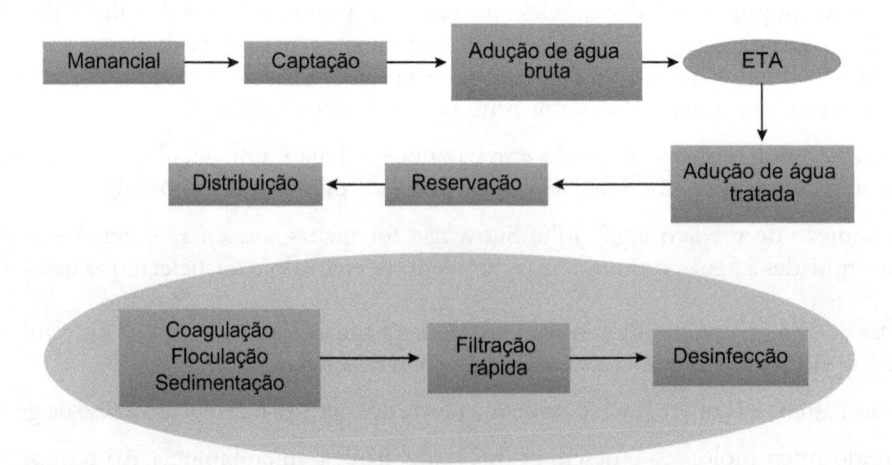

Figura 1-3 Concepção clássica de estações de tratamento de águas (ETAs) convencionais.

Dessa maneira, é interessante ressaltar alguns aspectos significativos que justificam a atual concepção de estações de tratamento de água que têm sido projetadas e operadas do início do século XX até os dias atuais.

Ponto Relevante 1: A primeira concepção de sistema de tratamento de água concebida pelos povos antigos e posteriormente refinada ao longo do tempo foi a sedimentação e filtração em meio granular.

Ponto Relevante 2: O principal objetivo a ser atendido, até então, era a produção de água para consumo humano com características estéticas tais que não comprometessem sua aceitabilidade pelo consumidor.

Ponto Relevante 3: A desinfecção mediante o uso do cloro é uma prática recente no tratamento de águas de abastecimento; algo próximo de 100 anos.

Ponto Relevante 4: Estações de tratamento de água convencionais de ciclo completo são compostas por unidades de coagulação, floculação, sedimentação, filtração e desinfecção, sendo estas ditas convencionais por terem sido concebidas e estarem em operação desde o início do século XX.

Uma vez incorporadas como parte de um sistema de abastecimento de água, as estações de tratamento de água foram inicialmente concebidas com a finalidade de produzir água para consumo humano com características estéticas adequadas, sendo que, posteriormente ao desenvolvimento da microbiologia, também foi incorporada a necessidade de efetuar-se a prática da desinfecção.

Embora nada tenha sido comentado acerca de padrões de qualidade e potabilidade, pode-se considerar que, qualquer que seja a estação de tratamento de água, o objetivo principal é a elevação do seu padrão de qualidade acima de determinado valor de referência (Fig. 1-4).

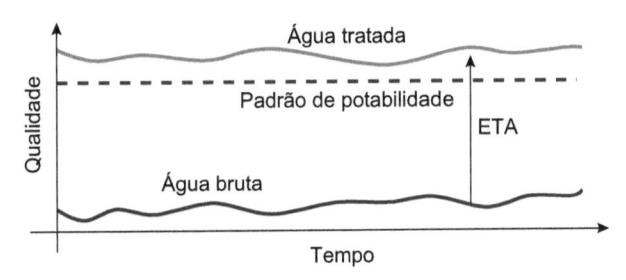

Figura 1-4 Finalidade de uma estação de tratamento de água (ETA) como parte de um sistema de abastecimento de água.

Desse modo, como demonstrado na Figura 1-4, as águas brutas provenientes de mananciais superficiais e candidatas a serem empregadas para abastecimento público não apresentam condições para consumo humano, seja por não atenderem a características estéticas mínimas requeridas, seja por sua qualidade microbiológica e possíveis riscos à saúde pública.

A principal finalidade de uma estação de tratamento de água é, portanto, a elevação do padrão de qualidade da água bruta, de maneira que seja possível atender a um padrão de qualidade mínimo imposto pelos padrões de potabilidade vigentes.

Tais padrões de qualidade requeridos para a água com vistas ao consumo humano são denominados padrões de potabilidade, que, no Brasil, são definidos pelo Ministério da Saúde por meio da Portaria 2.914, de 12 de dezembro de 2011.

De modo simplificado, esses padrões podem ser agrupados como apresentados a seguir (POST et al., 2011).

- Padrões de potabilidade determinados com o objetivo de garantir que a água tratada seja esteticamente agradável para consumo humano.

Exemplos: turbidez, gosto e odor, cor aparente, sólidos dissolvidos totais etc.

- Padrões de potabilidade impostos para garantir a qualidade microbiológica da água tratada.

Exemplos: coliformes termotolerantes, coliformes totais, cistos de protozoários, vírus etc.

- Padrões de potabilidade definidos com o objetivo de garantir a segurança química da água (compostos orgânicos e inorgânicos).

Exemplos: metais pesados (cádmio, chumbo etc.), compostos orgânicos (benzeno, estireno etc.) e agrotóxicos (endrin, pentaclorofenol etc.).

- Padrões de potabilidade fixados com o objetivo de controlar a formação de subprodutos da desinfecção.

Exemplos: tri-halometanos, ácidos haloacéticos, clorito, bromato etc.

Como as estações de tratamento de água efetuam a transição da qualidade da água bruta para a tratada, é importante salientar que, quanto mais restritivos e rigorosos forem os padrões de potabilidade fixados pelas autoridades competentes, cada vez mais as estações de tratamento de água tenderão a se sofisticar técnica e operacionalmente, o que, por sua vez, ocasionará aumentos em seus custos de construção e operação. É, portanto, de vital importância que a definição dos padrões de potabilidade não somente considere os aspectos relacionados com a saúde pública, mas também consiga refletir as condições socioeconômicas, políticas, técnicas e ambientais do local de implantação das obras.

De modo que a água bruta possa apresentar um padrão de qualidade tal que possa ser empregada para abastecimento público, se faz necessário conceber a estação de tratamento de água que deverá ser vista como um elemento de transição. Para tanto, alguns quesitos têm de ser contemplados, como apresentados na Figura 1-5 (KAWAMURA, 2000).

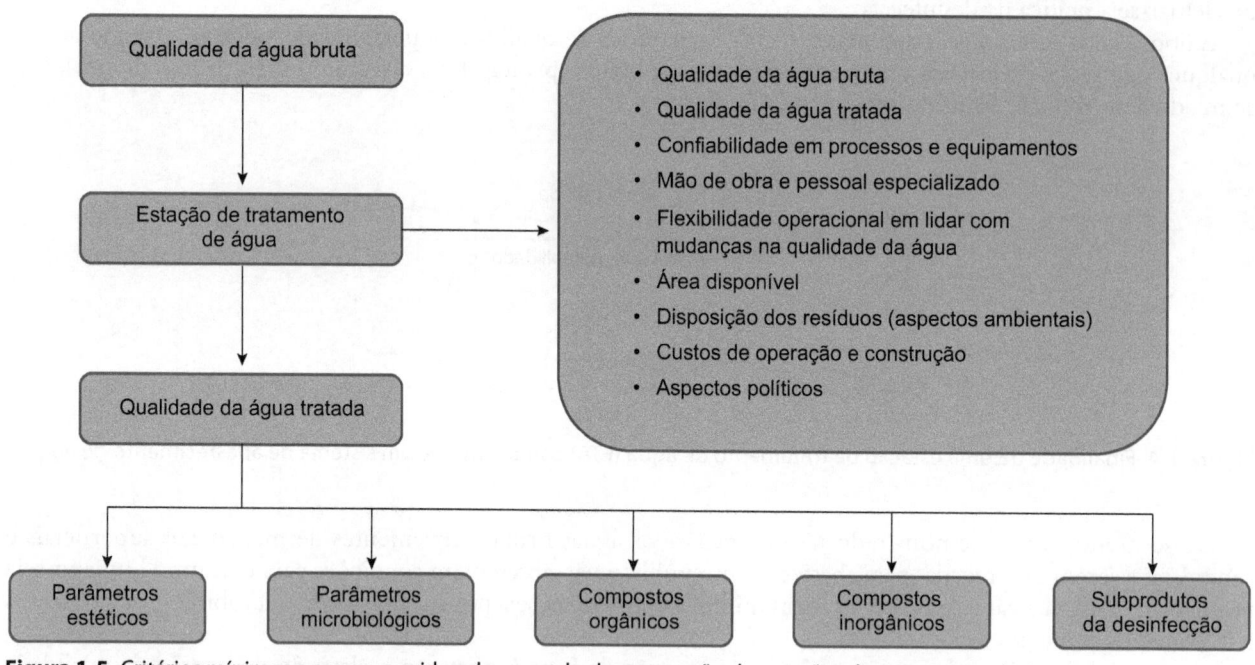

Figura 1-5 Critérios mínimos a serem considerados quando da concepção de estações de tratamento de água.

A qualidade em uma estação de tratamento de água, independentemente de seu tipo, deve possibilitar que a água produzida ofereça condições mínimas estéticas, seja segura do ponto de microbiológico e apresente concentrações de contaminantes orgânicos, inorgânicos e subprodutos da desinfecção menores que os estipulados pelos padrões de potabilidade vigente.

É importante que se faça uma importante consideração: o tratamento convencional de águas de abastecimento, em face de suas características e concepção, tem como principal finalidade garantir a qualidade estética da água tratada, assegurar sua qualidade microbiológica e garantir que os eventuais subprodutos da desinfecção formados apresentem concentrações abaixo dos padrões de potabilidade vigentes.

Com respeito à remoção de compostos inorgânicos, compostos orgânicos sintéticos e agrotóxicos, ainda que, de modo incidental, seja possível garantir alguma porcentagem de remoção para determinados compostos quando submetidos ao tratamento convencional, deve-se frisar que este não é projetado com a finalidade de garantir sua remoção.

Se for necessário assegurar a remoção de determinados compostos inorgânicos ou orgânicos eventualmente presentes em certas águas brutas, outras tecnologias não convencionais precisam ser incorporadas ao tratamento convencional, podendo-se citar a adoção de processos de adsorção em carvão ativado, arraste com ar, processos de membrana, entre outros.

Caso se deseje, portanto, garantir a segurança química da água com respeito à presença de compostos orgânicos e inorgânicos e seja imposta a necessidade de configuração de uma estação de tratamento de água convencional, é imperativo que o manancial escolhido seja protegido o suficiente para garantir que os padrões de potabilidade que fixam as concentrações de compostos orgânicos, inorgânicos e agrotóxicos sejam já respeitados na água bruta.

Ponto Relevante 5: As estações de tratamento de água do tipo convencional e suas variantes têm como principal finalidade a produção de água tratada com características estéticas adequada ao consumo humano, apresentar-se segura do ponto de vista microbiológico e com uma concentração de subprodutos da desinfecção que não ofereça riscos à saúde humana.

Ponto Relevante 6: As estações de tratamento de água do tipo convencional e suas variantes não são projetadas e operadas com vistas à remoção de compostos inorgânicos (metais pesados), orgânicos e agrotóxicos. A segurança da qualidade da água tratada com respeito a esses compostos químicos está, portanto, diretamente associada à escolha do manancial.

Como os corpos d'água localizados próximos de regiões metropolitanas têm sua qualidade da água bruta geralmente comprometida em razão da inúmera presença de fontes antropogênicas de poluição, estes dificilmente podem ser empregados como mananciais para abastecimento público, tendo estações de tratamento de água convencionais como parte de seu sistema de abastecimento de água. Em caso de extrema necessidade de seu uso para abastecimento público, sua concepção exigiria incorporar tecnologias de tratamento não convencionais, o que oneraria de maneira significativa sua implantação.

A opção mais lógica, e que, inclusive, era empregada pelas antigas civilizações, é, portanto, a escolha e seleção de mananciais mais protegidos e, consequentemente, mais distantes, possibilitando que a água bruta seja passível de ser tratada por processos convencionais.

É possível, então, discutir um pouco os critérios mínimos impostos para a definição das tecnologias de tratamento que porventura podem ser empregadas (VALADE; FULTON, 2012).

- Qualidade da água bruta e água tratada

Quem deverá efetuar a transição da água bruta para a tratada no que se refere à qualidade deverá ser a estação de tratamento de água. O que se espera é que a qualidade da água tratada seja sempre superior em relação aos padrões de potabilidade vigentes.

No entanto, deve-se considerar que, quanto mais superiores forem estes em relação aos padrões de potabilidade, mais sofisticadas e onerosas tenderão a ser as estações de tratamento de água.

Reforça-se, aqui, a necessidade de se lembrar de que, quanto melhor for a qualidade da água bruta, mais simples poderá ser a concepção das estações de tratamento de água, bem como menores tenderão a ser seus custos operacionais. Todos os esforços olvidados na proteção dos recursos hídricos, especialmente em programas de coleta, afastamento e tratamento de esgotos sanitários, se refletem, portanto, nos processos de tratamento de água.

Pode-se afirmar com segurança que o melhor investimento com respeito à minimização de custos de implantação e operação de estações de tratamento de águas para abastecimento público é o estabelecimento de programas de controle e prevenção de poluição, mais especificamente em implantação de sistemas de coleta, afastamento e tratamento de esgotos sanitários. Como exemplo, pode-se citar que, somente com os custos de produtos químicos necessários a operação da estação de tratamento de água, muitas vezes pode-se até quadruplicar seu valor como consequência da deterioração da qualidade da água bruta ao longo do tempo, com os números variando de R\$ 15,00 a R\$ 30,00 por 1.000 m^3 para águas brutas oriundas de mananciais relativamente protegidos, a R\$ 100,00 a R\$ 150,00 por 1.000 m^3 para mananciais cuja qualidade da água se encontre comprometida.

- Confiabilidade em processos e equipamentos

Qualquer que seja a estação de tratamento de água, todos os processos têm de ser confiáveis, bem como seus equipamentos de apoio. Por melhor que seja uma tecnologia, é necessário que se tenha absoluta certeza de que os equipamentos envolvidos em sua operação sejam plenamente confiáveis; do contrário, o processo de tratamento torna-se de alto risco, com possibilidade de que não funcionar e não conseguir alcançar seus objetivos.

Como a maior parte dos sistemas de abastecimento de água no Brasil é operada por empresas de saneamento municipais e estaduais e seus mecanismos de implantação de sistemas de tratamento de água se dão por meio de processos licitatórios, é muito comum ocorrer inúmeras dificuldades na aquisição de equipamentos de reconhecida capacidade técnica, haja vista o fato de seus custos serem superiores quando comparados com equipamentos de qualidade inferior. Se, porventura, os pacotes de especificações não forem muito bem preparados pelas empresas projetistas e não passarem por fiscalização efetiva do órgão contratante, o risco de aquisição de equipamentos de má qualidade é muito elevado, o que pode comprometer determinada tecnologia de tratamento que, embora adequada, tenderá a sofrer com inúmeros problemas operacionais, induzindo o usuário a condená-la do ponto de vista técnico.

- Mão de obra e pessoal especializado

Ainda que uma tecnologia de tratamento específica seja altamente confiável e viável do ponto de vista econômico, uma das maiores dificuldades ao serem adotadas determinadas soluções de engenharia é a necessidade de acoplamento entre esta e a mão de obra requerida para sua operação.

Caso não haja um perfeito casamento entre a tecnologia de tratamento e a mão de obra requerida para sua operação, corre-se um sério risco de má operação dos processos e equipamentos, o que poderá levar a uma completa falha do sistema concebido e construído.

É extremamente comum a execução de projetos de engenharia que tendem a não levar em conta os aspectos específicos e regionais do usuário. Desse modo, nem sempre a melhor solução para determinada região do país é adequada para outra, ainda que, em tese, as soluções técnicas propostas sejam plenamente adequadas.

Tem sido relativamente comum nos últimos tempos o desenvolvimento de diferentes combinações de processos de tratamento, especialmente em ambientes acadêmicos, que, embora apresentem excelentes resultados operacionais em escala piloto, são ineficazes quando implantadas em escala real. Nesses casos, os equívocos não estão associados a tecnologia de tratamento, e sim a sua operação. Como, em condições de campo, o conhecimento e habilidade dos operadores são inferiores quando comparados com os desenvolvedores da tecnologia em escala piloto, geralmente, ocorre um descompasso entre ambas as realidades operacionais, com prejuízos ao processo de tratamento e desconfiança em relação a sua eficácia.

- Flexibilidade operacional em lidar com as mudanças de qualidade da água bruta

Em face das características do manancial e de seus aspectos hidrológicos, podem-se ter durante o ano variações diárias e horárias de qualidade da água bruta, que, de algum modo, tenham de ser quantificadas anteriormente à concepção e ao projeto de estações de tratamento de água. O maior desafio quando se concebe uma estação de tratamento de água é, portanto, o fato de a matéria-prima (água bruta) apresentar qualidade variável ao longo do tempo, de forma que qualquer que seja esta, seus processos e suas operações unitárias têm de oferecer condições de produção de uma água tratada que atenda aos padrões de potabilidade vigentes.

Quando se concebe e projeta-se uma estação de tratamento de água, deve-se ter em mente que sua vida útil se situa em torno de 30 a 50 anos e que, neste período, a obra deve oferecer todas as condições de segurança, a fim de que sua operação possa transcorrer de maneira segura e confiável.

Infelizmente, por não ser possível efetuar previsões acerca da qualidade da água bruta, deve-se ser o mais conservador possível, ou seja, caso haja a menor possibilidade de comprometimento da qualidade da água bruta em função de influências antrópicas, a concepção do processo de tratamento tem de ser a mais conservadora possível.

Há um grande número de mananciais no Brasil cuja qualidade da água bruta tem sofrido continuas alterações ao longo do tempo e que tem exigido a adequação tecnológica dos processos de tratamento, de modo a garantir a produção de água tratada com um padrão de qualidade que atendesse à Portaria 2.914.

Alguns casos mais emblemáticos envolvem a construção de inúmeras estações de tratamento de água que foram concebidas como filtração direta ou filtração em linha, pelo fato de a água bruta ser oriunda de reservatórios de acumulação com elevado tempo de detenção hidráulico. e por apresentarem reduzidos valores de turbidez e cor aparente. Equivocadamente, admitiu-se que a qualidade da água bruta poderia se manter constante ao longo do tempo, e, no entanto, dadas as intervenções na bacia hidrográfica, a tendência desses corpos d'água foi progressivamente tornarem-se eutrofizados, inviabilizando sua operação como filtração direta ou filtração em linha.

Por conseguinte, como recomendação geral, sempre que houver a menor possibilidade de comprometimento da qualidade da água bruta ao longo do tempo, o que, por consequência, possa ocasionar prejuízos à operação de uma estação de tratamento de água que vier a ser concebida como filtração direta ou filtração em linha, é melhor que seja assumido um padrão conservador, ou seja, a estação de tratamento de água deverá ser projetada como convencional de ciclo completo.

Ponto Relevante 7: Quando se concebe e projeta-se uma estação de tratamento de água, deve-se ter em mente que sua vida útil se situa em torno de 30 a 50 anos e que, nesse período, a obra deve oferecer todas as condições de segurança, a fim de que sua operação possa ocorrer de maneira segura e confiável. Em caso de eventuais dúvidas com relação a evolução temporal da qualidade da água bruta e sua possível degradação, recomenda-se, portanto, que a concepção da estação de tratamento seja a mais conservadora possível.

- Área disponível

A existência de área para a implantação de estações de tratamento de água é um aspecto relevante, que deve ser levado em consideração. No passado, em especial nas décadas de 1950 a 1970, preferencialmente as estações de tratamento de água eram locadas em pontos de cota mais elevada e dentro de áreas urbanas, possibilitando que a distribuição da água tratada pudesse ocorrer por gravidade até os centros de reservação e destes para o sistema de distribuição.

Nos dias atuais, tem sido muito difícil a implantação de estações de tratamento de água em zonas urbanas, em razão do alto custo de desapropriação de área e aspectos ambientais (manuseio de produtos químicos, tratamento e disposição de resíduos etc.), com exceção de municípios de pequeno porte ou naqueles em que seja necessária a ampliação de estações de tratamento de água cuja área pertença à empresa de saneamento.

De acordo com Kawamura (2000), a área de implantação de uma estação de tratamento convencional de ciclo completo dotada de decantadores convencionais de fluxo horizontal pode ser estimada com base na seguinte expressão:

$$\acute{A}rea > Q^{0,7} \qquad\qquad \text{(Equação 1-1)}$$

Área = área requerida para a implantação da estação de tratamento de água (ETA) em acres (1 acre equivale a 0,405 ha)

Q = vazão nominal da ETA em mgd (1 mgd equivale a 3.784 m³/d)

A Equação 1-1 tem como origem a experiência norte-americana na implantação de estações de tratamento de água do tipo convencional e, com certa razão, não reflete a realidade brasileira, uma vez que os projetos nacionais são muito mais compactos quanto à área ocupada.

A Figura 1-6 apresenta uma relação entre a vazão da estação de tratamento de água e a área requerida para sua implantação, tendo como origem alguns projetos realizados pelo autor. As estações de tratamento consideradas são

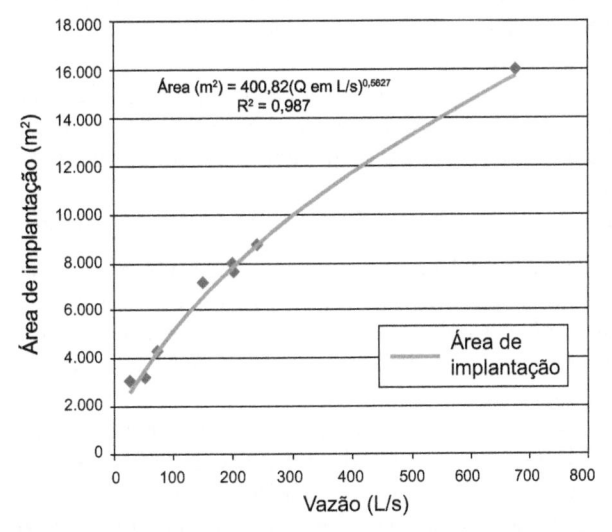

Figura 1-6 Estimativa de área requerida para a implantação de uma estação de tratamento de água do tipo convencional de ciclo completo em função da vazão.

do tipo convencional de ciclo completo e dotadas de decantadores laminares. A área estimada inclui o tratamento da fase líquida, fase sólida, sistema viário, estocagem de produtos químicos, prédios administrativos e demais utilidades, excluindo a implantação de eventuais reservatórios de distribuição.

A curva de regressão apresentada na Figura 1-6 pode ser escrita da seguinte forma:

$$Área = 400,82 . Q^{0,563}$$

(Equação 1-2)

Área = área requerida para a implantação da estação de tratamento de água (ETA) em m^2
Q = vazão nominal da ETA em L/s

- Tratamento e disposições dos resíduos produzidos no processo de tratamento

Atualmente, a implantação de qualquer estação de tratamento de água deve envolver a concepção e o projeto de seus sistemas de tratamento da fase sólida. Embora a área ocupada por essas unidades não seja significativa quando se comparam com as que compõem a fase líquida, seus custos de implantação podem chegar a 30% do valor total da obra. Desse modo, as unidades que compõem a fase líquida e a fase sólida devem ser estudadas de maneira conjunta e nunca dissociadas entre si.

- Custos de operação e construção

Em geral, nem sempre existe somente uma única solução para um problema específico. Muitas vezes, há muitas alternativas para a solução de um problema. e, desse modo, é necessário que sejam estabelecido alguns critérios para a escolha da solução definitiva. Entre esses critérios, os aspectos econômicos e financeiros são de suma importância, uma vez que os custos envolvidos em obras de saneamento são vultosos e sua obtenção depende de financiamentos.

- Aspectos políticos

Os maiores contratantes de projetos e obras que envolvem a implantação de estações de tratamento de água no Brasil são as empresas de saneamento municipais e estaduais, que, por serem públicas, estão sujeitas a interferências políticas. Assim, é comum haver pressões por parte de fornecedores de equipamentos e empreiteiras na adoção de determinadas tecnologias ou modificação de projetos existentes cujo objetivo é a diminuição de custos para possibilitar a execução de obras com menores recursos financeiros. No entanto, nem sempre as tecnologias consideradas são adequadas para a água bruta ou são de domínio técnico por parte da operação, o que muitas vezes induz a inúmeros problemas como aumento de custos, não atendimento aos padrões de potabilidade vigente, depreciação do parque de equipamentos por ausência de manutenção adequada, entre outros.

Em alguns casos se tem observado o fenômeno inverso, ou seja, a sugestão de adoção de processos de tratamento mais sofisticados e onerosos que, por algum motivo, tornam-se processos da "moda", em que estes são vendidos como solução milagrosa para todos os problemas de qualidade da água. Infelizmente, na maioria das situações, isso não é verdadeiro e, muitas vezes, por pressões políticas, profissionais do setor são induzidos a adotar algumas dessas tecnologias de tratamento, as quais acabam sendo inadequadas.

Uma vez que o tratamento de águas de abastecimento é um conjunto de processos físico-químicos, é necessária a dosagem de produtos químicos que possibilitem acelerar o processo de tratamento em suas mais diferentes funções e finalidades. Pode-se, portanto, apresentar um fluxograma típico de uma estação de tratamento de água do tipo convencional de ciclo completo, indicando os principais produtos químicos empregados e seus respectivos pontos de aplicação (Fig. 1-7).

Por que estes produtos químicos são necessários? Vamos, então, às explicações:

- Coagulante: A etapa de coagulação é necessária, de maneira que os processos de separação sólido-líquido operem de modo adequado. Assim sendo, é preciso adicionar um produto que seja responsável pela neutralização das cargas das partículas coloidais. Em geral, os produtos químicos mais empregados são os sais de alumínio (sulfato de alumínio e cloreto de polialumínio) e os sais de ferro (sulfato férrico e cloreto férrico).
- Pré-alcalinizante: Como a maior parte dos agentes coagulantes apresenta caráter ácido quando adicionados em água, se faz necessário prever a correção do pH de coagulação por meio da adição de cal virgem, cal hidratada, soda cáustica ou mesmo carbonato de sódio (barrilha).
- Agentes pré-oxidantes: Dependendo das características da água bruta, caso esta apresente concentrações de ferro e manganês solúvel, estes agentes devem ser oxidados de modo que possam ser removidos por

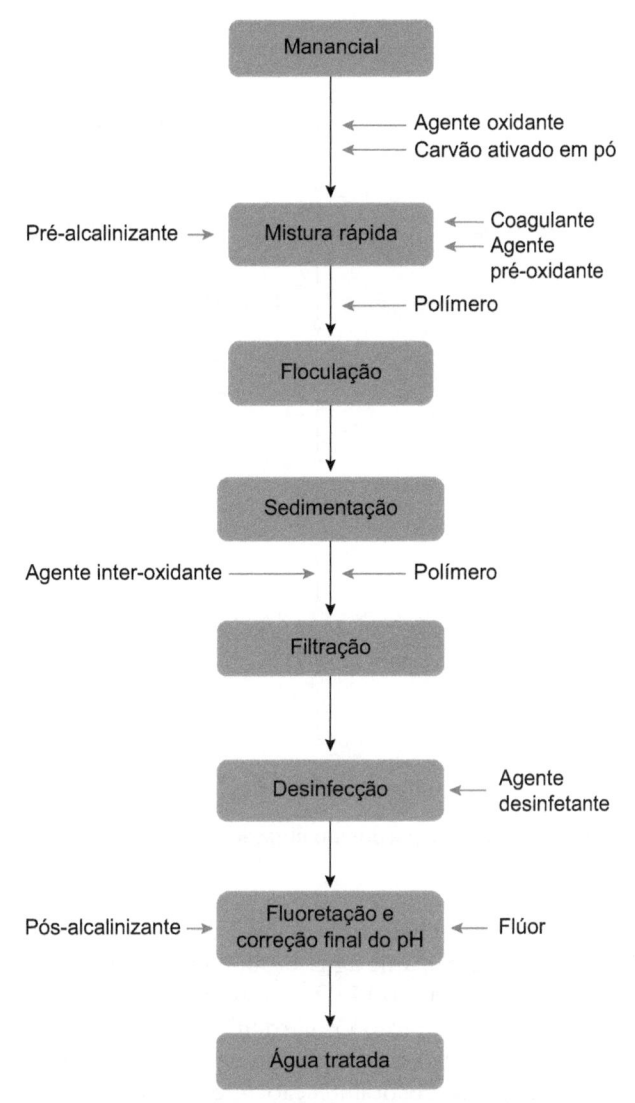

Figura 1-7 Fluxograma de uma estação de tratamento convencional de ciclo completo e respectivos pontos mais comuns de aplicação de produtos químicos.

precipitação química. Em função de aspectos econômicos e de sua disponibilidade, geralmente emprega-se o cloro como agente pré-oxidante, podendo este ser aplicado em diferentes pontos do processo de tratamento, sob a apresentação de pré, inter e pós-cloração.

- Polímeros: A necessidade de aplicação de polímeros se justifica quando se objetiva otimizar ambos os processos de floculação e filtração. Nesse caso, podem ser aplicados na água coagulada (auxiliar de floculação) e na água decantada (auxiliar de filtração), imediatamente antes de sua entrada no sistema de filtração.
- Agente desinfetante: A aplicação do agente desinfetante é justificada tendo em vista a necessidade de garantir que a qualidade microbiológica da água tratada não imponha riscos aos consumidores, bem como possibilitar a manutenção de concentrações do agente desinfetante residual no sistema de distribuição de água.
- Flúor: A aplicação de flúor é normalmente efetuada na apresentação de ácido fluossilícico e tem por principal finalidade atender a uma prática de saúde pública, que é oferecer um caráter preventivo à cárie dentária.
- Pós-alcalinizante: A água tratada não pode ser corrosiva ou incrustante, de modo que não ocasione problemas no sistema de distribuição de água. Com vistas a possibilitar o controle do pH da água final, deve-se, portanto, prever a possibilidade de dosagem de um agente pós-alcalinizante, sendo este normalmente a cal virgem, a cal hidratada ou a soda cáustica e, eventualmente, a barrilha.

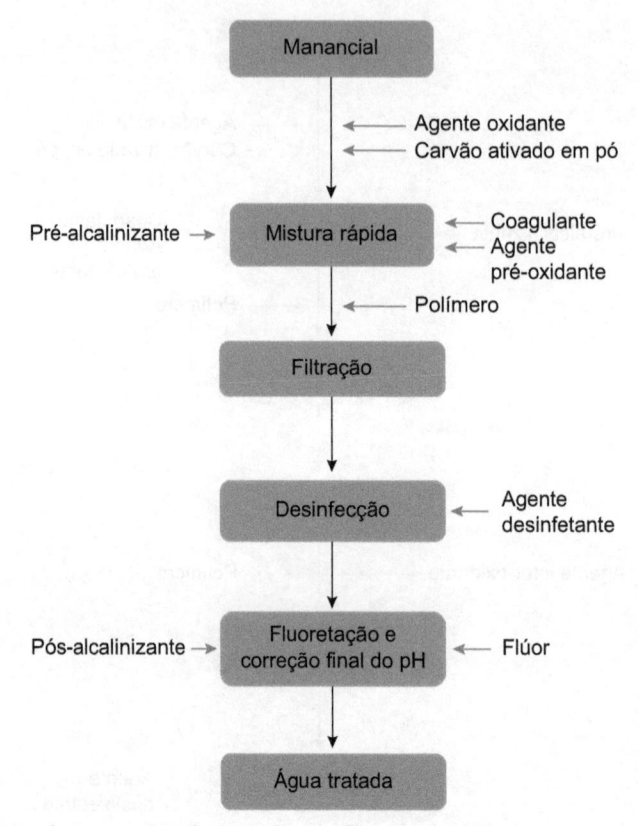

Figura 1-8 Concepção de estação de tratamento de água do tipo filtração em linha.

A fim de se discutir as variantes do tratamento convencional de águas de abastecimento, pode-se supor uma situação relativamente simples. Vamos imaginar uma água bruta com excelente característica físico-química, por exemplo, com valores de turbidez inferiores a 1,0 UNT, cor aparente menor que 5 UC e proveniente de um manancial protegido. Uma vez que a concentração de partículas coloidais presentes na água bruta é bastante reduzida, pode-se adotar como concepção mais simples uma estação de tratamento de água composta somente pelas operações unitárias de coagulação, filtração, desinfecção, fluoretação e correção final de pH, como ilustra a Figura 1-8. As estações compostas unicamente pelos processos de coagulação e filtração são denominadas do tipo filtração em linha, sendo uma variante do tratamento convencional de ciclo completo.

Ponto Relevante 8: Estações de tratamento de água do tipo filtração em linha são compostas por unidades de coagulação e filtração, não apresentando unidades de floculação e sedimentação.

Como apresentado na Figura 1-8, tem-se que a única etapa de separação de sólidos em uma estação de tratamento de água do tipo filtração em linha são as unidades de filtração. Desse modo, tem-se que toda a carga de sólidos afluente a estação de tratamento de água terá de ser removida de maneira adequada pelo sistema de filtração.

Como o sucesso do processo de filtração é altamente dependente do processo de coagulação, deverá ser necessária a aplicação de coagulante na água bruta. Se, porventura, essas dosagens forem muito elevadas, a massa de sólidos precipitada oriunda do coagulante tenderá a ser significativa, o que poderá comprometer a eficiência do processo de tratamento.

Com base no exposto, conclui-se que somente águas brutas com baixas concentrações de partículas coloidais e que demandem reduzidos valores de dosagem de coagulantes são passíveis de serem tratadas por estações de tratamento de água do tipo filtração em linha.

Uma sofisticação das estações de tratamento de água do tipo filtração em linha consiste em adotar uma etapa de pré-floculação entre as etapas de coagulação e filtração, como apresenta a Figura 1-9. As estações de tratamento de água concebidas desse modo são denominadas do tipo filtração direta.

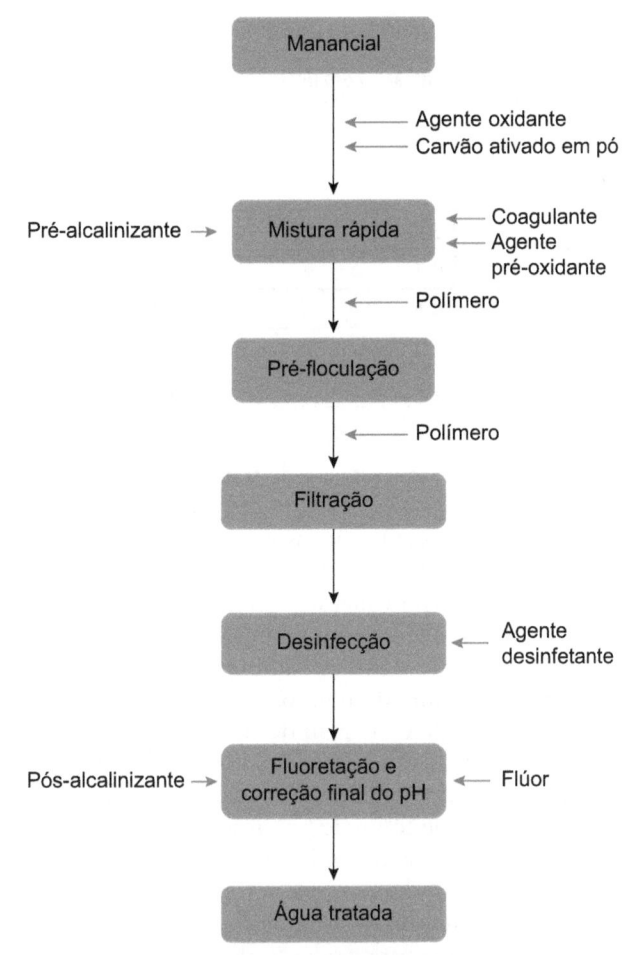

Figura 1-9 Concepção de estação de tratamento de água do tipo filtração direta.

Ponto Relevante 9: Estações de tratamento de água do tipo filtração direta são compostas por unidades de coagulação, pré-floculação e filtração, não apresentando unidades de sedimentação.

Do mesmo modo que as estações de tratamento de água do tipo filtração em linha, as do tipo filtração direta também têm a filtração como a única etapa em que é contemplada a separação de sólidos. Por esse motivo, a água bruta que poderá ser submetida a tratamento em uma instalação do tipo filtração direta deverá apresentar também baixa concentração de partículas coloidais e demandar reduzida dosagem de coagulante.

Umas das perguntas mais comuns acerca de estações de tratamento de água do tipo filtração direta se refere ao motivo da adoção da etapa de pré-floculação. Na verdade, a grande vantagem da adoção de uma etapa de pré-floculação entre as etapas de coagulação e filtração está diretamente associada ao fato de que, tendo sido as partículas coloidais pré-floculadas anteriormente a seu envio ao sistema de filtração, observa-se uma sensível diminuição em sua evolução de perda de carga, o que possibilita a obtenção de carreiras de filtração muito mais longas que quando se compara com estações do tipo filtração em linha.

Assim sendo, faz-se necessário o estabelecimento de critérios que possam balizar a viabilidade de adoção das tecnologias de tratamento com base na filtração em linha e na filtração direta em razão da qualidade da água. Alguns dos valores recomendados encontram-se apresentados na Tabela 1-1.

Os valores apresentados na Tabela 1-1 são provenientes de compilações de estudos, pesquisas e resultados de instalações que se encontram em operação. Embora haja ainda muitas controvérsias com relação a esses valores, de qualquer modo, eles fornecem uma diretriz para a execução de projetos.

Cabe aqui um comentário de suma importância com relação a esses valores. Deve ser enfatizado que os parâmetros turbidez, cor aparente e cor real não podem jamais ser empregados unicamente como balizadores para

Tabela 1-1 Concepção de estação de tratamento de água do tipo filtração direta (Kawamura, 2000)

Características da água bruta	Filtração em linha	Filtração direta	Tratamento completo
Turbidez (UNT)	5	20	3.000
Cor aparente (UC)	10	20	1.000
Densidade algal (UPA/mL)	500	1.000	10.000
Ferro (mg/L)	0,3	0,5	2,0
Manganês (mg/L)	0,1	0,1	0,5
Carbono orgânico total (mg/L)	2,0	2,5	7,0
Coliformes termotolerantes (NMP/100 mL)	10^3	10^3	10^6

a definição da tecnologia de tratamento, isto é, se a estação de tratamento de água será do tipo filtração em linha, filtração direta ou convencional de ciclo completo.

Isso porque, para a maioria dos mananciais superficiais em que a captação é efetuada em reservatórios de acumulação ou em corpos d'água a jusante, a tendência é que os valores de turbidez da água bruta sejam bastante reduzidos em função dos processos naturais de sedimentação de sólidos em suspensão totais ao longo do reservatório.

No entanto, reservatórios de acumulação tendem a sofrer processos de eutrofização ao longo do tempo, podendo este ser um processo natural ou artificial, o que acarretará um crescimento acelerado de algas, com tendência à deterioração da qualidade da água bruta ao longo do tempo.

Observe-se que os valores recomendados de contagem de algas apresentadas na Tabela 1-1 são bastante reduzidos, menores que 500 UPA/mL para a filtração em linha e 1.000 UPA/mL para a filtração direta.

Esses valores de contagem de algas são muito reduzidos e, dificilmente, as bacias hidrográficas com reservatórios de acumulação e que apresentem algum tipo de fonte de poluição antropogênica são capazes de fornecer valores de contagem de algas em valores inferiores aos recomendados.

Embora as algas sejam microrganismos com dimensões em torno de 2 µm a 40 µm, na maior parte das vezes, concentrações elevadas na água bruta não refletem no parâmetro turbidez, razão pela qual jamais esse parâmetro pode ser empregado unicamente como critério para a seleção do processo de tratamento.

Um dos melhores exemplos que podem ser oferecidos é a ETA Taiaçupeba (Sabesp), que tem como manancial o reservatório de Taiaçupeba (Fig. 1-10).

A ETA Taiaçupeba foi implantada no final da década de 1980 para uma vazão de final de plano igual a 15 m³/s. De acordo com recomendações de projeto e com base na expectativa de evolução da qualidade da água bruta, sua concepção é do tipo convencional de ciclo completo, podendo ser operada na modalidade filtração direta ou filtração em linha mediante manobras de comportas nos canais de veiculação de água coagulada e floculada.

Figura 1-10 Reservatório de Taiaçupeba e vista geral da estação de tratamento de água.

Ao longo do ano, seus valores de turbidez e cor aparente são sempre inferiores a 10 UNT e 10 UC, e, de acordo com os valores recomendados na Tabela 1-1, a operação poderia ser realizada como filtração direta.

No entanto, os valores de concentração de algas na água bruta normalmente variam de 2.000 células/mL a 100.000 células/mL, sem que tais variações acarretem alteração no parâmetro turbidez. Desde sua inauguração até os dias atuais, ainda que tivessem sido efetuadas algumas tentativas de operação em ambas as modalidades filtração em linha e filtração direta, os resultados não foram satisfatórios, razão pela qual sua operação sempre ocorreu na modalidade de ciclo completo.

Uma vez que a maior parte dos mananciais que tende a ser empregada para abastecimento público em municípios de médio e grande portes é fortemente influenciada por fontes de poluição antropogênica, em geral, estes se encontram em condições tróficas que impedem que a água bruta seja passível de ser tratada em estações do tipo filtração direta ou filtração em linha.

Não se pode esquecer de que, embora a qualidade da água bruta hoje possa ser tal que defina o processo de tratamento como filtração direta ou filtração em linha, deve-se ter em mente que a estação de tratamento de água tem vida útil de 30 anos a 50 anos e que esta tem de ser capaz de lidar com as mudanças da qualidade da água bruta ao longo do tempo.

Isso significa afirmar que, em caso de uma possibilidade real de influência antropogênica na bacia hidrográfica que, porventura, possa comprometer a qualidade da água bruta ao longo do tempo, deve-se adotar um procedimento conservador, ou seja, o tratamento convencional de ciclo completo.

O tratamento convencional de ciclo completo difere da filtração direta, por apresentar um elemento adicional de separação de sólidos anteriormente aos filtros, que são os decantadores. Assim sendo, caso a água bruta tenha altos valores de turbidez e concentração elevada de sólidos em suspensão totais, quando bem operada, a maior remoção da carga de sólidos deverá ocorrer nos decantadores, de modo que a água afluente aos filtros (água decantada) apresente baixa concentração de partículas coloidais e os filtros possam trabalhar de modo plenamente adequado no que se refere à produção de água filtrada e reduzida evolução de perda de carga.

Ponto Relevante Final: Embora possam ser adotadas diferentes concepções para estações de tratamento de água, considerando a realidade brasileira com respeito à qualidade dos recursos hídricos disponíveis para abastecimento público, recomenda-se que os gestores, projetistas, consultores e demais profissionais do setor adotem, sempre que possível, uma posição de cautela e conservadorismo, não hesitando em implantar estações de tratamento de água de ciclo completo, caso paire alguma dúvida sobre a evolução da qualidade da água bruta.

Algumas novas tecnologias de tratamento de água têm tido excelente aceitação no mercado, podendo-se citar o uso de membranas de microfiltração e ultrafiltração como unidades de clarificação, o que possibilita dispensar as unidades de coagulação, floculação, sedimentação e filtração. Embora seu emprego em todo o mundo tenha crescido exponencialmente nas últimas duas décadas, ainda são muitas as restrições com relação a sua implantação em países em desenvolvimento e emergentes pelo fato de essas apresentarem maior custo de implantação e operação, necessidade de troca das membranas em intervalos que podem ser de 5 a 10 anos e, principalmente, por exigirem mão de obra e equipes de manutenção altamente qualificadas.

Dessa maneira, considerando-se que os principais operadores dos serviços de saneamento básico em países como o Brasil ainda são empresas públicas, que têm restrições econômicas e de mão de obra disponível para a operação de estações de tratamento de água não convencionais e dotadas de processos de tratamento de elevada complexidade, o tratamento convencional e suas variantes ainda deverão ser a opção a ser considerada majoritariamente quando da implantação de estações de tratamento de água.

Referências

CRITTENDEN, J. C. et al. *Water treatment principles and design*. 3rd ed. New York: Wiley, 2012. 1901 p.

KAWAMURA, S. *Integrated design and operation of water treatment facilities*. 2nd ed. New York: Wiley, 2000. 691 p.

LOGSDON, S. G. et al. Filtration processes: a distinguished history and a promise future. *Journal of American Water Works Association*, Denver, v. 98, n. 3, p. 150-162, 2006.

POST, B. G.; ATHERHOLT, B. T.; COHN, D. P. Health and aesthetic aspects of drinking water. In: EDZWALD, K.J. (Ed.) *Water quality and treatment*: a handbook on drinking water. 6th ed. New York: McGraw-Hill, 2011. cap. 2.

SYMONS, E. G. Water treatment through ages. *Journal of American Water Works Association*, Denver, v. 98, n. 3, 2006. p. 87-98.

VALADE, M. T.; FULTON, G. P. Master planning and treatment process selection. In: AWWA/ASCE. Water treatment plant design. 5th ed. New York: McGraw Hill, 2012.

CAPÍTULO 2

Coagulação

CONTAMINANTES PRESENTES EM ÁGUAS NATURAIS

O processo de coagulação é a primeira operação unitária que compõe uma estação de tratamento de água (ETA) convencional, seja de ciclo completo ou uma variante desta (filtração direta e filtração em linha).

As estações de tratamento de água do tipo convencionais são um conjunto de operações unitárias em série e, para que os processos a jusante da etapa de coagulação possam ser operados de maneira adequada, é necessário que a sua operação ocorra em condições ideais.

A importância do processo de coagulação reside no fato de que um dos maiores objetivos do tratamento de águas de abastecimento é garantir a produção de água tratada com características estéticas adequadas para consumo humano, ou seja, é necessário garantir sua clarificação. Os contaminantes presentes na fase líquida podem ser classificados como apresenta a Figura 2-1.

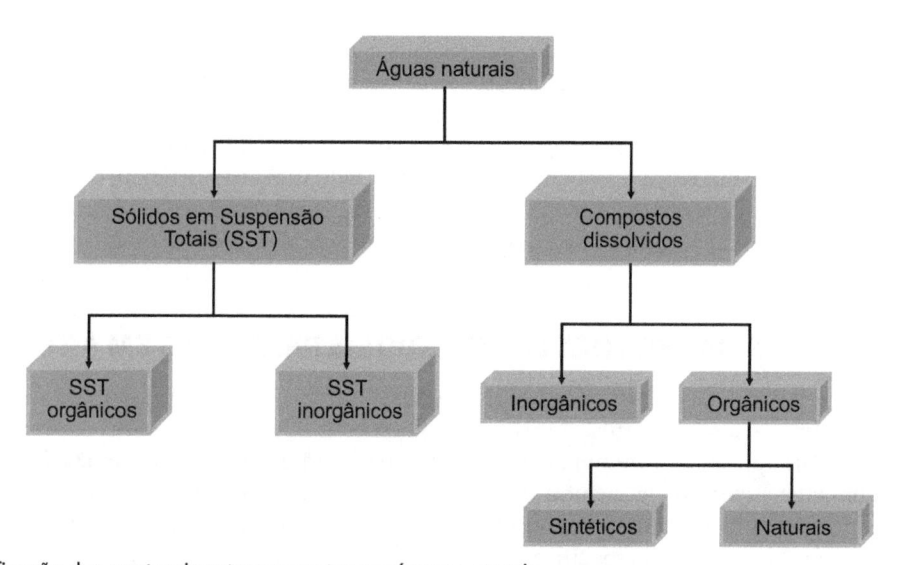

Figura 2-1 Classificação dos contaminantes presentes em águas naturais.

Os contaminantes presentes em águas naturais podem apresentar origem diversa e diferentes características físico-químicas que tenderão a impactar o processo de tratamento. A primeira distinção que se pode fazer com relação a estes diz respeito a seu tamanho físico. Partículas com dimensões superiores a 1 μm são classificadas como partículas em suspensão, e partículas com dimensões inferiores a 10^{-3} μm são definidas como partículas dissolvidas. Por sua vez, define-se que partículas que apresentem dimensão física entre os diâmetros, 10^{-3} μm e 1 μm sejam caracterizadas como partículas coloidais.

Do ponto de vista analítico, pode-se efetuar uma distinção entre partículas em suspensão e partículas dissolvidas e coloidais mediante uma análise de sólidos em suspensão totais (SST), que, essencialmente, envolve a filtração de um volume de amostra em uma membrana de filtração que apresente um diâmetro médio dos poros em torno de 1,2 μm. Dessa maneira, o material retido na membrana filtrante é chamado de SST, e a parcela presente no filtrado é definida como solúvel, incorporando ambas as frações dissolvidas e coloidais.

As partículas que compõem principalmente os SST presentes em águas naturais podem ser de origem:

- Inorgânica (siltes, argilas, óxidos e hidróxidos metálicos etc.), carreadas para a fase líquida por meio de processos erosivos na bacia hidrográfica e pelo escoamento superficial direto.
- Orgânica (bactérias, vírus, cistos de protozoários etc.), cuja proveniência pode ser o lançamento de esgotos sanitários e efluentes tratados nos corpos d'água que compõem a bacia hidrográfica, além de algas que podem se desenvolver nos corpos d'água resultantes de seus processos de eutrofização.

Também os compostos classificados como dissolvidos podem ser classificados como inorgânicos e orgânicos. Essencialmente, as características físico-químicas das águas naturais são resultado de seu percurso pelo ciclo hidrológico e das ações antrópicas resultantes de atividades humanas. Os cátions e ânions mais comumente presentes em águas naturais são cálcio (Ca^{+2}), magnésio (Mg^{+2}), sódio (Na^+), potássio (K^+), bicarbonato (HCO_3^{-2}), cloreto (Cl^-) e sulfato (SO_4^{-2}), e sua principal justificativa é sua abundância na crosta terrestre e relativa solubilidade (BREZONIK; ARNOLD, 2011).

Por sua vez, os compostos orgânicos dissolvidos geralmente encontrados em águas naturais podem ser classificados como de origem autóctone (compostos orgânicos naturais e subprodutos oriundos de atividade microbiológica na fase líquida) ou compostos orgânicos sintéticos, tendo como origem a ação humana na bacia hidrográfica.

De modo a ser possível garantir que uma água bruta possa ser transformada em água tratada, é necessário que o processo de tratamento assegure uma remoção satisfatória das partículas em suspensão e coloidais que porventura interfiram na qualidade estética da água. Pode-se dizer, portanto, que, em princípio, a ação do tratamento convencional de ciclo completo e suas variantes estejam concentradas nas partículas em suspensão e coloidais.

Hoje, sabe-se que a atuação do processo de coagulação é mais abrangente, uma vez que a interação do coagulante com determinadas categorias de compostos orgânicos naturais pode possibilitar sua remoção da fase líquida (VOLK et al., 2000).

A importância do conhecimento da interação do coagulante com as partículas em suspensão e coloidais, e com parte dos compostos orgânicos presentes em águas naturais, é de suma importância para viabilizar a operação dos processos de coagulação empregados no tratamento de águas de abastecimento, podendo-se citar a escolha do coagulante, sua dosagem e definição do pH de coagulação, como será discutido mais adiante.

CARACTERÍSTICAS DAS PARTÍCULAS COLOIDAIS PRESENTES EM ÁGUAS NATURAIS

A remoção das partículas coloidais presentes em águas naturais é fundamentalmente dependente de suas características físico-químicas, a saber: dimensão física, massa específica, geometria, carga superficial etc. Uma vez que as partículas coloidais apresentam dimensão física entre 10^{-3} μm e 1 μm, uma característica extremamente importante e com enorme significância quando da operação de processos de coagulação é a sua área específica.

Na hipótese de uma água bruta com concentração de SST igual a 10 mg/L e se admitindo que as partículas coloidais apresentem um valor de massa específica igual a 2.750 kg/m³, pode-se estimar o número dessas partículas na fase líquida em função de seu diâmetro. As partículas coloidais presentes em águas naturais normalmente apresentam diferentes dimensões físicas, no entanto, vamos assumir que a distribuição de partículas coloidais possa ser admitida como monodispersa. Assim sendo, para diferentes diâmetros de partículas coloidais, pode-se efetuar o cálculo da quantidade de partículas coloidais por litro e somatória de áreas superficiais por litro, com os resultados apresentados na Figura 2-2.

Pode-se observar que, quanto menor for o diâmetro das partículas coloidais, tanto maior será o número de partículas por litro, bem como sua área superficial específica, expressa como m²/L. Como exemplo, para uma água bruta com concentração de SST igual a 10 mg/L e partículas com diâmetro médio de 1 μm, tem-se que o número de partículas e área específica deverão ser iguais a $6,9.10^9$ partículas/L e 0,022 m²/L. Se, porventura, a mesma água bruta apresentar as partículas coloidais com diâmetro médio de 10^{-3} μm, ainda que a concentração de SST permaneça igual a 10 mg/L, o número de partículas e a área específica deverão ser iguais a $6,9.10^{18}$ partículas/L e 21,8 m²/L, respectivamente. Esse aumento no número de partículas e na área superficial específica tem influência no processo de coagulação e, de algum modo, necessita ser considerado quando da operação de estações de tratamento de água.

Uma das maiores dificuldades que inviabilizam a remoção das partículas coloidais por processos simples de sedimentação é sua dimensão física, que, por ser da ordem de 10^{-3} μm a 1 μm, faz com que sua velocidade de sedimentação

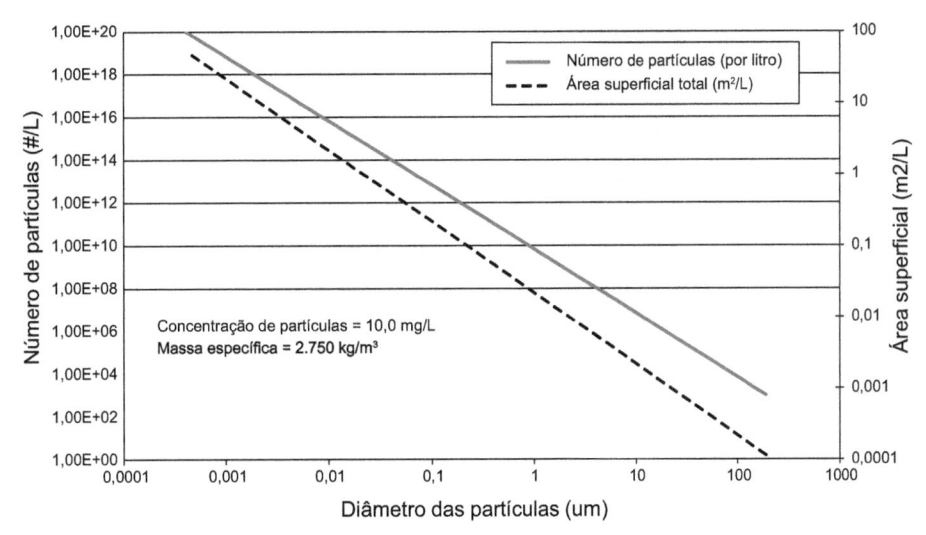

Figura 2-2 Número e área superficial de partículas coloidais em função do diâmetro.

seja bastante reduzida, o que exigiria elevados tempos de detenção hidráulico nas unidades de clarificação. Embora essa técnica de tratamento já tenha sido utilizada com sucesso no Antigo Egito, é inexequível nos dias atuais.

Na medida em que a dimensão física das partículas coloidais é bastante reduzida, o que não viabiliza sua separação da fase líquida por processos de sedimentação simples, é possível usar o artifício de aumentar seu tamanho físico e, consequentemente, sua velocidade de sedimentação.

Embora aparentemente simples, a agregação das partículas coloidais presentes em águas naturais é dificultada pelo fato de apresentarem algumas características, a saber:

- **Movimento browniano:** por apresentarem dimensões físicas muito reduzidas, as partículas coloidais são passíveis de serem bombardeadas pelas moléculas de água e, desse modo, tendem a adquirir um movimento errático na fase líquida.
- **Efeito Tyndall:** as partículas coloidais apresentam a capacidade de interagirem com a luz, possibilitando sua dispersão. A quantificação dessa propriedade é definida como nefelometria e é amplamente utilizada para sua quantificação indireta na fase líquida.
- **Comportamento elétrico:** existência de cargas negativas e positivas na superfície do coloide, o que faz com que apresentem elevada estabilidade na fase líquida, ou seja, sua agregação é impossibilitada pela existência de um potencial de repulsão entre si.

Para se entender melhor o processo de coagulação e os aspectos mais relevantes em sua operação nas estações de tratamento de água, é importante discutir quais motivos justificam as partículas coloidais apresentarem carga elétrica e o que impede sua agregação. Entre esses, podem-se citar (STUMM; MORGAN, 1996; LETTERMAN; YIACOUMI, 2011) os seguintes motivos:

- Ionização de grupos carboxílicos, sulfonados, silanoicos, entre outros presentes na superfície da partícula. Essas reações ionização, para grupos silanoicos, podem ser representadas pelas Equações 2-1 e 2-2.

$$Si(OH)_2^+ \Leftrightarrow Si(OH) + H^+ \qquad \text{(Equação 2-1)}$$

$$Si(OH) \Leftrightarrow SiO^- + H^+ \qquad \text{(Equação 2-2)}$$

Estando as espécies químicas presentes nas Equações 2-1 e 2-2 em equilíbrio químico, pode-se escrever que:

$$K_1 = \frac{[SiOH^+].[H^+]}{[SiOH_2^+]} \qquad \text{(Equação 2-3)}$$

$$K_2 = \frac{[SiO^-].[H^+]}{[SiOH]} \qquad \text{(Equação 2-4)}$$

Sua análise possibilita concluir que a existência de cargas elétricas na superfície de uma partícula em razão da presença de grupos ionizáveis é dependente do pH da fase líquida, pois seu aumento ou diminuição causa o deslocamento das Equações 2-1 e 2-2 tanto para a direita como para a esquerda.

Esse fato ilustra o grau de importância das características químicas da fase líquida, pois estas definirão o potencial elétrico na superfície das partículas.

- Grupos situados na superfície da partícula podem reagir com determinados cátions ou ânions presentes em meio aquoso e alterar a sua estrutura de cargas. Para dados grupos silanoicos, pode-se escrever que:

$$Si(OH) + Ca^{+2} \Leftrightarrow SiOCa^+ + H^+ \qquad \text{(Equação 2-5)}$$

$$Si(OH) + HPO_4^{-2} \Leftrightarrow SiOPO_3H^- + H^+ \qquad \text{(Equação 2-6)}$$

Nota-se que, também nesse caso, as características da fase líquida assumem significativa importância, pois as reações que se processam na superfície da partícula são função da concentração de determinados cátions, ânions e pH, entre outros.

- Imperfeições da estrutura cristalina da partícula

A substituição de determinados átomos por outros, no arranjo cristalino da partícula, pode conferir uma distribuição irregular de cargas, que pode ser tanto positiva como negativa. Nesse caso, a substituição de um átomo de silício por um átomo de alumínio na estrutura molecular da partícula coloidal possibilitou que sua carga superficial sofresse alteração de neutra para negativa.

Evidencia-se que, nesse caso, a existência dessas cargas é função somente das características da partícula, ou seja, de seu arranjo estrutural, não sendo mais influenciada pelas características da fase líquida.

Ponto Relevante 1: Partículas coloidais presentes em sistemas aquáticos naturais apresentam carga elétrica negativa, o que inviabiliza sua agregação.

A maioria das partículas coloidais presentes em água naturais apresenta carga líquida negativa, isto é, a concentração de cargas negativas na superfície da partícula coloidal é maior que a concentração de cargas positivas e, assim sendo, deve ser contrabalanceada por íons de carga positiva presentes na fase líquida. Como resultado, desenvolve-se uma camada de íons de carga oposta ao redor da partícula.

No entanto, esses íons são constantemente bombardeados pelas moléculas de água, de tal forma que estes mesmos íons adsorvidos na superfície da partícula são continuamente deslocados para a fase líquida. Cria-se, assim, um processo de competição, de natureza eletrostática, que procura atraí-los para a superfície da partícula, e outro difusivo, que faz com que esses íons sejam dispersos em meio aquoso.

Dessa forma, passa a ocorrer uma distribuição de íons em torno da partícula, sendo que, estatisticamente, uma concentração maior de íons de carga oposta à carga da partícula situa-se em suas proximidades. Com o afastamento da superfície da partícula coloidal, a concentração de íons de carga oposta à carga da partícula diminui até uma distância tal que a concentração de íons positivos seja igual a concentração de íons negativos. Esse fenômeno define para a partícula duas camadas, sendo uma rígida e outra de relativa mobilidade (teoria da dupla camada).

Considerando que a partícula coloidal apresenta carga negativa quando presente na fase líquida, se porventura for aplicado um potencial elétrico, a tendência deverá ser sua migração em direção ao polo positivo, e essa mobilidade em relação ao meio aquoso é denominada eletroforese, sendo de grande importância para o controle do processo de coagulação.

Isso porque, mediante a determinação da mobilidade eletroforética das partículas coloidais em meio aquoso, é possível efetuar o cálculo do que se denomina potencial zeta, estando este associado ao plano de cisalhamento em que é definida a transição da camada rígida de íons adsorvida na superfície dos coloides e sua camada difusa.

Normalmente, as partículas coloidais presentes em água naturais apresentam valores de potencial zeta entre -40 mV e -30 mV, e, por serem altamente negativos, não possibilitam a sua agregação.

Geralmente, em estações de tratamento de grande porte, é comum a utilização de equipamentos que possibilitam a medição do potencial zeta das partículas coloidais na água bruta e coagulada, sendo tais parâmetros empregados na avaliação da eficácia do processo de coagulação (LETTERMAN; VANDERBROOK; SRICHAROENCHAIKIT, 1982).

Uma vez definida a carga das partículas coloidais em meio aquoso, podem-se analisar as principais variáveis que determinam sua grandeza.

- pH da fase líquida

A carga das partículas coloidais em meio aquoso é influenciada pelo pH da fase líquida, como indicado na Figura 2-3.

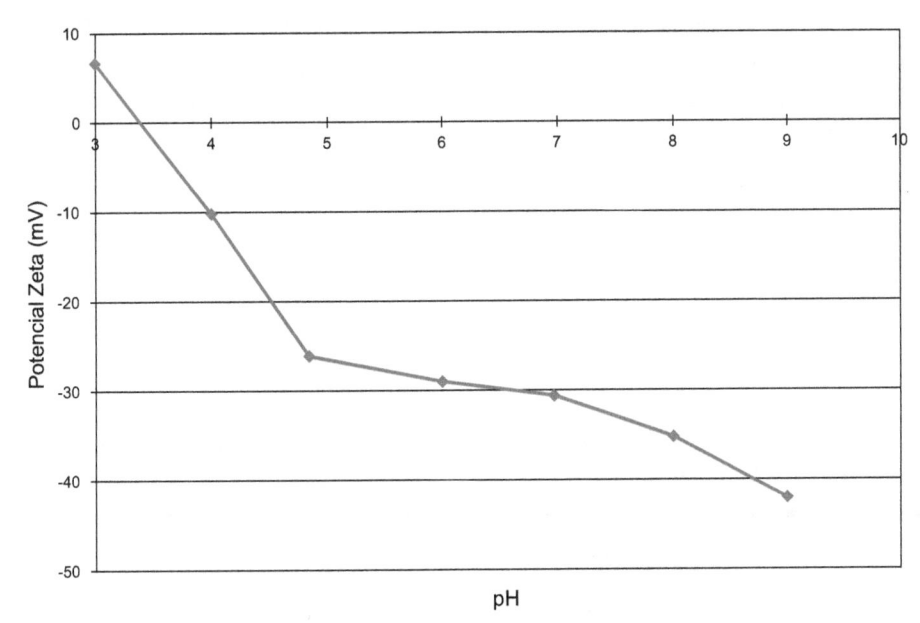

Figura 2-3 Variação do potencial zeta das partículas coloidais presentes em água bruta em função do pH da fase líquida.

Os resultados apresentados na Figura 2-3 foram obtidos para a água bruta proveniente do Sistema Cantareira (Região Metropolitana de São Paulo), sendo submetida a diferentes condições de pH mediante a adição de NaOH e HCl 0,1 M.

O potencial zeta das partículas coloidais tende a sofrer variação com pH, sendo este mais negativo quanto maior for o valor do pH do meio aquoso. Para a faixa de pH das águas naturais, as partículas coloidais normalmente apresentam valores de potencial zeta entre -30 mV e -40 mV, tendendo a diminuir com a redução do pH.

A justificativa para essa variação reside no fato de que as partículas coloidais apresentam em sua superfície grupos funcionais ionizáveis que, sob certas faixas de pH, ora se apresentam ionizados, ora não. Assim sendo, sua carga tende a ser influenciada pelas características da fase líquida, mais especificamente, pelo pH do meio aquoso. Do ponto de vista prático, pode-se afirmar que, para as faixas de pH em torno da neutralidade, a carga das partículas coloidais é negativa, podendo variar de -30 mV a -40 mV.

- Características físico-químicas da fase líquida

A carga das partículas coloidais em meio aquoso é também influenciada por suas características físico-químicas, como indica a Figura 2-4.

Os resultados experimentais apresentados na Figura 2-4 foram também obtidos para a água bruta proveniente do Sistema Cantareira, tendo-se variado suas características físico-químicas por meio da adição de diferentes dosagens de íons cálcio em solução e para diferentes valores de pH da fase líquida. Pode-se notar que, mantido um valor de pH constante, com o aumento das concentrações de íons cálcio na fase líquida, ocorre a diminuição do potencial zeta das partículas coloidais até uma condição tal que a máxima concentração de íons passível de ser adsorvida na superfície das partículas coloidais alcança um valor máximo. Acima dessa concentração, não foi observada a alteração do potencial zeta das partículas coloidais.

A importância desses resultados experimentais, muito mais que pelos valores de potencial zeta obtidos experimentalmente, tendem a indicar que as características físico-químicas da fase líquida (pH e composição química)

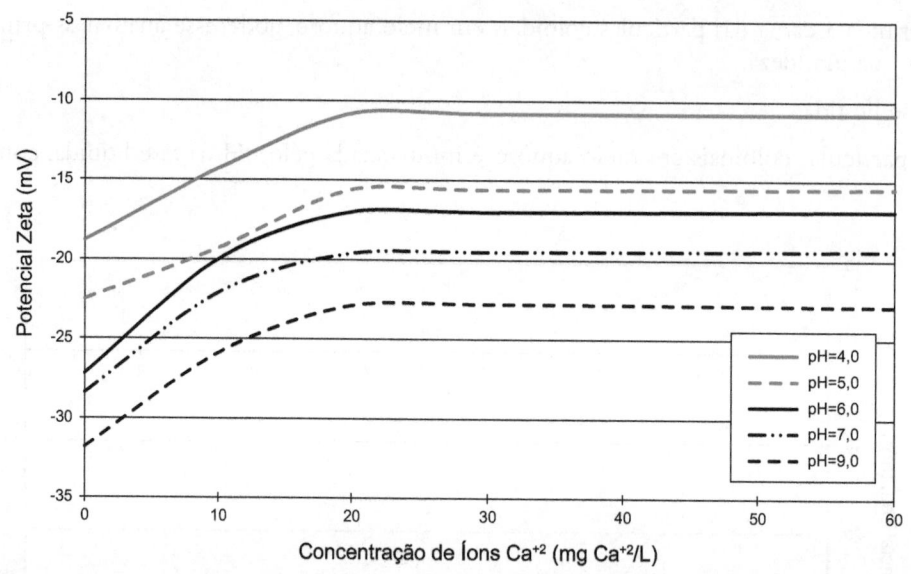

Figura 2-4 Variação do potencial zeta das partículas coloidais presentes em água bruta em função de suas características físico-químicas.

são importantes quando da determinação do potencial zeta das partículas coloidais e nos auxiliam a justificar como é possível seu ajuste para possibilitar sua agregação.

Ponto Relevante 2: A carga das partículas coloidais pode ser avaliada experimentalmente, sendo denominada potencial zeta. Seus valores característicos para partículas coloidais em águas naturais variam de -30 mV a -40 mV e, por apresentarem valores negativos, oferecem resistência a sua agregação e posterior remoção da fase líquida.

MECANISMOS DE DESESTABILIZAÇÃO DA CARGA DAS PARTÍCULAS COLOIDAIS EM MEIO AQUOSO

Uma vez que a agregação das partículas coloidais em meio aquoso apenas poderá ocorrer caso sejam previamente desestabilizadas, pode-se definir o processo de coagulação.

DEFINIÇÃO DE COAGULAÇÃO
Operação unitária responsável pela desestabilização das partículas coloidais em um sistema aquoso, preparando-as para sua remoção nas etapas subsequentes do processo de tratamento.

Para se entender como é possível garantir a desestabilização das partículas coloidais em meio aquoso, pode-se analisar o que ocorre quando duas ou mais partículas são postas em contato uma(s) com a(s) outra(s).

Quando duas partículas se aproximam, as forças superficiais tornam-se mais significativas onde se destacam as forças de origem eletrostática de repulsão e as forças de atração; coletivamente denominadas forças de van der Waals (HIEMENZ, 1986).

A magnitude das forças eletrostáticas de repulsão obedece à Lei de Coulomb que diz ser a variação de sua intensidade, função inversa do quadrado da distância, que separa as superfícies em questão. Por sua vez, as forças de van der Waals são sempre de natureza atrativa, e sua origem pode ser explicada pela existência de um desequilíbrio na distribuição de elétrons nas moléculas que as compõem.

A magnitude das chamadas forças de van der Waals é grandemente influenciada pela distância de separação entre as moléculas. Considera-se que, na prática, as forças de van der Waals apenas são significativas para distâncias de separação entre as superfícies envolvidas da ordem de $100 \, A^0$.

A interação entre as forças eletrostáticas e as forças de van der Waals entre duas partículas é a base da teoria conhecida como DVLO, pois foi desenvolvida, simultaneamente, por Deryaguin e Landau e por Verwey e Overbeeck (HIEMENZ, 1986).

Como, em geral, as forças de van der Waals dificilmente podem ser alteradas, para a obtenção de um potencial de mínima repulsão, é necessário procurar alterar a magnitude das forças de repulsão. Isso pode ser conseguido manipulando-se as características físico-químicas do meio aquoso, mediante, por exemplo, o aumento de sua intensidade iônica. Dessa maneira, objetiva-se aumentar a concentração de íons de carga oposta à da partícula coloidal, ocasionando o que se conhece por compressão da dupla camada.

Um meio econômico de possibilitar a compressão da dupla camada das partículas coloidais é mediante a adição de sais trivalentes, por exemplo, sais de alumínio e ferro, que possibilitariam a diminuição de seu potencial de repulsão e a consequente agregação.

Até a década de 1960 acreditava-se que a desestabilização da carga das partículas coloidais ocorria primariamente pelo mecanismo de compressão da dupla camada. No entanto, hoje, sabe-se que tal mecanismo de desestabilização de partículas coloidais no tratamento de águas de abastecimento é desprezível e pouco relevante (SHIN; SPINETTE; O'MELIA, 2008). A justificativa está associada aos aspectos químicos dos coagulantes alumínio e ferro geralmente empregados no tratamento de águas de abastecimento.

Comportamento do alumínio e ferro em meio aquoso

Os coagulantes mais empregados atualmente no tratamento de águas de abastecimento são os sais de alumínio e de ferro, podendo ser adquiridos sob a apresentação de sulfato de alumínio sólido e líquido, sulfato férrico líquido, cloreto férrico líquido e cloreto de polialumínio sólido e líquido. Quando um sal de alumínio ou de ferro é introduzido em meio aquoso, estes se dissociam, como apresentado nas Equações 2-7 a 2-9.

$$Al_2\left(SO_4\right)_3 \rightarrow 2.Al^{+3} + 3.SO_4^{-2} \qquad \text{(Equação 2-7)}$$

$$Fe_2\left(SO_4\right)_3 \rightarrow 2.Fe^{+3} + 3.SO_4^{-2} \qquad \text{(Equação 2-8)}$$

$$FeCl_3 \rightarrow Fe^{+3} + 3.Cl^- \qquad \text{(Equação 2-9)}$$

Em princípio, se, porventura, as reações de dissociação fossem as únicas a serem consideradas, haveria em solução aquosa apenas íons Al^{+3} e Fe^{+3}, o que apoiaria a hipótese de o mecanismo de compressão da dupla camada ser preponderante na desestabilização das partículas coloidais. No entanto, quando um sal de alumínio ou de ferro é adicionado em meio aquoso, de fato, ocorre inicialmente sua dissociação, seguida pela reação com a água, de modo a viabilizar a formação de espécies mononucleares e polinucleares. Inúmeros estudos têm se dedicado a elucidar quais espécies hidrolisadas seriam formadas preferencialmente; no entanto, não há ainda um consenso sobre quais são as espécies preponderantes, existindo ainda muita controvérsia sobre o assunto (PERNITSKY; EDZWALD, 2003).

Algumas espécies hidrolisadas mais significativas do alumínio (Al) e do ferro (Fe) e suas respectivas equações de equilíbrio estão indicadas na Tabela 2-1.

Tabela 2-1 Equações de equilíbrio de algumas espécies hidrolisadas do alumínio e do ferro em meio aquoso (SNOEYINK; JENKINS, 1980)

Espécie	Equação de equilíbrio	Constante de equilíbrio
Fe^{+3}	$Fe(OH)_{3S} \Leftrightarrow Fe^{+3} + 3OH^-$	10^{-38}
$Fe(OH)^{+2}$	$Fe^{+3} + H_2O \Leftrightarrow Fe(OH)^{+2} + H^+$	$10^{-2,16}$
$Fe(OH)_2^+$	$Fe^{+3} + 2H_2O \Leftrightarrow Fe(OH)_2^+ + 2H^+$	$10^{-6,74}$
$Fe(OH)_4^-$	$Fe^{+3} + 4H_2O \Leftrightarrow Fe(OH)_4^- + 4H^+$	10^{-23}
$Fe_2(OH)_2^{+4}$	$2Fe^{+3} + 2H_2O \Leftrightarrow Fe_2(OH)_2^{+4} + 2H^+$	$10^{-2,85}$
Al^{+3}	$Al(OH)_{3S} \Leftrightarrow Al^{+3} + 3OH^-$	10^{-33}
$Al(OH)^{+2}$	$Al^{+3} + H_2O \Leftrightarrow Al(OH)^{+2} + H^+$	10^{-5}
$Al_2(OH)_2^{+4}$	$2Al^{+3} + 2H_2O \Leftrightarrow Al_2(OH)_2^{+4} + 2H^+$	$10^{-6,3}$
$Al_7(OH)_{17}^{+4}$	$7Al^{+3} + 17H_2O \Leftrightarrow Al_7(OH)_{17}^{+4} + 17H^+$	$10^{-48,8}$
$Al_{13}(OH)_{34}^{+5}$	$13Al^{+3} + 34H_2O \Leftrightarrow Al_{13}(OH)_{34}^{+5} + 34H^+$	$10^{-97,4}$
$Al(OH)_4^-$	$Al(OH)_{3S} + OH^- \Leftrightarrow Al(OH)_4^-$	$10^{-1,3}$

Sais de alumínio e de ferro são insolúveis e tendem a precipitar na forma de hidróxido de alumínio. Assim sendo, para cada valor de pH, supondo-se o equilíbrio entre a fase líquida e a fase sólida do coagulante em meio aquoso, a máxima concentração solúvel do coagulante pode ser calculada com base nas constantes de equilíbrio apresentadas na Tabela 2-1, admitindo-se que a fase insolúvel que controla a solubilidade de ambos os elementos seja na forma de hidróxido metálico. O diagrama de solubilidade é apresentado na Figura 2-5.

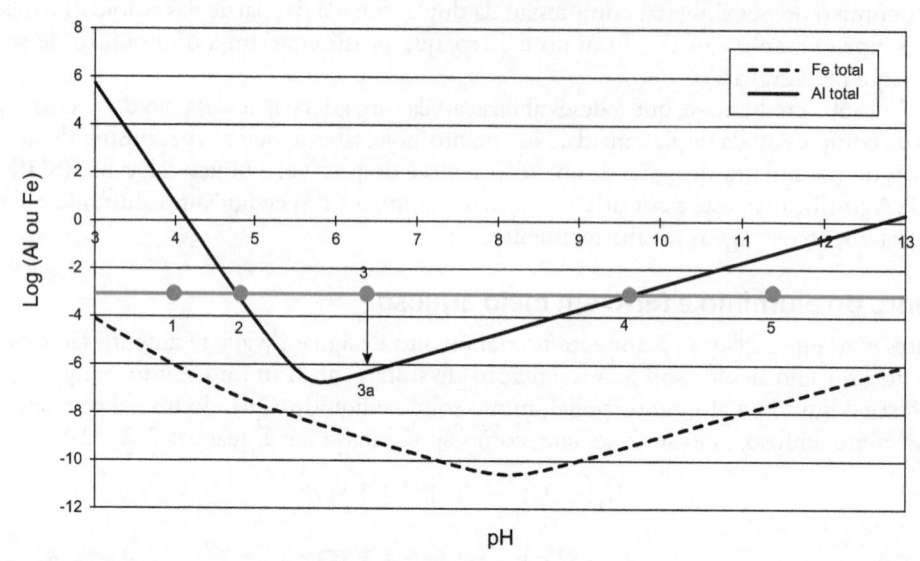

Figura 2-5 Diagramas de solubilidade do alumínio e de ferro em meio aquoso.

Antes que seja possível abordar alguns aspectos práticos associados aos diagramas de solubilidade do alumínio e do ferro em meio aquoso, é importante saber interpretar as informações que podem obtidas destes. Será admitido que se tem na fase líquida uma concentração molar de alumínio igual a 10^{-3} M, o que equivale a uma concentração igual a 297 mg $Al_2(SO_4)_3.14H_2O/L$. Essa concentração está indicada na Figura 2-5 pela linha cinza e deve ser interpretada como um valor total, podendo estar na apresentação solúvel ou insolúvel, dependendo do pH da fase líquida.

Supondo um pH inicial da fase líquida igual a 3, vamos aumentá-lo gradualmente mediante a adição de uma base forte. Inicialmente, toda a concentração de Al encontra-se solúvel (Ponto 1), uma vez que a máxima concentração solúvel é maior que 10^{-3} M, até um valor de pH igual a 4,8 (Ponto 2), em que há o cruzamento com o diagrama de solubilidade. Por conseguinte, do pH igual a 3,0 até 4,8, todo o alumínio encontra-se solúvel na fase líquida e, exatamente neste valor de pH (Ponto 2), a solução está saturada com relação ao alumínio na fase líquida.

Para valores de pH superiores a 4,8, por exemplo pH igual a 6,4 (Ponto 3), a solução estará supersaturada, e, assim sendo, parte do alumínio tenderá a precipitar na fase líquida na forma de hidróxido de alumínio. De acordo com o diagrama de solubilidade, a máxima concentração de alumínio solúvel na fase líquida (Ponto 3a) deverá ser igual a $10^{-6,3}$ M, portanto, a diferença (10^{-3} M $-$ $10^{-6,3}$ M) deverá precipitar na forma de hidróxido de alumínio.

Com o aumento do pH da fase líquida, deverá ser alcançado um valor igual a 9,7 (Ponto 4), sendo que, novamente, a solução torna-se saturada, ou seja, todo o alumínio volta a ficar solúvel. Para qualquer valor de pH acima desse valor (Ponto 4), a concentração máxima solúvel de alumínio deverá ser superior a 10^{-3} M, e, assim sendo, todo o alumínio presente na fase líquida deverá estar solúvel em meio aquoso.

Uma vez tendo, portanto, explorado as informações passíveis de serem obtidas quando se interpreta um diagrama de solubilidade, é possível analisar com mais calma as informações apresentadas na Tabela 2-1 e na Figura 2-5.

- Os coagulantes à base de sais de alumínio (sulfato de alumínio) e de ferro (sulfato férrico e cloreto férrico) apresentam caráter ácido, uma vez que suas reações de hidrólise liberam íons H^+ para a fase líquida. A depleção do pH deverá ser função da dosagem de coagulante e alcalinidade da fase líquida. Em geral, o cloreto férrico apresenta acidez maior que o sulfato férrico, que, por sua vez, é mais ácido que quando comparado com o sulfato de alumínio.
- A solubilidade do ferro em meio aquoso é muito menor que a do alumínio.
- A faixa de trabalho de mínima solubilidade do alumínio em meio aquoso situa-se ao redor de 5,5 e 7,5, enquanto a do ferro está situada aproximadamente entre 5,0 e 11,0.

Ponto Relevante 3: Os coagulantes à base de sais de ferro e de alumínio empregados no tratamento de águas de abastecimento, por apresentarem comportamento ácido, tendem a reduzir o pH da fase líquida, o que exige a adição de um agente alcalinizante para o controle do pH de coagulação. Mesmo que não seja aparentemente necessário, é interessante que no projeto da estação de tratamento de água seja efetuada a previsão de aplicação de um agente alcalinizante durante o processo de coagulação.

Os diagramas de solubilidade apresentados na Figura 2-5 são importantes quando se compara o comportamento do alumínio e do ferro em meio aquoso. No entanto, devem ser vistos com ressalvas, uma vez que foram obtidos por meio de reações químicas em que se supõe uma condição termodinâmica ideal. Para tal condição, as únicas interações consideradas são do metal mais as moléculas da água, e, em condições de campo, o sal metálico tenderá a participar de reações com outros contaminantes (compostos orgânicos naturais), de maneira que seu diagrama de solubilidade deverá sofrer alterações.

De qualquer modo, é possível analisar o comportamento do coagulante quando em meio aquoso, agora interagindo com os coloides e a fase líquida. Vamos admitir uma água bruta com baixa concentração de partículas coloidais e, uma vez sabendo que apresentam carga negativa, deverá ser necessária a adição do coagulante na fase líquida. Vamos eleger o sulfato de alumínio como coagulante e faremos sua adição em incrementos (Fig. 2-6).

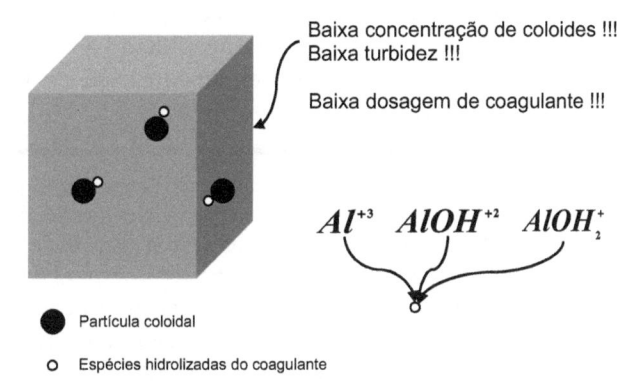

Figura 2-6 Interpretação do processo de coagulação para águas com baixa concentração de partículas coloidais – baixa dosagem de coagulante.

Uma vez que a concentração de partículas coloidais é bastante reduzida (partículas em vermelho), intuitivamente, as dosagens requeridas de coagulante também deverão ser diminuídas. Assim sendo, se for efetuada uma adição reduzida de sulfato de alumínio, teremos como resultado sua reação com as moléculas da água e a consequente formação de espécies monoméricas e poliméricas com carga positiva (partículas em amarelo), que, por sua vez, tenderão a ser adsorvidas na superfície da partícula coloidal. A tendência, portanto, é a redução da carga da partícula coloidal.

Vamos supor que, para a completa desestabilização de uma partícula coloidal (partícula vermelha), seja necessário um total de duas partículas amarelas. É necessário, portanto, que seja aumentada a dosagem de coagulante. Se for efetuado seu aumento, será possível a situação apresentada na Figura 2-7.

Com o aumento da dosagem de coagulante há um aumento na concentração das espécies hidrolisadas com carga positiva na fase líquida e, se esta for adequada, a carga das partículas coloidais tenderá a ser neutralizado, o que possibilitará a desestabilização química das partículas coloidais em meio aquoso (LETTERMAN; VANDERBROOK, 1983).

Esse mecanismo de desestabilização da carga das partículas coloidais é denominado adsorção-neutralização. É importante ressaltar que, teoricamente, no mecanismo de coagulação por adsorção-neutralização, há uma relação estequiométrica entre a concentração de partículas coloidais e a dosagem de coagulante. Portanto, quanto maior é a quantidade de partículas coloidais na fase líquida, maior tende a ser a dosagem de coagulante requerida para a sua desestabilização.

Por conseguinte, no mecanismo de adsorção-neutralização, as espécies monoméricas e poliméricas formadas resultantes da adição do coagulante e suas reações de hidrólise em meio aquoso são as responsáveis pela

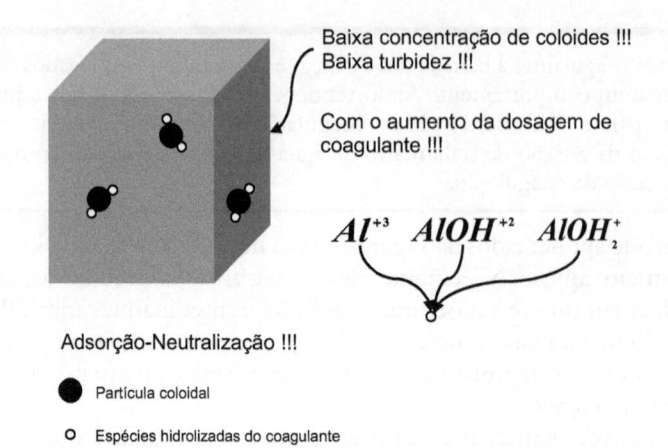

Figura 2-7 Interpretação do processo de coagulação para águas com baixa concentração de partículas coloidais – dosagem adequada de coagulante.

desestabilização das partículas coloidais. A neutralização global das cargas das partículas coloidais ocorre por estes terem carga negativa e as espécies hidrolisadas terem carga positiva, aliado ao fato de que estas são facilmente adsorvidas em superfícies de partículas hidrofóbicas. Consequentemente, o sucesso do processo de coagulação e das operações unitárias subsequentes fica estabelecido.

Ponto Relevante 4: A carga das partículas coloidais pode ser reduzida durante o processo de coagulação pelo mecanismo de adsorção-neutralização, sendo a sua ocorrência devida a espécies monoméricas e poliméricas formadas pela reação do coagulante com as moléculas da água e posterior adsorção na superfície das partículas coloidais.

Como a adsorção de espécies hidrolisadas do coagulante se dá na superfície do coloide vamos supor uma situação em que a concentração de partículas coloidais e o pH da fase líquida seja mantida fixa. Portanto, para baixas dosagens de coagulante, a concentração de suas espécies hidrolisadas é pequena e, dependendo da concentração de coloides, a redução da carga da partícula coloidal poderá ser mais ou menos significativa.

Caso a concentração de coloides seja pequena (menor área superficial do sistema coloidal por volume de líquido), menor será a dosagem do coagulante necessária para que a partícula alcance carga global próxima de seu ponto isoelétrico. Uma vez adicionado a este mesmo sistema coloidal uma dosagem de coagulante maior que a necessária para alcançar o ponto isoelétrico do sistema coloidal, este passará a ter carga positiva, ocasionando o que é conhecido por reversão de carga da partícula coloidal, o que faz com que esta se torne novamente estável (Fig. 2-8).

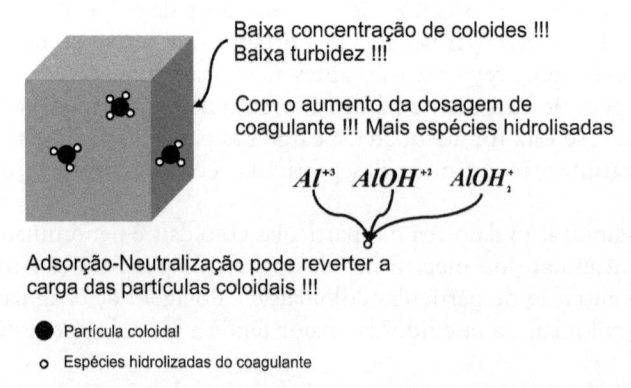

Figura 2-8 Interpretação do processo de coagulação para águas com baixa concentração de partículas coloidais – dosagem de coagulante em excesso.

A reversão da carga das partículas coloidais quando se opera o processo de coagulação no mecanismo de adsorção-neutralização tem de ser evitada, uma vez que deixará de ser negativa e passará a ser positiva, o que evitará sua agregação (floculação) e capacidade de remoção no processo de filtração (AMIRTHARAJAH, MILLS, 1982). Em termos práticos, considera-se aceitável um valor de potencial zeta entre −8,0 mV e −4,0 mV quando se opera o processo de coagulação no mecanismo de adsorção-neutralização.

Ponto Relevante 5: Quando se opera o processo de coagulação no mecanismo de adsorção-neutralização, deve-se evitar o excesso de dosagem de coagulante, a fim de que não ocorra a reversão da carga das partículas coloidais. Recomenda-se que seu potencial zeta seja controlado de modo que se situe entre −8,0 mV e −4,0 mV.

Uma vez que no mecanismo de adsorção-neutralização há uma relação direta entre a concentração de coloides e a dosagem de coagulante necessária para que haja a desestabilização do sistema coloidal, com o aumento da concentração de partículas coloidais, imprescindivelmente, será essencial o aumento da dosagem de coagulante com vistas a garantir sua desestabilização (Fig. 2-9).

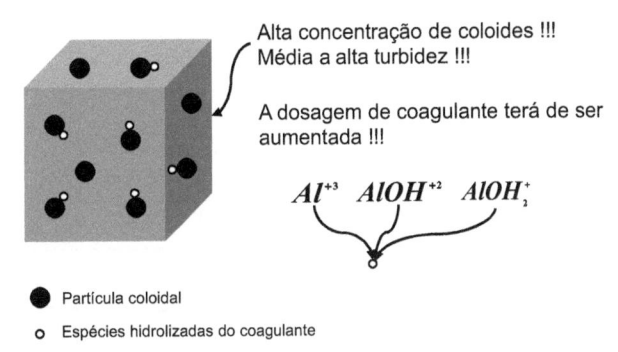

Alta concentração de coloides !!!
Média a alta turbidez !!!

A dosagem de coagulante terá de ser aumentada !!!

$$Al^{+3} \quad AlOH^{+2} \quad AlOH_2^{+}$$

● Partícula coloidal

○ Espécies hidrolizadas do coagulante

Figura 2-9 Interpretação do processo de coagulação para águas com média a alta concentração de partículas coloidais.

Uma vez mantido o pH de coagulação constante e aumentando-se a dosagem de coagulante, pode-se ultrapassar sua solubilidade em meio aquoso, fazendo com que haja formação do precipitado de seu hidróxido correspondente (hidróxido de alumínio ou ferro).

Dessa forma, para cada valor de pH, existe uma concentração máxima de partículas coloidais que possibilita a predominância do mecanismo de adsorção-neutralização na desestabilização do sistema coloidal.

Do momento que, para dados pH e concentração de partículas coloidais, houver a adição de coagulante em uma dosagem tal que seja superior à sua solubilidade em meio aquoso, a formação do seu hidróxido metálico correspondente passará a ocorrer e sua precipitação na superfície dos coloides será o principal mecanismo responsável por sua desestabilização (DUAN; GREGORY, 2003). Este mecanismo é denominado "varredura" e, na maioria das estações de tratamento de água, é o método empregado para a desestabilização das partículas coloidais presentes na água bruta (Fig. 2-10).

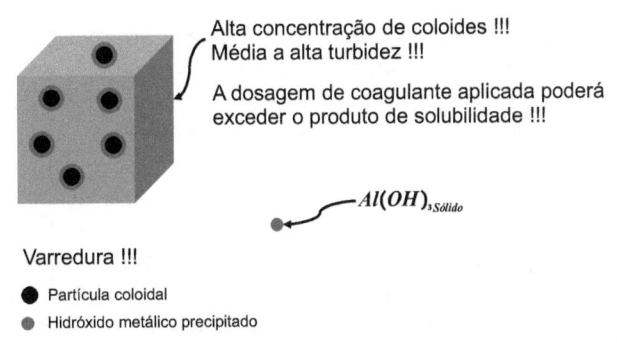

Alta concentração de coloides !!!
Média a alta turbidez !!!

A dosagem de coagulante aplicada poderá exceder o produto de solubilidade !!!

$$Al(OH)_{3Sólido}$$

Varredura !!!

● Partícula coloidal

● Hidróxido metálico precipitado

Figura 2-10 Interpretação do processo de coagulação para águas com média a alta concentração de partículas coloidais – mecanismo de coagulação por varredura.

Ponto Relevante 6: As partículas coloidais podem ser desestabilizadas quimicamente mediante a precipitação do hidróxido metálico que tem por origem a adição do coagulante, sendo esse mecanismo denominado varredura.

Pode-se, portanto, distinguir dois mecanismos de desestabilização química de partículas coloidais quando se empregam sais de alumínio e ferro como coagulantes no tratamento de águas de abastecimento; mecanismo de adsorção-neutralização e mecanismo de varredura.

Como comentado, o mecanismo de compressão da dupla camada, embora tenha um tratamento matemático extremamente elegante no tocante à redução da carga da partícula coloidal na presença de íons de carga oposta em solução, é o menos importante do ponto de vista prático no processo de tratamento de água.

Pode-se elucidar o comportamento de um sistema coloidal quando submetido à adição de um coagulante mediante um exemplo prático. A Figura 2-11 apresenta a variação do potencial zeta de uma água coagulada em função da dosagem de coagulante (sulfato de alumínio) para diferentes valores de pH da fase líquida. A água bruta utilizada nos ensaios de coagulação foi oriunda do Sistema Cantareira, que abastece a ETA Guaraú (Sabesp), com vazão de 33,0 m^3/s e responsável pelo abastecimento de aproximadamente 50% da Região Metropolitana de São Paulo.

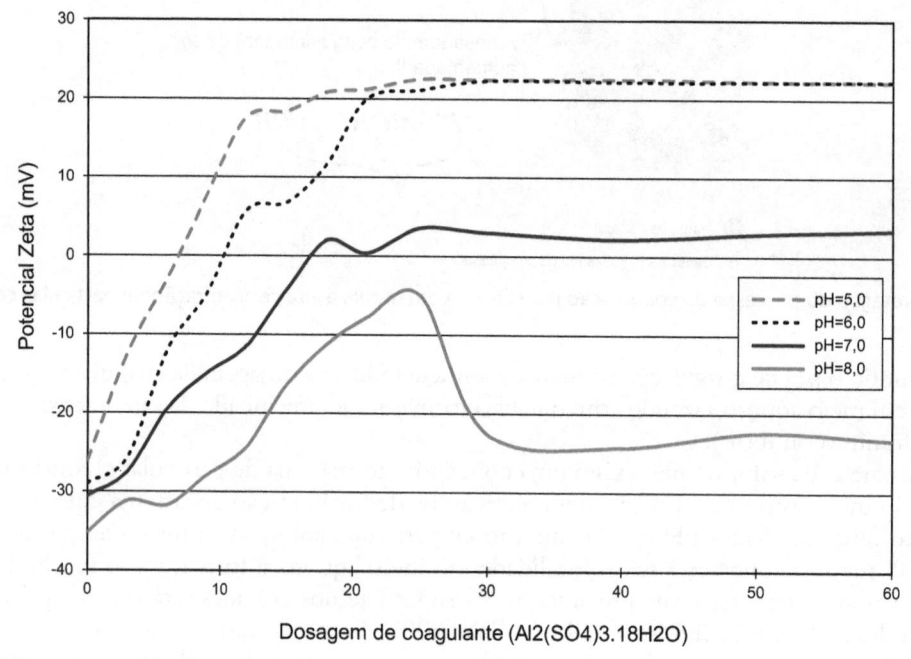

Figura 2-11 Variação do potencial zeta de uma água coagulada em função da dosagem de coagulante para diferentes valores de pH da fase líquida.

Para um valor de pH fixo igual a 6,0, por exemplo, tem-se que o potencial zeta das partículas coloidais em meio aquoso situa-se próximo de −30,0 mV. Com o aumento da dosagem de coagulante (sulfato de alumínio), há uma gradativa diminuição de seu valor até que, para uma dosagem em torno de 10 mg $Al_2(SO_4)_3.18 H_2O/L$, é alcançado seu ponto isoelétrico, ou seja, seu potencial zeta é igual a zero.

Para dosagens de coagulante acima de 10 mg $Al_2(SO_4)_3.18H_2O/L$, observe que ocorre a reversão da carga das partículas coloidais, e, acima de 25 mg $Al_2(SO_4)_3.18H_2O/L$, o potencial zeta alcança um valor máximo e torna-se constante e independente da dosagem de coagulante.

Esse comportamento se justifica, pois, para baixas dosagens de coagulante, prevalece a formação de espécies monoméricas e poliméricas e, dessa maneira, a redução na carga das partículas coloidais se dá pelo mecanismo de adsorção-neutralização. Com o aumento da dosagem de coagulante, ocorre a reversão da carga dos coloides, e, posteriormente, o produto de solubilidade do hidróxido de alumínio é excedido, possibilitando sua precipitação na superfície das partículas coloidais. Por esse motivo, acima de 25 mg $Al_2(SO_4)_3.18H_2O/L$, o potencial zeta torna-se constante, uma vez que está se medindo não mais o potencial zeta das partículas coloidais originais na água bruta, e sim o potencial zeta do hidróxido metálico precipitado em sua superfície.

Quando se comparam os resultados de potencial zeta em função da dosagem de coagulante para diferentes valores de pH, observa-se que sua maior redução ocorre para valores de pH mais reduzidos, o que é explicado pelo fato de a maior concentração de espécies monoméricas e poliméricas com carga positiva coexistir em valores de pH mais reduzidos.

Se se deseja, portanto, operar o processo de coagulação no mecanismo de adsorção-neutralização, normalmente as dosagens de coagulante são reduzidas, até 5,0 mg $Al_2(SO_4)_3.14H_2O/L$, e o pH é ligeiramente ácido, próximo de 5,0 a 6,0. Por sua vez, quando se pretende operar o processo de coagulação no mecanismo de varredura, as dosagens de coagulante são mais elevadas, em geral superiores a 10,0 mg $Al_2(SO_4)_3.14H_2O/L$ e valor de pH situa-se entre 6,0 e 7,0.

Ao se empregar o ferro como coagulante, é muito difícil identificar uma região em que seja possível a operação do processo de coagulação na forma de adsorção-neutralização, uma vez que sua solubilidade é muito reduzida em uma ampla faixa de pH. Para o alumínio, podemos identificar ambas as típicas regiões de operação do mecanismo de coagulação em seu diagrama de coagulação (Fig. 2-12).

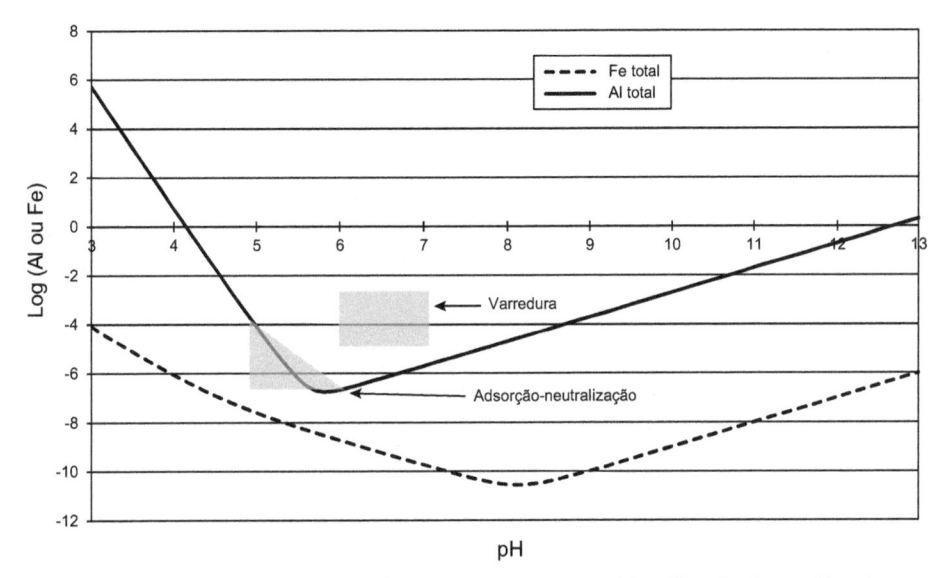

Figura 2-12 Diagramas de solubilidade do alumínio e ferro em meio aquoso e identificação das regiões de operação do processo de coagulação.

O comportamento de ambos os coagulantes em meio aquoso traz algumas implicações no mecanismo de desestabilização de partículas coloidais no tratamento de água, a saber:

- A desestabilização de partículas coloidais pelo mecanismo de adsorção-neutralização é mais eficiente quando da utilização do alumínio como coagulante na faixa de pH entre 5,0 e 6,0. A explicação é, que nesse intervalo de pH, a solubilidade do alumínio aumenta gradativamente, prevalecendo a formação de espécies polinucleares altamente carregadas com carga positiva. Pelo fato de a solubilidade do ferro ser extremamente baixa em uma faixa relativamente ampla de pH, sua utilização visando à desestabilização de partículas coloidais no mecanismo de adsorção-neutralização é muito pouco provável, podendo, quando muito, ser uma combinação de ambos os mecanismos de adsorção-neutralização e de varredura.
- Quando o processo de desestabilização de partículas coloidais for realizado no mecanismo de varredura, uma de suas consequências será a formação do precipitado do sal metálico na forma de hidróxido. Isso afeta o controle do pH de coagulação-floculação, que pode ser muito menos rigoroso quando da utilização do ferro que quando da utilização do alumínio, pelo fato de o ferro ser muito mais insolúvel do que o alumínio.
- Embora seja possível a utilização do alumínio em uma faixa de pH que possibilite a desestabilização das partículas coloidais no mecanismo de adsorção-neutralização na faixa de pH próxima de 5,0, um controle

especial da dosagem do coagulante tem de ser efetuado de modo a inviabilizar sua superdosagem. Isso porque, nesse intervalo de pH, a solubilidade do alumínio começa a diminuir gradativamente (Fig. 2-12), o que pode permitir a passagem de alumínio solúvel pelo processo de tratamento. Caso não haja o controle do pH de coagulação, as concentrações de alumínio solúvel na água filtrada poderão exceder o valor máximo permitido pela Portaria MS 2.419, que é de 0,2 mg/L (como Al) e precipitar no sistema público de distribuição de água na forma de $Al(OH)_3$, dada a correção do pH da água final visando ao controle de sua corrosividade.

Ponto Relevante 7: Quando se empregam sais de alumínio como coagulante, pode-se operar o processo de coagulação tanto no mecanismo de adsorção-neutralização como de varredura, sendo sua definição em função das características da água bruta, dosagem de coagulante e pH de coagulação.

Ponto Relevante 8: Por sua vez, quando se empregam sais de ferro como coagulante, em face de sua baixa solubilidade em uma ampla faixa de pH, seu mecanismo de coagulação preponderante deverá ser por varredura.

 ## IMPLICAÇÕES DA CONCEPÇÃO DAS ESTAÇÕES DE TRATAMENTO DE ÁGUA E SEU MECANISMO DE COAGULAÇÃO

As estações de tratamento de água convencionais de ciclo completo são geralmente dotadas dos processos unitários de coagulação, floculação, sedimentação e filtração, e, como discutido no Capítulo 1, são aptas a tratar águas brutas com valores de turbidez e de cor aparente até 3.000 UNT e 1.000 UC, respectivamente.

Considerando que a concentração de partículas coloidais afluentes a uma estação de tratamento convencional de ciclo completo tende a ser elevada em alguns momentos, tem-se que as dosagens requeridas de coagulante que possibilitem sua desestabilização deverão também ser elevadas, e, assim sendo, o mecanismo de coagulação preponderante será por varredura.

Uma vez que as unidades de separação de sólidos (decantadores seguidos de unidades de filtração) são suficientemente robustas de modo a possibilitar a remoção das partículas coloidais oriundas da água bruta e mais aquelas acrescentadas pela precipitação do coagulante na forma de hidróxido metálico, pode-se operar o processo de coagulação no mecanismo de varredura sem que sejam ocasionados problemas na operação do processo de tratamento.

Se, em algum momento, os valores de turbidez da água bruta forem reduzidos a ponto de possibilitarem que o processo de coagulação possa ser operado no mecanismo de adsorção-neutralização, também não há problema algum. Assim sendo, tem-se que os decantadores deverão trabalhar como uma simples caixa de passagem, não possibilitando uma remoção significativa de sólidos.

Caso as variações de qualidade da água bruta ao longo do tempo possibilitem que, durante determinadas épocas do ano, o processo de coagulação possa ser operado no mecanismo de adsorção-neutralização, ou seja, possa ser admitida uma baixa concentração de partículas coloidais na água bruta, a estação de tratamento poderá ser projetada como convencional de ciclo completo, e, mediante interligações entre os processos de coagulação, floculação e filtração ou coagulação e filtração, tem-se que a estação de tratamento de água poderá ser operada como filtração direta ou filtração em linha.

Ponto Relevante 9: Estações de tratamento de água convencional de ciclo completo podem operar seus processos de coagulação tanto do mecanismo de varredura como de adsorção-neutralização, sendo definido por qualidade da água bruta, tipo de coagulante, dosagem e pH de coagulação.

Por sua vez, caso a estação de tratamento de água seja concebida como filtração direta ou filtração em linha, preferencialmente, seu mecanismo de coagulação terá de ser por adsorção-neutralização, pois se assume que a concentração de partículas coloidais na água bruta é bastante reduzida, demandando baixa dosagem de coagulante. Deve-se sempre lembrar que instalações do tipo filtração direta e filtração em linha têm as unidades de filtração como única unidade de separação sólido-líquido e, consequentemente, a carga de sólidos encaminhada às unidades terá de ser sempre bastante reduzida, do contrário, as carreiras de filtração resultarão muito curtas.

Pode-se dizer, portanto, que, enquanto as estações de tratamento de águas convencionais de ciclo completo podem operar seus mecanismos de coagulação como varredura ou adsorção-neutralização, as estações de tratamento de água dos tipos filtração direta e filtração em linha apenas podem ser operadas no modo adsorção-neutralização.

Ponto Relevante 10: Estações de tratamento de água dos tipos filtração direta e filtração em linha devem operar seus processos de coagulação preferencialmente no mecanismo de adsorção-neutralização, devendo evitar trabalhar no mecanismo de varredura.

É muito comum observar que inúmeras estações de tratamento de água concebidas, projetadas e construídas como filtração direta têm apresentado reduzidas carreiras de filtração, muitas vezes inferior a 6 horas, motivadas principalmente pela superdosagem de coagulante e operação do processo de coagulação fora da faixa adequada de pH. Nesse caso, ainda que a qualidade da água bruta possibilite seu tratamento em estações concebidas como filtração direta ou filtração em linha, a inabilidade dos operadores não permite que seja alcançada sua condição ótima de operação. Dessa forma, conclui-se que, embora as estações de tratamento de água dos tipos filtração direta e filtração em linha sejam extremamente simples de serem projetadas e construídas, sua operação é relativamente complexa e exige a presença de equipe operacional com elevada capacidade técnica e experiência.

CONCEITO DO GRADIENTE DE VELOCIDADE

Até o momento, o processo de coagulação foi enfocado como um conjunto de reações químicas envolvendo o coagulante, o meio aquoso e as partículas coloidais, de modo a possibilitar sua desestabilização química e preparando o sistema coloidal para os processos unitários de jusante. No entanto, é de suma importância que se possa considerar também como a solução do coagulante é dispersa na fase líquida e quais parâmetros devam ser levados em consideração quando do projeto de sistemas de coagulação.

De modo mais abrangente, pode-se caracterizar o processo de coagulação como uma combinação de grandezas que, intervindo de maneira conjunta, viabilizem a plena desestabilização das partículas coloidais (Fig. 2-13).

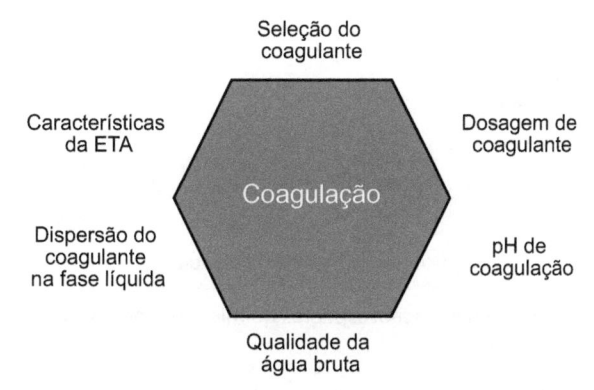

Figura 2-13 Visão conceitual do processo de coagulação e principais grandezas intervenientes em sua eficiência.

- **Seleção do coagulante:** a eficiência do processo de coagulação depende do tipo de coagulante empregado; para algumas águas brutas, coagulantes à base de sais de ferro são mais eficientes que sais de alumínio, e vice-versa. A correta definição do coagulante a ser empregado em uma estação de tratamento de água é, portanto, de grande importância, de modo a garantir o sucesso do processo de tratamento.
- **Dosagem de coagulante:** a definição da dosagem de coagulante deve ser corretamente escolhida com vistas a garantir a desestabilização das partículas coloidais, evitando-se gastos desnecessários com produtos químicos. A definição da dosagem adequada é função de inúmeras variáveis, podendo-se citar o tipo de coagulante, mecanismo de coagulação empregado, pH de coagulação, qualidade da água bruta e características da estação de tratamento de água, entre outros.

- **pH de coagulação:** a definição do pH de coagulação tem implicação direta na definição das dosagens de coagulantes requeridas para a correta desestabilização da carga das partículas coloidais.
- **Qualidade da água bruta:** a escolha do coagulante mais adequado, sua dosagem e o pH de coagulação é função primária da qualidade da água bruta. Em primeira instância, quem deverá ditar como o processo de coagulação será operado é a qualidade da água bruta. Por exemplo, águas brutas provenientes de mananciais altamente eutrofizados são mais bem tratadas quando se empregam sais de ferro como coagulante em detrimento dos sais de alumínio.
- **Características da estação de tratamento de água:** a escolha do coagulante e sua respectiva dosagem pode ser ditada pelas características dos processos unitários que compõem uma estação de tratamento de água. Por exemplo, estações de tratamento de água que trabalhem com sobrecarga hidráulica em seus processos de floculação e sedimentação podem exigir a adoção de sais de ferro como coagulante, haja vista que os flocos formados apresentam maiores velocidades de sedimentação quando comparados com os formados de sais de alumínio.
- **Dispersão do coagulante na fase líquida:** uma vez definido o tipo de coagulante e sua dosagem, se faz necessário garantir que sua dispersão na fase líquida seja a mais homogênea possível, possibilitando que todas as partículas coloidais possam estar sujeitas a sua ação.

Até o momento, foram somente levados em conta a influência das variáveis, o tipo e a dosagem de coagulante, o pH de coagulação, a qualidade da água bruta e a concepção da estação de tratamento de água no processo de coagulação, não se tendo considerado sua dependência em relação a seus processos de dispersão na fase líquida. As grandezas apresentadas na Figura 2-13 podem ser agrupadas em duas categorias distintas, como apresentado na Figura 2-14.

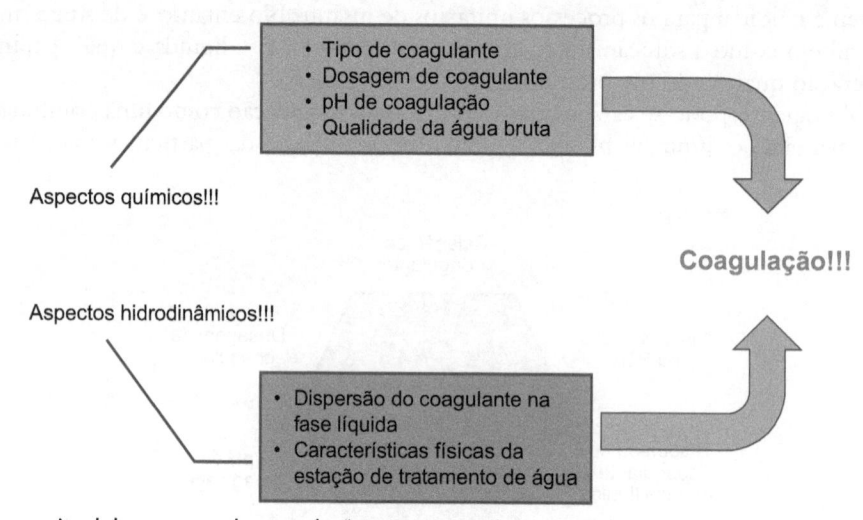

Figura 2-14 Visão conceitual do processo de coagulação: aspectos químicos e aspectos hidrodinâmicos.

Em uma primeira categoria podem ser agrupadas as grandezas associadas aos aspectos químicos mais relevantes no processo de coagulação e como estes afetam a eficiência na desestabilização das partículas coloidais. A segunda categoria engloba os aspectos hidrodinâmicos que são considerados importantes e que ditam as condições ótimas de dispersão do coagulante em meio aquoso e as características da estação de tratamento de água.

De modo a garantir o pleno sucesso do processo de coagulação, deve, portanto, haver uma perfeita fusão entre seus aspectos químicos e hidrodinâmicos, ou seja, não basta somente serem considerados os aspectos químicos intervenientes ou apenas os aspectos hidrodinâmicos; ambos têm de ser avaliados em conjunto.

Ponto Relevante 11: O processo de coagulação e o sucesso de sua operação em uma estação de tratamento de água envolvem a plena integração de aspectos químicos e hidrodinâmicos envolvidos na dispersão do coagulante no meio aquoso. Dessa maneira, ambos têm de ser igualmente levados em consideração.

É fundamental, portanto, que seja adotado um critério que possibilite avaliar a eficiência da dispersão do coagulante na fase líquida em relação aos aspectos hidrodinâmicos intervenientes no processo de coagulação. Os trabalhos pioneiros efetuados por Camp e Stein viabilizaram a proposição do gradiente de velocidade como um parâmetro que ofereceria meios de avaliar as condições ótimas de mistura do coagulante na fase líquida (CAMP; STEIN, 1943). De maneira simplificada, vamos imaginar uma partícula sujeita a um campo de velocidade em que sua variação possa ser admitida como linear (Fig. 2-15).

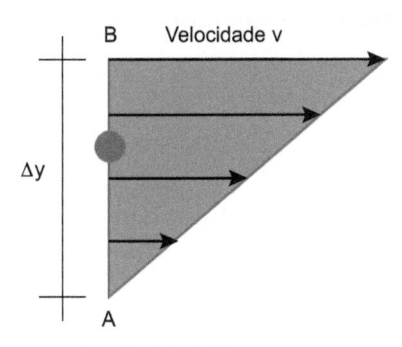

Figura 2-15 Partícula coloidal sujeita a um campo de velocidade linear.

Desse modo, define-se gradiente de velocidade como:

$$G = \frac{\Delta V}{\Delta y}$$

(Equação 2-10)

G = gradiente de velocidade (T^{-1})
ΔV = variação de velocidade (LT^{-1})
Δy = variação da distância (L)

Vamos admitir que uma partícula está sujeita a uma variação de velocidade igual a 1 m/s, por exemplo, podemos supor que a velocidade nos pontos A e B (Fig. 2-15) sejam iguais a 0 m/s e 1 m/s. Para diferentes valores de Δy iguais a 1 m, 1 cm e 1 mm, os valores de gradientes de velocidade deverão ser iguais a:

$$G = \frac{\Delta V}{\Delta y} = \frac{1,0\,m/s - 0\,m/s}{1,0\,m} = 1\,s^{-1}$$

(Equação 2-11)

$$G = \frac{\Delta V}{\Delta y} = \frac{1,0\,m/s - 0\,m/s}{0,01\,m} = 100\,s^{-1}$$

(Equação 2-12)

$$G = \frac{\Delta V}{\Delta y} = \frac{1,0\,m/s - 0\,m/s}{0,001\,m} = 1.000\,s^{-1}$$

(Equação 2-13)

Quanto maior for a diferença de velocidade em relação à distância, maior será, portanto, o gradiente de velocidade, e, dessa maneira, intuitivamente, maior será a intensidade de turbulência no escoamento o que, em tese, possibilitará uma condição melhor de mistura na fase líquida. É importante ressaltar que o gradiente de velocidade apresenta unidade, comumente expressa em s^{-1}. Uma vez que entendido o conceito do gradiente de velocidade, é conveniente que tenhamos um meio de estimá-lo em um escoamento qualquer. Vamos admitir que tenhamos um cubo de arestas dx, dy e dz submetido a um escoamento e, simplificadamente, assumiremos que este seja unidimensional (Fig. 2-16).

Uma vez que o escoamento se encontra submetido a um campo de velocidade unidimensional e este apresenta uma variação no eixo y, pode-se calcular a potência dissipada no escoamento da seguinte forma:

$$dP_{ot} = dF \cdot v$$

(Equação 2-14)

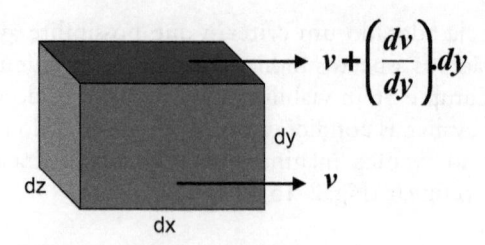

Figura 2-16 Gradiente de velocidade em escoamento unidimensional.

dP_{ot} = potência dissipada no escoamento (ML^2T^{-3})
dF = força aplicada no plano xz (MLT^{-2})
v = velocidade do escoamento no plano xz (MT^{-1})

A força aplicada pelo escoamento no plano xz é dada pela tensão cisalhante multiplicada pela área. Tem-se, portanto, que:

$$dF = \mu . \frac{dv}{dy} . dx . dz \qquad \text{(Equação 2-15)}$$

μ = coeficiente de viscosidade dinâmica do fluido$(ML^{-1}T^{-1})$

Substituindo a Equação 2-15 na Equação 2-14 e aplicando ao elemento de volume apresentado na Figura 2-16, tem-se que:

$$dP_{ot} = \mu . \frac{dv}{dy} . \left(v + \frac{dv}{dy} . dy \right) . dx . dz - \mu . \frac{dv}{dy} . (v) . dx . dz \qquad \text{(Equação 2-16)}$$

$$dP_{ot} = \mu . \frac{dv}{dy} . \left(\frac{dv}{dy} \right) . dx . dy . dz \qquad \text{(Equação 2-17)}$$

Uma vez que o conceito de gradiente de velocidade é admitido como uma variação de velocidade no espaço, podemos simplificar a Equação 2-17, assumindo que a grandeza dv/dy pode ser substituída pela grandeza G (Equação 2-10). Tem-se, portanto, que:

$$dP_{ot} = \mu . G^2 . dx . dy . dz \qquad \text{(Equação 2-18)}$$

Integrando a Equação 2-18 para o volume de controle considerado, pode-se escrever que:

$$\int dP_{ot} = \int \mu . G^2 . dx . dy . dz \qquad \text{(Equação 2-19)}$$

$$P_{ot} = \mu . G^2 . V \qquad \text{(Equação 2-20)}$$

Rearranjando-se a Equação 2-20, o gradiente de velocidade pode ser estimado por:

$$G = \sqrt{\frac{P_{ot}}{\mu . V_{ol}}} \qquad \text{(Equação 2-21)}$$

G = gradiente médio de velocidade (T^{-1})
P_{ot} = potência global dissipada no escoamento (ML^2T^{-3})
V_{ol} = volume (L^3)

A potência introduzida em um escoamento pode ocorrer por meio de dispositivos mecanizados ou hidráulicos. Caso seja por meio de dispositivos mecanizados, seu cálculo pode ser efetuado por:

$$P_{ot} = K_t . \rho . n^3 . D^5 \qquad \text{(Equação 2-22)}$$

P_{ot} = potência global dissipada no escoamento em W
K_t = número de potência; função do tipo de sistema de agitação adotado (adimensional)
ρ = massa específica do fluido em kg/m^3
n = rotação do sistema de agitação em rps
D = diâmetro do rotor em m

Para dispositivos hidráulicos, a potência dissipada é função de uma perda de carga causada pelo escoamento. Desse modo, tem-se que:

$$P_{ot} = \gamma \cdot Q \cdot \Delta H$$

(Equação 2-23)

P_{ot} = potência global dissipada no escoamento em W
γ = peso específico do fluido em N/m^3
Q = vazão em m^3/s
ΔH = perda de carga em mca

A Equação 2-23, apesar de sua simplicidade, é o parâmetro de projeto considerado mais consistente para o dimensionamento de unidades de mistura rápida. Sua compreensão intuitiva nos diz que, quanto maior for a potência dissipada no escoamento, maior tenderá a ser o gradiente de velocidade. Por sua vez, quanto maior for seu valor, mais homogênea deverá ser a mistura do coagulante no meio aquoso.

Inúmeros pesquisadores (CLEASBY, 1984; HAN; LAWLER, 1992) têm discutido as limitações do conceito do gradiente de velocidade como um parâmetro que possa definir as condições de mistura no processo de coagulação e floculação, e, resumidamente, pode-se dizer que:

- O gradiente de velocidade calculado pela Equação 2-21 permite apenas estimar seu valor médio no escoamento, não representando suas variações locais que podem ser de grande relevância nos processos que envolvam agregação e quebra de flocos.
- Parte da energia introduzida no escoamento por meio de equipamentos mecanizados pode ser perdida na forma de calor, não estando disponível para os processos de mistura.
- O conceito de gradiente de velocidade como parâmetro de mistura e agregação é importante para partículas com dimensões superiores 1 μm, não sendo relevante para partículas com dimensões inferiores a este valor.

Ainda que apresente limitações, o parâmetro gradiente de velocidade tem sido empregado como parâmetro de projeto para unidades de coagulação e floculação há mais de cinquenta anos. Desde modo, já existe um histórico de instalações que foram bem projetadas e que possibilitaram o estabelecimento de alguns valores de projeto que tendem a garantir o sucesso operacional das instalações. Como ainda não existem alternativas mais confiáveis que o parâmetro gradiente de velocidade para o dimensionamento de unidades de coagulação e floculação, continuaremos, por algum tempo mais, empregando-o no projeto de estações de tratamento de água.

Os valores típicos mínimos de gradientes de velocidade que podem ser adotados no projeto de sistemas de mistura rápida são função dos mecanismos de desestabilização de carga das partículas coloidais empregados no processo de coagulação (AMIRTHARAJAH; MILLS, 1982). Podem-se adotar os valores mencionados a seguir.

Ponto Relevante 12: Se, porventura, o mecanismo preferencial de desestabilização da carga das partículas coloidais for por adsorção-neutralização, recomenda-se que o gradiente de velocidade seja igual ou superior a 1.000 s^{-1}.

Ponto Relevante Final: Por sua vez, se o mecanismo de desestabilização da carga das partículas coloidais for por varredura, pode-se adotar um gradiente de velocidade igual ou superior a 300 s^{-1}.

DIMENSIONAMENTO DE UNIDADES DE MISTURA RÁPIDA

As unidades de mistura rápida mais comumente empregadas no tratamento de águas de abastecimento podem ser classificadas de acordo com seu sistema de agitação, a saber:

- Unidades de mistura rápida do tipo mecanizadas
- Unidades de mistura rápida do tipo hidráulicas

Unidades de mistura rápida do tipo mecanizadas

A adoção de sistemas de mistura rápida do tipo mecanizados não tem sido muito comum no Brasil, sendo empregados somente em algumas situações e aplicações muito particulares. Diferentemente, a maioria das estações de tratamento de água nos Estados Unidos são projetadas optando-se por unidades de mistura rápida mecanizadas. Não se pode, portanto, afirmar que uma opção é melhor que outra, pois se trata de uma opção do projetista ou do contratante em optar por uma ou outra tecnologia. Se porventura ambas forem adequadamente projetadas, os seus resultados tenderão a serem bastante satisfatórios.

Unidades de mistura rápida do tipo mecanizadas apresentam dimensionamento bastante simples, e sua principal finalidade deverá ser garantir condições ótimas para a dispersão do coagulante no meio aquoso. Geralmente, unidades mecanizadas consistem na implantação de sistemas de agitação em câmaras dispostas em um canal ou estrutura específica para tal, podendo ser dotadas de uma ou mais unidades dispostas em série. A Figura 2-17 apresenta um sistema de mistura rápida do tipo mecanizado instalado em uma estação de tratamento de água cuja capacidade hidráulica é de 1,2 m³/s, podendo chegar a 2,0 m³/s.

Figura 2-17 Unidade de mistura rápida do tipo mecanizada instalado em um canal de água bruta – vazão nominal da ETA: 2,0 m³/s.

O leitor poderá observar o funcionamento e a operação de uma unidade de mistura rápida mecanizada em uma estação de tratamento de água de grande porte por meio do Vídeo 2-1.

Os equipamentos de agitação mais comumente utilizados em unidades de mistura rápida do tipo mecanizadas são os agitadores do tipo turbina de fluxo radial, uma vez que estes conferem elevados gradientes de velocidade localizados nas proximidades do sistema de agitação. As dimensões adotadas para a câmara de mistura também são importantes, recomendando-se que sua área superficial seja quadrada e que a lâmina líquida adotada tenha aproximadamente duas vezes a dimensão de sua largura (QASIM; MOTLEY; ZHU, 2000). Dessa forma, os principais parâmetros de projeto que podem ser adotados para unidades mecanizadas são os seguintes (KAWAMURA, 2000):

PARÂMETROS DE PROJETO – UNIDADES DE MISTURA RÁPIDA MECANIZADAS
- **Tempo de detenção hidráulico: 10 a 30 s**
- **Gradiente de velocidade: entre 300 e 1.000 s⁻¹**

- **Rotação: 40 a 125 rpm**
- **Relação entre o diâmetro do rotor (D) e o diâmetro equivalente do tanque (D_e): entre 0,25 e 0,40 (Equação 2-32)**
- **Geometria da área em planta: preferencialmente de secção quadrada**
- **Altura da lâmina líquida: em torno do dobro de sua largura**

Diâmetro equivalente do tanque: $D_e \cong 1{,}13 \cdot \sqrt{L.C}$

Exemplo 2-1

Problema: Uma estação de tratamento de água deverá ser projetada para uma vazão de 500 L/s e sua unidade de mistura rápida deverá ser concebida e projetada como mecanizada. Dessa forma, estabeleça as dimensões da câmara de mistura e selecione o equipamento de agitação com suas respectivas dimensões e potência do motor elétrico. Assuma que a cota do nível d'água na unidade de mistura rápida deva ser igual a 830,00 m e que a temperatura da fase líquida seja igual a 20 °C.

Solução: Vamos admitir como parâmetros de projeto que seu tempo de detenção hidráulico e gradiente de velocidade requeridos sejam em torno de 30 s e 500 s^{-1}, respectivamente.

- Passo 1: Cálculo do volume da câmara de mistura rápida

O volume da câmara de mistura rápida pode ser estimado com base na seguinte expressão:

$$V = \theta \cdot Q \qquad \text{(Equação 2-24)}$$

V = volume da câmara de mistura rápida (L^3)
Θ = tempo de detenção hidráulico (T)
Q = vazão ($L^3 T^{-1}$)

$$V = \theta \cdot Q = 30 \ s \cdot 0,5 \frac{m^3}{s} = 15 \ m^3 \qquad \text{(Equação 2-25)}$$

- Passo 2: Dimensões da câmara de mistura rápida

Vamos admitir que a secção da unidade de mistura seja quadrada e que a profundidade da lâmina líquida seja em torno de duas vezes a sua largura. Dessa maneira, o volume da caixa pode se escrito da seguinte forma:

$$V = A \cdot h = x \cdot x \cdot 2x = 2x^3 \qquad \text{(Equação 2-26)}$$

$$V = 2x^3 = 15 \ m^3 \qquad \text{(Equação 2-27)}$$

$$x \cong 1,96 \ m \qquad \text{(Equação 2-28)}$$

Vamos adotar uma caixa de mistura rápida com dimensões iguais a 2,0 m de largura e 3,5 m de profundidade de lâmina líquida. Dessa maneira, tem-se que seu volume útil deverá ser igual a 14 m^3 e proporcionará um tempo de detenção hidráulico de aproximadamente 28 s.

- Passo 3: Seleção do equipamento de agitação e definição de suas variáveis operacionais

Uma vez que a unidade de mistura rápida será do tipo mecanizada, a potência a ser introduzida no escoamento poderá ser calculada de acordo com:

$$P_{ot} = \mu \cdot V \cdot G^2 \qquad \text{(Equação 2-29)}$$

$$P_{ot} = 1,002 \cdot 10^{-3} \frac{N.s}{m^2} \cdot 14 \ m^3 \cdot \left(500 \ s^{-1}\right)^2 \cong 3,51 \ kW \qquad \text{(Equação 2-30)}$$

Para sistemas mecanizados, e admitindo-se escoamento turbulento, a potência introduzida no escoamento pode ser estimada por:

$$P_{ot} = K_t \cdot \rho \cdot n^3 \cdot D^5 \qquad \text{(Equação 2-31)}$$

Selecionado um sistema de agitação do tipo turbina e fluxo radial, para equipamentos dessa natureza, tem-se que seu número de potência pode ser adotado como igual a 5,0. Será estimado o diâmetro do rotor com base na relação entre sua dimensão física e o diâmetro equivalente do tanque, a qual pode variar de 0,25 a 0,40.

$$D_e \cong 1,13 \cdot \sqrt{L.C} \qquad \text{(Equação 2-32)}$$

D_e = diâmetro equivalente do tanque de mistura em m
L = largura do tanque em m
C = comprimento do tanque em m

$$D_e = 1,13 \cdot \sqrt{2,0 \cdot 2,0} \cong 2,3 \qquad \text{(Equação 2-33)}$$

Admitindo-se que a relação entre as grandezas físicas diâmetro do rotor e diâmetro equivalente possa variar de 0,25 a 0,40, tem-se que o diâmetro do rotor poderá variar de 0,65 m a 0,92 m. Vamos adotar um diâmetro do rotor igual a 0,8 m.

Pode-se, portanto, efetuar o cálculo da rotação, que deverá ser imposta ao sistema de agitação.

$$n^3 = \frac{P_{ot}}{K_t \cdot \rho \cdot D^5} = \frac{3.510\,W}{5,0 \cdot 998,2\,kg/m^3 \cdot (0,8\,m)^5} \cong 2,15 \qquad \text{(Equação 2-34)}$$

$$n \cong 1,3\,rps\,(77,4\,rpm) \qquad \text{(Equação 2-35)}$$

Logo, com vistas a possibilitar um gradiente mínimo de velocidade igual a 500 s^{-1}, o sistema de agitação deverá trabalhar com uma rotação em torno de 78 rpm. O motor de acionamento e sistema elétrico deverá ser dotado de inversor de frequência que possibilite a variação da rotação do sistema de agitação e, consequentemente, do gradiente de velocidade imposto ao escoamento. Se, porventura, for assumido um rendimento global do motor e sistema elétrico de 60%, tem-se que a potência nominal de placa deverá ser de:

$$P_{ot} = \frac{3,51\,kW}{0,6} \cong 5,9\,kW\,(7,9\,cv) \qquad \text{(Equação 2-36)}$$

Vamos, portanto, adotar um motor instalado com potência nominal de placa igual a 8,0 cv. O consumo de energia elétrica pode ser estimado da seguinte forma:

$$C_{en} = P_{ot} \cdot \Delta t \qquad \text{(Equação 2-37)}$$

C_{en} = consumo de energia elétrica em kW.h/dia
P_{ot} = potência em kW
Δt = número de horas de funcionamento por dia

$$C_{en} = P_{ot} \cdot \Delta t = 5,9\,kW \cdot \frac{24h}{dia} \cong 142\,kW.h/dia \qquad \text{(Equação 2-38)}$$

- Passo 4: Dispositivos de entrada de água bruta e saída de água coagulada

Um aspecto de elevada importância é a correta definição dos dispositivos de entrada de água bruta e saída de água coagulada, uma vez que, quando não bem dimensionadas, tendem a apresentar zonas mortas e curtos circuitos hidráulicos. Uma alternativa proposta encontra-se apresentada na Figura 2-18.

Para esta condição, foi adotado que ambos os canais de condução de água bruta e coagulada fossem implantados com largura e altura iguais a 2,0 m e que a entrada e saída da câmara de mistura rápida fossem constituídas por aberturas dispostas em lados opostos. Uma vez que a largura do canal de água bruta é igual a 2,0 m, pode-se adotar uma abertura com largura igual a 0,5 m. Como a altura da câmara é igual a 3,5 m, a secção de escoamento deverá apresentar 1,75 m². Dessa maneira, as velocidades de entrada e saída deverão ser iguais a 0,29 m/s, reduzidas o suficiente para minimizar suas perdas de carga.

Outra proposta de implantação para a câmara de mistura rápida é apresentada na Figura 2-19.

Para essa segunda alternativa, a água bruta é aduzida por meio de uma adutora cuja chegada à caixa de mistura rápida ocorre em sua face inferior, e, assim sendo, a fase líquida é direcionada para o sistema de agitação. Para ambas as alternativas consideradas, é importante salientar que a dosagem de coagulante deve ocorrer por meio de dispositivos que permitam sua aplicação nas proximidades do sistema de agitação, ou seja, em um ponto tal cujo gradiente de velocidade local seja o mais elevado.

Como observado no Exemplo 2-1, o dimensionamento de unidades de mistura rápida do tipo mecanizadas é extremamente simples e não deve conferir grandes dificuldades quando de seu projeto. No entanto, é importante que sejam considerados alguns comentários acerca de suas vantagens e desvantagens de implantação:

- Unidades de mistura rápida mecanizadas são extremamente robustas do ponto de vista técnico, uma vez que seu gradiente de velocidade pode ser alterado mediante a modificação da rotação do sistema de agitação.

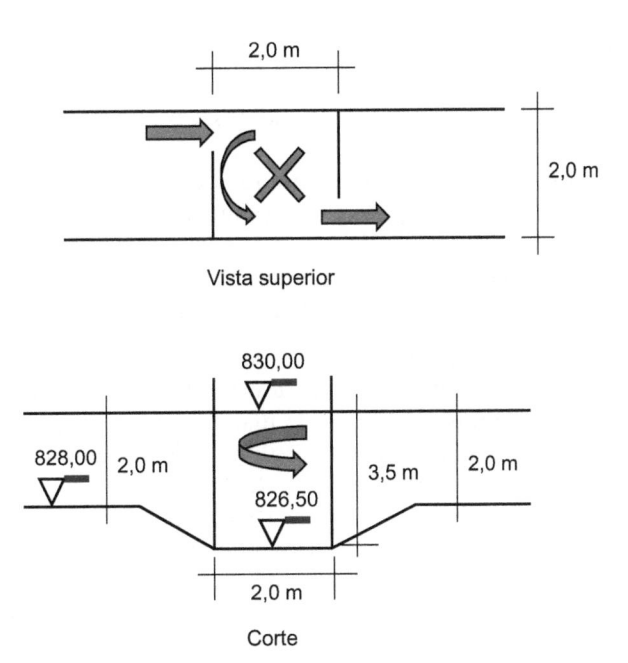

Figura 2-18 Proposta de unidade de mistura rápida do tipo mecanizada instalada em um canal de água bruta.

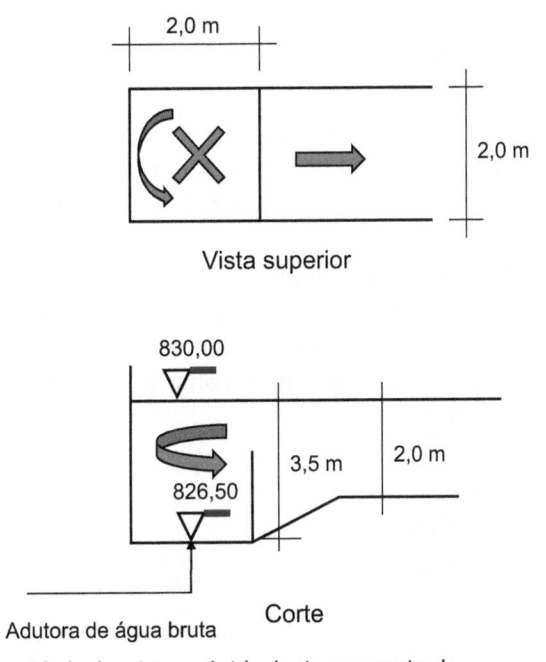

Figura 2-19 Proposta alternativa de unidade de mistura rápida do tipo mecanizada.

- O gradiente de velocidade é, portanto, independente da vazão, o que confere flexibilidade na operação do processo de coagulação.

No entanto, o sistema apresenta desvantagens, podendo-se citar:

- Sua eficiência é dependente de energia elétrica; dessa forma, em caso de interrupção em seu fornecimento, o processo de coagulação será negativamente afetado.
- Tendo em vista garantir segurança operacional ao processo de coagulação, é conveniente a instalação de geradores de emergência, o que, para pequenas instalações, pode ser de difícil implantação.
- Os sistemas de agitação mecanizados e suas partes constitutivas necessitam de manutenção, o que requer que as estações de tratamento de água contem com equipes de manutenção habilitadas.

É muito comum que profissionais justifiquem a não adoção de sistemas de mistura rápida do tipo mecanizados em função de seu consumo de energia elétrica. Como apresentado no Exemplo 2-1, tem-se que o consumo diário de energia elétrica estimado para a operação do sistema de mistura rápida é de aproximadamente 142 kW.h/dia. Atualmente tem-se que, para o setor de saneamento básico, o valor do custo de energia elétrica pode ser admitido como R$ 260/MWh. O custo mensal estimado com a operação do sistema de mistura rápida do tipo mecanizado é, portanto, da ordem de R$ 1.200,00; valor insignificante para uma estação de tratamento de água com capacidade para 500 L/s.

Na verdade, as maiores justificativas para a não adoção de sistemas mecanizados para mistura rápida no Brasil residem em outras questões de natureza operacional, podendo-se citar:

- Sistemas mecanizados de mistura rápida são dependentes de equipamentos que trabalham com rotação elevada, exigindo manutenção constante em suas partes mecânicas. A realidade brasileira não tem permitido que as empresas de saneamento tenham equipes de manutenção com grande número de funcionários, o que faz com que a maior parte dos sistemas de mistura rápida mecanizada implantados no passado, hoje, já estejam desativados. Um bom exemplo é a ETA Guaraú (33,0 m³/s), que, por ter sido projetada com conceitos norte-americanos vigentes na década de 1960, teve sua unidade de mistura rápida concebida como mecanizada. No entanto, em razão de problemas de ordem mecânica nos agitadores instalados, estes foram desativados e sua mistura rápida posteriormente modificada para um sistema do tipo hidráulico.
- Para que sistemas mecanizados como unidade de mistura rápida possam funcionar a contento, é fundamental que a dosagem de coagulante seja efetuada nas proximidades do sistema de agitação. Em função da baixa qualidade dos coagulantes disponíveis no mercado nacional, é comum que suas impurezas obstruam o sistema de dosagem, o que exige sua limpeza em curtos intervalos. Considerando as limitações existentes com respeito à formação de equipes de manutenção qualificadas nas empresas de saneamento brasileiras, é fácil justificar as dificuldades inerentes a sua operação.

É importante salientar que sistemas mecanizados de mistura rápida são tecnicamente muito eficientes, tanto que são a opção preferida por inúmeras empresas renomadas de projeto e empresas de saneamento norte-americanas. No entanto, a transposição pura e simples de sua concepção para estações de tratamento de água no Brasil deve ser evitada, devendo-se sempre efetuar um correto acoplamento com a realidade nacional.

Unidades de mistura rápida do tipo hidráulicas

Os sistemas de mistura rápida do tipo hidráulicos são muito comuns no Brasil, por sua simplicidade operacional e baixa necessidade de manutenção. Ademais, podem ser facilmente implantadas em estações de tratamento de água de pequeno, médio e grande portes. As opções mais comuns para a implantação de unidades de mistura rápida do tipo hidráulicas são as seguintes:

- Calhas Parshall.
- Ressalto hidráulico em canais retangulares.
- Vertedores retangulares e suas variantes.
- Misturadores estáticos.

Calhas Parshall

As calhas Parshall são uma excelente opção como unidade de mistura rápida por possibilitarem também trabalhar como unidades de macromedição. Seu princípio básico de funcionamento baseia-se na formação de um ressalto hidráulico em sua estrutura que possibilita a obtenção de gradientes de velocidade normalmente superiores a $1.000\ s^{-1}$. A versatilidade das calhas Parshall como unidades de mistura rápida é tal que possibilita sua aplicação para diferentes vazões, desde 10 L/s até 5.000 L/s. A Figura 2-20 apresenta calha Parshall empregada como unidade de mistura rápida.

A calha Parshall é uma unidade hidráulica cujas dimensões são padronizadas e que apresenta uma faixa de vazões de operação que garante que o escoamento seja livre. A Figura 2-21 apresenta um esquema de uma calha Parshall genérica, em planta e corte.

As calhas Parshall são normalmente caracterizadas pela largura de sua garganta W, podendo variar de 1" (2,54 cm) a 10' (304,8 cm). Para cada largura, suas dimensões geométricas são padronizadas e, por conseguinte, conhecidas.

Figura 2-20 Calha Parshall empregada como unidade de mistura rápida – vazão da ETA: 2.000 L/s.

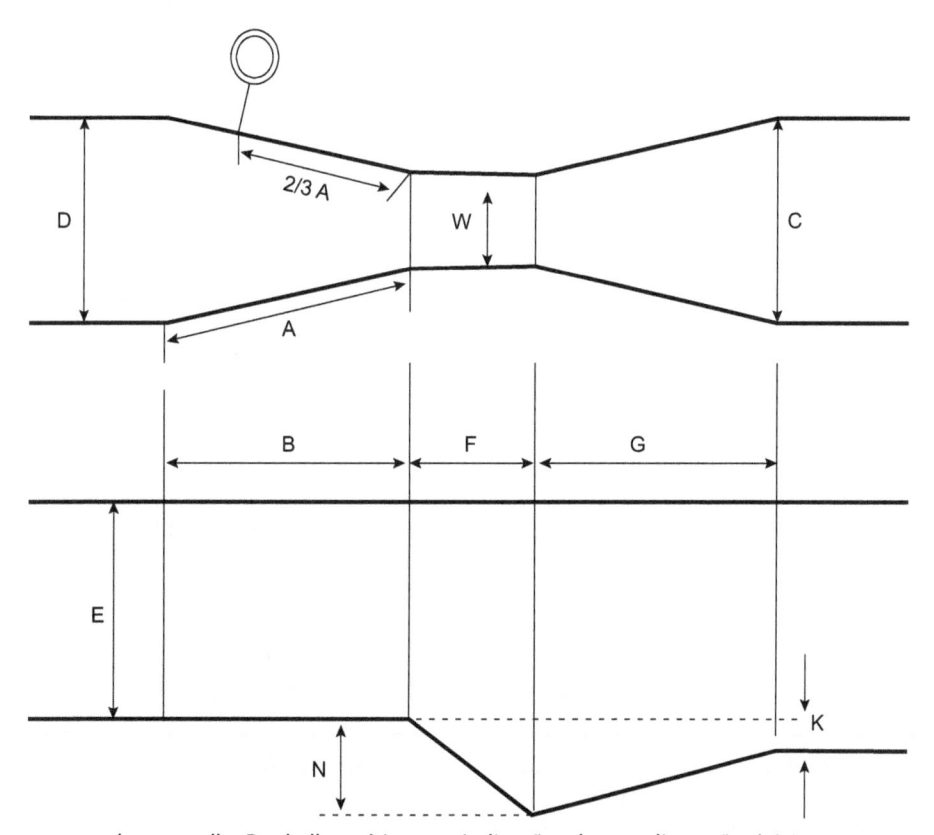

Figura 2-21 Planta e corte de uma calha Parshall genérica com indicações de suas dimensões básicas.

Uma grande vantagem das calhas Parshall é que, por serem padronizadas, podem ser adquiridas pré-fabricadas, o que é um aspecto muito interessante do ponto de vista construtivo. A Tabela 2-2 apresenta as dimensões de diferentes calhas Parshall em função da largura de sua garganta.

Uma vez que a calha Parshall possibilita a ocorrência de uma secção crítica no escoamento, para cada uma destas há uma relação biunívoca entre a profundidade a montante da garganta e sua vazão. A profundidade é medida a uma distância padronizada da garganta, sendo esta em 2/3 do comprimento linear da dimensão A (Fig. 2-21).

Tabela 2-2 Dimensões de calhas Parshall em função da largura de sua garganta (W)

W	A	B	C	D	E	F	G	K	N	X	Y	Vazão com escoamento livre(L/s)
1"-2,5 cm	36,3	35,6	9,3	16,8	22,9	7,6	20,3	1,9	2,9	—	—	0,3 – 5,0
3"-7,6 cm	46,6	45,7	17,8	25,9	45,7	15,2	30,5	2,5	5,7	2,5	3,8	0,8 – 53,8
6"-15,2 cm	61,0	61,0	39,4	40,3	61,0	30,5	61,0	7,6	11,4	5,1	7,6	1,4 – 110,4
9"-22,9 cm	88,0	86,4	38,0	57,5	76,3	61,0	45,7	7,6	11,4	5,1	7,6	2,5 – 252,0
1'-30,5 cm	137,2	134,4	61,0	84,5	91,5	61,0	91,5	7,6	22,9	5,1	7,6	3,1 – 455,9
1 1/2'-45,7 cm	144,9	142,0	76,2	102,6	91,5	61,0	91,5	7,6	22,9	5,1	7,6	4,2 – 696,6
2'-61,0 cm	152,5	149,6	91,5	120,7	91,5	61,0	91,5	7,6	22,9	5,1	7,6	11,9 – 937,3
3'-91,5 cm	167,7	164,5	122,0	157,2	91,5	61,0	91,5	7,6	22,9	5,1	7,6	17,3 – 1.427,2
4'-122,0 cm	183,0	179,5	152,5	193,8	91,5	61,0	91,5	7,6	22,9	5,1	7,6	36,8 – 1.922,7
5'-152,5 cm	198,3	194,1	183,0	230,3	91,5	61,0	91,5	7,6	22,9	5,1	7,6	45,3 – 2.423,9
6'-183,0 cm	213,5	209,0	213,5	266,7	91,5	61,0	91,5	7,6	22,9	5,1	7,6	73,6 – 2.930,8
7'-213,5 cm	228,8	224,0	244,0	303,0	91,5	61,0	91,5	7,6	22,9	5,1	7,6	85,0 – 3.437,7
8'-244,0 cm	244,0	239,2	274,5	349,0	91,5	61,0	91,5	7,6	22,9	5,1	7,6	99,1 – 3.950,2
10'305,0 cm	274,5	427,0	366,0	475,9	122,0	91,5	183,0	15,3	34,3	—	—	200,0 – 5.660,0

Normalmente, quando se opta pelo emprego de calhas Parshall como unidade de mistura rápida, utiliza-se essas também como elemento de macromedição e, para tanto, instala-se um medidor de nível ultrassônico que permite que os dados de altura possam ser convertidos em tempo real em vazão.

O funcionamento e a operação de Calhas Parshall como unidade de mistura rápida e macromedição podem ser visualizados pelos Vídeos 2-2 e 2-3.

Uma vez que as calhas Parshall apresentam dimensões padronizadas e também trabalham como unidades de medição de vazão, cada uma delas apresenta uma equação de descarga, que podem ser escritas da seguinte forma:

$$Q = C \cdot h_0^n \qquad \text{(Equação 2-39)}$$

$$h_0 = B \cdot Q^m \qquad \text{(Equação 2-40)}$$

A Tabela 2-3 apresenta os valores de C, n, B e m para as diferentes calhas Parshall dispostas na Tabela 2-2.

A verificação da calha Parshall como unidade de mistura rápida envolve a determinação de perda de sua carga proporcionada pela ocorrência de um ressalto hidráulico. Como o fundo da calha Parshall não é plano, as tradicionais equações desenvolvidas para ressalto hidráulico em plano horizontal não são válidas, devendo ser devidamente modificadas. O equacionamento completo efetuado por Di Bernardo e Dantas (2005) possibilita o equacionamento e a verificação de calhas Parshall como unidade de mistura rápida.

PARÂMETROS DE PROJETO – UNIDADES DE MISTURA RÁPIDA: CALHAS PARSHALL
- **Tempo de detenção hidráulico: não significativo**
- **Gradiente de velocidade: entre 300 e 1.000 s⁻¹**

Exemplo 2-2
Problema: Uma estação de tratamento de água deverá ser projetada para uma vazão de início de plano igual a 150 L/s, podendo chegar a 300 L/s para sua condição de fim de plano. Para a condição de início de plano, a estação de tratamento de água deverá ser dotada de dois conjuntos de floculador e decantador contíguos entre si, prevendo-se a instalação de mais um módulo para fim de plano. A mistura rápida deverá ser projetada de modo que o gradiente de velocidade seja obtido por meio de uma calha Parshall a ser instalada em uma estrutura de chegada de água bruta, cuja cota deverá estar em 850,00. Deve-se assumir que a temperatura da fase líquida seja igual a 20 °C.

Tabela 2-3 Equações de descarga em função da largura da garganta (W) da calha Parshall

W	C	n	B	m
	Q em m³/s e h_0 em m		Q em m³/s e h_0 em m	
1"-2,5 cm	0,060	1,550	6,122	0,645
3"-7,6 cm	0,177	1,550	3,057	0,645
6"-15,2 cm	0,381	1,580	1,842	0,633
9"-22,9 cm	0,535	1,530	1,505	0,654
1'-30,5 cm	0,705	1,550	1,253	0,645
1 1/2'-45,7 cm	1,055	1,538	0,966	0,650
2'-61,0 cm	1,427	1,550	0,795	0,645
3'-91,5 cm	2,192	1,570	0,607	0,637
4'-122,0 cm	2,958	1,580	0,503	0,633
5'-152,5 cm	3,741	1,590	0,436	0,629
6'-183,0 cm	4,490	1,590	0,389	0,629
7'-213,5 cm	5,313	1,601	0,352	0,625
8'-244,0 cm	6,130	1,610	0,324	0,621
10'-305,0 cm	7,455	1,600	0,285	0,625

Solução: Como as vazões de início e fim de plano deverão ser iguais a 150 L/s e 300 L/s, vamos assumir a construção de uma estrutura de chegada de água bruta que hidraulicamente tenha condições de atendimento para a vazão de fim de plano.

- Passo 1: Seleção da calha Parshall

Para uma vazão de fim de plano igual a 300 L/s, podemos escolher uma calha Parshall que tenha uma largura W igual ou superior a 1' (30,5 cm). Para esta largura, suas vazões de trabalho situam-se entre 3,1 L/s e 455,9 L/s (Tabela 2-2).

- Passo 2: Cálculo da altura de água e velocidade na secção de medição

Para uma calha Parshall com garganta de 30,5 cm, tem-se a seguinte equação de descarga:

$$h_0 = B \cdot Q^m = 1,253 \cdot Q^{0,645}$$ (Equação 2-41)

h_0 = altura de lâmina líquida na secção de medição em m
Q = vazão em m³/s

$$h_0 = 1,253 \cdot Q^{0,645} = 1,253 \cdot 0,3^{0,645} = 0,576 \ m$$ (Equação 2-42)

A largura na secção de medição pode ser calculada por meio de:

$$D' = \frac{2}{3} \cdot (D - W) + W = \frac{2}{3} \cdot (84,5 - 30,5) + 30,5 = 66,5 \ cm$$ (Equação 2-43)

D' = largura na secção de medição em m
D e W = características geométricas da calha Parshall (Tabela 2-2)

Uma vez tendo-se os valores de largura e nível d'água, pode-se calcular a velocidade na secção de medição:

$$V_0 = \frac{Q}{A} = \frac{Q}{D' \cdot h_0} = \frac{0,3 \ m/s}{0,665 \ m \cdot 0,576 \ m} \cong 0,78 \ m/s$$ (Equação 2-44)

V_0 = velocidade na secção de medição associada a profundidade h_a em m/s

- Passo 3: Determinação da carga hidráulica na secção de medição

Adotando-se como plano de referência o ponto mais baixa da calha Parshall, a carga hidráulica na secção de medição pode ser calculada da seguinte forma:

$$H_0 = h_0 + \frac{V_0^2}{2 \cdot g} + N = 0,576 \, m + \frac{\left(0,78\frac{m}{s}\right)^2}{2 \cdot 9,81} m + 0,229 \, m \; H_0 \cong 0,837 \, m \qquad \text{(Equação 2-45)}$$

H_0= carga hidráulica na secção de medição em mca

- Passo 4: Cálculo da velocidade de escoamento (V_1) e da altura do nível d'água (y_1) no início do ressalto hidráulico

A velocidade e a profundidade no início do ressalto hidráulico podem ser calculadas pelas seguintes equações:

$$V_1 = 2 \cdot cos\left(\frac{\theta}{3}\right) \cdot \left(\frac{2.g \cdot H_0}{3}\right)^{1/2} \qquad \text{(Equação 2-46)}$$

$$y_1 = H_0 - \frac{V_1^2}{2 \cdot g} \qquad \text{(Equação 2-47)}$$

Uma vez que as tradicionais equações empregadas no cálculo de ressaltos hidráulicos em canais horizontais não são aplicáveis, a solução de suas equações para canais inclinados requer a determinação de Θ, que pode ser calculado da seguinte maneira:

$$cos(\theta) = -\frac{g \cdot Q}{W \cdot \left(0,67 \cdot g \cdot H_0\right)^{3/2}} \qquad \text{(Equação 2-48)}$$

$$cos(\theta) = -\frac{9,81 \cdot 0,3}{0,305 \cdot \left(0,67 \cdot 9,81 \cdot 0,837\right)^{\frac{3}{2}}} = -0,748 \qquad \text{(Equação 2-49)}$$

De posse do valor de Θ, pode-se proceder ao cálculo de V_1 e y_1:

$$V_1 = 2 \cdot cos\left(\frac{\theta}{3}\right) \cdot \left(\frac{2.g.H_0}{3}\right)^{1/2} = 2 \cdot cos\left(\frac{138,45^o}{3}\right) \cdot \left(\frac{2 \cdot 9,81 \cdot 0,837}{3}\right)^{1/2} \qquad \text{(Equação 2-50)}$$
$$V_1 = 3,24 \, m/s$$

$$y_1 = H_a - \frac{V_1^2}{2 \cdot g} = 0,837 - \frac{3,24^2}{2 \cdot 9,81} \cong 0,301 \, m \qquad \text{(Equação 2-51)}$$

- Passo 5: Cálculo do número de Froude e altura do nível d'água (y_d) na saída do trecho divergente da calha Parshall

A profundidade conjugada no ressalto hidráulico é calculada em função do número de Froude, podendo ambas as grandezas serem estimadas da seguinte maneira:

$$F_r = \frac{V_1}{\sqrt{g \cdot y_1}} = \frac{3,24 \, m/s}{\sqrt{9,81\frac{m}{s^2} \cdot 0,301 \, m}} \cong 1,89 \qquad \text{(Equação 2-52)}$$

$$y_2 = \frac{y_1}{2} \cdot \left[\sqrt{1+8 \cdot F_r^2} - 1\right] = \frac{0,301 \, m}{2} \cdot \left[\sqrt{1+8 \cdot 1,89^2} - 1\right] \cong 0,667 \, m \qquad \text{(Equação 2-53)}$$

Como o trecho divergente é um trecho de escoamento ascendente, a profundidade da lâmina líquida y_d relaciona-se com y_2 (Fig. 2-22) por meio da expressão a seguir.

$$y_d = \left(y_2 - N + K\right) = 0,667\ m - 0,229\ m + 0,076\ m \cong 0,514\ m \qquad \text{(Equação 2-54)}$$

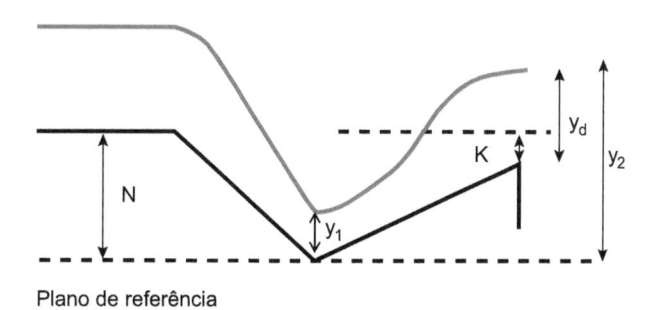

Plano de referência

Figura 2-22 Esquema indicativo das profundidades esperadas para o escoamento em uma calha Parshall com escoamento livre.

N e K = características geométricas da calha Parshall (Tabela 2-2)

- Passo 6: Cálculo da velocidade do escoamento na saída do trecho divergente e perda de carga no ressalto hidráulico

A velocidade no trecho divergente pode ser calculada pela seguinte expressão:

$$V_d = \frac{Q}{A} = \frac{Q}{y_d \cdot C} = \frac{0,3\ m/s}{0,514\ m \cdot 0,61\ m} \cong 0,96\ m/s \qquad \text{(Equação 2-55)}$$

C = características geométricas da calha Parshall (Tabela 2-2)

Aplicando-se a equação de Bernoulli entre a secção de medição 0 e a secção 2, e desprezando-se os termos cinéticos, pode-se escrever que:

$$h_0 + N = y_2 + \Delta H \qquad \text{(Equação 2-56)}$$

$$\Delta H = h_0 + N - y_2 = 0,576\ m + 0,229\ m - 0,667\ m \cong 0,138\ m \qquad \text{(Equação 2-57)}$$

- Passo 7: Cálculo do tempo de detenção hidráulico médio no trecho divergente e do gradiente de velocidade

O valor do tempo de detenção hidráulico médio no trecho divergente pode ser estimado com base em uma velocidade média, a saber:

$$\theta = \frac{G_p}{V_m} = \frac{G_p}{\left(V_1 + V_d\right)\big/2} = \frac{0,915\ m}{\left(3,24\ \dfrac{m}{s} + 0,96\right)\big/2} \cong 0,44\ s \qquad \text{(Equação 2-58)}$$

Por sua vez, o gradiente de velocidade pode ser calculado pelas Equações 2-59 e 2-60, a saber:

$$G = \sqrt{\frac{P_{ot}}{\mu \cdot V_{ol}}} = \sqrt{\frac{\gamma \cdot Q \cdot \Delta H}{\mu \cdot V_{ol}}} = \sqrt{\frac{\gamma \cdot \Delta H}{\mu \cdot \theta}} \qquad \text{(Equação 2-59)}$$

$$G = \sqrt{\frac{\gamma \cdot \Delta H}{\mu \cdot \theta}} = \sqrt{\frac{998,2\ \dfrac{kg}{m^3} \cdot 9,81\ \dfrac{m}{s^2} \cdot 0,138\ m}{1,002 \cdot 10^{-3}\ N \cdot \dfrac{s}{m^2} \cdot 0,44\ s}} \cong 1.751\ s^{-1} \qquad \text{(Equação 2-60)}$$

Uma vez que o gradiente de velocidade obtido foi superior a 1.000 s⁻1, tem-se que a calha Parshall selecionada é plenamente adequada à condução do processo de coagulação para a vazão de fim de plano igual a 300 L/s. Como a estação de tratamento de água deverá, em algum tempo, ser operada com vazão inferior a 300 L/s, é conveniente e necessário avaliar seu comportamento para o intervalo de vazões entre 150 L/s e 300 L/s. A Figura 2-23 apresenta os valores de gradientes de velocidade obtidos para o intervalo de vazões de início e fim de plano.

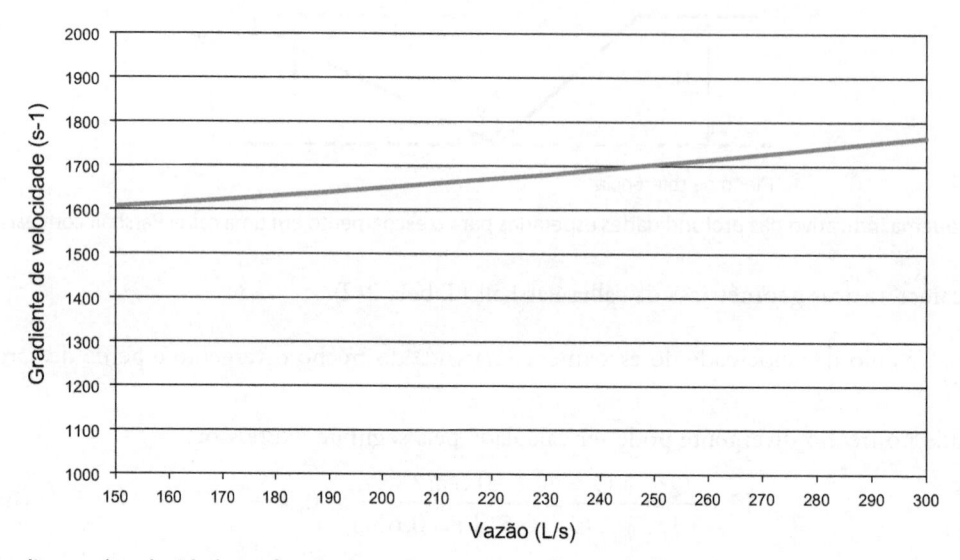

Figura 2-23 Gradientes de velocidade em função da vazão para uma calha Parshall com largura da garganta igual a 30,5 cm.

Observando-se os valores apresentados na Figura 2-23, tem-se que, para a ampla faixa de vazões esperadas para a estação de tratamento de água (150 L/s a 300 L/s), a calha Parshall selecionada deverá propiciar valores de gradientes de velocidade superiores a 1.000 s⁻¹.

- Passo 8: Verificação das condições de escoamento de jusante

Uma vez efetuado o dimensionamento da calha Parshall, é de fundamental importância garantir que as condições de escoamento de jusante sejam tais que não possibilitem seu afogamento, isto é, é necessário garantir que a calha trabalhe como escoamento livre.

A estrutura de chegada da água bruta deverá estar na cota 850,000, e, de modo a facilitar a instalação da calha Parshall, é comum que seu ponto mais baixo se situe de 10 cm a 15 cm da cota de fundo da estrutura. Vamos assumir, portanto, um desnível mínimo entre a calha Parshall e a estrutura de água bruta de 15 cm. Dessa forma, os seguintes níveis d'água esperados para as vazões de início e fim de plano na calha Parshall encontram-se dispostos nas Figuras 2-24 e 2-25, respectivamente.

Observe que, para que não ocorra o afogamento da calha Parshall, o nível d'água de jusante não poderá ser superior a 850,619 e 850,817 para início e fim de plano, respectivamente. Dessa forma, pode-se prever o controle do nível d'água de jusante mediante a instalação de três comportas vertedoras com 0,8 m de largura, de modo que estas possam também trabalhar como unidade divisora de vazões para os diferentes módulos de tratamento. Para a condição de início de plano, os dois vertedores deverão estar abertos e um fechado e, para a condição de fim de plano, os três vertedores deverão estar abertos.

De modo a permitir que haja um nível d'água mínimo no canal de água coagulada, pode-se prever um rebaixo na estrutura de água coagulada em 0,5 m. Vamos posicionar a crista do vertedor de água coagulada na cota 850,200, e, desse modo, o nível d'água sob a crista dos vertedores pode ser estimada da seguinte forma:

$$Q = 1,838 \cdot b \cdot h^{3/2}$$

(Equação 2-61)

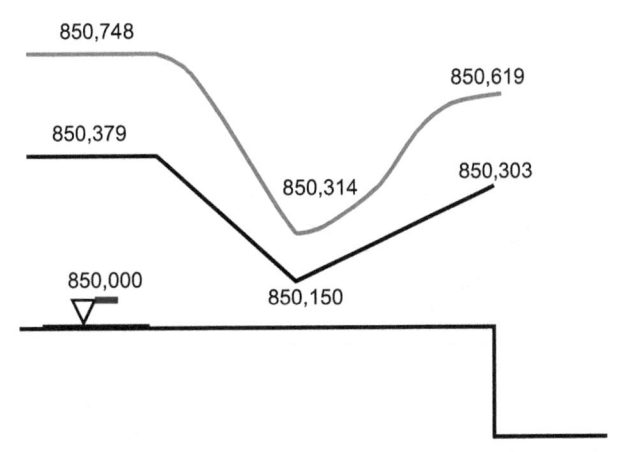

Figura 2-24 Níveis d'água estimados para a calha Parshall operando com vazão igual a 150 L/s.

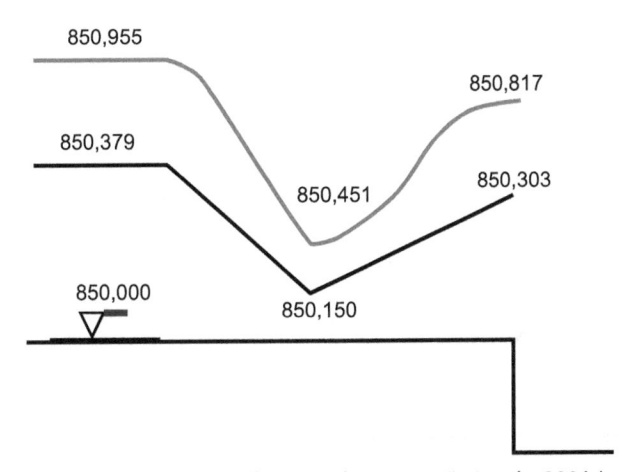

Figura 2-25 Níveis d'água estimados para a calha Parshall operando com vazão igual a 300 L/s.

$$h = \left(\frac{Q}{1,838 \cdot b} \right)^{2/3}$$

(Equação 2-62)

$$h_{ip} = \left(\frac{0,150 \ / \ 2}{1,838 \cdot 0,8} \right)^{2/3} \cong 0,138 \ m$$

(Equação 2-63)

$$h_{fp} = \left(\frac{0,300 \ / \ 3}{1,838 \cdot 0,8} \right)^{2/3} \cong 0,167 \ m$$

(Equação 2-64)

h_{ip} e h_{fp} = nível d'água sobre a crista do vertedor para as condições de início e fim de plano em m
b = largura do vertedor retangular em m
Q = vazão em m³/s

Portanto, uma vez estando o vertedor de saída de água coagulada posicionado na cota 850,200 e conhecidas as lâminas d'água para ambas as condições de início e fim de plano, tornam-se conhecidos seus perfis hidráulicos, como apresentados nas Figuras 2-26 e 2-27, respectivamente.

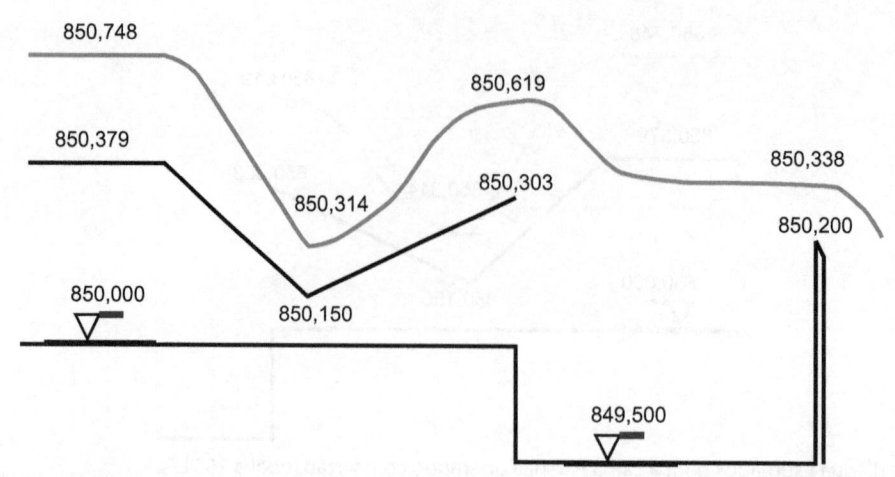

Figura 2-26 Níveis d'água estimados para a estrutura de chegada de água bruta e canal de água coagulada operando com vazão igual a 150 L/s.

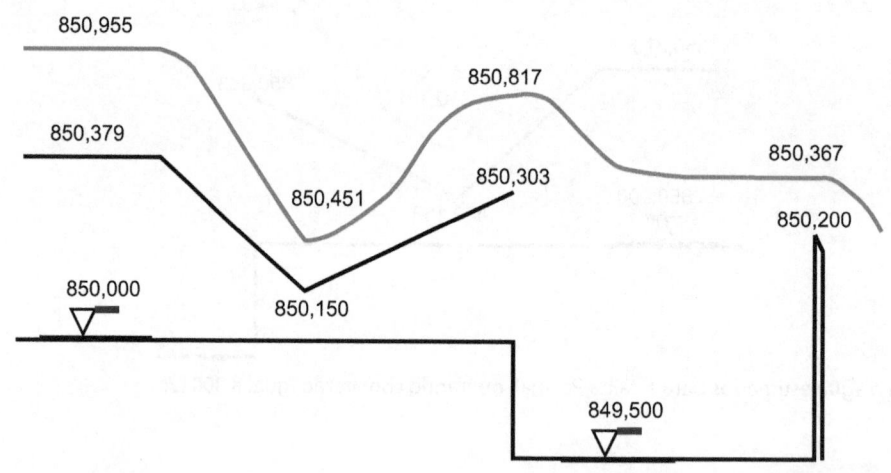

Figura 2-27 Níveis d'água estimados para a estrutura de chegada de água bruta e canal de água coagulada operando com vazão igual a 300 L/s.

Como se pode observar no Exemplo 2-2, o dimensionamento de calhas Parshall como unidade de mistura rápida é simples, não apresentando elevada complexidade hidráulica. No entanto, para que seu funcionamento seja o melhor possível, alguns cuidados têm de ser tomados, de modo a se evitar alguns problemas que podem comprometer sua eficiência, a saber:

- Distribuição não homogênea do coagulante na garganta da calha Parshall.

A aplicação do coagulante deve ser feita da maneira mais homogênea possível, devendo-se prever sua distribuição regular por toda a largura de sua garganta por meio de calhas distribuidoras perfuradas (Fig. 2-28).

Um exemplo clássico de aplicação inadequada do coagulante em calhas Parshall é sua distribuição de forma irregular ao longo de sua garganta, muito comum quando este é aplicado de forma concentrada e sem diluição (Fig. 2-29).

- Aplicação do coagulante fora da garganta da calha Parshall

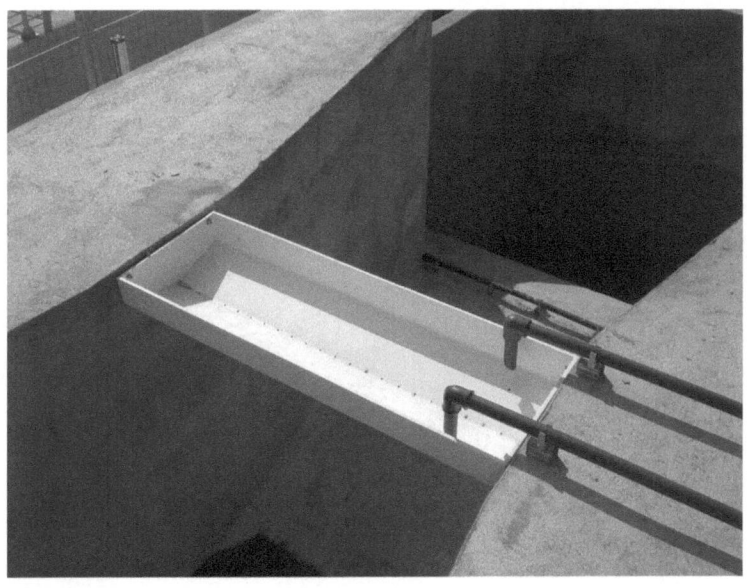

Figura 2-28 Distribuição do coagulante de forma regular e homogênea ao longo da garganta da calha Parshall – vazão da ETA: 4.000 L/s.

Figura 2-29 Distribuição do coagulante de forma irregular ao longo da garganta da calha Parshall – vazão da ETA: 200 L/s.

Um dos maiores equívocos cometidos durante a aplicação do coagulante na fase líquida é sua disposição em ponto inadequado, seja a montante da garganta da calha Parshall, seja diretamente sobre o ressalto hidráulico (Fig. 2-30).

A aplicação do coagulante não deve, em nenhuma hipótese, ser efetuada sobre o ressalto hidráulico, uma vez que, em razão de correntes secundárias geradas pelo escoamento, existe uma tendência de retorno do escoamento ao longo do ressalto, o que evita sua aplicação de forma homogênea na fase líquida. Dessa forma, ressalta-se que a aplicação da solução de coagulante deve ocorrer na garganta da calha Parshall, imediatamente a montante do ressalto hidráulico.

- Calha Parshall afogada como resultado do não controle do nível d'água de jusante

Se, porventura, o nível d'água de jusante não for devidamente estudado hidraulicamente, pode-se incorrer no erro de afogar a calha Parshall, não permitindo a ocorrência de um ressalto hidráulico que possibilite um gradiente de velocidade superior a 1.000 s^{-1}. A Figura 2-31 apresenta uma calha Parshall em condições de afogamento.

Figura 2-30 Distribuição inadequada do coagulante: a montante da garganta da calha Parshall e de maneira não homogênea ao longo de sua largura – vazão da ETA: 300 L/s.

Figura 2-31 Calha Parshall afogada por condição hidráulica de jusante – vazão da ETA: 100 L/s.

Ressalto hidráulico em canais retangulares

Um modo interessante de possibilitar a ocorrência de um ressalto hidráulico na ausência ou na impossibilidade de instalação de uma calha Parshall é por meio de alteração na declividade de um canal retangular.

O ressalto hidráulico sempre será formado quando o escoamento sofrer alteração de torrencial para fluvial. A seleção de uma declividade em um canal que possibilite escoamento torrencial seguido de uma condição de jusante no escoamento que permita que o mesmo seja fluvial permitirá, portanto, a ocorrência do ressalto hidráulico e condições de mistura adequada. A Figura 2-32 apresenta um ressalto hidráulico formado pela mudança de declividade de um canal com escoamento torrencial.

Os parâmetros de projeto adotados para o dimensionamento de canais retangulares em que o ressalto hidráulico ocorre por mudança em sua declividade são idênticos aos adotados quando do dimensionamento de calhas Parshall, sendo seu dimensionamento essencialmente hidráulico, com posterior verificação do gradiente de velocidade.

Figura 2-32 Ressalto hidráulico formado pela mudança de declividade em um canal com escoamento torrencial – vazão da ETA: 100 L/s.

PARÂMETROS DE PROJETO – UNIDADES DE MISTURA RÁPIDA: RESSALTO HIDRÁULICO EM CANAIS DE DECLIVIDADE VARIÁVEL
- Tempo de detenção hidráulico: não significativo
- Desnível geométrico: 0,5 a 1,0 m
- Gradiente de velocidade: entre 300 e 1.000 s^{-1}

Exemplo 2-3

Problema: Uma estação de tratamento de água deverá ser projetada para uma vazão igual a 100 L/s. A mistura rápida foi concebida como hidráulica, devendo ocorrer por meio de um ressalto hidráulico formado mediante alteração da declividade de um canal retangular. O canal de chegada de água bruta deverá estar na cota 200,000. Assuma que a temperatura da fase líquida seja igual a 18 °C.

Solução: A cota da estrutura de chegada de água bruta é conhecida, portanto, temos de possibilitar que o canal de jusante apresente declividade forte (escoamento torrencial) e, a seguir, haja uma mudança de declividade para possibilitar que o escoamento seja fluvial (Fig. 2-33). Vamos admitir que o canal com escoamento fluvial apresente fundo horizontal.

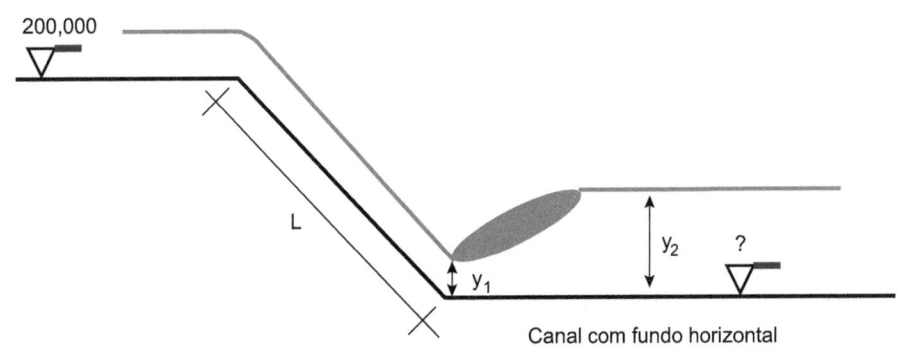

Figura 2-33 Ressalto hidráulico formado pela mudança de declividade em um canal com escoamento torrencial seguido de escoamento fluvial.

- Passo 1: Determinação da cota do canal de escoamento fluvial

O dimensionamento normalmente é iterativo, ou seja, seleciona-se uma cota impondo-se uma diferença de nível entre ambos os canais de chegada de água bruta e o canal de escoamento fluvial. Posteriormente, verificam-se as condições do ressalto hidráulico. Será adotado um desnível igual a 0,8 m, ou seja, o fundo do canal com escoamento fluvial deverá estar em 199,200.

- Passo 2: Comprimento do canal com escoamento torrencial

O comprimento mínimo do canal de escoamento torrencial normalmente é adotado de maneira que seja possível estabelecer sua profundidade em regime uniforme. Vamos adotar um canal com comprimento igual a 4,0 m.

- Passo 3: Seleção da largura do canal

A largura do canal é selecionada de modo que sua velocidade seja compatível com seu material de revestimento, recomendando-se que seu valor não seja superior a 5,0 m/s para estruturas de concreto armado. Vamos adotar inicialmente uma largura igual a 0,6 m.

- Passo 4: Determinação da profundidade crítica (y_{cr})

A profundidade crítica em canais retangulares pode ser calculada por meio da seguinte expressão:

$$y_{cr} = \left(\frac{Q^2}{B^2 \cdot g} \right)^{1/3}$$

(Equação 2-65)

$$y_{cr} = \left(\frac{Q^2}{B^2 \cdot g} \right)^{1/3} = \left(\frac{0,1^2}{0,6^2 \cdot 9,81} \right)^{1/3} \cong 0,141 \, m$$

(Equação 2-66)

h_{cr} = profundidade crítica em m
B = largura do canal retangular em m
Q = vazão em m^3/s

- Passo 5: Cálculo da profundidade normal no canal de escoamento torrencial

A profundidade normal do escoamento no canal de escoamento torrencial pode ser calculada pela fórmula de Manning:

$$Q = \frac{1}{n} A \cdot R_h^{2/3} \cdot i^{1/2}$$

(Equação 2-67)

$$A = B \cdot y_1$$

(Equação 2-68)

$$R_h = \frac{B \cdot y_1}{\left(B + 2 \cdot y_1 \right)}$$

(Equação 2-69)

y_1 = profundidade da lâmina líquida em m
A = área de escoamento em m^2
R_h = raio hidráulico em m
N = coeficiente de Manning
I = declividade do canal

A área de escoamento e o raio hidráulico são função da profundidade y_1 e substituindo-se as Equações 2-65 e 2-66 na Equação 2-64, pode-se efetuar seu cálculo por processos iterativos ou utilizando-se o Solver®. A solução da Equação 2-66 permite a obtenção de um valor de y igual a:

$$y_1 \cong 0,043 \, m$$

(Equação 2-70)

Como a profundidade y_1 é menor que a profundidade crítica y_{cr}, tem-se que o escoamento é torrencial e, mediante o controle das condições de escoamento de jusante, pode-se garantir que o ressalto hidráulico formado ocorra entre a transição do canal de declividade forte e o canal de fundo plano.

- Passo 6: Cálculo da velocidade e número de Froude associados e y_1

A velocidade e o número de Froude associado à profundidade y1 pode ser calculada por:

$$V_1 = \frac{Q}{A} = \frac{Q}{y_1 \cdot B} = \frac{0,1\ m/s}{0,043\ m \cdot 0,6\ m} \cong 3,87\ m/s \qquad \text{(Equação 2-71)}$$

$$F_r = \frac{V_1}{\sqrt{g \cdot y_1}} = \frac{3,87\ m/s}{\sqrt{9,81\dfrac{m}{s^2} \cdot 0,043\ m}} \cong 5,95 \qquad \text{(Equação 2-72)}$$

- Passo 7: Cálculo da profundidade conjugada y_2 e velocidade V_2

A profundidade conjugada pode ser calculada pela seguinte expressão:

$$y_2 = \frac{y_1}{2} \cdot \left[\sqrt{1 + 8 \cdot F_r^2} - 1\right] = \frac{0,043\ m}{2} \cdot \left[\sqrt{1 + 8 \cdot 5,95^2} - 1\right] \cong 0,342\ m \qquad \text{(Equação 2-73)}$$

De posse da profundidade conjugada y_2, pode-se efetuar o cálculo da velocidade V_2:

$$V_2 = \frac{Q}{A} = \frac{Q}{y_2 \cdot B} = \frac{0,1\ m/s}{0,342\ m \cdot 0,6\ m} \cong 0,49\ m/s \qquad \text{(Equação 2-74)}$$

- Passo 8: Cálculo da perda de carga no ressalto hidráulico

A perda de carga para ressalto hidráulico em plano horizontal pode ser estimada por:

$$\Delta H = \frac{\left(y_2 - y_1\right)^3}{4 \cdot y_2 \cdot y_1} = \frac{(0,342 - 0,043)^3}{4 \cdot 0,342 \cdot 0,043} \cong 0,452\ m \qquad \text{(Equação 2-75)}$$

y_1 e y_2 = profundidades conjugadas do ressalto hidráulico em m
ΔH = perda de carga no ressalto hidráulico em mca

- Passo 9: Cálculo do comprimento, velocidade média e tempo de detenção do ressalto hidráulico

O comprimento do ressalto hidráulico pode ser estimado em função de suas profundidades conjugadas pela seguinte expressão:

$$L_r = 6 \cdot \left(y_2 - y_1\right) = 6 \cdot (0,342 - 0,043) \cong 1,79\ m \qquad \text{(Equação 2-76)}$$

Por sua vez, a velocidade média do escoamento no ressalto hidráulico pode ser calculada por:

$$V_m = \frac{\left(V_2 + V_1\right)}{2} = \frac{(3,87 + 0,49)}{2} \cong 2,18\ m/s \qquad \text{(Equação 2-77)}$$

Uma vez conhecidos os valores de L_r e V_m, o tempo de detenção hidráulico médio no ressalto hidráulico é dado por:

$$\theta = \frac{L_m}{V_m} = \frac{1,79\ m}{2,18\ m/s} \cong 0,82\ s \qquad \text{(Equação 2-78)}$$

- Passo 10: Cálculo do gradiente de velocidade no ressalto hidráulico

O gradiente de velocidade pode ser calculado pelas Equações 2-79 e 2-80.

$$G = \sqrt{\frac{P_{ot}}{\mu \cdot V_{ol}}} = \sqrt{\frac{\gamma \cdot Q \cdot \Delta H}{\mu \cdot V_{ol}}} = \sqrt{\frac{\gamma \cdot \Delta H}{\mu \cdot \theta}} \qquad \text{(Equação 2-79)}$$

$$G = \sqrt{\frac{\gamma \cdot \Delta H}{\mu \cdot \theta}} = \sqrt{\frac{998,2 \; \frac{kg}{m^3} \cdot 9,81 \; \frac{m}{s^2} \cdot 0,452 \; m}{1,053 \cdot 10^{-3} \; N \cdot \frac{s}{m^2} \cdot 0,82 \; s}} \cong 2.260 \; s^{-1} \qquad \text{(Equação 2-80)}$$

Como o gradiente de velocidade obtido foi superior a $1.000 \; s^{-1}$, tem-se que o ressalto hidráulico confere condições adequadas à operação da mistura rápida no que tange à dispersão do coagulante na fase líquida.

- Passo 11: Verificação das condições de escoamento de jusante

Para que o ressalto hidráulico ocorra imediatamente após a mudança de declividade do canal de condução de água bruta, é necessário que as profundidades conjugadas y_1 e y_2 sejam coincidentes neste ponto. Deve-se, portanto, prever uma estrutura de controle de nível de jusante que permita que a profundidade y_2 seja respeitada no canal horizontal. Como sua cota de fundo está situada em 199,200, o nível d'água deverá ser de 199,542.

Pode-se prever um vertedor com 0,6 m de largura situado a jusante do ressalto hidráulico, e, para uma vazão igual a 100 L/s, tem-se que sua lâmina d'água pode ser estimada da seguinte maneira:

$$h = \left(\frac{Q}{1,838 \cdot b} \right)^{2/3} \qquad \text{(Equação 2-81)}$$

$$h = \left(\frac{0,10/2}{1,838 \cdot 0,6} \right)^{2/3} \cong 0,202 \; m \qquad \text{(Equação 2-82)}$$

A crista do vertedor de água bruta deverá, portanto, ser posicionada na cota 199,340 (199,542 − 0,202). Caso a velocidade V_2 seja elevada, pode-se instalar um rebaixo no canal horizontal com o objetivo de aumentar sua profundidade e, consequentemente, reduzir a velocidade no canal de água coagulada. Vamos admitir um rebaixo de 0,2 m e, assim, tem-se o seguinte perfil hidráulico estimado para a mistura rápida em questão (Fig. 2-34).

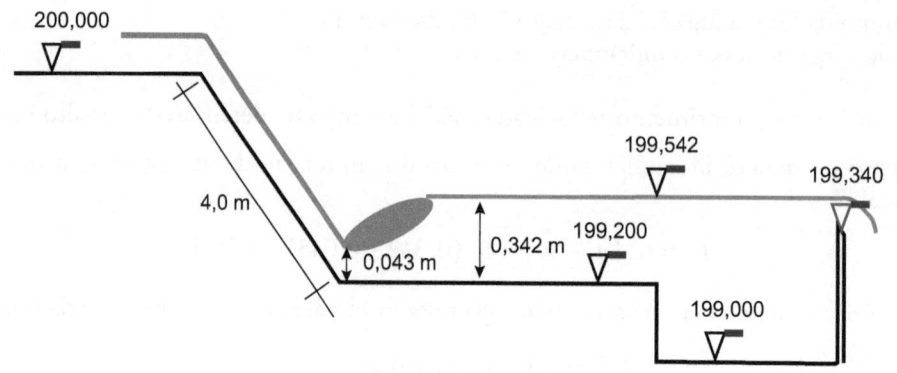

Figura 2-34 Níveis d'água e cotas estimados para o ressalto hidráulico empregado como unidade de mistura rápida operando com vazão igual a 100 L/s.

A implantação de ressalto hidráulico em canais de declividades variáveis é um modo interessante de garantir condições ótimas de mistura do coagulante na fase líquida; no entanto, sua aplicação é limitada a estações de tratamento de água de pequeno a médio porte.

Vertedores retangulares e variantes

Um dispositivo que possibilita uma excelente mistura do coagulante na fase líquida são os vertedores retangulares, podendo estes ser de parede delgada ou vertedores Creager. Por serem extremamente versáteis, podem ser empregados para estações de tratamento de água de qualquer porte. A Figura 2-35 apresenta um vertedor retangular empregado como unidade de mistura rápida.

Figura 2-35 Vertedor Creager empregado como unidade de mistura rápida – vazão da ETA: 15,0 m³/s.

Os Vídeos 2-4 e 2-5 apresentam o funcionamento de dois vertedores retangulares empregados como unidades de mistura rápida.

O princípio que norteia a utilização de vertedores retangulares como unidade de mistura rápida é a criação de uma perda de carga no escoamento proporcionada por uma diferença de cota entre as estruturas de montante e jusante e sua posterior dissipação em determinado volume de controle. De modo a possibilitar a obtenção de gradientes de velocidade adequados para a mistura rápida, recomenda-se um valor de perda de carga superior a 0,1 mca (AMIRTHARAJAH; CLARK; TRUSSELL, 1991).

No tocante à perda de carga, esta é facilmente determinada, uma vez que, em princípio, são conhecidas ou previamente definidas as cotas de montante e jusante. A maior dificuldade no cálculo do gradiente de velocidade é a determinação do volume de controle em que ocorre a dissipação da energia. Na maior parte das aplicações em que são empregados os vertedores retangulares e suas variantes como unidades de mistura rápida, não são previstas câmaras para a dissipação da energia, o que faz com que essa dissipação não tenha um volume definido.

Com base em observações visuais e de campo, pode-se assumir que o volume de dissipação de energia pode ser estimado com base na largura do vertedor, altura da lâmina líquida e diferença de cota entre as estruturas de montante e jusante. Desse modo, o gradiente de velocidade pode ser facilmente calculado da seguinte forma:

$$G = \sqrt{\frac{P_{ot}}{\mu . V_{ol}}} = \sqrt{\frac{\gamma . Q . \Delta H}{\mu . V_{ol}}}$$ (Equação 2-83)

O volume de dissipação de energia pode ser estimado de acordo com a seguinte expressão:

$$V = L_v . h_c . \beta . \Delta z_{mj}$$ (Equação 2-84)

V = volume estimado para a dissipação de energia em m
L_v = largura do vertedor em m
h_c = lâmina d'água sobre a crista do vertedor em m
β = fator de proporcionalidade
Δz_{mj} = diferença de cota entre as estruturas de montante e jusante

O conceito envolvido na determinação do volume de controle em que há a dissipação de energia é que, primordialmente, esta ocorre em razão da penetração da massa de água em um volume que corresponde à largura do vertedor vezes a altura de lâmina líquida. A profundidade de penetração da fase líquida pode ser admitida como o valor igual à diferença de cota do nível d'água entre as estruturas de montante e jusante multiplicado por um fator de proporcionalidade β, podendo este ser estimado como em torno de 1 a 2.

PARÂMETROS DE PROJETO – UNIDADES DE MISTURA RÁPIDA: VERTEDORES RETANGULARES E VARIANTES
- Tempo de detenção hidráulico: não significativo
- Perda de carga disponível: acima de 0,1 m (recomendável não superior a 3,0 m)
- Lâmina d'água acima da crista do vertedor: inferior a 0,5 m
- Gradiente de velocidade: entre 300 e 1.000 s^{-1}

Exemplo 2-4

Problema: Pretende-se avaliar o gradiente de velocidade em uma estação de tratamento de água que opera com uma vazão igual a 7,5 m³/s. A estrutura de chegada de água bruta é dotada de um vertedor Creager cuja crista está na cota 119,250 e com largura igual a 4,5 m. O nível d'água do canal de água coagulada é controlado por estrutura de jusante, sendo sua cota igual a 119,200. Assuma que a temperatura da fase líquida seja igual a 20 °C.

Solução: A determinação do gradiente de velocidade pode ser efetuada uma vez conhecendo-se a perda de carga na estrutura hidráulica e seu volume de dissipação de energia.

- Passo 1: Determinação da perda de carga dissipada pelo escoamento

A perda de carga pode ser facilmente estimada aplicando-se a equação de Bernoulli entre as secções de montante e jusante do vertedor Creager (Fig. 2-36).

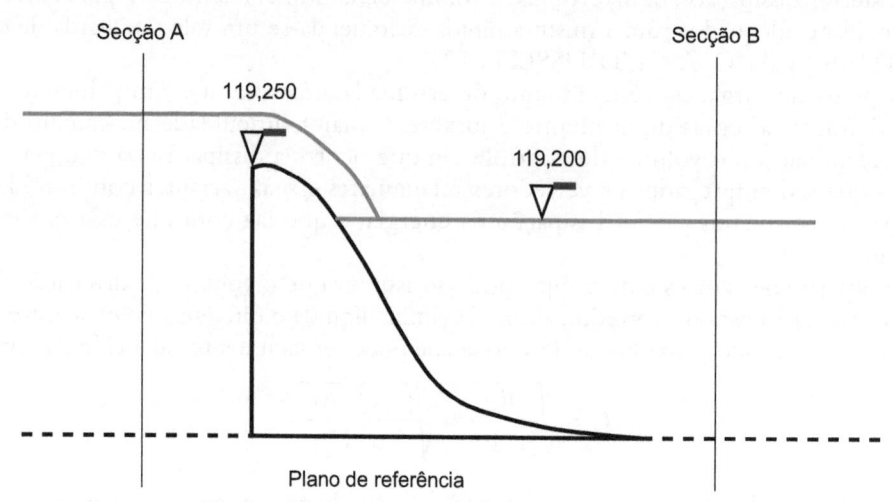

Figura 2-36 Perda de carga em um vertedor Creager.

$$H_a = H_b + \Delta H_{a,b} \qquad \text{(Equação 2-85)}$$

$$z_a + \frac{V_a^2}{2 \cdot g} + \frac{P_a}{\rho \cdot g} = z_b + \frac{V_b^2}{2 \cdot g} + \frac{P_b}{\rho \cdot g} + \Delta H_{a,b} \qquad \text{(Equação 2-86)}$$

Desprezando-se os termos cinéticos, pode-se escrever que:

$$\Delta H_{a,b} = z_a - z_b \qquad \text{(Equação 2-87)}$$

A altura da lâmina d'água sobre a crista de um vertedor do tipo Creager pode ser calculada pela seguinte expressão:

$$h = \left(\frac{Q}{2,2 \cdot b} \right)^{2/3}$$ (Equação 2-88)

$$h = \left(\frac{7,5}{2,2 \cdot 4,5} \right)^{2/3} \cong 0,831\ m$$ (Equação 2-89)

Dessa maneira, a cota do nível d'água a montante do vertedor Creager deverá ser igual a 199,250 mais 0,831 m, o que totaliza 200,081. A perda de carga estimada para a estrutura hidráulica em questão deverá, portanto, ser igual a:

$$\Delta H_{a,b} = z_a - z_b = 200,081 - 199,200 \cong 0,881\ m$$ (Equação 2-90)

- Passo 2: Cálculo do volume de dissipação de energia

O volume cuja dissipação de energia ocorrerá de modo preponderante e pode ser calculado com base na Equação 2-84. Vamos adotar um fator de proporcionalidade β igual a 2.

$$V = L_v \cdot h_c \cdot \beta \cdot \Delta z_{mj} = 4,5 \cdot 0,831 \cdot 2 \cdot 0,881 \cong 6,59\ m^3$$ (Equação 2-91)

- Passo 3: Cálculo do gradiente de velocidade

O gradiente de velocidade pode ser estimado com base na equação a seguir.

$$G = \sqrt{\frac{\gamma \cdot Q \cdot \Delta H}{\mu \cdot V_{ol}}} = \sqrt{\frac{998,2 \cdot 9,81 \cdot 7,5 \cdot 0,881}{1,002 \cdot 10^{-3} \cdot 6,59}} \cong 3 \cdot 10^3\ s^{-1}$$ (Equação 2-92)

Pode-se concluir, portanto, que a mistura rápida deverá ocorrer de modo satisfatório, uma vez que o gradiente de velocidade estimado é superior a 1.000 s^{-1}.

Como apresentado no Exemplo 2-4, pode-se observar que os gradientes de velocidade passíveis de serem obtidos em estruturas do tipo vertedores retangulares e suas variantes são normalmente bastante elevados, o que confere uma excelente condição para a operação de unidades de mistura rápida. No entanto, embora flexíveis, algumas recomendações são bastante importantes:

- A disposição do coagulante deve ser efetuada de modo que sua aplicação ocorra ao longo de toda a largura do vertedor retangular.

Em muitas instalações, a largura do vertedor pode apresentar alguns metros, o que exige que a aplicação do coagulante seja efetuada de forma bastante homogênea ao longo de sua crista. Como muitas vezes a dosagem de coagulante pode ser reduzida em relação à vazão afluente, o que tende a dificultar sua distribuição, torna-se necessário efetuar sua diluição imediatamente a montante do ponto de aplicação. Esta diluição pode ser efetuada por meio de injetores do tipo Venturi ou diretamente em linha. A Figura 2-37 apresenta uma correta aplicação de coagulante distribuída ao longo de toda a largura do vertedor. A distribuição da solução de coagulante por meio de calhas dispostas ao longo da largura do vertedor é uma alternativa bastante interessante, recomendando-se que a distância entre os furos não seja superior a 10 cm.

- A altura da calha de distribuição do coagulante deve ser tal que possibilite que a solução penetre na fase líquida.

Sugere-se que a calha de distribuição do coagulante situe-se pelo menos 30 cm acima da lâmina líquida, de maneira que o coagulante possa penetrar no meio aquoso (AMIRTHARAJAH; CLARK; TRUSSELL, 1991). A Figura 2-38 apresenta o efeito da penetração do coagulante na fase líquida.

- Limitação da perda de carga disponível objetivando a minimização da incorporação de ar no escoamento.

Figura 2-37 Vertedor Creager empregado como unidade de mistura rápida: aplicação homogênea do coagulante ao longo da largura do vertedor – vazão da ETA: 15,0 m³/s.

Figura 2-38 Vertedor Creager empregado como unidade de mistura rápida: penetração da solução do coagulante na fase líquida e ao longo da largura do vertedor – vazão da ETA: 15,0 m³/s.

Observando a Equação 2-83, pode-se inferir que, quanto maior for a perda de carga disponível para a ocorrência do gradiente de velocidade, melhor será para o processo de tratamento. Isso é verdade com respeito à mistura rápida; no entanto, quanto maior for a perda de carga disponível, também maior tenderá a ser a incorporação de ar no escoamento, o que possibilitará a ocorrência de flotação de uma pequena parte dos flocos já formados durante o processo de coagulação e floculação. A separação de parte dos flocos por flotação, embora bastante reduzida, tenderá a formar uma "escuma" nos canais de condução de água coagulada, nos floculadores e, por fim, nos decantadores, o que exigirá sua remoção em intervalos regulares. A Figuras 2-39 apresenta algumas estações de tratamento de água com ocorrência de flotação de parte dos flocos formados durante a mistura rápida.

A formação dessa "escuma" e sua acumulação nos canais de condução de água coagulada, floculadores e decantadores deve ser evitada. Do contrário, pode haver sua passagem para a água decantada e posterior prejuízo ao processo de filtração. Um meio eficiente de reduzir seu potencial de formação é limitar a capacidade de incorporação de ar no escoamento reduzindo-se a carga hidráulica disponível para a mistura rápida, recomendando-se que esta não seja superior a 3,0 m.

Figura 2-39 Incorporação de ar no escoamento durante o processo de mistura rápida e separação de parte dos flocos por flotação – vazão da ETA: 15,0 m³/s.

Se, porventura, sua formação for inevitável, podem-se prever anteparos a serem instalados nos canais de veiculação de água coagulada, evitando-se seu transporte para os processos unitários de jusante. Sua limpeza deve ocorrer em intervalos regulares, a fim de que os flocos possam ser retirados por meio de descargas hidráulicas ou manualmente. Algumas soluções encontradas na prática são bastante engenhosas, como se pode observar na Figura 2-40.

Como comentado, não é comum o emprego de unidades de mistura rápida hidráulica no projeto de estações de tratamento de águas nos Estados Unidos, uma vez que a preferência dos projetistas e consultores norte americanos recai sobre unidades mecanizadas. Um dos principais motivos é que, devidamente projetadas, a incorporação de ar no escoamento em unidades de mistura rápida mecanizadas é muito reduzida, o que não acarreta problemas no processo de tratamento e, tão importante quanto, preserva visualmente a qualidade da água nas unidades que compõem a estação de tratamento de água.

Figura 2-40 Dispositivo empregado como anteparo para remoção de flocos eventualmente separados por incorporação de ar no escoamento durante o processo de mistura rápida – vazão da ETA: 0,1 m³/s.

Misturadores estáticos

Uma opção interessante como unidade de mistura rápida podem ser os misturadores estáticos, que têm sido amplamente empregados na indústria química. Seu conceito de funcionamento envolve a introdução de uma perda de carga no escoamento proporcionada por uma estrutura composta por elementos de mistura geometricamente fixos na tubulação e que possibilitam condições ótimas de mistura. Normalmente, esses elementos de mistura são placas com geometria definida pelo fabricante que são dispostas perpendicularmente entre si e possibilitam a divisão e junção do escoamento. A sucessão de ambos os processos de divisão e junção do escoamento permite a mistura de produtos químicos na fase aquosa em tempos de detenção hidráulicos muito reduzidos, em geral, inferior a 3 s (AMIRTHARAJAH, 2001). A Figura 2-41 apresenta alguns misturadores estáticos empregados em saneamento.

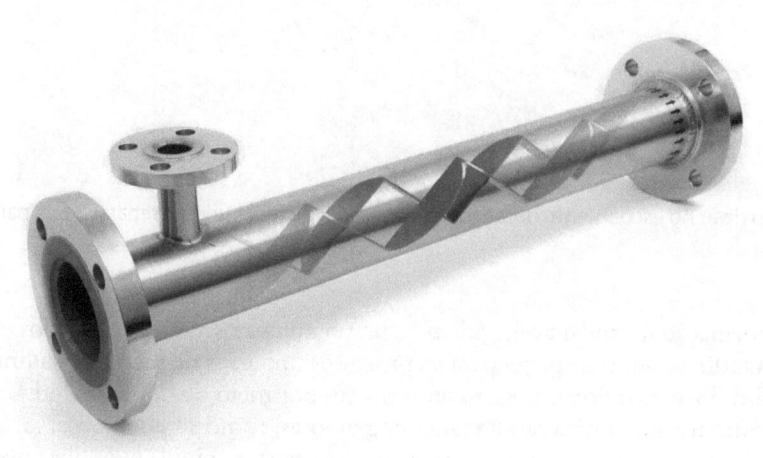

Figura 2-41 Misturador estático empregado como dispositivo de mistura rápida.

(Fonte: http://www.koflo.com/static-mixers.html.)

O emprego de misturadores estáticos como unidades de mistura rápida apresenta como vantagens seu baixo custo, sua simplicidade operacional e inexistência de peças internas móveis, podendo ser fornecidos para diferentes tipos de tubulação, desde PVC, aço-carbono, aço inoxidável, ferro fundido ou mesmo em acrílico para pequenos diâmetros. Os diâmetros comerciais disponíveis no mercado podem variar de 1/2" até 40" (1.000 mm), o que confere uma grande versatilidade em um projeto de engenharia. Por serem peças que podem ser inseridas diretamente na adutora de água bruta, sua utilização também apresenta como vantagem uma economia de área, uma vez não é necessária a construção de unidades de mistura rápida em concreto armado.

As desvantagens do uso de misturadores estáticos residem no fato de as condições de mistura obtidas serem função da vazão e, além disso, por serem peças pré-fabricadas e, por conseguinte, patenteadas, seu dimensionamento deve ser efetuado com base nas informações fornecidas pelos fabricantes. Assim, a seleção do equipamento mais conveniente deve estar associada a um fornecedor com renomada competência no mercado e que forneça dados confiáveis para o projeto. A adoção do parâmetro gradiente de velocidade não é adequada, uma vez que as condições ótimas de mistura normalmente fornecidas pelos fabricantes não o levam em consideração como parâmetro de projeto.

Existem algumas regras práticas que podem ser empregadas na seleção e no dimensionamento de misturadores estáticos como unidade de mistura rápida, podendo-se citar valores admissíveis de perda de carga entre 0,6 m a 0,9 m e tempos de mistura rápida de até 3 s (KAWAMURA, 2000).

No Brasil, a utilização de misturadores estáticos como unidade de mistura rápida é mais disseminada em estações de tratamento de águas para fins industriais, não sendo ainda aplicada em larga escala no tratamento de água para abastecimento público. No entanto, em face de sua versatilidade, sua aplicação é recomendada para pequenas e médias instalações.

PARÂMETROS DE PROJETO – UNIDADES DE MISTURA RÁPIDA: MISTURADORES ESTÁTICOS
- Tempo de detenção hidráulico: 1 a 3 s
- Perda de carga admissível: 0,6 a 0,9 m
- Número de elementos de mistura: 3 a 4 unidades
- Gradiente de velocidade: não significativo

Exemplo 2-5

Problema: Uma estação de tratamento de água deverá ser projetada para vazões de 30 L/s e 50 L/s para suas condições de início e fim de plano. A adutora de água bruta foi projetada com diâmetro igual a 200 mm para atendimento da vazão de fim de plano. Com base nessas informações, avalie a possibilidade de adoção de um misturador estático como unidade de mistura rápida.

Solução: O dimensionamento de um misturador estático como unidade de mistura rápida depende essencialmente dos dados de desempenho e de engenharia fornecidos pelo fabricante. Vamos admitir a seleção de um misturador estático marca KOMAX cujas curvas de perda de carga e o número de elementos de mistura requerido estejam apresentados na Figura 2-42. Suponha um valor de temperatura da água igual a 18 °C.

- Passo 1: Determinação das velocidades médias no misturador estático para condição de início e fim de plano

Em princípio, vamos admitir que o diâmetro do misturador estático seja igual ao da adutora de água bruta. Desse modo, as velocidades esperadas para início e fim de plano deverão ser iguais a:

$$V_{ip} = \frac{Q}{A} = \frac{4 \cdot Q}{\pi \cdot \varnothing^2} = \frac{4 \cdot 0,03 \; m^3/s}{3,1415 \cdot 0,2^2} \cong 0,95 \frac{m}{s} \; (3,12 \frac{ft}{s}) \qquad \text{(Equação 2-93)}$$

$$V_{fp} = \frac{Q}{A} = \frac{4 \cdot Q}{\pi \cdot \varnothing^2} = \frac{4 \cdot 0,05 \; m^3/s}{3,1415 \cdot 0,2^2} \cong 1,59 \frac{m}{s} \; (5,22 \frac{ft}{s}) \qquad \text{(Equação 2-94)}$$

V_{ip} e V_{fp} = velocidade no misturador estático para as condições de início e fim de plano em m/s
Q = vazão em m³/s
A = área da secção transversal da tubulação em m²
Φ = diâmetro da tubulação em m

- Passo 2: Cálculo do número de Reynolds para condição de início e fim de plano

É necessária a verificação do número de Reynolds, para que seja possível determinar o número de elementos necessários para a mistura rápida. Dessa modo, tem-se que:

$$Re_{ip} = \frac{V \cdot \varnothing \cdot \rho}{\mu} = \frac{0,95 \cdot 0,2 \cdot 998,2}{1,053 \cdot 10^{-3}} \cong 1,811 \cdot 10^5 \qquad \text{(Equação 2-95)}$$

$$Re_{fp} = \frac{V \cdot \varnothing \cdot \rho}{\mu} = \frac{1,59 \cdot 0,2 \cdot 998,2}{1,053 \cdot 10^{-3}} \cong 3,018 \cdot 10^5 \qquad \text{(Equação 2-96)}$$

Re_{ip} e Re_{fp} = número de Reynolds para as condições de início e fim de plano
ρ = massa específica do fluido em kg/m³
μ = coeficiente de viscosidade dinâmica do fluido em N.s/m²

- Passo 3: Determinação do número de elementos requeridos para a mistura rápida

De posse dos valores dos números de Reynolds para as situações de início e fim de plano e suas respectivas velocidades, pode-se determinar o número de elementos de mistura requeridos para a mistura rápida (Fig. 2-42). Observa-se que, tanto para as vazões de início e fim de plano, os valores de número de Reynolds são inferiores a $5,0 \cdot 10^5$, e, com base nas velocidades calculadas, tem-se que o número de elementos de mistura requeridos situa-se entre 2 e 3. Vamos adotar um misturador estático com um total de três elementos de mistura.

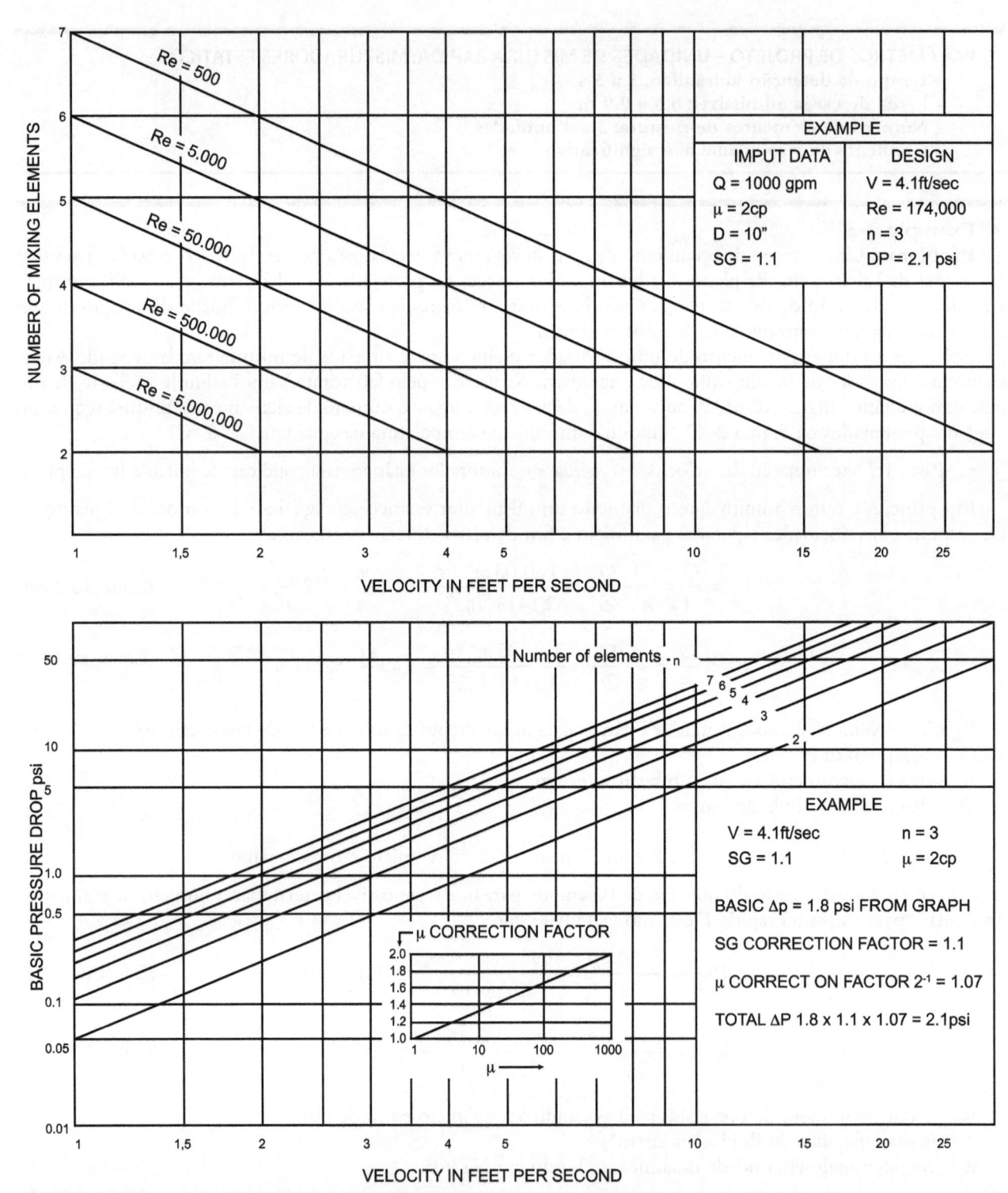

Figura 2-42 Curvas de perda de carga e número de elementos de mistura requerido.

(Fonte: http://www.komax.com/triple-action-static-mixer/.)

- Passo 4: Cálculo da perda de carga ocasionada pelo misturador estático

Com base nos valores de velocidade e do número de elementos de mistura requeridos (Fig. 2-42), determina-se a perda de carga proporcionada pelo misturador estático.

$$\Delta H_{ip} \cong 1,0 \ psi \ (0,70 \ m \ c \ a) \qquad \text{(Equação 2-97)}$$

$$\Delta H_{fp} \cong 3,6 \ psi \ (2,53 \ m \ c \ a) \qquad \text{(Equação 2-98)}$$

ΔH_{ip} e ΔH_{fp} = perda de carga calculada para o misturador estático

- Passo 5: Verificação do tempo de mistura rápida

De acordo com informações fornecidas pelo fabricante, um misturador estático com diâmetro igual a 200 mm é dotado de três elementos de mistura e apresenta aproximadamente 44" (1,12 m) de comprimento. O tempo de mistura rápida pode, portanto, ser estimado pelas seguintes expressões:

$$\Delta t_{ip} = \frac{L}{v_{ip}} = \frac{1,12}{0,95} \cong 1,2 \ s \qquad \text{(Equação 2-99)}$$

$$\Delta t_{fp} = \frac{L}{v_{fp}} = \frac{1,12}{1,59} \cong 0,70 \ s \qquad \text{(Equação 2-100)}$$

Δt_{ip} e Δt_{fp} = tempos de mistura rápida para as condições de início e fim de plano em s
L = comprimento do misturador estático em m

Os tempos de mistura calculados são inferiores a 3 s. Desse modo, pode-se considerar como satisfatório o dimensionamento do misturador estático como unidade de mistura rápida. Ainda que o valor de perda de carga para a vazão de fim de plano seja superior a 0,9 m, tem-se que seu tempo de mistura resultou inferior a 1,0 s, o que é um valor bastante satisfatório.

Observe que, no Exemplo 2-5, em nenhum momento foi efetuado o cálculo do parâmetro gradiente de velocidade. Esse procedimento justifica-se na medida em que não há, até o momento, dados que possibilitem definir valores que garantam condições ótimas de mistura rápida para misturadores estáticos. Com relação ao número de elementos requeridos, uma vez que os escoamentos em saneamento são turbulentos e com altos valores de número de Reynolds, normalmente misturadores estáticos com três a quatro elementos já são adequados.

A maior dificuldade no dimensionamento de misturadores estáticos como unidade de mistura rápida reside na dependência de dados que devem ser fornecidos pelo fabricante. Quando estes são idôneos, os parâmetros de projeto são informados; inclusive, na maior parte dos casos, há apoio técnico em seu dimensionamento.

No Brasil, infelizmente, alguns fabricantes comercializam produtos que são adaptações de fornecedores internacionais, não havendo preocupação com o levantamento de dados técnicos dos equipamentos comercializados. Desse modo, recomenda-se um especial cuidado quando da seleção dos fornecedores, sugerindo-se que, em caso de dúvidas, sejam solicitados dados e informações que justifiquem sua qualificação técnica. Caso esses não sejam fornecidos, recomenda-se que o fornecedor seja descartado.

Referências

AMIRTHARAJAH, A. Static mixers for coagulation and disinfection. Denver: *AWWA*, 2001. 225 p.

AMIRTHARAJAH, A.; CLARK, M.M. Mixing in *coagulation* and *flocculation*. Denver: *AWWA*, 1991.

AMIRTHARAJAH, A.; MILLS, K. Rapid-mix design for mechanisms of alum coagulation. *Journal American Water Works Association*, Denver, v. 74, n. 4, p. 210-216, 1982 .

BREZONIK, P. L.; ARNOLD, W. A. *Water chemistry:* an introduction to the chemistry of natural and engineered aquatic systems. New York: Oxford University Press, 2011. 782 p.

CAMP, T. R.; STEIN, P. C. Velocity gradients and internal work in fluid motion. *Journal of the Boston Society of Civil Engineers,* Boston, v. 30, 1943, p. 219-237.

CLEASBY, J. L. Is velocity gradient a valid turbulent flocculation parameter. *Journal of Environmental Engineering,* New York, v. 110, n. 5, p. 875-897, 1984.

DI BERNARDO, L.; DANTAS, A. D. B. *Métodos e técnicas de tratamento de água*. São Carlos: Rima, 2005. 1566 p.

DUAN, J.; GREGORY, J. Coagulation by hydrolysing metal salts. *Advances in Colloid and Interface Science*, Amsterdam, v. 100/102, p. 475-502, Feb. 2003.

HAN, M.Y.; LAWLER, D.F. The (relative) insignificance of G in flocculation. *Journal American Water Works Association*, Denver, v. 84, n. 10, p. 79-91, Oct. 1992.

HIEMENZ, P.C. *Principles of colloid and surface chemistry*. 2nd ed. New York: M. Dekker, 1986. 815 p.

KAWAMURA, S. *Integrated design and operation of water treatment facilities*. 2nd ed. New York: Wiley , 2000. 720 p.

LETTERMAN, R. D.; VANDERBROOK, S. G. Effect of solution chemistry on coagulation with hydrolized AL(III): significance of sulfate ion and PH. *Water Research*, Oxford, v. 17, n. 2, p. 195-204, 1983.

LETTERMAN, R. D.; VANDERBROOK, S. G.; SRICHAROENCHAIKIT, P. Electrophoretic mobility measurements in coagulation with aluminium salts. Journal *American Water Works Association*, Denver, v. 74, n. 1, p. 44-51, 1982.

LETTERMAN, R. D.; YIACOUMI, S. Coagulation and flocculation. In: EDZWALD, J. K. (Ed.) *Water quality and treatment:* a handbook on drinking water. 6th ed. Denver: AWWA, 2011. cap. 8

PERNITSKY, D.J.; EDZWALD, J.K. Solubility of polyaluminium coagulants. *Journal of Water Supply: Research and Technology-Aqua*, London, v. 52, n. 6, p. 395-406, Sept. 2003.

QASIM, S. R.; MOTLEY, E. M.; ZHU, G. *Water works engineering:* planning, design, and operation. Upper Saddle River: Prentice Hall, 2000. 844 p.

SHIN, J.Y.; SPINETTE, R.F.; O'MELIA, C.R. Stoichiometry of coagulation revisited. Environmental Science & Technology, Easton, v. 42, n. 7, p. 2582-2589, Apr. 2008.

SNOEYINK, V.L.; JENKINS, D. *Water chemistry.* New York: Wiley, 1980. 463p.

STUMM, W.; MORGAN, J.J. *Aquatic chemistry:* chemical equilibria and rates in natural waters. 3rd ed. New York: Wiley, 1996. 1022 p.

VOLK, C. et al. Impact of enhanced and optimized coagulation on removal of organic matter and its biodegradable fraction in drinking water. *Water Research*, Oxford, v. 34, n. 12, p. 3247-3257, Aug. 2000.

CAPÍTULO 3

Floculação

MECANISMOS DE AGREGAÇÃO DE PARTÍCULAS COLOIDAIS

A etapa de floculação é uma das mais importantes no processo de tratamento de água. Embora os conhecimentos qualitativos acerca deste remontem à década de 1930, do ponto de vista quantitativo, os progressos alcançados têm sido conquistados apenas recentemente. Os parâmetros de projeto e as considerações operacionais relevantes estabelecidos atualmente para as unidades de floculação empregadas no tratamento de águas de abastecimento ainda são, em sua essência, empíricos e obtidos com base no resultado de inúmeras instalações projetadas, em que se contabilizam seus sucessos e fracassos.

A essência do propósito do processo de floculação é possibilitar a agregação das partículas coloidais, de modo que estas possam ser removidas da fase líquida por processos de separação sólido-líquido, tais como a sedimentação gravitacional, a flotação com ar dissolvido ou a filtração, no caso de instalações concebidas como filtração direta.

DEFINIÇÃO DE FLOCULAÇÃO
Processo físico no qual as partículas coloidais são postas em contato umas com as outras, de modo a viabilizar o aumento de seu tamanho físico, alterando, assim, sua distribuição granulométrica.

Para que a separação das partículas coloidais por processos de separação sólido-líquido ocorra de maneira satisfatória, é necessário garantir que a dimensão física dos flocos alcance um valor adequado. Desse modo, ao se garantir a agregação das partículas presentes na água coagulada e seu posterior aumento de dimensão física, como consequência, tem-se a diminuição de sua concentração na fase líquida, como apresentado na Figura 3-1.

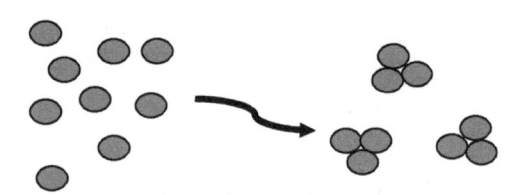

Figura 3-1 Apresentação do processo de floculação: agregação das partículas coloidais.

É importante frisar que, para o processo de floculação transcorrer de maneira satisfatória, é necessário garantir a desestabilização das partículas coloidais mediante uma correta operação do processo de coagulação. Do ponto de vista físico, o processo de coagulação é responsável pela desestabilização das partículas coloidais, não devendo ser encarado como uma operação unitária responsável pela agregação das partículas coloidais. Portanto, teoricamente, a distribuição granulométrica das partículas coloidais presentes na água bruta e na coagulada é essencialmente igual.

Quando a água coagulada é submetida ao processo de floculação, tem-se uma alteração na distribuição granulométrica das partículas coloidais, ocorrendo o aumento de seu diâmetro médio e a diminuição de sua concentração (Fig. 3-2).

Com o seu aumento físico, pode-se, portanto, garantir sua maior remoção nas unidades de separação sólido-líquido, o que garante uma maior eficiência do processo de tratamento como um todo.

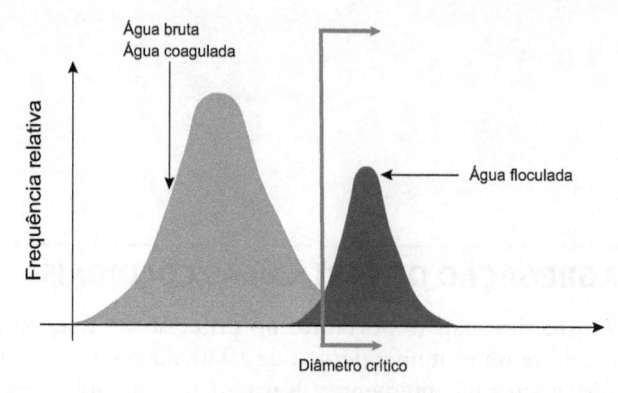

Figura 3-2 Distribuição granulométrica esperada para as partículas coloidais presentes na água bruta, coagulada e floculada.

Basicamente, o processo de agregação das partículas coloidais pode se dar por três mecanismos distintos, a saber: por floculação pericinética, por floculação ortocinética e por sedimentação diferencial (LETTERMAN; YIACOUMI, 2011):

Floculação pericinética

As partículas coloidais presentes na água bruta são continuamente bombardeadas pelas moléculas de água, o que possibilita que se movimentem em meio aquoso, dando origem ao movimento browniano.

Estando as partículas coloidais submetidas ao movimento browniano, estas podem chocar-se uma com as outras, ocorrendo sua agregação e formando partículas com maior dimensão física.

O movimento browniano como mecanismo de transporte, no entanto, apenas é significativo para partículas com dimensões menores que 1 μm, e, como será discutido mais adiante, a significância do processo de floculação pericinética é muito reduzida em comparação com os demais.

Matematicamente, a eficiência da floculação pericinética na agregação de suspensões coloidais pode ser desenvolvida considerando uma suspensão coloidal monodispersa, com uma partícula central imóvel e uma concentração de partículas conhecidas a uma distância infinita. A frequência de colisões entre as partículas coloidais pelo mecanismo de floculação pericinética pode ser escrita assim (HAN; LAWLER, 1992):

$$J_p = \beta_p \cdot n_i \cdot n_j \qquad \text{(Equação 3-1)}$$

$$\beta_p = \frac{2 \cdot k \cdot T \left(d_i + d_j\right)^2}{3 \cdot \mu \cdot d_i \cdot d_j} \qquad \text{(Equação 3-2)}$$

J_p = frequência de colisões pelo mecanismo de floculação pericinética ($L^3 T^{-1}$)
β_p = coeficiente de frequência de colisões pelo mecanismo de floculação pericinética ($L^3 T^{-1}$)
n_i = concentração de partículas de diâmetro d_i (ML^{-3})
n_j = concentração de partículas de diâmetro d_j (ML^{-3})
d_i e d_j = diâmetro das partículas i e j (L)
k = constante de Boltzman (JT^{-1})
μ = viscosidade dinâmica da água ($ML^{-1} T^{-1}$)
T = temperatura absoluta (K)

Um dos modos de analisar qual é a importância relativa entre as principais variáveis intervenientes no mecanismo de floculação pericinética é calcular os coeficientes de frequência de colisão para um diâmetro de partícula fixo e outro variável. A Figura 3-3 apresenta valores de β_p calculados de acordo com a Equação 3-2, mantido fixo o diâmetro d_i e variando-se o diâmetro d_j para uma temperatura da fase líquida igual a 20°C.

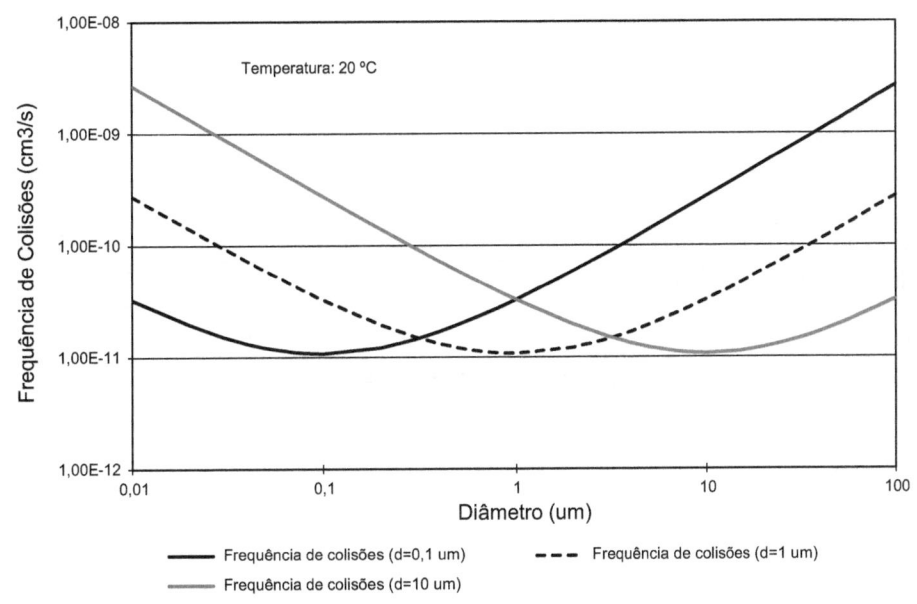

Figura 3-3 Frequência de colisões calculadas para mecanismo de floculação pericinética para diferentes diâmetros de partículas coloidais.

Uma análise da Figura 3-3 possibilita concluir que, quanto maior for diferença numérica entre os diâmetros das partículas envolvidas no mecanismo de floculação pericinética, maior é a frequência de colisões e, dessa forma, maior sua eficiência.

Pode-se observar que, para determinado diâmetro de partícula d_i, o menor valor de β_p ocorre para um valor de d_j igual a d_i. Isso significa que, em suspensões monodispersas, a frequência de colisões no mecanismo de floculação pericinética tende a ser menor em comparação às suspensões heterodispersas. Desse modo, ao se considerar o mecanismo de floculação pericinética, uma suspensão heterodispersa deve flocular mais efetivamente que uma suspensão monodispersa. Essa conclusão, no entanto, é apenas baseada em uma análise matemática da Equação 3-2, não existindo até o momento uma evidência experimental que corrobore tal fato.

De acordo com a Equação 3-2, é possível perceber que a temperatura é um parâmetro interveniente no mecanismo de floculação pericinética, não apenas pela alteração de seu valor em si, mas também por influenciar na viscosidade dinâmica do fluido. A Figura 3-4 apresenta a influência da temperatura no cálculo da frequência de colisões no mecanismo de floculação pericinética.

De acordo com a Figura 3-4, quanto maior for a temperatura da água, maior tende a ser a frequência de colisões. Alguns operadores em estações de tratamento de água têm notado, na prática, uma dificuldade maior no tratamento de águas em baixas temperaturas em comparação a águas em temperatura mais altas.

Alguns pesquisadores têm evidenciado que tal efeito deve-se não apenas à cinética de floculação propriamente dita, mas também às características físicas dos flocos formados. No entanto, quando formados em baixas temperaturas (em torno de 5 °C), apresentam maior fragilidade em comparação àqueles formados em altas temperaturas (próximo de 20 °C). A validade dessa característica foi experimentalmente comprovada tanto para flocos formados por hidróxido férrico como para hidróxido de alumínio (HANSON; CLEASBY, 1990).

Contudo, por ser o Brasil um país de clima tropical, tendo apenas em algumas regiões do Sul e do Sudeste valores mais reduzidos de temperatura, e apenas durante curtos períodos, esta grandeza não traz muita influência na operação de estações de tratamento de água no Brasil.

Do ponto de vista de engenharia, pouco ou quase nada pode ser feito com vistas a otimizar a agregação de partículas coloidais pelo mecanismo de floculação pericinética, uma vez que envolveria a necessidade de alteração da temperatura da fase líquida; procedimento este antieconômico e pouco eficiente.

Ponto Relevante 1: A agregação de agregação de partículas coloidais pelo mecanismo de floculação pericinética é pouco relevante no tratamento de águas de abastecimento, não justificando a realização de esforços para sua otimização.

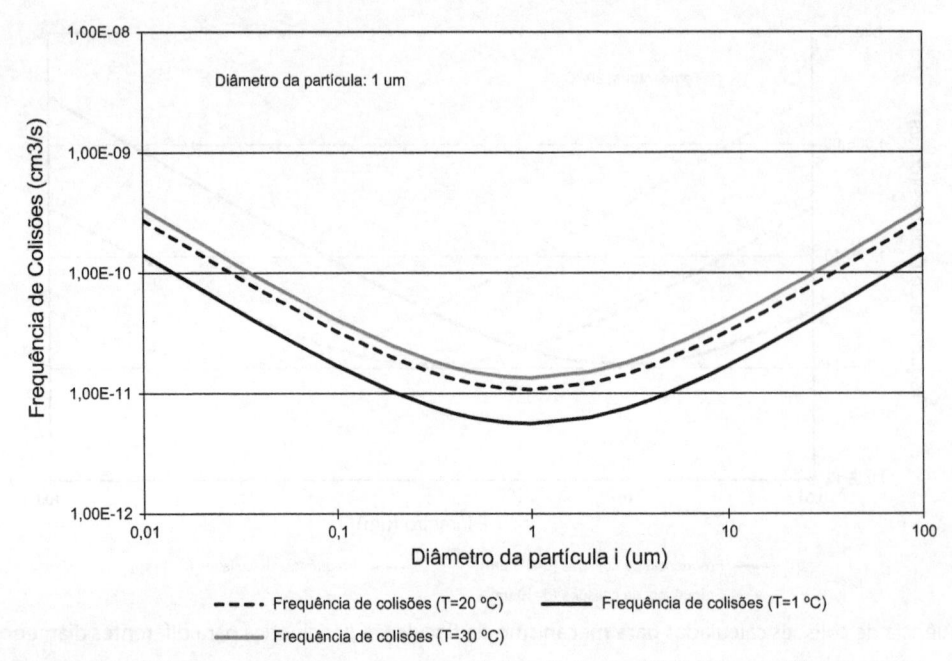

Figura 3-4 Frequência de colisões calculadas para mecanismo de floculação pericinética para diferentes valores de temperatura da fase líquida.

Floculação ortocinética

A existência de gradientes de velocidade em escoamentos laminares ou turbulentos pode viabilizar a colisão entre partículas coloidais e sua posterior agregação. Considerando partículas de raios iguais a r_i e r_j em presença de um campo de velocidades em regime laminar e admitindo que ocorra o choque entre estas, matematicamente pode-se dizer que a taxa de colisão entre ambas é dada pela seguinte expressão:

$$J_o = \frac{4}{3} . n_i . n_j . \left(r_i + r_j \right)^3 . \frac{dU}{dx}$$

(Equação 3-3)

J_0 = frequência de colisões pelo mecanismo de floculação ortocinética $(L^3 T^{-1})$
dU/dx = gradiente de velocidade laminar local (T^{-1})
n_i = concentração de partículas de raio r_i (ML^{-3})
n_j = concentração de partículas de raio r_j (ML^{-3})
r_i e r_j = raio das partículas i e j (L)

Uma vez que é muito difícil a quantificação de dU/dx, é comum substituir o valor do gradiente de velocidade laminar local pelo valor do gradiente médio de velocidade, calculado indiretamente pela potência externa introduzida no escoamento. Desse modo, pode-se escrever que:

$$\frac{dU}{dx} \approx \overline{G}$$

(Equação 3-4)

G = gradiente médio de velocidade ao longo do escoamento (T^{-1})

Substituindo-se a Equação 3-4 na Equação 3-3, tem-se que:

$$J_o = \frac{4}{3} . n_i . n_j . \left(r_i + r_j \right)^3 . \overline{G}$$

(Equação 3-5)

O gradiente de velocidade no interior das câmaras de floculação tende a ser variável espacialmente. No entanto, dadas as inúmeras limitações impostas para avaliar sua variação, ainda hoje o parâmetro gradiente médio de velocidade é extensivamente utilizado no projeto de unidades de floculação e demais componentes de estações de tratamento de água.

Assim como para o mecanismo de floculação pericinética, a Equação 3-5 pode também ser escrita da seguinte forma:

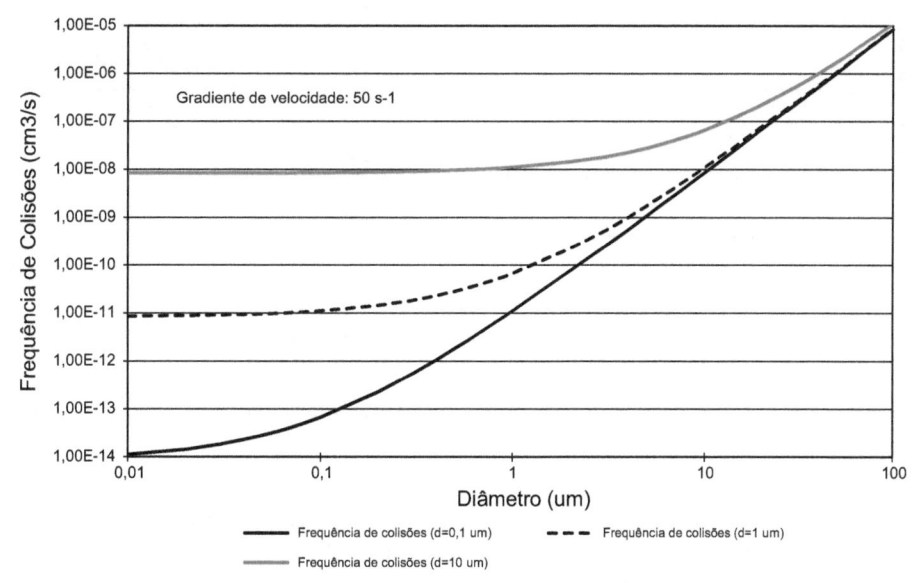

Figura 3-5 Frequência de colisões calculadas para mecanismo de floculação ortocinética para diferentes diâmetros de partículas coloidais.

$$J_o = \beta_o . n_i . n_j$$ (Equação 3-6)

$$\beta_o = \frac{\left(d_i + d_j\right)^3 . \overline{G}}{6}$$ (Equação 3-7)

β_o = coeficiente de frequência de colisões pelo mecanismo de floculação ortocinética ($L^3 T^{-1}$)

A Figura 3-5 apresenta valores de β_o calculado de acordo com a Equação 3-7 para diferentes diâmetros de partícula e um valor fixo de gradiente de velocidade.

Como se observa na Figura 3-5, quanto maiores forem os diâmetros das partículas coloidais, maiores serão suas frequências de colisão. Isso significa que, quanto maiores forem os diâmetros das partículas, mais efetivo será o processo de floculação ortocinética na agregação das partículas coloidais.

Nota-se que, uma vez fixado um diâmetro de partícula i, para partículas coloidais de diâmetro j menores que i, a frequência de colisões sofre pouco ou quase nenhuma alteração. Por outro lado, com o aumento gradativo do diâmetro da partícula j, para valores de d_j maiores que d_i, passa a ocorrer um aumento significativo da eficiência do processo de floculação ortocinética. Assim sendo, esta é grandemente dependente do tamanho da maior partícula.

Também se pode observar que, para grandes diâmetros de partículas coloidais d_j, os valores de frequência de colisão tendem a um mesmo valor, sendo, portanto, praticamente independentes do diâmetro da partícula coloidal d_i.

Do ponto de vista de engenharia, é possível manipular o mecanismo de floculação ortocinética simplesmente aumentando ou diminuindo o gradiente médio de velocidade, uma vez que a frequência de colisões neste mecanismo é diretamente proporcional ao valor de G. Isso pode ser efetuado indiretamente aumentando ou diminuindo a potência externa introduzida no escoamento. A Figura 3-6 apresenta a variação da frequência de colisões no mecanismo de floculação ortocinética para diferentes valores de gradientes médios de velocidade.

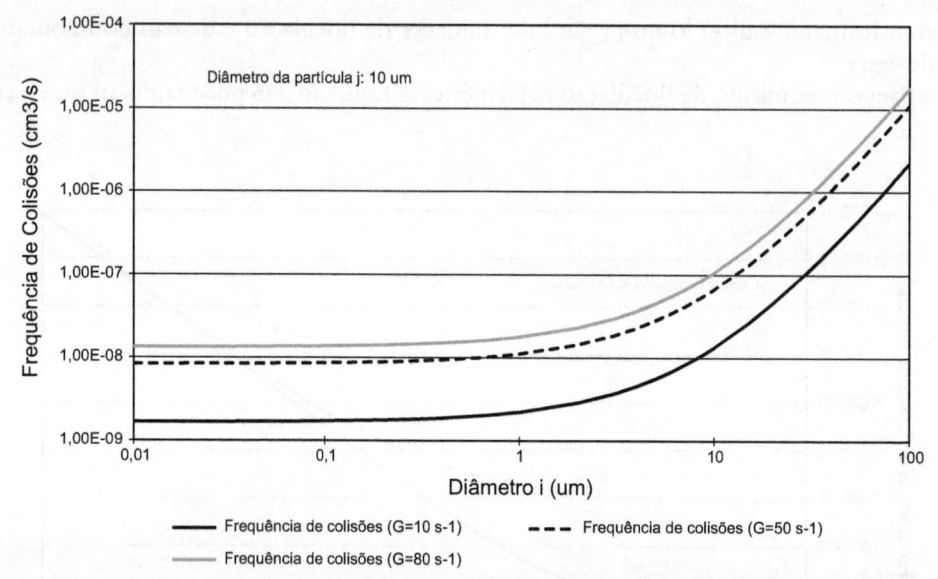

Figura 3-6 Frequência de colisões calculadas para mecanismo de floculação ortocinética para diferentes valores de gradientes de velocidade.

Como era de se esperar, com o aumento do gradiente de velocidade, maior é a frequência de colisões no mecanismo de floculação ortocinética e, consequentemente, maior a eficiência na agregação das partículas coloidais.

Do ponto de vista prático, no entanto, tem-se evidenciado que a elevação gradativa do gradiente médio de velocidade não necessariamente implica aumento correspondente da eficiência do processo de floculação. Isso porque o modelo matemático apresentado pela Equação 3-7 apenas considera a agregação de partículas coloidais, e não a quebra dessas quando submetidas a altos valores de gradientes de velocidade ou elevados tempos de floculação.

Ponto Relevante 2: A floculação ortocinética pode ser controlada por meio da variação do gradiente de velocidade médio imposto no escoamento. Dessa maneira, torna-se um parâmetro de controle do processo, podendo este variar de acordo potência dissipada pelo escoamento.

Ponto Relevante 3: A potência dissipada no escoamento poderá ocorrer por meio de dispositivos hidráulicos ou mecanizados, podendo estes viabilizar a variação do gradiente de velocidade na unidade de floculação.

Floculação por sedimentação diferencial

Admitindo a inexistência de um campo de velocidades e partículas com massas específicas iguais, mas com diâmetros distintos, estas apresentarão diferentes velocidades de sedimentação.

Assim sendo, a taxa de colisões entre partículas de diâmetros d_i e d_j na unidade de tempo pode ser escrita da seguinte forma:

$$J_{sd} = \frac{\pi.\left(d_i + d_j\right)^2}{4}.n_i.n_j.\left(v_i - v_j\right)$$

(Equação 3-8)

J_{sd} = frequência de colisões pelo mecanismo de sedimentação diferencial (L^3T^{-1})
v_i, v_j = velocidades de sedimentação das partículas de diâmetro d_i e d_j, respectivamente (LT^{-1})

Admitindo que as velocidades v_i e v_j possam ser calculadas utilizando-se a expressão de Stokes, tem-se que:

$$v_i = \frac{\left(\rho_p - \rho\right) \cdot g \cdot d_i^2}{18 \cdot \rho \cdot \upsilon}$$

(Equação 3-9)

ρ_p = massa específica da partícula (ML^{-3})
ρ = massa específica da água (ML^{-3}),
ν = viscosidade cinemática da água (L^2T^{-1})
ρ = massa específica da água (ML^{-3})

Substituindo-se a Equação 3-9 na Equação 3-8, tem-se que:

$$J_{sd} = \frac{\pi \cdot g \cdot \left(\rho_p - \rho\right)\left(d_i + d_j\right)^3 \cdot \left|d_i - d_j\right|}{72 \cdot \rho \cdot \upsilon} \cdot n_i \cdot n_j \qquad \text{(Equação 3-10)}$$

A Equação 3-10 também pode ser escrita da seguinte forma:

$$J_{sd} = \beta_{sd} \cdot n_i \cdot n_j \qquad \text{(Equação 3-11)}$$

$$\beta_{sd} = \frac{\pi \cdot g \cdot \left(\rho_p - \rho\right)\left(d_i + d_j\right)^3 \cdot \left|d_i - d_j\right|}{72 \cdot \rho \cdot \upsilon} \qquad \text{(Equação 3-12)}$$

β_{sd} = coeficiente de frequência de colisões pelo mecanismo de floculação por sedimentação diferencial (L^3T^{-1})

A Figura 3-7 apresenta valores de β_{sd} calculados de acordo com a Equação 3-12 para diferentes diâmetros de partícula e valores fixos de massa específica das partículas coloidais e temperatura da fase líquida.

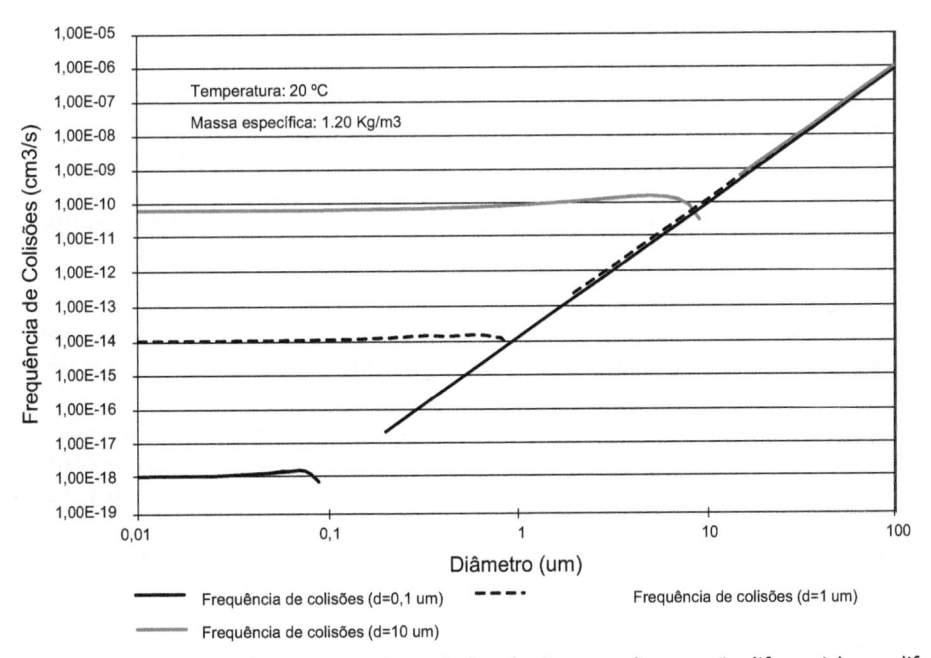

Figura 3-7 Frequência de colisões calculada para mecanismo de floculação por sedimentação diferencial para diferentes diâmetros de partículas coloidais.

Como esperado, para partículas de mesmo diâmetro, as frequências de colisão são iguais a zero, uma vez que ambas apresentam a mesma velocidade de sedimentação e, por conseguinte, a probabilidade de estas se chocarem é nula.

Assim como no mecanismo de floculação ortocinética, pode-se notar que, uma vez fixado um diâmetro de partícula i, para partículas coloidais de diâmetro j menores que i, a frequência de colisões sofre pouca ou quase nenhuma alteração. Por outro lado, com o aumento gradativo do diâmetro da partícula j, para valores de d_j maiores que d_i, passa a ocorrer aumento significativo da eficiência do processo de floculação por sedimentação diferencial. Dessa maneira, esta também é grandemente dependente do tamanho da maior partícula.

Logicamente, quanto maior for a velocidade relativa entre ambas as partículas coloidais, maior será a eficiência desse mecanismo de floculação. Como a velocidade de sedimentação aumenta com a quarta potência em função do diâmetro da partícula, é de esperar que, quanto maior for o diâmetro destas, maior será a eficiência do processo de floculação.

Uma das variáveis consideradas importantes na floculação por sedimentação diferencial é a massa específica da partícula coloidal. A Figura 3-8 apresenta a variação da frequência de colisões no mecanismo de floculação por sedimentação diferencial de acordo com a massa específica da partícula coloidal.

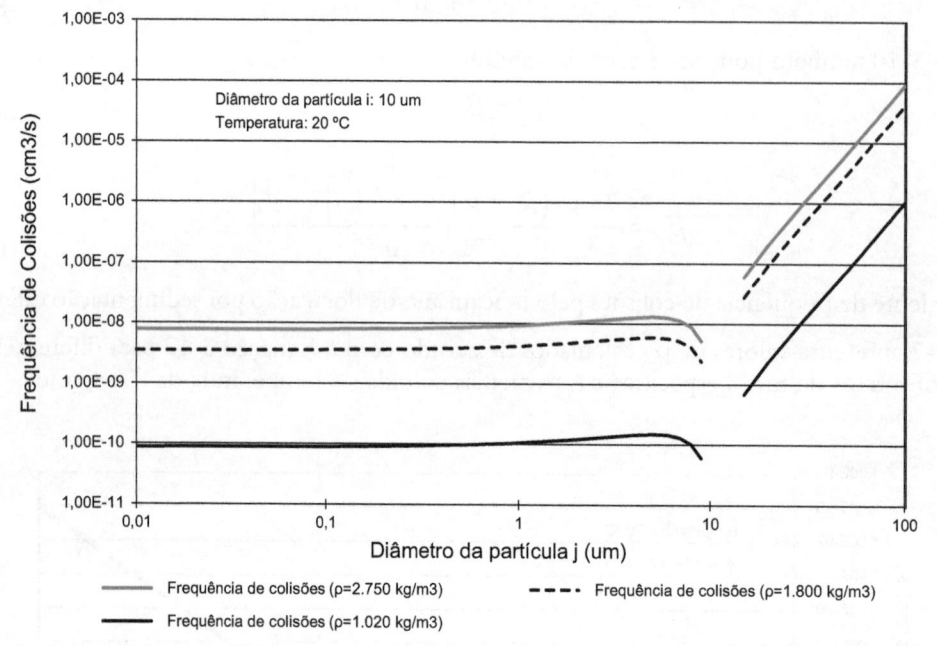

Figura 3-8 Frequência de colisões calculada para mecanismo de floculação por sedimentação diferencial para diferentes valores de massa específica da partícula coloidal.

Embora a massa específica seja uma grandeza fácil de ser medida em partículas coloidais de natureza homogênea, dadas as peculiaridades do processo de tratamento de água, dificilmente essa grandeza pode ser obtida ou medida experimentalmente.

Um dos maiores problemas relacionados com a determinação da massa específica de flocos formados durante processos de coagulação-floculação é sua heterogeneidade, uma vez que o floco é formado não apenas pela partícula coloidal original (partícula primária), mas também pelo hidróxido metálico precipitado e sua água intraparticular.

A quantificação dessas grandezas (massa de água intraparticular, massa de hidróxido precipitado por massa de partículas primárias, porosidade do floco etc.) é relativamente difícil, não se justificando sua determinação para fins práticos.

Com base em alguns resultados experimentais obtidos, é possível observar que (TAMBO; HOZUMI, 1979; TAMBO; WATANABE, 1979):

- Uma vez fixada a concentração de partículas primárias e o pH de coagulação-floculação, o aumento da dosagem de coagulante leva a uma diminuição no valor da massa específica do conjunto partícula primária e hidróxido metálico precipitado.
- Com o aumento do diâmetro do conjunto partícula primária e hidróxido metálico precipitado, há diminuição do valor da massa específica do conjunto.

Essas evidências experimentais são de fundamental importância no tratamento de águas de abastecimento, uma vez que, para que seja possível operar com sucesso um processo de separação sólido-líquido, muitas vezes, é necessário, no caso de decantadores convencionais ou laminares, maximizar a massa específica do conjunto partícula primária e hidróxido metálico precipitado, ou minimizar, no caso de unidades de flotação com ar dissolvido.

O mecanismo de coagulação empregado na desestabilização das partículas coloidais também é de grande importância na definição da massa específica do conjunto partícula primária e hidróxido metálico precipitado.

De acordo com os resultados experimentais, flocos formados no mecanismo de coagulação por varredura tendem a apresentar valor de massa específica menor em comparação a flocos formados durante o processo de coagulação por adsorção-neutralização (TAMBO; HOZUMI, 1979).

A principal explicação para tal é o fato de que, no mecanismo de coagulação por adsorção-neutralização, as espécies hidrolisadas monoméricas e poliméricas do coagulante adicionado na fase líquida são os principais responsáveis pela desestabilização da partícula coloidal. Assim sendo, a massa específica do conjunto partícula primária e hidróxido metálico precipitado é função principalmente da massa específica das partículas coloidais primárias.

Por outro lado, no mecanismo de coagulação por varredura, o hidróxido metálico precipitado na superfície da partícula coloidal primária é o principal responsável pela desestabilização das partículas coloidais. Como a massa específica do hidróxido precipitado é, em geral, menor que a massa específica da partícula coloidal primária, a massa específica do conjunto partícula primária e hidróxido metálico precipitado tende a situar-se em um valor intermediário entre ambos os valores.

Analisando-se os aspectos práticos com respeito ao mecanismo de floculação por sedimentação diferencial e sua significância no tratamento de águas de abastecimento, pode-se afirmar que sua importância é muito reduzida, uma vez que a presença de gradientes de velocidade imposto nas unidades de floculação impede que as partículas coloidais apresentem uma velocidade de sedimentação significativa na fase líquida.

Ponto Relevante 4: A agregação das partículas coloidais por mecanismo de floculação por sedimentação diferencial não é relevante no tratamento de águas de abastecimento, uma vez que, quando em um campo de velocidades, não é possível estabelecer uma velocidade de sedimentação para as partículas coloidais presentes na fase líquida.

Comparação entre os diferentes mecanismos de agregação de partículas coloidais

Assumindo a aditividade dos mecanismos de floculação, a frequência de colisões total pode ser escrito da seguinte forma (CASSON; LAWLER, 1990):

$$\beta_{i,j} = \left(\beta_p + \beta_o + \beta_{sd} \right)$$

(Equação 3-13)

$\beta_{i,j}$ = coeficiente de frequência de colisões total para partículas com diâmetros d_i e d_j

Um meio de visualizar o grau de importância relativa entre os diferentes mecanismos de floculação apresentados é efetuar o cálculo dos coeficientes de frequência de colisão, para um diâmetro de partícula fixo e outro variável.

As Figuras 3-9 a 3-11 apresentam os valores de ß calculados para partículas de diâmetro iguais a 0,1 μm; 1 μm e 10 μm, respectivamente.

Mantido fixo o diâmetro da partícula coloidal d_i igual a 0,1 μm e variando-se o diâmetro da partícula d_j (Fig. 3-9), nota-se que a floculação pericinética é apenas relevante para valores de d_j inferiores a 1 μm. Acima deste valor, a floculação ortocinética torna-se preponderante.

Com o aumento da partícula d_i para 1 μm (Fig. 3-10), observa-se que a floculação pericinética torna-se menos importante, sendo a floculação ortocinética mais significativa. Com o progressivo aumento de d_i para 10 μm (Fig. 3-11), tem-se que a totalidade das frequências de colisões entre as partículas coloidais são controladas pela floculação ortocinética em detrimento das demais.

Como discutido, se for considerado que no processo de floculação em escala real não há ausência de campos de velocidade no interior do reator, pode-se inferir que o mecanismo de floculação por sedimentação diferencial não seja significativo. Dessa maneira, justifica-se a maior relevância do mecanismo de floculação ortocinética na agregação de partículas coloidais.

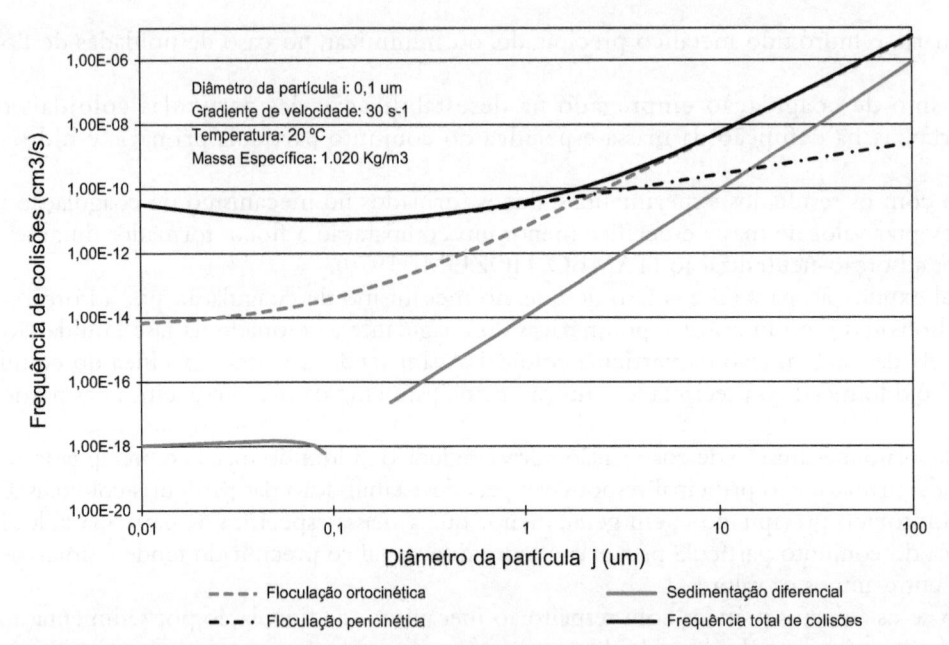

Figura 3-9 Valores de frequência de colisões calculados para diferentes mecanismos de floculação: diâmetro da partícula d_i igual a 0,1 μm.

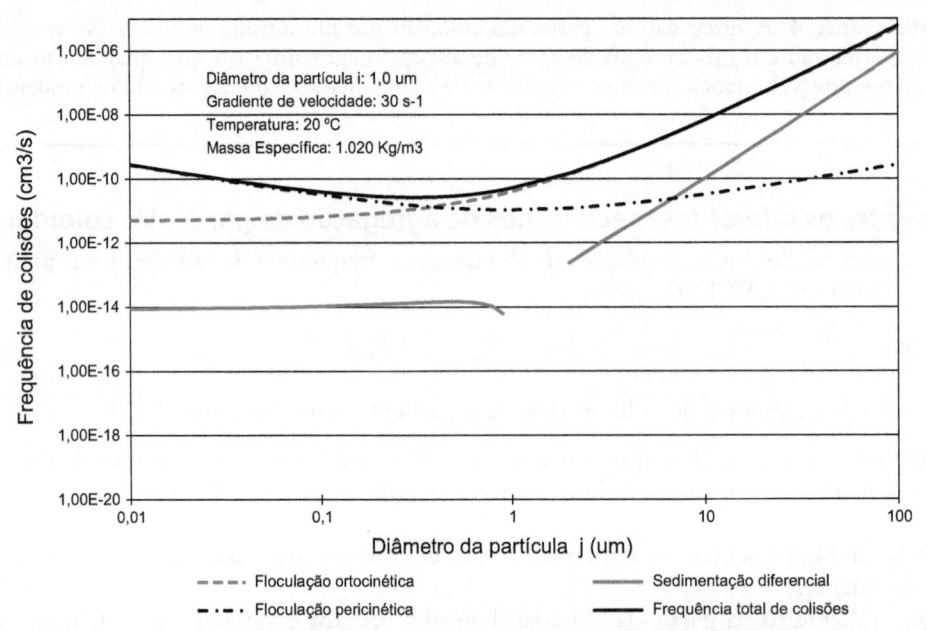

Figura 3-10 Valores de frequência de colisões calculados para diferentes mecanismos de floculação: diâmetro da partícula d_i igual a 1 μm.

Vale ressaltar que não necessariamente todas as colisões entre as partículas coloidais deverão ser efetivas, ou seja, resultarão em uma agregação. O fato de duas partículas coloidais serem postas em contato uma com a outra não é pré-requisito fundamental para que ambas venham a se agregar. Para que seja possível a agregação entre uma ou mais partículas coloidais, é necessário que as interações eletrostáticas desfavoráveis sejam reduzidas a um nível mínimo, de modo a permitir agregação. Assim, é oportuno considerar a importância do processo de coagulação na agregação das partículas coloidais.

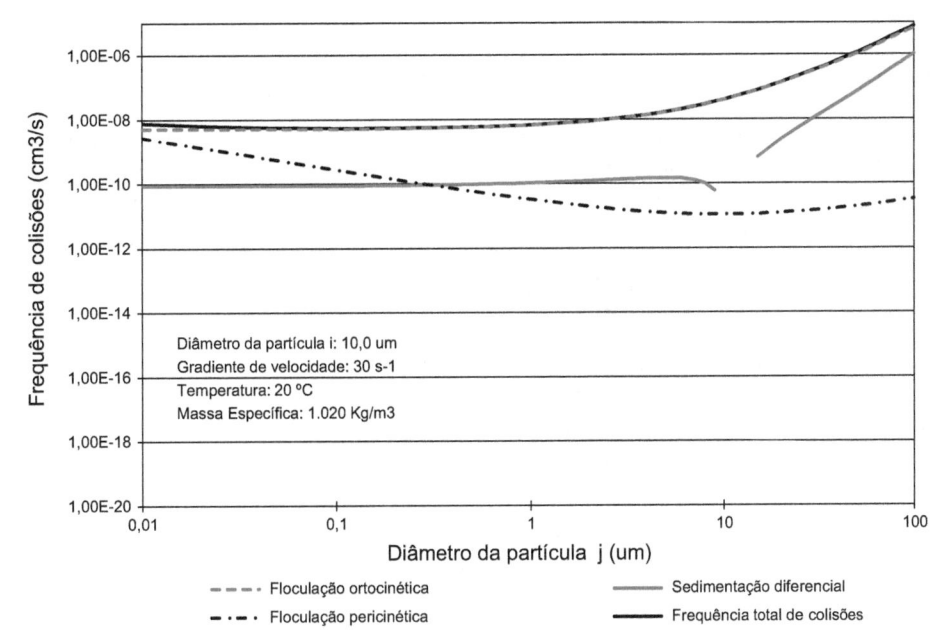

Figura 3-11 Valores de frequência de colisões calculados para diferentes mecanismos de floculação: diâmetro da partícula d$_i$ igual a 10 µm.

Para que seja possível uma melhor interpretação da Equação 3-13, é necessário que seja introduzido um coeficiente que leve em conta o grau de estabilidade das partículas coloidais em meio aquoso. Caso este coeficiente seja numericamente igual a 1, todas as colisões entre partículas coloidais resultarão em agregação efetiva. Caso contrário, caso o valor deste coeficiente seja igual a 0, mesmo que as partículas coloidais venham a chocar-se entre si, a agregação não se efetivará. Portanto, introduzindo-se este coeficiente corretivo relativo à porcentagem de colisões entre partículas coloidais que são efetivas e que resultam em agregação, tem-se que:

$$\beta_{e(i,j)} = \alpha . \left(\beta_p + \beta_o + \beta_{sd} \right)$$ (Equação 3-14)

$\beta e_{(i,j)}$ = coeficiente de frequência de colisões efetivas para partículas com diâmetro d$_i$ e d$_j$
α = relação entre a frequência de colisões que resultam em agregação e a frequência total de colisões

É importante observar que o parâmetro α é passível de ser manipulado durante o processo de tratamento de água, mais especificamente durante o processo de coagulação. Como sua finalidade é garantir a desestabilização da suspensão coloidal de tal modo que se possa garantir o sucesso do processo de floculação, dado que a coagulação foi bem executada, o valor de α será próximo de 1. Caso contrário, o valor de α será baixo e haverá, consequentemente, sobrecarga no processo de floculação, resultante da ineficácia do processo de coagulação empregado.

Ponto Relevante 5: O sucesso do processo de floculação depende da correta desestabilização das partículas coloidais. A agregação das partículas coloidais somente será efetiva caso ambos os processos, coagulação e floculação, sejam operados de maneira adequada.

As partículas formadas durante o processo de floculação consistem na somatória das partículas coloidais presentes na água bruta, mais o hidróxido metálico precipitado na fase líquida e a presença de água intraparticular. Dada a ação cisalhante do escoamento, os flocos com tais características são extremamente sujeitos a quebras e, dessa maneira a cinética do processo de floculação deve considerar seus mecanismos de ruptura.

Para que seja possível, portanto, a formulação de qualquer modelo matemático para descrever o processo de floculação, necessariamente, deverá ser introduzido um termo cinético responsável pela quebra das partículas em meio aquoso.

CINÉTICA DE FLOCULAÇÃO DE SUSPENSÕES COLOIDAIS

De modo geral, a cinética de floculação de suspensões coloidais no tratamento de águas de abastecimento envolve um balanço dinâmico entre dois processos distintos; o primeiro considera a agregação das partículas coloidais, e o segundo, sua ruptura. Do ponto de vista matemático, ambos podem ser representados da seguinte forma (ARGAMAN; KAUFMAN, 1971):

$$\left(\frac{dn}{dt}\right) = -K_a.G.n + K_b.n_0.G^2 \qquad \text{(Equação 3-15)}$$

dn/dt = taxa de variação da concentração de partículas primárias
G = gradiente médio de velocidade ao longo do escoamento (T^{-1})
n_0 = concentração de partículas primárias inicial
K_a = constante de agregação (adimensional)
K_b = constante de ruptura (T)

A Equação 3-15 pode ser empregada no balanço de massa de diferentes tipos de reatores comumente empregados em processos de floculação. Para um reator de mistura completa, pode-se escrever que (BRATBY; MILLER; MARAIS, 1977):

$$\left(\frac{n_0}{n}\right) = \frac{1 + K_a . G . \theta}{1 + K_b . G^2 . \theta} \qquad \text{(Equação 3-16)}$$

θ = tempo de detenção hidráulico no reator (T)
n = número de partículas primárias após tempo θ

Se, porventura, a unidade de floculação for composta por um conjunto de reatores de mistura completa em série, tem-se que (Bratby et al., 1977):

$$\left(\frac{n_0}{n}\right) = \frac{\left(1 + K_a . G.\theta_i\right)^m}{\left(1 + K_b . G^2 . \theta_i\right) . \sum_{i=0}^{m-1} \left(1 + K_a . G.\theta_i\right)^i} \qquad \text{(Equação 3-17)}$$

θ_i = tempo de detenção hidráulico no reator i (T)
m = número de reatores de mistura completa em série

Para reatores do tipo pistonado ideal ou batelada, obtém-se a seguinte expressão (Bratby et al., 1977):

$$\left(\frac{n_0}{n}\right) = \frac{1}{\frac{K_b}{K_a} . G + \left(1 - \frac{K_b}{K_a} . G\right) . e^{-K_a . G . \theta}} \qquad \text{(Equação 3-18)}$$

Embora as Equações 3-16 a 3-18 não sejam normalmente empregadas no dimensionamento de sistemas de floculação em face de dificuldades de obtenção das constantes de agregação e ruptura, a análise destas possibilita obter importantes considerações com respeito a otimização do processo.

Se porventura a quebra dos flocos puder ser desprezada, ou seja, se impusermos um valor de K_b igual a zero, a eficiência do processo de floculação para um reator em batelada pode ser escrita assim:

$$\left(\frac{n}{n_0}\right) = e^{-K_a . G . \theta} \qquad \text{(Equação 3-19)}$$

Analisando-se a Equação 3-19, observa-se que, mantido um valor de K_a constante, a eficiência do processo de floculação está associada ao parâmetro $G.\theta$. Por conseguinte, mantido um valor de $G.\theta$ constante, obtém-se um mesmo valor de n/n_0.

Dessa maneira, torna-se possível trabalhar com ambas as grandezas (G e θ) objetivando minimizar o valor de n/n_0, o que corresponde a uma menor concentração de partículas primárias na fase líquida. Mantido o gradiente de velocidade constante, pode-se aumentar o tempo de floculação e, assim, mantido o tempo de floculação constante, pode-se aumentar o gradiente de velocidade.

Uma vez que a eficiência do processo de floculação depende do parâmetro G. θ, com base em evidências experimentais em escala de laboratório e de campo, diversos profissionais e manuais de engenharia recomendam valores práticos para esta grandeza, que podem variar de 3.10^4 a 2.10^5 (KAWAMURA, 2000).

Ponto Relevante 6: A eficiência do processo de floculação está associada ao parâmetro G.θ, ou seja, para baixos valores de tempo de detenção hidráulico, é recomendável a adoção de altos gradientes de velocidade, ao passo que, para elevados valores de tempo de detenção hidráulico, recomenda-se a adoção de baixos valores de gradientes de velocidade.

A hipótese de a ruptura das partículas coloidais poder ser desprezada é válida parcialmente para determinadas condições específicas, não podendo ser generalizadas. Dessa maneira, é possível trabalhar com a Equação 3-18, assumindo um valor constante e característico de K_a (5.10^{-5}) e K_b (1.10^{-7} s^{-1}), e efetuando-se a simulação do comportamento do processo de floculação para um reator pistonado ideal em função do tempo para diferentes gradientes de velocidade (20, 50 e 80 s^{-1}). Os resultados calculados de n_0/n são apresentados na Figura 3-12.

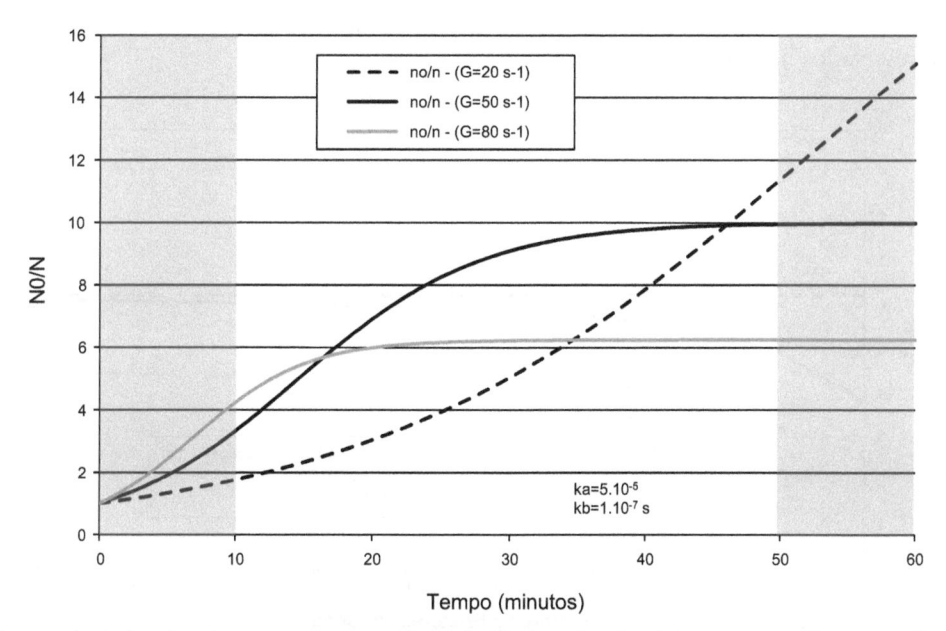

Figura 3-12 Valores calculados de n_0/n para um reator pistonado ideal em função do tempo para diferentes valores de gradientes de velocidade.

Analisando-se os valores de n_0/n calculados e apresentados na Figura 3-12, podem ser observados dois aspectos bem interessantes. Para tempos de floculação inferiores a 10 min, nota-se que a adoção de gradientes de velocidade mais elevados (80 s^{-1}) garante maior eficiência no processo de floculação. Por outro lado, para tempos de floculação superiores a 50 min, é garantida maior eficiência pela adoção de um menor valor de gradiente de velocidade (20 s^{-1}).

Como a floculação é resultado da combinação de ambos os mecanismos, agregação e ruptura, quando se tem baixos tempos de floculação, sua eficiência pode ser maximizada adotando-se elevados valores de gradientes de velocidade e favorecendo o mecanismo de agregação das partículas coloidais.

Por sua vez, para elevados tempos de floculação, em vez de se maximizar o mecanismo de agregação, faz-se necessário reduzir a ruptura dos flocos formados, o que pode ser conseguido trabalhando-se com valores menores de gradientes de velocidade. É importante salientar que, como o termo cinético que representa a ruptura das partículas coloidais varia ao quadrado com o gradiente de velocidade, torna-se bastante razoável a adoção de baixos valores de gradientes de velocidade quando se tem elevados tempos de floculação.

É possível, portanto, utilizar tais evidências matemáticas, de modo prático, adotando-se valores variáveis de gradientes de velocidade ao longo do processo de floculação. Assim, empregam-se valores de gradientes de velocidade mais elevados no início do processo de floculação, para viabilizar a agregação das partículas coloidais, e valores de gradientes de velocidade menores no final do processo de floculação para evitar a quebra dos flocos anteriormente formados no processo.

Ponto Relevante 7: A eficiência do processo de floculação pode ser maximizada adotando-se gradientes de velocidade variáveis ao longo tempo e decrescentes de montante para jusante.

Com o objetivo de possibilitar a variação dos gradientes de velocidade ao longo do processo de floculação, torna-se necessária a compartimentação da unidade, prevendo-se sua divisão em câmaras distribuídas em série. A questão que se impõe, então, é a discussão de quantas câmaras seriam necessárias e suficientes. A resposta pode ser obtida pela comparação dos valores de n_0/n calculados para um reator pistonado ideal e de mistura completa em série divididos em câmaras de igual volume para um mesmo tempo de floculação.

Utilizando-se as Equações 3-17 e 3-18 e adotando-se valores de K_a e K_b iguais a 5.10^{-5} e 1.10^{-7} s^{-1}, respectivamente, pode-se efetuar a simulação do comportamento do processo de floculação para diferentes gradientes de velocidade (20, 50 e 80 s^{-1}) para um tempo de floculação igual a 30 min. Os resultados calculados de n_0/n encontram-se apresentados na Figura 3-13.

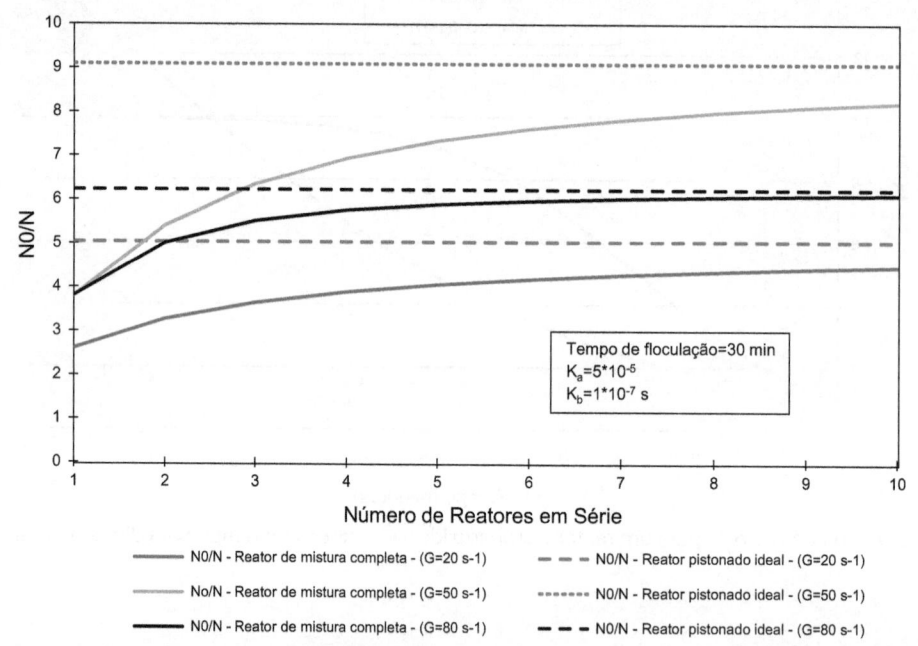

Figura 3-13 Valores calculados de n_0/n para um reator pistonado ideal e um reator de mistura completa em série em função do tempo para diferentes valores de gradientes de velocidade.

Uma vez mantido um mesmo valor de gradiente de velocidade, pode-se observar que, com o aumento do número de câmaras de floculação em série, a eficiência do sistema de floculação composto por reatores em série aproxima-se da de um sistema de floculação comportando-se hidraulicamente como um reator pistonado ideal.

O emprego de somente uma única câmara de floculação não é razoável, tendo em vista que sua eficiência é mais reduzida, podendo ser incrementada efetuando-se uma compartimentação do sistema de floculação.

É interessante também notar que o incremento da eficiência do processo de floculação tende a diminuir quanto maior for o número de câmaras de floculação em série, não se justificando, portanto, a adoção de um grande número destas em série. Do ponto de vista prático, a utilização de duas a seis câmaras de floculação em série já é o suficiente, não sendo razoável o emprego de um número maior de unidades.

Ponto Relevante 8: A compartimentação da unidade de floculação em câmaras em série possibilita não somente maior eficiência ao processo, como também permite que os gradientes de velocidade possam ser escalonados de modo decrescente de montante para jusante. A utilização de duas a seis câmaras de floculação em série é mais que adequada, não se justificando mais unidades.

DIMENSIONAMENTO DE UNIDADES DE FLOCULAÇÃO

Assim como as unidades de mistura rápida, as unidades de floculação também podem ser classificadas de acordo com seu sistema de agitação, a saber:

- unidades de floculação do tipo hidráulicas
- unidades de floculação do tipo mecanizadas

Normalmente, associa-se a implantação de sistemas de floculação do tipo hidráulico a estações de tratamento de água de pequeno porte, ao passo que unidades mecanizadas estão mais associadas a estações de médio a grande porte. Embora esta seja uma realidade no Brasil, não necessariamente estações de tratamento de água de grande porte têm de ser projetadas com unidades mecanizadas. Existem, inclusive, grandes instalações na América Latina e no Japão projetadas com sistemas de floculação do tipo hidráulicos e que, se bem dimensionados, permitem a produção de uma água floculada com flocos adequados ao processo de sedimentação.

Mais uma vez, é importante salientar que a definição do tipo de unidade de floculação a ser implantada depende das condições locais, da disponibilidade de peças de reposição, manutenção e de condições das equipes de operação da estação de tratamento de água. Não é, portanto, adequado afirmar que unidades de floculação do tipo mecanizadas sejam superiores a unidades de floculação hidráulicas, e vice-versa. Se ambas forem bem projetadas e operadas, tem-se plena garantia de produção de água floculada adequada ao processo de sedimentação.

Unidades de floculação do tipo hidráulicas de fluxo vertical e horizontal

A agregação das partículas coloidais pode ser efetuada mediante o escoamento da água coagulada em uma unidade, a fim de que seja possível uma dissipação de energia tal que garanta determinados valores de gradientes de velocidade compatíveis com o processo de floculação. Os dois modos mais comuns de unidades de floculação hidráulicas consistem em possibilitar o escoamento em uma unidade dotada de chicanas dispostas de maneira a permitir que o escoamento ocorra em trechos ascendentes e descendentes (floculadores hidráulicos de fluxo vertical) ou em trechos horizontais (floculadores hidráulicos de fluxo horizontal). As Figuras 3-14 e 3-15 apresentam esquemas básicos de floculadores hidráulicos de fluxo vertical e horizontal.

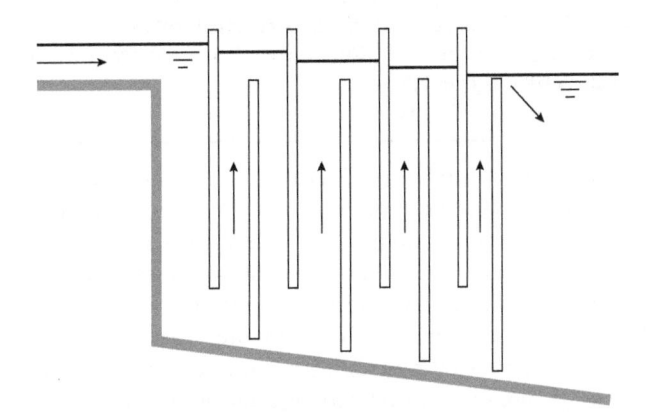

Figura 3-14 Floculadores hidráulicos de fluxo vertical.

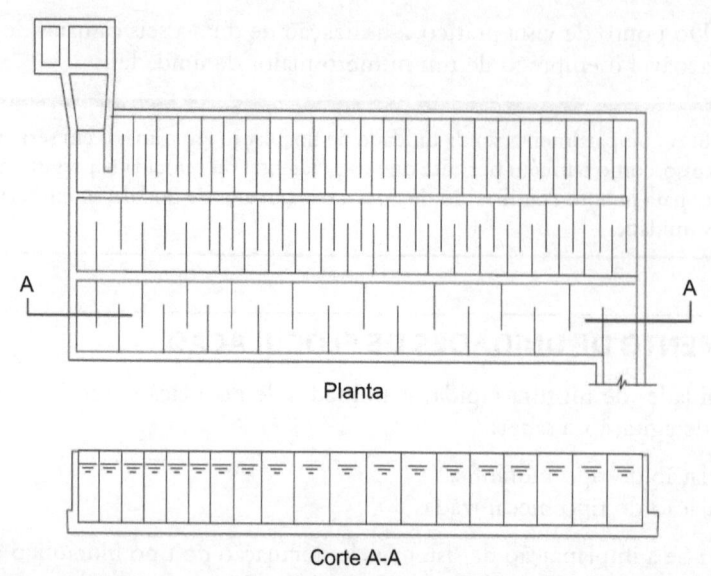

Planta

Corte A-A

Figura 3-15 Floculadores hidráulicos de fluxo horizontal (CANEPA DE VARGAS; CENTRO PANAMERICANO DE INGENIERÍA SANITARIA Y CIENCIAS DEL AMBIENTE, 2004).

Os parâmetros de projeto mais relevantes para floculadores hidráulicos de fluxo vertical e horizontal encontram-se apresentados a seguir.

PARÂMETROS DE PROJETO – UNIDADES DE FLOCULAÇÃO HIDRÁULICA DE FLUXO VERTICAL
- Tempo de detenção hidráulico: 20 a 40 min
- Gradiente de velocidade: entre 60 s^{-1} e 20 s^{-1}
- Parâmetro G.T: entre 3.10^4 e 2.10^5
- Velocidade nos trechos retos: entre 0,1 e 0,4 m/s
- Velocidade nas curvas 180°: 2/3 da velocidade nos trechos retos
- Coeficiente de perda de carga nas curvas 180°: entre 2,5 e 4,0, (recomendável: 3,2)
- Altura da lâmina líquida: entre 3,0 e 4,5 m
- Distância mínima entre chicanas: 0,6 m

PARÂMETROS DE PROJETO – UNIDADES DE FLOCULAÇÃO HIDRÁULICA DE FLUXO HORIZONTAL
- Tempo de detenção hidráulico: 20 a 40 min
- Gradiente de velocidade: entre 60 s^{-1} e 20 s^{-1}
- Parâmetro G.T: entre 3.10^4 e 2.10^5
- Velocidade nos trechos retos: entre 0,1 e 0,4 m/s
- Velocidade nas curvas 180°: 2/3 da velocidade nos trechos retos
- Coeficiente de perda de carga nas curvas 180°: entre 2,5 e 4,0 (recomendável: 3,2)
- Altura da lâmina líquida: entre 0,8 e 1,5 m
- Distância mínima entre chicanas: 0,6 m

Dessa maneira, o dimensionamento de sistemas de floculação hidráulicos de fluxo vertical e horizontal basicamente consiste na correta disposição de chicanas dispostas na unidade, de modo que possibilitem a ocorrência de uma perda de carga capaz de garantir um valor de gradiente de velocidade adequado ao processo de floculação. As Figuras 3-16 e 3-17 apresentam algumas unidades de floculação do tipo hidráulicas.

Uma vez que as perdas de carga localizadas são preponderantes em relação às perdas de cargas distribuídas e assumindo que as velocidades nas curvas sejam aproximadamente iguais a 2/3 da velocidade nos trechos retos, Richter (1991) postulou equações que possibilitam estimar o número de canais requerido em uma unidade de floculação, sendo, então, impostos gradiente de velocidade requerido e respectivo tempo de detenção hidráulico (RICHTER; AZEVEDO NETTO, 1991).

Figura 3-16 Floculador hidráulico de fluxo vertical (ETA Ribeirão da Estiva (Sabesp) – vazão igual a 100 L/s).

Figura 3-17 Floculador hidráulico de fluxo horizontal (ETA Rio Bonito (Cedae) – vazão igual a 110 L/s).

Floculadores de fluxo vertical:

$$n = 0,045.\sqrt[3]{\left(\frac{a.L.G}{Q}\right)^2 .\theta}$$
(Equação 3-20)

n = número de espaçamentos
a = largura do canal do floculador em m
L = comprimento do floculador em m
G = gradiente de velocidade em s^{-1}
Q = vazão em m^3/s
θ = tempo de detenção hidráulico em min

Floculadores de fluxo horizontal:

$$n = 0,045.\sqrt[3]{\left(\frac{h.L.G}{Q}\right)^2.\theta}$$
(Equação 3-21)

n = número de espaçamentos
h = altura da lâmina d'água no floculador em m
L = comprimento do floculador em m
G = gradiente de velocidade em s^{-1}
Q = vazão em m^3/s
θ = tempo de detenção hidráulico em min

As Equações 3-20 e 3-21 fornecem uma primeira estimativa bastante razoável com relação ao número de canais requeridos para uma unidade de floculação. É importante lembrar que o processo de dimensionamento é sempre iterativo, pois algumas de suas grandezas geométricas (largura, comprimento e altura) podem ser alteradas de modo a ser possível acertar o *layout* do floculador em relação às demais unidades de processo, principalmente as unidades de sedimentação.

Como atualmente estes cálculos hidráulicos podem ser efetuados por meio de planilhas eletrônicas, o processo de dimensionamento fica extremamente facilitado, podendo-se variar as grandezas de modo conveniente e verificando-se as condições de velocidade em trechos retos e em curvas, perdas de carga e os gradientes de velocidade resultantes.

É importante efetuar algumas considerações relevantes com relação aos parâmetros de projeto apresentados para unidades de floculação do tipo hidráulicas. A limitação da velocidade nos trechos retos entre 0,1 m/s e 0,4 m/s está associada ao fato de que, se esta for elevada, tenderá a oferecer condições para a quebra dos flocos formados, e, se for reduzida, possibilitará a sedimentação dos flocos no interior da unidade.

Os tempos de detenção hidráulicos geralmente situam-se entre 20 e 40 min, podendo-se utilizar valores maiores, até 60 min. No entanto, se for o caso, recomenda-se a adoção de baixos valores de gradientes de velocidade na unidade de floculação, podendo estes ser constantes ao longo do mesmo. É sempre importante garantir que o parâmetro G.T situe-se entre os valores preconizados (entre 3.10^4 e 2.10^5).

Também é relevante um comentário acerca da distância entre as chicanas. A recomendação de uma distância mínima entre elas em torno de 0,6 m é justificada pela necessidade de manutenção da unidade e entrada de operadores durante sua limpeza. Ademais, do ponto de vista construtivo, espaçamentos muito reduzidos não permitem a correta disposição das chicanas.

As chicanas podem ser construídas em madeira, fibra de vidro, placas de PVC, placas de concreto pré-fabricadas ou mesmo moldadas *in loco*. Como os gradientes de velocidade serão função basicamente da geometria da unidade de floculação e vazão, é importante avaliar se, em função do tempo, são esperados aumentos na vazão afluente à unidade. Se for este o caso, é bastante relevante que o projeto da unidade de floculação seja efetuado de modo que as chicanas possam ser futuramente retiradas e recolocadas de modo que seja viável a manutenção de gradientes de velocidade adequados ao processo de floculação.

Exemplo 3-1

Problema: Deseja-se efetuar o dimensionamento de uma unidade de floculação do tipo hidráulica de fluxo vertical para uma vazão igual a 150 L/s que será composta por um único gradiente de velocidade constante ao longo da unidade. O tempo de detenção a ser adotado deverá estar situado entre 20 e 40 min. Sugere-se que o gradiente de velocidade seja igual aproximadamente 40 s^{-1}. Supõe-se a altura de lâmina líquida igual a 3,0 m e a temperatura da fase líquida igual a 20 °C.

Solução: Vamos admitir como parâmetros de projeto que seu tempo de detenção hidráulico e gradiente de velocidade requeridos sejam em torno de 30 min e 40 s^{-1}, respectivamente.

- Passo 1: Cálculo do volume da unidade de floculação

O volume da unidade de floculação pode ser estimada com base na seguinte expressão:

$$V = \theta.Q$$
(Equação 3-22)

V = volume da câmara de floculação (L^3)

θ = tempo de detenção hidráulico (T)

Q = vazão (L^3T^{-1})

$$V = \theta.Q = 30\ min.60\frac{s}{min}.0,15\frac{m^3}{s} = 270\ m^3 \qquad \text{(Equação 3-23)}$$

- Passo 2: Cálculo da perda de carga requerida para o processo de floculação

A perda de carga requerida para o processo de floculação é função do gradiente de velocidade imposto no projeto. Uma vez que este deverá ser da ordem de 40 s^{-1}, tem-se que:

$$G = \sqrt{\frac{P_{ot}}{\mu.V_{ol}}} = \sqrt{\frac{\gamma.Q.\Delta H}{\mu.V_{ol}}} \qquad \text{(Equação 3-24)}$$

$$Pot = G^2.\mu.V_{ol} = 40^2\ s^{-1}.1,002.10^{-3}\ N.\frac{s}{m^2}.270\ m^3 \cong 432,9\ W \qquad \text{(Equação 3-25)}$$

$$Pot = \gamma.Q.\Delta H \qquad \text{(Equação 3-26)}$$

$$\Delta H = \frac{Pot}{\gamma.Q} = \frac{432,9\ W}{998,2\frac{kg}{m^3}.9,81\frac{m}{s^2}.0,15\frac{m^3}{s}} \cong 29,5\ cm \qquad \text{(Equação 3-27)}$$

- Passo 3: Definição da geometria da unidade de floculação

Uma vez que o volume da unidade de floculação deverá ser da ordem de 270 m^3 e que a profundidade da lâmina d'água proposta é de 3,0 m, tem-se que a área superficial da unidade deverá ser igual a:

$$V = A.h \qquad \text{(Equação 3-28)}$$

$$A = \frac{V}{h} = \frac{270\ m^3}{3,0\ m} \cong 90\ m^2 \qquad \text{(Equação 3-29)}$$

Podemos adotar uma unidade de floculação com 5,4 m de largura, composta por três canais com largura individual igual a 1,8 m, comprimento total igual a 16,0 m e altura líquida igual a 3,0 m. Dessa maneira, o volume total da unidade de floculação passaria a ser 259,2 m^3, o que permitiria um tempo de floculação igual a 28,8 min. Por conseguinte, o tempo de detenção hidráulico em cada câmara deverá ser igual a 9,6 min.

- Passo 4: Estimativa do número de espaçamentos por canal

O número de espaçamentos pode ser estimado por meio da equação 3-30. Desse modo, tem-se que:

$$n = 0,045.\sqrt[3]{\left(\frac{a.L.G}{Q}\right)^2}.\theta = 0,045.\sqrt[3]{\left(\frac{1,8\ m.16,0\ m.40\ s^{-1}}{0,15\frac{m^3}{s}}\right)^2}.9,6\ min \cong 37,2 \qquad \text{(Equação 3-30)}$$

É possível adotar um total de 38 espaçamentos por canal e, uma vez mantendo-se o comprimento útil da unidade de floculação igual a 16,0 m, tem-se que o espaçamento entre as chicanas deverá ser igual a 0,42 m.

Observe que o espaçamento calculado resulta inferior a 0,6 m, o que deverá exigir modificações no dimensionamento da unidade de floculação. Vamos, por hora, continuar os cálculos pertinentes e posteriormente vamos apresentar algumas alternativas para a solução do problema.

- Passo 5: Cálculo das perdas de cargas distribuídas na unidade de floculação

Uma vez que as principais grandezas geométricas já são conhecidas, pode-se efetuar o cálculo das perdas de carga distribuídas na unidade, empregando-se a fórmula de Manning.

$$Q = \frac{1}{n}.A.R_h^{2/3}.J^{1/2}$$ (Equação 3-31)

$$\Delta H_d = J.L_r$$ (Equação 3-32)

Q = vazão em m³/s
n = coeficiente de Manning
A = área de escoamento em m²
R_h = raio hidráulico em m
J = perda de carga unitária em m/m
L_r = comprimento total dos trechos retos por câmara de floculação em m
ΔH_d = perdas de carga distribuídas em mca

A área de escoamento e raio hidráulico podem ser calculados pela seguinte expressão:

$$A = a.e = 1,8 \ m.0,42 \ m \cong 0,758 \ m^2$$ (Equação 3-33)

$$R_h = \frac{A}{P_m} = \frac{A}{2.(a+e)} = \frac{0,758 \ m^2}{2.(1,8 \ m + 0,42 \ m)} \cong 0,171 \ m$$ (Equação 3-34)

a = largura da câmara de floculação em m
e = espaçamento entre chicanas em m

$$J = \left(\frac{Q.n}{A.R_h^{2/3}}\right)^2 = \left(\frac{0,15 \ \frac{m^3}{s}.0,013}{0,758 \ m^2.(0,171 m)^{2/3}}\right)^2 \cong 7,00.10^{-5} \ m / m$$ (Equação 3-35)

Para o cálculo das perdas de carga distribuídas, é necessário tão somente o comprimento dos trechos retos por câmara, que podem ser calculados sabendo-se o número de canais de escoamento por câmara e a respectiva altura da lâmina líquida. Assim sendo, tem-se que:

$$L_r = h.n = 3,0 \ m.38 = 114 \ m$$ (Equação 3-36)

$$\Delta H_d = J.L_r = 114 \ m.7,00.10^{-5}\frac{m}{m} \cong 7,97.10^{-3} \ m.c.a$$ (Equação 3-37)

- Passo 6: Cálculo das perdas de cargas localizadas na unidade de floculação

As perdas de cargas localizadas na unidade de floculação ocorrem nas mudanças de direção, isto é, nas curvas 180°. O cálculo das perdas de carga pode ser efetuado da seguinte forma:

$$\Delta H_l = n_c.K.\frac{V_c^2}{2.g}$$ (Equação 3-38)

ΔH_l = perdas de carga localizadas em mca
n_c = número de curvas 180°
K = coeficiente de perda de carga localizada, igual a 3,2 para curvas 180°
V_c = velocidade do escoamento nas curvas 180°

A velocidade nas curvas 180° é imposta pela abertura das passagens inferiores e superiores. Como a largura de cada câmara é igual a 1,8 m, é necessário adotar um valor de altura da passagem que permita um valor de V_c aproximadamente igual a 2/3 da velocidade nos trechos retos. A velocidade nos trechos retos deverá ser igual a:

$$V_r = \frac{Q}{A} = \frac{Q}{a.e} = \frac{0,15 \frac{m^3}{s}}{1,8 \, m.0,42 \, m} \cong 0,20 \frac{m}{s}$$ (Equação 3-39)

Impondo-se que o valor de V_c seja igual a 2/3 de V_r, tem-se, portanto, que:

$$V_c = \frac{2}{3}.V_r = \frac{2}{3}.0,20 \frac{m}{s} \cong 0,13 \frac{m}{s}$$ (Equação 3-40)

Logo, a altura das passagens entre os canais de escoamento pode ser estimada assim:

$$V_c = \frac{Q}{A} = \frac{Q}{a.h_p}$$ (Equação 3-41)

$$h_p = \frac{Q}{a.V_c} = \frac{0,15 \frac{m^3}{s}}{1,8 \, m.0,13 \frac{m}{s}} \cong 0,64 \, m$$ (Equação 3-42)

Como cada canal da unidade de floculação totaliza 38 espaçamentos, tem-se 37 curvas 180°. Dessa maneira, as perdas de carga localizadas podem ser calculadas pela seguinte expressão:

$$\Delta H_l = n_c.K.\frac{V_c^2}{2.g} = 37.3,2.\frac{\left(0,13 \frac{m}{s}\right)^2}{2.9,81 \frac{m}{s^2}} \cong 0,102 \, m.c.a$$ (Equação 3-43)

- Passo 7: Verificação final do gradiente de velocidade da unidade de floculação

De posse das perdas de cargas localizadas e distribuídas calculadas para a unidade de floculação, pode-se proceder a uma verificação do gradiente de velocidade. Como a unidade de floculação totaliza três câmaras de floculação em série, tem-se que suas perdas de carga totais deverão ser iguais a:

$$\Delta H_t = 3.\left(\Delta H_d + \Delta H_l\right) = 3.\left(0,102 + 7,97.10^{-3}\right) m.c.a \cong 0,330 \, m.c.a$$ (Equação 3-44)

Observa-se que, como era de se esperar, as perdas de carga localizadas são preponderantes em relação às perdas de carga distribuídas.

Por sua vez, o gradiente de velocidade pode ser estimado da seguinte forma:

$$G = \sqrt{\frac{\gamma.Q.\Delta H}{\mu.V_{ol}}} = \sqrt{\frac{998,2 \frac{kg}{m^3}.9,81 \frac{m}{s^2}.0,15 \frac{m^3}{s}.0,33 \, m}{1,002.10^{-3} \, N.\frac{s}{m^2}.259,2 \, m^3}} \cong 43 \, s^{-1}$$ (Equação 3-45)

Uma vez que o gradiente de velocidade calculado resulta próximo de 40 s^{-1}, pode-se concluir que o dimensionamento proposto é adequado.

- Passo 8: Verificação do parâmetro G.T

Uma vez conhecidos o gradiente de velocidade na unidade de floculação e seu respectivo tempo de floculação, pode-se proceder à verificação final do parâmetro G.T:

$$G.T = 43 \, s^{-1}.28,8 \, min.60 \frac{s}{min} \cong 7,4.10^4$$ (Equação 3-46)

O valor de G.T calculado situa-se entre os valores preconizados (entre 3.10^4 e 2.10^5), portanto, garante-se o bom dimensionamento da unidade.

Embora extensos, os cálculos são simples e podem ser efetuados facilmente com o auxílio de planilhas eletrônicas, o que oferece bastante versatilidade no estudo de diferentes possibilidades de dimensionamento.

Ainda que sejam simples, esses cálculos devem ser efetuados e verificados sob a pena de serem cometidos graves equívocos no dimensionamento de unidades de floculação, podendo ocorrer gradientes de velocidade inadequados e até situações de extravasamento de unidades (Fig. 3-18).

Figura 3-18 Floculador hidráulico de fluxo vertical com elevados valores de perda de carga.

O Vídeo 3-1 apresenta uma unidade de floculação hidráulica de fluxo vertical com elevados valores de perda de carga e seu consequente extravasamento entre câmaras de floculação.

É importante observar que o valor de gradiente de velocidade igual a 43 s^{-1} é função da vazão afluente, uma vez que esta é que deverá impor a perda de carga na unidade de floculação. Por exemplo, caso a vazão afluente seja aumentada de 150 L/s para 200 L/s com a mesma disposição das chicanas, tem-se que os novos valores de perda de carga e os de gradiente de velocidade deverão ser aumentados de 0,33 m para 0,59 m e de 43 s^{-1} para 66 s^{-1}, respectivamente.

Conclui-se, portanto, que unidades de floculação do tipo hidráulicas, sejam estas de fluxo vertical ou horizontal, apresentam pouca flexibilidade quando submetidas a variações de vazões afluentes. Desse modo, se, porventura, houver a possibilidade de aumento das vazões afluentes a estação de tratamento de água que tendam a comprometer o processo de floculação, recomenda-se que seu projeto seja efetuado de modo que as chicanas possam ser facilmente removidas e dispostas de maneira a não comprometer seus valores de gradientes de velocidade.

Infelizmente, a realidade operacional da maior parte das estações de tratamento de água no Brasil exige que estas sejam expostas a vazões afluentes muito superiores a suas vazões de projeto. Recomenda-se, então, que o projeto da estação de tratamento de água como um todo, e não somente as unidades de floculação, seja conduzido de modo a garantir uma sobrecarga hidráulica sem que sejam observados restrições hidráulicas ou prejuízo de processos unitários. Ainda que resultem em maiores custos de implantação, estes tenderão a ser extremamente benéficos ao longo do tempo.

Como comentado, tem-se que o espaçamento de 42 cm entre as chicanas resultou menor que 60 cm, o que deve impor dificuldades construtivas quando da implantação da unidade. Pode-se, excepcionalmente, aceitar valores inferiores a 60 cm, no entanto, é necessário garantir que as placas que compõem a estrutura de chicanas possam ser retiradas com facilidade, de modo a possibilitar a manutenção da unidade.

Pode-se, como alternativa, diminuir a altura da lâmina d'água adotada no dimensionamento do floculador hidráulico de fluxo vertical e, assim, aumentar a sua área superficial. Como consequência, a tendência é o maior espaçamento entre as chicanas.

Com base nesse conceito, os floculadores de fluxo horizontal surgem como alternativa aos de fluxo vertical, por apresentarem menor altura de lâmina líquida, e, portanto, configurarem-se como unidades com maior área superficial.

O Vídeo 3-2 apresenta um floculador hidráulico de fluxo horizontal em funcionamento, podendo o leitor observar o escalonamento de seus gradientes de velocidade.

Exemplo 3-2

Problema: Deseja-se efetuar o dimensionamento de uma unidade de floculação do tipo hidráulica de fluxo horizontal para uma vazão igual a 100 L/s que será composta por um único gradiente de velocidade constante ao longo da unidade. O tempo de detenção a ser adotado deverá estar situado entre 20 e 40 min. Sugere-se que o gradiente de velocidade seja igual aproximadamente 40 s^{-1} e supõe-se uma altura de lâmina líquida igual a 0,8 m e a temperatura da fase líquida igual a 20 °C

Solução: O problema proposto é muito semelhante ao Exemplo 3-1, tendo como diferença o fato de que a unidade de floculação hidráulica é de fluxo horizontal, apresentando, portanto, uma lâmina d'água menor. Vamos admitir como parâmetros de projeto que seu tempo de detenção hidráulico e gradiente de velocidade requeridos sejam em torno de 30 min e 40 s^{-1}, respectivamente.

- Passo 1: Cálculo do volume da unidade de floculação

O volume da unidade de floculação pode ser estimado com base na seguinte expressão:

$$V = \theta.Q \qquad \text{(Equação 3-47)}$$

V = volume da câmara de floculação (L^3)
θ = tempo de detenção hidráulico (T)
Q = vazão ($L^3 T^{-1}$)

$$V = \theta.Q = 30 \; min.60\frac{s}{min}.0,10\frac{m^3}{s} = 180 \; m^3 \qquad \text{(Equação 3-48)}$$

- Passo 2: Cálculo da perda de carga requerida para o processo de floculação

A perda de carga requerida para o processo de floculação é função do gradiente de velocidade imposto no projeto. Uma vez que este deverá ser da ordem de 40 s^{-1}, tem-se que:

$$G = \sqrt{\frac{P_{ot}}{\mu.V_{ol}}} = \sqrt{\frac{\gamma.Q.\Delta H}{\mu.V_{ol}}} \qquad \text{(Equação 3-49)}$$

$$Pot = G^2.\mu.V_{ol} = 40^2 \; s^{-1}.1,002.10^{-3} \; N.\frac{s}{m^2}.180 \; m^3 \cong 288,6 \; W \qquad \text{(Equação 3-50)}$$

$$Pot = \gamma.Q.\Delta H \qquad \text{(Equação 3-51)}$$

$$\Delta H = \frac{Pot}{\gamma.Q} = \frac{288,6 \; W}{998,2\frac{kg}{m^3}.9,81\frac{m}{s^2}.0,10\frac{m^3}{s}} \cong 29,5 \; cm \qquad \text{(Equação 3-52)}$$

- Passo 3: Definição da geometria da unidade de floculação

Uma vez que o volume da unidade de floculação deverá ser da ordem de 180 m^3 e que a profundidade da lâmina d'água proposta é de 0,8 m, tem-se que a área superficial da unidade deverá ser igual a:

$$V = A.h \qquad \text{(Equação 3-53)}$$

$$A = \frac{V}{h} = \frac{180 \; m^3}{0,8 \; m} \cong 225 \; m^2 \qquad \text{(Equação 3-54)}$$

Pode-se adotar uma unidade de floculação com 15,0 m de largura, composta por três canais com largura individual igual a 5,0 m, comprimento total igual a 15,0 m e altura líquida igual a 0,8 m. Dessa maneira, o volume total da unidade de floculação deverá ser igual a 225 m³, o que deverá garantir um tempo de floculação igual a 30 min e, por conseguinte, um tempo de detenção hidráulico em cada câmara igual a 10 min.

- Passo 4: Estimativa do número de espaçamentos por canal

O número de espaçamentos pode ser estimado por meio da Equação 3-21. Dessa maneira, tem-se que:

$$n = 0,045.\sqrt[3]{\left(\frac{h.L.G}{Q}\right)^2}.\theta = 0,045.\sqrt[3]{\left(\frac{0,8\ m.15,0\ m.40\ s^{-1}}{0,10\ \frac{m^3}{s}}\right)^2}.10\ min \cong 27,6 \qquad \text{(Equação 3-55)}$$

É possível adotar um total de 25 espaçamentos por canal e, mantendo-se o comprimento útil da unidade de floculação igual a 15,0 m, tem-se que o espaçamento entre as chicanas deverá ser igual a 0,60 m.

- Passo 5: Cálculo das perdas de cargas distribuídas na unidade de floculação

Pode-se, então, efetuar o cálculo das perdas de carga distribuídas na unidade, empregando-se a fórmula de Manning.

$$Q = \frac{1}{n}.A.R_h^{2/3}.J^{1/2} \qquad \text{(Equação 3-56)}$$

$$\Delta H_d = J.L_r \qquad \text{(Equação 3-57)}$$

Q = vazão em m³/s
n = coeficiente de Manning
A = área de escoamento em m²
R_h = raio hidráulico em m
J = perda de carga unitária em m/m
L_r = comprimento total dos trechos retos por câmara de floculação em m
ΔH_d = perdas de carga distribuídas em mca

A área de escoamento e raio hidráulico pode ser calculado da seguinte forma:

$$A = h.e = 0,8\ m.0,6\ m \cong 0,48\ m^2 \qquad \text{(Equação 3-58)}$$

$$R_h = \frac{A}{P_m} = \frac{A}{2.h+e} = \frac{0,48\ m^2}{2.0,8\ m+0,6\ m} \cong 0,218\ m \qquad \text{(Equação 3-59)}$$

a = largura da câmara de floculação em m
e = espaçamento entre chicanas em m

$$J = \left(\frac{Q.n}{A.R_h^{2/3}}\right)^2 = \left(\frac{0,10\ \frac{m^3}{s}.0,013}{0,48\ m^2.\left(0,218\ m\right)^{2/3}}\right)^2 \cong 5,58.10^{-5}\ m/m \qquad \text{(Equação 3-60)}$$

Para o cálculo das perdas de carga distribuídas, torna-se necessário, então, o comprimento dos trechos retos por câmara, que pode ser calculado com base no número de canais de escoamento por câmara e na largura do canal. Assim sendo, tem-se que:

$$L_r = a.n = 5,0\ m.25 = 125\ m \qquad \text{(Equação 3-61)}$$

$$\Delta H_d = J.L_r = 125\ m.5,58.10^{-5}\ \frac{m}{m} \cong 6,981.10^{-3}\ m.c.a \qquad \text{(Equação 3-62)}$$

- Passo 6: Cálculo das perdas de cargas localizadas na unidade de floculação

As perdas de cargas localizadas na unidade de floculação ocorrem nas mudanças de direção, isto é, nas curvas 180°. Por conseguinte, tem-se que:

$$\Delta H_l = n_c.K.\frac{V_c^2}{2.g}$$ (Equação 3-63)

ΔH_l = perdas de carga localizadas em mca
n_c = número de curvas 180°
K = coeficiente de perda de carga localizada, igual a 3,2 para curvas 180°
V_c = velocidade do escoamento nas curvas 180°

A velocidade nas curvas 180° é imposta pela abertura das passagens laterais. O espaçamento entre chicanas é igual a 0,6 m e deve-se adotar um valor de abertura da passagem que permita um valor de V_c aproximadamente igual a 2/3 da velocidade nos trechos retos. A velocidade nos trechos retos deverá ser igual a:

$$V_r = \frac{Q}{A} = \frac{Q}{h.e} = \frac{0,10\,\frac{m^3}{s}}{0,8\,m.0,6\,m} \cong 0,21\,\frac{m}{s}$$ (Equação 3-64)

Impondo-se, portanto, que o valor de V_c seja igual a 2/3 de V_r, tem-se que:

$$V_c = \frac{2}{3}.V_r = \frac{2}{3}.0,21\,\frac{m}{s} \cong 0,14\,\frac{m}{s}$$ (Equação 3-65)

Logo, a abertura das passagens entre os canais de escoamento pode ser estimada da seguinte maneira:

$$V_c = \frac{Q}{A} = \frac{Q}{h.L_p}$$ (Equação 3-66)

$$h_p = \frac{Q}{h.V_c} = \frac{0,10\,\frac{m^3}{s}}{0,8\,m.0,14\,\frac{m}{s}} \cong 0,89\,m$$ (Equação 3-67)

Vamos adotar uma abertura de passagem entre as chicanas iguais a 0,8 m. Desse modo, a velocidade nas curvas deverá ser igual a:

$$V_c = \frac{Q}{A} = \frac{Q}{h.L_p} = \frac{0,10\,\frac{m^3}{s}}{0,8\,m.0,8\,m} \cong 0,16\,\frac{m}{s}$$ (Equação 3-68)

Como cada canal da unidade de floculação totaliza 25 espaçamentos, tem-se 24 curvas 180°. Assim, as perdas de carga localizadas podem ser calculadas pela expressão:

$$\Delta H_l = n_c.K.\frac{V_c^2}{2.g} = 24.3,2.\frac{\left(0,16\,\frac{m}{s}\right)^2}{2.9,81\,\frac{m}{s^2}} \cong 0,096\,m.c.a$$ (Equação 3-69)

- Passo 7: Verificação final do gradiente de velocidade da unidade de floculação

De posse das perdas de cargas localizadas e distribuídas calculadas para a unidade de floculação, pode-se proceder a uma verificação do gradiente de velocidade. Como a unidade de floculação totaliza três câmaras de floculação em série, tem-se que suas perdas de carga totais deverão ser iguais a:

$$\Delta H_t = 3.\left(\Delta H_d + \Delta H_l\right) = 3.\left(0,096 + 6,981.10^{-3}\right)\,m.c.a \cong 0,308\,m.c.a$$ (Equação 3-70)

Mais uma vez, tem-se que as perdas de carga localizadas são preponderantes em relação às perdas de carga distribuídas.

O gradiente de velocidade pode ser estimado da seguinte maneira:

$$G = \sqrt{\frac{\gamma.Q.\Delta H}{\mu.V_{ol}}} = \sqrt{\frac{998,2\frac{kg}{m^3}.9,81\frac{m}{s^2}.0,10\frac{m^3}{s}.0,308\ m}{1,002.10^{-3}\ N.\frac{s}{m^2}.180\ m^3}} \cong 41\ s^{-1} \qquad \text{(Equação 3-71)}$$

Uma vez que o gradiente de velocidade calculado resulta próximo de 40 s^{-1}, pode concluir que o dimensionamento proposto é adequado.

- Passo 8: Verificação do parâmetro G.T

Conhecido o gradiente de velocidade na unidade de floculação e seu respectivo tempo de floculação, pode-se verificar o parâmetro G.T:

$$G.T = 41\ s^{-1}.30\ min.60\frac{s}{min} \cong 7,4.10^4 \qquad \text{(Equação 3-72)}$$

O valor de G.T calculado situa-se entre os valores preconizados (entre 3.10^4 e 2.10^5), portanto, garante-se o bom dimensionamento da unidade.

Ambos os dimensionamentos efetuados para as unidades de floculação hidráulicas de fluxo vertical e horizontal viabilizam algumas conclusões importantes, a saber:

Ponto Relevante 9: Unidades de floculação hidráulicas de fluxo vertical são adequadas para vazões superiores a 200 L/s. Desse modo, é possível efetuar seu dimensionamento garantindo um espaçamento entre as chincanas em torno de 60 cm. Não é imperativo que tenha de sempre ser respeitado este valor de espaçamento (60 cm), podendo, inclusive, serem adotados valores inferiores. No entanto, devem ser previstos dispositivos para a remoção das chicanas tendo em vista a necessidade de manutenção da unidade.

Ponto Relevante 10: Em razão de apresentarem menores alturas de lâmina d'água, as unidades de floculação hidráulicas de fluxo horizontal podem ser projetadas para vazões menores, em geral, superiores a 50 L/s. Uma vez que a altura da lâmina líquida é reduzida, o acesso à unidade para fins de limpeza e manutenção é mais facilitado, o que possibilita a adoção de valores de espaçamento entre as chicanas inferiores a 60 cm.

Tem-se observado, na prática, que muitas estações de tratamento de água têm optado por transformarem suas unidades de floculação hidráulicas de fluxo vertical em unidades de floculação do tipo mecanizadas, em razão de inúmeras dificuldades operacionais, notadamente a necessidade de limpeza em razão do acúmulo de areia.

Isso porque, mesmo que captações superficiais sejam projetadas e dotadas de dispositivos de remoção de areia, parte dela tende a depositar-se em unidades de floculação (Fig. 3-19).

Quando essa deposição de areia torna-se bastante intensa em unidades de floculação hidráulicas do tipo fluxo vertical, o acesso para limpeza torna-se bastante difícil com o espaçamento entre as chicanas inferior a 60 cm. Mesmo que as estruturas divisórias possam ser removidas, o trabalho operacional envolvido torna-se muito desgastante, o que tem incentivado muitas estações de tratamento de água a modificarem suas unidades de floculação, transformando-as em unidades do tipo mecanizadas.

Todas as unidades de floculação, sejam do tipo de fluxo vertical e horizontal, necessitam ser projetadas prevendo-se dispositivos que possibilitem seu esgotamento e sua limpeza. Por conseguinte, é imperativa a instalação de descargas de fundo, e a unidade deve ser projetada considerando de antemão uma declividade mínima na laje de fundo de 2%.

Unidades de floculação do tipo hidráulicas de fluxo helicoidal

Quando se deseja projetar unidades de floculação com vazões pequenas, em geral menores que 50 L/s, se tem como alternativa a utilização de unidades de floculação do tipo hidráulica de fluxo helicoidal. Seu princípio de funcionamento consiste na interligação de um conjunto de câmaras de floculação em série por meio de tubulações dotadas de curvas 90° e dispostas na parte inferior da unidade, de modo que o fluxo seja direcionado para a parte

Figura 3-19 Unidade de floculação com elevada deposição de areia.

superior da câmara, o que força um movimento helicoidal no escoamento. Esse movimento ascendente e descendente da água floculada tende a oferecer condições razoáveis para o choque entre as partículas coloidais e sua posterior agregação. A Figura 3-20 apresenta esquemas básicos de floculadores hidráulicos de fluxo helicoidal do tipo Alabama.

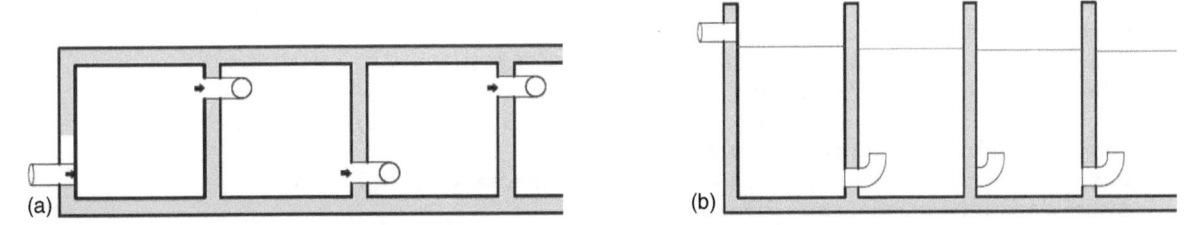

Figura 3-20 Esquema geral de funcionamento de floculadores hidráulicos de fluxo helicoidal. (a) Planta. (b) Corte.

As perdas de carga relevantes nos floculadores hidráulicos do tipo Alabama consistem nas perdas de carga localizadas nas tubulações de interligação entre as diferentes câmaras de floculação, podendo ser calculadas pela expressão:

$$\Delta H_l = n_c . K . \frac{V_c^2}{2.g}$$
(Equação 3-73)

ΔH_l = perdas de carga localizadas em mca
n_c = número de curvas 180°
K = coeficiente de perda de carga localizada
V_c = velocidade do escoamento nas curvas 180°

Como se resumem a entrada e saída da tubulação, essas perdas de carga podem ser calculadas admitindo-se um valor de K entre 1,5 e 2,0. Embora não seja necessariamente verdadeiro o fato de que as perdas de cargas localizadas se dissipem nas câmaras de floculação, esta hipótese é cogitada. Quando bem dimensionadas, seus resultados têm-se apresentado bastante razoáveis, ressaltando que a eficiência das instalações é ditada grandemente por parâmetros de projeto consagrados pela prática profissional (Fig. 3.21).

Figura 3-21 Floculadores hidráulicos de fluxo helicoidal do tipo Alabama — vazão nominal igual a 40 L/s.

Os parâmetros básicos de dimensionamento recomendados para unidades de floculação do tipo hidráulica de fluxo helicoidal encontram-se apresentados a seguir.

PARÂMETROS DE PROJETO – UNIDADES DE FLOCULAÇÃO HIDRÁULICA DE FLUXO HELICOIDAL
- Tempo de detenção hidráulico: 20 a 40 min
- Gradiente de velocidade: entre 60 s^{-1} e 20 s^{-1}
- Parâmetro G.T: entre 3.10^4 e 2.10^5
- Perda de carga total: 0,3 a 0,5 m
- Número de câmaras de floculação em série: variável em função do tamanho da instalação (recomendável: três câmaras ou mais)
- Taxa de aplicação por câmara de floculação: 25 a 50 L/s.m^2
- Velocidade nas curvas 90°: 0,2 a 0,6 m/s
- Coeficiente de perda de carga nas curvas 90°: entre 1,5 e 2,5 (recomendável: 2,0)
- Largura da câmara de floculação: 0,6 a 2,0 m
- Relação comprimento e largura da câmara de floculação: entre 1,0 e 1,3
- Altura da lâmina d'água: entre 2,5 e 4,5 m
- Altura da lâmina d'água acima da saída de tubulação: menor que 2,4 m

---

O número de câmaras de floculação em série depende do tamanho da estação de tratamento de água, recomendando-se, no mínimo, a implantação de cinco câmaras. Alguns pesquisadores têm reportado sucesso em algumas instalações com duas câmaras de floculação em série (Richter; Azevedo Netto, 1991).

Há alguma controvérsia com relação à velocidade nas curvas 90°, uma vez que a velocidade recomendada tem sido entre 0,2 m/s e 0,6 m/s. A adoção de velocidades mais altas nas câmaras de jusante, acima de 0,6 m/s, oferece condições muito desfavoráveis ao processo de floculação, observando-se elevada quebra de flocos. Por conseguinte, sugere-se a adoção de velocidades menores, recomendando-se que nestas as velocidades situem-se em torno de 0,2 m/s, de modo a ser possível minimizar a quebra dos flocos formados nas câmaras de floculação de montante.

O dimensionamento de floculadores hidráulicos de fluxo helicoidal é simples; no entanto, exige que suas velocidades e demais condições operacionais em função da vazão afluente sejam bem avaliadas, evitando-se uma sobrecarga hidráulica que resulte em condições inadequadas ao processo de floculação (Fig. 3-22).

Exemplo 3-3
Problema: Deseja-se efetuar o dimensionamento de uma unidade de floculação hidráulica de fluxo helicoidal do tipo Alabama para uma vazão igual a 25 L/s. O tempo de detenção a ser adotado deverá estar situado entre 20 e 40 min. Deverá ser adotada uma altura de lâmina líquida igual a 2,0 m, e a temperatura da fase líquida deve ser igual a 20 °C.

Figura 3-22 Floculador hidráulico de fluxo helicoidal do tipo Alabama submetido à sobrecarga hidráulica com transbordamento entre as câmaras de floculação.

Solução: Será admitido um total de oito câmaras em série de secção quadrada cada. Dessa maneira, é possível estabelecer uma geometria inicial para o sistema de floculação e posteriormente efetuar os demais cálculos pertinentes.

• Passo 1: Cálculo do volume da unidade de floculação

$$V = \theta.Q = 30\ min.60\frac{s}{min}.0,025\frac{m^3}{s} = 45\ m^3 \qquad \text{(Equação 3-74)}$$

V = volume da câmara de floculação (L³)
θ = tempo de detenção hidráulico (T)
Q = vazão (L³T⁻¹)

Como está previsto um total de oito câmaras de floculação em série, o volume de cada câmara será igual a:

$$V_c = \frac{V}{n_c} = \frac{45\ m^3}{8} \cong 5,63\ m^3 \qquad \text{(Equação 3-75)}$$

• Passo 2: Definição da geometria da unidade de floculação

O volume unitário de cada câmara de floculação deverá ser da ordem de 5,63 m³ e, uma vez que a profundidade da lâmina d'água proposta é de 2,0 m, tem-se que a área superficial da câmara deverá ser igual a:

$$A = \frac{V}{h} = \frac{5,63\ m^3}{2,0\ m} \cong 2,81\ m^2 \qquad \text{(Equação 3-76)}$$

Pode-se adotar uma unidade de floculação com um total de oito câmaras em série com largura individual igual a 1,6 m e altura líquida igual a 2,0 m. Desse modo, o volume total da unidade de floculação deverá ser igual a:

$$V = 1,6\ m.1,6\ m.2,0\ m.8 \cong 40,1\ m^3 \qquad \text{(Equação 3-77)}$$

Para esse volume, tem-se um valor de tempo de detenção hidráulico igual a 27,3 min, o qual pode ser considerado adequado.

- Passo 3: Cálculo do diâmetro das tubulações de passagem de água floculada entre as câmaras de floculação

As velocidades mínimas e máximas admitidas para a tubulação de interligação entre as câmaras de floculação são iguais a 0,2 m/s e 0,6 m/s. Dessa maneira, os diâmetros mínimo ($d_{mín}$) e máximo ($d_{máx}$) podem ser estimados da seguinte forma:

$$d_{mín} = \sqrt{\left(\frac{4.Q}{\pi.v_{máx}}\right)} = \sqrt{\left(\frac{4.0,025\,\frac{m^3}{s}}{\pi.0,6\,\frac{m}{s}}\right)} = \cong 0,23\ m \qquad \text{(Equação 3-78)}$$

$$d_{máx} = \sqrt{\left(\frac{4.Q}{\pi.v_{mín}}\right)} = \sqrt{\left(\frac{4.0,025\,\frac{m^3}{s}}{\pi.0,2\,\frac{m}{s}}\right)} \cong 0,40\ m \qquad \text{(Equação 3-79)}$$

Serão adotadas tubulações de interligação entre as câmaras de floculação com diâmetro igual a 250 mm. Assim, a velocidade esperada deverá ser igual a:

$$v_c = \left(\frac{4.Q}{\pi.d^2}\right) = \left(\frac{4.0,025\,\frac{m^3}{s}}{\pi.0,25\ m^2}\right) \cong 0,51\,\frac{m}{s} \qquad \text{(Equação 3-80)}$$

V_c = velocidade do escoamento nas curvas 90°

- Passo 4: Cálculo das perdas de carga nas passagens entre as câmaras de floculação

As perdas de cargas localizadas na unidade de floculação ocorrem nas curvas 90°. Tem-se, portanto, que:

$$\Delta H_l = n_c.K.\frac{V_c^2}{2.g} \qquad \text{(Equação 3-81)}$$

ΔH_l = perdas de carga localizadas em mca
n_c = número de curvas 90°
K = coeficiente de perda de carga localizada, igual a 2,0 para curvas 90°
V_c = velocidade do escoamento nas curvas 90°

Como a unidade de floculação totaliza oito câmaras em série, tem-se sete curvas 90°. Desse modo, as perdas de carga localizadas podem ser calculadas com a seguinte expressão:

$$\Delta H_l = n_c.K.\frac{V_c^2}{2.g} = 7.2,0.\frac{\left(0,51\,\frac{m}{s}\right)^2}{2.9,81\,\frac{m}{s^2}} \cong 0,185\ m.c.a \qquad \text{(Equação 3-82)}$$

- Passo 5: Verificação final do gradiente de velocidade da unidade de floculação

Uma vez calculadas as perdas de cargas localizadas para a unidade de floculação, pode-se proceder a uma verificação do gradiente de velocidade. O gradiente de velocidade pode ser estimado por:

$$G = \sqrt{\frac{\gamma.Q.\Delta H}{\mu.V_{ol}}} = \sqrt{\frac{998,2\,\frac{kg}{m^3}.9,81\,\frac{m}{s^2}.0,025\,\frac{m^3}{s}.0,185\ m}{1,002.10^{-3}\ N.\frac{s}{m^2}.40,96\ m^3}} \cong 33\ s^{-1} \qquad \text{(Equação 3-83)}$$

- Passo 6:Verificação do parâmetro G.T

Conhecidos o gradiente de velocidade na unidade de floculação e seu respectivo tempo de floculação, calcula-se o parâmetro G.T:

$$G.T = 33 \ s^{-1} .27,3 \ min.60 \ \frac{s}{min} \cong 5,4.10^4 \qquad \text{(Equação 3-84)}$$

O valor de G.T calculado situa-se entre os valores preconizados (entre 3.10^4 e 2.10^5), portanto, o dimensionamento pode ser considerado adequado.

Embora o diâmetro das tubulações de interligação entre as câmaras de floculação tenha sido admitido como constante e igual a 250 mm, podem-se adotar diferentes diâmetros. Mais especialmente para as câmaras de floculação de jusante, poderíamos adotar diâmetros maiores, de modo que as velocidades resultem em torno de 0,2 m/s, minimizando, dessa maneira, a quebra dos flocos.

Caso deseje-se reduzir as velocidades, poderíamos adotar um diâmetro igual a 400 mm, e, assim sendo, as velocidades resultariam próximas de 0,2 m/s. Como a instalação de diâmetros 400 mm pode induzir a dificuldades construtivas, é possível efetuar a passagem por meio de duas tubulações de 250 mm em série.

As Figuras 3-23 e 3-24 apresentam, respectivamente, uma planta e um corte da unidade projetada.

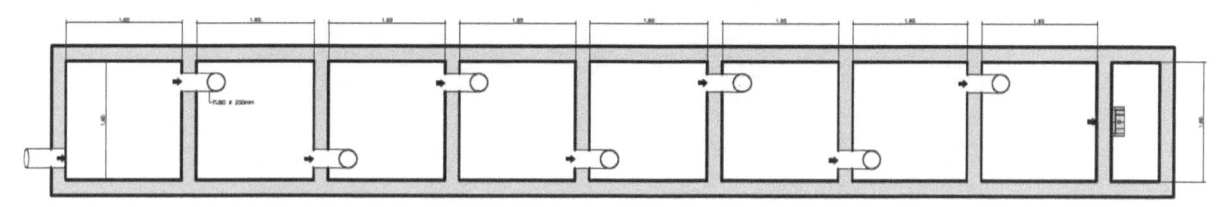

Figura 3-23 Planta do floculador hidráulico do tipo Alabama projetado.

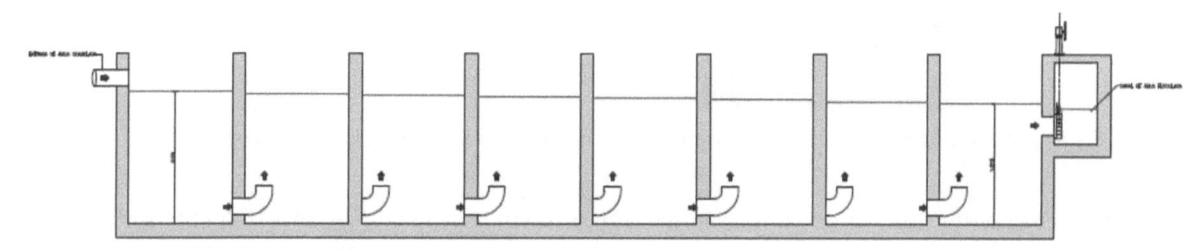

Figura 3-24 Corte do floculador hidráulico do tipo Alabama projetado.

Unidades de floculação do tipo mecanizadas

Como alternativa a unidades de floculação do tipo hidráulicas, pode-se operar o processo de floculação por meio de unidades mecanizadas, sendo que a agregação das partículas coloidais ocorre com gradientes de velocidades introduzidos na fase líquida pelos sistemas de agitação dispostos de modo conveniente nas câmaras de floculação. Os sistemas de agitação podem ser de eixo vertical do tipo turbina (axial e radial) ou por pás dispostas paralelamente ao eixo, podendo ser de eixo vertical ou horizontal.

Os sistemas de floculação mecanizados são normalmente recomendados para estações de tratamento de água de médio e grande porte, em função de sua grande flexibilidade, por possibilitar a variação dos gradientes de velocidade e por estes serem independentes da vazão afluente à unidade de floculação. Também podem ser empregados em estações de tratamento de água de pequeno porte; no entanto, tal decisão deve levar em conta as condições locais de fornecimento de equipamentos e a existência adequada de uma estrutura de manutenção e operação na estação de tratamento de água (ETA). As Figuras 3-25 e 3-26 apresentam algumas unidades de floculação do tipo mecanizadas.

Figura 3-25 Sistemas de floculadores do tipo mecanizados (ETA Guaraú (Sabesp) – vazão igual a 33,0 m³/s).

Figura 3-26 Sistemas de floculadores do tipo mecanizados (ETA Cristina (Sabesp) – vazão igual a 50 L/s).

A maior vantagem dos sistemas de floculação mecanizados em relação aos sistemas hidráulicos reside no fato de que é possível a alteração dos gradientes de velocidade nas câmaras de floculação por meio da alteração dos valores de rotação impostos aos equipamentos de agitação.

Tais gradientes de velocidade podem ser alterados a qualquer momento, uma vez que os atuais equipamentos de agitação disponíveis no mercado são dotados de inversores de frequência, o que possibilita impor um amplo espectro de rotação ao dispositivo de agitação.

Ressalte-se o fato de que, uma vez que os gradientes de velocidade em unidades de floculação mecanizadas são introduzidos no escoamento por meio da adição de uma energia externa ao escoamento, as perdas de carga observadas são bastante reduzidas, podendo, na maior parte dos casos, serem desprezadas.

O Vídeo 3-3 apresenta uma unidade de floculação mecanizada dotada de um total de três conjuntos com quatro câmaras em paralelo, cada uma com um equipamento de agitação do tipo axial.

Os parâmetros de projeto mais relevantes para floculadores mecanizados do tipo turbina encontram-se apresentados a seguir.

PARÂMETROS DE PROJETO – UNIDADES DE FLOCULAÇÃO MECANIZADAS COM SISTEMA DE AGITAÇÃO DO TIPO TURBINA DE FLUXO AXIAL E RADIAL
- **Tempo de detenção hidráulico para tratamento convencional: 20 a 40 min**
- **Tempo de detenção hidráulico para filtração direta: 10 a 20 min**

- **Tempo de detenção hidráulico para sistemas de separação sólido líquido do tipo flotação por ar dissolvido: 10 a 15 min**
- **Gradientes de velocidades decrescentes de montante para jusante**
- **Duas a seis câmaras de floculação em série**
- **Gradiente de velocidade: entre 100 s⁻¹ e 20 s⁻¹**
- **Parâmetro G.T: entre 3.10^4 e 2.10^5**
- **Altura da lâmina líquida: entre 3,0 e 5,0 m**
- **Velocidade máxima periférica na primeira câmara de floculação: entre 2,0 e 3,0 m/s**
- **Velocidade máxima periférica na última câmara de floculação: inferior a 0,6 m/s**

Os equipamentos de agitação mais comumente empregados em sistemas de floculação mecanizados são sistemas de agitação do tipo fluxo axial ou radial.

Os sistemas de agitação do tipo fluxo radial apresentam como característica principal a geração de linhas de fluxo perpendicularmente e para fora do eixo, e, como consequência, a tendência é ocorrerem maiores tensões de cisalhamento na periferia do rotor.

Por sua vez, o padrão de escoamento em equipamentos de agitação do tipo fluxo axial possibilita que as linhas de fluxo sejam direcionadas em um movimento ascendente e descendente paralelamente ao eixo do equipamento de agitação, possibilitando melhor homogeneização do fluido na câmara de floculação.

Experiências demonstram que sistemas de agitação do tipo fluxo axial, em comparação com o tipo fluxo radial e produzindo o mesmo gradiente médio de velocidade na câmara de floculação, impõem menores tensões de cisalhamento ao fluido. É importante considerar que os gradientes de velocidade estimados em sistemas de floculação são valores médios para a câmara de floculação, sendo que suas variações locais podem ser bastante significativas, em muitas ocasiões cerca de cem vezes superiores ao valor médio, especialmente nas proximidades do sistema de agitação.

Desse modo, a possibilidade de quebra dos flocos formados quando se utilizam sistemas de agitação de fluxo axial em detrimento aos de fluxo radial torna-se menor, recomendando-se sua utilização em unidades de floculação. A Figura 3-27 apresenta alguns equipamentos de agitação de fluxo axial implantados em diferentes unidades de floculação.

Figura 3-27 Sistemas de agitação do tipo fluxo axial implantado na ETA Taiaçupeba (Sabesp).

Ponto Relevante 11: Sempre que possível, o projeto de sistemas de agitação em unidades de floculação deve considerar a opção por equipamentos de agitação do tipo fluxo axial em detrimento dos do tipo fluxo radial.

A correta disposição de sistemas de agitação nas câmaras de floculação deve atender a certas relações geométricas, que estão apresentadas na Figura 3-28.

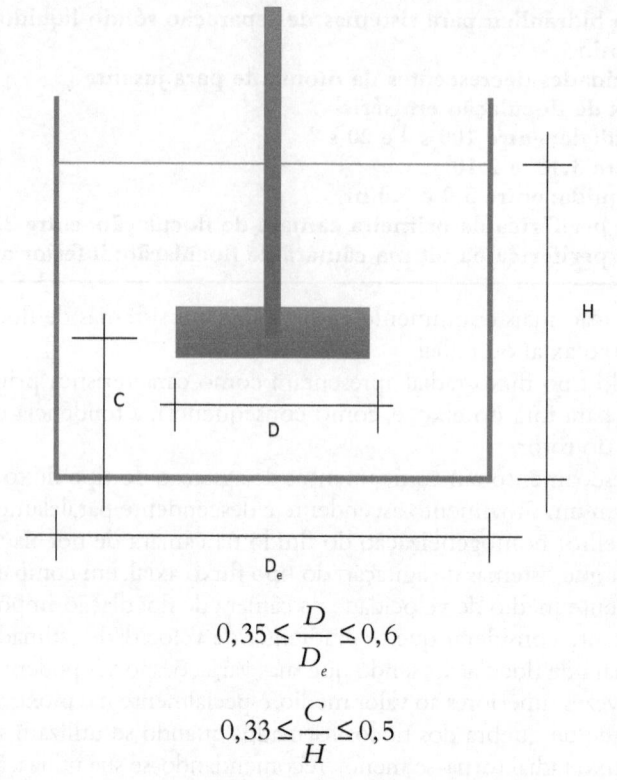

$$0,35 \leq \frac{D}{D_e} \leq 0,6$$

$$0,33 \leq \frac{C}{H} \leq 0,5$$

Diâmetro equivalente do tanque $(D_e) \cong 1,13.\sqrt{L.C}$

Figura 3-28 Relações geométricas recomendadas para a disposição de equipamentos de agitação em câmaras de floculação (CRITTENDEN et al., 2012).

É muito comum notar sistemas de floculação implantados com sistemas de agitação que não respeitam a relação entre D e D_e, sendo visível o baixo rendimento do processo de floculação. Inclusive, é comumente reportado por operadores de estações de tratamento de água que ter os sistemas de agitação em funcionamento não se traduz em melhoria significativa no processo de floculação, e, em razão disso, muitos equipamentos encontram-se inoperantes. A Figura 3-29 apresenta alguns equipamentos de agitação em sistemas de floculação nos quais é perceptível a reduzida relação entre D e D_e.

Figura 3-29 Sistema de floculação com reduzida relação entre o diâmetro do rotor e o diâmetro equivalente do tanque.

Para tais condições, pode-se afirmar que a agregação das partículas coloidais ocorre hidraulicamente mediante o escoamento da água floculada nas diferentes câmaras de floculação. Não somente é muito comum serem observados muitos sistemas de agitação inoperantes, como também inexistentes.

Uma ocorrência muito comum em unidades de floculação cujos equipamentos de agitação encontram-se inoperantes é a grande possibilidade de deposição de flocos em seu interior (Fig. 3-30), o que demanda elevados trabalhos de manutenção e limpeza. Por esses motivos, ressalta-se a grande importância na correta seleção dos equipamentos de agitação e sua operação adequada.

Figura 3-30 Câmara de floculação mecanizada com sistema de agitação inoperante e elevada deposição de sólidos.

Os gradientes de velocidade podem ser estimados calculando-se a potência dissipada na fase líquida. Para equipamentos de agitação de fluxo axial e alguns equipamentos de fluxo radial, a potência pode ser calculada da seguinte maneira:

$$P_{ot} = K_t . \rho . n^3 . D^5 \qquad \text{(Equação 3-85)}$$

P_{ot} = potência global dissipada no escoamento em W
K_t = número de potência; função do tipo de sistema de agitação adotado (adimensional)
ρ = massa específica do fluído em kg/m³
n = rotação do sistema de agitação em rps
D = diâmetro do rotor em m

O parâmetro K_t, denominado número de potência, é função das características geométricas do equipamento de agitação e do escoamento, sendo uma grandeza função do número de Reynolds. Como os escoamentos em sistemas de floculação, em geral, são turbulentos, o valor de K_t não depende do número de Reynolds. A Figura 3-31 apresenta alguns equipamentos de agitação mais comumente empregados em sistemas de floculação e seus respectivos valores típicos de K_t.

Por conseguinte, uma vez selecionado o equipamento de agitação a ser adotado no sistema de floculação, é importante uma consulta aos fabricantes para a obtenção de seu valor característico de K_t, o que deverá garantir um projeto racional da unidade.

Uma vez que processos de agitação e mistura são tópicos exaustivamente estudados na engenharia química e utilizados apenas marginalmente na engenharia sanitária e ambiental, normalmente o dimensionamento de sistemas de floculação no tratamento de águas de abastecimento não é abordado com o devido cuidado, o que tem proporcionado alguns equívocos na implantação das unidades.

Assim, fica bem evidenciada a importância dos processos de mistura em unidades de floculação, o que exige uma abordagem cautelosa em seu dimensionamento e uma consulta a fabricantes e fornecedores com boa reputação no mercado para a correta seleção dos equipamentos mais recomendados.

Turbina de fluxo radial com 6 pás
planas – Kt (4,0 a 5,5)

Turbina de fluxo axial com 4 pás
inclinadas a 45° – Kt (1,2 a 1,5)

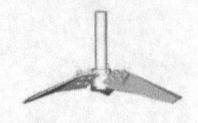

Turbina de fluxo axial do tipo
hydrofoil – Kt (0,3 a 0,5)

Turbina de fluxo radial com 6 pás
curvas – Kt (3,0 a 4,0)

Figura 3-31 Sistema de agitação mais comumente empregados em sistemas de floculação e valores típicos do número de potência.

Exemplo 3-4

Problema: Uma unidade de floculação mecanizada deverá ser dimensionada para uma vazão nominal igual a 600 L/s. Considere que a unidade de floculação é contígua à unidade de sedimentação e que sua largura e altura da lâmina d'água são iguais a 20,0 m e 4,5 m, respectivamente. O tempo de detenção a ser adotado deverá estar situado entre 20 e 40 min, e os gradientes de velocidade mínimo e máximo deverão ser iguais a 20 s^{-1} e 80 s^{-1}, respectivamente. A temperatura da fase líquida deve ser igual a 20 °C.

Solução: A geometria do sistema de floculação não é ainda determinada, e, assim sendo, alguns cálculos iniciais deverão possibilitar efetuar uma primeira concepção do sistema.

• Passo 1: Estimativa do volume da unidade de floculação

Na medida em que os tempos de detenção hidráulico na unidade deverão situar-se entre 20 e 40 min, tem-se que:

$$V_{mín} = \theta.Q = 20\ min.60\frac{s}{min}.0,6\frac{m^3}{s} = 720\ m^3 \qquad \text{(Equação 3-86)}$$

$$V_{máx} = \theta.Q = 40\ min.60\frac{s}{min}.0,6\frac{m^3}{s} = 1.440\ m^3 \qquad \text{(Equação 3-87)}$$

$V_{mín}$ e $V_{máx}$ = volumes mínimo e máximo da câmara de floculação (L^3)
θ = tempo de detenção hidráulico (T)
Q = vazão (L^{3}T^{-1})

• Passo 2: Estimativa das dimensões básicas da unidade de floculação

Supondo que a largura útil da unidade de sedimentação e a altura da lâmina d'água são iguais a 20,0 m e 4,5 m, respectivamente, pode-se estimar o comprimento da unidade de floculação.

$$L_{mín} = \frac{V_{mín}}{B.h} = \frac{720\ \frac{m^3}{s}}{20,0\ m.4,5\ m} = 8,0\ m \qquad \text{(Equação 3-88)}$$

$$L_{máx} = \frac{V_{máx}}{B.h} = \frac{1.440 \frac{m^3}{s}}{20,0 \ m.4,5 \ m} = 16,0m \qquad \text{(Equação 3-89)}$$

Considerando a importância de serem empregados gradientes de velocidade escalonados e decrescentes de montante para jusante, será adotada a implantação de três câmaras em série. Por conseguinte, para que seja possível a disposição das câmaras de floculação, será adotado o comprimento igual a 15,0 m, o que permitirá um arranjo para o sistema de floculação composto por um total de quatro câmaras em paralelo, seguido por três câmaras de floculação em série, como apresentado na Figura 3-32.

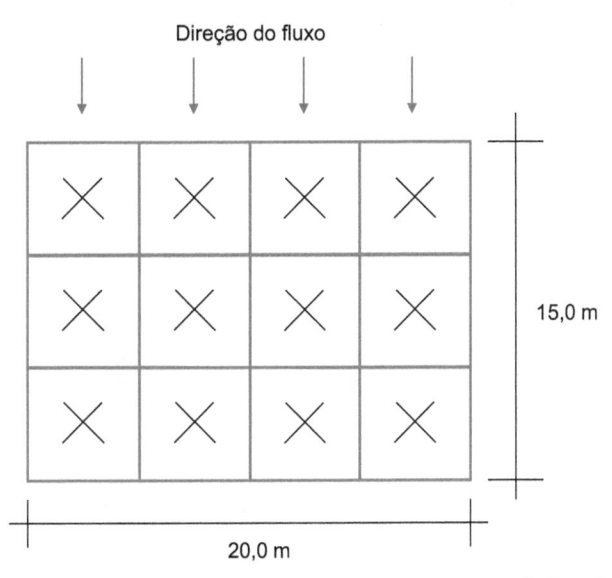

Figura 3-32 Arranjo proposto para o sistema de floculação: total de quatro câmaras de floculação em paralelo seguido de três câmaras em série.

Uma vez que a largura da unidade de floculação está predeterminada em função da largura do decantador, descontando-se 30 cm relativo à espessura das paredes entre as câmaras de floculação dispostas em paralelo, tem-se a largura útil igual a 19,1 m. Como há quatro câmaras de floculação em paralelo, tem-se uma largura individual igual a 4,78 m.

Assim, será considerado que cada câmara de floculação tenha dimensões individuais iguais a 4,78 m, e, por conseguinte, o comprimento total da unidade de floculação ajustado deverá ser igual a 14,34 m. Dessa maneira, o tempo de floculação da unidade de floculação deverá ser igual a:

$$\theta = \frac{V}{Q} = \frac{12.4,78 \ m.4,78 \ m.4,5 \ m}{0,6 \frac{m^3}{s}.60 \ s \ / \ min} \cong 34,3 \ min \qquad \text{(Equação 3-90)}$$

Uma vez que seu valor se situa entre os anteriormente preconizados (entre 20 e 40 min), tem-se que o pré-dimensionamento da unidade de floculação pode ser considerado adequado.

- Passo 3: Seleção do equipamento de agitação e definição de suas condições operacionais

Cada câmara de floculação terá volume unitário igual a 102,8 m³ (4,78 m × 4,78 m × 4,5 m). Logo, a potência a ser introduzida no escoamento poderá ser calculada de acordo com:

$$P_{ot} = \mu.V.G^2 \qquad \text{(Equação 3-91)}$$

$$P_{ot \ mín} = 1,002.10^{-3} \ \frac{N.s}{m^2}. \ 102,8 \ m^3 \ .\left(20 \ s^{-1}\right)^2 \cong 41,2 \ W \qquad \text{(Equação 3-92)}$$

$$P_{ot\,m\acute{a}x} = 1,002.10^{-3}\,\frac{N.s}{m^2}.\,102,8\,m^3\,.\big(80\,s^{-1}\big)^2 \cong 659,2\,W \qquad \text{(Equação 3-93)}$$

Para sistemas mecanizados, a potência introduzida no escoamento pode ser estimada por:

$$P_{ot} = K_t.\rho.n^3.D^5 \qquad \text{(Equação 3-94)}$$

Agora será selecionado um sistema de agitação do tipo turbina e fluxo axial composto por quatro pás inclinadas a 45°. Para equipamentos dessa natureza, tem-se que seu número de potência pode ser assumido como igual a 1,3. Será estimado o diâmetro do rotor com base na relação entre sua dimensão física e o diâmetro equivalente do tanque, que pode variar de 0,35 a 0,60.

$$D_e \cong 1,13.\sqrt{L.C} \qquad \text{(Equação 3-95)}$$

D_e = diâmetro equivalente do tanque de mistura em m
L = largura do tanque em m
C = comprimento do tanque em m

$$D_e = 1,13.\sqrt{4,78\,m.4,78\,m} \cong 5,4\,m \qquad \text{(Equação 3-96)}$$

Admitindo-se que a relação entre ambas as grandezas físicas, diâmetro do rotor e diâmetro equivalente, possa variar de 0,35 a 0,60, tem-se que o diâmetro do rotor poderá variar de 1,9 m a 3,2 m. Será adotado um diâmetro igual a 2,5 m, de modo a compatibilizar com os fabricados comercialmente no mercado nacional.

Pode-se, portanto, efetuar o cálculo da rotação que deverá ser imposta ao sistema de agitação.

$$n_{m\acute{i}n} = \left(\frac{P_{ot}}{K_t.\rho.D^5}\right)^{1/3} = \left(\frac{41,2\,W}{1,3.998,2kg/m^3.\big(2,5\,m\big)^5}\right)^{1/3} \cong 0,069\,rps\,(4,1\,rpm) \qquad \text{(Equação 3-97)}$$

$$n_{m\acute{a}x} = \left(\frac{P_{ot}}{K_t.\rho.D^5}\right)^{1/3} = \left(\frac{659,2\,W}{1,3.998,2kg/m^3.\big(2,5\,m\big)^5}\right)^{1/3} \cong 0,173\,rps\,(10,4\,rpm) \qquad \text{(Equação 3-98)}$$

Com vistas a possibilitar gradientes mínimo e máximo de velocidade iguais a 20 s^{-1} e 80 s^{-1}, o sistema de agitação deverá, portanto, trabalhar com valores de rotação em torno de 4 rpm a 11 rpm. As velocidades periféricas mínimas e máximas deverão ser iguais a:

$$v_{p\,m\acute{i}n} = \frac{n_{m\acute{i}n}.\pi.D}{60} = \frac{4,1\,rpm.\pi.2,5\,m}{60} \cong 0,54\,\frac{m}{s} \qquad \text{(Equação 3-99)}$$

$$v_{p\,m\acute{a}x} = \frac{n_{m\acute{a}x}.\pi.D}{60} = \frac{10,4\,rpm.\pi.2,5\,m}{60} \cong 1,36\,\frac{m}{s} \qquad \text{(Equação 3-100)}$$

As velocidades mínima e máxima periférica são iguais a 0,54 m/s e 1,4 m/s, respectivamente, portanto, inferiores a 0,6 m/s e 2,5 m/s, respectivamente.

O motor de acionamento e sistema elétrico deverá ser dotado de um inversor de frequência que possibilite a variação da rotação do sistema de agitação e, consequentemente, do gradiente de velocidade imposto ao escoamento em qualquer câmara de floculação. Em um primeiro momento, podem ser adotados valores de gradientes de velocidade iguais a 80 s^{-1}, 50 s^{-1} e 30 s^{-1} para cada conjunto de quatro câmaras de floculação trabalhando em paralelo. Esses valores poderão ser ajustados a qualquer momento durante a operação da unidade de floculação, residindo daí o fato de ser conveniente possibilitar que todos os equipamentos de agitação indistintamente possam trabalhar com os valores mínimo e máximo de gradientes de velocidade. Desse modo, garante-se plena condição de flexibilidade do sistema de floculação.

Ao se assumir um rendimento global do motor e sistema elétrico de 60%, tem-se, portanto, que a potência nominal de placa deverá ser de:

$$P_{ot} = \frac{659,2\ W}{0,6} \cong 1,1\ kW\ (1,5\ cv)$$

(Equação 3-101)

Por conseguinte, é possível adotar um motor instalado com potência nominal de placa igual a 2,0 cv.

Como observado neste exemplo de dimensionamento (Exemplo 3-4), considera-se um total de quatro câmaras de floculação trabalhando em paralelo e três em série. No entanto, deve-se ter especial atenção com relação à passagem da água floculada entre as diferentes câmaras de floculação em série, devendo ser previstos dispositivos adequados para que não sejam observadas condições hidrodinâmicas que permitam a ruptura dos flocos formados a montante.

Entre os dispositivos mais comuns podem-se citar: (1) cortinas de concreto ou madeira dotadas de orifícios ou bocais (Fig. 3-33); (2) cortinas dotadas de aberturas horizontais planas (Fig. 3-34); ou (3) orifícios submersos (Fig. 3-35).

Figura 3-33 Cortinas de distribuição de água floculada dotadas de orifícios.

Figura 3-34 Cortinas de distribuição de água floculada dotadas de aberturas horizontais planas.

Figura 3-35 Distribuição de água floculada por meio de orifícios submersos.

Embora normalmente previstas no projeto, é comum se observar inúmeras unidades de floculação sem algum tipo de compartimentação física entre as diferentes câmaras de floculação.

Uma prática comum entre diversos profissionais é o dimensionamento de passagens entre as câmaras de floculação para que seu gradiente de velocidade seja sempre inferior ao valor da câmara de floculação de montante e superior à câmara de jusante, respeitando-se determinados valores de velocidade. Para passagens em orifícios e comportas, o valor estimado para o gradiente de velocidade pode ser estimado pela seguinte expressão:

$$G = \sqrt{\frac{\rho.f.v^3}{2.g.D_h}}$$
(Equação 3-102)

G = gradiente de velocidade em s^{-1}
v = velocidade na passagem em m/s
ρ = massa específica do fluído em kg/m^3
f = fator de atrito
g = aceleração da gravidade em m/s^2
D_h = diâmetro hidráulico em m

Embora tal critério seja aparentemente razoável, tem-se observado em algumas situações que, ainda que os gradientes de velocidade estimados nas passagens sejam inferiores aos das câmaras de floculação de montante, pode ocorrer elevada quebra dos flocos, especialmente em cortinas de distribuição de água floculada dotadas de bocais e orifícios.

As recomendações normalmente sugeridas para as velocidades máximas em bocais e orifícios que efetuem a veiculação de água floculada são de que estas se situem entre 0,2 m/s e 0,3 m/s (KAWAMURA, 2000; DELPHOS; LETTERMAN, 2012).

Os Vídeos 3-4 e 3-5 mostram a quebra de flocos em cortinas de distribuição dotadas de orifícios, ainda que suas velocidades sejam inferiores a 0,3 m/s.

Com base nas observações realizadas, recomenda-se que, sempre quando possível, sejam adotadas cortinas de distribuição de água floculada do tipo aberturas horizontais planas, como apresenta a Figura 3-34. A principal justificativa resulta no fato de que as velocidades nas passagens são geralmente inferiores a 0,1 m/s, e, por conseguinte, o regime de escoamento é tal que não se observam quebra dos flocos.

Ponto Relevante Final: Deve-se evitar que as velocidades nas estruturas de distribuição de água floculada entre as diferentes câmaras de floculação sejam superiores a 0,15 m/s, recomendando-se que as mesmas se situem em torno de 0,1 m/s.

Exemplo 3-5

Problema: Considerando ainda o Exemplo 3-4, efetue uma proposta de dimensionamento para a cortina de distribuição entre as câmaras de floculação. A temperatura da fase líquida adotada será igual a 20 °C.

Solução: Cada câmara de floculação tem dimensões unitárias iguais a 4,78 m de largura e comprimento e altura da lâmina d'água igual a 4,5 m. Assim, será adotada a instalação de pranchas de madeira com altura igual a 20 cm e intercaladas a cada 20 cm, como apresentado na Figura 3-36.

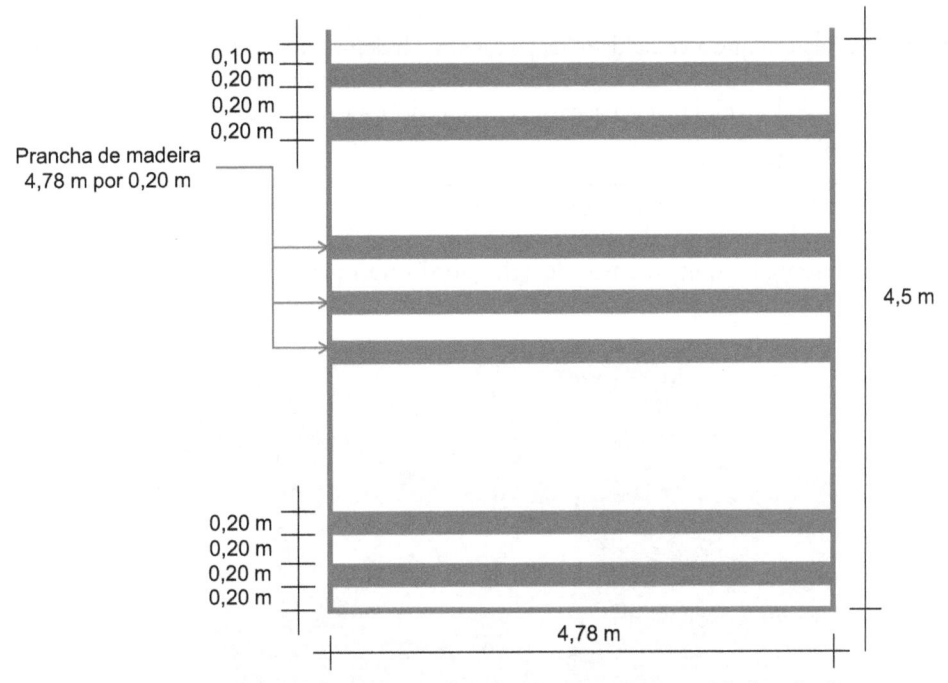

Figura 3-36 Proposta de estrutura de distribuição de água floculada entre as câmaras de floculação compostas por aberturas horizontais planas.

- Passo 1: Cálculo da velocidade nas aberturas horizontais planas

A altura da lâmina d'água na unidade de floculação é igual a 4,5 m. Desse modo, será adotada uma borda livre igual a 10 cm e altura restante de 4,4 m, e será feita uma subdivisão em espaçamentos de altura igual a 20 cm, o que totalizará 22 espaçamentos. Destes, 11 espaçamentos deverão ser preenchidos por pranchas de madeira com altura igual a 20 m, dispostas de maneira intercalada a cada 20 cm. Desse modo, a área livre deverá ser igual a:

$$A = 4,78 \ m.4,5 \ m - 11.0,2 \ m.4,78 \ m \cong 11 \ m^2 \qquad \text{(Equação 3-103)}$$

Como a unidade de floculação é dotada de quatro câmaras de floculação em paralelo, a área livre deverá ser igual a 44 m². Por conseguinte, a velocidade estimada na passagem deverá ser igual a:

$$v = \frac{Q}{A} = \frac{0,6 \ \dfrac{m^3}{s}}{44 \ m^2} \cong 0,014 \ \frac{m}{s} \qquad \text{(Equação 3-104)}$$

Uma vez que as velocidades nas passagens resultam inferiores a 0,1 m/s, pode-se concluir que a proposta de dimensionamento é adequada.

- Passo 2: Verificação do gradiente de velocidade nas aberturas horizontais planas

O gradiente de velocidade pode ser calculado por meio da Equação 3-102. Como as aberturas são submersas, o diâmetro hidráulico é igual a:

$$D_h = 4.R_h = \frac{4.A}{P_m} = \frac{4.L.e}{2.(L+e)} = \frac{4.4,78 \ m.0,2 \ m}{2.(4,78 \ m + 0,2 \ m)} \cong 0,384 \ m \qquad \text{(Equação 3-105)}$$

O fator de atrito pode ser calculado por inúmeras expressões apresentadas em bons manuais de hidráulica, sendo que, para o problema em questão, resulta igual a 0,0374. Desse modo, tem-se que:

$$G = \sqrt{\frac{\rho.f.v^3}{2.g.D_h}} = \sqrt{\frac{998,2\frac{kg}{m^3}.0,0374.\left(0,014\frac{m}{s}\right)^3}{2.9,81\frac{m}{s^2}.0,384\ m}} \cong 0,4\ s^{-1} \qquad \text{(Equação 3-106)}$$

Observe que, na medida em que a velocidade na passagem é bastante reduzida (0,014 m/s), tem-se um gradiente de velocidade também bastante baixo. Ainda que isso aconteça, é recomendável que o parâmetro a ser empregado para análise na instalação seja a velocidade na passagem. Como esta resulta inferior a 0,1 m/s, pode-se concluir que o sistema é adequado.

Outra opção existente para promover a agitação em câmaras de floculação consiste na adoção de sistemas compostos por pás planas dispostas paralelamente ao eixo, podendo este ser do tipo vertical ou horizontal. As Figuras 3-37 e 3-38 apresentam equipamentos de agitação do tipo pás planas de eixo horizontal e vertical, respectivamente.

Figura 3-37 Sistema de agitação de eixo horizontal dotado de pás planas paralelas ao eixo.

Figura 3-38 Sistema de agitação de eixo vertical dotado de pás planas paralelas ao eixo.

Os equipamentos podem conter múltiplos braços, sendo que normalmente são mais comuns os sistemas de agitação com quatro braços. Cada braço contém um conjunto de pás planas dispostas paralelamente ao eixo e com distâncias variáveis a partir deste, sendo mais frequente a disposição de duas a quatro pás por braço.

Os sistemas de agitação de eixo horizontal apresentam grande flexibilidade, por permitirem a agitação em múltiplas câmaras de floculação em paralelo, empregando-se um único motor de acionamento. No entanto, do ponto de vista mecânico, são equipamentos que apresentam maior complexidade se comparados com os equipamentos de eixo vertical, motivo pelo qual seu uso no Brasil tem sido abandonado nas últimas décadas.

Assim, os equipamentos do tipo pás planas mais empregadas têm sido os de eixo vertical, e sua eficiência tem-se mostrado bastante satisfatória. Alguns projetistas têm, inclusive, recomendado uma combinação de diferentes equipamentos de agitação, sugerindo agitadores do tipo turbina de eixo vertical nas primeiras câmaras de floculação (em que são exigidos maiores valores de gradientes de velocidade) e agitadores do tipo pás planas nas últimas câmaras de floculação (menores gradientes de velocidade).

De qualquer maneira, ambos os sistemas, quando bem dimensionados, fornecem excelentes resultados operacionais, ficando a cargo do projetista e cliente a seleção dos equipamentos mais adequados à realidade local. Os parâmetros de projeto mais comumente adotados no dimensionamento de sistemas de agitação do tipo pás planas paralelas ao eixo estão apresentados a seguir.

PARÂMETROS DE PROJETO – UNIDADES DE FLOCULAÇÃO MECANIZADAS COM SISTEMA DE AGITAÇÃO DO TIPO PÁS PLANAS PARALELAS AO EIXO

- **Tempo de detenção hidráulico para tratamento convencional: 20 a 40 min**
- **Tempo de detenção hidráulico para filtração direta: 10 a 20 min**
- **Tempo de detenção hidráulico para sistemas de separação sólido líquido do tipo flotação por ar dissolvido: 10 a 15 min**
- **Gradientes de velocidades decrescentes de montante para jusante**
- **Duas a seis câmaras de floculação em série**
- **Gradiente de velocidade: entre 100 s^{-1} e 20 s^{-1}**
- **Parâmetro G.T: entre 3.10^4 e 2.10^5**
- **Altura da lâmina líquida: entre 3,0 e 5,0 m**
- **Relação entre a área das pás (A_p) e a área do tanque (A): menor que 20%**
- **Velocidade máxima periférica para sistemas de agitação do tipo pás planas paralelas ao eixo: menor que 2,0 m/s**

Para sistemas de floculação do tipo pás planas paralelas ao eixo, a potência dissipada pode ser calculada da seguinte maneira:

$$P_{ot} = F_a . v_r$$

(Equação 3-107)

P_{ot} = potência dissipada em W
F_a = força de arraste (N)
V_r = velocidade periférica da pá em relação ao fluido (LT^{-1})

A força de arraste pode ser calculada pela expressão:

$$F_a = \frac{C_d . \rho . A_p . v_r^2}{2}$$

(Equação 3-108)

C_d = coeficiente de arraste
ρ = massa específica da água (ML^{-3})
A_p = área da pá (L^2)

A velocidade relativa da pá em relação ao fluido é normalmente assumida como entre 70% e 80% da velocidade periférica da pá. Esta, por sua vez, pode ser estimada por:

$$v_p = \frac{2 . w . \pi . r}{60}$$

(Equação 3-109)

V_p = velocidade periférica da pá em m/s

W = rotação do equipamento de agitação em rpm

r = distância da pá em relação ao eixo

Como normalmente os equipamentos de agitação apresentam múltiplos braços e pás por braço (Fig. 3-39), a potência total dissipada é dada pela soma das potências dissipadas individualmente por cada pá. Tem-se, portanto, que:

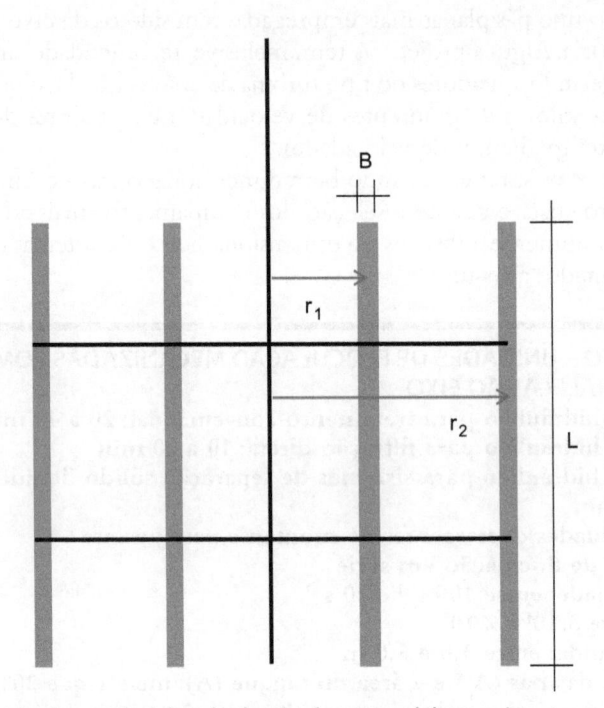

Figura 3-39 Sistema de agitação de eixo vertical dotado de pás planas paralelas ao eixo.

$$P_{ot} = \sum_{i=1}^{n} F_{ai}.v_{ri}$$ (Equação 3-110)

$$P_{ot} = \sum_{i=1}^{n} \frac{C_d.\rho.A_{pi}.v_{ri}^3}{2}$$ (Equação 3-111)

n = número de pás

Assumindo que a velocidade periférica da pá em relação ao fluido seja igual a 75% de sua velocidade periférica e explicitando em função da rotação do equipamento de agitação, tem-se que:

$$P_{ot} = \frac{8.C_d.\rho.(0,75)^3.\pi^3.w^3}{2.60^3} \sum_{i=1}^{n} A_{pi}.r_i^3$$ (Equação 3-112)

$$P_{ot} = 2,422.10^{-4}.C_d.\rho.w^3 \sum_{i=1}^{n} A_{pi}.r_i^3$$ (Equação 3-113)

O coeficiente de arrasto é função da geometria da pá. Como sugerido na literatura técnica especializada, podem-se adotar valores de C_d iguais a 1,16; 1,20; 1,50 e 1,90 para valores de L/B iguais a 1; 5; 20 e infinito (Crittenden et al., 2012). Como normalmente os valores de L são muito maiores que B, recomenda-se que seja adotado um valor de C_d igual a 1,8 (Kawamura, 2000).

Exemplo 3-6

Problema: Uma unidade de floculação mecanizada deverá ser dimensionada para uma vazão nominal igual a 60 L/s, e será dotada de quatro câmaras de floculação em série. O tempo de detenção a ser adotado deverá estar situado entre 20 e 40 min, e os gradientes de velocidade mínimo e máximo deverão ser iguais a 20 s⁻¹ e 80 s⁻¹, respectivamente. O sistema de agitação a ser empregado deverá ser do tipo eixo vertical com pás planas paralelas ao eixo. A temperatura da fase líquida deve ser igual a 20 °C.

Solução: Inicialmente será estimada a geometria do sistema de floculação e posteriormente será adaptado o sistema de agitação às dimensões da unidade.

- Passo 1: Estimativa do volume da unidade de floculação

Uma vez que os tempos de detenção hidráulico na unidade devam situar entre 20 e 40 min, tem-se que:

$$V_{mín} = \theta.Q = 20\ min.60\ \frac{s}{min}.0,06\ \frac{m^3}{s} = 72\ m^3 \qquad \text{(Equação 3-114)}$$

$$V_{máx} = \theta.Q = 40\ min.60\ \frac{s}{min}.0,06\ \frac{m^3}{s} = 144\ m^3 \qquad \text{(Equação 3-115)}$$

$V_{mín}$ e $V_{máx}$ = volumes mínimo e máximo da câmara de floculação (L^3)
θ = tempo de detenção hidráulico (T)
Q = vazão (L^3T^{-1})

- Passo 2: Estimativa das dimensões básicas da unidade de floculação

Assumida uma altura de lâmina líquida igual a 3,5 m, pode-se calcular a área superficial requerida pela unidade de floculação.

$$A_{mín} = \frac{V_{mín}}{h} = \frac{72,0\ \frac{m^3}{s}}{3,5\ m} \cong 20,6\ m^2 \qquad \text{(Equação 3-116)}$$

$$A_{máx} = \frac{V_{máx}}{h} = \frac{144,0\ \frac{m^3}{s}}{3,5\ m} \cong 41,1\ m^2 \qquad \text{(Equação 3-117)}$$

Como o sistema de floculação será composto por quatro câmaras de floculação em série e nestas os gradientes de velocidade deverão ser escalonados e decrescentes de montante para jusante, serão adotados comprimento e largura iguais a 6,0 m, o que permitirá um arranjo para o sistema de floculação composto por um total de quatro câmaras em série, como apresentado na Figura 3-40.

Como há quatro câmaras de floculação em série, tem-se que cada câmara de floculação deverá apresentar dimensões úteis iguais a 3,0 m de largura e de comprimento e 3,5 m de lâmina d'água. Por conseguinte, o tempo de floculação da unidade de floculação deverá ser igual a:

$$\theta = \frac{V}{Q} = \frac{4.3,0\ m.3,0\ m.3,5\ m}{0,06\ \frac{m^3}{s}.60\ s\,/\,min} \cong 35,0\ min \qquad \text{(Equação 3-118)}$$

Uma vez que seu valor se situa entre os anteriormente preconizados (entre 20 e 40 min), tem-se que o pré--dimensionamento da unidade de floculação pode ser considerado adequado.

- Passo 3: Seleção do equipamento de agitação e definição de suas condições operacionais

Cada câmara de floculação terá volume unitário igual a 31,5 m³. Logo, a potência a ser introduzida no escoamento poderá ser calculada de acordo com:

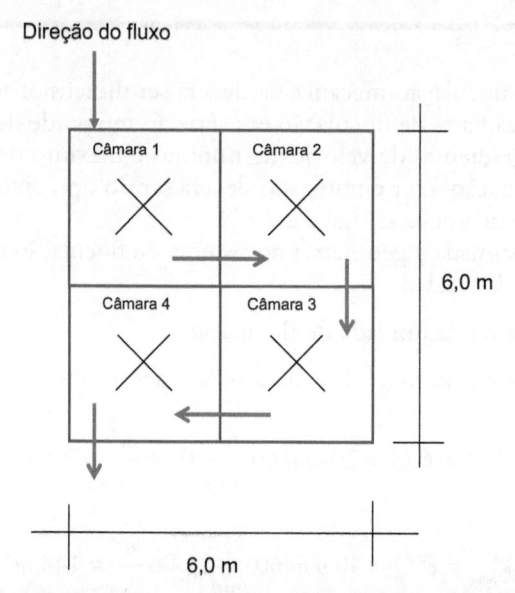

Figura 3-40 Arranjo proposto para o sistema de floculação: quatro câmaras de floculação em série.

$$P_{ot} = \mu.V.G^2$$

(Equação 3-119)

$$P_{ot\,mín} = 1,002.10^{-3}\ \frac{N.s}{m^2}.\ 31,5\ m^3\ .\left(20\ s^{-1}\right)^2 \cong 12,7\ W$$

(Equação 3-120)

$$P_{ot\,máx} = 1,002.10^{-3}\ \frac{N.s}{m^2}.\ 31,5\ m^3\ .\left(80\ s^{-1}\right)^2 \cong 202,0\ W$$

(Equação 3-121)

Efetuando-se uma consulta aos fabricantes e considerando a disponibilidade de equipamentos de agitação de eixo vertical dotados de pás planas paralelas ao eixo, vamos adotar um equipamento com dois braços, tendo cada um três pás planas com dimensões individuais iguais a 0,15 m de largura por 2,8 m de comprimento. As distâncias de cada pá ao eixo deverão ser iguais a 0,4 m, 0,8 m e 1,2 m, respectivamente (Fig. 3-41).

Para sistemas de agitação mecanizados dotados de pás planas de eixo vertical, a potência dissipada no escoamento pode ser calculada por meio da Equação 3-113.

Será adotado um coeficiente de arrasto igual a 1,8, uma vez que a relação entre L e B é bastante elevada e próxima de 20 (2,8 / 0,15 $\cong$ 18,7). Por conseguinte, a potência pode ser calculada da seguinte forma:

$$P_{ot} = 2,422.10^{-4}.C_d.\rho.w^3.\sum_{i=1}^{n}A_{pi}.r_i^3$$

(Equação 3-122)

$$= 2,422.10^{-4}.1,8.998,2\ \frac{kg}{m^3}.w^3.\left(2.2,8.0,15\ m^2.\left(\left(0,4\ m\right)^3 + \left(0,8\ m\right)^3 + \left(1,2\ m\right)^3\right)\right)$$

$$P_{ot} = 0,842.w^3$$

(Equação 3-123)

$$w = \left(\frac{P_{ot}}{0,842}\right)^{\!\!1/3}$$

(Equação 3-124)

$$w_{mín} = \left(\frac{P_{ot\,mín}}{0,842}\right)^{\!\!1/3} = \left(\frac{12,7}{0,842}\right)^{\!\!1/3} \cong 2,5\ rpm$$

(Equação 3-125)

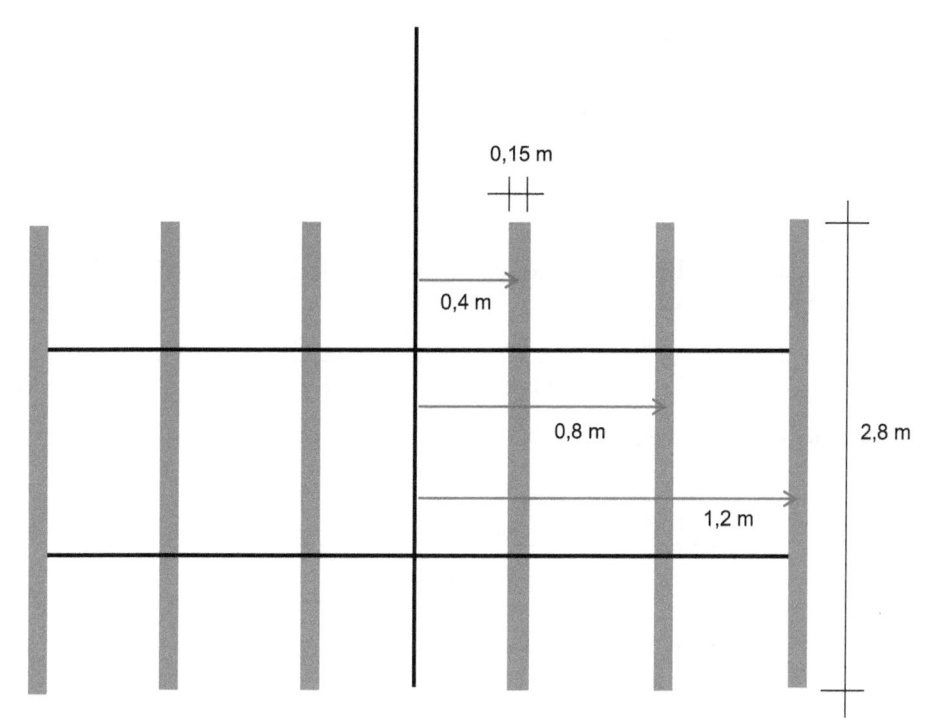

Figura 3-41 Características do sistema de agitação de eixo vertical dotado de pás planas paralelas ao eixo.

$$w_{m\acute{a}x} = \left(\frac{P_{ot\ m\acute{a}x}}{0,842}\right)^{\frac{1}{3}} = \left(\frac{202,0}{0,842}\right)^{\frac{1}{3}} \cong 6,2\ rpm \qquad \text{(Equação 3-126)}$$

Os gradientes mínimo e máximo de velocidade iguais a 20 s^{-1} e 80 s^{-1}, respectivamente, serão alcançados impondo-se ao sistema de agitação valores de rotação em torno de 2,5 rpm a 6,2 rpm. As velocidades periféricas mínimas e máximas deverão ser iguais a:

$$v_{p\ m\acute{i}n} = \frac{n_{m\acute{i}n}.\pi.D}{60} = \frac{2,1\ rpm.\pi.1,2\ m}{60} \cong 0,13\frac{m}{s} \qquad \text{(Equação 3-127)}$$

$$v_{p\ m\acute{a}x} = \frac{n_{m\acute{a}x}.\pi.D}{60} = \frac{6,2\ rpm.\pi.1,2\ m}{60} \cong 0,39\frac{m}{s} \qquad \text{(Equação 3-128)}$$

A velocidade mínima e máxima periférica são iguais a 0,13 m/s e 0,39 m/s, portanto, inferiores a 2,0 m/s.

O motor de acionamento e sistema elétrico deverá especificado de modo que seja possível a variação da rotação do sistema de agitação entre os valores calculados (2 rpm a 8 rpm) e, consequentemente, do gradiente de velocidade imposto ao escoamento em qualquer câmara de floculação.

Assumindo-se um rendimento global do motor e sistema elétrico de 60%, tem-se, portanto, que a potência nominal de placa deverá ser de:

$$P_{ot} = \frac{202,0\ W}{0,6} \cong 0,34\ kW\ (0,46\ cv) \qquad \text{(Equação 3-129)}$$

Por conseguinte, pode-se adotar um motor instalado com potência nominal de placa igual a 1,0 cv.

Como haverá um total de quatro câmaras em série, será admitido que a passagem de água floculada entre as câmaras se dê por passagens submersas. Admitindo-se que a velocidade entre as passagens seja inferior a 0,10 m/s, será adotada uma secção quadrada com dimensão igual a 0,8 m.

A velocidade nas passagens deverá, portanto, ser igual a:

$$v = \frac{Q}{A} = \frac{0,06 \frac{m^3}{s}}{0,64 \; m^2} \cong 0,094 \frac{m}{s}$$

(Equação 3-130)

Uma vez que as velocidades nas passagens resultam inferiores a 0,1 m/s, pode-se concluir que a proposta de dimensionamento é adequada.

O gradiente de velocidade nas aberturas pode ser calculado pela Equação 3-102. Como as aberturas são submersas, o diâmetro hidráulico é igual a:

$$D_h = 4.R_h = \frac{4.A}{P_m} = \frac{4.L.e}{2.(L+e)} = \frac{4.0,8 \; m.0,8 \; m}{2.(0,8 \; m + 0,8 \; m)} \cong 0,2 \; m$$

(Equação 3-131)

Em seguida, calculando-se o fator de atrito (0,0204), tem-se que:

$$G = \sqrt{\frac{\rho.f.v^3}{2.g.D_h}} = \sqrt{\frac{998,2 \frac{kg}{m^3}.0,0204.\left(0,06 \frac{m}{s}\right)^3}{2.9,81 \frac{m}{s^2}.0,20 \; m}} \cong 3,2 \; s^{-1}$$

(Equação 3-132)

As Figuras 3-42 e 3-43 apresentam, respectivamente, uma planta e um corte da unidade projetada.

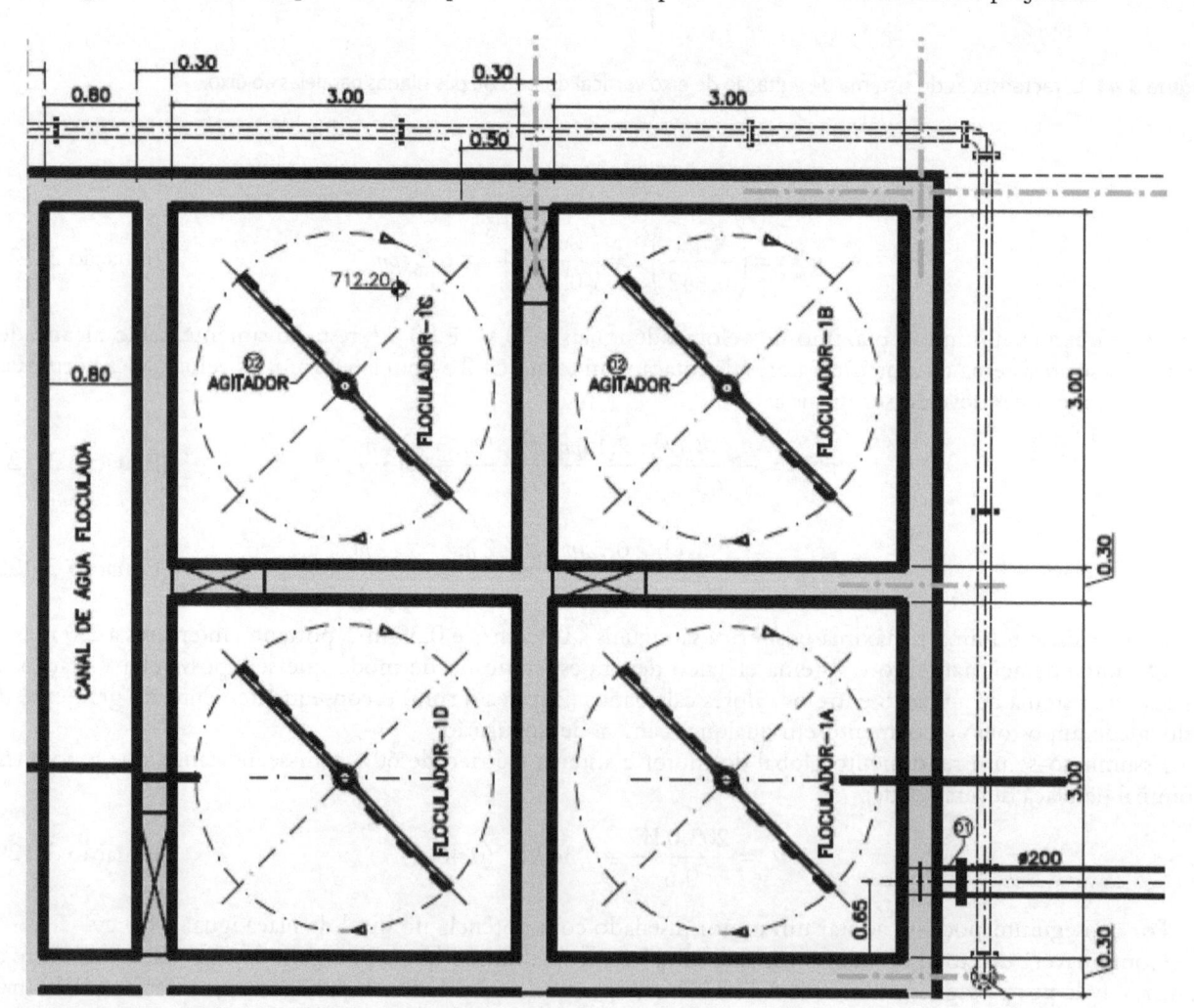

Figura 3-42 Planta geral da unidade de floculação projetada.

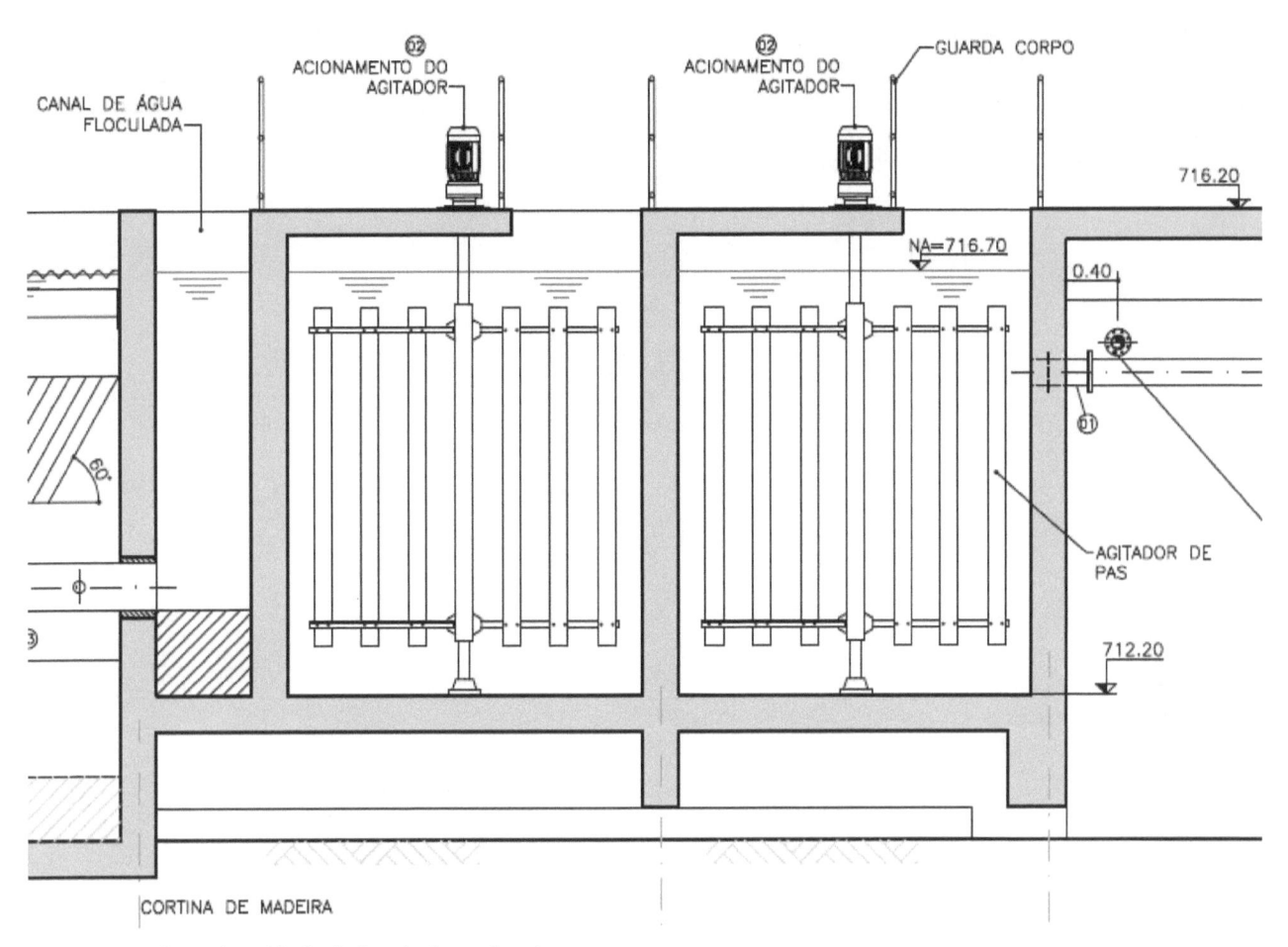

Figura 3-43 Corte da unidade de floculação projetada.

Referências

ARGAMAN,Y.; KAUFMAN,W. J.Turbulence and Flocculation. *Journal of the Sanitary Engineering Division*, New York, v. 96, n. 2, p. 223-241, 1970.

BRATBY, J.; MILLER, M. W.; MARAIS, G. V. R. Design of flocculation systems from batch test data. *Water Sa*, Pretoria, v. 3, n. 4, p. 173-182, 1977.

CANEPA DE VARGAS, L. *Tratamiento de agua para consumo humano*: plantas de filtración rápida. Lima: Cepis, 2004. 188 p.

CASSON, L. W.; LAWLER, D. F. Flocculation in turbulent flow: measurement and modeling of particle size distributions. *Journal American Water Works Association*, Denver, v. 82, n. 8, p. 54-68, Aug. 1990.

CRITTENDEN, J. C. et al. *Water treatment principles and design*. 3rd ed. New York: Wiley, 2012. 1901 p.

DELPHOS, P. J.; LETTERMAN, R. D. Mixing, coagulation and flocculation. In: AWWA/ASCE. *Water Treatment Plant Design*, 5th ed. New York: McGraw Hill , 2012. cap. 7

HAN, M.Y.; LAWLER, D. F.The (relative) insignificance of G in flocculation. *Journal American Water Works Association*, Denver, v. 84, n. 10, p. 79-91, Oct. 1992.

HANSON, A.T.; CLEASBY, J. L.The effects of temperature on turbulent flocculation: fluid-dynamics and chemistry. *Journal American Water Works Association*, Denver, v. 82, n. 11, p. 56-73, Nov. 1990.

KAWAMURA, S. *Integrated design and operation of water treatment facilities*. 2nd ed. New York: Wiley, 2000. 691 p.

LETTERMAN, R. D.;YIACOUMI, S. Coagulation and flocculation. In: EDZWALD, J. K. (Ed.) *Water quality and treatment*: a handbook on drinking water. 6th ed. Denver: AWWA, 2011. cap. 8

RICHTER, C. A.; AZEVEDO NETTO, J. M. *Tratamento de água*: tecnologia atualizada. São Paulo: Edgar Blucher, 1991. 332 p.

TAMBO, N.; HOZUMI, H. Physical characteristics of flocs—II. Strength of floc. *Water Research*, Oxford, v. 13, n. 5, p. 421-427, 1979.

TAMBO, N.; HOZUMI, H.;WATANABE,Y. Physical characteristics of flocs—I. The floc density function and aluminium floc. *Water Research*, Oxford, v. 13, n. 5, p. 409-419,1979.

CAPÍTULO 4

Sedimentação Gravitacional

SEPARAÇÃO DE PARTÍCULAS COLOIDAIS POR SEDIMENTAÇÃO GRAVITACIONAL

Uma vez submetidas as partículas coloidais aos processos de coagulação e floculação, faz-se necessário garantir sua remoção da fase líquida. Como comentado nos capítulos anteriores, os processos de coagulação e floculação possibilitarão que, mediante a agregação das partículas coloidais, estas consigam adquirir um diâmetro físico tal que a confiram uma velocidade de sedimentação elevada o suficiente para serem removidas por sedimentação gravitacional.

DEFINIÇÃO DE SEDIMENTAÇÃO GRAVITACIONAL

Processo físico no qual as partículas coloidais são removidas da fase líquida por meio de processos de sedimentação gravitacional.

Desse modo, uma vez alterada a distribuição granulométrica das partículas coloidais presentes na fase líquida como resultado de uma operação adequada dos processos de coagulação e floculação, haverá uma partícula crítica, que apresentará uma velocidade de sedimentação crítica e tenderá a ser removida nas unidades de sedimentação situadas a jusante (Fig. 4-1).

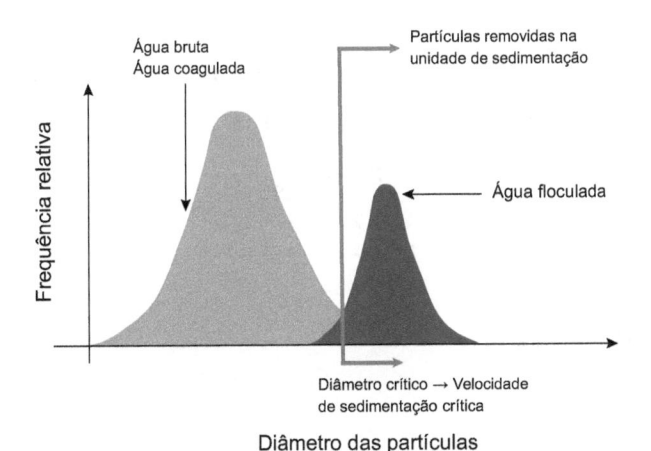

Figura 4-1 Distribuição granulométrica esperada para as partículas coloidais presentes na fase líquida e sua remoção em unidades de sedimentação.

Os processos de sedimentação gravitacional podem ser divididos em quatro tipos principais, a saber:

- Sedimentação discreta (Tipo I).
- Sedimentação floculenta (Tipo II).
- Sedimentação em zona (Tipo III).
- Sedimentação por compressão (Tipo IV).

Os processos de sedimentação a serem abordados neste capítulo serão basicamente o Tipo I e o Tipo II, por serem os mais comuns em decantadores convencionais e em decantadores de alta taxa no tratamento convencional de águas de abastecimento.

A sedimentação do Tipo I classicamente ocorre em caixas de areia e unidades de pré-sedimentação, e sua característica principal é o fato de que a dimensão física das partículas a serem removidas não se altera com o tempo, e, assim sendo, sua velocidade de sedimentação também permanece constante.

Por sua vez, a sedimentação do Tipo II, em geral, é observada em decantadores convencionais e decantadores de alta taxa, quando o objetivo é a remoção de partículas coloidais formadas mediante o uso de sais de alumínio e ferro no processo de coagulação. Como característica principal, tem-se que as partículas coloidais apresentam capacidade de agregarem-se umas às outras durante seu processo de sedimentação, e, por conseguinte, sua velocidade de sedimentação sofre um contínuo aumento com o tempo.

O ponto de partida para a análise dos processos de sedimentação a serem estudados é estimar a velocidade de sedimentação de partículas coloidais imersas na fase líquida.

Velocidade de sedimentação de partículas coloidais

A velocidade de sedimentação de partículas coloidais imersas em um fluido pode ser calculada efetuando-se um balanço de suas forças atuantes, como apresentado na Figura 4-2.

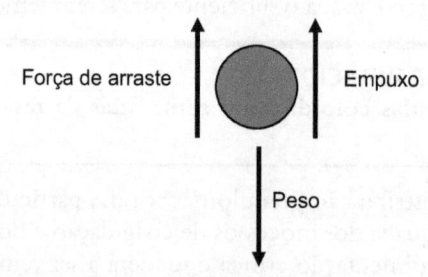

Figura 4-2 Balanço de forças em uma partícula coloidal imersa em um fluido.

A força peso (P), empuxo (E) e de arraste (F_a) podem ser calculadas da seguinte maneira:

$$P = m.g = \rho_p.V.g \tag{Equação 4-1}$$

$$E = \rho.V.g \tag{Equação 4-2}$$

$$F_a = \frac{C_d.\rho.A_p.v_s^2}{2} \tag{Equação 4-3}$$

m = massa da partícula (M)
g = aceleração da gravidade (LT^{-2})
V = volume da partícula (L^3)
ρ = massa específica da água (ML^{-3})
ρ_p = massa específica da partícula (ML^{-3})
C_d = coeficiente de arraste
A_p = área projetada da partícula na direção do escoamento (L^2)
v_s = velocidade de sedimentação da partícula em relação ao fluido (LT^{-1})

Assumindo que a somatória de forças na direção vertical igual a zero, tem-se que:

$$P = F_a + E \tag{Equação 4-4}$$

$$\rho_p.V.g = \frac{C_d.\rho.A_p.v_s^2}{2} + \rho.V.g \tag{Equação 4-5}$$

Se, porventura, a partícula puder ser tratada como uma partícula esférica, seu volume e sua área projetada podem ser estimados da seguinte forma:

$$V = \frac{\pi.d_p^3}{6} \tag{Equação 4-6}$$

$$A_p = \frac{\pi.d_p^2}{4}$$
(Equação 4-7)

Substituindo as Equações 4-6 e 4-7 na Equação 4-5 e isolando a velocidade de sedimentação, tem-se que:

$$v_s = \sqrt{\frac{4.g.\left(\rho_p - \rho\right).d_p}{3.C_d.\rho}}$$
(Equação 4-8)

Se, porventura, o fluido estiver em repouso e somente a partícula em movimento, a velocidade de sedimentação (v_s) é chamada de velocidade de sedimentação terminal. A Equação 4-8 é conhecida por equação de Newton e permite o cálculo da velocidade de sedimentação terminal de partículas coloidais imersas em um fluido.

Alguns pontos relevantes a serem observados na Equação 4-8 são os seguintes:

- Quanto maior for o diâmetro da partícula coloidal, maior será sua velocidade de sedimentação. Desse modo, justifica-se o porquê da necessidade de processos de coagulação e floculação a montante de unidade de sedimentação, uma vez que, quanto maior for a velocidade de sedimentação das partículas a serem removidas, mais eficientes serão sua remoção por sedimentação gravitacional.
- Também, quanto maior for a diferença entre a massa específica da partícula e a massa específica do fluido, maior será sua velocidade de sedimentação. Portanto, flocos que apresentem em sua composição partículas inorgânicas com maior massa específica tenderão a apresentar maior velocidade de sedimentação e, por sua vez, serão mais facilmente separados da fase líquida.

O valor do coeficiente de arraste depende das características geométricas das partículas e das condições de escoamento. Sua determinação não pode ser efetuada teoricamente, dependendo da execução de ensaios experimentais. Para partículas esféricas, seu valor pode ser calculado por intermédio da seguinte expressão (BROWN; LAWLER, 2003):

$$C_d = \frac{24}{R_e}.\left(1+0,150.R_e^{0,681}\right) + \frac{0,407}{\left(1+\dfrac{8.710}{R_e}\right)}$$
(Equação 4-9)

$$R_e = \frac{\rho.v_s.d_p}{\mu}$$
(Equação 4-10)

R_e = número de Reynolds
μ = coeficiente de viscosidade dinâmica do fluido ($ML^{-1}T^{-1}$)
A velocidade de sedimentação terminal pode ser calculada pelas Equações 4-8 a 4-10, com alguns valores sendo apresentados na Tabela 4-1.

Tabela 4-1 Velocidade de sedimentação de partículas coloidais para diferentes valores de diâmetro e massa específica

	Velocidade de sedimentação (cm/min)			
ρ_p (kg/m³)	Diâmetro (mm)			
	0,01	0,1	1,0	10
2.750	0,59	48,5	1.078	4.676
2.000	0,31	28,5	762	3.504
1.200	0,09	6,1	262	1.520
1.020	0,02	1,2	46	456

Os valores de velocidade de sedimentação terminal apresentados na Tabela 4-1 indicam que, mantendo-se fixa a massa específica da partícula, seus valores são maiores com o aumento do diâmetro da partícula coloidal. Do mesmo modo, para um diâmetro fixo, aumentando-se o valor da massa específica da partícula, seu valor de velocidade de sedimentação é maior.

Partindo-se do pressuposto de que a velocidade de sedimentação terminal de uma partícula coloidal é conhecida, é possível discutir os aspectos de engenharia mais relevantes envolvendo a sedimentação do Tipo I ou discreta.

SEDIMENTAÇÃO DE PARTÍCULAS DISCRETAS (TIPO I)

Conhecida a velocidade de sedimentação discreta de uma partícula coloidal, pode-se conceber que sua remoção ocorra em uma unidade cuja geometria seja conhecida (Fig. 4-3).

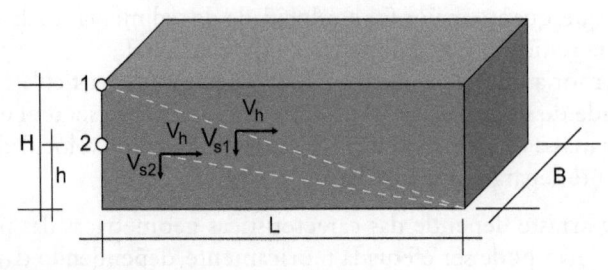

Figura 4-3 Remoção de partículas discretas em unidades de sedimentação.

Admitido que a unidade de sedimentação apresenta comprimento L, largura B e altura da lâmina d´água igual a H, as hipóteses assumidas para a análise do processo de remoção de partículas discretas na unidade são as seguintes (Crittenden et al., 2012):

- O regime de escoamento na unidade pode ser admitido como pistonado ideal.
- O perfil de velocidades é uniforme ao longo da unidade.
- O modo de distribuição de partículas coloidais é uniforme na secção de entrada.
- As partículas são consideradas removidas a partir do momento que tocam o fundo da unidade.
- As partículas se sedimentam sem interagirem uma com as outras, isto é, sua velocidade de sedimentação permanece constante ao longo do processo.

Será assumido que duas partículas 1 e 2 entram na unidade em pontos distintos; a primeira entrando a uma altura h a partir do fundo e a segunda entrando no topo da unidade, isto é, a uma distância H a partir do fundo.

Ambas as partículas, 1 e 2, estarão submetidas a uma velocidade horizontal (v_h) constante e terão valores característicos de velocidade de sedimentação (v_{s1} e v_{s2}).

Considera-se como partícula crítica aquela que entre no topo da unidade (partícula 1) e, para que seja removida, tenha de percorrer uma distância horizontal L e uma altura H. Assim, tem-se que:

$$L = v_h.t$$

(Equação 4-11)

$$H = v_{s1}.t$$

(Equação 4-12)

Como o tempo requerido para percorrer as distâncias L e H é o mesmo, pode-se escrever que:

$$v_{s1} = \frac{v_h.H}{L}$$

(Equação 4-13)

A velocidade horizontal pode ser calculada da seguinte maneira:

$$v_h = \frac{Q}{A} = \frac{Q}{B.H}$$ (Equação 4-14)

Substituindo a Equação 4-14 na Equação 4-13, tem-se que:

$$v_{s1} = \frac{Q}{B.L} = q$$ (Equação 4-15)

q = taxa de escoamento superficial (LT^{-1})

O parâmetro q é denominado taxa de escoamento superficial, e, com base na Figura 4-3, é possível notar que todas as partículas que apresentarem velocidade de sedimentação iguais ou superiores à taxa de escoamento superficial deverão ser removidas na unidade.

Pode-se, portanto, efetuar uma análise dos parâmetros v_s e q, bem como a relação entre estes. O parâmetro v_s (velocidade de sedimentação terminal) é uma propriedade física da partícula. Seu valor pode, dentro de certos limites, ser manobrada pelos processos de coagulação e floculação. Se ambos os processos unitários forem operados a contento, a partícula coloidal poderá alcançar um valor de diâmetro tal que seja possível maximizar seu valor de velocidade de sedimentação.

Por outro lado, se as condições de pré-tratamento de montante não forem adequadas, seu valor de velocidade de sedimentação pode ser reduzido o suficiente para comprometer seu processo de sedimentação. Pode-se concluir, portanto, que muitas vezes os problemas de más condições de operação de unidades de sedimentação podem não estar associados ao decantador em si, mas aos processos de coagulação e de floculação (dosagem inadequada de coagulante, pH de coagulação incorreto, quebra de flocos nas unidades de floculação, más condições de entrada de água floculada nas unidades de sedimentação etc.).

Por sua vez, o parâmetro q (taxa de escoamento superficial) é uma propriedade geométrica da unidade de separação e, por conseguinte, um parâmetro de projeto. Uma unidade de separação sólido-líquido bem dimensionada deve garantir que seu valor de taxa de escoamento superficial seja sempre inferior à velocidade de sedimentação característica da partícula cuja dimensão mínima se deseja remover.

Ponto Relevante 1: A remoção de partículas discretas em unidades de separação é ditada pela relação entre a sua velocidade de sedimentação e o parâmetro de taxa de escoamento superficial, devendo-se garantir que este seja sempre inferior à velocidade de sedimentação crítica.

Como se pode observar na Figura 4-3, a partícula 2 apresenta uma velocidade de sedimentação (vs_2) menor que vs_1 e, ainda sim, será removida da fase líquida pelo fato de estar tocando no fundo da unidade.

Como é assumido que a vazão afluente a unidade ocorre de modo uniforme ao longo da secção transversal da unidade, as partículas cujas velocidades sejam iguais a vs_2 e entrem na unidade em uma altura igual ou inferior a h deverão ser removidas. Portanto, a fração de partículas que apresentem vs_2 e que deverão ser removidas pode ser escrita assim:

$$FR\left(v_{s2}\right) = \frac{v_{s2}}{v_{sc}} = \frac{h}{H}$$ (Equação 4-16)

FR = fração de remoção de partículas com velocidade de sedimentação igual a v_{s2}
v_{sc} = velocidade crítica de sedimentação (LT^{-1})

Exemplo 4-1
Problema: Uma unidade de sedimentação tem dimensões iguais a 2,0 m de largura por 10,0 m de comprimento e 3,0 m de altura, sendo sua vazão afluente igual a 200 L/s. A distribuição granulométrica das partículas presentes na vazão afluente está apresentada na tabela a seguir. Com base nessas informações, deve ser estimada a distribuição granulométrica na vazão efluente, bem como a fração de partículas removidas na unidade. Devem ser assumidos os valores de massa específica das partículas e de temperatura da fase líquida iguais a 2.750 kg/m³ e 20 °C, respectivamente.

Diâmetro das partículas (μm)	Número de partículas (#/mL)
5 a 10	1.720
10 a 20	1.230
20 a 40	1.093
40 a 60	823
60 a 80	654
80 a 100	452
100 a 200	388
200 a 400	301
400 a 600	205
600 a 800	152
800 a 1.000	74

Solução: Vamos estimar o valor de taxa de escoamento superficial da unidade e posteriormente compará-lo com as velocidades de sedimentação das partículas coloidais presentes na vazão afluente.

- Passo 1: Cálculo da taxa de escoamento superficial

De posse da vazão afluente e das características geométricas da unidade de separação, pode-se calcular sua taxa de escoamento superficial da seguinte maneira:

$$q = \frac{Q}{B.L} = \frac{0,2\,\frac{m^3}{s}.86400\,\frac{s}{dia}}{2,0\,m.10,0\,m} = 864\,\frac{m^3}{m^2.d}\,(36\,\frac{m}{h}) \qquad \text{(Equação 4-17)}$$

Desse modo, todas as partículas que apresentarem velocidades de sedimentação iguais ou superiores a 36 m/h deverão ser removidas pela unidade. Como a velocidade crítica de sedimentação (v_{sc}) é numericamente igual à taxa de escoamento superficial, tem-se que o seu valor é igual a 36 m/h.

- Passo 2: Cálculo da velocidade de sedimentação das partículas no afluente

Como a distribuição granulométrica das partículas presentes na vazão afluente é conhecida, pode-se calcular sua velocidade de sedimentação empregando-se as Equações 4-8 a 4-10. Assim, para a distribuição granulométrica apresentada, será adotado um diâmetro médio para cada intervalo e, para este, será efetuado o cálculo de sua velocidade de sedimentação. Os valores calculados encontram-se apresentados a seguir.

Diâmetro das partículas (μm)	Diâmetro médio (μm)	Velocidade de sedimentação (m/h)
5 a 10	7,5	0,18
10 a 20	15	0,73
20 a 40	30	2,88
40 a 60	50	7,83
60 a 80	70	14,89
80 a 100	90	23,71
100 a 200	150	57,28
200 a 400	300	156,5
400 a 600	500	285,17
600 a 800	700	403,31
800 a 1.000	900	512,79

- Passo 3: Cálculo da fração das partículas removidas

De posse das velocidades de sedimentação calculadas para cada intervalo de diâmetro, pode-se proceder ao cálculo da sua fração removida. Uma vez que a taxa de escoamento superficial da unidade é igual a 36 m³/m².h, tem-se que a velocidade de sedimentação crítica será igual a 36 m/h. Por conseguinte, todas as partículas com velocidades de sedimentação iguais ou superiores a 36 m/h serão removidas.

Por sua vez, as partículas que apresentam velocidades de sedimentação inferiores a 36 m/h deverão ser removidas parcialmente, sendo sua fração de remoção proporcional à relação entre v_{sc} (velocidade crítica de sedimentação) e seu valor de v_s (velocidade de sedimentação). Os valores calculados de fração removida para as diferentes faixas de diâmetro estão apresentados a seguir.

Diâmetro das partículas (μm)	Velocidade de sedimentação (m/h)	v_s/v_{sc}	Número de partículas (#/mL)	Número de partículas removidas (#/mL)	Número de partículas no efluente (#/mL)
5 a 10	0,18	0,005	1.720	9	1.711
10 a 20	0,73	0,020	1.230	25	1.205
20 a 40	2,88	0,080	1.093	87	1.006
40 a 60	7,83	0,218	823	179	644
60 a 80	14,89	0,414	654	271	383
80 a 100	23,71	0,659	452	298	154
100 a 200	57,28	1	388	388	0
200 a 400	156,5	1	301	301	0
400 a 600	285,17	1	205	205	0
600 a 800	403,31	1	152	152	0
800 a 1.000	512,79	1	74	74	0
Total			7.092	1.989	5.103

Com base nos cálculos efetuados, tem-se que a fração de partículas removidas é dada por:

$$FR = \frac{1.989}{7.092} \cong 0,28 \ (28,0 \ \%)$$

(Equação 4-18)

FR = fração de remoção de partículas na unidade de sedimentação

Observação: este exemplo considera que a unidade de sedimentação comporta-se em condições ideais, sendo que, em condições de campo, seu comportamento poderá apresentar variações.

Com base na análise do processo de sedimentação de partículas discretas, pode-se, portanto, afirmar que o parâmetro de projeto principal para unidades de sedimentação que objetivem sua remoção é a taxa de escoamento superficial.

Ponto Relevante 2: O parâmetro de projeto mais importante para o dimensionamento de unidades de sedimentação que objetivem a remoção de partículas discretas é a taxa de escoamento superficial, sendo seu valor ditado por uma velocidade crítica de sedimentação.

Ocorre que a maioria das partículas que se deseja remover no tratamento de águas de abastecimento tem sua origem nos processos de coagulação e floculação, não apresentando velocidade de sedimentação constante com o tempo. Por conseguinte, seu processo de sedimentação tende a ser mais complexo, o que dá origem ao processo de sedimentação de partículas floculentas.

SEDIMENTAÇÃO DE PARTÍCULAS FLOCULENTAS (TIPO II)

O maior desafio ao se trabalhar com a sedimentação de partículas floculentas é a dificuldade de previsão da velocidade de sedimentação das partículas coloidais com tempo. Pelo fato de as partículas se chocarem umas com as outras, estas normalmente tendem a apresentar diferentes valores de velocidades de sedimentação, havendo a possibilidade de se agregarem e adquirirem maior tamanho físico e, consequentemente, apresentarem maior velocidade de sedimentação. Esse processo de agregação denomina-se floculação por sedimentação diferencial, e, embora seja um mecanismo de agregação de partículas coloidais que pode ocorrer durante o processo de floculação, sua ocorrência e importância são muito mais significativas quando da sedimentação de partículas floculentas.

O comportamento das partículas floculentas em uma unidade de sedimentação difere, portanto, de partículas discretas, como apresentado na Figura 4-4.

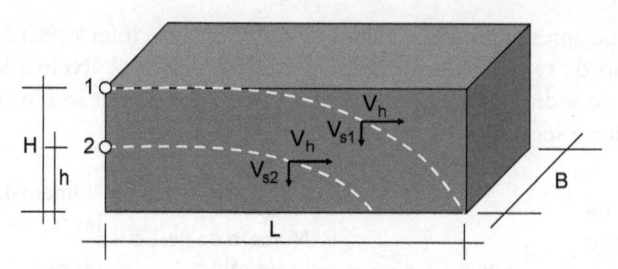

Figura 4-4 Remoção de partículas floculentas em unidades de sedimentação.

O único meio de avaliar as alterações na dimensão física das partículas durante seu processo de sedimentação floculenta é pela avaliação experimental, em que se procura simular as condições de remoção em colunas de sedimentação com altura próxima à unidade de sedimentação proposta. A metodologia de condução de ensaios de sedimentação floculenta em colunas de sedimentação é descrita com bastante detalhes em algumas excelentes publicações citadas como referências (WATER ENVIRONMENT FEDERATION, 2006 ; TCHOBANO-GLOUS et al., 2014).

Como se pode observar na Figura 4-4, ainda que as partículas apresentem variações em suas velocidades de sedimentação com o tempo, o dimensionamento da unidade ainda se baseia no parâmetro taxa de escoamento superficial, normalmente adotando-se como valor de referência uma velocidade crítica de sedimentação inicial, isto é, sem levar em conta seu aumento de valor com o tempo. Dessa maneira, adota-se um critério conservador e, por conseguinte, a favor da segurança.

A velocidade crítica de sedimentação de partículas produzidas em processos de coagulação e floculação que empregam sais de ferro e alumínio normalmente situa-se entre 2,0 m/h e 6,0 m/h, variando de acordo com as condições de operação dos processos de montante. A Tabela 4-2 apresenta alguns valores recomendados de velocidades de sedimentação em função das características do coagulante empregado.

Tabela 4-2 Valores de velocidades de sedimentação para flocos produzidos em processos de coagulação e floculação por meio da adição de sais de ferro e alumínio (CRITTENDEN et al., 2012)

Características dos flocos	Velocidade de sedimentação (m/h)
Formados por hidróxido de alumínio sem o auxílio de polímeros como auxiliares de floculação	2,0 a 4,5
Formados por hidróxido de alumínio com auxílio de polímeros como auxiliares de floculação	3,0 a 5,5
Formados por hidróxido de alumínio mediante o uso de cloreto de polialumínio como coagulante	2,0 a 4,0
Formados por hidróxido de ferro	2,0 a 6,0

Ponto Relevante 3: Embora a sedimentação de partículas floculentas envolva a alteração em sua velocidade de sedimentação com o tempo, o parâmetro de projeto mais relevante para o dimensionamento das unidades de sedimentação ainda é a taxa de escoamento superficial, sendo que seu valor está associado a uma velocidade de sedimentação.

As unidades de sedimentação que mais classicamente têm sido empregadas em estações de tratamento de água do tipo convencional de ciclo completo são os decantadores do tipo convencional de fluxo horizontal e os decantadores de alta taxa (GREGORY; EDZWALD, 2011; DOWBIGGIN; BREESE, 2012).

DECANTADORES CONVENCIONAIS DE FLUXO HORIZONTAL

Os decantadores convencionais de fluxo horizontal foram as primeiras unidades de sedimentação gravitacional concebidas com o objetivo de possibilitar a remoção de partículas coloidais, sendo que seu emprego no processo de tratamento de águas de abastecimento data do início do século XX. Essas unidades são caracterizadas por apresentarem fluxo de escoamento horizontal, de dimensões retangulares com grande relação entre comprimento (L) e largura (B). As Figuras 4-5 e 4-6 apresentam alguns decantadores convencionais de fluxo horizontal implantados em estações de tratamento de águas de abastecimento.

Figura 4-5 Decantador convencional de fluxo horizontal (ETA Rodolfo José da Costa e Silva (Sabesp) – vazão igual a 15 m³/s).

Figura 4-6 Decantador convencional de fluxo horizontal (ETA Guaraú (Sabesp) – vazão igual a 33 m³/s).

Os decantadores convencionais de fluxo horizontal são unidades bastante robustas e, quando bem projetadas e operadas, viabilizam a obtenção de água decantada com valores de turbidez inferiores a 1,0 UNT. Por apresentarem alto custo de implantação e ocuparem área significativa, essas unidades normalmente são empregadas em estações de tratamento de água de grande porte.

O Vídeo 4-1 apresenta um decantador convencional de fluxo horizontal em funcionamento, em que é possível observar a sedimentação dos flocos e respectiva qualidade da água decantada.

As partes constitutivas básicas dos decantadores convencionais de fluxo horizontal podem ser divididas em quatro zonas, a saber: zona de entrada e distribuição de água floculada, zona de sedimentação, zona de acúmulo e remoção de lodo, e zona de coleta de água decantada.

Zona de entrada e distribuição de água floculada

A distribuição de água floculada a uma unidade de sedimentação requer atenção especial, uma vez que os flocos formados durante os processos de coagulação e floculação são extremamente frágeis e tendem a se romper com bastante facilidade. Assim, como regra geral, recomenda-se que as unidades de sedimentação estejam diretamente ligadas a suas respectivas unidades de floculação, formando um módulo de tratamento.

Os projetos de estações de tratamento de água mais antigos muitas vezes eram realizados prevendo-se a condução de água floculada em canais para posterior distribuição em múltiplos decantadores (Fig. 4-7).

Figura 4-7 Condução de água floculada e distribuição às unidades de sedimentação.

Observe que as unidades de sedimentação apresentadas na Figura 4-7 estão desconectadas fisicamente das unidades de floculação, o que exige que a água floculada tenha de ser conduzida por canais e posteriormente distribuída às unidades de sedimentação por comportas.

Esse tipo de concepção de unidades de sedimentação é bastante deficiente, pois possibilita que os flocos formados durante o processo de floculação possam se romper durante o transporte da água floculada e posterior divisão entre as diferentes unidades de sedimentação.

Mais recentemente, os projetos de estações de tratamento de água do tipo convencional têm considerado que a unidade de floculação e sedimentação forme um "módulo" de tratamento único. Desse modo, a unidade de floculação é contígua à unidade de sedimentação, possibilitando o ingresso da água floculada diretamente na unidade de sedimentação sem a necessidade de seu transporte em canais e posterior divisão de vazões e passagens em comportas. A Figura 4-8 apresenta uma condição de projeto considerada ótima para o arranjo entre as unidades de floculação e sedimentação.

A Figura 4-8 apresenta dois decantadores convencionais de fluxo horizontal independentes e cada um destes associado a uma unidade de floculação. Cada unidade de floculação é composta por um arranjo de quatro sistemas de agitação dispostos em paralelo e mais três arranjos em série. Como a unidade de floculação é contígua à unidade de sedimentação, quando há necessidade de parada de algum dos decantadores, também é interrompido sua respectiva unidade de floculação.

Aparentemente, muitos profissionais inexperientes advogam pela flexibilidade perdida nesse tipo de arranjo, uma vez que, paralisada a unidade de floculação e mantida constante a vazão afluente, a estação de tratamento de água (ou ETA) teria redução em seu tempo de detenção hidráulico e consequente redução na eficiência do processo de floculação. Ocorre que a interligação entre as diferentes unidades de floculação e decantadores

Figura 4-8 Unidade de floculação contígua a unidade de sedimentação (ETA Guaraú (Sabesp) – Vazão igual a 33 m³/s).

exige a construção de um canal comum de água floculada, que, por ser dotado de comportas e demais elementos hidráulicos que permitem a veiculação de água floculada, tendem a romper os flocos anteriormente formados.

Ponto Relevante 4: Os decantadores devem ser projetados prevendo-se, sempre que possível, que o conjunto unidade de floculação e sedimentação forme uma estrutura única, evitando-se a veiculação de água floculada entre as diferentes unidades de sedimentação.

A distribuição de água floculada nas unidades de sedimentação pode ser efetuada por meio de cortinas de concreto ou madeira dotadas de orifícios, ou de bocais, ou por cortinas dotadas de aberturas horizontais planas.

Como comentado no Capítulo 3, a distribuição de água floculada em unidades de sedimentação efetuada por orifícios ou bocais não é uma boa alternativa, haja vista a grande possibilidade de ruptura dos flocos, ainda que ambas as unidades, de floculação e de sedimentação, sejam contíguas. As Figuras 4-9 e 4-10 apresentam alguns

Figura 4-9 Distribuição de água floculada em decantadores convencionais de fluxo horizontal efetuado por meio de cortinas com bocais.

Figura 4-10 Distribuição de água floculada em decantadores convencionais de fluxo horizontal efetuado por meio de cortinas com bocais.

dispositivos de entrada de água floculada em unidades de sedimentação compostas por cortinas formadas de orifícios e de bocais.

Os critérios de projeto normalmente adotados para o dimensionamento de cortinas de distribuição de água floculada consideram valores de velocidade nos orifícios ou bocais variando de 0,15 m/s a 0,30 m/s, bem como a garantia de que seus gradientes de velocidade sejam inferiores à última câmara de floculação de montante. Observa-se, no entanto, que mesmo que os gradientes de velocidade sejam inferiores à câmara de floculação de montante, é grande a possibilidade de quebra dos flocos anteriormente formados, caso as velocidades resultem superiores a 0,10 m/s. Desse modo, recomenda-se que, se a opção for pela distribuição de água floculada às unidades de sedimentação por meio de cortinas compostas por orifícios e bocais, seja adotada como critério a fixação de velocidades inferiores a 0,1 m/s.

Ponto Relevante 5: Caso se tenha optado pela distribuição de água floculada às unidades de sedimentação por meio de cortinas compostas por orifícios ou bocais, recomenda-se que a velocidade seja igual ou inferior a 0,1 m/s.

Sempre que possível, devem-se adotar cortinas dotadas de aberturas horizontais planas como estrutura de distribuição de água floculada às unidades de sedimentação, conforme apresentado na Figura 4-11.

Em razão dos excelentes resultados obtidos com relação à distribuição de água floculada a unidades de sedimentação por meio de cortinas dotadas de aberturas horizontais planas, sempre que possível esta deve ser a opção adotada.

Embora, muitas vezes, se justifique a opção por bocais tendo em vista a necessidade de uniformizar a distribuição de água floculada em unidades de sedimentação, é preferível minimizar, tanto quanto possível, a possibilidade de quebra dos flocos formados durante o processo de floculação em detrimento do critério de distribuição uniforme de água floculada na unidade de sedimentação.

Ponto Relevante 6: Sugere-se que os dispositivos de entrada de água floculada em unidades de sedimentação sejam, sempre que possível, do tipo cortinas dotadas de aberturas horizontais planas, garantindo-se que a velocidade nas aberturas seja sempre inferior a 0,1 m/s.

Zona de sedimentação

A separação das partículas floculentas ocorre em uma região do decantador denominada zona de sedimentação, sendo esta caracterizada por oferecer condições ideais a sua separação da fase líquida. Como exemplo destas condições, pode-se citar:

Figura 4-11 Unidade de floculação contígua à unidade de sedimentação e cortinas de distribuição de água floculada dotadas de aberturas horizontais planas (ETA Guaraú (Sabesp) – vazão igual a 33 m³/s).

- O perfil de velocidades na zona de sedimentação deve ser o mais uniforme possível.
- Seu comportamento hidráulico deve ser o mais próximo possível de um reator pistonado ideal.
- Os dispositivos de entrada e saída de água devem ser tais que interfiram o mínimo possível no regime de escoamento da zona de sedimentação.

Tais condições não são facilmente atendidas, e, se fossem, seu dimensionamento poderia ser efetuado simplesmente com a garantia de que a taxa de escoamento superficial fosse igual ou inferior à velocidade de sedimentação das partículas coloidais, ou seja:

$$q \leq v_s \qquad \text{(Equação 4-19)}$$

v_s = velocidade de sedimentação da partícula crítica que se deseja remover (LT^{-1})
q = taxa de escoamento superficial (LT^{-1})

Pelo fato de a zona de sedimentação não apresentar as condições ideais para a sedimentação de partículas floculentas, principalmente por o escoamento na unidade não ser ideal, torna-se necessário adotar um fator de segurança que reduza a velocidade de sedimentação das partículas coloidais. Assim, tem-se que:

$$q \leq \frac{v_s}{FS} \qquad \text{(Equação 4-20)}$$

FS = fator de segurança, normalmente entre 1,5 e 2,5

A Tabela 4-3 apresenta os valores de taxas de escoamento superficial comumente empregados no projeto de decantadores convencionais de fluxo horizontal.

Tabela 4-3 Valores de taxas de escoamento superficial adotados no dimensionamento de decantadores convencionais de fluxo horizontal em função do porte e controle operacional da instalação (RICHTER; AZEVEDO NETTO, 1991)

Características da instalação	Taxa de escoamento superficial (m³/m².dia)
Instalações pequenas com controle operacional precário	20 a 30
Controle operacional razoável	30 a 40
Bom controle operacional	35 a 45
Instalações de grande porte e com excelente controle operacional	40 a 60

Observe que, quanto melhores forem as condições de operação dos processos unitários de montante (coagulação e floculação), maiores poderão ser os valores adotados para a taxa de escoamento superficial, o que resultará na implantação de unidades de sedimentação de menor área.

Uma vez que se deseje garantir que o campo de velocidades seja o mais uniforme possível na unidade de sedimentação e que seu regime de escoamento apresente-se o mais próximo de um reator pistonado ideal, é importante garantir que a relação entre comprimento (L) e largura (B) seja, no mínimo, superior a 3. Normalmente, recomenda-se que essa relação situe-se entre 3,0 e 6,0.

A adoção de um valor de taxa de escoamento superficial possibilita a determinação da área superficial mínima requerida para a unidade de sedimentação, bastando definir, então, a altura da lâmina d'água.

A altura da lâmina d'água em si não é um parâmetro de dimensionamento, sendo fixada em função de outros fatores intervenientes no processo de sedimentação de partículas floculentas e, muitas vezes, por questões de ordem estrutural.

Historicamente, os decantadores convencionais de fluxo horizontal sempre foram projetados considerando a necessidade de apresentarem um volume para o acúmulo de lodo. Além disso, por questões de obras civis e por imposição de seu projeto estrutural, a altura total da unidade sempre se situou em torno de 4,0 a 5,0 m. Portanto, no projeto de decantadores convencionais de fluxo horizontal, é comum que a altura da lâmina líquida seja fixada em torno de 3,5 a 4,5 m, o que faz com que a altura total da unidade seja da ordem de 4,0 a 5,0 m.

Zona de acúmulo e remoção de lodo

Os projetos inicialmente realizados para decantadores convencionais de fluxo horizontal sempre consideraram a necessidade de se estabelecer um volume para acúmulo do lodo sedimentado. Dessa maneira, após um tempo em operação, a unidade é retirada de operação para fins de esvaziamento e limpeza.

Em geral, as condições normais de operação de decantadores convencionais de fluxo horizontal consideram como tempo de operação razoável algo próximo de 20 a 40 dias, sendo que, após esse período de funcionamento, a unidade é isolada para fins de esgotamento e limpeza (Fig. 4-12).

Figura 4-12 Decantador convencional de fluxo horizontal durante processo de esgotamento e limpeza.

No entanto, haja vista a necessidade de ser previsto um volume para acúmulo de lodo, a experiência prática acabou por definir alturas de lâmina d'água úteis em torno de 3,5 a 5,0 m. Geralmente, o parâmetro que acaba determinando a necessidade de interrupção do funcionamento do decantador para fins de esgotamento e lavagem é sua perda de eficiência na remoção de partículas, podendo esta ser monitorada pelo aumento da turbidez da água decantada com o tempo. Em condições normais de operação, observa-se que os tempos de operação de decantadores convencionais sem sistemas de remoção semicontínua de lodo situam-se em torno de 20 a 40 dias.

Não é recomendável sua operação entre lavagens sucessivas superiores a 60 dias, uma vez que haverá uma tendência de comprometimento da qualidade da água decantada em função do arraste de sólidos previamente depositados, e, mais importante, as operações de remoção de lodo tenderão a ser gravemente comprometidas.

Também é muito comum se observar o lodo entrar parcialmente em decomposição em decantadores cujo intervalo entre lavagens sucessivas seja muito longo ou desprovido de sistemas eficientes de remoção do lodo, especialmente em locais de clima tropical. Como resultado, há a liberação de gases que permitirão que placas de lodo flotem e permaneçam na superfície, com a tendência de serem arrastadas para as calhas de coleta de água decantada com posterior comprometimento da qualidade da água decantada (Fig. 4-13).

Figura 4-13 Decantador convencional de fluxo horizontal submetido a elevado tempo de operação entre lavagens sucessivas e formação de placas de lodo na superfície da fase líquida.

Atualmente, em caso de implantação de decantadores convencionais de fluxo horizontal, não se opta mais pela operação de descarga do lodo em batelada, uma vez que não se permite que os resíduos sejam encaminhados ao sistema de drenagem e posteriormente corpos d´água. Além disso, as operações de descarga de lodo em regime de batelada têm implicações no sistema de tratamento da fase sólida da estação de tratamento de água, o que demanda outras soluções mais convenientes.

Os projetos mais recentes de decantadores convencionais de fluxo horizontal têm considerado a opção pela instalação de sistema de remoção semicontínua de lodo, o que possibilita que as unidades possam ser operadas de maneira ininterrupta, sem necessidade de esgotamento e limpeza. Há no mercado um grande número de fornecedores de equipamentos e sistemas de remoção de lodo de decantadores, portanto, o projeto do decantador deve ser efetivado considerando as opções de equipamentos existentes no mercado. As Figuras 4-14 e 4-15

Figura 4-14 Decantador convencional de fluxo horizontal dotado de sistema de remoção semicontínua de lodo do tipo raspadores circulares com acionamento central (ETA Guaraú (Sabesp) – vazão igual a 33 m³/s).

Figura 4-15 Decantador convencional de fluxo horizontal dotado de sistema de remoção semicontínua de lodo (ETA Taiaçupeba (Sabesp) – vazão igual a 15 m³/s).

apresentam alguns decantadores convencionais de fluxo horizontal dotados de dispositivos de remoção semi-contínua de lodo.

Os sistemas de remoção de lodo podem ser concebidos com diferentes opções para a retirada de lodo. Uma primeira opção é o encaminhamento do lodo por uma ponte móvel para um poço de lodo e, em seguida, sua remoção do decantador, podendo esta ser por gravidade ou por bombeamento (Fig. 4-16). A segunda opção é a contínua retirada do lodo da unidade de sedimentação por meio de pontes móveis contendo sistemas de sucção do lodo (Fig. 4-17).

Qualquer que seja a tecnologia adotada para a remoção do lodo, do ponto de vista operacional, é importante ter em mente que unidades de sedimentação não podem ser consideradas unidades de adensamento, isto é, a remoção de lodo deve ocorrer de modo semicontínuo, de preferência em intervalos entre descargas sucessivas não superiores a 30 min.

Normalmente, o intervalo entre as descargas sucessivas e o tempo de descarga é passível de ser programado de acordo com a qualidade da água bruta. Para períodos em que se esperam menores valores de produção de lodo, o tempo de descarga pode ser reduzido; com a expectativa de seu aumento, o tempo de descarga pode ser maior. De qualquer maneira, é sempre importante que o intervalo entre descargas sucessivas não seja superior a 30 min.

Caso o intervalo entre descargas sucessivas seja elevado, a tendência do lodo será adensar na unidade de sedi-mentação, e, uma vez adensado, suas operações de descarga tenderão a ser bastante comprometidas, inclusive, com possível comprometimento de seu sistema de remoção de lodo. Em geral, os valores de teor de sólidos esperados para o lodo descarregado em unidades de sedimentação que contenham sistemas mecânicos de remoção de lodo devem se situar entre 0,5% e 0,8%, não mais que 1,0%.

Um dos erros muito comuns na operação de sistemas de remoção de lodo é se admitir intervalos entre des-cargas sucessivas muito elevados, fato este geralmente observado em sistemas de remoção de lodo com base em descarga hidráulica. Como, na maior parte das vezes, as descargas são projetadas para ocorrerem de modo manual, a tendência é a previsão de que estas sejam efetuadas uma vez a cada turno operacional de 8 h.

Como o intervalo entre as descargas é, em geral, muito elevado, há a tendência de adensamento do lodo no decantador e, dada a maior interação entre as partículas floculentas, estas criarão uma resistência ao escoamento. Logo, uma vez efetuada a descarga, haverá a tendência de saída de água do decantador, formando uma zona preferencial de escoamento e impedindo a saída do lodo.

Assim sendo, para que a retirada semicontínua do lodo possa ocorrer com sucesso, é de vital importância que esse processo seja feito com a menor concentração de sólidos no lodo possível, ou seja, em condições bastante fluidas, daí a recomendação de que seus valores de teores de sólidos não sejam superiores a 0,8%.

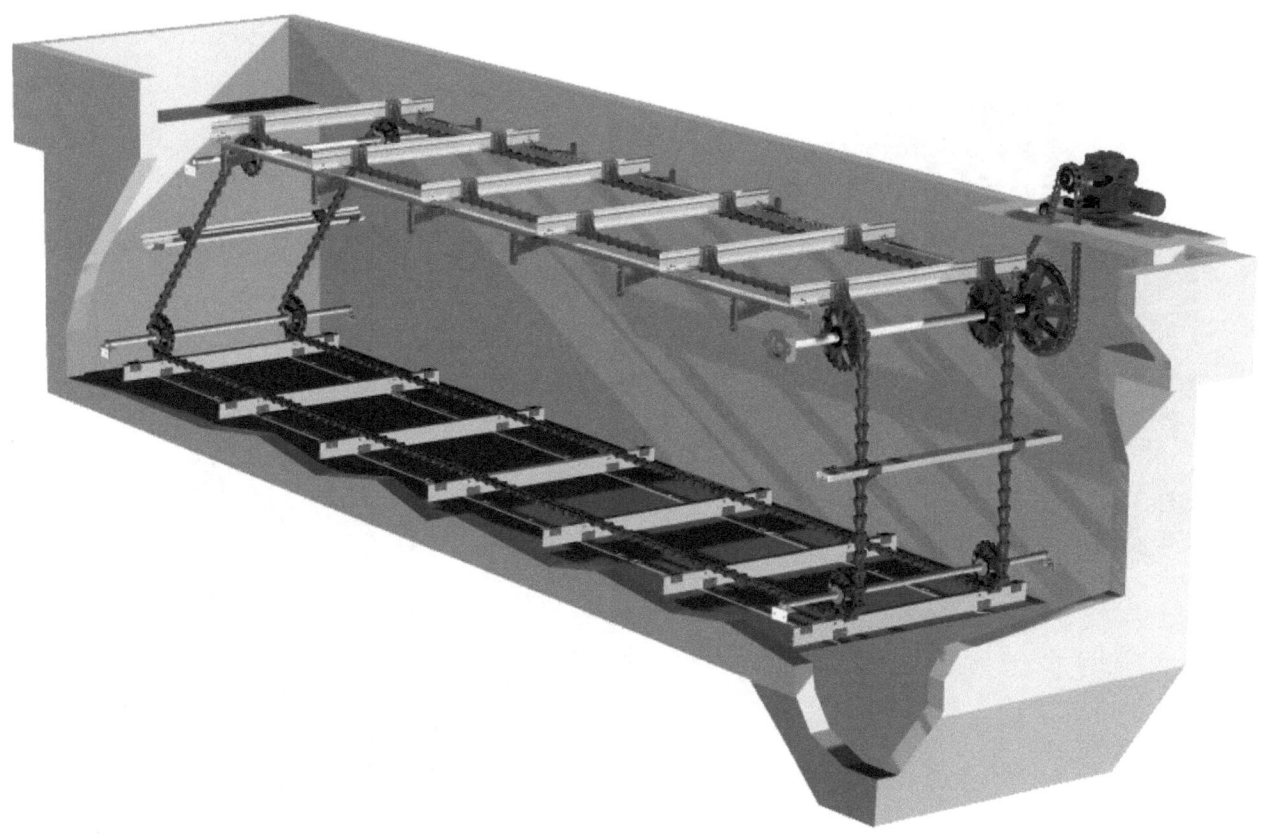

Figura 4-16 Sistema de remoção de lodo do tipo ponte removedora de lodo do tipo cremalheira.
(Fonte: http://www.linkontechnology.com/.)

Como os sistemas de remoção de lodo de maneira semicontínua dependem de descargas normalmente efetuadas em intervalos entre descargas sucessivas não superiores a 30 min, é muito difícil garantir que estas sejam realizadas de modo manual, o que exige que tenham de ser automatizadas. Atualmente, pode-se prever a instalação de válvulas automatizadas com controle de cursor, o que permite regular o intervalo entre aberturas sucessivas, bem como o grau de abertura do obturador da válvula, possibilitando um efetivo controle da vazão de lodo descarregada.

Zona de coleta de água clarificada

A coleta de água clarificada em decantadores convencionais de fluxo horizontal é efetuada mediante a instalação de calhas de coleta de água decantada distribuídas e localizadas em sua estrutura final, como apresentado na Figura 4-18.

As calhas de coleta de água decantada podem ser construídas em concreto armado, fibra de vidro ou aço inoxidável. Para instalações de grande porte, a adoção de calhas de coleta de água decantada construídas em concreto armado tende a ser mais econômica, ao passo que, para instalações de menor porte, pode-se optar por calhas construídas em fibra de vidro ou mesmo em aço inoxidável.

Para possibilitar uma condição ideal de coleta de água decantada, é importante garantir que a distância entre as calhas não seja superior a 3 m e que seu comprimento máximo não exceda 20% do comprimento total do decantador.

O Vídeo 4-2 apresenta um decantador convencional de fluxo horizontal, sendo possível visualizar todas as suas principais partes constitutivas. Por sua vez, o Vídeo 4-3 apresenta dois decantadores convencionais, estando uma unidade em operação e outra idêntica em manutenção, o que possibilta a observação de ambas as unidades.

Ponto Relevante 7: O comprimento das calhas de coleta de água decantada não pode exceder 20% do comprimento total do decantador, de forma que elas devem, portanto, ser dotadas de vertedores triangulares, para possibilitar uma coleta uniforme da água decantada.

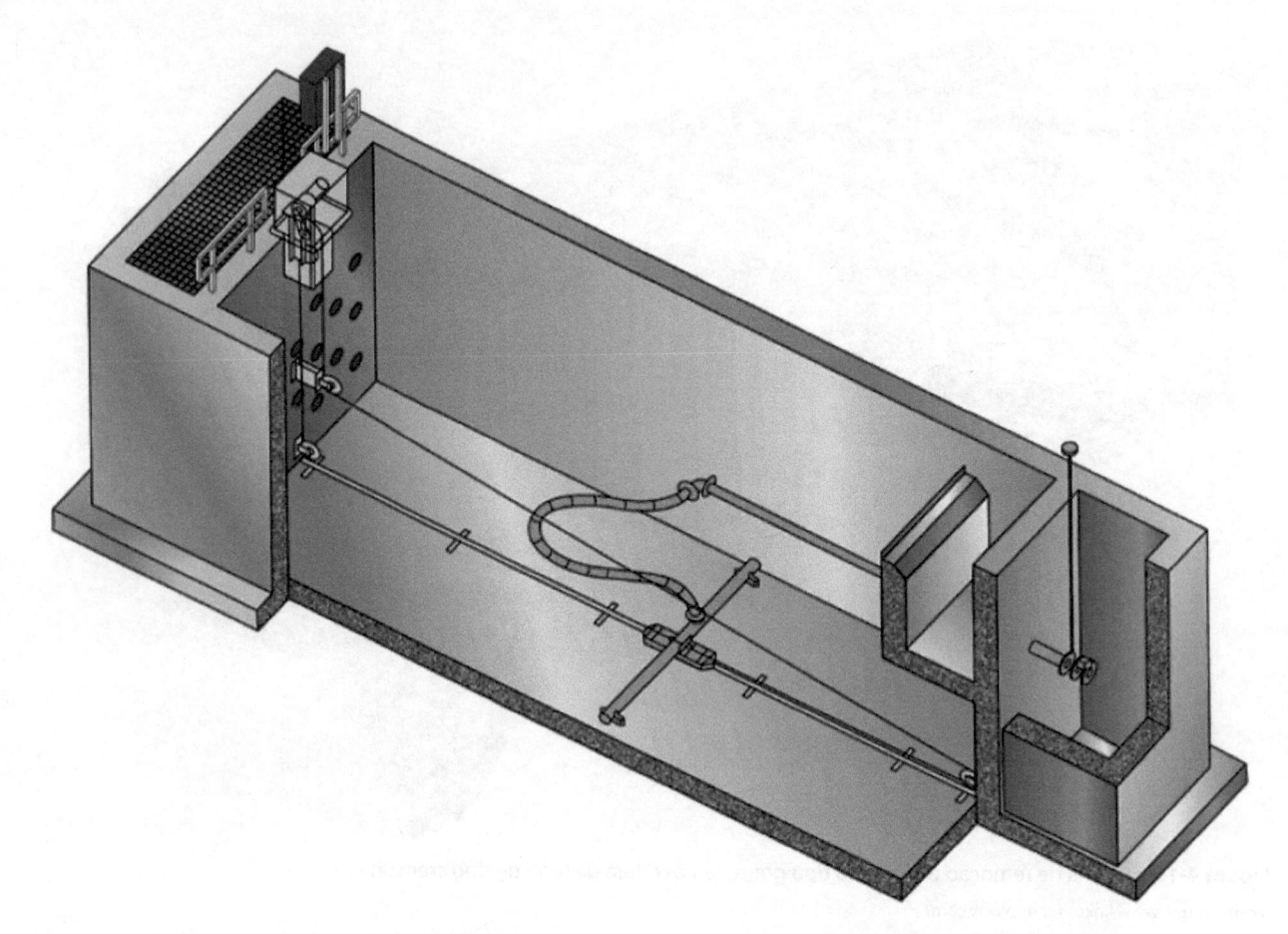

Figura 4-17 Sistema de remoção de lodo do tipo ponte removedora e contínua sucção do lodo – sistema Clari-Trac®-2.

(Fonte: http://www.xylem.com/treatment/us/categories/sludge-collection.)

Figura 4-18 Calhas de coleta de água decantada dispostas na estrutura final de decantador convencional de fluxo horizontal (ETA Guaraú (Sabesp) – vazão igual a 33 m³/s).

Há a recomendação de que a taxa linear nas calhas de coleta de água decantada não exceda 2,5 L/s.m. No entanto, esta limitação é bastante controversa, uma vez que se observam inúmeras instalações com taxas superiores a este valor e com excelentes resultados com respeito à coleta de água decantada, desde que garantido que o comprimento da calha não exceda 20% do comprimento total do decantador.

No passado, era muito comum a utilização de calhas de coleta de água decantada que chegavam a alcançar até metade do comprimento do decantador. Ocorre que, com base em muitas observações em campo, notou-se que a utilização de calhas de coleta de água decantada muito longas ocasionava o arraste de flocos não sedimentados e que comprometiam a qualidade da água decantada. Inclusive, é comum se observar que muitas dessas calhas tiveram seu comprimento útil reduzido mediante modificações estruturais, o que possibilitou melhor performance da unidade (Fig. 4-19).

Figura 4-19 Redução no comprimento de calhas de coleta de água decantada.

Outro ponto de grande relevância é a necessidade de as calhas de coleta serem dotadas de dispositivos que possibilitem uma coleta uniforme de água decantada. Entre estes, o mais comum é a instalação de vertedores triangulares linearmente distribuídos, possibilitando que não haja irregularidades na distribuição do fluxo de água decantada nas respectivas calhas. A Figura 4-20 apresenta um decantador em funcionamento com uma de suas calhas de coleta de água decantada e a disposição de seus vertedores triangulares.

Figura 4-20 Calha de coleta de água decantada e respectivos vertedores triangulares (ETA Guaraú (Sabesp) – vazão igual a 33 m³/s).

A não instalação de vertedores triangulares nas calhas de coleta de água decantada prejudica a uniformidade no escoamento, o que faz com que as vazões não sejam coletadas de modo uniforme, tendendo a ocasionar deterioração na qualidade da água decantada. A Figura 4-21 apresenta um decantador cujas calhas de coleta de água decantada não são providas de vertedores triangulares ao longo de seu comprimento. É possível observar de maneira bem nítida as irregularidades na coleta de água decantada.

Figura 4-21 Calha de coleta de água decantada isenta de vertedores triangulares para a coleta de água decantada.

Uma alternativa para a coleta de água decantada consiste na instalação de tubulações dotadas de orifícios distribuídos uniformemente ao longo de seu comprimento. Dessa maneira, mantendo-se uma carga hidráulica acima dos orifícios em torno de 10 a 20 cm, garante-se uma coleta homogênea de água clarificada ao longo de seu comprimento. A Figura 4-22 apresenta um decantador dotado de tubulações com orifícios como sistema de coleta de água decantada.

Figura 4-22 Coleta de água decantada efetuada por meio de tubulações dotadas de orifícios distribuídos ao longo de seu comprimento.

A utilização de tubulações dotadas de orifícios como elemento de coleta de água decantada é recomendável para pequenas instalações, não se sugerindo sua adoção para decantadores de médio e grande portes. Embora bastante simples, sua instalação e dimensionamento requerem alguns cuidados muito importantes, a saber (DI BERNARDO; DANTAS, 2005):

- A coleta adequada de água decantada quando do emprego de tubulações dotadas de orifícios exige que seja garantido uma carga hidráulica acima dos orifícios em torno de 10 a 15 cm.
- A tubulação deve trabalhar hidraulicamente como conduto livre, garantindo-se que não haja a formação de correntes preferenciais de escoamento durante a coleta de água decantada. A condição de escoamento na tubulação deve, portanto, ser efetuada como escoamento, gradualmente variado e garantindo-se que a lâmina líquida máxima esteja em torno de 75% do diâmetro da tubulação.

É muito comum se observarem decantadores dotados de tubulações com orifícios como elemento de coleta de água decantada e que não obedecem aos requisitos mínimos operacionais. Como consequência, há um mau funcionamento da unidade, com tendência de piora na qualidade da água decantada (Fig. 4-23).

Figura 4-23 Sistema de coleta de água decantada realizada por meio de tubulações dotadas de orifícios – ausência de carga hidráulica sobre os orifícios.

Dessa maneira, uma vez tendo-se observado e destacado as principais partes constitutivas de decantadores convencionais de fluxo horizontal, pode-se apresentar um resumo de seus principais parâmetros de projeto, como apresentado a seguir.

PARÂMETROS DE PROJETO – DECANTADORES CONVENCIONAIS DE FLUXO HORIZONTAL
- Taxa de escoamento superficial: 20 a 60 m^3/m^2.dia
- Relação entre comprimento e largura (L/B): 3 a 5
- Altura da lâmina d'água (H): 3,5 a 5,0 m
- Velocidade horizontal máxima: 0,3 a 1,0 m/min
- Taxa de escoamento linear nas calhas de coleta de água decantada: 2,0 a 3,5 L/s.m

---

O número de decantadores a serem implantados em uma estação de tratamento de água é função de suas fases de ampliação futura, tempo de operação e vazão. Para estações de tratamento de água de pequeno porte e que trabalhem menos de 12 h por dia, pode-se admitir a implantação de uma única unidade. Assim, esta pode ser interrompida para fins de limpeza e manutenção durante o período que a ETA não estiver em funcionamento.

Caso o regime de operação da ETA seja do tipo funcionamento contínuo (24 h por dia), sugere-se um mínimo de duas unidades a serem implantadas. Deve-se considerar, no entanto, que a parada de qualquer uma das unidades deverá sobrecarregar a unidade em operação em torno de 100% da vazão, o que deverá exigir que seu dimensionamento leve em conta este aumento de vazão (necessidade de adoção de baixos valores de taxas de escoamento superficial) ou que seja possível q redução da vazão afluente à ETA durante o tempo que alguma das unidades for colocada fora de operação.

Caso a implantação da ETA ocorra em etapas, torna-se interessante para a condição de início de plano a construção de, pelo menos, três a quatro decantadores, sempre que possível, adotando-se unidades de floculação contíguas às unidades de sedimentação.

A velocidade horizontal máxima na unidade é normalmente adotada como inferior a 1,0 m/min, de modo a evitar o arraste de sólidos eventualmente depositados na unidade de sedimentação. Normalmente, a ressuspensão de sólidos previamente depositados não é um problema se o decantador for provido de sistemas de remoção semi-contínua de lodo. No entanto, para decantadores sem dispositivos de remoção de lodo, o acúmulo deste na unidade tende a limitar a secção de escoamento, o que acarreta o aumento da velocidade horizontal, com possibilidade de carreamento dos sólidos previamente depositados para a fase líquida e posteriormente para a água decantada.

Exemplo 4-2

Problema: Deseja-se efetuar o projeto das unidades de sedimentação de uma estação de tratamento de água cuja vazão nominal deverá ser igual a 2,4 m³/s. Os decantadores deverão ser do tipo convencional de fluxo horizontal e dotados de sistemas de remoção semicontínua de lodo. Deve-se adotar uma altura de lâmina d´água igual 4,5 m. O valor da taxa de escoamento superficial deverá estar compreendida entre 30 e 60 m³/m².dia. A temperatura da fase líquida adotada será igual a 20°C.

Solução: Inicialmente será definido o número de unidades de sedimentação a serem adotadas. Como a estação de tratamento de água é de grande porte, será admitida a implantação de quatro unidades. A vazão de projeto de cada unidade deverá, portanto, ser igual a 0,6 m³/s (600 L/s).

- Passo 1: Estimativa da área de sedimentação requerida

Será adotada uma taxa de escoamento superficial igual a 40 m³/m².dia para a condição de vazão nominal. Dessa maneira, tem-se que a área superficial da unidade deverá ser igual a:

$$A_s = \frac{Q}{q} = \frac{0,6\frac{m^3}{s}.86.400\ s\ /\ dia}{40\ \frac{m^3}{m^2.dia}} \cong 1.296\ m^2 \qquad \text{(Equação 4-21)}$$

A_s = área de sedimentação (L^2)
Q = vazão (L^3T^{-1})
q = taxa de escoamento superficial (L)

- Passo 2: Estimativa das dimensões básicas da unidade de sedimentação

A priori, será admitido que a mínima relação entre comprimento e largura da unidade de sedimentação seja igual a 3. Assim, será possível estimar suas dimensões básicas.

$$A_s = B.L = 3.B^2 \qquad \text{(Equação 4-22)}$$

$$B = \sqrt{\frac{A_s}{3}} = \sqrt{\frac{1.296\ m^2}{3}} \cong 20,8\ m \qquad \text{(Equação 4-23)}$$

Será admitida, então, uma largura igual a 20,0 m e um comprimento igual a 60,0 m, o que totaliza uma área de sedimentação igual a 1.200 m². Definidas essas dimensões, tem-se que a relação L/B deverá ser igual a 3.

- Passo 3: Verificação das taxas de escoamento superficial para ambas as condições de vazão nominal e máxima

Como a vazão nominal da ETA é igual a 2,4 m³/s e tem-se um total de quatro unidades de sedimentação, a vazão nominal da unidade deverá ser igual a 0,6 m³/s. A condição de vazão máxima afluente a cada unidade de sedimentação pode ser adotada mantendo-se constante a vazão total afluente a ETA e assumindo-se uma unidade de sedimentação fora de operação. Dessa maneira, a vazão máxima afluente a cada decantador deverá ser igual a 0,8 m³/s.

$$q_n = \frac{Q}{A_s} = \frac{0,6\frac{m^3}{s}.86.400\ s/dia}{20,0\ m.60,0\ m} \cong 43,2\ \frac{m^3}{m^2.dia} \qquad \text{(Equação 4-24)}$$

$$q_{máx} = \frac{Q}{A_s} = \frac{0,8\frac{m^3}{s}.86.400\ s/dia}{20,0\ m.60,0\ m} \cong 57,6\ \frac{m^3}{m^2.dia} \qquad \text{(Equação 4-25)}$$

As taxas de escoamento superficial resultaram iguais a 43,2 m³/m².dia e 57,6 m³/m².dia, portanto inferiores a 60 m³/m².dia. Assim sendo, pode-se concluir que o pré-dimensionamento efetuado é adequado.

- Passo 4: Verificação dos tempos de detenção hidráulicos esperados para as condições de vazão nominal e máxima

Uma vez que as dimensões geométricas da unidade de sedimentação são conhecidas, podem-se calcular os tempos de detenção hidráulicos esperados para a unidade de sedimentação com as expressões a seguir.

$$\theta_{máx} = \frac{V}{Q} = \frac{20,0\ m.60,0\ m.4,5\ m}{0,6\frac{m^3}{s}.60\frac{s}{min}.60\frac{min}{h}} \cong 2,5\ h \qquad \text{(Equação 4-26)}$$

$$\theta_{mín} = \frac{V}{Q} = \frac{20,0\ m.60,0\ m.4,5\ m}{0,8\frac{m^3}{s}.60\frac{s}{min}.60\frac{min}{h}} \cong 1,9\ h \qquad \text{(Equação 4-27)}$$

Os tempos de detenção hidráulicos são iguais a 2,5 h e 1,9 h para ambas as condições de vazão, nominal e máxima. Observe que estes são consequência do dimensionamento da unidade, portanto, não podem ser encarados como parâmetros de projeto.

- Passo 5: Verificação dos valores de velocidade horizontal esperados na unidade de sedimentação para ambas as condições de vazão, nominal e máxima

As velocidades horizontais na unidade de sedimentação devem ser verificadas e, por conseguinte, podem ser calculadas da seguinte maneira:

$$v_{mín} = \frac{Q}{A} = \frac{0,6\frac{m^3}{s}.60\ s/min}{20,0\ m.\ 4,5\ m} \cong 0,40\ m/min \qquad \text{(Equação 4-28)}$$

$$v_{máx} = \frac{Q}{A} = \frac{0,8\frac{m^3}{s}.60\ s/min}{20,0\ m.\ 4,5\ m} \cong 0,53\ m/min \qquad \text{(Equação 4-29)}$$

As velocidades horizontais esperadas para ambas as condições de vazão, nominal e máxima, deverão ser iguais a 0,4 m/min e 0,53 m/min, respectivamente. Uma vez que estas são inferiores a 1,0 m/min, tem-se que o dimensionamento segue adequado.

- Passo 6: Definição do número de calhas de coleta de água decantada

Uma vez que o comprimento total do decantador é igual a 60,0 m, se, porventura, for fixado o comprimento da calha de coleta de água decantada em, no máximo, 20% deste, tem-se que seu valor deverá ser igual a 12,0 m.

Do mesmo modo, se assumida a distância máxima entre as calhas como 3,0 m, tem-se que o número mínimo de calhas deverá ser igual a:

$$N_{calhas} = \frac{L}{d} = \frac{20,0\ m}{3,0\ m} \cong 6,7\ calhas \qquad \text{(Equação 4-30)}$$

N_{calhas} = número mínimo de calhas de coleta de água decantada
L = comprimento do decantador (L)
d = distância entre as calhas de coleta de água decantada (L)

Assim sendo, será adotada a implantação de dez calhas de coleta de água decantada com comprimento total igual a 12,0 m cada. O espaçamento entre estas deverá ser igual a 2,0 m de centro a centro. Seus valores de taxa linear de escoamento deverão, portanto, ser iguais a:

$$q_{mín} = \frac{Q}{L_c} = \frac{0,6\frac{m^3}{s}.1.000\frac{L}{m^3}}{10.12,0\ m.2} \cong 2,5\frac{L}{s.m}$$ (Equação 4-31)

$$q_{máx} = \frac{Q}{L_c} = \frac{0,8\frac{m^3}{s}.1.000\frac{L}{m^3}}{10.12,0\ m.2} \cong 3,3\frac{L}{s.m}$$ (Equação 4-32)

q = taxa de escoamento linear nas calhas de coleta de água decantada ($L^3T^{-1}L^{-1}$)
L_c = comprimento total das calhas de coleta de água decantada por unidade de sedimentação (L)

A taxa de escoamento nas calhas de coleta de água decantada resultam inferiores a 3,5 L/s.m para a condição de vazão máxima, portanto, seu pré-dimensionamento está adequado.

• Passo 7: Dimensionamento hidráulico das calhas de coleta de água decantada

As calhas de coleta de água decantada deverão ser dotadas de vertedores triangulares 90° ao longo de todo o seu comprimento. Vamos admitir um vertedor triangular com largura unitária igual a 12 cm e distância entre vértices igual a 15 cm, como apresentado a seguir (Fig. 4-24).

O comprimento total das calhas de coleta de água decantada é igual a 240 m. Uma vez que a distância entre vértices dos vertedores triangulares é igual a 15 cm, tem-se um total de vertedores triangulares por decantador igual a:

$$N_v = \frac{L_c}{d_v} = \frac{240\ m}{0,15\ m} \cong 1.600$$ (Equação 4-33)

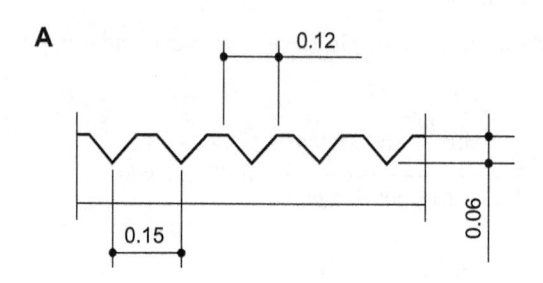

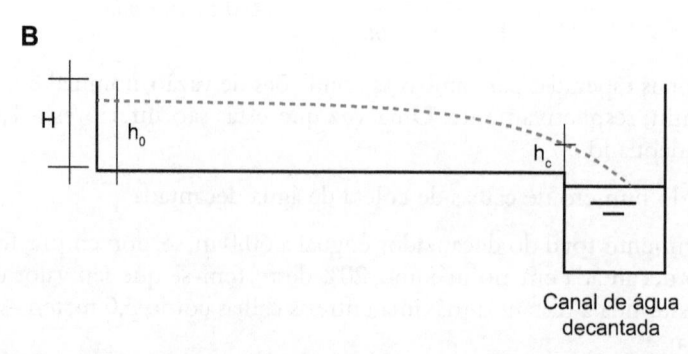

Figura 4-24 Vertedores triangulares 90° com largura individual igual a 12 cm e distância entre vértices igual a 15 cm.
Figura 4-25 Corte longitudinal da calha de coleta de água decantada e respectivo perfil hidráulico.

N_v = número de vertedores triangulares por unidade de sedimentação
L_c = comprimento total das calhas de coleta de água decantada por unidade de sedimentação (L)
d_v = distância entre os vértices dos vertedores triangulares (L)

Desse modo, para as vazões nominal e máxima iguais a 600 L/s e 800 L/s, respectivamente, tem-se que a vazão individual de cada vertedor é igual a:

$$Q_{v1} = \frac{Q}{N_v} = \frac{600 \, L/s}{1.600} \cong 0,375 \, L/s \qquad \text{(Equação 4-34)}$$

$$Q_{v1} = \frac{Q}{N_v} = \frac{800 \, L/s}{1.600} \cong 0,500 \, L/s \qquad \text{(Equação 4-35)}$$

Uma vez conhecidas as vazões nos vertedores triangulares, sua carga hidráulica pode ser calculada pela seguinte expressão:

$$h = \left(\frac{Q}{1,46}\right)^{2/5} \qquad \text{(Equação 4-36)}$$

h = altura da lâmina d'água sobre a crista do vertedor triangular em m
Q = vazão em m³/s

$$h_{mín} = \left(\frac{Q}{1,46}\right)^{2/5} = \left(\frac{0,375 \cdot 10^{-3} \, \frac{m^3}{s}}{1,46}\right)^{2/5} \cong 3,7 \, cm \qquad \text{(Equação 4-37)}$$

$$h_{máx} = \left(\frac{Q}{1,46}\right)^{2/5} = \left(\frac{0,500 \cdot 10^{-3} \, \frac{m^3}{s}}{1,46}\right)^{2/5} \cong 4,1 \, cm \qquad \text{(Equação 4-38)}$$

Dado que os vertedores triangulares apresentam 12 cm de largura, sua altura total livre é igual a 6 cm. Para ambas as vazões afluentes ao decantador iguais a 600 L/s e 800 L/s, tem-se que suas alturas de lâmina d'água esperada deverão ser iguais a 3,7 cm e 4,1 cm, respectivamente. Como estas resultaram inferiores a 6 cm, tem-se que o dimensionamento hidráulico do sistema de coleta de água decantada está correto.

Por fim, devem-se determinar a largura e a altura das calhas de coleta. Como estas são dispostas horizontalmente e seu regime de escoamento é gradualmente variado, desenvolve-se uma linha de remanso ao longo de seu comprimento e que define a altura da lâmina d'água máxima na calha (Fig. 4-25).

H = altura da calha de coleta de água decantada
h_0 = altura máxima do nível d'água na calha de coleta de água decantada
h_c = altura crítica

O valor de h_0 pode ser calculado para duas situações distintas, a saber:

- Situação 1: calha trabalhando como descarga livre, isto é, o nível d'água no canal geral de água decantada é inferior à altura crítica.
- Situação 2: calha trabalhando afogada, isto é, o nível d'água no canal geral de água decantada é superior à altura crítica.

Para a situação 1 (calha trabalhando como descarga livre), o valor de h_0 pode ser calculado pela seguinte expressão:

$$h_0 = \sqrt{h_c^2 + \frac{2 \cdot Q^2}{g \cdot b^2 \cdot h_c}} \qquad \text{(Equação 4-39)}$$

Se, porventura, a calha estiver afogada (nível d'água a jusante maior que altura crítica), o valor de h_0 pode ser calculado por:

$$h_0 = \sqrt{h_1^2 + \frac{2.Q^2}{g.b^2.h_1}}$$ (Equação 4-40)

Q = vazão em m³/s
b = largura da calha de coleta de água decantada em m
g = aceleração da gravidade em m/s²
h_c = altura crítica em m
h_1 = altura do nível d'água no canal de água decantada medido do fundo da calha de coleta de água decantada

Por sua vez, a altura crítica pode ser estimada por:

$$h_c = \left[\left(\frac{Q}{b}\right)^2 . \frac{1}{g}\right]^{1/3}$$ (Equação 4-41)

Como cada unidade de sedimentação terá um total de dez calhas de coleta de água decantada, suas vazões unitárias deverão ser iguais a:

$$Q_{c1} = \frac{Q}{N_c} = \frac{600 \, L/s}{10} \cong 60 \, L/s$$ (Equação 4-42)

$$Q_{c2} = \frac{Q}{N_c} = \frac{800 \, L/s}{10} \cong 80 \, L/s$$ (Equação 4-43)

Q_c = vazões individuais por calha de coleta de água decantada
N_c = número de calhas de coleta de água decantada por unidade de sedimentação

Será adotada uma largura individual para as calhas de coleta de água decantada igual a 0,3 m. Supondo-se que estas trabalhem como descarga livre, deverá ser necessário calcular as alturas críticas para ambas as vazões iguais a 60 L/s e 80 L/s.

$$h_{c1} = \left[\left(\frac{Q}{b}\right)^2 . \frac{1}{g}\right]^{1/3} = \left[\left(\frac{0,06 \, \frac{m^3}{s}}{0,3 \, m}\right)^2 . \frac{1}{9,81 \, \frac{m}{s^2}}\right]^{1/3} \cong 0,16 \, m$$ (Equação 4-44)

$$h_{c2} = \left[\left(\frac{Q}{b}\right)^2 . \frac{1}{g}\right]^{1/3} = \left[\left(\frac{0,08 \, \frac{m^3}{s}}{0,3 \, m}\right)^2 . \frac{1}{9,81 \, \frac{m}{s^2}}\right]^{1/3} \cong 0,19 \, m$$ (Equação 4-45)

Os valores de h_0 podem ser estimados mediante o emprego da Equação 4-39. Desta forma, tem-se que:

$$h_{01} = \sqrt{h_c^2 + \frac{2.Q^2}{g.b^2.h_c}} = \sqrt{\left(0,16 \, m\right)^2 + \frac{2.\left(0,06 \, \frac{m^3}{s}\right)^2}{9,81 \, \frac{m}{s^2}.\left(0,3 \, m\right)^2 .0,16 \, m}} \cong 0,28 \, m$$ (Equação 4-46)

$$h_{02} = \sqrt{h_c^2 + \frac{2.Q^2}{g.b^2.h_c}} = \sqrt{\left(0,19\ m\right)^2 + \frac{2.\left(0,08\ \frac{m^3}{s}\right)^2}{9,81\ \frac{m}{s^2}.\left(0,3\ m\right)^2.0,19\ m}} \cong 0,34\ m \qquad \text{(Equação 4-47)}$$

Serão adotadas, então, calhas de coleta de água decantada com largura e altura iguais a 0,3 m e 0,4 m, respectivamente. Assim, tem-se que a mesma não estará submetida à condição de afogamento, pois a profundidade de sua lamina d'água máxima resultou igual a 34 cm, portanto, inferior a 40 cm.

Um ponto importante a ser ressaltado no Exemplo 4-2 é a necessidade de estabelecer, de alguma forma, um critério para a definição das vazões máximas às unidades de tratamento. Neste caso em particular, foi adotada como critério a manutenção da vazão afluente à estação de tratamento de água e a retirada de operação de uma unidade de sedimentação.

Essas definições são importantes para que, hidraulicamente, as unidades de tratamento, compreendendo canais, tubulações, unidades de processo e todas as partes constitutivas, possam ser verificadas, evitando-se seu subdimensionamento.

Ponto Relevante 8: As unidades de processo devem ser verificadas hidraulicamente, não somente para sua condição de vazão nominal, mas também para sua condição de vazão máxima afluente, devendo esta ser definida em função de critérios operacionais adotados na operação das unidades de processo e do planejamento de ampliação da estação de tratamento de água.

DECANTADORES DE ALTA TAXA

Como discutido anteriormente, uma das maiores limitações dos decantadores convencionais de fluxo horizontal é sua grande área superficial ocupada. Com o objetivo de reduzir seu comprimento, pode-se fazer a instalação de uma laje plana horizontal a meia altura dividindo o decantador em duas secções de escoamento distintas, como apresentado na Figura 4-26.

Assumindo-se que a remoção das partículas ocorra caso estas toquem a laje plana instalada, como observado na Figura 4-26, e por semelhança de triângulos, tem-se que a distância horizontal necessária a ser percorrida pelas partículas 1 e 2 é metade do comprimento da unidade de sedimentação, ou seja, L/2. No entanto, é possível reduzir ainda mais o comprimento da unidade dividindo a secção do decantador em quatro canais de escoamento (Fig. 4-27). Assim, o comprimento do decantador pode ser mais reduzido, de L para L/4.

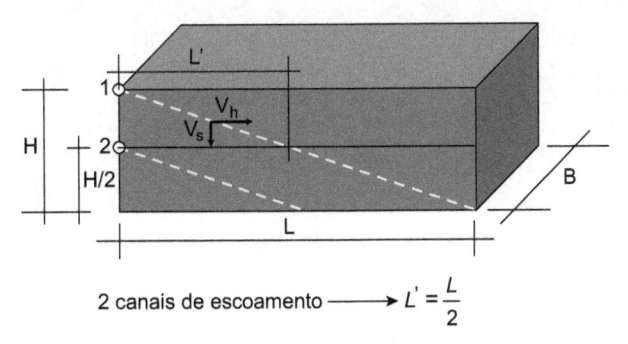

Figura 4-26 Redução do comprimento do decantador convencional de fluxo horizontal mediante sua divisão em duas secções de escoamento.

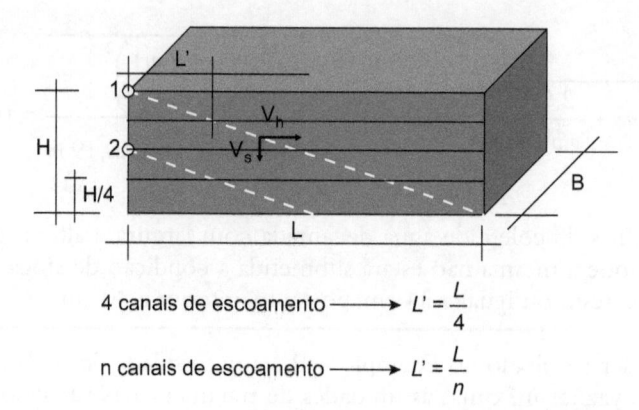

Figura 4-27 Redução do comprimento do decantador convencional de fluxo horizontal mediante sua divisão em quatro secções de escoamento.

Se for feita a opção por dividir a secção de escoamento em *n* secções, tem-se uma redução do comprimento do decantador de L para L/n. Essa solução é, aparentemente, muito interessante, uma vez que possibilita uma significativa redução no comprimento da unidade. Ocorre que, do ponto de vista prático, é inviável a divisão da secção de escoamento em *n* secções de escoamento, pois há a necessidade de remoção do lodo acumulado. Se, porventura, a altura do canal de escoamento for muito reduzida, será quase impossível a instalação de equipamentos ou de quaisquer outros dispositivos para a remoção do lodo sedimentado.

A divisão de decantadores convencionais em diferentes secções de escoamento mediante a instalação de lajes planas intermediárias foi objeto de avaliação prática, e sua maior restrição está associada às dificuldades encontradas durante a operação de limpeza. A Figura 4-28 apresenta um decantador convencional de fluxo horizontal dividido em secções de escoamento por meio de instalação de bandejas intermediária confeccionadas em madeira.

Figura 4-28 Decantador convencional de fluxo horizontal dotado de bandejas intermediárias.

Como a maior dificuldade com relação à instalação de placas horizontais planas em decantadores está associada a dificuldades operacionais na remoção de lodo, pode-se prever sua inclinação formando um ângulo específico com o plano horizontal que possibilite a remoção das partículas retidas das placas por sedimentação gravitacional (Fig. 4-29).

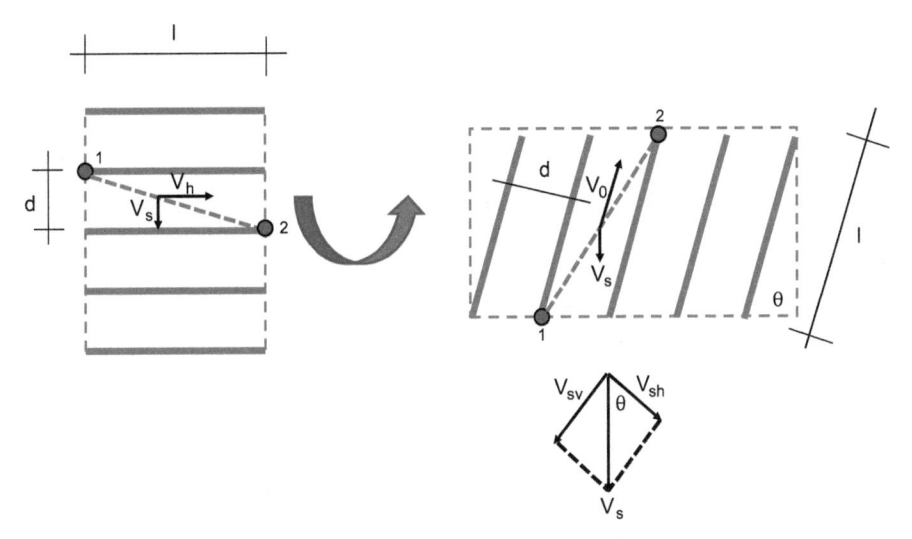

Figura 4-29 Inclinação das placas formando um ângulo θ com o plano horizontal.

Para essa nova condição, o escoamento deverá desenvolver-se entre as placas com velocidade V_0, e a partícula continuará a apresentar como característica uma velocidade de sedimentação V_s. Para a garantir que ela seja removida, seu trajeto crítico deve ser tal que, em se iniciando no ponto 1, a partícula alcance a placa adjacente no ponto 2. Por conseguinte, as distâncias a serem percorridas nas direções paralela e perpendicular à placa são iguais a l e d, respectivamente.

Desmembrando-se a velocidade V_s em suas componentes paralela (V_{sv}) e perpendicular (V_{sh}) à placa, pode-se escrever que:

$$v_{sh} = v_s.cos\theta$$

(Equação 4-48)

$$v_{sv} = v_s.sen\theta$$

(Equação 4-49)

Uma vez que as distâncias críticas a serem percorridas pela partícula são iguais a l (paralela à placa) e d (perpendicular à placa), tem-se que:

$$V_0 - v_{sv} = l.t \Rightarrow V_0 - v_s.sen\theta = l.t$$

(Equação 4-50)

$$v_{sh} = d.t \Rightarrow v_s.cos\theta = d.t$$

(Equação 4-51)

t = tempo requerido para a partícula percorrer ambas as distâncias l e d com velocidades V_{sv} e V_{sh}

Combinadas as Equações 4-50 e 4-51, pode-se escrever que:

$$\frac{l}{\left(V_0 - v_s.sen\theta\right)} = \frac{d}{v_s.cos\theta}$$

(Equação 4-52)

Será definida uma grandeza adimensional denominada L, que é a relação entre o comprimento da placa (l) e a distância entre as placas (d), ou seja, L é igual a l/d. Substituindo l e d por L na Equação 4-52 e isolando-se o valor de v_s, tem-se que:

$$v_s = \frac{V_0}{\left(L.cos\theta + sen\theta\right)}$$

(Equação 4-53)

Como V_0 é uma velocidade paralela às placas (Fig. 4-30), tem-se que esta é igual a:

$$V_0 = \frac{Q}{A_0}$$

(Equação 4-54)

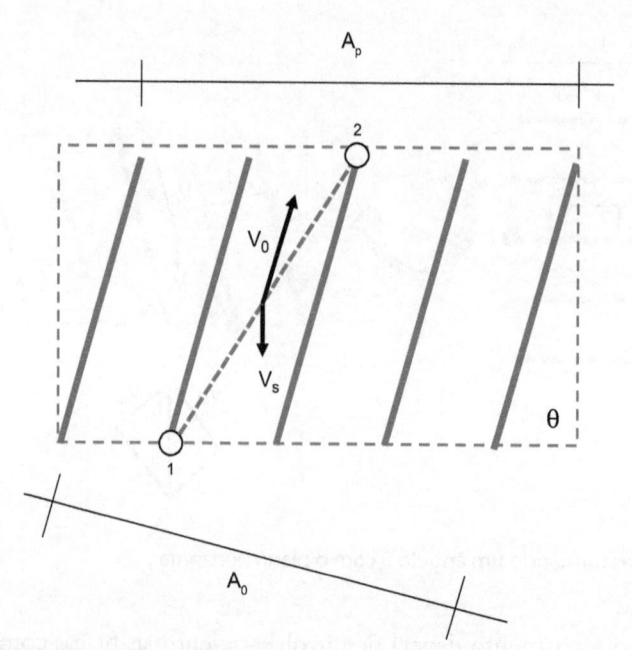

Figura 4-30 Placas em decantadores de alta taxa: relação entre áreas características.

A_0 = área superficial livre medida perpendicularmente às placas (L^2)

Por sua vez, o valor de A_0 está associado à área superficial livre medida no plano horizontal (A_p), sendo essa relação igual a:

$$A_0 = A_p.sen\theta$$

(Equação 4-55)

Substituindo-se as Equações 4-54 e 4-55 na Equação 4-53, tem-se que:

$$v_s = \frac{Q}{A_p.sen\theta.(L.cos\theta + sen\theta)}$$

(Equação 4-56)

É possível comparar o processo de sedimentação em decantadores convencionais de fluxo horizontal com o processo de sedimentação em decantadores de alta taxa. Como visto, o parâmetro central que permite o dimensionamento de decantadores convencionais de fluxo horizontal é a velocidade de sedimentação dos flocos (v_s), sendo que esta é associada diretamente ao parâmetro taxa de escoamento superficial. Desse modo, tem-se que:

$$q_c = v_s = \frac{Q}{A}$$

(Equação 4-57)

q_c = taxa de escoamento superficial associado ao decantador convencional de fluxo horizontal ($L^3/L^2.T$)

Por sua vez, a relação entre a vazão Q e a área superficial livre do decantador de alta taxa em relação ao plano horizontal (A_p) pode ser admitida como uma taxa de escoamento superficial virtual associado ao decantador de alta taxa.

$$q_L = \frac{Q}{A_p}$$

(Equação 4-58)

q_L = taxa de escoamento superficial virtual associado ao decantador de alta taxa ($L^3/L^2.T$)

Substituindo-se as Equações 4-57 e 4-58 na Equação 4-56, tem-se que:

$$q_c = \frac{q_L}{sen\theta.(L.cos\theta + sen\theta)}$$ (Equação 4-59)

$$\frac{q_c}{q_L} = \frac{1}{sen\theta.(L.cos\theta + sen\theta)}$$ (Equação 4-60)

$$\frac{q_L}{q_c} = sen\theta.(L.cos\theta + sen\theta)$$ (Equação 4-61)

Pode-se, então, efetuar uma análise de sensibilidade da relação q_L/q_c em função dos parâmetros L e θ, lembrando que estes são característicos das placas do decantador de alta taxa. Inicialmente, é possível adotar um valor de L constante e igual a 15 e efetuar o cálculo do parâmetro q_L/q_c (Equação 4-61) em função do ângulo θ. Os resultados encontram-se apresentados na Figura 4-31.

A análise da Figura 4-31 possibilita concluir que, mantido fixo o valor de q_c, os maiores valores de q_L/q_c são observados quando o ângulo das placas situa-se em torno de 50°. Um alto valor de q_L/q_c indica que o valor de q_L será máximo, o que tende a minimizar a área de implantação de um decantador de alta taxa quando comparado com a área requerida para um decantador convencional de fluxo horizontal.

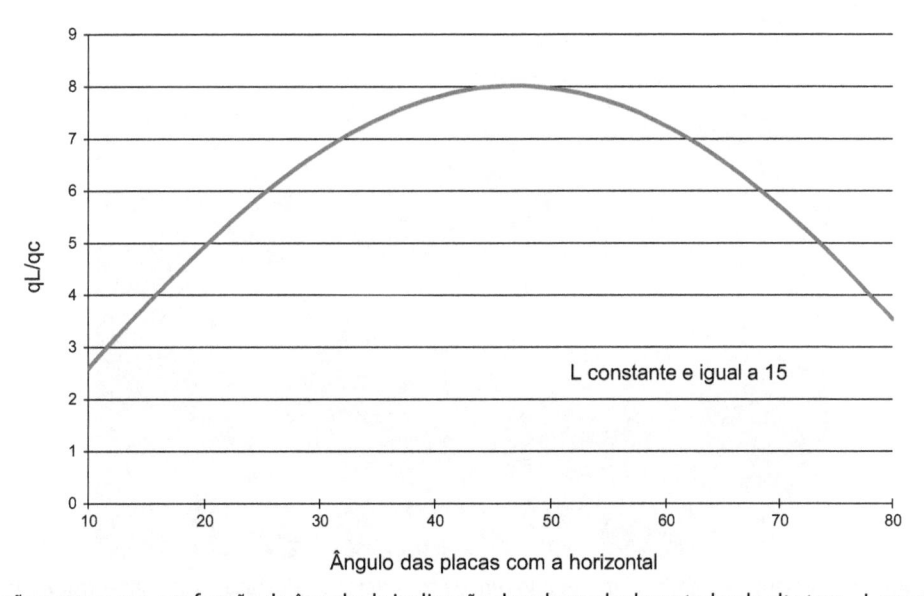

Figura 4-31 Relação entre q_L e q_c em função do ângulo de inclinação das placas do decantador de alta taxa – L constante e igual a 15.

Ponto Relevante 9: O ângulo de inclinação das placas de decantadores de alta taxa com o plano horizontal que permite valores maiores de q_L situa-se em torno de 50°.

De fato, a construção de placas ou dutos de sedimentação laminar pré-fabricados fornecidos para decantadores de alta taxa normalmente é efetuada com ângulos que variam entre 55° e 65°, o que se justifica em razão de ser possível minimizar o valor de q_L. Adicionalmente, garante-se um critério de autolimpeza das placas, possibilitando a remoção das partículas pré-sedimentadas por sedimentação gravitacional. As Figuras 4-32 e 4-33 apresentam alguns sistemas pré-fabricados de módulos comumente empregados em decantadores de alta taxa.

Além do ângulo das placas com o plano horizontal, os dutos de sedimentação laminar são também caracterizados por grandezas geométricas relevantes, por exemplo: o comprimento do módulo (l) e a distância

Figura 4-32 Módulos de sedimentação laminar empregados em decantadores de alta taxa – placas planas inclinadas a 60°.

Figura 4-33 Módulos de sedimentação laminar empregados em decantadores de alta taxa – sistemas estruturados do tipo colmeia.

perpendicular entre os dutos (d). Convencionou-se expressar a relação entre l e d pelo parâmetro adimensional L. É possível, então, empregar a Equação 4-60 para calcular a grandeza q_c/q_L em função de L, mantendo-se fixo o ângulo dos dutos com o plano horizontal igual a 60°. Os resultados encontram-se apresentados na Figura 4-34.

Observa-se que, com o aumento da grandeza L, há uma redução do valor de q_c/q_L, o que tende a otimizar o dimensionamento de decantadores de alta taxa, por viabilizar a adoção de maiores valores de taxa de escoamento superficial. Como consequência, podem-se implantar unidades de sedimentação com menores áreas superficiais.

Ocorre que, com o gradativo aumento do parâmetro adimensional L, a taxa de redução no valor de q_c/q_L tende a ser significativamente reduzida, não se justificando a adoção de valores de L superiores a 40.

Normalmente, o espaçamento entre os dutos de sedimentação de alta taxa situa-se entre 4 e 8 cm, portanto, para valores de L iguais a 30, exige-se um comprimento dos dutos em torno de 1,2 a 2,4 m. Os resultados

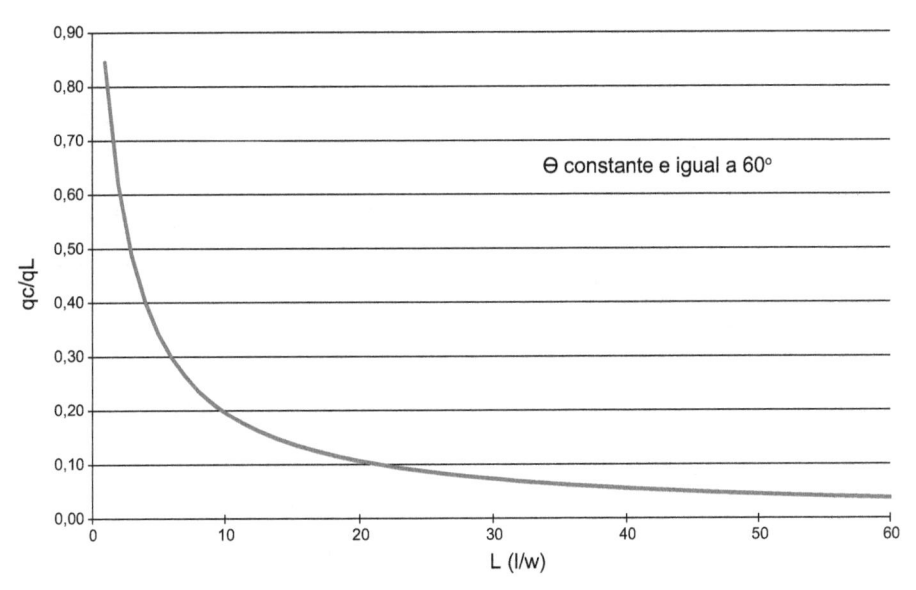

Figura 4-34 Relação entre q_c e q_L em função da grandeza L (l/d) – θ constante e igual a 60°.

práticos indicam que a adoção de valores de L superiores a 25 é bastante adequada na sedimentação de alta taxa, o que faz com que o comprimento mínimo adotado para os dutos de sedimentação de alta taxa seja igual ou superior a 1,2 m.

Ponto Relevante 10: A adoção de valores de L iguais ou superiores a 40 não apresenta grandes benefícios no dimensionamento de decantadores de alta taxa, recomendando-se valores sempre superiores a 20.

Considerando que o ângulo e o parâmetro L das placas ou dos módulos de sedimentação de alta taxa sejam predefinidos, pode-se, portanto, proceder ao cálculo dos valores de velocidade de escoamento entre as placas para diferentes valores de velocidade de sedimentação. Rearranjando-se a Equação 4-53, pode-se escrever que:

$$V_0 = v_s.(L.cos\theta + sen\theta)$$

(Equação 4-62)

A utilização da Equação 4-62 no dimensionamento de decantadores de alta taxa merece uma análise criteriosa, em especial com relação ao parâmetro L. Geralmente, o espaçamento entre os módulos é da ordem de 5 cm e o comprimento do módulo de sedimentação de alta taxa é igual a 1,2 m. Assim sendo, tem-se um valor de L igual a 24. Por sua vez, as velocidades de sedimentação de partículas floculentas produzidas em processos de coagulação que empregam sais de alumínio e ferro são da ordem de 20 a 60 m/dia.

Como a condição ótima de dimensionamento de decantadores de alta taxa é aquela na qual o valor de V_0 é máximo (menor área requerida para a unidade de sedimentação), uma análise da Equação 4-62 indica que, aumentando o valor de L, seria possível também alcançar maiores valores de V_0. A Figura 4-35 apresenta valores de V_0 calculados em função da velocidade de sedimentação dos flocos para diferentes valores de L, mantendo-se fixo o ângulo de inclinação dos módulos igual a 60°.

Assumindo-se, por exemplo, um valor de velocidade de sedimentação dos flocos em torno de 40 m/dia, para valores de L iguais a 24, 30 e 40, seria possível adotar valores de V_0 iguais a 35 cm/min, 44 cm/min e 58 cm/min, respectivamente. Ocorre que a adoção de velocidades de escoamento entre os módulos muito elevada tende a ocasionar o arraste das partículas previamente depositadas, contribuindo, assim, para uma significativa piora da qualidade da água decantada.

Em razão do exposto, tem sido prática comum limitar o valor de V_0 e, uma vez conhecido, este possibilita efetuar o dimensionamento do decantador de alta taxa. Por exemplo, alguns autores recomendam a adoção de valores de V_0 não superiores a 15 cm/min (KAWAMURA, 2000). Experiências brasileiras sugerem valores máximos de V_0 iguais a 30 cm/min, desde que o valor de L seja sempre superior a 20 (DI BERNARDO; DANTAS, 2005).

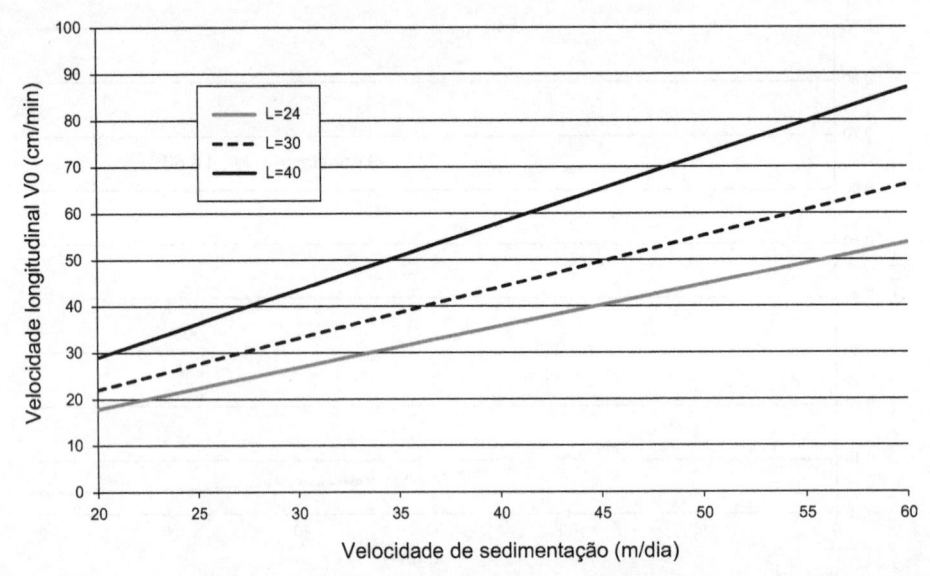

Figura 4-35 Velocidade de escoamento nos dutos em função da velocidade de sedimentação dos flocos para diferentes valores de L.

Ponto Relevante 11: O parâmetro de projeto mais relevante no dimensionamento de decantadores de alta taxa é a velocidade de escoamento (V_0) imposta nos módulos. Recomenda-se, então, a adoção de valores de V_0 sempre inferiores a 20 cm/min, preferencialmente em torno de 15 cm/min. Desse modo, sendo conservador, é possível aumentar a vazão afluente à unidade sem que sejam esperados prejuízos á qualidade da água decantada.

Ponto Relevante 12: Embora haja no mercado módulos de sedimentação de alta taxa com comprimentos iguais a 0,6 m, é sempre recomendável a adoção de comprimentos iguais ou superiores a 1,2 m.

Os principais parâmetros de projeto considerados no dimensionamento de decantadores de alta taxa encontram-se apresentados a seguir.

PARÂMETROS DE PROJETO – DECANTADORES DE ALTA TAXA
- Velocidade de escoamento entre as placas ou dutos: 15 a 20 cm/min
- Taxa de escoamento superficial: 120 a 180 m^3/m^2.dia
- Relação entre comprimento e largura (L/B): variável
- Altura da lâmina d'água (H): 4,0 a 5,0 m
- Comprimento das placas ou dutos de sedimentação: 1,0 a 1,5 m
- Ângulo das placas ou dutos de sedimentação com a horizontal: 55° a 65°
- Distância entre as placas ou dutos: 4 a 8 cm
- Velocidade horizontal abaixo dos módulos de alta taxa: menor que 1,0 m/min
- Taxa de escoamento linear nas calhas de coleta de água decantada: 2,0 a 3,5 L/s.m

De maneira análoga aos decantadores convencionais de fluxo horizontal, também os decantadores de alta taxa são caracterizados por apresentarem zona de introdução de água floculada, zona de sedimentação, zona de acúmulo e remoção de lodo e zona de coleta de água decantada.

O arranjo das partes constitutivas de um decantador de alta taxa deve considerar os módulos de sedimentação instalados em um plano horizontal, permitindo a alimentação de água floculada para que o escoamento ocorra de forma ascendente. Desse modo, as partículas floculentas deverão ser capturadas pelas placas ou dutos de sedimentação, e a água clarificada continuará seu movimento ascendente até seu sistema de coleta de água decantada. As Figuras 4-36 e 4-37 apresentam, respectivamente, um corte e uma planta típicos das principais partes constitutivas de um decantador de alta taxa.

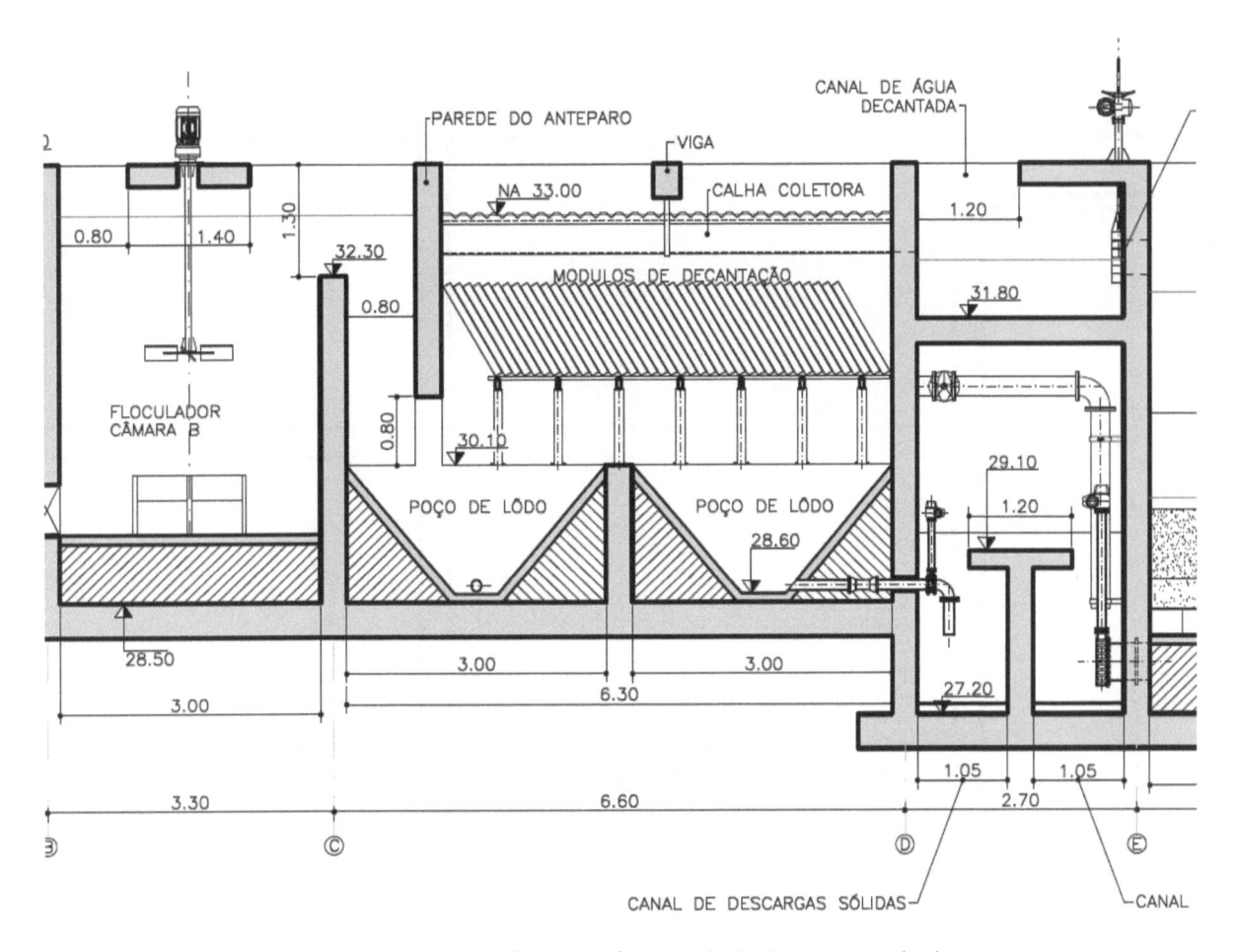

Figura 4-36 Corte de um decantador de alta taxa e disposição de suas principais partes constitutivas.

Como o escoamento ascendente da água clarificada deve ocorrer em toda a área horizontal coberta pelos módulos de sedimentação de alta taxa, as calhas de coleta de água decantada também devem ser dispostas de modo a cobrir toda a área de sedimentação.

As partículas separadas da fase líquida são removidas pelas placas ou pelos dutos e escoam em movimento descendente até a zona de deposição e remoção de lodo. É importante salientar que, por sua natureza floculenta, há uma tendência de agregação de partículas coloidais na superfície das placas, o que faz com que estas aumentem gradativamente de tamanho, ocorrendo seu descolamento dos dutos de sedimentação laminar e posteriormente sua remoção por sedimentação gravitacional.

Analogamente aos decantadores convencionais de fluxo horizontal, a entrada de água floculada na unidade de sedimentação de alta taxa deve ocorrer de maneira que não permita a quebra dos flocos anteriormente formados no processo de floculação. O melhor meio de garantir a integridade dos flocos formados e conduzidos ao processo de sedimentação é mediante a associação da unidade de floculação à unidade de sedimentação como unidades contíguas e constituindo um módulo de tratamento. Assim, evita-se a veiculação da água floculada por meio de canais e comportas, que são elementos propiciadores de condições ideais para a ruptura dos flocos.

Ponto Relevante 13: Os decantadores de alta taxa devem ser projetados prevendo-se que o conjunto unidade de floculação e sedimentação forme uma estrutura única, evitando-se, assim, a veiculação de água floculada entre diferentes unidades de sedimentação.

A distribuição de água floculada nos módulos de sedimentação de alta taxa merece um comentário especial, em razão de inúmeras observações de campo. Tem sido prática comum entre os diferentes projetistas no

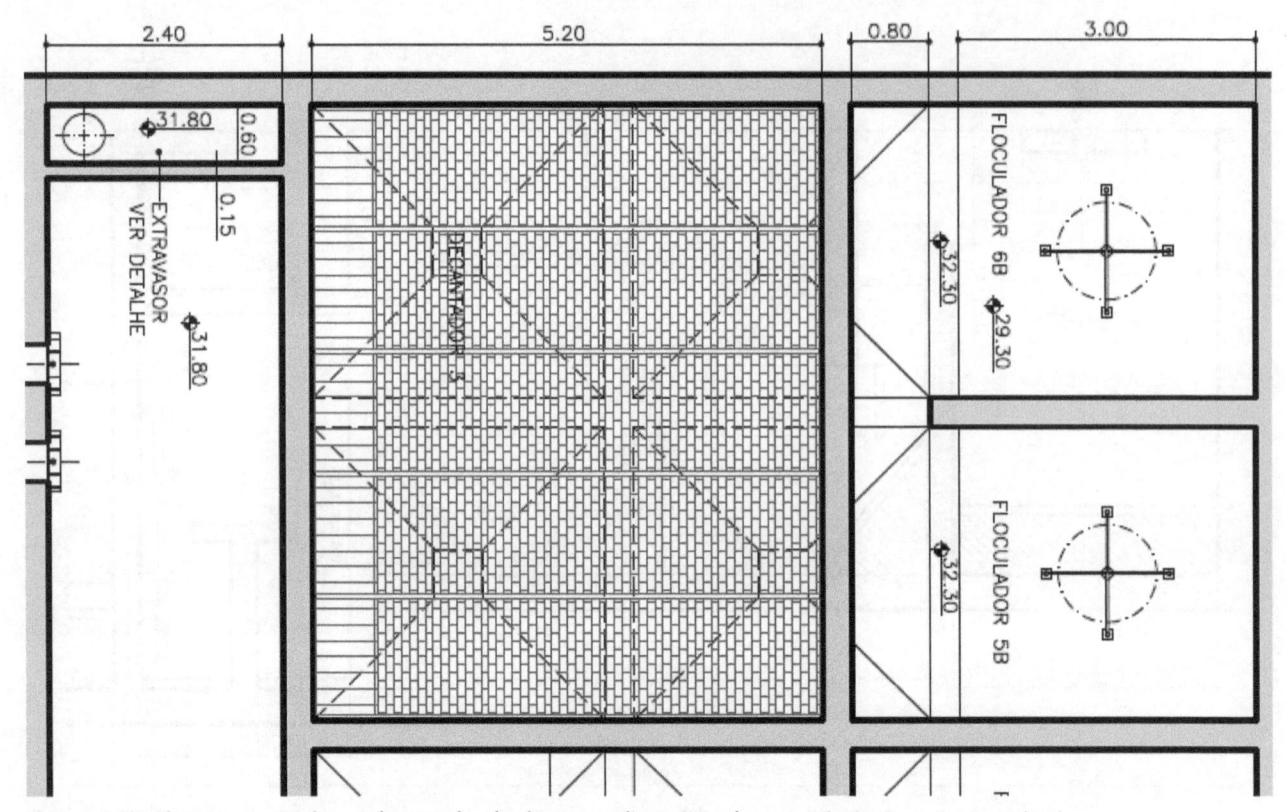

Figura 4-37 Planta superior de um decantador de alta taxa e disposição de suas principais partes constitutivas.

Brasil e na América Latina a adoção de sistemas de distribuição de água floculada compostos por tubulações ou canais dispostos de maneira uniforme e abaixo dos módulos de sedimentação de alta taxa. A justificativa para tal procedimento é a uniformização das vazões distribuídas sob os módulos de sedimentação, de modo a se evitarem zonas mortas ou curtos-circuitos. A Figura 4-38 apresenta um sistema de distribuição de água floculada composto por tubulações principais dispostas abaixo dos módulos de sedimentação de alta taxa e dotado de orifícios bilaterais.

Figura 4-38 Decantador de alta taxa e sistema de distribuição de água floculada composto por tubulações dotadas de orifícios bilaterais.

Embora a distribuição equitativa de vazão de água floculada abaixo dos módulos de sedimentação de alta taxa seja louvável, do ponto de vista hidráulico, essa prática somente é possível impondo-se valores de perda de carga nos orifícios superiores aos da tubulação principal. A observância desses maiores valores de perda de carga nos orifícios exige que suas velocidades sejam, em geral, superiores a 0,1 m/s, o que tende a proporcionar uma elevada quebra de flocos.

Depare-se, por conseguinte, com uma incompatibilidade entre proporcionar uma distribuição regular de água floculada sob os módulos e evitar a ocorrência de elevadas velocidades nos orifícios. É interessante observar que a prática norte-americana com respeito ao dimensionamento de decantadores de alta taxa não recomenda a instalação de sistemas de distribuição de água floculada sob os módulos de decantação. Geralmente, os decantadores têm, a montante da área coberta por módulos, uma região livre para a uniformização do fluxo, que normalmente corresponde entre 20% e 30% da área total do decantador. A Figura 4-39 apresenta o conceito típico de um decantador de alta taxa comumente projetado nos Estados Unidos.

Figura 4-39 Decantador de alta taxa e disposição de suas principais partes constitutivas.

(Fonte: http://www.brentwoodindustries.com/water-wastewater-products/sedvac/.)

Para que os flocos separados da fase líquida não interfiram na operação do decantador de alta taxa e não sejam arrastados pela água floculada novamente para os módulos de decantação, é imprescindível que o lodo seja continuamente removido da unidade.

Como os decantadores de alta taxa normalmente apresentam valores de taxas de escoamento superficial em torno de 120 a 180 m^3/m^2.dia, estes apresentam um volume muito menor quando comparados com decantadores convencionais de fluxo horizontal. Por serem unidades de menor volume, não há espaço disponível para o acúmulo de lodo e, caso isso ocorra, haverá seu arraste pela água floculada, ocasionando deterioração na qualidade da água decantada. A recomendação norte-americana é que a velocidade de escoamento longitudinal na zona abaixo dos módulos de sedimentação de alta taxa seja igual ou inferior a 1,0 m/min, de modo a evitar o arraste dos sólidos previamente depositados na laje de fundo e ainda não removidos (DOWBIGGIN; BREESE, 2012).

O sucesso na operação de um decantador de alta taxa consiste, portanto, em não permitir, em nenhuma hipótese, o acúmulo de lodo em seu interior.

Ponto Relevante Final: O sucesso na operação de decantadores de alta taxa depende da remoção do lodo sedimentado na unidade, devendo esta operação ocorrer de maneira semicontínua ao longo do tempo.

O principal motivo de fracassos no projeto e na operação de decantadores de alta taxa está associado à inexistência de sistemas eficientes de remoção de lodo. Os sistemas mais comuns para a retirada de lodo são os que utilizam dispositivos mecanizados ou hidráulicos. As mesmas tecnologias de equipamentos mecanizados de remoção de lodo existentes para decantadores convencionais de fluxo horizontal também estão disponíveis para decantadores de alta taxa. Por conseguinte, o projeto da unidade é geralmente adaptado para os equipamentos disponíveis no mercado. A Figura 4-40 apresenta um decantador de alta taxa dotado de um equipamento mecanizado para a remoção de lodo. Esse equipamento em particular possibilita o arraste do lodo para a parte inicial do decantador e o encaminha para poços de lodo, de maneira que sua remoção ocorra por descargas hidráulicas efetuadas de modo semicontínuo.

Figura 4-40 Decantador de alta taxa dotado de sistema de remoção semicontínua de lodo.

A grande vantagem na adoção de sistemas mecanizados de remoção de lodo é sua alta eficiência e robustez, além da grande facilidade na construção da unidade, uma vez que a laje da unidade pode ser praticamente plana. Inclusive, os equipamentos disponíveis no mercado podem ser facilmente adaptados às unidades existentes sem a necessidade de grandes intervenções estruturais em lajes existentes, prevendo-se, quando muito, sua regularização.

Uma vez efetuada a opção por sistemas mecanizados de remoção de lodo, os equipamentos a serem selecionados devem ser de reconhecida reputação, do contrário, o funcionamento da unidade poderá ser gravemente comprometido.

Em caso de indisponibilidade de equipamentos mecanizados de remoção de lodo de reputação reconhecidos, ou em razão de seu alto custo, pode-se optar por sistemas hidráulicos de remoção de lodo. Os sistemas hidráulicos mais comuns de remoção de lodo consistem na implantação de poços de lodo ao longo da área do decantador, sendo cada poço dotado de um sistema de descarga exclusivo por meio de válvula automatizada e controle de cursor. A Figura 4-41 apresenta um decantador de alta taxa dotado de poços de lodo para descarga semicontínua de lodo por meio de descargas hidráulicas.

Os sistemas hidráulicos de remoção de lodo são bastante eficientes. No entanto, seu sucesso depende de um projeto hidráulico correto e de uma operação eficiente. Um dos erros mais comuns é a concepção de sistema de descarga hidráulica de lodo dotado de barrilete interligando diferentes poços de lodo por uma única tubulação. Esse tipo de concepção hidráulica não permite que as vazões de lodo descarregadas de cada poço sejam iguais, o que ocasiona desequilíbrio de vazões e ineficiência no funcionamento da unidade. Assim, para que o sistema possa funcionar a contento, deve-se prever que as descargas sejam individuais por poço de lodo (Fig. 4-42).

Figura 4-41 Decantador de alta taxa dotado de poços com sistema hidráulico de remoção de lodo.

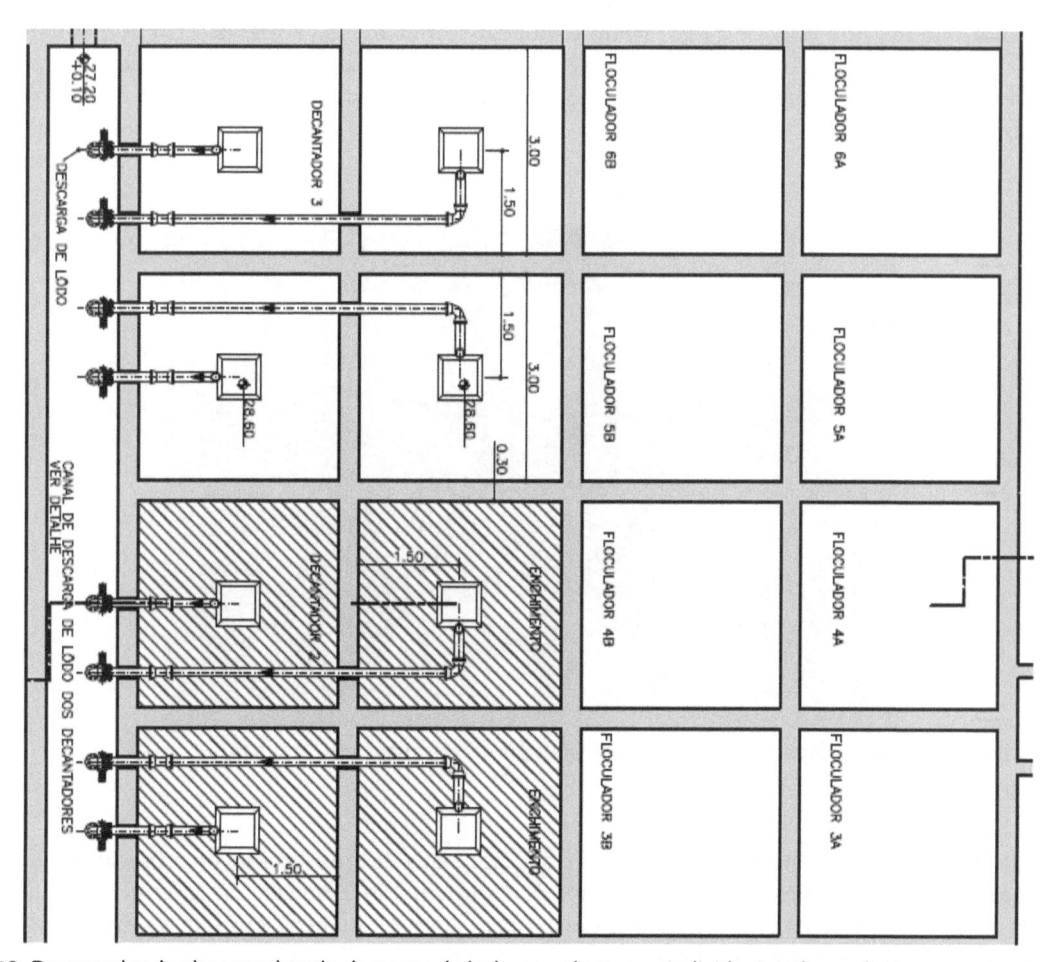

Figura 4-42 Decantador de alta taxa dotado de poços de lodo com descargas individuais independentes.

O segundo erro mais comum é permitir que o lodo adense no poço de lodo. Os projetistas acabam prevendo poços de lodo muito profundos e com paredes com elevada inclinação em relação ao plano horizontal, em geral superior a 60°. Do mesmo modo, admitem intervalos muito longos entre descargas sucessivas, com a finalidade de permitirem a obtenção de lodos descarregados com maiores teores de sólidos, o que é um equívoco. É importante considerar que a retirada de lodo por meio de dispositivos hidráulicos exige que suas concentrações de sólidos sejam reduzidas, em geral, em torno de 0,5% a 0,8%, ou seja, em condições bastante fluidas. Se, porventura, o lodo sofrer algum tipo de adensamento no poço de lodo, ao ser efetuada uma descarga, haverá a formação de um cone com diâmetro igual à descarga e, preferencialmente, haverá o escoamento de água. Dadas as interações entre as partículas floculentas em estado de adensamento, o lodo permanecerá retido na unidade e a água escoará pelo lodo sem que haja seu transporte.

Para evitar que o lodo não adense no decantador, suas descargas necessitam ser periódicas e espaçadas, de modo que o intervalo entre descargas sucessivas não seja superior a 30 min. O tempo de descarga normalmente varia de 30 s a 60 s, podendo este ser ajustado em função da qualidade da água bruta.

O Vídeo 4-4 apresenta uma descarga típica de lodo efetuada em decantadores laminares cujo intervalo entre descargas sucessivas situa-se em torno de 30 min.

Se, porventura, os sistemas de remoção de lodo em decantadores de alta taxa não forem do tipo semicontínuos, com o tempo haverá a necessidade de estes serem esgotados para promover sua retirada de lodo. Como os decantadores de alta taxa não são unidades projetadas para permitir o acúmulo de sólidos, o tempo de operação entre lavagens sucessivas é bastante reduzido, o que impõe inúmeras dificuldades operacionais na operação das unidades de sedimentação, por exemplo: número excessivo de lavagens de decantadores, diminuição da capacidade de produção de água e maior demanda de mão de obra.

Como é muito difícil que essas descargas sejam efetuadas manualmente, é mandatório que as válvulas sejam automatizadas e dotadas de controle de cursor com vistas a controlar a abertura do obturador para controle das vazões de lodo. A Figura 4-43 apresenta um conjunto de válvulas automatizadas de descarga de lodo implantadas em um decantador de alta taxa.

Figura 4-43 Válvulas automatizadas de descarga de lodo instaladas em decantadores de alta taxa.

O acúmulo de lodo nos decantadores de alta taxa e a ineficiência de seus sistemas de remoção são visivelmente percebidos pela condição de colmatação dos módulos de sedimentação, em razão do acúmulo de sólidos em seu interior. A Figura 4-44 apresenta um decantador de alta taxa com deficiências em seus sistemas de remoção de lodo e acúmulo de sólidos nos módulos de sedimentação.

Quando o intervalo entre lavagens sucessivas se torna bastante frequente, tende a ocorrer uma grave deposição de sólidos de difícil remoção entre os módulos. Tem sido prática muito comum entre os operadores a lavagem

Figura 4-44 Acúmulo de sólidos em módulos de sedimentação em razão de ausência de remoção semicontínua de lodo em decantadores de alta taxa.

dos módulos por meio de operações de jateamento com água pressurizada, o que é é recomendável em razão da fragilidade de alguns módulos de sedimentação de alta taxa disponíveis no mercado.

Com o tempo, as sucessivas operações de jateamento dos módulos de sedimentação de alta taxa tendem a comprometer sua integridade física, exigindo trocas frequentes. Além do alto custo de reabilitação e troca dos módulos deteriorados, tem-se uma piora no desempenho do decantador de alta taxa, o que deve ser evitado. A Figura 4-45 apresenta um módulo de sedimentação de alta taxa avariado em razão de operações de lavagem inadequadas.

Figura 4-45 Módulo de sedimentação de alta taxa danificado em função de operações inadequadas de lavagem.

Exemplo 4-3
Problema: Efetuar o projeto das unidades de sedimentação de uma estação de tratamento de água cuja vazão nominal deverá ser igual a 2,4 m³/s. Os decantadores deverão ser de alta taxa e dotados de sistemas de remoção semicontínua de lodo por meio de dispositivos mecanizados. Deve ser considerada uma velocidade de escoamento entre os módulos de alta taxa igual a 15 cm/min. A temperatura da fase líquida adotada é igual a 20 °C.

Solução: O Exemplo 4-3 é idêntico ao Exemplo 4-2, com a exceção de que as unidades de sedimentação agora definida são compostas por decantadores de alta taxa. De maneira análoga, será admitida a implantação de quatro unidades. A vazão de projeto de cada unidade deverá ser, portanto, igual a 0,6 m^3/m^2.dia (600 L/s).

- Passo 1: Estimativa da área de sedimentação requerida

A velocidade de escoamento adotada entre os módulos é igual a 15 cm/min. Tem-se, então, que a área superficial líquida perpendicular aos módulos de sedimentação deverá ser igual a:

$$A_0 = \frac{Q}{v_0} = \frac{0,6\frac{m^3}{s}.60\frac{s}{min}.100\frac{cm}{m}}{15 \, cm / min} \cong 240 \, m^2 \qquad \text{(Equação 4-63)}$$

A_0 = área líquida perpendicular aos módulos de sedimentação (L^2)
Q = vazão (L^3T^{-1})
v_0 = velocidade de escoamento entre os módulos de sedimentação (LT^{-1})

Como os módulos de sedimentação apresentam ângulo de inclinação igual a 60° em relação ao plano horizontal, a área horizontal líquida (Ap) pode ser calculada pela seguinte expressão:

$$A_p = \frac{A_0}{sen\theta} = \frac{240 \, m^2}{sen60} \cong 277 \, m^2 \qquad \text{(Equação 4-64)}$$

A_p = área líquida horizontal aos módulos de sedimentação (L^2)

Normalmente, os módulos de sedimentação ocupam cerca de 10% a 20% da área total. Assim, adotando-se um valor conservativo igual a 20%, a área horizontal total coberta pelos módulos de sedimentação pode ser estimada por:

$$A_{pl} = \frac{A_p}{1-0,2} = \frac{277 \, m^2}{0,8} \cong 346 \, m^2 \qquad \text{(Equação 4-65)}$$

- Passo 2: Estimativa das dimensões básicas da unidade de sedimentação

Admite-se que a unidade de sedimentação de alta taxa projetada esteja associado a uma unidade de floculação com largura útil igual a 20,0 m. Assim sendo, o comprimento mínimo da área coberta pelos módulos de sedimentação deverá ser igual a:

$$L = \frac{A_{pl}}{B} = \frac{346 \, m^2}{20,0 \, m} \cong 17,3 \, m \qquad \text{(Equação 4-66)}$$

B e L = largura e comprimento da unidade de sedimentação de alta taxa (L)

Admite-se, portanto, uma largura igual a 20,0 m e um comprimento da área coberta por módulos de sedimentação igual a 18,0 m, o que totaliza uma área de sedimentação igual a 360 m^2.

Tendo em vista garantir que uma parte do decantador de alta taxa apresente área livre entre os dispositivos de entrada de água floculada e a área coberta pelos módulos de sedimentação de alta taxa, deve-se assumir um comprimento total para a unidade de sedimentação igual a 25,0 m, sendo 18,0 m cobertos por módulos de sedimentação e 7,0 m livres. Desse modo, assegura-se pleno acesso ao decantador de alta taxa em sua parte inicial, possibilitando operações de manutenção no equipamento mecânico de remoção de lodo.

- Passo 3: Verificação das taxas de escoamento superficial virtual para ambas as condições de vazão, nominal e máxima

A vazão nominal da ETA é igual a 2,4 m^3/s, e, uma vez considerado um total de quatro unidades de sedimentação, a vazão nominal da unidade deverá ser igual a 0,6 m^3/s. Supondo que a vazão máxima afluente a cada unidade de sedimentação seja adotada mantendo-se constante a vazão total afluente a ETA e assumindo que uma das unidades esteja fora de operação, por conseguinte, a vazão máxima afluente a cada decantador de alta taxa deverá ser igual a 0,8 m^3/s.

$$q_{Ln} = \frac{Q}{A_s} = \frac{0,6\frac{m^3}{s}.86.400\ s\ /\ dia}{20,0\ m.18,0\ m} \cong 144\ \frac{m^3}{m^2.dia} \qquad \text{(Equação 4-67)}$$

$$q_{Lmáx} = \frac{Q}{A_s} = \frac{0,8\frac{m^3}{s}.86.400\ s\ /\ dia}{20,0\ m.18,0\ m} \cong 192\ \frac{m^3}{m^2.dia} \qquad \text{(Equação 4-68)}$$

As taxas de escoamento superficial virtual resultaram iguais a 144 m^3/m^2.dia e 192 m^3/m^2.dia. Para a condição de vazão nominal, tem-se que o valor está adequado, uma vez que resultou inferior a 180 m^3/m^2.dia. Para a condição de vazão máxima, obteve-se um valor ligeiramente superior a 180 m^3/m^2.dia, podendo este ser tolerado na medida em que sua ocorrência será excepcional. Conclui-se, portanto, que o pré-dimensionamento efetuado é adequado.

É interessante notar que os valores de taxas de escoamento superficial virtual observados para decantadores de alta taxa são bem superiores que os obtidos com decantadores convencionais de fluxo horizontal, o que faz com que aquelas unidades ocupem muito menor área e, assim, se tornem também mais econômicas.

- Passo 4: Dimensionamento da área da secção de escoamento sob os módulos de sedimentação de alta taxa

A recomendação prática é que a velocidade de escoamento sob os módulos de sedimentação de alta taxa não seja superior a 1,0 m/min. A área livre deverá ser, portanto, igual a:

$$A_m = \frac{Q}{v_m} = \frac{0,6\frac{m^3}{s}.60\ s\ /\ min}{1,0\ m\ /\ min} = 36\ m^2 \qquad \text{(Equação 4-69)}$$

A_m = área de escoamento livre abaixo dos módulos de sedimentação (L^2)
v_m = velocidade de escoamento sob os módulos de sedimentação de alta taxa (LT^{-1})

Uma vez que a largura do decantador é igual a 20,0 m, a altura líquida entre a base inferior dos módulos de sedimentação e a laje de fundo do decantador de alta taxa deverá ser igual a:

$$h_m = \frac{A_m}{B} = \frac{36\ m^2}{20,0\ m} \cong 1,8\ m \qquad \text{(Equação 4-70)}$$

h_m = altura de lâmina d'água entre os módulos de sedimentação de alta taxa e a laje de fundo da unidade (L)

Adotando-se uma altura (h_m) igual a 2,0 m, as velocidades de escoamento sob os módulos de sedimentação esperadas para ambas as condições de vazão nominal e máxima deverão ser iguais a:

$$v_m = \frac{Q}{A_m} = \frac{0,6\frac{m^3}{s}.60\ s\ /\ min}{20,0\ m.2,0\ m} = 0,9\ m\ /\ min \qquad \text{(Equação 4-71)}$$

$$v_m = \frac{Q}{A_m} = \frac{0,8\frac{m^3}{s}.60\ s\ /\ min}{20,0\ m.2,0\ m} = 1,2\ m\ /\ min \qquad \text{(Equação 4-72)}$$

- Passo 5: Definição do número de calhas de coleta de água decantada

O comprimento e a largura total do decantador coberto por módulos de sedimentação é igual a 18,0 m e a 20,0 m, respectivamente. Supondo-se que a distância máxima entre as calhas seja igual a 3,0 m, o número mínimo de calhas deverá ser igual a:

$$N_{calhas} = \frac{L}{d} = \frac{20,0\ m}{3,0\ m} \cong 6,7\ calhas \qquad \text{(Equação 4-73)}$$

N_{calhas} = número mínimo de calhas de coleta de água decantada
L = comprimento do decantador (L)
d = distância entre as calhas de coleta de água decantada (L)

Será adotada, então, a implantação de oito calhas de coleta de água decantada com comprimento total igual a 18,0 m, cada uma. O espaçamento entre estas deverá ser igual a 2,5 m de centro a centro. Por conseguinte, seus valores de taxa linear de escoamento deverão ser iguais a:

$$q_{mín} = \frac{Q}{L_c} = \frac{0,6\frac{m^3}{s}.1.000\frac{L}{m^3}}{8.18,0\ m.2} \cong 2,1\frac{L}{s.m} \qquad \text{(Equação 4-74)}$$

$$q_{máx} = \frac{Q}{L_c} = \frac{0,8\frac{m^3}{s}.1.000\frac{L}{m^3}}{8.18,0\ m.2} \cong 2,8\frac{L}{s.m} \qquad \text{(Equação 4-75)}$$

q = taxa de escoamento linear nas calhas de coleta de água decantada ($L^3T^{-1}L^{-1}$)
L_c = comprimento total das calhas de coleta de água decantada por unidade de sedimentação (L)

Como a taxa de escoamento nas calhas de coleta de água decantada resulta inferior a 3,5 L/s.m para a condição de vazão máxima, seu pré-dimensionamento está adequado.

- Passo 6: Dimensionamento hidráulico das calhas de coleta de água decantada

As calhas de coleta de água decantada deverão ser dotadas de vertedores triangulares de 90° ao longo de todo o seu comprimento. Será admitido um vertedor triangular com largura unitária igual a 12 cm e distância entre vértices igual a 15 cm, semelhante ao adotado no Exemplo 4-2.

Como cada decantador será dotado de um total de oito calhas de coleta de água decantada com comprimento unitário igual a 18,0 m, o comprimento total das calhas de coleta de água decantada deverá ser igual a 288 m. Uma vez que a distância entre os vértices dos vertedores triangulares é de 15 cm, tem-se um total de vertedores triangulares por decantador igual a:

$$N_v = \frac{L_c}{d_v} = \frac{288\ m}{0,15m} \cong 1.920 \qquad \text{(Equação 4-76)}$$

N_v = número de vertedores triangulares por unidade de sedimentação
L_c = comprimento total das calhas de coleta de água decantada por unidade de sedimentação (L)
d_v = distância entre os vértices dos vertedores triangulares (L)

Desse modo, para as vazões nominal e máxima iguais a 600 L/s e 800 L/s, respectivamente, tem-se que a vazão individual de cada vertedor é igual a:

$$Q_{v1} = \frac{Q}{N_v} = \frac{600\ L/s}{1.920} \cong 0,313\ L/s \qquad \text{(Equação 4-77)}$$

$$Q_{v1} = \frac{Q}{N_v} = \frac{800\ L/s}{1.600} \cong 0,417\ L/s \qquad \text{(Equação 4-78)}$$

Por sua vez, a carga hidráulica nos vertedores triangulares pode ser calculada pelas seguintes expressões:

$$h_{mín} = \left(\frac{Q}{1,46}\right)^{2/5} = \left(\frac{0,313.10^{-3}\frac{m^3}{s}}{1,46}\right)^{2/5} \cong 3,4\ cm \qquad \text{(Equação 4-79)}$$

$$h_{máx} = \left(\frac{Q}{1,46}\right)^{2/5} = \left(\frac{0,417.10^{-3}\,\frac{m^3}{s}}{1,46}\right)^{2/5} \cong 3,8\ cm \qquad \text{(Equação 4-80)}$$

h = altura da lâmina d'água sobre a crista do vertedor triangular em m
Q = vazão em m³/s

Para as vazões afluentes ao decantador iguais a 600 L/s e 800 L/s, tem-se que suas alturas de lâmina d'água esperada deverão ser iguais a 3,4 cm e 3,8 cm, respectivamente, e inferiores a 6 cm. Por conseguinte, o dimensionamento hidráulico do sistema de coleta de água decantada está adequado.

Serão determinadas, então, a largura e a altura das calhas de coleta. De maneira análoga ao dimensionamento das calhas de coleta de água decantada efetuado no Exemplo 4-2, será calculada a altura máxima do nível d'água (h_0) na calha de coleta de água decantada, admitindo-se que a mesma trabalhe com escoamento livre. Para a calha que trabalha como descarga livre, o valor de h_0 pode ser calculado pelas seguintes expressões:

$$h_c = \left[\left(\frac{Q}{b}\right)^2 \cdot \frac{1}{g}\right]^{1/3} \qquad \text{(Equação 4-81)}$$

$$h_0 = \sqrt{h_c^2 + \frac{2.Q^2}{g.b^2.h_c}} \qquad \text{(Equação 4-82)}$$

Q = vazão em m³/s
b = largura da calha de coleta de água decantada em m
g = aceleração da gravidade em m/s²
h_c = altura crítica em m

Cada unidade de sedimentação terá um total de oito calhas de coleta de água decantada, portanto, suas vazões unitárias deverão ser iguais a:

$$Q_{c1} = \frac{Q}{N_c} = \frac{600\ L/s}{8} \cong 75\ L/s \qquad \text{(Equação 4-83)}$$

$$Q_{c2} = \frac{Q}{N_c} = \frac{800\ L/s}{8} \cong 100\ L/s \qquad \text{(Equação 4-84)}$$

Q_c = vazões individuais por calha de coleta de água decantada
N_c = número de calhas de coleta de água decantada por unidade de sedimentação

Em seguida, será adotada uma largura individual para as calhas de coleta de água decantada igual a 0,4 m. Como estas deverão trabalhar com descarga livre, suas alturas críticas para ambas as vazões iguais a 75 L/s e 100 L/s deverão ser iguais a:

$$h_{c1} = \left[\left(\frac{Q}{b}\right)^2 \cdot \frac{1}{g}\right]^{1/3} = \left[\left(\frac{0,075\,\frac{m^3}{s}}{0,4\ m}\right)^2 \cdot \frac{1}{9,81\,\frac{m}{s^2}}\right]^{1/3} \cong 0,153\ m \qquad \text{(Equação 4-85)}$$

$$h_{c2} = \left[\left(\frac{Q}{b}\right)^2 \cdot \frac{1}{g}\right]^{1/3} = \left[\left(\frac{0,100\,\frac{m^3}{s}}{0,4\ m}\right)^2 \cdot \frac{1}{9,81\,\frac{m}{s^2}}\right]^{1/3} \cong 0,185\ m \qquad \text{(Equação 4-86)}$$

Utilizando-se a Equação 4-82, os valores de h_0 podem ser calculados da seguinte maneira:

$$h_{01} = \sqrt{h_c^2 + \frac{2.Q^2}{g.b^2.h_c}} = \sqrt{\left(0,153\,m\right)^2 + \frac{2.\left(0,075\,\frac{m^3}{s}\right)^2}{9,81\,\frac{m}{s^2}.\left(0,4\,m\right)^2.0,153\,m}} \cong 0,27\,m \qquad \text{(Equação 4-87)}$$

$$h_{02} = \sqrt{h_c^2 + \frac{2.Q^2}{g.b^2.h_c}} = \sqrt{\left(0,185\,m\right)^2 + \frac{2.\left(0,100\,\frac{m^3}{s}\right)^2}{9,81\,\frac{m}{s^2}.\left(0,4\,m\right)^2.0,185\,m}} \cong 0,32\,m \qquad \text{(Equação 4-88)}$$

Por conseguinte, serão adotadas calhas de coleta de água decantada com largura e altura iguais a 0,4 m.

Uma vez conhecida a distância entre as calhas de coleta de água decantada (2,5 m) e a altura da calha (0,4 m), é possível calcular a altura recomendada entre o topo dos módulos de sedimentação e o topo da calha de água decantada (Fig. 4-46) pela Equação 4.89 a seguir.

$$\frac{D}{2} - h_c \leq H \leq \frac{D}{2} \qquad \text{(Equação 4-89)}$$

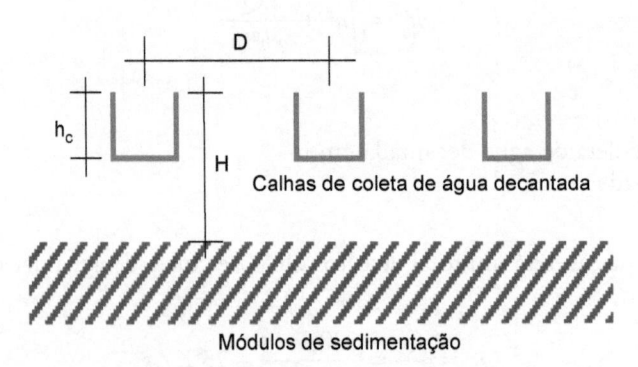

Calhas de coleta de água decantada

Módulos de sedimentação

Figura 4-46 Esquema de alturas recomendadas entre os módulos de sedimentação de alta taxa e as calhas de coleta de água decantada.

H = altura entre o topo dos módulos de sedimentação e a geratriz superior da calha de coleta de água decantada (L)
D = distância de centro a centro entre as calhas de coleta de água decantada subjacentes (L)
h_c = altura da calha de água decantada (L)

$$\frac{2,5}{2} - 0,4 \leq H \leq \frac{2,5}{2} \qquad \text{(Equação 4-90)}$$

$$0,85\,m \leq H \leq 1,25\,m \qquad \text{(Equação 4-91)}$$

Será adotada, então, uma altura (H) igual a 1,0 m entre o topo dos módulos de sedimentação e a geratriz superior das calhas de coleta de água decantada.

- Passo 7: Esquema geral e alturas estimadas para o decantador de alta taxa

Uma vez realizado o pré-dimensionamento do decantador de alta taxa, podem-se apresentar uma planta e um corte da unidade, como dispostos na Figura 4-47.

A título de curiosidade, podem-se calcular os tempos de detenção hidráulicos esperados para a unidade de sedimentação de alta taxa. Assumindo-se que as dimensões básicas da unidade sejam iguais a 20,0 m de largura por 25,0 m de comprimento e 4,04 m de lâmina d'água útil, tem-se que seu volume útil deverá ser igual a 2.020 m³. Logo:

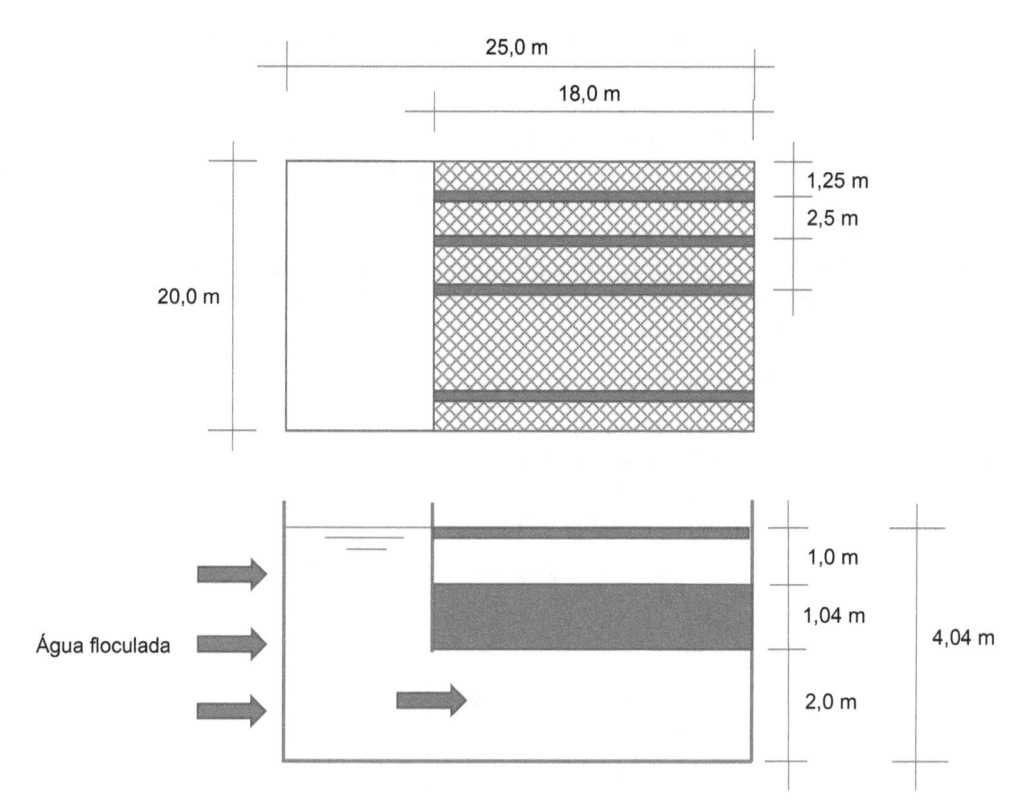

Figura 4-47 Planta e corte da unidade de sedimentação de alta taxa pré-dimensionada.

$$\theta_{máx} = \frac{V}{Q} = \frac{20,0\ m.25,0\ m.4,04\ m}{0,6\frac{m^3}{s}.60\frac{s}{min}.60\frac{min}{h}} \cong 0,94\ horas \qquad \text{(Equação 4-92)}$$

$$\theta_{mín} = \frac{V}{Q} = \frac{20,0\ m.25,0\ m.4,04\ m}{0,8\frac{m^3}{s}.60\frac{s}{min}.60\frac{min}{h}} \cong 0,70\ horas \qquad \text{(Equação 4-93)}$$

É interessante observar que os tempos de detenção hidráulicos são iguais a 0,94 h e 0,70 h, respectivamente, para as condições de vazão nominal e máxima, os quais são bastante inferiores aos valores de 2,5 h e 1,9 h obtidos para o decantador convencional de fluxo horizontal dimensionado no Exemplo 4-2.

Como os tempos de detenção esperados em decantadores de alta taxa são menores que os alcançados em decantadores convencionais, tem-se que sua operação requer maiores cuidados, uma vez que eventuais erros cometidos na operação do processo de coagulação e floculação impactam mais rapidamente na qualidade da água decantada. Este é um dos motivos principais que justificam a maior robustez dos decantadores convencionais em relação aos decantadores de alta taxa.

- Passo 8: Arranjo dos equipamentos de remoção semicontínua de lodo

Como a opção efetuada com relação à remoção de lodo anteviu a instalação de equipamentos mecanizados, a laje de fundo da unidade deverá ser plana, prevendo-se que os equipamentos sejam dispostos na área de 20,0 m de largura por 25 m de comprimento. O arranjo, a disposição e o número de equipamentos devem ser discutidos com os fornecedores disponíveis no mercado.

Como apresentado no Exemplo 4-3, o dimensionamento de um decantador de alta taxa dotado de sistemas mecanizados de remoção de lodo é relativamente simples, e seus aspectos construtivos também são bastante facilitados em razão da necessidade de a laje de fundo ser plana. Se, porventura, não houver disponível no mercado um fornecedor confiável para sistemas mecanizados de remoção de lodo, pode-se optar por sistemas hidráulicos de remoção de lodo. O Exemplo 4-4 a seguir apresenta e discute uma alternativa de remoção hidráulica de lodo para o decantador projetado no Exemplo 4-3.

Exemplo 4-4

Problema: Efetuar o dimensionamento de um sistema hidráulico de remoção de lodo para o decantador projetado no Exemplo 4-3. Será admitido que as dimensões em planta permaneçam inalteradas e iguais a 20,0 m de largura e a 25,0 m de comprimento. As vazões líquida e sólida de lodo a serem descarregadas por dia por decantador deverão ser iguais a 216 m³/dia e 1.084 kg SST/dia, respectivamente. A programação das descargas de lodo deverá considerar um intervalo entre descargas sucessivas não superiores a 30 min e com duração de cada descarga em torno de 1 a 3 min. A temperatura da fase líquida adotada é igual a 20 °C.

Solução: Uma vez que o sistema de descarga do lodo no decantador deve ser efetuado por meio de dispositivos hidráulicos, será prevista a instalação de poços de lodo distribuídos de maneira homogênea ao longo de sua área superficial.

- Estimativa do número de poços de lodo e respectiva geometria

Como a área superficial do decantador deverá apresentar 20,0 m de largura por 25,0 m de comprimento, será admitida a implantação de um total de 20 poços de lodo de formato tronco piramidal com altura igual a 1,5 m e com bases de secção quadrada superior e inferior iguais a 5,0 m e 1,0 m, respectivamente. Sua disposição em planta e em corte encontra-se apresentada na Figura 4-48.

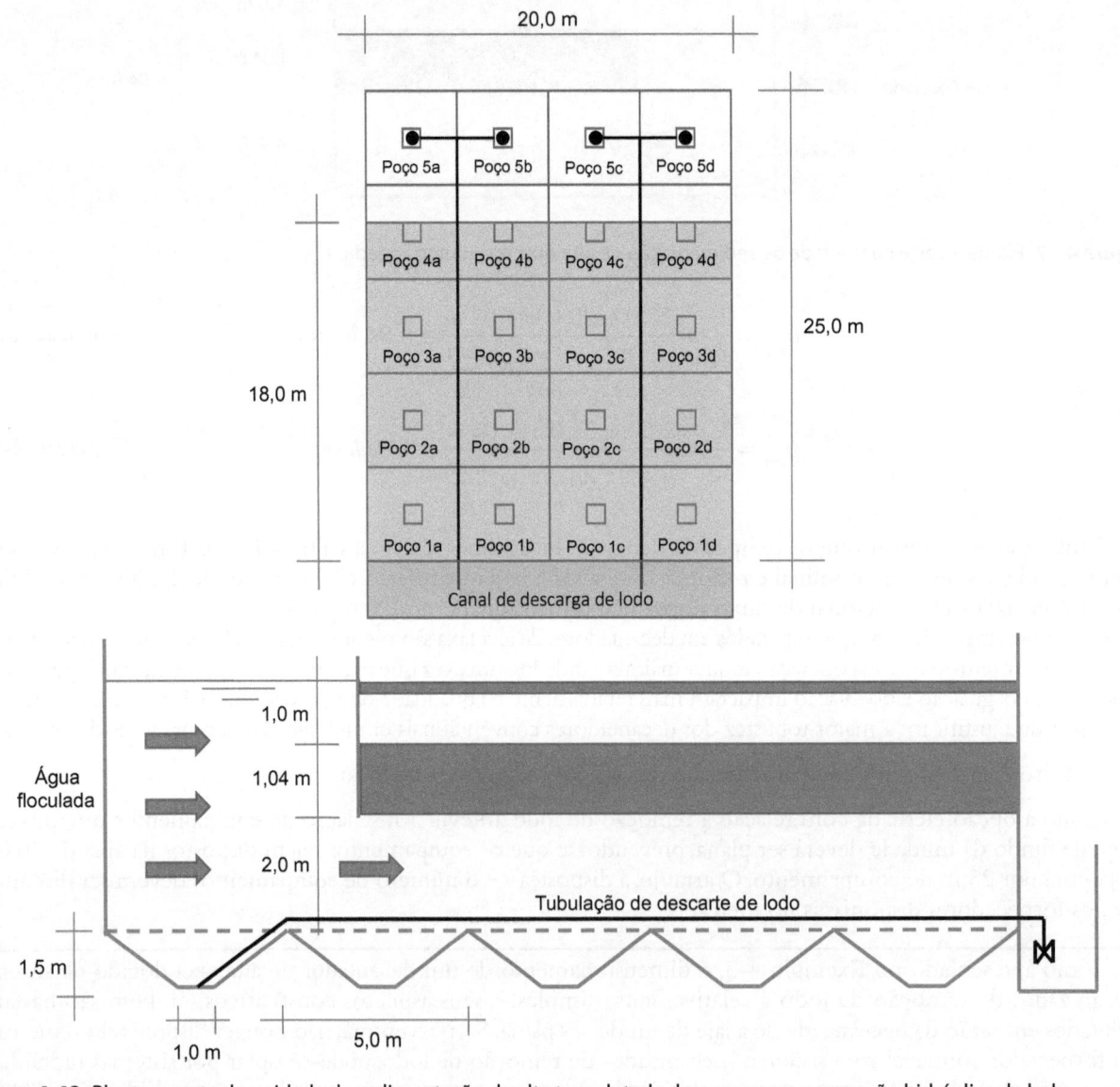

Figura 4-48 Planta e corte da unidade de sedimentação de alta taxa dotada de poços para a remoção hidráulica de lodo.

Como cada decantador deverá ser dotado de um total de 20 poços de lodo, uma opção pode ser prever uma tubulação de descarga de lodo individual para cada poço de lodo. Assim sendo, cada decantador deverá ser dotado de um total de 20 válvulas de descarga de lodo, devendo cada uma destas ser automatizada programando-se aberturas temporizadas em intervalos consecutivos não superiores a 30 min.

Tendo em vista a otimização do sistema de descarga do lodo, pode-se prever uma tubulação de descarga para um conjunto de dois poços de lodo, interligados de tal modo que seu dimensionamento hidráulico garanta iguais vazões descarregadas em cada poço. Assim sendo, é possível reduzir o número de válvulas de 20 unidades para 10 unidades por decantador. Por conseguinte, pode-se admitir a interligação dos poços de lodo 5a e 5b em uma única descarga e, igualmente, os poços 5c e 5d em uma única descarga também. Os poços 4a e 4b interligam-se como os anteriores, e assim sucessivamente.

O esquema hidráulico de dimensionamento das tubulações de descarga deve levar em conta as perdas de cargas localizadas e distribuídas, uma vez que o comprimento dos trechos lineares é elevado. Considerando uma cota genérica para o decantador de alta taxa projetado, tem-se o seguinte esquema hidráulico proposto para a tubulação de descarga de lodo dos poços 5a-5b e 5c-5d (Fig. 4-49):

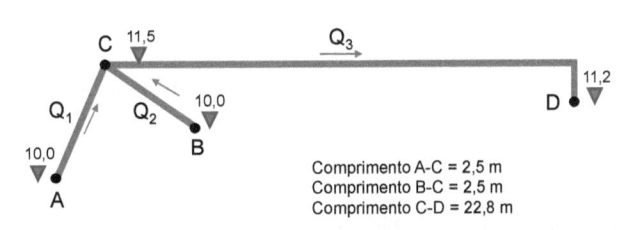

Figura 4-49 Esquema hidráulico proposto para as tubulações de descarga de lodo dos poços 5a-5b e 5c-5d.

Com relação ao diâmetro das tubulações de descarga, recomenda-se que seu diâmetro mínimo seja igual a 100 mm, prevendo-se dispositivos para inspeção e limpeza. Dessa maneira, será adotado um diâmetro constante e igual a 100 mm. Aplicando-se a equação de Bernoulli entre os pontos A, B, C e D, pode-se escrever que:

$$H_a = H_c + \Delta H_{a,c} \qquad \text{(Equação 4-94)}$$

$$H_b = H_c + \Delta H_{b,c} \qquad \text{(Equação 4-95)}$$

$$H_c = H_d + \Delta H_{c,d} \qquad \text{(Equação 4-96)}$$

$$Q_1 + Q_2 = Q_3 \qquad \text{(Equação 4-97)}$$

H_a, H_b, H_c e H_d = cargas hidráulicas nos pontos A, B, C e D (L)
$\Delta H_{a,c}; \Delta H_{b,c}$ e $\Delta H_{c,d}$ = perdas de carga nos trechos A-C, B-C e C-D (L)
Q_1, Q_2 e Q_3 = vazões nos trechos A-C, B-C e C-D, respectivamente ($L^3 T^{-1}$)

As cargas hidráulicas e perdas de carga podem ser explicitadas e, por conseguinte, as Equações 4-94 a 4-96 podem ser escritas da seguinte maneira:

$$z_a + \frac{P_a}{\rho.g} + \frac{v_a^2}{2.g} = H_c + \sum K.\frac{v_1^2}{2.g} + \frac{f.L_{AC}}{D_{AC}}.\frac{v_1^2}{2.g} \qquad \text{(Equação 4-98)}$$

$$z_b + \frac{P_b}{\rho.g} + \frac{v_b^2}{2.g} = H_c + \sum K.\frac{v_2^2}{2.g} + \frac{f.L_{BC}}{D_{BC}}.\frac{v_2^2}{2.g} \qquad \text{(Equação 4-99)}$$

$$H_c = z_d + \frac{P_d}{\rho.g} + \frac{v_3^2}{2.g} + \sum K.\frac{v_3^2}{2.g} + \frac{f.L_{CD}}{D_{CD}}.\frac{v_3^2}{2.g} \qquad \text{(Equação 4-100)}$$

Desprezando os termos cinéticos nos pontos A e B e assumindo que as suas pressões relativas sejam iguais ao nível d'água acima destes, as Equações podem ser simplificadas, obtendo-se:

$$z_a + \left(z_o - z_a\right) = H_c + \sum K.\frac{v_1^2}{2.g} + \frac{f.L_{AC}}{D_{AC}}.\frac{v_1^2}{2.g} \qquad \text{(Equação 4-101)}$$

$$z_b + \left(z_o - z_b\right) = H_c + \sum K.\frac{v_2^2}{2.g} + \frac{f.L_{BC}}{D_{BC}}.\frac{v_2^2}{2.g} \qquad \text{(Equação 4-102)}$$

$$H_c = z_d + \frac{v_3^2}{2.g} + \sum K.\frac{v_3^2}{2.g} + \frac{f.L_{CD}}{D_{CD}}.\frac{v_3^2}{2.g} \qquad \text{(Equação 4-103)}$$

$$v_1.\pi.\frac{D_{AC}^2}{4} + v_2.\pi.\frac{D_{BC}^2}{4} = v_3.\pi.\frac{D_{CD}^2}{4} \qquad \text{(Equação 4-104)}$$

Uma vez conhecidas as cotas dos pontos A, B, C e D, bem como as perdas de cargas localizadas nos trechos e seus espectivos diâmetros, tem-se um conjunto de quatro Equações (Equações 4-101 a 4-104) e quatro incógnitas (v_1, v_2, v_3 e H_c). A solução destas Equações exige que as perdas de cargas distribuídas, as quais dependem do fator de atrito, sejam calculadas. Tem-se, portanto, um problema iterativo, podendo-se utilizar métodos de cálculo disponíveis em planilhas comerciais (Excel-Solver®). Os resultados calculados para a linha de descarga de lodo dos poços 5a–5b e 5c–5d encontram-se na Tabela 4-4.

Tabela 4-4 Valores de vazões calculadas para a linha de descarga de lodo associado aos poços 5a-5b e 5c-5d

Trecho	Diâmetro (mm)	Comprimento (m)	ΣK	Velocidade (m/s)	Vazão (L/s)
A-C	100	2,5	0,5	1,47	11,5
B-C	100	2,5	0,5	1,47	11,5
C-D	100	22,8	3,9	2,93	23,0

Os mesmos cálculos podem ser efetuados para a linha de poços 4, 3, 2 e 1. Os respectivos resultados apresentam-se na Tabela 4-5.

Tabela 4-5 Vazões calculadas para as descargas de lodo dos poços 5, 4, 3, 2 e 1

Poços	Diâmetro (mm)	Comprimento (m)	Vazão (L/s)
5a-5b	100	22,8	23,0
5c-5d	100	22,8	23,0
4a-4b	100	17,8	24,4
4c-4d	100	17,8	24,4
3a-3b	100	12,8	26,0
3c-3d	100	12,8	26,0
2a-2b	100	7,8	27,9
2c-2d	100	7,8	27,9
1a-1b	100	2,8	30,3
1c-1d	100	2,8	30,3

Os resultados de vazões descarregadas apresentam algumas conclusões interessantes. A primeira é que, como era de se esperar, as linhas de lodo mais longas (conjunto de poços 5) apresentam menores vazões que as linhas mais curtas, em razão de sua maior perda de carga distribuída. A segunda a ser ressaltada é que, caso todas as válvulas sejam acionadas ao mesmo tempo, a vazão descarregada deverá ser igual a 263,2 L/s; valor este muito elevado.

Isso faz com que haja a necessidade de escalonamento da abertura das válvulas, de modo a ser possível equalizar as vazões descarregadas a partir dos poços de lodo.

Por conseguinte, foi estipulada uma vazão de lodo descarregado por dia de cada decantador igual a 216 m³/ dia e com duração das descargas em torno de 1 a 3 min a cada 30 min. Supondo-se uma duração da descarga de lodo em torno de 2 min a cada 30 min, o que totaliza 4 min por hora ou 96 min por dia, tem-se que a vazão de cada poço de lodo deverá ser igual a:

$$Q_l = \frac{216 \frac{m^3}{dia}}{20 \; po\zeta os} \cong 10,8 \frac{m^3}{dia.po\zeta o} \qquad \text{(Equação 4-105)}$$

$$Q_l = \frac{10,8 \frac{m^3}{dia.po\zeta o}}{96 \; min/dia} \cong 0,113 \frac{m^3}{min.po\zeta o} \; (1,88 \frac{L}{s}) \qquad \text{(Equação 4-106)}$$

Comparando-se o valor obtido (1,88 L/s), observa-se que este é muito menor que os valores calculados e apresentados na Tabela 4-5. Com o objetivo de reduzir as vazões descarregadas, poderia se pensar em reduzir os diâmetros das descargas para valores menores que 100 mm. Ocorre que não é recomendável a adoção de valores menores que 100 mm, pois estes apresentam condições mínimas para desobstrução e limpeza.

Os cálculos efetuados justificam, portanto, a instalação de válvulas automatizadas com controle de cursor, o que permite a introdução de uma perda de carga localizada na linha, com vistas a possibilitar a redução da vazão descarregada. Para períodos com maior produção de lodo, pode-se aumentar a duração da descarga ajustando-a de modo a possibilitar a completa remoção do lodo. No entanto, deve-se enfatizar que o intervalo entre descargas seletivas não deve ser superior a 30 min.

Em resumo, portanto, destacam-se alguns pontos relevantes, a saber:

- As descargas de lodo devem apresentar diâmetro mínimo igual a 100 mm.
- Para valores da carga hidráulica geralmente observada em decantadores de alta taxa e diâmetro das tubulações de lodo em torno de 100 mm, as descargas de lodo hidráulicas apresentam vazões instantâneas muito maiores que as requeridas para a remoção do lodo. Por conseguinte, justifica-se a instalação de válvulas automatizadas na linha de lodo e com controle de cursor, para que seja possível o controle das vazões descarregadas.
- O intervalo entre descargas sucessivas não deve ser superior a 30 min, e a duração de cada descarga deve ser em torno de 1 a 3 min, podendo esse valor ser ajustado em função da produção de lodo.

Referências

BROWN, P. P.; LAWLER, D. F. Sphere drag and settling velocity revisited. *Journal of Environmental Engineering*, New York, v. 129, n. 3, p. 222-231, Mar. 2003.

CRITTENDEN, J. C. et al. *Water treatment principles and design*. 3rd ed. New York: Wiley, 2012. 1901 p.

DI BERNARDO, L.; DANTAS, A. D. B. *Métodos e técnicas de tratamento de água*. São Carlos: Rima, 2005. 1566 p.

DOWBIGGIN, W. B.; BREESE, S. Clarification. In: AWWA/ASCE. *Water Treatment Plant Design*. 5th ed. New York: McGraw Hill, 2012. cap. 8

GREGORY, R.; EDZWALD, J. Sedimentation and flotation. In: In: EDZWALD, J. K. (Ed.) *Water quality and treatment*: a handbook on drinking water. 6th ed. Denver: AWWA, 2011. cap. 9

KAWAMURA, S. *Integrated design and operation of water treatment facilities*. 2nd ed. New York: Wiley, 2000. 691 p.

RICHTER, C. A.; AZEVEDO NETTO, J. M. *Tratamento de água*: tecnologia atualizada. São Paulo: Edgar Blucher, 1991. 332 p.

TCHOBANOGLOUS, G. et al. (Ed.) *Wastewater engineering*: treatment and resource recovery. 5th ed. New York: McGraw-Hill, 2014. 2048 p.

WATER ENVIRONMENT FEDERATION. *Clarifier design*. 2nd ed. New York: McGraw-Hill, 2006. 704 p. (Manual of Practice, FD-8)

CAPÍTULO 5

Flotação por Ar Dissolvido

SEPARAÇÃO DE PARTÍCULAS COLOIDAIS POR FLOTAÇÃO POR AR DISSOLVIDO

O processo de flotação por ar dissolvido é uma opção bastante atrativa como processo de separação sólido-líquido, sendo que sua utilização no tratamento de águas de abastecimento data do início dos anos 1960. Com o desenvolvimento de modelos conceituais teóricos acerca do funcionamento de suas principais partes constitutivas (saturadores de ar, zona de reação e clarificação) e respaldado por resultados experimentais bastante promissores, o número de instalações cresceu de maneira vertiginosa (EDZWALD; HAARHOFF, 2012).

O princípio do processo de flotação por ar dissolvido envolve a redução da massa específica do floco, de modo que seu valor seja menor que a massa específica da água. Desta maneira, o floco tenderá a ascender verticalmente e separar-se da fase líquida. A redução da massa específica do floco é garantida pela adesão de partículas de ar liberadas na fase líquida sob condições controladas.

DEFINIÇÃO DE FLOTAÇÃO POR AR DISSOLVIDO
Processo físico no qual as partículas coloidais são removidas da fase líquida por meio da redução de sua massa específica mediante a incorporação de partículas de ar.

Como verificado no Capítulo 4, a velocidade de sedimentação de partículas coloidais na fase líquida pode ser calculada pela lei de Newton, que pode ser expressa assim:

$$v_s = \sqrt{\frac{4.g.\left(\rho_f - \rho\right).d_f}{3.C_d.\rho}}$$

(Equação 5-1)

v_s = velocidade de sedimentação da partícula em relação ao fluido (LT^{-1})
g = aceleração da gravidade (LT^{-2})
ρ_f = massa específica do floco (ML^{-3})
ρ = massa específica da água (ML^{-3})
d_f = diâmetro do floco (L)
C_d = coeficiente de arraste

As partículas formadas durante o processo de coagulação e floculação apresentam valores de massa específica em torno de 1.020 a 1.200 kg/m³. Por conseguinte, quando imersas na fase líquida, tenderão a ter uma velocidade descendente denominada velocidade crítica de sedimentação (v_s). Como apresentado na Figura 5-1 (Condição 1), a tendência será a sedimentação do floco, uma vez que massa específica deste é maior que a da água.

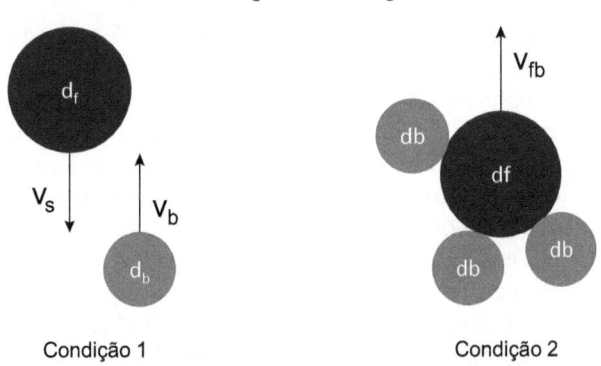

Condição 1   Condição 2

Figura 5-1 Agregação de *n* bolhas de ar de diâmetro d_b em um floco de diâmetro d_f.

Supondo-se que n partículas de ar sejam agregadas a um floco (Condição 2), será assumido que o floco e a bolha de ar tenham diâmetros e massas específicas individuais iguais a d_f e d_b, e a ρ_f e ρ_b, respectivamente. O conjunto floco-bolha deverá apresentar valores de diâmetro médio equivalente e de massa específica iguais aos apresentados nas expressões a seguir.

$$d_{fb} = \left(d_f^3 + N.d_b^3 \right)^{1/3}$$

(Equação 5-2)

$$\rho_{fb} = \frac{\rho_f.d_f^3 + N.\rho_b.d_b^3}{d_f^3 + N.d_b^3}$$

(Equação 5-3)

N = número de bolhas aderidas ao floco
d_f = diâmetro do floco (L)
d_b = diâmetro da bolha (L)
d_{fb} = diâmetro equivalente do conjunto floco-bolha (L)
ρ_f = massa específica do floco (ML^{-3})
ρ_b = massa específica da bolha (ML^{-3})
ρ_{fb} = massa específica do conjunto floco-bolha (ML^{-3})

Para a Condição 2, o conjunto floco-bolha apresentará uma velocidade ascensional (v_{fb}), caso sua massa específica seja inferior à da água.

Do ponto de vista físico, existe um limite para o número máximo de bolhas de ar que podem aderir a um floco, sendo este a função da área superficial do floco e do diâmetro da bolha. O número máximo de bolhas passíveis de aderência a um floco pode ser estimado da seguinte maneira (GREGORY; EDZWALD, 2011):

$$N_{máx} = \frac{\pi}{2}.\left(\frac{d_f}{d_b} \right)^2$$

(Equação 5-4)

$N_{máx}$ = número máximo de bolhas aderidas ao floco

Serão assumidos um floco com massa específica constante e igual a 1.020 kg/m^3 e um diâmetro de bolha constante e igual a 60 μm. Dessa maneira, é possível calcular o valor da massa específica do conjunto floco-bolha para diferentes diâmetros de floco, estando os resultados apresentados na Figura 5-2.

Com base nesses resultados, pode-se notar que, para um diâmetro de floco constante, com o aumento do número de bolhas de ar aderidas, há uma redução no valor da massa específica do conjunto floco-bolha, sendo possível chegar a valores inferiores aos da massa específica da água. A tendência do conjunto floco-bolha será, portanto, alcançar uma velocidade ascensional e atingir a superfície livre.

Também é interessante notar que a maior redução nos valores de massa específica do conjunto floco-bolha é obtida para flocos de menor diâmetro, fato este muito relevante quando se comparam as necessidades dos processos de pré-tratamento para a sedimentação gravitacional e a flotação por ar dissolvido (CRITTENDEN et al., 2012).

No processo de sedimentação gravitacional, a etapa de floculação é operada de modo a tornar possível a produção de flocos com tamanho físico e massa específica que viabilizem valores elevados de velocidade de sedimentação. Por sua vez, a flotação por ar dissolvido não exige valores de diâmetros de flocos elevados, uma vez que a redução no valor de massa específica tenderá a ser maior para flocos de menor diâmetro.

De fato, as recomendações práticas sugerem para a etapa de floculação situada a montante de unidades de flotação por ar dissolvido a adoção de tempos de floculação mais reduzidos (em torno de 10 a 15 min) e maiores valores de gradientes de velocidade (entre 60 e 120 s^{-1}). Assim sendo, reporta-se que as dosagens de coagulantes normalmente requeridos para os processos que empregam a flotação por ar dissolvido como processo de separação são normalmente inferiores quando comparadas com os processos de separação por sedimentação gravitacional (MALLEY; EDZWALD, 1991; VALADE et al., 1996; HAARHOFF, 2008).

De posse do valor do diâmetro e da massa específica do conjunto floco-bolha, sua velocidade ascensional pode ser calculada empregando-se a Equação 5-5.

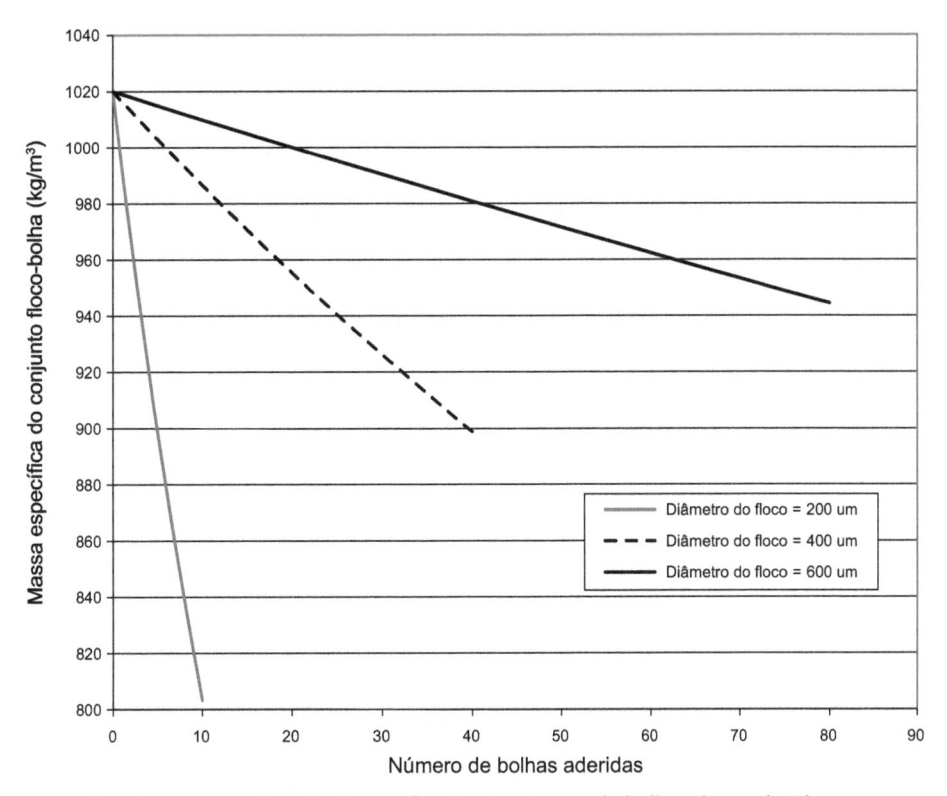

Figura 5-2 Massa específica do conjunto floco-bolha em função do número de bolhas de ar aderidas.

$$v_{fb} = \sqrt{\frac{4.g.\left(\rho - \rho_{fb}\right).d_{fb}}{3.C_d.\rho}}$$ (Equação 5-5)

v_{fb} = velocidade ascensional do conjunto floco-bolha (LT^{-1})

O valor do coeficiente de arraste pode variar de 24/Re, para flocos com diâmetro inferior a 40 μm, a 45/Re, para flocos com diâmetros iguais ou inferiores a 170 μm.

$$C_d = \frac{24}{R_e}(d_{fb} \leq 40\mu m)$$ (Equação 5-6)

$$C_d = \frac{45}{R_e}(40\mu m \leq d_{fb} \leq 170\mu m)$$ (Equação 5-7)

$$R_e = \frac{v_{fb}.d_{fb}}{\mu}$$ (Equação 5-8)

Empregando-se as Equações 5-5 a 5-8 e as massas específicas apresentadas na Figura 5-2, podem ser calculadas as velocidades ascensionais dos conjuntos floco-bolha. Esses valores apresentam-se na Figura 5-3.

Os valores de velocidades ascensionais calculados e apresentados na Figura 5-3 indicam que estas podem alcançar valores muito elevados, em torno de 10 m/h a 20 m/h. Como estes valores são muito superiores aos das velocidades típicas para partículas floculentas submetidas à sedimentação gravitacional (2 a 6 m/h), é possível a utilização de taxas de escoamento superficial para o dimensionamento de unidades de flotação por ar dissolvido muito maiores que os valores tradicionalmente empregados em decantadores convencionais de fluxo horizontal e até mesmo em decantadores de alta taxa.

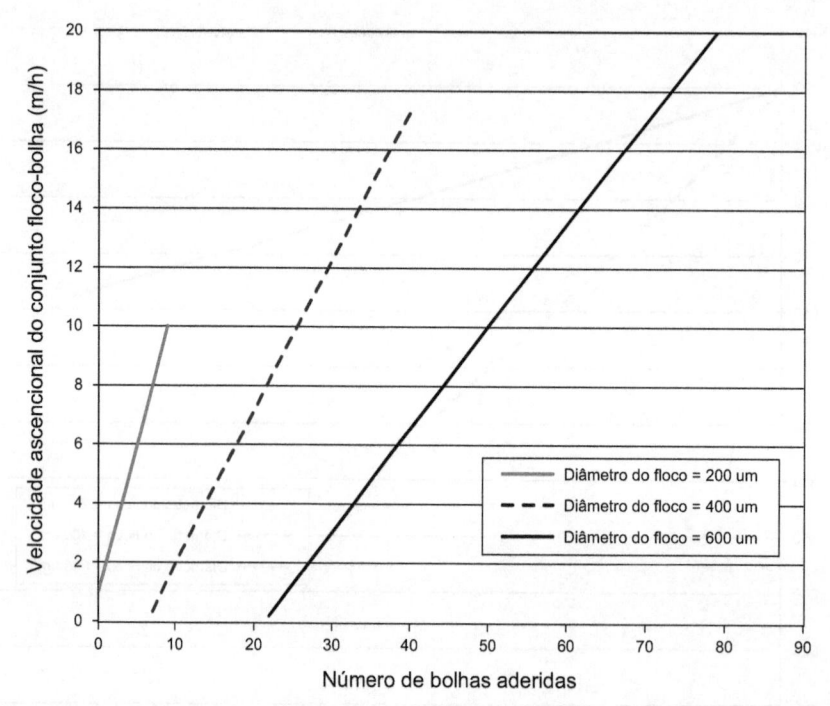

Figura 5-3 Velocidades ascensionais do conjunto floco-bolha em função do número de bolhas de ar aderidas.

Como o sucesso do emprego da flotação por ar dissolvido reside na necessidade de obtenção de flocos com altos valores de velocidade ascensional – os quais são alcançados quanto maiores as diferenças entre a massa específica da água e a massa específica do conjunto floco-bolha –, sua adoção é relevante para algumas águas com características específicas, a saber:

- Águas brutas caracterizadas por apresentarem partículas coloidais com baixos valores de massa específica, por exemplo, águas naturais com elevadas concentrações de algas.
- Águas brutas com altas concentrações de compostos orgânicos dissolvidos (cor real elevada) e baixos valores de turbidez.
- Águas brutas com baixos valores de turbidez.

Ponto Relevante 1: A utilização da flotação por ar dissolvido como processo de separação sólido-líquido é a tecnologia recomendada para águas brutas que possibilitem a formação de flocos com reduzidos valores de massa específica, em geral, em torno de 1.020 kg/m³.

Ponto Relevante 2: As águas brutas candidatas a serem submetidas a processos de tratamento por flotação por ar dissolvido são caracterizadas por apresentarem baixos valores de turbidez, altas concentrações de algas ou cor real elevada, não se recomendando sua utilização no tratamento de águas brutas com elevados valores de turbidez.

É importante observar que a maioria das regiões metropolitanas no Brasil apresenta mananciais superficiais caracteristicamente constituídos por reservatórios de acumulação com elevados valores de tempos de detenção hidráulicos e severamente eutrofizados. Esse tipo de água bruta, em geral, apresenta baixos valores de turbidez e altas concentrações de algas, o que torna a flotação por ar dissolvido uma tecnologia de tratamento muito interessante, possibilitando a implantação de estações de tratamento de água mais compactas e extremamente eficientes (HENDERSON; PARSONS; JEFFERSON, 2010).

SOLUBILIDADE DO AR NA FASE LÍQUIDA

Para viabilizar a redução da massa específica do floco, é necessária a produção de microbolhas de ar em uma concentração tal que permita sua agregação aos flocos anteriormente formados no processo de floculação. Do ponto de vista de engenharia, a alternativa mais comum é a pressurização da água em uma unidade denominada saturador, onde deverá ocorrer a dissolução do ar em condições controladas (pressurização) e sua posterior liberação para a fase líquida submetida à pressão atmosférica (despressurização). Do ponto de vista conceitual, o Exemplo 5-1 facilita o entendimento dos mecanismos de saturação de ar para processos de flotação por ar dissolvido.

Exemplo 5-1

Problema:[*] Admite-se um volume de ar em contato com a água inicialmente submetido à pressão atmosférica no nível do mar (Condição 1). Depois, submete-se este mesmo volume de ar a uma pressão relativa igual a 500 kPa, permitindo o equilíbrio entre ambas as fases, gasosa e líquida (Condição 2). A seguir, reduz-se de novo para a pressão atmosférica, o que torna possível o retorno à situação de equilíbrio (Condição 3). A concentração de ar liberada deve ser determinada em mg/L, mL/L e mol/m³, e a temperatura da fase líquida a ser assumida deve ser igual a 20 °C.

Solução: Embora haja três condições distintas, as Condições 1 e 3 são idênticas. Desse modo, a solução do problema consiste na determinação das concentrações solúveis de ar na fase líquida para as diferentes condições de pressão. Por consistir em uma composição de gases, é possível admitir que o ar é composto primordialmente por nitrogênio, oxigênio e argônio.

- Passo 1: Cálculo das concentrações de nitrogênio (N_2), oxigênio (O_2) e argônio (Ar) na fase gasosa (Condição 1)

As concentrações de N_2, O_2 e Ar na fase gasosa podem ser calculadas de acordo com a seguinte expressão:

$$C_{x,g} = \frac{y_{x,atm} \cdot \left(P_{atm} - U_r \cdot P_{v,sat} \right)}{R.T}$$

(Equação 5-9)

$C_{x,g}$ = concentração da espécie x na fase gasosa (mol/m³)
$y_{x,atm}$ = fração molar da espécie x para a condição de pressão atmosférica (adimensional)
P_{atm} = pressão atmosférica (Pa)
U_r = umidade relativa do ar
$P_{v,sat}$ = pressão de vapor saturado (Pa)
R = constante universal dos gases (8,314 J.mol⁻¹.K⁻¹)
T = temperatura (K)

Como ambas as fases, gasosa e líquida, estão em equilíbrio, pode-se admitir que a umidade relativa do ar seja igual a 100%. O ar atmosférico apresenta frações molares de N_2, O_2 e Ar iguais a 0,7808; 0,2095 e 0,0093 respectivamente. Por sua vez, as respectivas pressões atmosférica e de vapor da água saturado a 20 °C são iguais a 101,33 kPa e 2,339 kPa. Substituindo-se os valores na Equação 5-9, tem-se que:

$$C_{N_2,g} = \frac{y_{N_2,atm} \cdot \left(P_{atm} - U_r \cdot P_{v,sat} \right)}{R.T} = \frac{0,7808.(101,33-1,0.2,339).1000}{8,314.293,15} \cong 31,711 \frac{mol}{m^3}$$

(Equação 5-10)

$$C_{0_2,g} = \frac{y_{O_2,atm} \cdot \left(P_{atm} - U_r \cdot P_{v,sat} \right)}{R.T} = \frac{0,2095.(101,33-1,0.2,339).1000}{8,314.293,15} \cong 8,509 \frac{mol}{m^3}$$

(Equação 5-11)

$$C_{Ar,g} = \frac{y_{Ar,atm} \cdot \left(P_{atm} - U_r \cdot P_{v,sat} \right)}{R.T} = \frac{0,0093.(101,33-1,0.2,339).1000}{8,314.293,15} \cong 0,379 \frac{mol}{m^3}$$

(Equação 5-12)

- Passo 2: Cálculo das concentrações de N_2, O_2 e Ar na fase líquida (Condição 1)

Uma vez conhecidas as concentrações de N_2, O_2 e Ar na fase gasosa, as concentrações em equilíbrio na fase líquida podem ser estimadas pela lei de Henry. Assim sendo, estas podem ser calculadas por:

$$C_{x,l} = \left(\frac{1}{H_i} \right) \cdot \frac{y_{x,atm} \cdot \left(P_{atm} - U_r \cdot P_{v,sat} \right)}{R.T}$$

(Equação 5-13)

---

[*] Adaptado de EDZWALD, J.K.; HAARHOFF, 2012.

$C_{x,l}$ = concentração da espécie x na fase líquida (mol/m³)
H_i = constante de Henry para a espécie i (mol/mol)

Para a condição de pressão atmosférica, as constantes de Henry para N_2, O_2 e Ar são iguais a 60,27; 30,56 e 27,66, respectivamente. Como a concentração de ar dissolvido na fase líquida corresponde à somatória das concentrações de N_2, O_2 e Ar, tem-se que:

$$C_{ar,l,1}\left(\frac{mol}{m^3}\right) = \frac{\left(P_{atm} - U_r.P_{v,sat}\right)}{R.T} \cdot \sum_{i=1}^{3}\left(\frac{y_{i,atm}}{H_i}\right)$$

(Equação 5-14)

$$C_{ar,l,1}\left(\frac{mol}{m^3}\right) = \frac{(101,33 - 1,0.2,339).1000}{8,314.293,15} \cdot \left[\left(\frac{0,7808}{60,27}\right) + \left(\frac{0,2095}{30,56}\right) + \left(\frac{0,0093}{27,66}\right)\right] \cong 0,818\ \frac{mol}{m^3}$$

(Equação 5-15)

$C_{ar,l,1}$ = concentração total de ar dissolvido na fase líquida para a Condição 1 (mol/m³)

- Passo 3: Cálculo das concentrações de N_2, O_2 e Ar na fase líquida (Condição 2)

As concentrações de N_2, O_2 e Ar na fase líquida para a Condição 2 podem ser calculadas de modo semelhante, com a exceção de que a pressão na fase gasosa é maior, devendo-se acrescer a pressão relativa de 500 kPa. Dessa maneira, tem-se que:

$$C_{ar,l,2}\left(\frac{mol}{m^3}\right) = \frac{\left(P_r + P_{atm} - U_r.P_{v,sat}\right)}{R.T} \cdot \sum_{i=1}^{3}\left(\frac{y_{i,atm}}{H_i}\right)$$

(Equação 5-16)

$$C_{ar,l,2}\left(\frac{mol}{m^3}\right)$$

(Equação 5-17)

$$= \frac{(500 + 101,33 - 1,0.2,339).1000}{8,314.293,15} \cdot \left[\left(\frac{0,7808}{60,27}\right) + \left(\frac{0,2095}{30,56}\right) + \left(\frac{0,0093}{27,66}\right)\right] \cong 4,951\frac{mol}{m^3}$$

- Passo 4: Cálculo da concentração de ar liberada (Condição 3)

Uma vez que as Condições 1 e 3 são idênticas, a concentração de ar liberada é numericamente igual à concentração máxima de ar dissolvido na fase líquida para a Condição 2 menos a concentração de ar dissolvido para a Condição 3. Desse modo, tem-se que:

$$C_{ar,liberado}\left(\frac{mol}{m^3}\right) = C_{ar,l,2}\left(\frac{mol}{m^3}\right) - C_{ar,l,3}\left(\frac{mol}{m^3}\right)$$

(Equação 5-18)

$$C_{ar,liberado}\left(\frac{mol}{m^3}\right) = 4,951\frac{mol}{m^3} - 0,818\frac{mol}{m^3} \cong 4,133\ \frac{mol}{m^3}$$

(Equação 5-19)

Uma vez que o mol do ar atmosférico é igual a 28,9 g, pode-se calcular a concentração de ar liberada em g/m³, a saber:

$$C_{ar,liberado}\left(\frac{g}{m^3}\right) = C_{ar,liberado}\left(\frac{mol}{m^3}\right).mol_{ar} = 4,133\ \frac{mol}{m^3}.28,9\frac{g}{mol} \cong 119,6\frac{g}{m^3}$$

(Equação 5-20)

A massa específica do ar atmosférico seco a 20 °C é igual a 1,202 kg/m³. Assim, a concentração de ar volumétrico liberado pode ser calculada da seguinte maneira:

$$C_{ar,liberado}\left(\frac{mL}{L}\right) = \frac{C_{ar,liberado}\left(\frac{g}{m^3}\right).1000}{\rho_{ar}\left(\frac{g}{m^3}\right)} = \frac{1000.119,6\frac{g}{m^3}}{1.202\ \frac{g}{m^3}} \cong 99,5\ \frac{mL}{L}$$

(Equação 5-21)

Como observado no Exemplo 5-1, a água em contato com o ar pressurizado permite a incorporação de N_2, O_2 e Ar, que depois são liberados da fase líquida quando novamente submetidos à pressão atmosférica. A concentração máxima teórica de ar liberada no Exemplo 5-1 foi igual a aproximadamente 120 mg de ar por litro, e, uma vez permitida a formação de microbolhas de ar, estas estarão viáveis para a formação do conjunto floco-bolha e correspondente redução em sua massa específica.

PARTES CONSTITUTIVAS PRINCIPAIS DE UMA UNIDADE DE FLOTAÇÃO POR AR DISSOLVIDO

Como o objetivo de uma unidade de flotação por ar dissolvido é a separação de partículas coloidais da fase líquida mediante a redução de sua massa específica, seu posicionamento em uma estação de tratamento de água localiza-se entre as unidades de floculação e de filtração (Fig. 5-4). A Figura 5-5 apresenta uma vista tridimensional de uma unidade de flotação comercializada pela Purac®, onde estão indicadas suas principais partes constitutivas.

Como apresentado na Figura 5-5, a água coagulada (1) é enviada a unidade de floculação (2) e posteriormente encaminhada para a unidade de flotação por ar dissolvido propriamente dito. Inicialmente, a água floculada é distribuída de modo uniforme na zona de contato (3), sendo que também recebe a vazão de recirculação (Q_r) proveniente da unidade de saturação (4), que contém uma concentração de ar dissolvido a ser liberada quando submetida à condição atmosférica.

O meio mais comum de produção de ar para as unidades de flotação por ar dissolvido no tratamento de águas de abastecimento consiste no bombeamento de parte da água clarificada (Q_r) para uma unidade de saturação, o que possibilitará a transferência de ar atmosférico para a fase líquida. As pressões de trabalho (pressão relativa) de unidades de saturação normalmente variam de 400 a 600 kPa, sendo garantidas pelo contínuo fornecimento de ar de um ou mais compressores (EDZWALD, J.K.; HAARHOFF, 2012).

Pelo fato de o saturador trabalhar com pressões internas superiores à pressão atmosférica, haverá a tendência de transferência de ar da fase gasosa para a fase líquida, o que possibilitará uma contínua produção de água com ar dissolvido com uma pressão de trabalho superior à pressão atmosférica.

A vazão Q_r, denominada vazão de reciclo, é introduzida na entrada da unidade de flotação por ar dissolvido (zona de contato) e, pelo fato de estar submetida à pressão atmosférica, possibilitará a liberação do ar previamente dissolvido na fase líquida. A vazão afluente à unidade de flotação por ar dissolvido é, portanto, dada pela somatória da vazão proveniente da unidade de floculação (Q) mais a vazão de reciclo (Q_r), sendo igual a $Q + Q_r$. Normalmente,

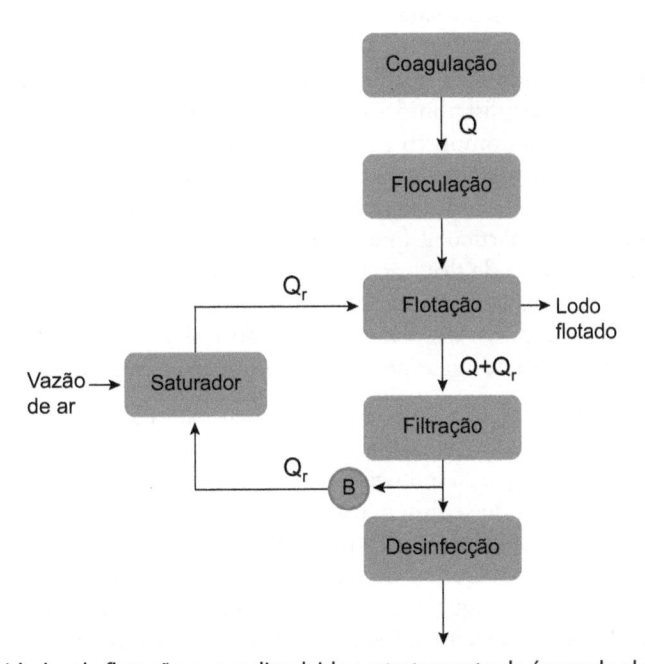

Figura 5-4 Arranjo típico de unidades de flotação por ar dissolvido no tratamento de águas de abastecimento.

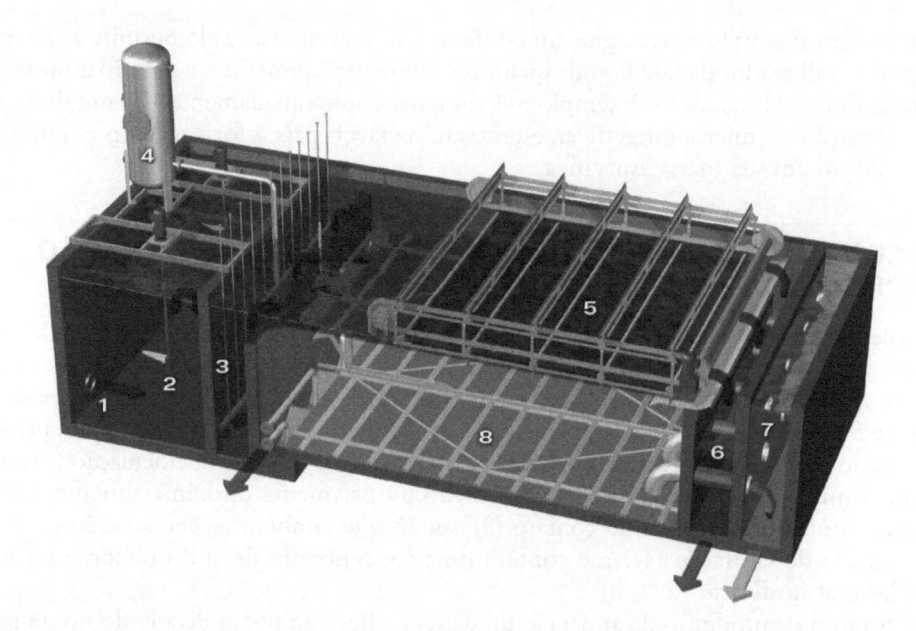

Figura 5-5 Vista geral das partes constitutivas principais de uma unidade de flotação por ar dissolvido.

(Fonte: http://purac.se/daf/?lang=en.)

as vazões de reciclo são da ordem de 5% a 15% da vazão Q, e, por conseguinte, a vazão afluente à unidade de flotação pode variar de 1,05 a 1,15 Q.

A liberação do ar na unidade de flotação deverá ocorrer de modo controlado mediante a redução na pressão na linha de água saturada por meio de válvulas redutoras de pressão, a fim de possibilitar a produção de microbolhas de ar com diâmetros entre 10 e 100 μm.

Havendo o contato das microbolhas de ar liberadas com os flocos formados pelo processo de floculação, parte delas tenderá a se agregar nos flocos, reduzindo a massa específica do conjunto floco-bolha e possibilitando sua migração para a superfície livre. Por sua vez, o lodo flotado tenderá a se acumular na superfície livre superior da unidade de flotação por ar dissolvido e, assim, deverá ser continuamente removido com o tempo por meio de dispositivos mecanizados (5) e encaminhado para um canal coletor de lodo (6), que pode ser comum a uma ou mais unidades.

A água clarificada é coletada no fundo da unidade por meio de dispositivos hidráulicos, podendo ser empregado um conjunto de tubulações perfuradas distribuídas de modo uniforme ao longo da área superficial da unidade ou por meio de sistemas de drenagem composto por crepinas. A vazão de água clarificada é enviada a um canal de água clarificada (7) dotado de um vertedor que permitirá o controle de nível na unidade de flotação por ar dissolvido e segue posteriormente para as unidades de filtração. Pode-se prever um sistema de remoção de lodo de fundo (8) que viabilize a coleta de partículas que tendam, por fim, a se sedimentar na unidade.

O Vídeo 5-1 apresenta uma unidade de flotação por ar dissolvido em funcionamento, podendo-se observar a formação do manto de lodo e a liberação das microbolhas de ar.

As principais vantagens da flotação por ar dissolvido em relação às demais alternativas de separação sólido-líquido comumente empregadas no tratamento de águas de abastecimento são as seguintes (CRITTENDEN et al., 2012):

- Possibilita a adoção de taxas de escoamento superficial mais elevadas, em torno de 120 a 360 m^3/m^2.dia, o que resulta em unidades com menor tamanho físico.
- Proporciona excelente eficiência para a remoção de algas na fase líquida, geralmente superior em comparação com os processos convencionais de sedimentação.
- Requer tempos de floculação menores (10 a 15 min), em comparação com os valores comumente requeridos quando adotados em sistemas tradicionais de sedimentação gravitacional.
- Demanda menores dosagens de coagulante e, assim, possibilita menores valores de produção de lodo.
- O lodo flotado pode alcançar concentrações de sólidos em torno de 3% a 5%, o que permite seu envio direto para a etapa de desidratação, não necessitando de uma etapa adicional de adensamento.

No entanto, a flotação por ar dissolvido apresenta algumas desvantagens, a saber (CRITTENDEN et al., 2012):

- Do ponto de vista hidromecânico, é mais complexa quando comparada a decantadores convencionais e de alta taxa.
- Apresenta maior consumo energético em comparação com decantadores convencionais e de alta taxa, uma vez que requer o bombeamento de aproximadamente 10% da vazão afluente para saturadores submetidos a pressões relativas em torno de 400 a 600 kPa.
- Sua implantação não é viável em locais onde a manutenção de equipamentos é negligenciada ou de difícil acesso.
- Não é um processo de separação recomendado para águas brutas com altos valores de turbidez.
- É recomendável a cobertura da unidade de flotação com vistas a não permitir que ações do vento e da chuva perturbem o manto de lodo formado na parte superior da unidade.

PRODUÇÃO DE AR PARA A FLOTAÇÃO POR AR DISSOLVIDO

Efetuando-se um balanço de massa na unidade de flotação por ar dissolvido (Fig. 5-6), é possível determinar a concentração de ar liberado, uma vez conhecidas a vazão de reciclo e sua concentração de ar dissolvido.

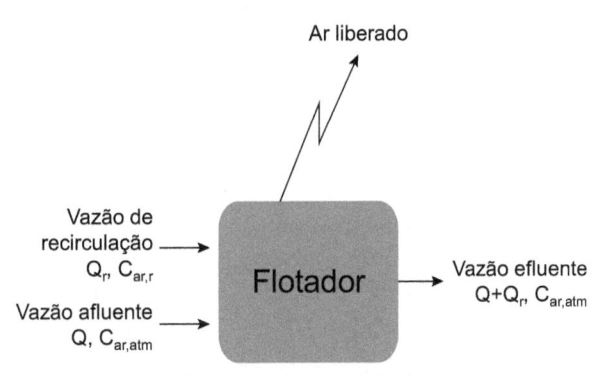

Figura 5-6 Balanço de massa para uma unidade de flotação por ar dissolvido.

Por conseguinte, pode-se escrever que:

$$\left(\frac{dm}{dt}\right)_{ar} = Q_r.C_{ar,r} + Q.C_{ar,atm} - \left(Q+Q_r\right).C_{ar,atm} + \left(\frac{dm}{dt}\right)_{ar,req} \qquad \text{(Equação 5-22)}$$

$(dm/dt)_{ar}$ = variação da massa de ar no flotador (MT^{-1})
$(dm/dt)_{ar,req}$ = massa de ar requerida para o processo de flotação (MT^{-1})
Q_r = vazão de reciclo proveniente do saturador (L^3T^{-1})
Q = vazão afluente ao flotador proveniente do sistema de floculação (L^3T^{-1})
$C_{ar,r}$ = concentração de ar dissolvido na vazão de reciclo (ML^{-3})
$C_{ar,atm}$ = concentração de ar dissolvido na vazão afluente e efluente do flotador (ML^{-3})

Admitindo a condição de regime permanente, a Equação 5-22 pode ser escrita da seguinte maneira:

$$\left(\frac{dm}{dt}\right)_{ar,req} = Q_r.\left(C_{ar,r} - C_{ar,atm}\right) \qquad \text{(Equação 5-23)}$$

Dividindo-se a Equação 5-23 pela vazão total afluente ao flotador, tem-se que:

$$\frac{\left(\frac{dm}{dt}\right)_{ar,req}}{\left(\left(Q+Q_r\right)\right)} = \frac{Q_r.\left(C_{ar,r} - C_{ar,atm}\right)}{\left(Q+Q_r\right)} \qquad \text{(Equação 5-24)}$$

O termo à esquerda na Equação 5-24 pode ser entendido como a concentração de ar requerida para o processo de flotação. Definindo-se como razão de recirculação (r) a relação entre Q_r e Q, a Equação 5-24 pode ser expressa como:

$$\frac{\left(\dfrac{dm}{dt}\right)_{ar,req}}{\left(\left(Q+Q_r\right)\right)} = C_{ar,req} = \frac{r.\left(C_{ar,r} - C_{ar,atm}\right)}{\left(1+r\right)} \qquad \text{(Equação 5-25)}$$

Considerando as perdas no sistema de condução de água saturada e em seu sistema de distribuição, pode-se efetuar uma correção na quantidade de ar disponível para a flotação. Tem-se, portanto, que:

$$C_{ar,req} = \frac{r.Ef.\left(C_{ar,r} - C_{ar,atm}\right)}{\left(1+r\right)} \qquad \text{(Equação 5-26)}$$

Ef = eficiência do sistema de condução e distribuição de água saturada

Uma vez conhecidas a razão de recirculação e as concentrações de ar dissolvido na vazão de recirculação proveniente do saturador e para a condição atmosférica, pode-se, então, determinar a concentração de ar liberada na unidade de flotação. Por outro lado, uma vez fixada a concentração de ar requerida para a flotação e conhecidas as concentrações de ar dissolvido na vazão proveniente do saturador e para a condição atmosférica, pode-se calcular a vazão de recirculação necessária pela seguinte expressão:

$$r = \frac{C_{ar,req}}{Ef.\left(C_{ar,r} - C_{ar,atm}\right) - C_{ar,req}} \qquad \text{(Equação 5-27)}$$

O parâmetro-chave para o dimensionamento de uma unidade de flotação por ar dissolvido consiste em garantir uma concentração de ar passível de ser liberada na unidade ($C_{ar,req}$), sendo que esta se situa em torno de 8 a 12 g/m³ (EDZWALD et al., 1992; EDZWALD; HAARHOFF, 2012). Uma vez fixado este valor, pode-se estimar a vazão de recirculação, se conhecida a concentração de ar dissolvido na vazão de recirculação proveniente da unidade de saturação e para a condição atmosférica.

A produção de água saturada envolve a transferência de ar da fase gasosa para a fase líquida, e o dimensionamento de unidades de saturação deve garantir que a transferência de massa da fase gasosa para a fase líquida seja a mais alta possível. Normalmente, as unidades de saturação adotadas em sistemas de flotação por ar dissolvido são providas de um meio suporte que tem por objetivo aumentar a área interfacial específica e, desse modo, acelerar os processos de transferência de massa do ar da fase gasosa para a fase líquida. A Figura 5-7 apresenta um esquema típico de uma unidade de saturação.

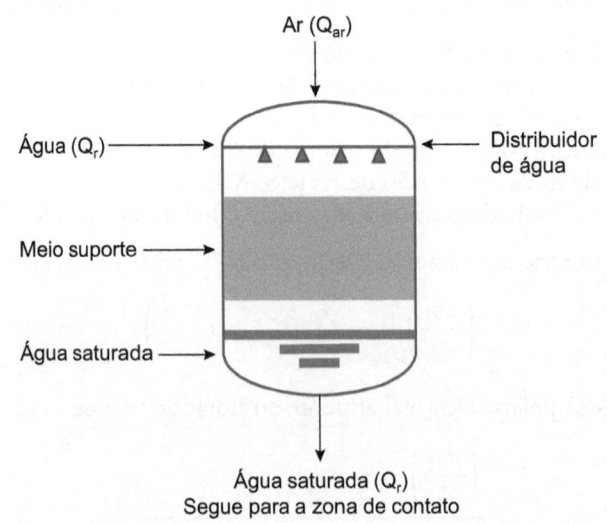

Figura 5-7 Esquema típico de uma unidade de saturação empregada em sistemas de flotação por ar dissolvido (CRITTENDEN et al., 2012).

A água de alimentação é distribuída na parte superior da unidade de saturação e uniformemente ao longo do meio suporte por um sistema distribuidor. O meio suporte tem por função aumentar a área de interface entre a fase líquida e a fase gasosa, possibilitando maximizar a transferência do ar para a água. Os materiais de enchimento empregados são produzidos comercialmente e em geral apresentam valores de área interfacial específica em torno de 60 a 180 m²/m³. A Figura 5-8 apresenta alguns materiais de enchimento comumente empregados em colunas de saturação.

Figura 5-8 Materiais de enchimento normalmente empregados em colunas de saturação.

(Fonte: http://hqhgtl.en.ec21.com/Plasitc_Tower_Packing--4378866.html.)

A área superficial específica do material de enchimento depende de sua geometria e dimensão física. Os fabricantes devem, portanto, ser consultados para fornecimento das propriedades físicas mais relevantes. Na ausência de dados, pode-se adotar como primeira estimativa a seguinte relação entre o diâmetro e a área superficial específica:

$$a_i = 2.500.d_p^{-0,75}$$ (Equação 5-28)

a_i = área interfacial específica em m²/m³
d_p = diâmetro do material de enchimento em mm

O ar introduzido na coluna de saturação é fornecido com compressores, os quais garantem uma pressão de trabalho (pressão relativa) geralmente situada em torno de 400 a 600 kPa. Uma vez saturada, a água segue para a zona de contato para ser exposta à pressão atmosférica e consequente liberação do ar dissolvido para a fase gasosa. A Figura 5-9 apresenta colunas de saturação típicas de unidades de flotação por ar dissolvido.

A transferência de massa do ar para a fase líquida não é ideal, isto é, não é possível garantir que a saturação seja alcançada na fase líquida. Por conseguinte, a determinação da massa de ar transferida da fase gasosa para a fase líquida requer que sejam consideradas as condições operacionais na coluna de saturação. Efetuando-se um balanço de massa para a fase liquida em um elemento infinitesimal do material de enchimento e realizando a integração ao longo de sua altura, pode-se calcular a transferência do N_2, O_2 e Ar da fase gasosa para a fase líquida pela seguinte expressão:

$$C_{x,r} = C_{x,máx} - \left(C_{x,máx} - C_{x,atm}\right).e^{-\left(\frac{K_L.a_w.L.\rho}{C_h}\right)}$$ (Equação 5-29)

$C_{x,r}$ = concentração da espécie x dissolvida na água saturada
$C_{x,máx}$ = concentração máxima de saturação da espécie x dissolvida na água saturada

Figura 5-9 Coluna de saturação empregada em sistema de flotação por ar dissolvido.

$C_{x,atm}$ = concentração da espécie x dissolvida na água submetida à pressão atmosférica
K_L = constante de transferência de massa para a espécie x em s^{-1}
a_w = área interfacial específica molhada em m^2/m^3
L = altura do material de enchimento em m
ρ = massa específica da fase líquida em kg/m^3
C_h = carga hidráulica mássica aplicada por unidade de área em $kg/m^2.s$

A concentração máxima de saturação da espécie x na fase líquida ($C_{x,máx}$) e a concentração submetida à pressão atmosférica ($C_{x,atm}$) podem ser estimadas por:

$$C_{x,máx} = \frac{y_{x,sat}.\left(P_{sat} + P_{atm} - P_{v,sat}\right)}{H_x.R.T}$$

(Equação 5-30)

$$C_{x,atm} = \frac{y_{x,atm}.\left(P_{atm} - U_r.P_{v,sat}\right)}{H_x.R.T}$$

(Equação 5-31)

$y_{x,sat}$ = fração molar da espécie x no saturador
$y_{x,atm}$ = fração molar da espécie x para a condição atmosférica
P_{sat} = pressão relativa no saturador em Pa
P_{atm} = pressão atmosférica em Pa
$P_{v,sat}$ = pressão de vapor da água em Pa
U_r = umidade relativa do ar
H_x = constante de Henry da espécie x em mol/mol
R = constante universal dos gases em J/mol.K
T = temperatura em Kelvin

Como a dissolução dos diferentes gases que compõem o ar atmosférico na fase líquida é distinta, a fração molar destes na coluna de saturação é diferente da atmosférica. A Tabela 5-1 apresenta as frações molares típicas do ar em ambas as condições.

A utilização da Equação 5-29 requer que os coeficientes de transferência de massa e área interfacial molhada sejam conhecidos. Para colunas de saturação dotadas de material de enchimento, os parâmetros K_L e a_w podem

Tabela 5-1 Fração molar do ar para a condição atmosférica e para diferentes pressões de trabalho na unidade de saturação

Espécie	Fração molar			
	P_{atm} no nível do ar	400 kPa	500 kPa	600 kPa
N_2	0,7808	0,8568	0,8600	0,8623
O_2	0,2095	0,1375	0,1345	0,1323
Ar	0,0093	0,0057	0,0056	0,0054

ser estimados por meio de correlações empíricas, como apresentado a seguir (STAUDINGER; KNOCKE; RANDALL, 1990; DZOMBAK; ROY; FANG, 1993).

$$K_L = 0,0051 \cdot \left(\frac{C_h}{a_w \cdot \mu} \right)^{2/3} \cdot \left(\frac{\mu}{\rho \cdot D_l} \right)^{-0,5} \cdot \left(a_i \cdot d_p \right)^{0,4} \cdot \left(\frac{\rho}{\mu \cdot g} \right)^{-1/3}$$

(Equação 5-32)

$$a_w = a_i \cdot \left\{ 1 - exp \left[-1,45 \cdot \left(\frac{\sigma_c}{\sigma} \right)^{0,75} \cdot \left(\frac{C_h}{a_i \cdot \mu} \right)^{0,1} \cdot \left(\frac{C_h^2 \cdot a_i}{\rho^2 \cdot g} \right)^{-0,05} \cdot \left(\frac{C_h^2}{\rho \cdot a_i \cdot \sigma} \right)^{0,2} \right] \right\}$$

(Equação 5-33)

K_L = constante de transferência de massa em s^{-1}
C_h = carga hidráulica mássica aplicada por unidade de área em $kg/m^2 \cdot s$
μ = coeficiente de viscosidade dinâmica da água em $N \cdot s/m^2$
D_l = coeficiente de difusão na fase líquida em m^2/s
d_p = diâmetro do material de enchimento em m
a_i = área interfacial específica em m^2/m^3
a_w = área interfacial específica molhada em m^2/m^3
ρ = massa específica da fase líquida em kg/m^3
g = aceleração da gravidade em m/s^2
σ = tensão superficial da água em N/m
σ_c = tensão superficial crítica do material de enchimento em N/m. Para materiais plásticos, pode-se adotar um valor igual a 0,033 N/m

Os parâmetros de dimensionamento comumente adotados no dimensionamento de colunas de saturação encontram-se apresentados a seguir.

PARÂMETROS DE PROJETO – SATURADORES DE AR DOTADOS DE MATERIAL DE ENCHIMENTO
- **Carga hidráulica mássica: 20 a 50 kg/m².s**
- **Pressão relativa de trabalho: 400 a 700 kPa**
- **Altura do material de enchimento: 800 a 2.000 mm**
- **Diâmetro do material de enchimento: 25 a 100 mm**

Os parâmetros de projeto mais relevantes no dimensionamento de unidades de saturação são a pressão de saturação e a altura do material de enchimento (HAARHOFF; STEINBACH, 1997; HEDZWALD; HAARHOFF, 2012). Assim, quanto maiores forem ambas as grandezas, maior deverá ser a eficiência da unidade com respeito à produção de água saturada. Embora a carga hidráulica mássica seja um parâmetro significativo, sua influência tem pouco efeito na eficiência da unidade.

Exemplo 5-2
Problema: Determinar as concentrações de ar na vazão de recirculação de água saturada para uma coluna de saturação que trabalha com pressão relativa igual a 500 kPa, carga hidráulica mássica igual a 50 kg/m².s, e

altura e diâmetro de material de enchimento iguais a 1.200 mm e 50 mm, respectivamente. Assuma a operação da unidade a uma altitude igual a 760 m, um valor de temperatura da fase líquida igual a 20 °C e uma umidade relativa do ar igual a 30%.

Solução: Dado que o ar é uma composição de gases composto primordialmente por N_2, O_2 e Ar, a concentração destes na água saturada deverá ser calculada de modo independente. Serão efetuados os cálculos para o N_2, e os demais deverão ser apresentados como complemento.

- Passo 1: Definição de propriedades físicas da água e demais parâmetros relevantes para os cálculos

Para a temperatura da água igual a 20 °C e a altitude igual a 760 m, tem-se que:

- Pressão atmosférica: 92,13 kPa.
- Pressão de vapor da água: 2,339 kPa.
- Massa específica da água: 998,20 kg/m³.
- Coeficiente de viscosidade dinâmica da água: $1,002.10^{-3}$ N.s/m².
- Tensão superficial da água: $7,275.10^{-2}$ N/m.
- Constante de Henry para N_2: 60,27 mol/mol.
- Constante de Henry para O_2: 30,56 mol/mol.
- Constante de Henry para Ar: 27,66 mol/mol.
- Coeficiente de difusão de N_2 na fase líquida: $1,658.10^{-9}$ m²/s.
- Coeficiente de difusão de O_2 na fase líquida: $2,186.10^{-9}$ m²/s.
- Coeficiente de difusão de Ar na fase líquida: $2,278.10^{-9}$ m²/s.

- Passo 2: Determinação da área interfacial específica e molhada

Uma vez que o diâmetro do material de enchimento adotado é igual a 50 mm, sua área interfacial específica pode ser calculada pela Equação 5-28.

$$a_i = 2.500.d_p^{-0,75} = 2.500.\left(50\,mm^{-0,75}\right) \cong 133\,\frac{m^2}{m^3}$$

(Equação 5-34)

Por sua vez, a área interfacial específica molhada pode ser estimada por meio da Equação 5-33.

$$a_w = a_i.\left\{1 - exp\left[-1,45.\left(\frac{\sigma_c}{\sigma}\right)^{0,75}.\left(\frac{C_h}{a_i.\mu}\right)^{0,1}.\left(\frac{C_h^2.a_i}{\rho^2.g}\right)^{-0,05}.\left(\frac{C_h^2}{\rho.a_i.\sigma}\right)^{0,2}\right]\right\}$$

$$= 133.\left\{1 - exp\left[-1,45.\left(\frac{0,033}{0,07275}\right)^{0,75}.\left(\frac{50}{133.1,002.10^{-3}}\right)^{0,1}.\left(\frac{50^2.133}{998,2^2.9,81}\right)^{-0,05}.\left(\frac{50^2}{998,2.133.0,07275}\right)^{0,2}\right]\right\}$$

$$\cong 97,1\,\frac{m^2}{m^3}$$

(Equação 5-35)

- Passo 3: Determinação dos coeficientes de transferência de massa de N_2, O_2 e Ar na fase líquida

Os coeficientes de transferência de massa dos gases N_2, O_2 e Ar na fase líquida podem ser calculados pela Equação 5-32. Assim, para o N_2 tem-se que:

$$K_{L,N_2} = 0,0051.\left(\frac{C_h}{a_w.\mu}\right)^{2/3}.\left(\frac{\mu}{\rho.D_l}\right)^{-0,5}.\left(a_i.d_p\right)^{0,4}.\left(\frac{\rho}{\mu.g}\right)^{-1/3}$$

$$= 0,0051.\left(\frac{50}{97,1.1,002.10^{-3}}\right)^{2/3}.\left(\frac{1,002.10^{-3}}{998,2.1,658.10^{-9}}\right)^{-0,5}.(133.0,05)^{0,4}.\left(\frac{998,2}{1,002.10^{-3}.9,81}\right)^{-1/3}$$

$$\cong 6,082.10^{-4}\,\frac{m}{s}$$

(Equação 5-36)

Efetuando-se os cálculos para o O_2 e o Ar, obtêm-se os seguintes valores:

$$K_{L,O_2} \cong 6,983.10^{-4} \; \frac{m}{s} \qquad \text{(Equação 5-37)}$$

$$K_{L,Ar} \cong 7,128.10^{-4} \; \frac{m}{s} \qquad \text{(Equação 5-38)}$$

- Passo 4: Cálculo das concentrações máxima teórica de N_2, O_2 e Ar dissolvidos na água saturada e à pressão atmosférica

As concentrações máximas teóricas de N_2, O_2 e Ar na água saturada e para a condição de pressão atmosférica podem ser calculadas por:

$$C_{x,máx} = \frac{\gamma_{x,sat} \cdot \left(P_{sat} + P_{atm} - P_{v,sat} \right)}{H_x.R.T} \qquad \text{(Equação 5-39)}$$

$$C_{x,atm} = \frac{\gamma_{x,atm} \cdot \left(P_{atm} - U_r.P_{v,sat} \right)}{H_x.R.T} \qquad \text{(Equação 5-40)}$$

Para o gás N_2, tem-se que:

$$C_{N_2,máx} = \frac{\gamma_{N_2,sat} \cdot \left(P_{sat} + P_{atm} - P_{v,sat} \right)}{H_{N_2}.R.T} = \frac{0,8612.(500 + 92,13 - 2,339).1000}{60,27.8,314.293,15}$$
$$\cong 3,458 \frac{mol}{m^3} \left(96,8 \; \frac{g}{m^3} \right) \qquad \text{(Equação 5-41)}$$

$$C_{N_2,atm} = \frac{\gamma_{N_2,atm} \cdot \left(P_{atm} - U_r.P_{v,sat} \right)}{H_{N_2}.R.T} = \frac{0,7808.(92,13 - 0,3.2,339).1000}{60,27.8,314.293,15}$$
$$\cong 0,486 \frac{mol}{m^3} \left(1,559 \; \frac{g}{m^3} \right) \qquad \text{(Equação 5-42)}$$

Efetuando-se os cálculos para os demais compostos O_2 e Ar, tem-se que:

$$C_{O_2,máx} \cong 1,056 \frac{mol}{m^3} \left(33,8 \; \frac{g}{m^3} \right) \qquad \text{(Equação 5-43)}$$

$$C_{O_2,atm} \cong 0,257 \frac{mol}{m^3} \left(1,494 \; \frac{g}{m^3} \right) \qquad \text{(Equação 5-44)}$$

$$C_{Ar,máx} \cong 0,048 \frac{mol}{m^3} \left(1,918 \; \frac{g}{m^3} \right) \qquad \text{(Equação 5-45)}$$

$$C_{Ar,atm} \cong 0,013 \frac{mol}{m^3} \left(0,052 \; \frac{g}{m^3} \right) \qquad \text{(Equação 5-46)}$$

- Passo 5: Cálculo das concentrações de N_2, O_2 e Ar dissolvidos na água saturada

Considerando os aspectos associados aos mecanismos de transferência de massa dos compostos N_2, O_2 e Ar no saturador, suas concentrações na água saturada podem ser calculadas mediante o emprego da Equação 5-29. Por conseguinte, para o N_2, tem-se que:

$$C_{N_2,r} = C_{N_2,máx} - \left(C_{N_2,máx} - C_{N_2,atm}\right).e^{-\left(\frac{K_L.a_w.L.\rho}{C_h}\right)} = 3,458 - (3,458 - 0,486).e^{-\left(\frac{6,082.10^{-4}.97,1.1,2.998,2}{50}\right)}$$

$$\cong 2,736 \frac{mol}{m^3} \left(76,61 \frac{g}{m^3}\right)$$

(Equação 5-47)

Para os demais gases, tem-se que:

$$C_{O_2,r} \cong 0,898 \frac{mol}{m^3} \left(28,75 \frac{g}{m^3}\right)$$

(Equação 5-48)

$$C_{Ar,r} \cong 0,041 \frac{mol}{m^3} \left(1,65 \frac{g}{m^3}\right)$$

(Equação 5-49)

A concentração de ar dissolvido na água saturada é, portanto, igual a 3,676 mol/m³ (107,01 g/m³). É importante observar que a concentração de ar dissolvido na água saturada é menor que a concentração máxima teórica (somatória do resultado das Equações 5-41, 5-43 e 5-45), sendo que este valor é igual a 4,562 mol/m³ (132,52 g/m³).

Efetuando-se um balanço de massa no saturador para qualquer um dos gases N_2, O_2 ou Ar, é possível determinar a mínima vazão de ar de alimentação à unidade de saturação. Por exemplo, utilizando-se o N_2 como referência, tem-se que (STEINBACH E HAARHOFF, 1997):

$$\left(\frac{Q_{ar}}{Q_r}\right) = \left(\frac{1}{H_N}\right).\left(\frac{f_{N_2,sat}}{f_{N_2,atm}}\right).\frac{\left(P_{sat} + P_{atm} - P_{v,sat}\right)}{\left(P_{atm} - U_r.P_{v,sat}\right)} - \left(\frac{1}{H_N}\right)$$

(Equação 5-50)

Q_{ar} = vazão mínima de ar de alimentação à unidade de saturação
Q_r = vazão de água de recirculação

A alternativa mais comum para a produção de água saturada é a alimentação da unidade de saturação com água clarificada, recomendando-se, sempre que possível, que a água seja filtrada. Como o sistema de saturação é normalmente dotado de um sistema de recheio constituído de anéis de material plástico distribuídos de maneira randômica, em caso de utilização de água que contenha alta concentração de sólidos em suspensão totais, pode ocorrer a colmatação do meio com consequente perda de eficiência da unidade.

Ponto Relevante 3: Sempre que possível, o fornecimento de água à unidade de saturação deve ser efetuado com água clarificada, preferencialmente filtrada.

Em geral, os sistemas de flotação por ar dissolvido são projetados prevendo-se uma unidade de saturação para cada flotador, não considerando a existência de uma unidade reserva. Em caso de necessidade de parada de quaisquer unidades de saturação para fins de manutenção, deve-se, portanto, exigir a parada de sua correspondente unidade. Logo, recomenda-se que a alimentação do saturador seja sempre efetuada com água clarificada, de modo a serem reduzidos problemas de manutenção no futuro.

Ponto Relevante 4: As unidades de saturação devem sempre estar situadas o mais próximo possível da unidade de flotação e em cota superior a seu nível d'água.

Como a manutenção das concentrações de ar dissolvido na água saturada envolve a necessidade de que a pressão na linha de água saturada situe-se o mais próximo possível da pressão na unidade de saturação, as perdas de carga na linha de água saturada devem ser as menores possíveis. Por conseguinte, ao se implantar a unidade de saturação em cota superior ao nível d'água da unidade de flotação, procura-se garantir ao longo da linha uma pressão tal que não haja a liberação do ar dissolvido na fase líquida, objetivando que a totalidade deste esteja disponível na zona de contato.

Tendo em vista a maior complexidade de sistemas de flotação por ar dissolvido, é interessante que os saturadores de ar sejam sempre posicionados em locais de fácil acesso e que possibilitem a rápida retirada da unidade para fins de manutenção.

Ponto Relevante 5: As unidades de saturação devem ser sempre posicionadas em local de fácil acesso para fins de manutenção e retirada da unidade, em caso de necessidade.

PARÂMETROS DE PROJETO ADOTADOS NO DIMENSIONAMENTO UNIDADES DE FLOTAÇÃO POR AR DISSOLVIDO

As unidades de flotação por ar dissolvido são normalmente compostas por distintas partes constitutivas (Fig. 5-10), a saber:

- Zona de contato.
- Zona de separação de sólidos.
- Zona de acúmulo e remoção de lodo.
- Zona de coleta de água clarificada.

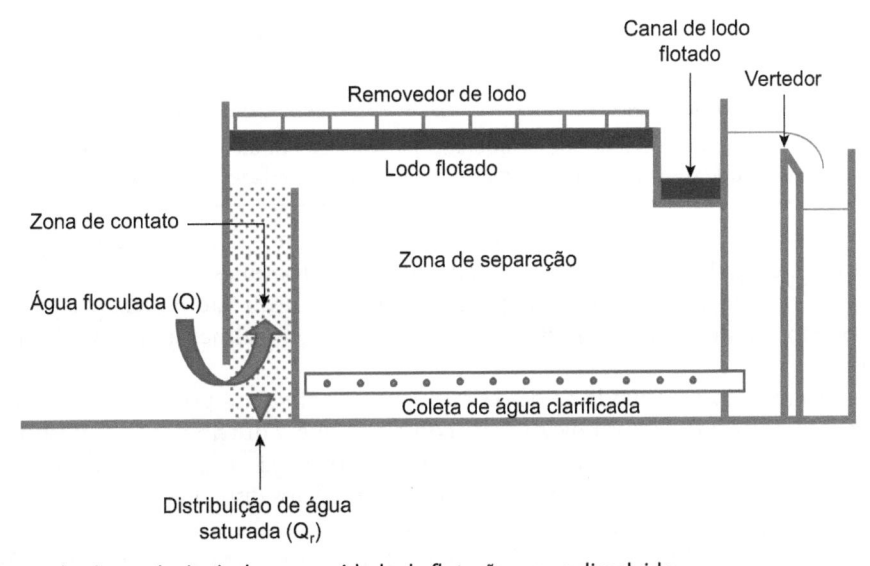

Figura 5-10 Partes constitutivas principais de uma unidade de flotação por ar dissolvido.

Zona de contato

O objetivo da zona de contato é permitir a liberação do ar dissolvido na água saturada e possibilitar o contato das microbolhas com as partículas pré-formadas no processo de floculação. Dessa maneira, a água saturada é distribuída de modo uniforme com a água floculada, e, uma vez submetida novamente à pressão atmosférica, possibilita a liberação do ar saturado na forma de microbolhas.

A zona de contato localiza-se na parte inicial da unidade de flotação, e a liberação do ar dissolvido permite a formação de um colchão de microbolhas, o que forma uma zona "esbranquiçada" visível, como se observa na Figura 5-11.

Figura 5-11 Zona de contato e liberação do ar saturado na forma de microbolhas de ar.

O ar liberado na forma de microbolhas deve possibilitar o contato com as partículas coloidais oriundas do processo de floculação e permitir a redução na massa específica do floco. Dessa maneira, as operações que ocorrem exclusivamente na zona de contato envolvem a liberação do ar dissolvido, o contato com as partículas coloidais e a posterior agregação nos flocos.

Para que a agregação entre as microbolhas e os flocos possa ocorrer, deve existir uma concentração mínima de ar liberado que permita seu contato. Evidências experimentais sugerem valores de concentração de ar disponíveis entre 8 e 12 g/m^3, sendo que valores inferiores a 8 g/m^3 não viabilizam a otimização do processo de separação, e valores superiores a 12 g/m^3 não produzem ganhos significativos na eficiência de separação de sólidos (HEDZWALD; HAARHOFF, 2012).

Ponto Relevante 6: As concentrações de ar liberado na zona de contato devem situar-se entre 8 e 12 g/m^3, sendo este parâmetro de grande significância no dimensionamento de unidades de flotação por ar dissolvido.

É importante ressaltar que a agregação das microbolhas de ar nos flocos é dependente de uma correta operação do processo de coagulação, uma vez que a adesão das microbolhas de ar depende da redução da carga superficial das partículas coloidais. A operação do processo de coagulação não pode, portanto, ser negligenciada, uma vez que os processos de floculação e de flotação dependem essencialmente da correta desestabilização das partículas coloidais.

A fim de que a liberação do ar saturado se dê da maneira mais eficiente possível, é necessário que a redução da pressão ocorra o mais próximo possível da zona de contato, e que a distribuição e a mistura da água saturada com a vazão afluente transcorram com homogeneidade. Essa distribuição e dispersão de água saturada pode ser realizada por meio de difusores específicos ou bocais dotados de orifícios distribuídos de modo uniforme ao longo da zona de contato, como apresentado nas Figuras 5-12 e 5-13.

A zona de contato deve possibilitar um tempo hidráulico de detenção entre as microbolhas liberadas e os flocos em torno de 1 a 4 min, de maneira a possibilitar o contato e a agregação entre ambos. Desse modo, é importante que haja uma clara definição geométrica da zona de contato, recomendando-se que sua altura seja da ordem de 70% a 80% na unidade de flotação.

Ponto Relevante 7: O tempo hidráulico de detenção na zona de contato deve situar-se entre 1 e 4 min, de modo que seja possível garantir o contato entre as microbolhas de ar e os flocos oriundos do processo de floculação.

Se, porventura, a zona de contato não for bem definida e caso apresente baixa profundidade, haverá a tendência de arraste de microbolhas pelo sistema de coleta de água clarificada com posterior envio às unidades de jusante, o que pode ocasionar significativos prejuízos ao processo de filtração, a saber: retenção das microbolhas no meio filtrante, redução na duração das carreiras de filtração e até mesmo arraste e perda de material filtrante durante o

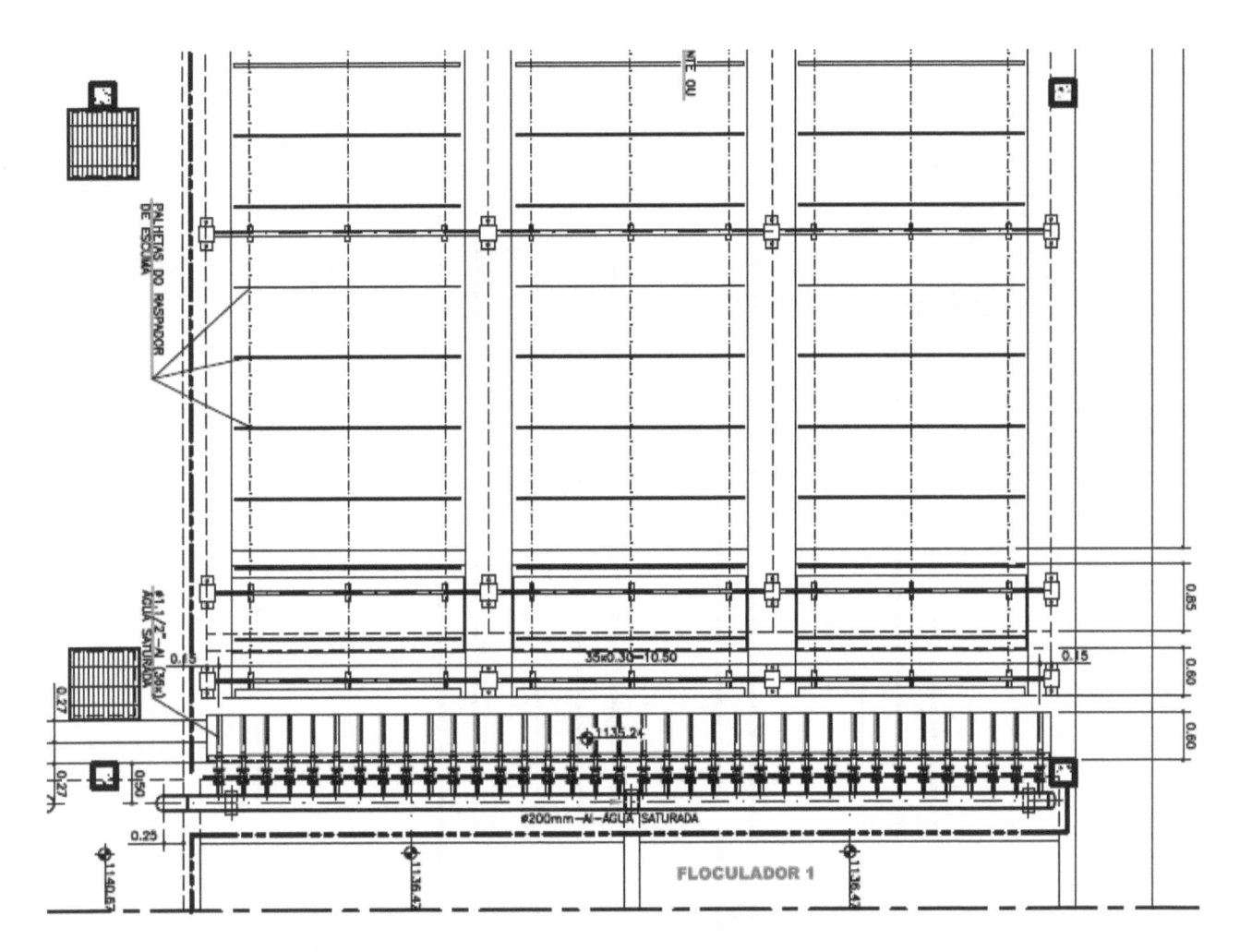

Figura 5-12 Vista superior de uma unidade de flotação por ar dissolvido e de um sistema de distribuição de água saturada na zona de contato.

processo de lavagem. As Figuras 5-14 e 5-15 apresentam duas unidades de flotação por ar dissolvido; a primeira com uma zona de contato não muito bem definida e com baixa profundidade, e a segunda apresentando dimensionamento adequado.

Uma orientação de projeto bastante relevante é a velocidade adotada na passagem da água da zona de contato para a zona de separação de sólidos. Recomenda-se que a velocidade horizontal esteja situada entre 20 e 100 m/h, sendo indicado um valor em torno de 40 m/h.

Ponto Relevante 8: Recomenda-se que a velocidade horizontal na passagem da água da zona de contato para a zona de separação de sólidos situe-se em torno de 20 a 100 m/h.

Zona de separação de sólidos

O objetivo da zona de separação de sólidos é possibilitar que o conjunto floco-bolha seja separado da fase líquida, criando uma zona de acúmulo e remoção de lodo e possibilitando a produção de uma água clarificada. Como parte das microbolhas liberadas na zona de contato não deverá ser agregada aos flocos, a zona de separação deverá possibilitar a separação de dois tipos de partículas distintas, a saber:

- Partículas compostas por microbolhas isoladas não agregadas aos flocos.
- Partículas compostas por microbolhas de ar e flocos agregados.

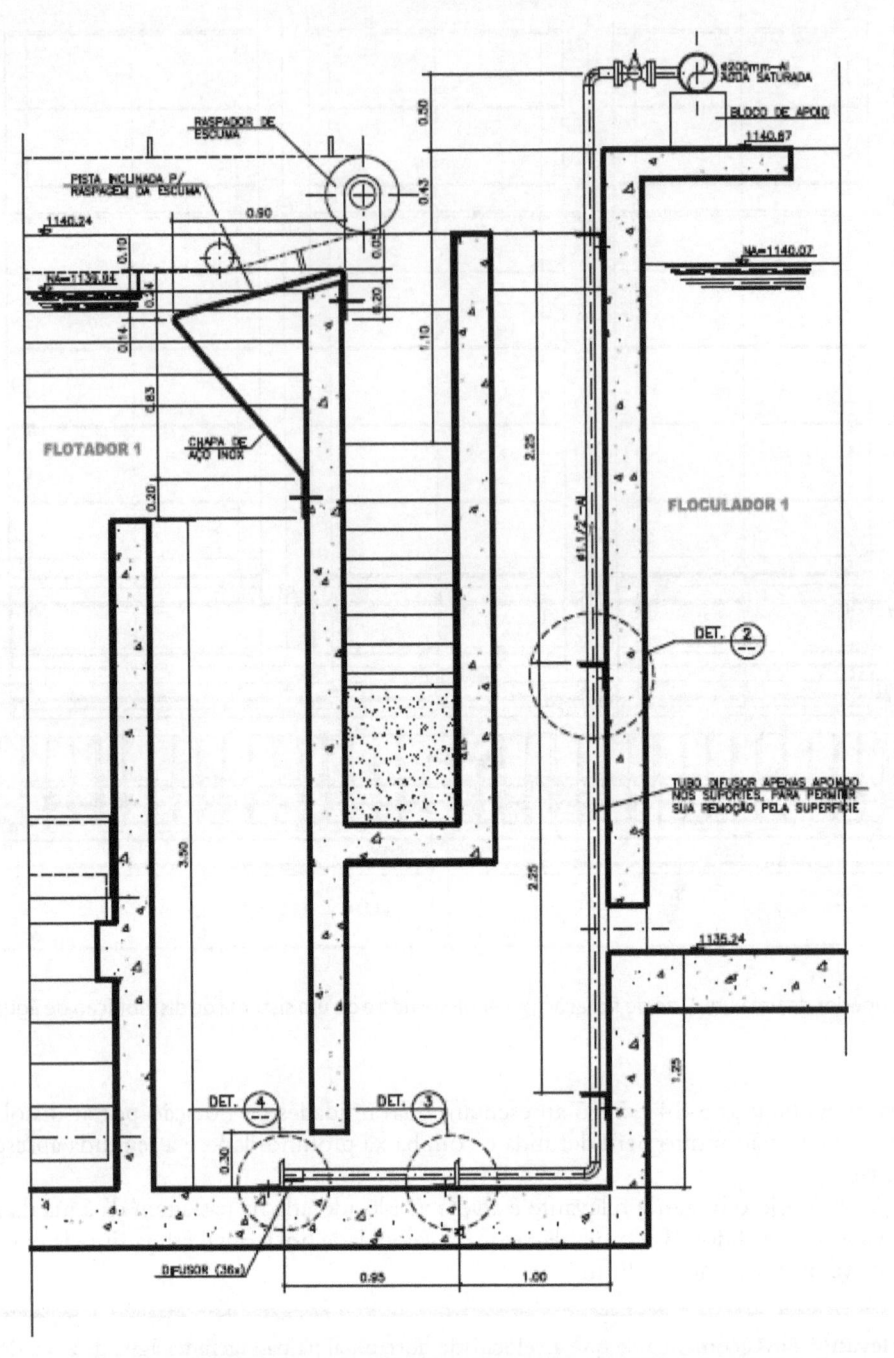

Figura 5-13 Corte de um sistema de distribuição de água saturada por meio de orifícios distribuídos de modo uniforme na zona de contato.

As microbolhas produzidas na zona de contato apresentam diâmetros que variam de 20 a 100 μm, e suas velocidades ascensionais variam de 5 a 20 m/h (MORUZZI; REALI, 2010). Como as microbolhas de ar tendem a se coalescerem e aumentarem de diâmetro durante seu percurso na zona de contato e posteriormente na zona de separação, suas velocidades ascensionais tendem a serem maiores que 20 m/h.

Por sua vez, as velocidades dos flocos formados por processos de coagulação e floculação e agregados a microbolhas de ar apresentam velocidades ascensionais da ordem de 15 a 20 m/h, dependendo do número de microbolhas de ar aderidas aos flocos.

Figura 5-14 Unidade de flotação por ar dissolvido com uma zona de contato com baixa profundidade em relação à altura da unidade.

Figura 5-15 Unidade de flotação por ar dissolvido com uma zona de contato bem definida.

Se, porventura, empregarmos os conceitos vistos no Capítulo 4, é possível demonstrar que a separação de ambos os tipos de partículas deverá ser possível, caso as taxas de escoamento superficial na unidade de separação sejam inferiores a suas velocidades ascensionais (Fig. 5-16).

Caso seja assumido que o escoamento da água clarificada na zona de separação comporta-se como um reator pistonado ideal, a velocidade de coleta de água clarificada (V_{ac}) é dada por:

$$V_{ac} = \frac{\left(Q + Q_r\right)}{A_{zs}}$$

(Equação 5-51)

V_{ac} = velocidade de coleta de água clarificada (LT^{-1})
Q = vazão afluente a unidade de flotação por ar dissolvido (L^3T^{-1})
Q_r = vazão de recirculação de água saturada
A_{zs} = área da zona de separação (L^2)

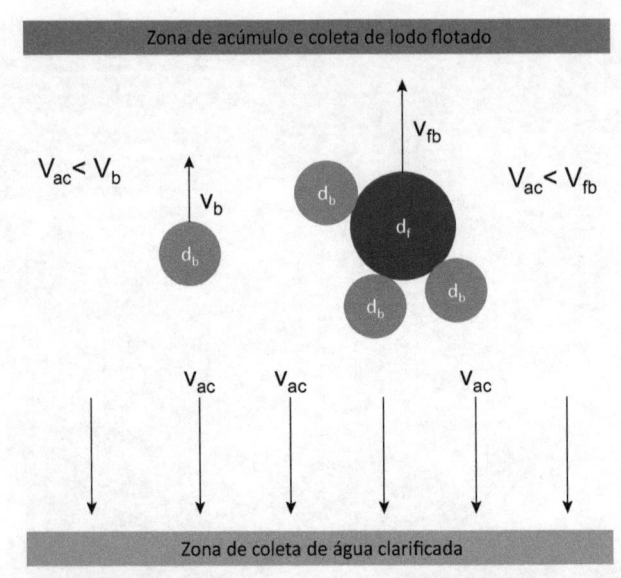

Figura 5-16 Zona de separação de sólidos e velocidades características atuantes na microbolha isolada e no conjunto floco-microbolha.

Para que haja a separação de ambas as partículas na zona de separação, é necessário, portanto, que as velocidades das microbolhas isoladas (V_b) e do conjunto de partículas formadas pelos flocos e pelas microbolhas aderidas (V_{fb}) sejam superiores a V_{ac}. Desse modo, a velocidade V_{ac} pode ser admitida como uma taxa de escoamento superficial associada à zona de separação e, por conseguinte, um parâmetro de projeto. Para unidades de flotação por ar dissolvido do tipo convencional, as taxas de escoamento superficial na zona de separação de sólidos situam-se entre 120 e 360 m^3/m^2.dia.

Ponto Relevante 9: O parâmetro de dimensionamento mais relevante da zona de separação de sólidos é sua taxa de escoamento superficial, recomendando-se que se situe entre 120 e 360 m^3/m^2.dia para unidades de flotação por ar dissolvido do tipo convencional.

O contínuo desenvolvimento de unidades de flotação por ar dissolvido tem possibilitado o projeto e a implantação de unidades com taxas de escoamento superiores, com valores de até 720 m^3/m^2.dia. Assim sendo, tais unidades são denominadas unidades de flotação por ar dissolvido de alta taxa, e seu projeto e dimensionamento envolvem modificações em relação às unidades do tipo convencional. Entre estas modificações, ressalta-se uma altura maior da unidade, que pode chegar a 5,0 m.

Zona de acúmulo e remoção de lodo

Uma vez efetivada a separação dos flocos e das microbolhas de ar, estes deverão se acumular na superfície livre, devendo ser continuamente removidos da fase líquida por meio de equipamentos mecanizados ou por remoção hidráulica. O lodo formado é composto pelo conjunto de flocos separados da fase líquida mais as microbolhas aderidas. Sua composição é altamente variável e função da qualidade da água bruta, do tipo e de dosagens de produtos químicos utilizados no processo de tratamento. Os sistemas de remoção de lodo dotados de equipamentos mecanizados permite um lodo flotado com teores de sólidos superiores a 2%, enquanto os lodos removidos por meio de dispositivos hidráulicos chegam a valores em torno de 0,5%.

Por conseguinte, a adoção de dispositivos mecanizados é mais adequada, uma vez que o lodo flotado normalmente apresenta teor de sólidos superiores a 2%, podendo chegar até 5%. Desse modo, pode-se efetuar seu envio diretamente para as unidades de desidratação, não havendo necessidade de uma etapa intermediária de adensamento. O Vídeo 5-2 apresenta uma unidade de flotação e seu respectivo sistema de remoção de lodo, podendo-se observar a qualidade do lodo removido.

Os sistemas mecanizados de remoção de lodo podem cobrir parcial ou totalmente a área superficial da unidade de flotação. Sua implantação pode custar de 20% a 30% do valor total da obra, o que exige especial atenção à tecnologia que será adotada. A Figura 5-17 apresenta um sistema de remoção de lodo implantado em unidades de flotação por ar dissolvido.

Figura 5-17 Sistemas de remoção de lodo em unidades de flotação por ar dissolvido.

Embora seja possível a obtenção de lodo flotado com altos teores de sólidos, recomenda-se que seus valores não excedem 5%, dado que seu manuseio e posterior bombeamento tendem a ser seriamente dificultados (QASIM; MOTLEY; ZHU, 2000). Ademais, a formação de lodo flotado com altos valores de teor de sólidos requer um intervalo maior entre raspagens sucessivas, o que pode ocasionar perda de ar nos flocos retidos no manto de lodo e posterior deposição no fundo da unidade.

Dada a necessidade de as unidades de flotação por ar dissolvido serem dotadas de sistemas eficientes de remoção de sólidos flotados, a geometria da unidade é dependente de equipamentos disponíveis no mercado nacional. Torna-se conveniente, portanto, uma consulta aos fabricantes, de modo que a geometria da unidade de flotação por ar dissolvido seja ajustada às possibilidades de fornecimento de equipamentos de remoção de lodo eficientes.

O lodo flotado normalmente é sujeito a ações do vento e da chuva, e pode sofrer perturbações, ocasionando perda de ar e consequente deposição dos sólidos e arraste pelo sistema de coleta de água clarificada. Assim sendo, é comum a implantação das unidades de flotação por ar dissolvido em ambiente coberto, como evidenciado na Figura 5-17.

Ponto Relevante 10: Para que o manto de lodo flotado não sofra perturbações resultantes de ações de vento e chuva, é recomendado que as unidades de flotação por ar dissolvido sejam providas de cobertura.

A regulagem dos sistemas de remoção de lodo em relação à espessura do lodo flotado é de grande relevância para a boa remoção do lodo e também para evitar prejuízos na qualidade da água clarificada. A lâmina dos raspadores deve penetrar de maneira adequada no lodo flotado; do contrário, com o movimento dos raspadores, haverá a introdução de uma perturbação do manto de lodo, fazendo com que parte dos sólidos removidos por flotação perca sua sustentação e tenda a se sedimentar no flotador. Com sua sedimentação, os flocos poderão ser coletados no sistema de coleta de água clarificada, ocasionando piora em sua qualidade.

Por outro lado, se as lâminas tiverem penetração elevada e situarem-se abaixo do manto de lodo flotado, poderá ocorrer a formação de uma corrente preferencial de escoamento da superfície superior da zona de separação, com prejuízos ao processo de separação dos flocos. Como o nível d'água na unidade de flotação é função da vazão, suas variações normalmente não permitem que a altura de penetração das lâminas do raspador de lodo no manto de lodo se mantenha constante. Desse modo, ou se opera a unidade de flotação com vazões mais ou menos constantes ao longo do dia – o que, na prática, é muito difícil –, ou se instala um vertedor ajustável na saída de água clarificada. Operacionalmente, a instalação de um vertedor ajustável na estrutura de saída de água clarificada é mais fácil que a realização de ajustes em equipamentos mecanizados.

Ponto Relevante Final: Caso a unidade de flotação venha a ser operada com significativas variações de vazão, recomenda-se a instalação de vertedores ajustáveis na estrutura de saída de água clarificada, de modo a possibilitar um funcionamento adequado de seu sistema de remoção de lodo flotado.

Zona de coleta de água clarificada

A fim de que as condições de escoamento da água clarificada na unidade de flotação por ar dissolvido sejam as mais uniformes possíveis, é de fundamental importância que estas sejam dotadas de um sistema de coleta de água clarificada que cubra a totalidade da zona de separação de sólidos. Os sistemas mais comuns são a implantação de um conjunto de tubulações dotadas de orifícios uniformemente distribuídas ao longo da unidade de flotação ou o emprego de sistemas dotados de fundo falso e com bocais para a coleta de água clarificada. Ambos os sistemas são bastante eficientes, e, como o custo de implantação da primeira alternativa é menor, sua adoção tem sido mais frequente. A Figuras 5-18 apresenta um sistema de coleta de água clarificada compostos por tubulações dotadas de orifícios e uniformemente distribuídas ao longo da zona de separação de sólidos.

Figura 5-18 Sistemas de coleta de água clarificada compostos por tubulações dotadas de orifícios.

As recomendações mais significativas com relação ao projeto e dimensionamento de sistemas de coleta de água clarificada são: (1) estes devem possibilitar uma coleta uniforme ao longo da zona de separação de sólidos; e (2) seus valores de perda de carga devem ser reduzidos de modo que as variações de vazão não ocasionem variações significativas do nível d'água na unidade de flotação.

Um detalhe relevante e que costuma ser negligenciado em alguns projetos é a ausência de sistemas de remoção do lodo, que pode, eventualmente, se sedimentar na zona de separação de sólidos. Alguns profissionais recomendam a implantação de sistemas de remoção de lodo de fundo, podendo estes ser do tipo hidráulico ou mecanizado, enquanto muitos projetos não consideram sua adoção. Como o manto de lodo flotado formado na superfície na unidade de flotação por ar dissolvido pode perder alguns flocos em razão de perturbações introduzidas pela ação dos equipamentos de remoção de lodo ou por falta de uma remoção de sólidos eficiente, é comum notar a deposição de sólidos no fundo da zona de separação de sólidos, o que pode comprometer a qualidade da água clarificada. Caso a unidade de flotação não seja dotada de sistemas de remoção de lodo de fundo, deverão ser previstas operações de manutenção na unidade, prevendo-se sua parada para fins de esvaziamento e limpeza a cada 6 meses.

Para minimizar o arraste de sólidos eventualmente depositados no fundo do flotador pelo sistema de coleta de água clarificada, recomenda-se que a geratriz inferior do tubo de coleta esteja situada por volta de 30 cm do fundo da unidade.

As Figuras 5-19 e 5-20 apresentam, respectivamente, um corte e uma planta de uma unidade de flotação por ar dissolvido, apresentando suas zonas de contato, separação de sólidos, acúmulo e remoção de lodo e coleta de água clarificada.

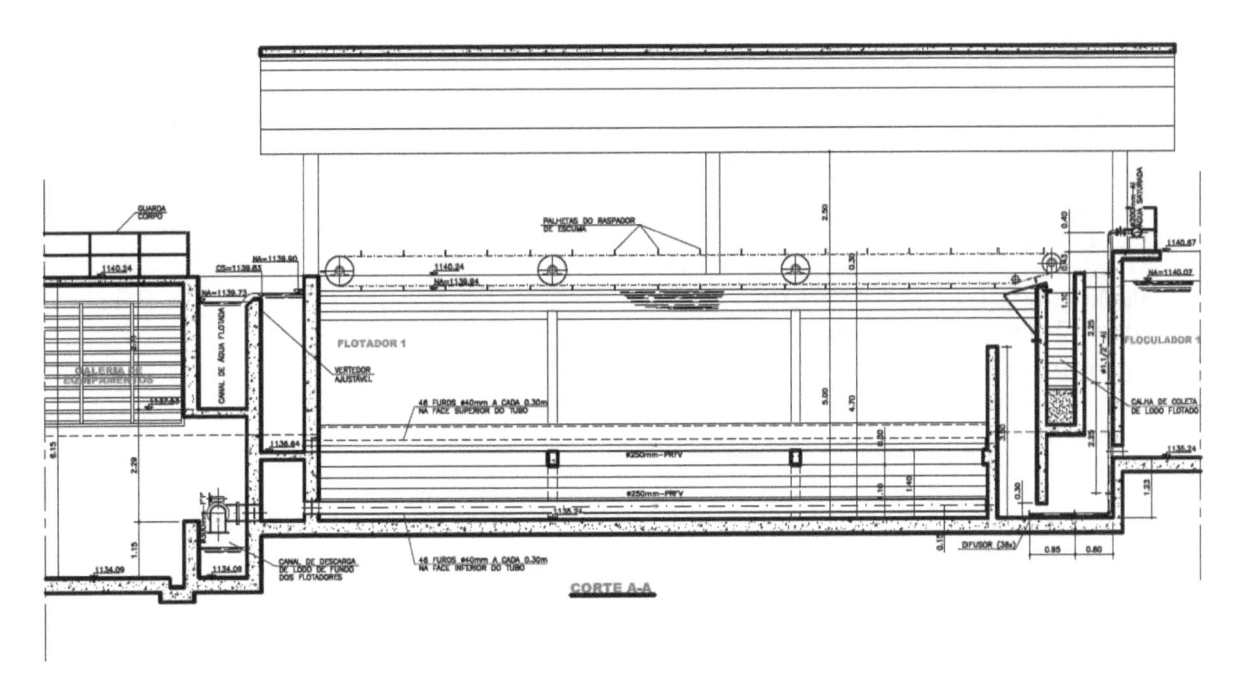

Figura 5-19 Corte de uma típica unidade de flotação por ar dissolvido.

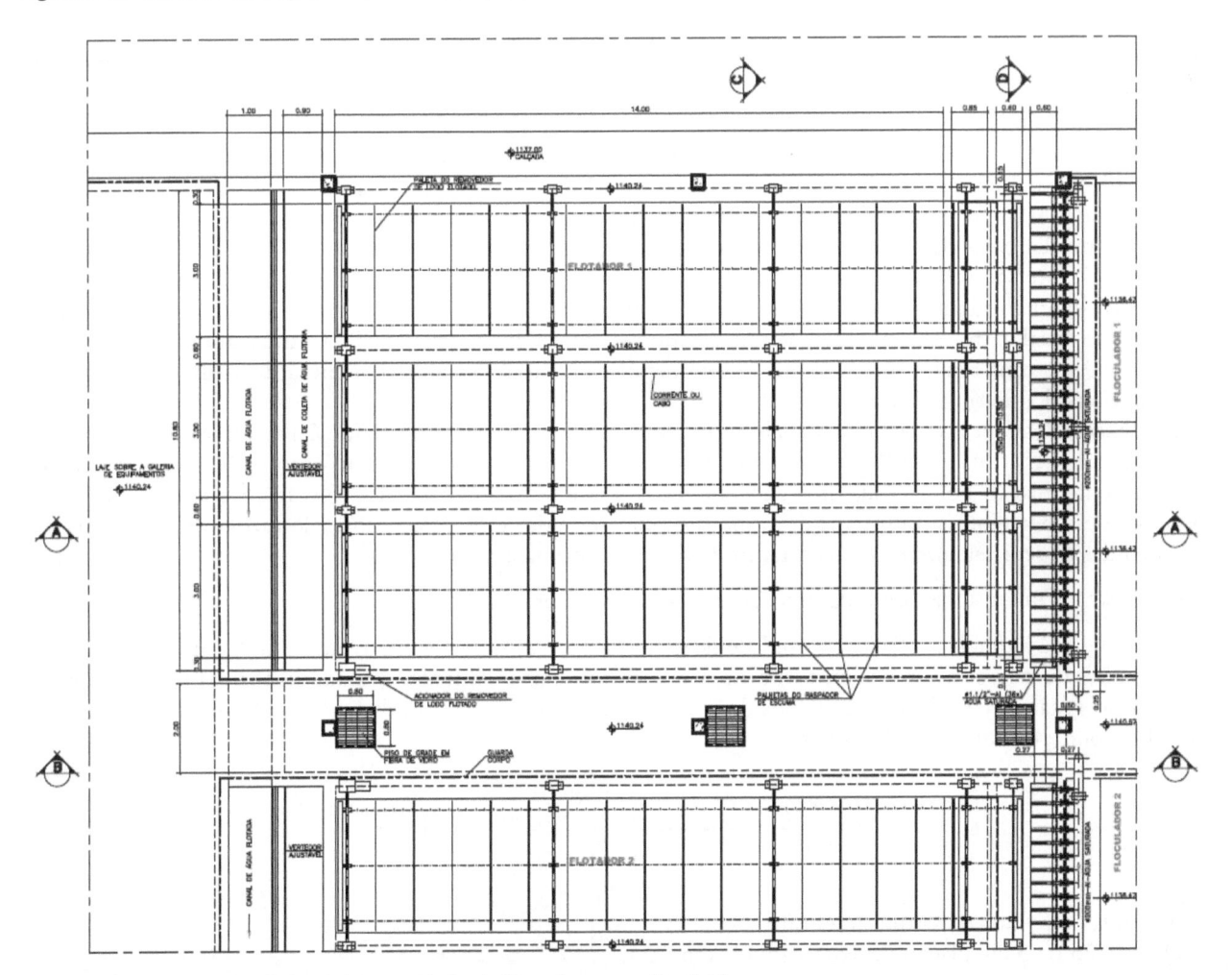

Figura 5-20 Planta geral de uma típica unidade de flotação por ar dissolvido.

Apresentam-se a seguir os principais parâmetros de projeto adotados no projeto de unidades de flotação por ar dissolvido.

PARÂMETROS DE PROJETO – SISTEMAS DE FLOTAÇÃO POR AR DISSOLVIDO

Sistema de floculação
- **Tempo de detenção hidráulico: 10 a 15 min**
- **Duas câmaras de floculação em série**
- **Gradiente de velocidade: entre 60 s⁻¹ e 100 s⁻¹** <!-- -->
- **Parâmetro G.T: entre 3.10^4 e 2.10^5**
- **Altura da lâmina líquida: entre 3,5 e 5,0 m**

ZONA DE CONTATO
- **Concentração de ar na zona de contato: 8 a 12 g/m^3**
- **Taxa de recirculação de água saturada: 5% a 15%**
- **Tempo de detenção hidráulico: 1 a 3 min**
- **Taxa de escoamento superficial na zona de contato: 35 a 100 m/h**

ZONA DE SEPARAÇÃO DE SÓLIDOS
- **Taxa de escoamento superficial na zona de separação de sólidos para unidades convencionais de flotação por ar dissolvido: 120 a 360 m^3/m^2.dia**
- **Comprimento da unidade: menor que 12,0 m**
- **Relação entre comprimento e largura (L/B): em torno de 1,0 a 1,5**
- **Vazão máxima por unidade de flotação por ar dissolvido: 300 a 600 L/s**
- **Velocidade na passagem da zona de contato para a zona de separação de sólidos: 20 a 100 m/h**

Exemplo 5-3

Problema: Efetuar o dimensionamento de uma unidade de flotação por ar dissolvido para uma vazão nominal igual a 200 L/s. Determinar as dimensões básicas da unidade e as condições operacionais do sistema de recirculação de água saturada e fornecimento de ar. Será adotada uma vazão de ar liberada na zona de contato igual a 10 g/m^3 e uma taxa de escoamento superficial na unidade de separação de sólidos em torno de 240 m^3/m^2.dia. Será admitido que as condições de operação da coluna de saturação sejam idênticas às do Exemplo 5-2 (pressão relativa igual a 500 kPa, carga hidráulica mássica igual a 50 kg/m^2.s, altura e diâmetro do material de enchimento iguais a 1.200 mm e 50 mm, respectivamente). Assuma a operação da unidade a uma altitude igual a 760 m, um valor de temperatura da fase líquida igual a 20 °C, uma umidade relativa do ar igual a 30% e uma eficiência no sistema de transporte de água saturada da coluna de saturação até a zona de contato igual a 95%.

Solução: O parâmetro operacional mais importante na flotação por ar dissolvido é a garantia de uma concentração de ar liberado na zona de contato que possibilite o contato e a agregação com os flocos formados no processo de floculação. Foi adotada uma concentração de ar a ser liberada igual a 10 g/m^3, e, como esta é função das condições operacionais do sistema de saturação, serão adotados diferentes valores de vazões de recirculação, e, para uma destas, será calculada a concentração de ar dissolvido na água saturada.

- Passo 1: Dimensionamento da unidade de saturação de ar

Como a carga hidráulica mássica na unidade de saturação deverá situar-se em torno de 50 kg/m^2.s e sabendo-se que as vazões de recirculação são em torno de 5% a 15% da vazão afluente, será admitida uma vazão média de recirculação igual a 10% (20 L/s) para fins de pré-dimensionamento na unidade de saturação de ar. A área do saturador pode, portanto, ser calculada por:

$$A = \frac{Q.\rho}{C_h} = \frac{20.10^{-3}\ \frac{m^3}{s}.998,20\ \frac{kg}{m^3}}{50\ \frac{kg}{m^2.s}} \cong 0,40\,m^2 \qquad \text{(Equação 5-52)}$$

A = área da coluna de saturação em m^2
Q = vazão de recirculação de água saturada em m^3/s

ρ = massa específica da água em kg/m³

C_h = carga hidráulica mássica aplicada na coluna de saturação em kg/m².s

O diâmetro da coluna de saturação pode ser calculado da seguinte maneira:

$$A = \frac{\pi.d^2}{4} \rightarrow d = \sqrt{\frac{4.A}{\pi}} = \sqrt{\frac{4.0,4 \ m^2}{\pi}} \cong 713\,mm \qquad \text{(Equação 5-53)}$$

Por conseguinte, será adotada uma coluna de saturação com diâmetro igual a 800 mm.

• Passo 2: Determinação das concentrações de ar dissolvido na água de recirculação

Como a concentração de ar dissolvido na água de saturação é função das condições operacionais da unidade de saturação, serão admitidas diferentes taxas de recirculação, e, para cada uma delas, serão calculadas suas concentrações de ar dissolvido de acordo com a rotina de cálculo apresentada no Exemplo 5-2. Os resultados encontram-se na Tabela 5-2.

Tabela 5-2 Concentrações de ar dissolvido na água saturada para diferentes vazões de recirculação

Taxa de recirculação (%)	Vazão de recirculação (L/s)	Carga hidráulica mássica aplicada na coluna de saturação (kg/m².s)	Concentração de ar dissolvido na água saturada (g/m³)
8,0	16,0	31,8	111,33
10,0	20,0	39,7	109,26
12,0	24,0	47,7	107,48
15,0	30,0	59,6	105,22
20,0	40,0	79,4	102,17

Como se pode observar nos resultados apresentados na Tabela 5-2, as concentrações de ar dissolvido na água de saturação sofrem pequena variação em função de seu valor de carga hidráulica mássica aplicada. De posse desses valores, é possível calcular as concentrações de ar liberado na zona de contato.

• Passo 3: Determinação das concentrações de ar liberado na zona de contato

As concentrações de ar liberado na zona de contato podem ser calculadas pela Equação 5-26, apresentada anteriormente.

$$C_{ar,req} = \frac{r.Ef.\left(C_{ar,r} - C_{ar,atm}\right)}{(1+r)} \qquad \text{(Equação 5-54)}$$

$C_{ar,req}$ = concentração de ar liberado na zona de contato(ML⁻³)

$C_{ar,r}$ = concentração de ar dissolvido na vazão de recirculação (ML⁻³)

$C_{ar,atm}$ = concentração de ar dissolvido para condição atmosférica (ML⁻³)

Ef = eficiência do sistema de condução e distribuição de água saturada

A concentração de ar dissolvido para a condição atmosférica ($C_{ar,atm}$)pode ser calculada pela seguinte expressão:

$$C_{ar,atm}\left(\frac{g}{m^3}\right) = \frac{\left(P_{atm} - U_r.P_{v,sat}\right)}{R.T} . \sum_{i=1}^{3}\left(\frac{\gamma_{i,sat}}{H_i}\right).mol_i \qquad \text{(Equação 5-55)}$$

$$C_{ar,atm}\left(\frac{g}{m^3}\right)=\frac{(92,13-0,3.2,339).1000}{8,314.293,15}\cdot\left[\left(\frac{0,8612}{60,27}\right).28+\left(\frac{0,1333}{30,56}\right).32+\left(\frac{0,0055}{27,66}\right).39,9\right]$$ (Equação 5-56)

$$\cong 20,54\ \frac{g}{m^3}$$

Para uma vazão de recirculação igual a 10%, tem-se que a concentração de ar dissolvido na água saturada é igual a 109,26 g/m³. Desse modo, tem-se que:

$$C_{ar,req}=\frac{r.Ef.\left(C_{ar,r}-C_{ar,atm}\right)}{(1+r)}=\frac{0,1.0,95.(109,26-20,54)}{(1+0,1)}\cong 7,7\ \frac{g}{m^3}$$ (Equação 5-57)

Os resultados das demais vazões de recirculação encontram-se na Tabela 5-3.

Tabela 5-3 Concentrações de ar liberado na zona de contato para diferentes vazões de recirculação

Taxa de recirculação (%)	Vazão de recirculação (L/s)	Concentração de ar dissolvido na água saturada (g/m³)	Concentração de ar liberado na zona de contato (g/m³)
8,0	16,0	111,33	6,39
10,0	20,0	109,26	7,66
12,0	24,0	107,48	8,85
15,0	30,0	105,22	10,49
20,0	40,0	102,17	12,92

• Passo 4: Determinação das vazões ar mínimas requeridas para alimentação da coluna de saturação

As vazões mínimas de ar para alimentação da coluna de saturação pode ser calculada pela Equação 5-50.

$$\left(\frac{Q_{ar}}{Q_r}\right)=\left(\frac{1}{H_N}\right)\cdot\left(\frac{f_{N_2,sat}}{f_{N_2,atm}}\right)\cdot\frac{\left(P_{sat}+P_{atm}-P_{v,sat}\right)}{\left(P_{atm}-U_r.P_{v,sat}\right)}-\left(\frac{1}{H_N}\right)$$ (Equação 5-58)

Q_{ar} = vazão mínima de ar de alimentação à unidade de saturação
Q_r = vazão de água de recirculação

Para uma vazão de recirculação igual a 20 L/s, tem-se uma vazão mínima de ar igual a:

$$Q_{ar}=Q_r.\left[\left(\frac{1}{H_N}\right).\left(\frac{f_{N_2,sat}}{f_{N_2,atm}}\right).\frac{\left(P_{sat}+P_{atm}-P_{v,sat}\right)}{\left(P_{atm}-U_r.P_{v,sat}\right)}-\left(\frac{1}{H_N}\right)\right]$$

$$=20\frac{L}{s}.\left[\left(\frac{1}{60,27}\right).\left(\frac{0,8612}{0,7808}\right).\frac{(500+92,13-2,339)}{(92,13-0,3.2,339)}-\left(\frac{1}{60,27}\right)\right]$$

$$\cong 2,01\frac{L}{s}$$

(Equação 5-59)

As vazões de ar requeridas para as diferentes vazões de recirculação encontram-se na Tabela 5-4.

Tabela 5-4 Vazões de recirculação e vazões de ar requeridas para diferentes concentrações de ar liberado na zona de contato

Taxa de recirculação (%)	Vazão de recirculação (L/s)	Vazão de ar (L/s)	Concentração de ar liberado na zona de contato (g/m³)
8,0	16,0	1,61	6,39
10,0	20,0	2,01	7,66
12,0	24,0	2,41	8,85
15,0	30,0	3,02	10,49
20,0	40,0	4,02	12,92

Como o objetivo é, portanto, garantir uma concentração de ar liberado na zona de reação igual a 10 g/m³, a vazão de recirculação e a vazão de ar deverão situar-se em torno de 30 L/s e 3,02 L/s, respectivamente. Tendo em vista a necessidade de se garantir uma flexibilidade ao sistema, ou seja, permitir que o sistema seja operado com diferentes valores de concentração de ar liberado, será adotado um sistema de recirculação de água que torne possível trabalhar com vazões mínima e máxima entre 20 e 40 L/s. Pode-se adotar um conjunto de recalque de água filtrada equipado de duas bombas centrífugas (1O + 1R), com inversores de frequência e que possibilite variar as vazões a serem enviadas para a coluna de saturação.

Com relação à vazão de ar, será adotada uma vazão mínima de ar igual a 4,0 L/s, devendo esta ser fornecida por um compressor associado a um reservatório de ar. Para fins de dimensionamento, é interessante que seja utilizado um fator de segurança igual a 1,5. Por conseguinte, a vazão de fornecimento de ar a partir dos compressores deverá ser igual a 6,0 L/s.

- Passo 5: Determinação das dimensões da zona de separação de sólidos

As zonas de contato e de separação de sólidos estão associadas entre si e apresentam largura comum. Inicialmente será determinada a área superficial requerida para a zona de separação de sólidos. Uma vez fixada sua taxa de escoamento superficial em torno de 240 m³/m².dia, tem-se que:

$$q_{zs} = \frac{(Q + Q_r)}{A_{zs}} \rightarrow A_{zs} = \frac{(Q + Q_r)}{q_{zs}} = \frac{\left(200\frac{L}{s} + 40\frac{L}{s}\right).86,4}{240\ \frac{m^3}{m^2.dia}} \cong 86,4\,m^2 \qquad \text{(Equação 5-60)}$$

q_{zc} = taxa de escoamento superficial na zona de separação de sólidos (LT^{-1})
Q = vazão afluente a unidade de flotação por ar dissolvido (L^3T^{-1})
Q_r = vazão de recirculação de água saturada
A_{zs} = área da zona de separação (L^2)

Será adotada, então, uma unidade de separação de sólidos com largura (L) igual a seu comprimento (C). Dessa maneira, tem-se que:

$$L^2 = 86,4\,m^2 \rightarrow L \cong 9,3\,m \qquad \text{(Equação 5-61)}$$

Assim sendo, será adotada uma unidade de flotação por ar dissolvido com uma zona de separação de sólidos de dimensão igual a 9,3 m de largura e comprimento. As dimensões da unidade deverão ser confirmadas posteriormente, em razão da disposição dos equipamentos mecanizados de remoção de lodo flotado.

- Passo 6: Determinação das dimensões da zona de contato

A largura das zonas de contato e de separação de sólidos deverá ser igual. Serão adotados uma altura e um comprimento para a zona de contato iguais a 3,0 m e 1,0 m, respectivamente. Dessa maneira, seu volume deverá ser igual a:

$$V_{zc} = 9,3\,m.3,0\,m.1,0\,m = 27,9\,m^3$$

(Equação 5-62)

Para as vazões mínima e máxima afluente à zona de contato (220 L/s e 260 L/s) – vazão afluente mais a vazão de recirculação –, é possível determinar o tempo de detenção hidráulico na unidade. Tem-se, portanto, que:

$$\theta_{máx} = \frac{V_{zc}}{\left(Q + Q_r\right)} = \frac{27,9\ m^3}{0,22\,\dfrac{m^3}{s}} \cong 2,1\,min$$

(Equação 5-63)

$$\theta_{mín} = \frac{V_{zc}}{\left(Q + Q_r\right)} = \frac{27,9\ m^3}{0,24\,\dfrac{m^3}{s}} \cong 1,9\,min$$

(Equação 5-64)

Uma vez que o tempo de detenção situa-se entre 1 e 3 min, pode-se considerar o dimensionamento adequado.

• Passo 7: Dimensionamento da passagem de água da zona de contato para a zona de separação de sólidos

A recomendação prática é que a velocidade na passagem situe-se entre 20 e 100 m/h. Será uma altura a partir da borda superior da parede divisória entre a zona de contato e a zona de separação de sólidos igual a 1,0 m. Desse modo, as velocidades mínima e máxima deverão ser iguais a:

$$v_{mín} = \frac{\left(Q + Q_r\right)}{A_p} = \frac{0,22\,\dfrac{m^3}{s}}{1,0\ m.9,3\ m} \cong 85,2\,\frac{m}{h}$$

(Equação 5-65)

$$v_{máx} = \frac{\left(Q + Q_r\right)}{A_p} = \frac{0,24\,\dfrac{m^3}{s}}{1,0\ m.9,3\ m} \cong 92,9\,\frac{m}{h}$$

(Equação 5-66)

Na medida em que as velocidades resultam inferiores a 100 m/h, tem-se que o dimensionamento é adequado.

• Passo 8: Dimensionamento do sistema de coleta de água clarificada

Será adotado um conjunto de tubulações com orifícios distribuídos ao longo da área superficial da zona de separação de sólidos. As perdas de carga deverão ser minimizadas, de modo que as variações de nível na unidade de flotação sejam reduzidas. Como a largura da unidade é igual a 9,3 m, será implantado um total de dez tubulações de coleta de água clarificada distando 0,93 m entre si.

Cada tubulação deverá apresentar comprimento igual a 9,0 m e ser dotada de orifícios com diâmetro igual a 2,0 cm e dispostos bilateralmente. Para garantir uma coleta homogênea de água clarificada ao longo da área superficial da zona de separação de sólidos, será considerado um espaçamento entre orifícios não superior a 10 cm.

As vazões de água clarificada a serem coletadas deverão ser iguais a 220 L/s e 240 L/s. Uma vez que deverá ser previsto um total de dez tubulações, as vazões mínima e máxima deverão ser iguais a 22 l/s e 24 L/s, respectivamente. Admitindo-se uma velocidade na tubulação de água clarificada em torno de 0,5 m/s, seu diâmetro deverá ser igual a:

$$Q = v.A \rightarrow d_{mín} = \sqrt{\frac{4.Q}{v.\pi}} = \sqrt{\frac{4.0,022\,\dfrac{m^3}{s}}{\pi.0,5\,\dfrac{m}{s}}} \cong 237\,mm$$

(Equação 5-67)

$$Q = v.A \rightarrow d_{máx} = \sqrt{\frac{4.Q}{v.\pi}} = \sqrt{\frac{4.0,024\ \frac{m^3}{s}}{\pi.0,5\frac{m}{s}}} \cong 247\,mm \qquad \text{(Equação 5-68)}$$

Será adotado um diâmetro igual a 250 mm para as tubulações de coleta de água clarificada. As Figuras 5-21 e 5-22 apresentam um esquema indicativo das principais dimensões características na unidade de flotação por ar dissolvido projetada.

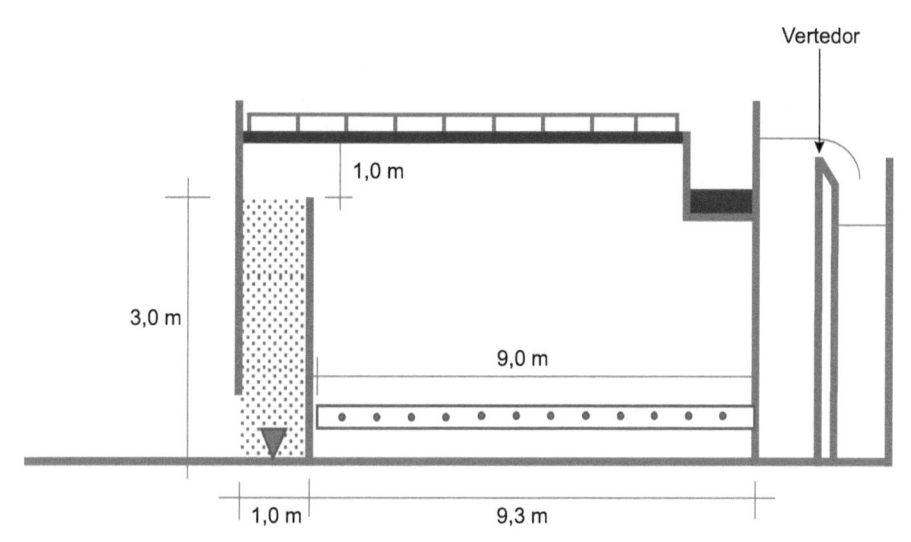

Figura 5-21 Corte da unidade de flotação por ar dissolvido.

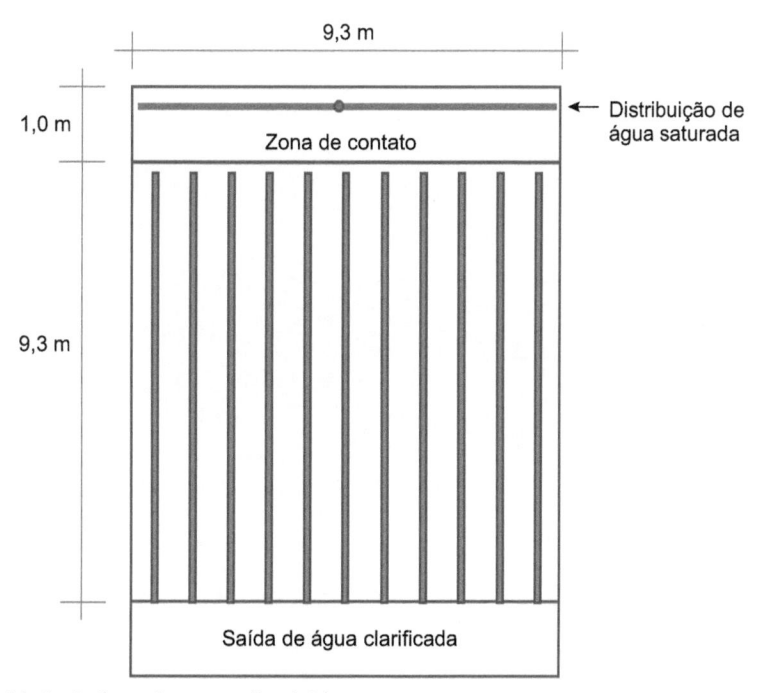

Figura 5-22 Planta da unidade de flotação por ar dissolvido.

Referências

CRITTENDEN, J. C. et al. *Water treatment principles and design*. 3rd ed. New York: Wiley, 2012. 1901 p.

DZOMBAK, D. A.; ROY, S. B.; FANG, H. J. Air-stripped design and costing computer-program. *Journal American Water Works Association*, Denver, v. 85, n. 10, p. 63-72, Oct. 1993.

EDZWALD, J. K. et al. Flocculation and air requirements for dissolved air flotation. *Journal American Water Works Association*, Denver, v. 84, n. 3, p. 92-100, Mar. 1992.

EDZWALD, J. K.; HAARHOFF, J. *Dissolved air flotation for water clarification*. Denver: AWWA; New York: McGraw Hill, 2012. 384 p.

GREGORY, R.; EDZWALD, J. K. Sedimentation and flotation. In: EDZWALD, J. K. (Ed.) *Water quality and treatment*: a handbook on drinking water. 6th ed. Denver: AWWA, 2011. cap. 9

HAARHOFF, J. Dissolved air flotation: progress and prospects for drinking water treatment. *Journal of Water Supply: Research and Technology-Aqua*, London, v. 57, n. 8, p. 555-567, Dec. 2008.

HAARHOFF, J.; STEINBACH, S. A comprehensive method for measuring the air transfer efficiency of pressure saturators. *Water Research*, Oxford, v. 31, n. 5, p. 981-990, May 1997.

HENDERSON, R. K.; PARSONS, S. A.; JEFFERSON, B. The impact of differing cell and algogenic organic matter (AOM) characteristics on the coagulation and flotation of algae. *Water Research*, Oxford, v. 44, n. 12, p. 3617-3624, June 2010.

MALLEY, J. P.; EDZWALD, J. K. Laboratory comparison of DAF with conventional treatment. *Journal American Water Works Association*, Denver, v. 83, n. 9, p. 56-61, Sept. 1991.

MORUZZI, R. B.; REALI, M. A. P. Characterization of micro-bubble size distribution and flow configuration in DAF contact zone by a non-intrusive image analysis system and tracer tests. *Water Science and Technology*, Dordrecht, v. 61, n. 1, p. 253-262, 2010.

QASIM, S. R.; MOTLEY, E. M.; ZHU, G. *Water works engineering*: planning, design, and operation. Upper Saddle River: Prentice Hall, 2000. 844 p.

STAUDINGER, J.; KNOCKE, W. R.; RANDALL, C. W. Evaluating the onda mass-transfer correlation for the design of packed-column air stripping. *Journal American Water Works Association*, Denver, v. 82, n. 1, p. 73-79, Jan. 1990.

STEINBACH, S.; HAARHOFF, J. Air transfer efficiency of packed saturators used in DAF. *Journal American Water Works Association*, Denver, v. 89, n. 12, p. 71-82, Dec. 1997.

VALADE, M. T. et al. Particle removal by flotation and filtration: pretreatment effects. *Journal American Water Works Association*, Denver, v. 88, n. 12, p. 35-47, Dec. 1996.

CAPÍTULO 6

Filtração

SEPARAÇÃO DE PARTÍCULAS COLOIDAIS POR FILTRAÇÃO

O processo de filtração é o último processo unitário cuja função é garantir a remoção de partículas coloidais presentes na fase líquida, daí reside sua grande importância no processo de tratamento de águas de abastecimento. Justifica-se a necessidade do processo de filtração como parte constitutiva em estações de tratamento de água uma vez que, por melhor que seja a operação das unidades de sedimentação gravitacional ou flotação por ar dissolvido, estas não são capazes de garantir a remoção de 100% das partículas coloidais presentes na fase líquida. Dessa maneira, todas as partículas que não forem removidas nas etapas de sedimentação ou flotação deverão ser removidas no processo de filtração.

Se, porventura, as unidades de filtração não estiverem funcionando de modo satisfatório, haverá uma tendência de deterioração na qualidade da água filtrada, o que pode não apenas comprometer suas características estéticas, mas também impor riscos à operação da etapa de desinfecção.

DEFINIÇÃO DE FILTRAÇÃO
Processo físico-químico no qual as partículas coloidais são removidas da fase líquida mediante sua percolação por um meio granular, garantindo-se a produção de água filtrada com características estéticas adequadas aos fins de potabilidade.

Embora, do ponto de vista tecnológico, a filtração possa ocorrer de diferentes modos, tradicionalmente, a filtração empregada no tratamento convencional de águas de abastecimento envolve a percolação de água em um meio granular, tendo este altura e granulometria específicas (Fig. 6-1).

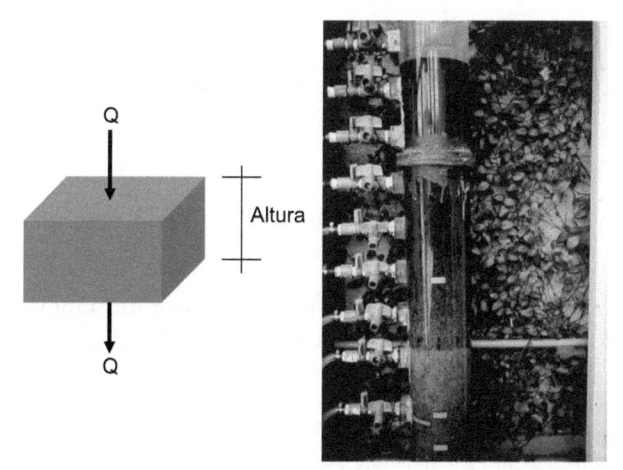

Figura 6-1 Sistemas de filtração empregados no tratamento de águas de abastecimento – percolação em meio granular.

Embora a filtração de água para fins de abastecimento público tenha se expandido de modo significativo a partir do início do século XX, apenas nos meados de 1950 em diante é que se passou a compreender com mais profundidade os principais mecanismos envolvidos no processo de retenção de partículas no meio filtrante (IVES, 1970).

Acreditava-se, até aquela década, que os principais mecanismos responsáveis pela remoção de partículas da fase líquida e posterior deposição nos grãos do material do meio filtrante eram puramente físicos. No entanto, a partir de 1960 foi postulada de modo definitivo a ineficácia dos ditos modelos físicos para a representação dos principais mecanismos envolvidos do processo de remoção de impurezas, passando-se a caracterizar o processo de filtração como uma combinação entre processos físicos e químicos (AMIRTHARAJAH, 1988; TOBIASON; OMELIA, 1988).

Atualmente, sabe-se que o processo de remoção de impurezas e posterior deposição nos grãos do meio filtrante são compostos por pelo menos dois diferentes mecanismos, a saber:

- Mecanismos de transporte, que envolvem a passagem da partícula da fase líquida até a superfície do meio filtrante.
- Mecanismos de aderência, que caracterizam as forças superficiais envolvidas entre a partícula e os grãos que compõem o meio filtrante.

Mecanismos de transporte

Os mecanismos de transporte são regidos por parâmetros físicos, como taxa de filtração, característicos do meio filtrante e das partículas coloidais. Por outro lado, os mecanismos de aderência são influenciados pelas características físico-químicas da fase líquida e também das superfícies das partículas e dos grãos do meio filtrante.

É comum imaginar que a retenção das partículas coloidais no processo de filtração ocorre porque sua dimensão física é maior que os poros intergranulares. Se, porventura, for admitido um material filtrante formado por partículas com diâmetro igual a d_c, tem-se que os vazios intergranulares deverão apresentar diâmetro dos poros igual a $0,155.d_c$ (Fig. 6-2). Esse mecanismo de transporte e retenção de partículas coloidais é denominado ação de coar e é o mais simples de ser compreendido do ponto de vista físico, pois, uma vez que uma ou mais partículas tenham dimensões maiores que os poros do material filtrante, estas ficarão retidas superficialmente, não podendo ser transportadas para suas camadas mais profundas.

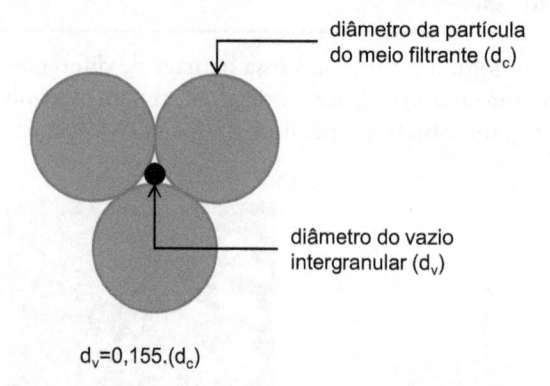

diâmetro da partícula do meio filtrante (d_c)

diâmetro do vazio intergranular (d_v)

$$d_v = 0,155.(d_c)$$

Figura 6-2 Relação de diâmetro entre uma partícula de diâmetro conhecido e o diâmetro de seus interstícios.

Admitido um diâmetro médio de um grão de areia típico de um filtro rápido em torno de 0,5 mm, é possível concluir que partículas com diâmetros iguais ou superiores a 77,5 μm tendem a ficar retidas nas camadas superiores do meio filtrante.

No entanto, no processo de filtração rápida, a água afluente aos filtros apresenta uma grande gama de partículas com as mais diversas dimensões físicas e a maioria menor que 77,5 μm. Evidências experimentais indicam que partículas com dimensões menores que 77,5 μm são removidas com eficiência pelo processo de filtração, o que sugere que outros mecanismos de remoção de partículas coloidais da fase líquida além da ação de coar sejam significativos.

Em analogia ao processo de filtração de ar, é possível mostrar que outros diferentes mecanismos de transporte são mais relevantes que a ação de coar. Serão, então, assumidas uma partícula isolada, denominada coletora, e n partículas transportadas pela fase líquida. Como a aproximação do escoamento nas proximidades do coletor tende a deformar as linhas de corrente, as partículas coloidais transportadas pelo fluido podem se chocar com a superfície do material filtrante (Fig. 6-3).

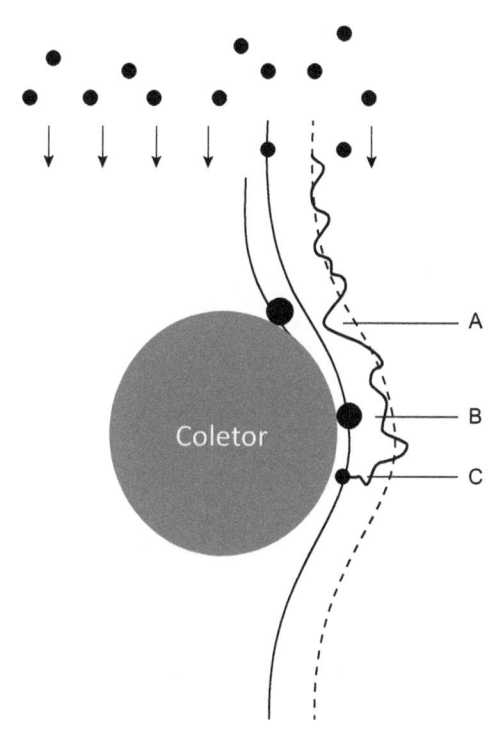

Figura 6-3 Mecanismos de transporte de partículas coloidais: sedimentação, interceptação e difusão browniana.

(Fonte: http://inside.mines.edu/~tcath/courses/CEEN572_pilot/index.html.)

Mecanismo de transporte por sedimentação (A): Uma partícula transportada em uma linha de corrente pode apresentar uma velocidade de sedimentação que possibilite sua separação da linha de corrente, sendo posteriormente transportada para a superfície do coletor.

Mecanismo de transporte por interceptação (B): Uma partícula transportada em uma linha de corrente pode entrar em contato com o coletor e ficar retida em sua superfície.

Mecanismo de transporte por difusão browniana (C): As moléculas da água, em razão de sua energia interna, apresentam-se em constante movimento. Uma partícula coloidal presente em meio aquoso, em razão de seu contínuo bombardeamento pelas moléculas de água, pode ser transportada de sua linha de corrente para a superfície do coletor.

A eficiência de remoção de partículas coloidais por um coletor isolado pode ser avaliada pelo parâmetro η, que é definido como (YAO; HABIBIAN; OMELIA, 1971):

$$\eta = \frac{TP_c}{TP_a}$$

(Equação 6-1)

η = eficiência de um coletor isolado (adimensional)
TP_c = taxa de partículas que se chocam com o coletor
TP_a = taxa de partículas que se aproximam do coletor

Para cada um dos mecanismos de transporte apresentados anteriormente, seu valor de η pode ser definido como igual a:

$$\eta_s = \frac{g \cdot \left(\rho_p - \rho \right) \cdot d_p^2}{18 \cdot \mu \cdot v}$$

(Equação 6-2)

$$\eta_i = \frac{3}{2} \cdot \left(\frac{d_p}{d_c} \right)^2$$

(Equação 6-3)

$$\eta_{db} = 0,9.\left(\frac{k.T}{\mu.d_p.d_c.v}\right)^{2/3}$$

(Equação 6-4)

η_s, η_i e η_{db} = eficiência de um coletor isolado para os mecanismos de sedimentação, interceptação e difusão browniana, respectivamente

g = aceleração da gravidade (LT^{-2})
ρ_p = massa específica da partícula (ML^{-3})
ρ = massa específica da água (ML^{-3})
k = constante de Boltzman (JT^{-1})
μ = viscosidade dinâmica da água ($ML^{-1}T^{-1}$)
T = temperatura absoluta em K
v = taxa de filtração (LT^{-1})
d_p = diâmetro da partícula coloidal (L)
d_c = diâmetro do coletor (L)

Assumindo-se que os mecanismos de transporte sejam aditivos, pode-se estimar a taxa total de partículas que alcançam o coletor isolado somando-se as eficiências associadas aos diferentes mecanismos de transporte. Desse modo, tem-se que:

$$\eta_t = \eta_{db} + \eta_s + \eta_i$$

(Equação 6-5)

η_t = eficiência total de um coletor isolado, incorporando-se os diferentes mecanismos de transporte (sedimentação, interceptação e difusão browniana)

A influência dos principais parâmetros intervenientes no processo de filtração pode ser estudada calculando-se a eficiência de um coletor isolado para os diferentes mecanismos de transporte em função do diâmetro das partículas coloidais. Pode-se assumir um coletor com diâmetro igual a 0,5 mm e submetido a uma taxa de filtração igual a 240 m/dia. Admitidas a massa específica das partículas coloidais como 1.020 kg/m³ e a temperatura da fase líquida igual a 20 °C, tem-se que os resultados calculados de η_s, η_i, η_{db} e η_t para diâmetros de partículas coloidais variando de 0,01 μm a 100 μm encontram-se apresentados na Figura 6-4.

Observando-se a Figura 6-4, nota-se que a remoção das partículas coloidais com diâmetros inferiores a 1 μm é controlada pelo mecanismo de transporte de difusão browniana. Por sua vez, para partículas com diâmetros superiores a 10 μm, os mecanismos de transporte de interceptação e sedimentação controlam a remoção de partículas coloidais.

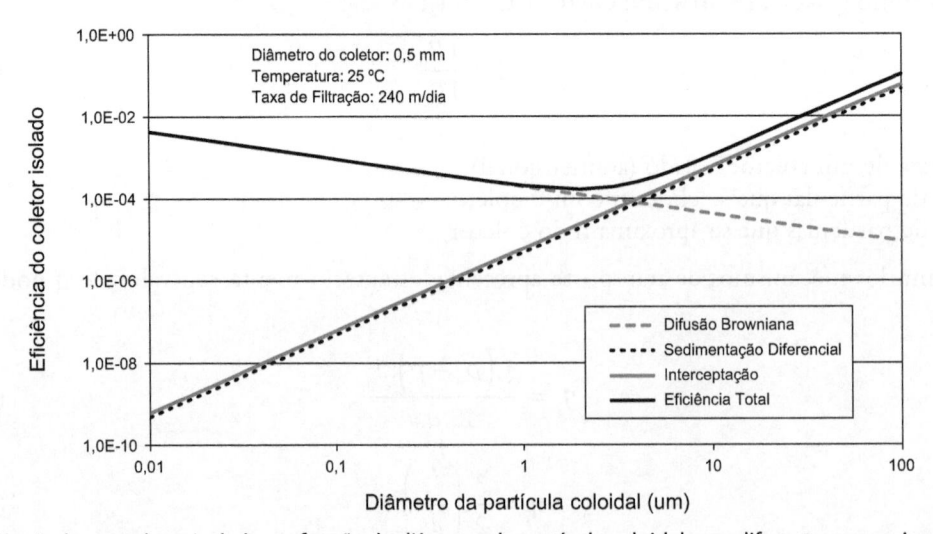

Figura 6-4 Eficiência de um coletor isolado em função do diâmetro da partícula coloidal para diferentes mecanismos de transporte.

Além disso, é possível observar uma faixa de diâmetros entre 1 μm e 10 μm em que a eficiência do coletor isolado é mínima, indicando que a remoção de partículas coloidais com tais diâmetros tende a ser mais reduzida. Essa conclusão é bastante significativa, uma vez que a dimensão física de determinados microrganismos patogênicos altamente resistentes à ação dos agentes desinfetantes com frequência empregados no tratamento de águas de abastecimento situa-se nessa faixa de diâmetro, podendo-se citar cistos de *Giardia* e *Cryptosporidium* (HUCK et al., 2002; EMELKO; HUCK; COFFEY, 2005).

Dessa maneira, pode-se notar que as principais variáveis passíveis de manipulação no processo de filtração e que permitem aumentar a eficiência de remoção de partículas coloidais da fase líquida são principalmente a taxa de filtração e o diâmetro do coletor. Como um material filtrante é constituído por inúmeros coletores dispostos em série, a eficiência de remoção pode ser escrita da seguinte maneira:

$$C = C_0 . e^{-\left[\frac{3.(1-\varepsilon).\eta_t.\alpha.L}{2.d_c}\right]}$$ (Equação 6-6)

C e C_0 = concentração de partículas coloidais no efluente do/afluente ao sistema de filtração (ML^{-3})

L = altura do material filtrante (L)

ε = porosidade do material filtrante

α = eficiência de adesão das partículas coloidais na superfície dos coletores

---

Ponto Relevante 1: A remoção de partículas coloidais pelo processo de filtração é função principalmente da taxa de filtração, do diâmetro do coletor e da altura do material filtrante

---

Por conseguinte, a definição das características ótimas de um sistema de filtração nada mais é que um balanço entre essas variáveis, podendo-se empregar meios filtrantes com maior altura de material filtrante e diâmetro dos coletores, o que possibilita a adoção de maiores valores de taxas de filtração. No entanto, devem ser levadas em consideração algumas condicionantes práticas, as quais serão abordadas mais adiante.

Mecanismos de aderência

Uma vez que uma partícula tenha sido transportada da fase líquida para a superfície de um coletor, os fenômenos físico-químicos passam a assumir uma importância maior que os puramente físicos.

Quando duas partículas aproximam-se uma da outra, as forças superficiais tornam-se mais significativas, tais como: as forças de origem eletrostática, as forças de van der Waals, a adsorção mútua e as reações de hidratação.

Como as partículas que compõem o meio filtrante apresentam carga elétrica negativa, a aproximação de uma partícula coloidal contendo determinada carga elétrica ocasionará uma interação entre ambas. Caso a partícula tenha carga negativa, esta interação será repulsiva, por outro lado, se a carga for positiva a interação será atrativa.

Para que a remoção de partículas coloidais pelo processo de filtração seja efetiva é necessário, portanto, que estas sejam desestabilizadas, garantindo que, uma vez ocorrido seu transporte da fase líquida para a superfície dos coletores, as partículas fiquem retidas em sua superfície (OMELIA, 1985).

Do ponto de vista matemático, pode-se definir um parâmetro α, denominado eficiência de adesão, que relaciona a taxa de partículas aderidas ao coletor em relação à taxa de partículas transportadas à superfície do coletor. Matematicamente, tem-se que:

$$\alpha = \frac{TP_r}{TP_c}$$ (Equação 6-7)

α = eficiência de adesão de um coletor isolado (adimensional)

TP_r = taxa de partículas retidas pelo coletor

TP_c = taxa de partículas que se chocam na superfície do coletor

O parâmetro α pode assumir um valor entre 0 e 1, um valor igual a 0 indica que as partículas coloidais não se encontram devidamente desestabilizadas, e, desse modo, ainda que sejam transportadas para a superfície dos coletores, não ocorre sua aderência. Por sua vez, um valor de α igual a 1 indica que todas as partículas que atingem o coletor são devidamente removidas da fase líquida. Dessa maneira, o processo de filtração pode ser interpretado como uma combinação de processos de transporte e aderência, como apresentado na Figura 6-5.

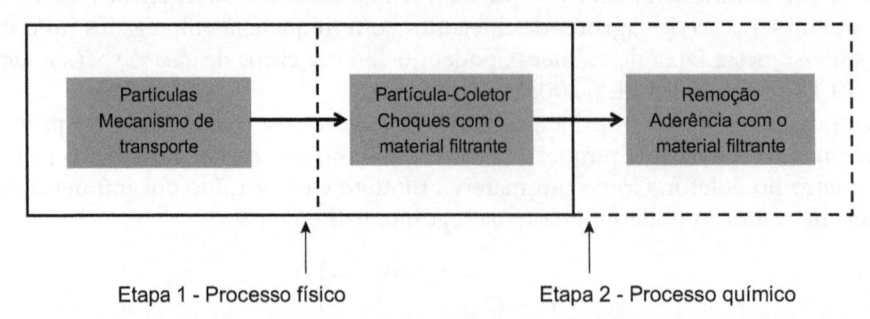

Etapa 1 - Processo físico   Etapa 2 - Processo químico

Figura 6-5 Visão do processo de filtração composto por uma combinação de processos físicos e químicos.

Para que a remoção de partículas coloidais pelo processo de filtração seja adequada, é necessário, portanto, que primeiramente ocorra seu transporte para a superfície dos coletores que compõem o meio filtrante. Este processo é preponderantemente físico, sendo regido pelas condições de operação do processo de filtração, podendo-se citar a taxa de filtração e as características do meio filtrante.

Uma vez atingida a superfície dos coletores, deve ocorrer a aderência das partículas coloidais, e, para tanto, é de fundamental importância que estas tenham sido desestabilizadas quimicamente com eficiência. Esta fase do processo é predominantemente química e justifica a necessidade de a etapa de coagulação ser conduzida de maneira adequada, de modo que seja possível garantir a eficácia da etapa de filtração.

Ponto Relevante 2: Para que as partículas coloidais sejam removidas pelo processo de filtração com eficiência, é imperativo que estas tenham sido devidamente desestabilizadas na etapa química. O sucesso da filtração com respeito à remoção de partículas coloidais da fase líquida é, portanto, garantido mediante a correta operação do processo de coagulação.

É comum se observar inúmeras situações com elevados valores de turbidez na água filtrada, sem origem no sistema de filtração propriamente dito, mas, sim, uma consequência da operação inadequada da etapa de coagulação.

CLASSIFICAÇÃO DO PROCESSO DE FILTRAÇÃO

O processo de filtração pode ser classificado sob as diferentes perspectivas apresentadas a seguir.

Com relação ao processo de tratamento

O processo de filtração pode ser classificado de acordo com seu pré-tratamento, como apresentado na Figura 6-6.

Se, porventura, o processo de filtração é precedido das etapas de floculação e sedimentação, este é considerado do tipo convencional. Caso a estação de tratamento de água não seja provida da etapa de sedimentação, o processo de filtração é dito de filtração direta. Em caso de ausência da etapa de floculação, a filtração é chamada de filtração em linha.

Observe que, seja convencional, direta ou em linha, a filtração é necessariamente precedida da etapa de coagulação, sendo esta fundamental para que a remoção de partículas coloidais ocorra de maneira satisfatória.

Com relação ao sentido de escoamento

Os filtros podem ser operados com fluxo descendente ou ascendente. A maioria das estações de tratamento de água contém filtros com fluxo descendente, uma vez que não há limitação em suas taxas de filtração e, em geral, apresentam menores alturas de meio filtrante. Os filtros de fluxo ascendente apresentam grandes limitações de ordem operacional, podendo-se citar restrições com relação a sua taxa de filtração, uma vez que há uma tendência de fluidificação das camadas superiores do material filtrante quando submetidos a valores mais elevados. O ponto mais restritivo com relação à utilização de filtros de fluxo ascendente é o cruzamento da água filtrada com as

Figura 6-6 Classificação do processo de filtração com relação ao processo de tratamento.

estruturas de coleta da água de lavagem dos filtros, o que impõe severas restrições sanitárias. Ademais, como a água filtrada é coletada superiormente, é necessário que as unidades de filtração sejam cobertas. Em razão do exposto, não se recomenda a implantação de filtros de fluxo ascendente, preferindo-se a adoção, sempre que possível, de filtros de fluxo descendente.

Com relação à taxa de filtração

Um dos parâmetros mais importantes na operação de um sistema de filtração é sua taxa de filtração, definida como a vazão dividida pela área de filtração.

$$q = \frac{Q}{A_f}$$ (Equação 6-8)

q = taxa de filtração em $m^3/m^2.dia$
Q = vazão afluente à unidade de filtração em m^3/dia
A_f = área de filtração em m^2

O processo de filtração, portanto, pode ser classificado de acordo com sua taxa de filtração, a saber:

- Filtros lentos: unidades de filtração que trabalham com taxas de filtração em torno de 2 a 6 $m^3/m^2.dia$.
- Filtros rápidos: unidades de filtração que trabalham com taxas de filtração em torno de 120 a 360 $m^3/m^2.dia$.
- Filtros rápidos de alta taxa: unidades de filtração que trabalham com taxas de filtração acima de 400 $m^3/m^2.dia$, podendo chegar a 600 $m^3/m^2.dia$.

As primeiras unidades de filtração concebidas para utilização no tratamento de águas de abastecimento foram os filtros lentos, que, por operarem com taxas de filtração muito reduzidas (inferiores a 6 $m^3/m^2.dia$), hoje não são utilizados com frequência.

Com a incorporação da etapa de coagulação no tratamento de águas de abastecimento e o desenvolvimento dos primeiros filtros rápidos por gravidade nos Estados Unidos, no início do século XX, sua adoção foi quase que imediata, uma vez que foi possível conceber unidades de filtração com taxas bem mais elevadas (em torno de 120 a 360 $m^3/m^2.dia$), reduzindo seus custos de implantação e viabilizando a produção de água filtrada com menores valores de turbidez. Atualmente, no entanto, a primeira opção considerada, quando da escolha de sistemas de filtração a serem implantados em estações de tratamento de água, é a adoção de filtros rápidos por gravidade.

Em caso de condições especiais e, sempre que possível, apoiado em estudos de tratabilidade, pode-se optar por filtros rápidos de alta taxa, que podem trabalhar com taxas de filtração até 600 $m^3/m^2.dia$. No Brasil, há algumas estações de tratamento de água (ETAs) com sistemas de filtração projetados como alta taxa com muito bons resultados quanto à qualidade da água filtrada, podendo-se citar as ETAs Taiaçupeba (15 m^3/s) e Rio Grande (5,0 m^3/s), ambas operadas pela Companhia de Saneamento Básico do Estado de São Paulo (Sabesp). A utilização de filtros rápidos de alta taxa está condicionada à correta definição da altura do material filtrante e sua granulometria, o que será discutido mais adiante.

Com relação ao meio filtrante

Os materiais mais empregados como meios filtrantes são a areia, o antracito ou o carvão ativado granular (CAG). As unidades de filtração podem ser constituídas por meios filtrantes de camada única, dupla camada ou tripla camada, como indicado na Figura 6-7.

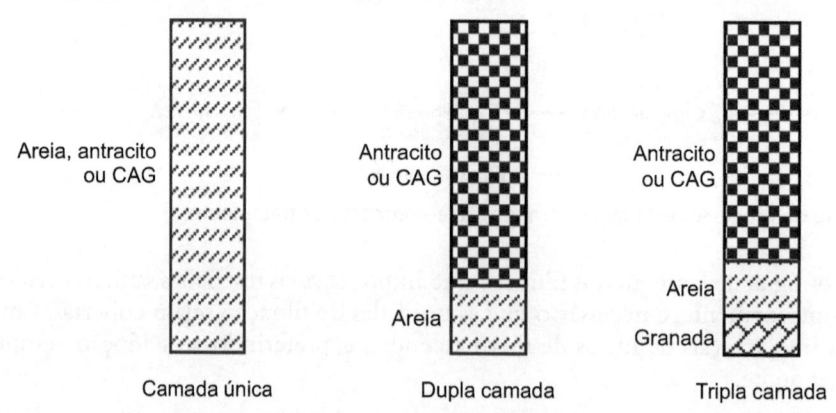

Figura 6-7 Classificação do processo de filtração com relação ao meio filtrante.

Os sistemas de filtração de camada única podem ser constituídos de areia, antracito ou CAG, sendo este último empregado quando se desejam combinar ambos os processos de filtração e adsorção em uma única unidade (CHEN; DUSSERT; SUFFET 1997; RIDAL et al., 2001; PERSSON et al., 2007). Sua utilização não é muito comum no Brasil; o mais comum é usar areia ou antracito.

Por sua vez, os filtros do tipo dupla camada são constituídos de uma camada superior de antracito ou CAG seguido de uma camada inferior de areia, sendo esta última a concepção mais comum para filtros rápidos por gravidade utilizados no tratamento de águas de abastecimento.

Há ainda algumas proposições efetuadas para a utilização de filtros do tipo tripla camada, composto por antracito, areia e granada. No entanto, os benefícios auferidos não se mostraram significativos, motivo pela qual seu emprego não é muito comum.

Os materiais areia, antracito e CAG apresentam algumas propriedades físicas que são de grande relevância na hidráulica do processo de filtração, podendo-se citar seus valores de massa específica, área superficial específica e disposição de seus vazios intergranulares.

Na medida em que as partículas de areia, antracito e CAG não são esferas perfeitas, o desvio de suas irregularidades geométricas em relação a uma esfera perfeita pode ser quantificado pelo parâmetro coeficiente de esfericidade. A Figura 6-8 apresenta partículas de areia, antracito e CAG comumente empregadas como materiais filtrantes.

Figura 6-8 Partículas de areia, antracito e carvão ativado granular (CAG) comumente empregadas como materiais filtrantes.

O coeficiente de esfericidade é definido como a área superficial de uma esfera perfeita de igual volume da partícula dividido pela área superficial da partícula. Para esferas perfeitas, seu valor é igual a 1, ao passo que, para partículas de formato irregular, pode variar de 0,4 a 0,8.

Quando os materiais filtrantes são dispostos na forma de meio filtrante, estes apresentam vazios intergranulares que são quantificados pelo parâmetro porosidade, que é definido como o volume de vazios intergranulares dividido pelo volume total do meio filtrante.

$$\varepsilon_0 = \frac{V_v}{V_t}$$
(Equação 6-9)

ε_0 = porosidade do meio filtrante
V_v = volume de vazios do material filtrante (L^3)
V_t = volume total do material filtrante (L^3)

Os valores mais comuns de massa específica, porosidade e coeficiente de esfericidade para os materiais areia, antracito, CAG e granada encontram-se apresentados na Tabela 6-1.

Tabela 6-1 Valores de massa específica, porosidade e coeficiente de esfericidade típico para areia, antracito, CAG e granada empregados como meio filtrante (DHARMARAJAH; CLEASBY, 1986)

Índice físico	Areia	Antracito	CAG	Granada
Massa específica (kg/m³)	2.650	1.450 a 1.750	1.300 a 1.600	3.600 a 4.200
Porosidade	0,40 a 0,45	0,50 a 0,60	0,40 a 0,60	0,45 a 0,55
Coeficiente de esfericidade	0,75 a 0,85	0,45 a 0,60	0,45 a 0,65	0,60

COMPOSIÇÃO DOS MEIOS FILTRANTES, GRANULOMETRIA, ALTURA E TAXAS DE FILTRAÇÃO

A composição dos meios filtrantes, sua granulometria e altura são definidas por suas taxas de filtração admissíveis, que, por sua vez, são função de sua perda de carga. A definição de um meio filtrante é função de uma relação de compromisso existente entre a eficiência necessária para a produção de água filtrada com qualidade satisfatória e a minimização de sua evolução de perda de carga.

Intuitivamente, a adoção de um material filtrante com granulometria reduzida viabiliza a produção de água filtrada com baixos valores de turbidez, e, no entanto, impõe restrições em seus valores de taxas de filtração, dada a necessidade de reduzir a sua perda de carga.

Com o intuito de possibilitar a adoção de unidades de filtração que permitam trabalhar com maiores valores de taxas de filtração, podem-se adotar materiais filtrantes com maior granulometria. No entanto, com seu aumento, é de se esperar uma redução na eficiência de remoção de partículas coloidais. Este efeito pode ser compensado mediante o aumento da profundidade do meio filtrante.

A definição da granulometria e altura do material filtrante, e sua associação a um valor de taxa de filtração admissível, que possibilite um comportamento aceitável com respeito à produção de água filtrada e baixa evolução de perda de carga, sempre foi historicamente obtida por meio de resultados experimentais de campo e ensaios em escala piloto. Dessa maneira, o empirismo e o apoio em resultados experimentais acabaram por definir as concepções tradicionais adotadas nos sistemas de filtração empregados no tratamento de águas de abastecimento.

Os meios filtrantes utilizados em sistemas de filtração não apresentam características uniformes, portanto, algumas grandezas são empregadas para definir suas características granulométricas principais. A Figura 6-9 apresenta uma curva granulométrica típica de um material filtrante usado em processos de filtração.

Os parâmetros mais relevantes e que definem um material filtrante são seu diâmetro efetivo e o coeficiente de uniformidade. O diâmetro efetivo é aquele no qual 10% da massa do material filtrante apresentam dimensão inferior, sendo indicado por d_{10}.

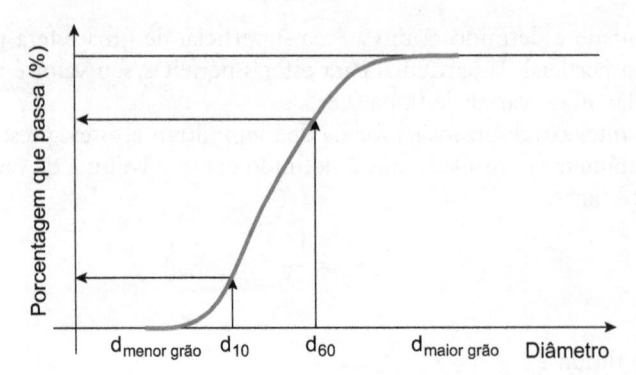

Figura 6-9 Curva granulométrica típica de um material filtrante utilizado em processos de filtração.

O coeficiente de uniformidade é uma relação entre os diâmetros d_{60} e d_{10} e representa uma média de dispersão da curva granulométrica do material. Matematicamente, tem-se que:

$$C_u = \frac{d_{60}}{d_{10}}$$ (Equação 6-10)

C_u = coeficiente de uniformidade

O diâmetro efetivo pode ser encarado como um parâmetro de posição, enquanto o coeficiente de uniformidade pode ser visto como um parâmetro de dispersão da curva granulométrica do material filtrante. Dois materiais filtrantes podem apresentar o mesmo diâmetro efetivo e diferentes valores de coeficientes de esfericidade. Ainda assim, o comportamento de ambos no processo de filtração deverá ser bastante distinto. Uma vez conhecidos o diâmetro efetivo e o coeficiente de uniformidade de um material filtrante, o valor de d_{90} pode ser estimado por (TOBIASON et al., 2011):

$$d_{90} = d_{10} \cdot 10^{1,67 \cdot \log(C_u)}$$ (Equação 6.-11)

Com base em evidências experimentais de campo e mais de 100 anos de resultados práticos, algumas concepções tradicionais de sistemas de filtração encontram-se apresentadas na Tabela 6-2.

Tabela 6-2 Composições tradicionais de meios filtrantes utilizados em sistemas de filtração e respectivas taxas de filtração admissíveis (KAWAMURA, 2000)

Meio filtrante	d_{10} (mm)	C_u	Altura (m)	Taxa de filtração (m³/m².dia)
Filtros rápidos por gravidade de camada simples (Tipo A)				
Areia	0,45 a 0,55	Menor que 1,6	0,6 a 0,8	120
Filtros rápidos por gravidade de dupla camada (Tipo B)				
Areia	0,45 a 0,55	Menor que 1,6	0,2 a 0,3	240 a 360
Antracito	0,9 a 1,1	Menor que 1,6	0,4 a 0,6	
Filtros rápidos por gravidade de tripla camada (Tipo C)				
Areia	0,45 a 0,55	Menor que 1,6	0,2 a 0,3	240 a 360
Antracito	0,9 a 1,1	Menor que 1,6	0,4 a 0,6	
Granada	0,2 a 0,3	Menor que 1,6	0,10 a 0,15	
Filtros rápidos por gravidade monocamada de alta taxa (Tipo D)				
Areia	1,2 a 1,5	Menor que 1,5	1,5 a 1,8	400 a 600
Antracito	1,2 a 1,5	Menor que 1,5	1,5 a 1,8	400 a 600

Os filtros rápidos por gravidade do tipo camada simples de areia, denominados Tipo A, foram os primeiros filtros desenvolvidos nos Estados Unidos, sendo utilizados extensivamente até a década de 1950. Uma vez que estes operam com baixa taxa de filtração, geralmente limitada a não mais que 120 m^3/m^2.dia, e com o desenvolvimento dos filtros rápidos do tipo dupla camada (Tipo B), seu uso foi praticamente descontinuado.

Atualmente, os sistemas de filtração mais comumente empregados no tratamento de águas de abastecimento têm sido os do tipo dupla camada areia e antracito (Tipo B). Seu desenvolvimento, a partir da década de 1950, possibilitou que as taxas de filtração pudessem ser elevadas de 120 m^3/m^2.dia para valores superiores a 240 m^3/m^2.dia, podendo alcançar até 360 m^3/m^2.dia, caso as condições de pré-tratamento fossem adequadas. As alturas dos materiais filtrantes são da ordem de 20 a 30 cm de areia e de 40 a 60 cm de antracito. A Figura 6-10 apresenta um filtro rápido por gravidade do tipo dupla camada areia e antracito (a) e areia e carvão ativado granular (b).

(a)   (b)

Figura 6-10 Filtros rápidos por gravidade do tipo dupla camada areia e antracito (a) e areia e carvão ativado granular (b).

Os filtros rápidos por gravidade do tipo tripla camada (Tipo C) foram uma tentativa de melhorar a eficiência dos filtros do tipo dupla camada de areia e antracito com relação à remoção de turbidez com a inserção de uma terceira camada de material filtrante (granada) com granulometria reduzida em relação a areia e antracito. Os resultados experimentais não se mostraram muito satisfatórios, e, em razão disso, sua utilização tem sido bastante restrita.

Os filtros rápidos por gravidade de alta taxa (tipo D) foram concebidos para trabalharem com taxas de filtração superiores a 400 m^3/m^2.dia, podendo alcançar até 600 m^3/m^2.dia, sendo constituídos por um único material filtrante (monocamada), podendo este ser de areia ou antracito (KAWAMURA, 1975a; b).

Para que se possa chegar a tais valores de taxas de filtração, é necessário que sua granulometria seja maior, do contrário, seus valores de perda de carga tornam-se bastante elevados. Normalmente, seus valores de diâmetros efetivo são da ordem de 1,2 a 1,5 mm. Tendo em vista não comprometer sua eficiência com respeito à remoção de partículas coloidais, a altura do material filtrante é também maior, variando de 1,5 m a 1,8 m. A Figura 6-11 apresenta dois filtros piloto de alta taxa constituídos de areia (a) e de antracito (b) como materiais filtrantes.

(a)   (b)

Figura 6-11 Filtros rápidos por gravidade de alta taxa. (a) Areia. (b) Antracito.

A composição dos meios filtrantes e as respectivas taxas de filtração apresentadas na Tabela 6-2 são concepções tradicionais, podendo ser empregadas com segurança. Kawamura (2000) recomenda que seja obedecida uma relação mínima entre a altura e o diâmetro efetivo do material filtrante; valores que constam na Figura 6-12.

Se, porventura, o meio filtrante for composto por mais de um material filtrante, o valor de h/d_{ef} deve ser calculado somando-se os valores de cada camada, como se segue:

$$\frac{h}{d_{ef}} = \sum_{i=1}^{n} \left(\frac{h_i}{d_{ef,i}} \right) \qquad \text{(Equação 6-12)}$$

h_i = altura do material filtrante (L)
d_{ef} = diâmetro efetivo do material filtrante (L)

Caso sejam efetuadas proposições de concepção de meios filtrantes diferentes daqueles considerados tradicionais e normalmente recomendados pela literatura técnica, é altamente recomendável a execução de ensaios em escala piloto que ateste sua eficiência.

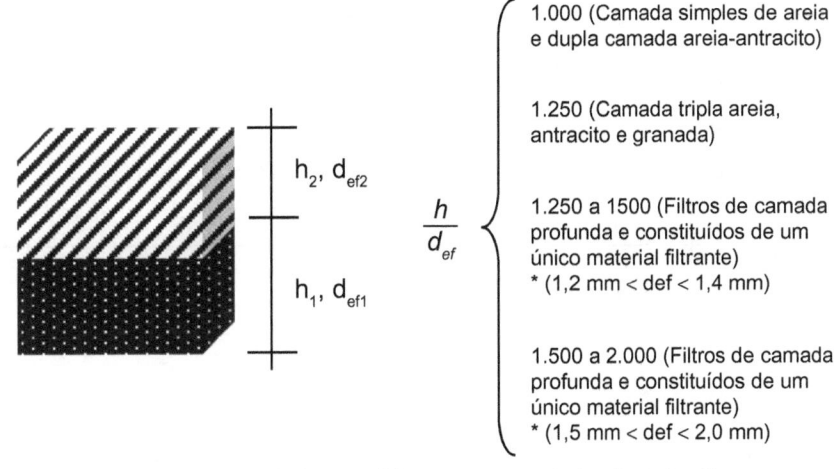

Figura 6-12 Valores mínimos recomendados de h/d_{ef} para diferentes composições de meios filtrantes.

COMPORTAMENTO HIDRÁULICO DO MEIO FILTRANTE NO MODO DE FILTRAÇÃO E LAVAGEM

Uma unidade de filtração apresenta duas condições de operação. A primeira se denomina filtração e é responsável pela remoção das partículas coloidais da fase líquida e sua posterior transferência para a superfície dos grãos do material filtrante. A segunda condição ocorre durante a operação de lavagem do meio filtrante, em que as partículas coloidais previamente removidas durante a etapa de filtração deverão ser retiradas do material filtrante, de modo que um novo ciclo de filtração possa ser iniciado.

Comportamento hidráulico do meio filtrante no modo de filtração

A retenção de partículas coloidais pelo material filtrante acarreta, do ponto de vista hidráulico, um aumento de sua perda de carga com o tempo, sendo que sua evolução temporal é função das características do meio filtrante, taxa de filtração, concentração de partículas coloidais no afluente aos filtros e seu padrão de deposição no meio filtrante.

Por sua vez, a retenção de partículas coloidais pelo meio filtrante possibilita a redução da turbidez na água filtrada, sendo este o objetivo principal do processo de filtração. A Figura 6-13 apresenta um comportamento típico da evolução de perda de carga e qualidade da água filtrada em função do tempo para um filtro rápido.

No início do processo de filtração, o meio filtrante encontra-se limpo e, então, desenvolve-se uma perda de carga (ΔH_0) denominada perda de carga no meio filtrante limpo. Como a carga superficial das partículas do meio filtrante apresenta carga superficial negativa, ainda que as partículas coloidais presentes na água decantada tenham sido corretamente desestabilizadas, há um potencial de repulsão entre ambas e consequentemente um período conhecido por maturação do meio filtrante, cuja principal característica é a existência de picos na turbidez da água filtrada, que pode apresentar duração de 10 a 60 min.

Após a contínua deposição de partículas coloidais na superfície do material filtrante, estas passam a agir como coletores adicionais, possibilitando que o processo de filtração possa ocorrer com estabilidade por um período bastante elevado, que varia de acordo com a qualidade da água afluente ao sistema de filtração e as características do meio filtrante, podendo situar-se em torno de 20 a 30 h, para filtros rápidos, e de 40 a 60 h, para filtros rápidos de alta taxa. Para filtros bem operados e submetidos a condições de pré-tratamento adequado, os valores de turbidez são geralmente inferiores a 0,2 UNT, podendo ser inferiores a 0,1 UNT.

Como consequência da retenção de partículas coloidais no meio filtrante, há um contínuo aumento de sua perda de carga com o tempo, sendo esta função da qualidade da água afluente à unidade de filtração, a sua taxa de filtração e às características do meio filtrante. Após um intervalo em operação, deverão ocorrer dois fenômenos distintos e normalmente não coincidentes, a saber:

- Elevação da perda de carga no sistema de filtração até a carga hidráulica máxima disponível.
- Aumento da turbidez da água filtrada até o limite máximo superior.

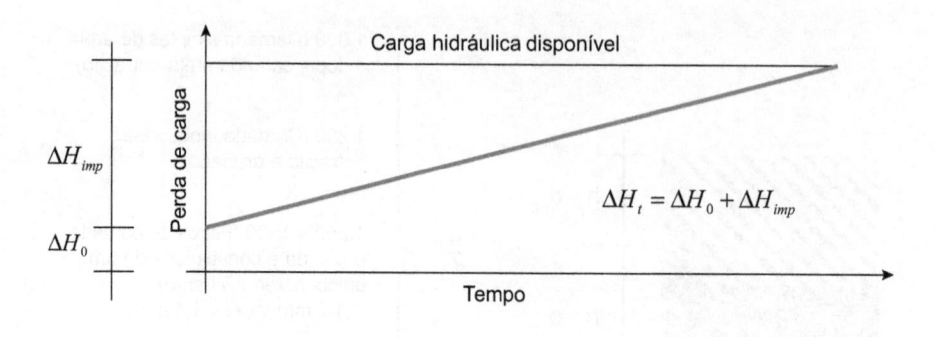

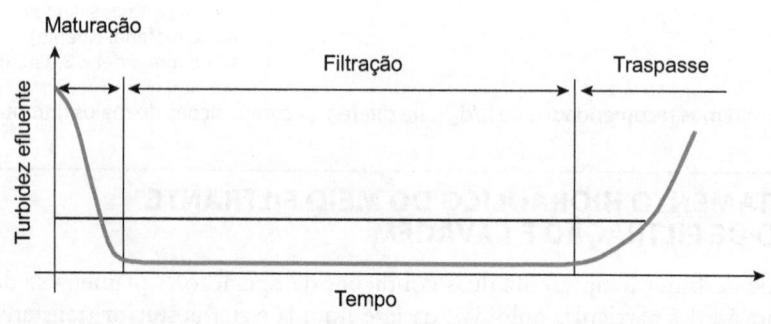

Figura 6-13 Comportamento típico de um filtro rápido por gravidade com respeito a sua evolução de perda de carga e qualidade da água filtrada em função do tempo (CRITTENDEN et al., 2012).

Quando qualquer uma dessas variáveis for alcançada, é necessário que o funcionamento da unidade no modo filtração seja interrompido e proceda-se à lavagem do meio filtrante.

A interrupção da unidade de filtração em caso de traspasse somente pode ser avaliada mediante a instalação de turbidímetros de fluxo contínuo no efluente de cada unidade de filtração ou por meio da coleta de amostras de água filtrada em cada filtro em intervalos não superiores a 1 h As Figuras 6-14 e 6-15 apresentam o comportamento de um sistema de filtração em escala piloto com relação a sua qualidade da água filtrada (Fig. 6-14) e evolução temporal de perda de carga (Fig. 6-15).

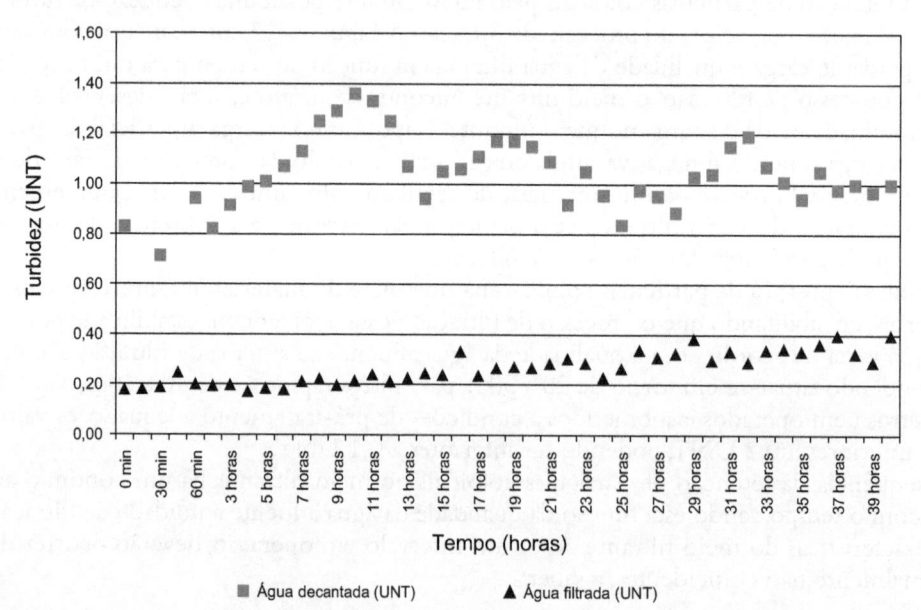

Figura 6-14 Comportamento típico de um filtro rápido por gravidade com respeito a sua qualidade da água filtrada em função do tempo. Taxa de filtração: 500 m³/m²/dia – material filtrante: antracito (1,2 m de altura com d_{ef} igual a 1,3 mm e CU igual a 1,3).

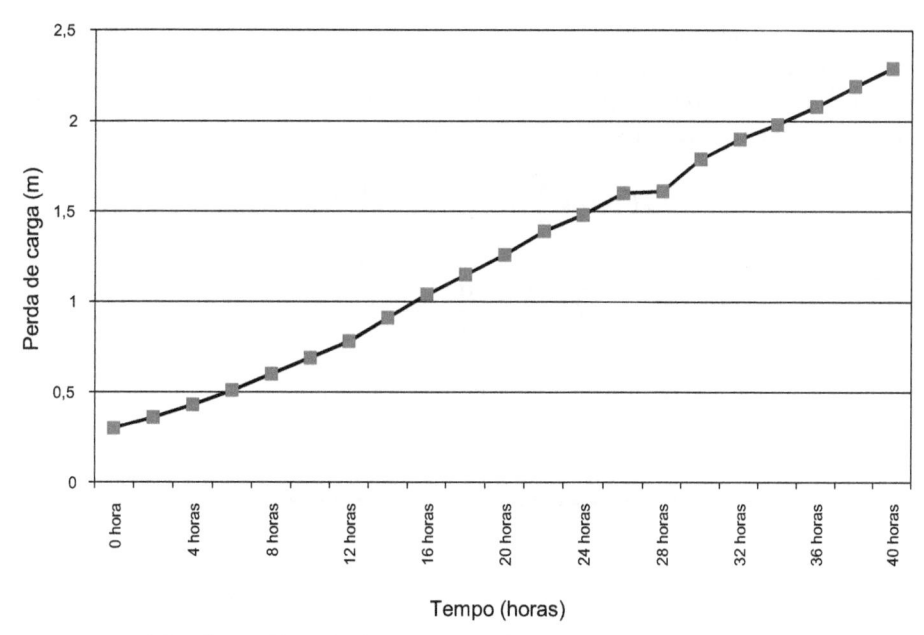

Figura 6-15 Comportamento típico de um filtro rápido por gravidade com respeito a sua evolução de perda de carga em função do tempo. Taxa de filtração: 500 m³/m²/dia – material filtrante: antracito (1,2 m de altura com d_{ef} igual a 1,3 mm e CU igual a 1,3).

Os valores de turbidez da água decantada tendem a variar com o tempo; para esta carreira de filtração específica, seus valores flutuaram entre 0,8 UNT e 1,4 UNT, podendo ser considerados como bastante adequados. Mesmo com suas variações, observa-se na Figura 6-14 que os valores de turbidez da água filtrada situaram-se entre 0,2 UNT e 0,3 UNT, ocorrendo seu aumento gradual em função do tempo de operação do sistema de filtração. Uma vez que as partículas coloidais no afluente ao sistema de filtração tenham sido devidamente desestabilizadas quimicamente, são asseguradas as condições adequadas para sua remoção.

Como consequência da retenção das partículas coloidais no meio filtrante, tende a haver o aumento de sua perda de carga em função do tempo (Fig. 6-15). Como a qualidade da água decantada não apresentou variações significativas ao longo da carreira de filtração, o aumento da perda de carga no material filtrante em função do tempo foi praticamente linear.

Embora não seja possível prever como deverá ser a evolução da perda de carga de uma unidade de filtração em função do tempo, é necessário que sua perda de carga no meio filtrante limpo seja devidamente calculada. A expressão mais comumente utilizada para o cálculo de perdas de carga em meios filtrantes limpos é a equação de Ergun, que pode ser escrita da seguinte maneira (TOBIASON et al., 2011):

$$\frac{\Delta H}{L} = \frac{4,17.\mu.\left(1-\varepsilon_0\right)^2.S_v^2.v}{\rho.g.\varepsilon_0^3} + \frac{0,48.\left(1-\varepsilon_0\right).S_v.v^2}{g.\varepsilon_0^3} \qquad \text{(Equação 6-13)}$$

$$S_v = \frac{6}{\psi.d_{eq}} \qquad \text{(Equação 6-14)}$$

ΔH = perda de carga no meio filtrante limpo em m
L = altura do material filtrante em m
g = aceleração da gravidade em m/s²
ρ = massa específica da água em kg/m³
ε_0 = porosidade do meio filtrante
μ = viscosidade dinâmica da água
V = velocidade superficial em m/s
S_V = área superficial específica do meio filtrante em m²/m³
ψ = coeficiente de esfericidade do material filtrante
d_{eq} = diâmetro equivalente do material filtrante em m

Como os materiais filtrantes empregados no tratamento de águas de abastecimento não apresentam características uniformes, não é possível definir um diâmetro equivalente capaz de representar todo o meio filtrante. É comum, então, dividir-se o meio filtrante em subcamadas, efetuar o cálculo de sua respectiva perda de carga para cada uma delas, e, posteriormente, efetuar sua somatória. Tem-se, portanto, que:

$$H = \alpha.v.\sum_{i=1}^{n} L_i.S_{vi}^2 + \beta.v^2.\sum_{i=1}^{n} L_i.S_{vi} \qquad \text{(Equação 6-15)}$$

$$\alpha = \frac{4,17.\mu.\left(1-\varepsilon_0\right)^2}{\rho.g.\varepsilon_0^3} \qquad \text{(Equação 6-16)}$$

$$\beta = \frac{0,48.\left(1-\varepsilon_0\right)}{g.\varepsilon_0^3} \qquad \text{(Equação 6-17)}$$

Exemplo 6-1

Problema: Efetuar o cálculo da perda de carga em função da taxa de filtração para um meio filtrante do tipo dupla camada areia e antracito. É admitido que as camadas de areia e antracito apresentem as seguintes características.

- Areia: altura = 30 cm – diâmetro efetivo = 0,5 mm – coeficiente de uniformidade = 1,5.
- Antracito: altura = 50 cm – diâmetro efetivo = 1,0 mm – coeficiente de uniformidade = 1,5.

Os valores de massa específica, porosidade e coeficiente de esfericidade da areia e antracito podem ser admitidos como 2.650 kg/m³ (areia) e 1.600 kg/m³ (antracito), ε_0 igual a 0,43 (areia), ε_0 igual a 0,55 (antracito), ψ igual a 0,8 (areia) e ψ igual a 0,5 (antracito). A temperatura da fase líquida é igual a 20 °C.

Solução: Como ambos os materiais filtrantes não são uniformes, será efetuada a divisão destes em cinco subcamadas cada um, e será calculada a perda de carga para cada uma delas.

- Passo 1: Subdivisão de cada meio filtrante em subcamadas e determinação de seus diâmetros característicos

Dado que a divisão dos materiais filtrantes deverá ser efetuada em cinco subcamadas, podem-se admitir como diâmetros característicos de cada subcamada os valores de d_{10}, d_{30}, d_{50}, d_{70} e d_{90}. Uma vez conhecidos os valores de diâmetro efetivo e o coeficiente de uniformidade, pode-se calcular d_{60} e d_{90} de acordo com as Equações 6-10 e 6-11.

$$C_u = \frac{d_{60}}{d_{10}} \rightarrow d_{60,areia} = 0,5 \ mm.1,5 = 0,75 \ mm \qquad \text{(Equação 6-18)}$$

$$C_u = \frac{d_{60}}{d_{10}} \rightarrow d_{60,antracito} = 1,0 \ mm.1,5 = 1,5 \ mm \qquad \text{(Equação 6-19)}$$

$$d_{90} = d_{10}.10^{1,67.\log(C_u)} \rightarrow d_{90,areia} = 0,5 \ mm.10^{1,67.\log(1,5)} \cong 0,984 \ mm \qquad \text{(Equação 6-20)}$$

$$d_{90} = d_{10}.10^{1,67.\log(C_u)} \rightarrow d_{90,antracito} = 1,0 \ mm.10^{1,67.\log(1,5)} \cong 1,968 \ mm \qquad \text{(Equação 6-21)}$$

De posse dos valores de d_{10}, d_{60} e d_{90} para ambos os materiais filtrantes, pode-se por interpolação linear definir os valores de d_{30}, d_{50} e d_{70}. Os diâmetros e as alturas das respectivas subcamadas encontram-se apresentados na Tabela 6-3.

- Passo 2: Determinação da área superficial específica das subcamadas de areia e antracito

A área superficial específica para cada subcamada pode ser calculada de acordo com a Equação 6-14. De posse dos valores de Sv de cada subcamada, é possível calcular os valores de $L.S_v$ e $L.S_v^2$. Os valores calculados encontram-se apresentados na Tabela 6-4.

$$S_v = \frac{6}{\psi.d_{eq}} \qquad \text{(Equação 6-22)}$$

Tabela 6-3 Diâmetros e alturas das subcamadas de areia e antracito

Subcamada (%)	Altura (m)	Diâmetro (mm)
Areia		
0-20	0,06	d_{10} = 0,500
20-40	0,06	d_{30} = 0,600
40-60	0,06	d_{50} = 0,700
60-80	0,06	d_{70} = 0,828
80-100	0,06	d_{90} = 0,984
Antracito		
0-20	0,1	d_{10} = 1,000
20-40	0,1	d_{30} = 1,200
40-60	0,1	d_{50} = 1,400
60-80	0,1	d_{70} = 1,656
80-100	0,1	d_{90} = 1,968

Tabela 6-4 Valores calculados de $L.S_v$ e $L.S_v^2$ para as subcamadas da areia e antracito

Diâmetro (mm)	Altura (m)	Sv	$L.S_v$	$L.S_v^2$
Areia				
d_{10} = 0,500	0,06	1,500E + 04	9,000E + 02	1,350E + 07
d_{30} = 0,600	0,06	1,250E + 04	7,500E + 02	9,375E + 06
d_{50} = 0,700	0,06	1,071E + 04	6,429E + 02	6,888E + 06
d_{70} = 0,828	0,06	9,058E + 03	5,435E + 02	4,923E + 06
d_{90} = 0,984	0,06	7,622E + 03	4,573E + 02	3,486E + 06
Somatória			3,294E + 03	3,817E + 07
Antracito				
d_{10} = 1,000	0,1	1,200E + 04	1,200E + 03	1,440E + 07
d_{30} = 1,200	0,1	1,000E + 04	1,000E + 03	1,000E + 07
d_{50} = 1,400	0,1	8,571E + 03	8,571E + 02	7,347E + 06
d_{70} = 1,656	0,1	7,246E + 03	7,246E + 02	5,251E + 06
d_{90} = 1,968	0,1	6,098E + 03	6,098E + 02	3,718E + 06
Somatória			4,392E + 03	4,072E + 07

- Passo 3: Determinação da perda de carga de areia e antracito

Para que a perda de carga possa ser determinada, é necessário que sejam calculados os parâmetros α e β para areia e antracito (Equações 6-16 e 6-17)., Tem-se, portanto, que:

$$\alpha_{areia} = \frac{4,17.\mu.\left(1-\varepsilon_0\right)^2}{\rho.g.\varepsilon_0^3} = \frac{4,17.1,002.10^{-3}\,N.\frac{s}{m^2}.\left(1-0,43\right)^2}{998,2\,\frac{kg}{m^3}.9,81\frac{m}{s^2}.0,43^3} \cong 1,744.10^{-6} \quad \text{(Equação 6-23)}$$

$$\alpha_{antracito} = \frac{4,17.\mu.\left(1-\varepsilon_0\right)^2}{\rho.g.\varepsilon_0^3} = \frac{4,17.1,002.10^{-3}\,N.\frac{s}{m^2}.\left(1-0,55\right)^2}{998,2\,\frac{kg}{m^3}.9,81\frac{m}{s^2}.0,55^3} \cong 5,913.10^{-7} \quad \text{(Equação 6-24)}$$

$$\beta_{areia} = \frac{0,48.\left(1-\varepsilon_0\right)}{g.\varepsilon_0^3} = \frac{0,48.(1-0,43)}{9,81\frac{m}{s^2}.0,43^3} \cong 0,3508 \qquad \text{(Equação 6-25)}$$

$$\beta_{antracito} = \frac{0,48.\left(1-\varepsilon_0\right)}{g.\varepsilon_0^3} = \frac{0,48.(1-0,55)}{9,81\frac{m}{s^2}.0,55^3} \cong 0,1323 \qquad \text{(Equação 6-26)}$$

A perda de carga em ambos os materiais filtrantes pode, então, ser calculada pela Equação 6-15. Para um valor de taxa de filtração igual a 240 m³/m².dia, o valor da perda de carga de areia e antracito deverá ser igual a:

$$\Delta H_{areia} = \alpha.v.\sum_{i=1}^{n}L_i.S_{vi}^2 + \beta.v^2.\sum_{i=1}^{n}L_i.S_{vi} = 1,744.10^{-6}.\frac{240\frac{m}{dia}}{86.400\frac{s}{dia}}.3,817.10^7$$

$$+\ 0,3508.\left(\frac{240\frac{m}{dia}}{86.400\frac{s}{dia}}\right)^2.3,294.10^3 \cong 0,194\ m \qquad \text{(Equação 6-27)}$$

$$\Delta H_{antracito} = \alpha.v.\sum_{i=1}^{n}L_i.S_{vi}^2 + \beta.v^2.\sum_{i=1}^{n}L_i.S_{vi} = 5,913.10^{-7}.\frac{240\frac{m}{dia}}{86.400\frac{s}{dia}}.4,072.10^7$$

$$+\ 0,1323.\left(\frac{240\frac{m}{dia}}{86.400\frac{s}{dia}}\right)^2.4,392.10^3 \cong 0,063\ m \qquad \text{(Equação 6-28)}$$

$$\Delta H_{total} = \Delta H_{areia} + \Delta H_{antracito} \cong 0257\ m \qquad \text{(Equação 6-29)}$$

Os valores de perda de carga calculados em função da taxa de filtração encontram-se apresentados na Figura 6-16.

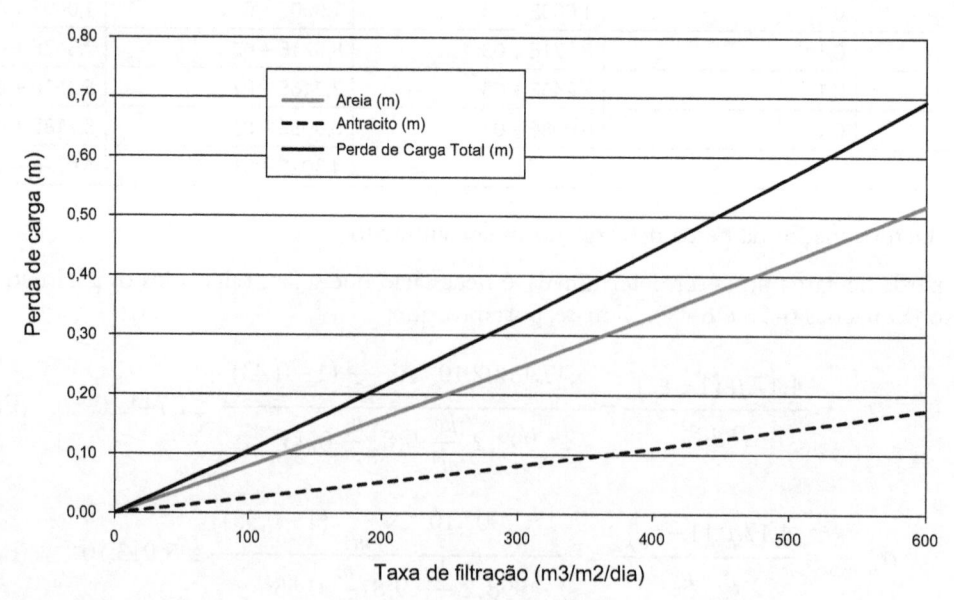

Figura 6-16 Perda de carga em função da taxa de filtração para os meios filtrantes areia e antracito.

É interessante observar que a perda de carga na areia é maior que no antracito, ainda que a altura da areia seja menor que a do antracito. Isso se justifica por que a granulometria da areia é menor que a do antracito, o que faz com que sua perda de carga seja maior.

Comportamento hidráulico do meio filtrante no modo de lavagem

O processo de lavagem de um meio filtrante, após o término de uma carreira de filtração, é uma das etapas mais importantes para que, no início da carreira subsequente, seja possível a produção de água com qualidade satisfatória (AMIRTHARAJAH, 1978).

Independentemente de qual seja, o método de lavagem de um meio filtrante deve permitir que as partículas depositadas nos grãos do meio filtrante sejam transferidas para a base líquida e, em seguida, sejam carreadas para fora da caixa do filtro. Para que isso seja possível, é necessário, portanto, que seja introduzida água ascensional no meio filtrante.

Um meio filtrante quando submetido à ação de uma velocidade ascensional de água apresenta a evolução de perda de carga representada pela Figura 6-17.

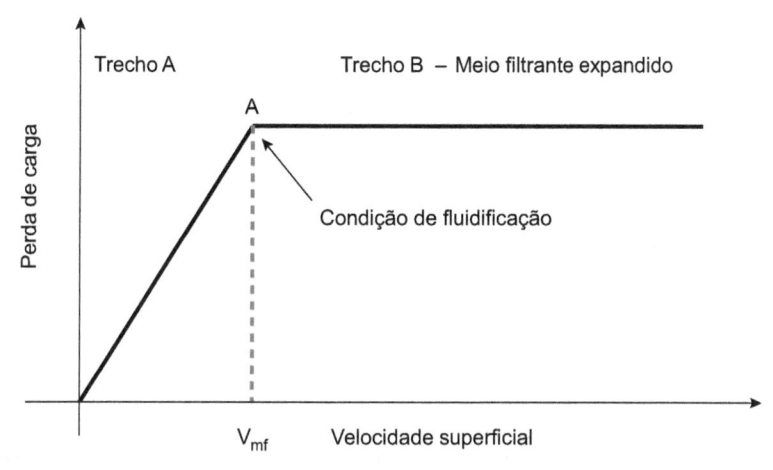

Figura 6-17 Evolução da perda de carga em função da velocidade da água de lavagem.

A aplicação de uma velocidade ascensional de água de lavagem em um meio filtrante, até determinado valor, produz uma perda de carga no meio filtrante com variação linear (Trecho A).

Após certo valor, a perda de carga torna-se constante, e esta velocidade ascensional limite é denominada velocidade mínima de fluidificação (V_{mf} — Ponto A).

Para tal velocidade, a altura do meio filtrante permanece inalterada e sua porosidade, no instante de incipiente fluidificação (ε_{mf}), é igual à porosidade inicial do meio filtrante.

Caso seja aplicada uma velocidade ascensional de água maior que sua velocidade mínima da fluidificação, ainda que a perda de carga permaneça constante, o meio filtrante tenderá a se expandir.

A perda de carga em um meio filtrante expandido é dada pela seguinte expressão:

$$\Delta H = \frac{\left(\rho_p - \rho\right).\left(1 - \varepsilon_0\right).L_0}{\rho}$$

(Equação 6-30)

Como a altura do meio filtrante expandido relaciona-se com sua porosidade, tem-se que:

$$\frac{L}{L_0} = \frac{\left(1 - \varepsilon_0\right)}{\left(1 - \varepsilon\right)}$$

(Equação 6-31)

Combinando-se as Equações 6-30 e 6-31, tem-se que:

$$\Delta H = \frac{\left(\rho_p - \rho\right).(1 - \varepsilon).L}{\rho}$$

(Equação 6-32)

ΔH = perda de carga no meio filtrante expandido em m
L_0 = altura inicial do material filtrante em m
L = altura do material filtrante expandido em m
ρ_p = massa específica das partículas do material filtrante em kg/m^3
ρ = massa específica da água em kg/m^3
ε_0 = porosidade inicial do meio filtrante
ε = porosidade do meio filtrante expandido

Do ponto de vista hidráulico, é de grande importância o cálculo da velocidade mínima de fluidificação e da expansão do meio filtrante quando submetido a um valor de velocidade ascensional de água de lavagem.

A velocidade mínima de fluidificação pode ser determinada igualando-se a perda de carga no meio filtrante fluidificado com uma expressão que possibilite obter a perda de carga em um meio filtrante em estado de repouso, podendo-se empregar as seguintes expressões para a determinação da velocidade mínima de fluidificação de um meio filtrante (CLEASBY; FAN, 1981):

$$Ga = \frac{\rho.d_{90}^3.\left(\rho_p - \rho\right).g}{\mu^2} \qquad \text{(Equação 6-33)}$$

$$Re_{mf} = \sqrt{\left[(33,7)^2 + 0,0408.Ga\right]} - 33,7 \qquad \text{(Equação 6-34)}$$

$$Re_{mf} = \frac{V_{mf}.d_{90}.\rho}{\mu} \qquad \text{(Equação 6-35)}$$

Ga = número de Galileo (adimensional)
Re_{mf} = número de Reynolds associado a condição de mínima fluidificação (adimensional)
V_{mf} = velocidade mínima de fluidificação (LT^{-1})

Como os meios filtrantes não se apresentam uniformes, recomenda-se que seja utilizado o d_{90} como característico do material filtrante. Caso o meio filtrante seja composto por mais de um material, sua velocidade mínima de fluidificação é função da V_{mf} de cada material filtrante, que pode ser calculada pela seguinte expressão:

$$V_{mf} = V_{mf,1}.\left(\frac{V_{mf,2}}{V_{mf,1}}\right)^{x_2^{1,69}} \qquad \text{(Equação 6-36)}$$

V_{mf1} = velocidade mínima de fluidificação das partículas mais pesadas que compõem o meio filtrante (LT^{-1})
V_{mf2} = velocidade mínima de fluidificação das partículas mais leves que compõem o meio filtrante (LT^{-1})
X_2 = fração mássica do meio filtrante associado à velocidade V_{mf2}

O cálculo da expansão do material filtrante, quando submetido a determinada velocidade ascensional de água de lavagem, pode ser efetuado por diferentes metodologias de cálculo, sugerindo-se a proposta por Akgiray (AKGIRAY; SOYER; YUKSEL, 2004; AKGIRAY; SOYER, 2006). Os pesquisadores demonstraram que a Equação 6-13 é também válida para o cálculo da perda de carga em meios filtrantes na condição de expansão. Dessa maneira, pode-se igualar a perda de carga no meio filtrante expandido (Equação 6-32) com a Equação 6-13.

$$\frac{4,17.\mu.(1-\varepsilon)^2.S_v^2.v}{\rho.g.\varepsilon^3} + \frac{0,48.(1-\varepsilon).S_v.v^2}{g.\varepsilon^3} = \frac{\left(\rho_p - \rho\right).(1-\varepsilon)}{\rho} \qquad \text{(Equação 6-37)}$$

Assim, uma vez fixado o valor de velocidade ascensional, pode-se calcular o valor da porosidade do meio filtrante expandido, o que possibilita que ambos os valores de perda de carga de água sejam iguais. De posse do valor da porosidade, pode-se determinar a expansão do meio filtrante pela Equação 6-31.

Como os materiais filtrantes não são uniformes, é recomendável que o meio filtrante seja subdividido em camadas, efetuando-se o cálculo da porosidade em cada uma delas. Assim sendo, cada subcamada deverá estar submetida a um valor distinto de expansão, e a somatória da expansão de cada subcamada possibilitará a determinação da expansão total do meio filtrante.

Exemplo 6-2

Problema: Para o mesmo meio filtrante areia e antracito do Exemplo 6-1, efetuar o cálculo de sua velocidade mínima de fluidificação e expansão para uma velocidade ascensional igual a 1.000 m/dia. O valor de temperatura da fase líquida é igual a 20 °C.

Solução: A velocidade mínima de fluidificação pode ser calculada pelas Equações 6-33 a 6-36. Como foram calculados anteriormente, os diâmetros d_{90} para a areia e para o antracito já são conhecidos.

- Passo 1: Cálculo do número de Galileo de ambos os materiais filtrantes, areia e antracito (Equação 6-33)

$$Ga_{areia} = \frac{\rho.d_{90}^3.(\rho_p - \rho).g}{\mu^2} = \frac{998,2\frac{kg}{m^3}.(0,984.10^{-3}m)^3.\left(2.650\frac{kg}{m^3} - 998,2\frac{kg}{m^3}\right).9,81\frac{m}{s^2}}{\left(1,002.10^{-3}\ N.\frac{s}{m^2}\right)^2} \cong 15.356,3 \qquad \text{(Equação 6-38)}$$

$$Ga_{antracito} = \frac{\rho.d_{90}^3.(\rho_p - \rho).g}{\mu^2} = \frac{998,2\frac{kg}{m^3}.(1,968.10^{-3}m)^3.\left(1.600\frac{kg}{m^3} - 998,2\frac{kg}{m^3}\right).9,81\frac{m}{s^2}}{\left(1,002.10^{-3}\ N.\frac{s}{m^2}\right)^2} \cong 44.758,0 \qquad \text{(Equação 6-39)}$$

- Passo 2: Cálculo do número de Reynolds de ambos os materiais filtrantes, areia e antracito (Equação 6-34)

$$Re_{mf,\ areia} = \sqrt{\left[(33,7)^2 + 0,0408.Ga\right]} - 33,7 = \sqrt{\left[(33,7)^2 + 0,0408.15.356,3\right]} - 33,7 \cong 8,279 \qquad \text{(Equação 6-40)}$$

$$Re_{mf,\ antracito} = \sqrt{\left[(33,7)^2 + 0,0408.Ga\right]} - 33,7 = \sqrt{\left[(33,7)^2 + 0,0408.44.758,0\right]} - 33,7 \cong 20,723 \qquad \text{(Equação 6-41)}$$

- Passo 3: Cálculo da velocidade mínima de fluidificação da areia e do antracito (Equação 6-35)

$$V_{mf,areia} = \frac{Re_{mf}.\mu}{d_{90}.\rho} = \frac{8,279.1,002.10^{-3}\ N.\frac{s}{m^2}}{0,984.10^{-3}m.998,2\frac{kg}{m^3}} \cong 8,444.10^{-3}\frac{m}{s} \qquad \text{(Equação 6-42)}$$

$$V_{mf,antracito} = \frac{Re_{mf}.\mu}{d_{90}.\rho} = \frac{20,723.1,002.10^{-3}\ N.\frac{s}{m^2}}{1,968.10^{-3}m.998,2\frac{kg}{m^3}} \cong 1,057.10^{-2}\frac{m}{s} \qquad \text{(Equação 6-43)}$$

- Passo 4: Cálculo da fração mássica da areia e antracito

A utilização da Equação 6-36 exige que seja conhecida a fração mássica do material X_2 associado à velocidade mínima de fluidificação V_{mf2}. Como a velocidade mínima de fluidificação do antracito é maior que a da areia, V_{mf1} estará associado ao antracito, e V_{mf2}, à areia. Assim sendo, X_2 estará associado também à areia. Assumindo um filtro com 1 m² de área, a massa de areia e a de antracito deverão ser iguais a:

$$Massa_{areia} = h.A.(1 - \varepsilon_0).\rho_{areia} = 0,3\ m.1,0\ m^2.(1 - 0,43).2.650\frac{kg}{m^3} \cong 453,15\ kg \qquad \text{(Equação 6-44)}$$

$$Massa_{antracito} = h.A.(1 - \varepsilon_0).\rho_{antracito} = 0,5\ m.1,0\ m^2.(1 - 0,55).1.600\frac{kg}{m^3} \cong 360,0\ kg \qquad \text{(Equação 6-45)}$$

$$X_2 = \frac{m_{areia}}{m_{areia} + m_{antracito}} = \frac{453,15 \ kg}{(453,15 + 360,0) \ kg} \cong 0,557 \qquad \text{(Equação 6-46)}$$

- Passo 5: Cálculo da velocidade mínima de fluidificação do meio filtrante

A velocidade mínima de fluidificação do meio filtrante poderá ser calculada pela Equação 6-36. Substituindo-se os valores de V_{mf1}, V_{mf2} e X_2 pertinentes, tem-se que:

$$V_{mf} = V_{mf,1} \cdot \left(\frac{V_{mf,2}}{V_{mf,1}} \right)^{x_2^{1,69}} = 1,057.10^{-2} \ \frac{m}{s} \cdot \left(\frac{8,444.10^{-3} \ \dfrac{m}{s}}{1,057.10^{-2} \ \dfrac{m}{s}} \right)^{0,557^{1,69}} \cong 9,723.10^{-3} \ \frac{m}{s} \left(840,1 \frac{m}{dia} \right) \qquad \text{(Equação 6-47)}$$

- Passo 6: Cálculo da expansão do meio filtrante

A expansão do meio filtrante para um valor de velocidade ascensional igual a 1.000 m/dia deverá ser calculada para cada subcamada de ambos os materiais filtrantes. Como os materiais filtrantes foram divididos em subcamadas no Exemplo 6-1, já se conhecem seus diâmetros característicos e respectivas alturas, apresentados na Tabela 6-4.

Assim, pela Equação 6-37, pode-se calcular a porosidade do meio filtrante expandido que possibilita que ambas as perdas de carga sejam iguais. Para a primeira camada de areia com valor de d_{10} igual a 0,5 mm, tem-se que:

$$\frac{4,17.\mu.(1-\varepsilon)^2 .S_v^2 .v}{\rho.g.\varepsilon^3} + \frac{0,48.(1-\varepsilon).S_v.v^2}{g.\varepsilon^3} = \frac{(\rho_p - \rho).(1-\varepsilon)}{\rho}$$

$$\rightarrow \frac{4,17.1,002.10^{-3} \ N.\frac{s}{m^2}.(1-\varepsilon)^2 .(1,50.10^4 \ m^{-1})^2 . \left(\dfrac{1.000 \frac{m}{dia}}{86.400 \frac{s}{dia}} \right)}{998,2 \ \frac{kg}{m^3}.9,81\frac{m}{s^2}.\varepsilon^3} \qquad \text{(Equação 6-48)}$$

$$+ \frac{0,48.(1-\varepsilon).(1,50.10^4 \ m^{-1}). \left(\dfrac{1.000 \frac{m}{dia}}{86.400 \frac{s}{dia}} \right)^2}{9,81\frac{m}{s^2}.\varepsilon^3} = \frac{\left(2.650 \ \frac{kg}{m^3} - 998,2 \ \frac{kg}{m^3} \right).(1-\varepsilon)}{998,2 \ \frac{kg}{m^3}}$$

A Equação 6-48 apresenta uma única incógnita, sendo esta a porosidade do meio filtrante expandido. Por ser uma equação complexa, sua solução exige o uso de ferramentas computacionais. Utilizando-se o Solver® (ferramenta do Microsoft Excel®), o valor da porosidade que permite a solução da Equação 6-48 é igual a 0,66. Assim sendo, a altura da subcamada expandida pode ser calculada pela Equação 6-31. Tem-se, portanto, que:

$$\frac{L}{L_0} = \frac{(1-\varepsilon_0)}{(1-\varepsilon)} \rightarrow L = L_0.\frac{(1-\varepsilon_0)}{(1-\varepsilon)} = 0,06 \ m.\frac{(1-0,43)}{(1-0,66)} \cong 0,101 \ m \qquad \text{(Equação 6-49)}$$

Na medida em que o método de cálculo é bastante entediante, recomenda-se a utilização de planilhas eletrônicas. Os resultados obtidos encontram-se na Tabela 6-5.

Assim sendo, a altura do meio filtrante expandido corresponderá a 0,409 m (areia) mais 0,694 m (antracito), totalizando 1,103 m. Uma vez que a altura inicial do meio filtrante é igual a 0,8 m, tem-se que a expansão do meio filtrante deverá ser igual a 37,9%.

Observação: se, porventura, a porosidade do meio filtrante expandido calculado(ε) for inferior à porosidade do meio filtrante em seu estado inicial (ε_0), deve-se adotar ε igual a ε_0.

Tabela 6-5 Valores calculados de porosidade e de altura para as subcamadas da areia e de antracito para a condição de expansão

Diâmetro (mm)	Altura (m)	Sv	ε	L
Areia				
d10 = 0,500	0,06	1,500E + 04	0,660	0,101
d30 = 0,600	0,06	1,250E + 04	0,613	0,088
d50 = 0,700	0,06	1,071E + 04	0,573	0,080
d70 = 0,828	0,06	9,058E + 03	0,532	0,073
d90 = 0,984	0,06	7,622E + 03	0,491	0,067
Somatória				0,409
Antracito				
d10 = 1,000	0,1	1,200E + 04	0,751	0,181
d30 = 1,200	0,1	1,000E + 04	0,705	0,153
d50 = 1,400	0,1	8,571E + 03	0,665	0,134
d70 = 1,656	0,1	7,246E + 03	0,622	0,119
d90 = 1,968	0,1	6,098E + 03	0,579	0,107
Somatória				0,694

PARTES CONSTITUTIVAS PRINCIPAIS DE FILTROS RÁPIDOS POR GRAVIDADE

Uma unidade de filtração é composta por um conjunto de partes constitutivas que possibilita seu funcionamento de modo adequado. As Figuras 6-18 e 6-19 apresentam, respectivamente, um corte e uma planta típicos de uma unidade de filtração, em que estão suas principais partes constitutivas.

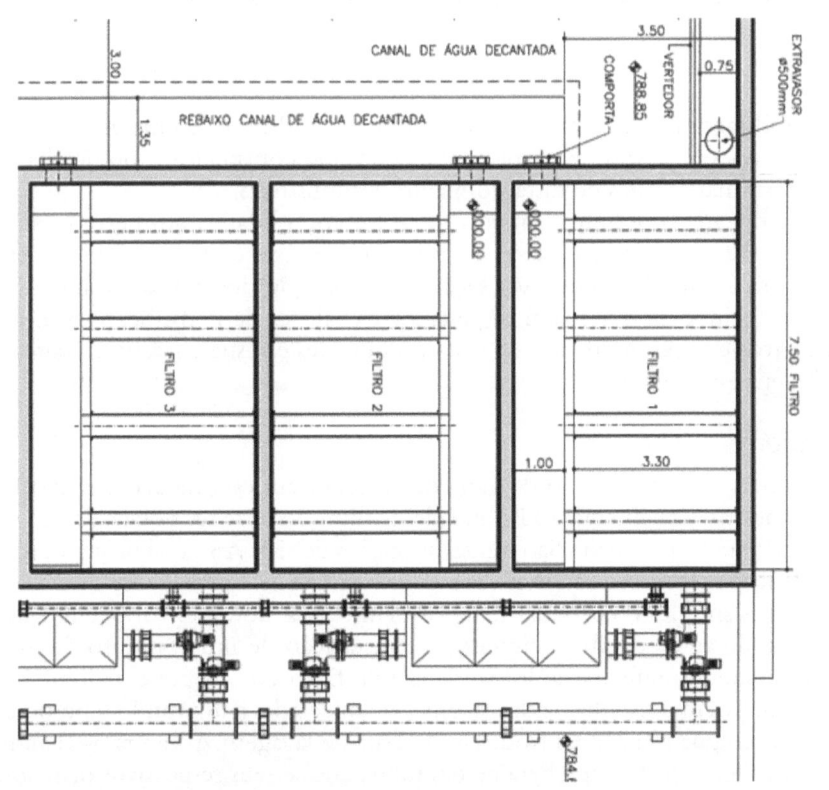

Figura 6-18 Planta de uma unidade de filtração indicando suas partes constitutivas principais.

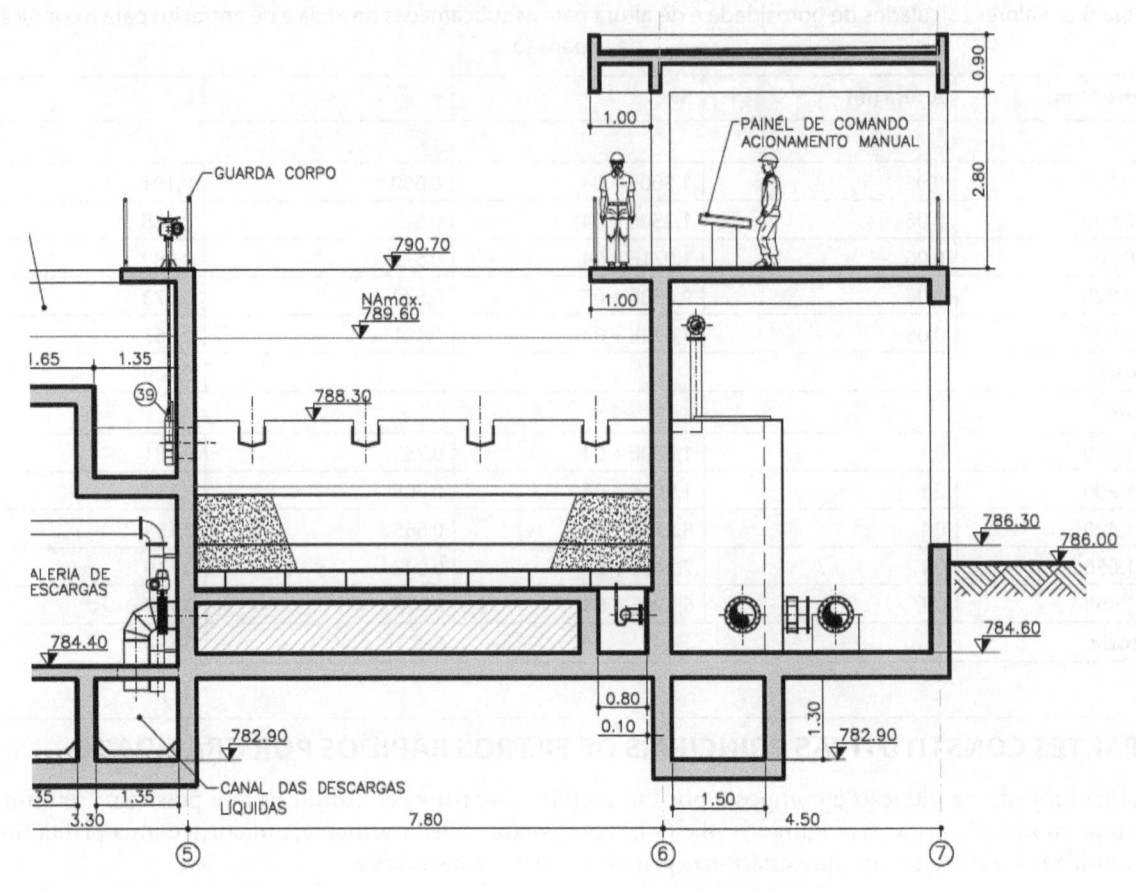

Figura 6-19 Corte de uma unidade de filtração indicando suas partes constitutivas principais.

Meio filtrante

A opção pelo meio filtrante que deverá compor a unidade de filtração é uma escolha do projetista realizada com o cliente. Os filtros podem ser do tipo rápido por gravidade convencional ou de alta taxa, e sua definição deverá, por sua vez, determinar as taxas de filtração máximas admissíveis.

Caso seja efetuada a opção por empregar meios filtrantes consolidados no mercado, sua definição (camada simples ou dupla camada, altura, características granulométricas e taxas de filtração) pode ser realizada com base nas recomendações sugeridas anteriormente (ver seção "Composição dos meios filtrantes, granulometria, altura e taxas de filtração"), sugerindo-se que sejam respeitados os valores de h/d_{ef}. Se, porventura, forem sugeridos meios filtrantes alternativos e inexistindo dados de campo que atestem sua eficiência, é altamente recomendável a realização de estudos em escala piloto.

Sistemas de drenagem

A coleta de água filtrada e a introdução de água de lavagem em contracorrente devem ocorrer de modo uniforme no meio filtrante, de maneira que toda unidade de filtração deve ser dotada de um sistema de drenagem devidamente selecionado para tal finalidade. São muitas as opções de sistemas de drenagem disponíveis no mercado; sua escolha depende de razões técnicas, econômicas e construtivas.

A primeira opção mais simples e utilizada desde os primórdios do desenvolvimento de filtros rápidos por gravidade no tratamento de águas de abastecimento é a instalação de um conjunto de tubulações dotadas de orifícios e distribuídas de modo uniforme ao longo da laje do filtro, como apresentado na Figura 6-20.

As tubulações que compõem o sistema de drenagem são conectadas a um fundo falso ou canal, que possibilita a dupla função de coleta da água filtrada e introdução da água de lavagem. A Figura 6-21 indica o fundo falso da instalação apresentada na Figura 6-20 e um detalhe das tubulações e seus respectivos orifícios.

Figura 6-20 Sistema de drenagem composto por um conjunto de tubulações instaladas na laje de fundo da unidade de filtração.

(a)

(b)

Figura 6-21 Detalhe do fundo falso (a) e orifícios (b) do sistema de drenagem apresentado na Figura 6-20 .

Um dos problemas mais comuns observados em instalações desse tipo é a sua implantação efetuada com tubulações de PVC. Ocorre que, em razão de sua fragilidade, tais tubulações são facilmente danificadas ao longo do tempo, inclusive durante sua montagem, ocasionando inúmeros prejuízos ao processo de filtração. Por conseguinte, recomenda-se a adoção de tubulações de aço inoxidável, que, embora mais caras, apresentam vida útil muito superior.

Ponto Relevante 3: Recomenda-se que a utilização de sistemas de drenagem compostos por tubulações com orifícios evite o emprego de PVC, adotando-se, sempre que possível, aço inoxidável.

Outra opção muito empregada como sistema de drenagem é a utilização de vigas californianas confeccionadas em concreto armado. A Figura 6-22 apresenta um corte de uma unidade de filtração dotada de vigas californianas como sistema de drenagem.

As vigas são moldadas *in loco* e apoiadas em estruturas de concreto armado que deverão compor o fundo falso da unidade de filtração (Fig. 6-23). A grande vantagem é que esse tipo de sistema de drenagem pode ser implantado sem a necessidade de aquisição de sistemas de drenagem patenteados.

Figura 6-22 Sistema de drenagem composto por vigas californianas.

Figura 6-23 Fundo falso de uma unidade de filtração e sistema de apoio do sistema de drenagem composto por vigas californianas.

Os maiores problemas observados em sistemas de drenagem constituídos por vigas californianas é que, por estas serem moldadas *in loco*, é necessário que sua execução seja muito bem realizada; do contrário, haverá a tendência de fissuração da estrutura de concreto armado, o que ocasionará a perda do material filtrante. O Vídeo 6-1 apresenta um sistema de drenagem composto por vigas californianas e seu estado de deterioração com o tempo.

Atualmente, em razão de mais dificuldades construtivas decorrentes de restrições impostas no projeto de estruturas de concreto armado adotado em obras de saneamento, as espessuras de vigas californianas necessitam ser maiores, o que torna sua execução em obra mais difícil e onerosa. Assim sendo, pode-se optar pela implantação das vigas em aço inoxidável ou outro material de elevada resistência e durabilidade, o que possibilita a confecção de peças mais esbeltas e de fácil instalação (Fig. 6-24).

Uma terceira opção de sistema de drenagem é a implantação de bocais, sendo estes instalados na laje do fundo do filtro e distribuídos de modo que seja garantida uma densidade de bocais por m² (Fig. 6-25). Os bocais existentes no mercado permitem seu emprego em lavagem somente com água ou por ar e água, o que os torna uma excelente opção como sistema de drenagem, por possibilitar um baixo custo de implantação.

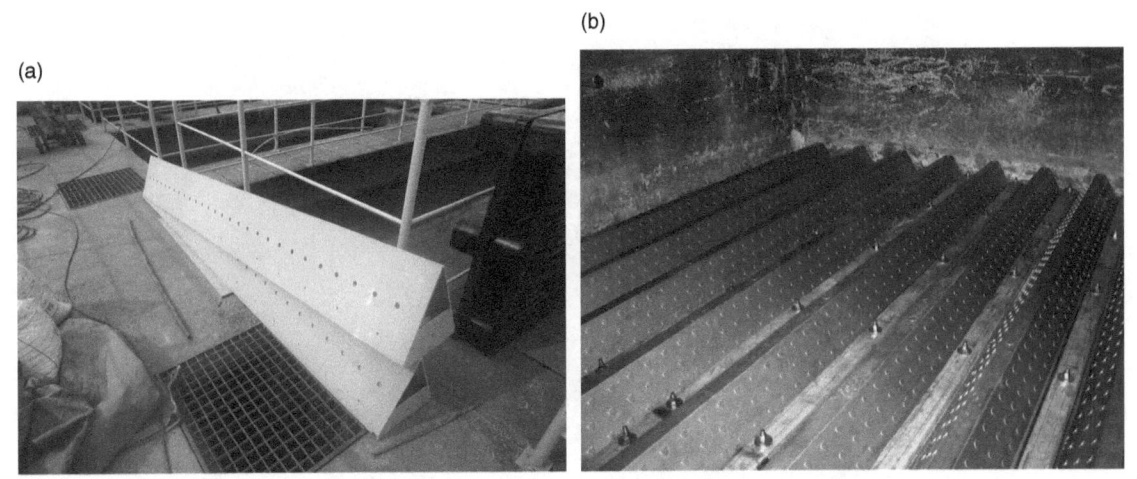

Figura 6-24 Sistema de drenagem composto por vigas californianas confeccionadas em aço. (a) Aço carbono revestido. (b) Aço inoxidável.

(Fonte: http://www.ovivowater.com/product/municipal/municipal-drinking-water/filtration-2/gravity-filtration/enviroquip-folded-plate-filter-underdrain/.)

Figura 6-25 Sistema de drenagem composto bocais distribuídos na laje de fundo da unidade de filtração.

A recomendação tradicional é a utilização de bocais com densidade em torno de 50 a 60 unidades por m². Para bocais especiais, podem-se considerar valores menores, entre 25 e 35 unidades por m². A definição do correto número de crepinas a ser adotado por m² deve sempre ser efetuada com base em consulta a fabricantes e fornecedores de elevada reputação.

Há uma grande quantidade de fornecedores de bocais no mercado, no entanto, a maior parte é composta por fabricantes que apenas efetuam cópias de sistemas patenteados. Em razão disso, são oferecidas poucas informações técnicas relevantes para a execução do projeto de engenharia. Recomenda-se, então, que, caso se opte por bocais como sistema de drenagem, sejam escolhidos fornecedores de elevada reputação, cuja comprovação técnica seja demonstrada mediante o fornecimento de informações técnicas sólidas, por exemplo, suas curvas de perdas de carga em função da vazão.

A utilização de bocais com baixa resistência física e inadequados tende a ocasionar a passagem do material filtrante para o fundo falso da unidade de filtração, como se pode observar na Figura 6-26.

Figura 6-26 Perda de material filtrante por bocais danificados e acúmulo no fundo falso da unidade de filtração.

Ponto Relevante 4: A utilização de sistemas de drenagem compostos por bocais deve sempre considerar a aquisição de bocais com fornecedores de elevada reputação, que possibilitem o acesso a informações relevantes para o projeto. Em caso de inobservância dessas condições, recomenda-se que a hipótese de uso do material seja descartada.

A opção mais recomendada, e, infelizmente, mais onerosa, como sistema de drenagem é a utilização de blocos Leopold®. As maiores vantagens com relação a seu emprego consistem no fato de possibilitarem uma excelente distribuição de ar e água durante a operação de lavagem da unidade de filtração e de não exigirem a construção de fundo falso. As Figuras 6-27 e 6-28 apresentam uma vista de alguns blocos fabricados pela Leopold e uma laje de fundo de uma unidade de filtração antes e depois da instalação dos blocos.

(a)

(b)

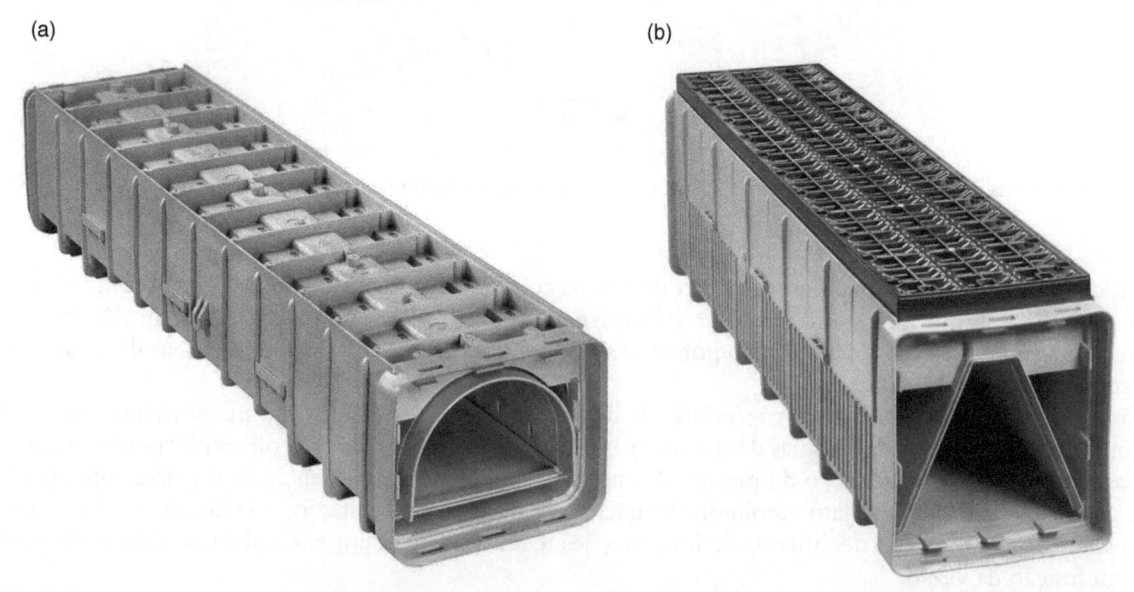

Figura 6-27 Visão geral de alguns blocos fabricados pela Leopold. (a) Bloco Leopold sem placa IMS. (b) Bloco Leopold com placa IMS.

(Fonte: http://www.xylem.com/treatment/es/products/type-s-underdrain.)

(a)   (b)

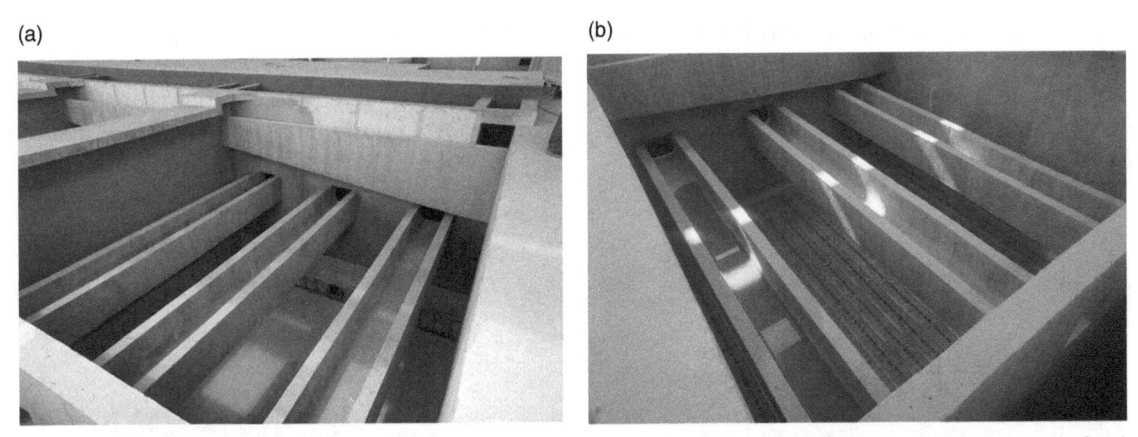

Figura 6-28 Laje de fundo de uma unidade de filtração antes e depois da instalação dos blocos Leopold®. (a) Laje de fundo antes da instalação do bloco Leopold. (b) Laje de fundo depois da instalação do bloco Leopold.

O Vídeo 6-2 apresenta uma unidade de filtração recém-montada com fundo falso e sistema de drenagem dotados de blocos Leopold®.

Atualmente, há diferentes tipos de blocos de fundo de filtro fabricados pela Leopold, inclusive alguns que possibilitam o emprego de meios filtrantes do tipo camada profunda sem a necessidade de implantação de camada suporte. Sua utilização é efetuada em aplicações específicas, devendo sempre ser consultado o fabricante.

Tendo em vista a segurança das instalações que empregam blocos de fundo de filtro do tipo Leopold®, sua aceitação técnica é praticamente unânime, e suas maiores restrições estão associadas a seu alto custo de aquisição. (Atualmente, os preços têm variado de R$ 2.000,00 a R$ 3.000,00 por m² de fundo de filtro.)

Em razão de seu alto custo, há algumas empresas que produzem blocos em concorrência ao bloco Leopold®, mas que, no entanto, não apresentam resistência estrutural adequada, sendo facilmente danificados com o tempo após sequências de operações de retrolavagem. A Figura 6-29 apresenta alguns blocos danificados por sua baixa resistência física, constituindo-se meras cópias dos blocos originais Leopold®.

Figura 6-29 Blocos de fundo de filtro danificados em razão de sua baixa resistência estrutural.

Ponto Relevante 5: A se optar pela utilização de sistemas de drenagem compostos por blocos do tipo Leopold®, deve-se evitar a aquisição de sistemas que não sejam originais, tendo em vista que estes constituem cópia no mercado nacional e não apresentam a resistência estrutural adequada, em razão de deficiências em seus processos de produção.

Camada suporte

A transição entre o meio filtrante e o sistema de drenagem deve ser efetuada por uma estrutura denominada camada suporte, sendo esta composta por uma composição de seixos rolados com diferentes granulometrias. Como o diâmetro dos orifícios que compõem o sistema de drenagem pode variar de 5 a 20 mm, não é possível a instalação do meio filtrante sem que haja uma estrutura de transição, do contrário, haverá a perda do material filtrante.

É importante considerar que a camada suporte tem outras funções adicionais além de viabilizar a transição do meio filtrante para o sistema de drenagem, sendo relevante a uniformização do fluxo durante a operação de filtração e distribuição adequada da água de lavagem durante as operações lavagem do meio filtrante. A Figura 6-30 apresenta uma visão geral de dois diferentes tipos de camada suporte comumente empregados em sistemas de filtração.

(a)　　　　　　　　　　　　　　　(b)

Figura 6-30 Visão geral de diferentes tipos de camada suporte em sistemas de filtração. (a) Camada suporte clássica para filtros lavados somente com água. (b) Camada suporte tipo reversa para filtros lavados com ar e água.

Quando se opta pela lavagem do meio filtrante unicamente com água, é possível adotar uma camada suporte tradicional, como indicado na Figura 6-30.

Em caso de utilização de ar como sistema de lavagem, é necessário adotar uma camada suporte denominada reversa, isto é, com diâmetros decrescentes de baixo para cima e posteriormente crescentes até seu topo, de modo que não haja perturbação da face superior da camada suporte quando da aplicação do ar. Assim, ao ser aplicado ar durante o processo de lavagem, os diâmetros maiores localizados na parte superior do filtro oferecem condições para a não perturbação dos diâmetros menores da camada suporte.

A definição das características da camada suporte normalmente é realizada com o fornecedor do sistema de drenagem e função do método de lavagem adotado para o meio filtrante. Se, porventura, forem empregados sistemas de drenagem constituídos por tubulações dotadas de orifícios ou bocais, devem ser consideradas as recomendações a seguir.

- Cada camada componente da camada suporte deve ser a mais uniforme possível, com relação entre o diâmetro máximo e o mínimo em torno de 2.
- O diâmetro do menor grão da camada inferior do meio suporte deve ser cerca de 2 a 3 vezes o diâmetro do orifício do sistema de drenagem.

- O diâmetro do menor grão da camada superior do meio suporte deve ser cerca de 4 a 4,5 vezes o diâmetro efetivo do material filtrante.
- Entre as camadas que compõem o meio suporte, a relação entre o diâmetro do maior grão e o diâmetro do menor grão da camada adjacente deve ser igual a 4.
- A espessura mínima de cada camada componente do meio suporte deve ser igual a 7,5 cm, ou três vezes o diâmetro máximo do grão.

A espessura da camada suporte normalmente varia de 30 cm a 50 cm, em função das características do sistema de drenagem, meio filtrante e método de lavagem da unidade de filtração. Caso seja adotado um sistema de drenagem constituído por blocos do tipo Leopold® sujeito a lavagem com ar e água, recomenda-se uma camada suporte do tipo reversa com as características apresentadas na Figura 6-31.

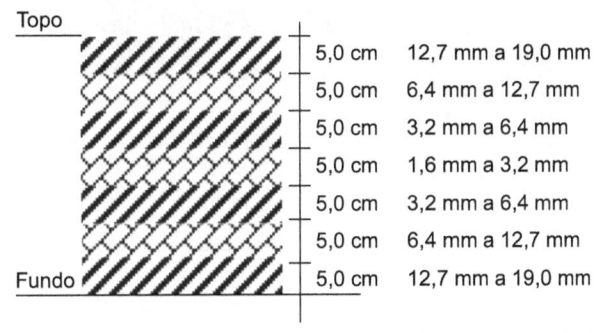

Figura 6-31 Camada suporte do tipo reversa recomendada para utilização com blocos Leopold® – lavagem com ar e água.

Caso a lavagem do meio filtrante seja somente com água em contracorrente e com lavagem superficial e sem a utilização de ar, não há necessidade de ser do tipo reversa, podendo-se usar as recomendações apresentadas para sua definição. No caso de emprego de bocais como sistema de drenagem, pode-se considerar uma camada suporte com as características apresentadas na Figura 6-32.

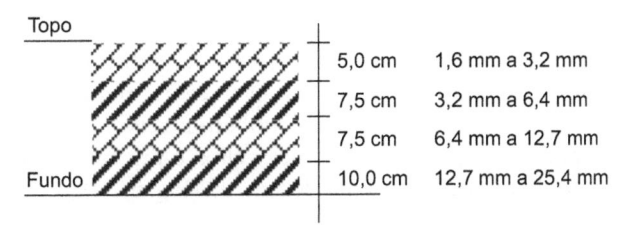

Figura 6-32 Camada suporte convencional para utilização com bocais como sistema de drenagem – lavagem somente com água.

É muito comum determinados fabricantes de sistemas de drenagem sugerirem a não instalação da camada suporte, efetuando-se tão somente a colocação de uma camada de areia com 1,6 a 3,2 mm de granulometria entre o meio filtrante e o sistema de drenagem.

Como, atualmente, a maioria das unidades de filtração é projetada prevendo-se sua lavagem com ar e água, a instalação da camada suporte do tipo reversa é fundamental, haja vista que uma de suas principais funções é evitar sua perturbação quando da aplicação do ar durante a lavagem do filtro. Ainda que as ranhuras de alguns sistemas de drenagem sejam bastante reduzidas, em torno de 0,3 a 0,6 mm, sua tendência de colmatação pelo material filtrante se faz presente, motivo pela qual se recomenda, sempre que possível, que as unidades de filtração sejam dotadas de camadas suporte compatíveis com sistema de drenagem, material filtrante e condições de operação do sistema de lavagem.

Ponto Relevante 6: Recomenda-se, sempre que possível, a adoção de camada suporte em unidades de filtração, especialmente as submetidas a lavagem com ar e água, devendo ser a camada suporte do tipo reversa. Em caso de supressão da camada suporte, deve-se consultar o fornecedor do sistema de drenagem, de modo que possa ser atestada sua eficiência.

Calhas para coleta de água de lavagem

Uma vez encerrada a carreira de filtração, é necessário efetuar a lavagem do meio filtrante, sendo que esta operação envolve a introdução de água em sentido ascensional. A coleta da água de lavagem se dá por meio de calhas de coleta distribuídas de modo uniforme na unidade de filtração. A Figura 6-33 exibe uma visão geral de uma unidade de filtração e a disposição de suas calhas de coleta de água de lavagem. O Vídeo 6-3 apresenta uma unidade de filtração e a disposição de suas calhas de coleta de água de lavagem e do respectivo canal lateral para a coleta de água de lavagem.

Figura 6-33 Disposição de calhas de coleta de água de lavagem em uma unidade de filtração dotada de canal central.

Dependendo do tamanho da unidade de filtração, o filtro pode ser constituído por uma ou duas células de filtração. Caso o filtro tenha duas células de filtração, a água de lavagem é encaminhada para um canal central (Fig. 6-33), que tem a função de efetuar a coleta da água de lavagem e também possibilitar a introdução de água decantada.

Para filtros de área reduzida, podem-se prever uma única célula e um canal lateral, o qual é responsável pelo recebimento da água de lavagem e distribuição da água decantada (Fig. 6-34).

Figura 6-34 Disposição de calhas de coleta de água de lavagem em uma unidade de filtração dotada de canal lateral.

No passado, as calhas de coleta de água de lavagem eram confeccionadas em concreto armado e moldadas *in loco*. Atualmente, podem ser confeccionadas em fibra de vidro reforçado ou material plástico, o que as torna muito mais leves e de fácil manuseio e instalação.

O dimensionamento de calhas de coleta de água de lavagem é essencialmente hidráulico, sem trabalhar afogadas. No entanto, algumas recomendações com relação a sua disposição na unidade de filtração (Fig. 6-35) são bastante importantes (KAWAMURA, 2000), como apresentadas a seguir.

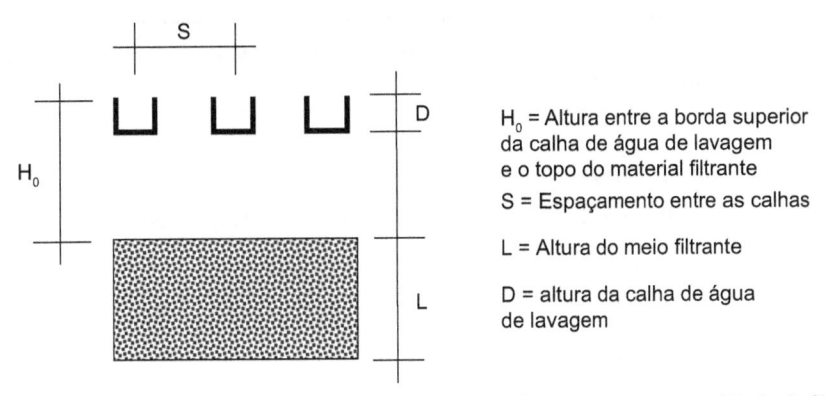

H_0 = Altura entre a borda superior da calha de água de lavagem e o topo do material filtrante

S = Espaçamento entre as calhas

L = Altura do meio filtrante

D = altura da calha de água de lavagem

Figura 6-35 Recomendação de disposição das calhas de coleta de água de lavagem em uma unidade de filtração.

- Sua altura em relação ao meio filtrante deve ser tal que não permita perda de material filtrante durante sua operação de lavagem. Assim, recomenda-se que:

$$(0,5.L + D) \leq H_0 \leq (L + D) \qquad \text{(Equação 6-50)}$$

Como durante a lavagem do meio filtrante a expectativa é que este sofra uma expansão em torno de 20% a 30%, ao se assumir que a geratriz superior da calha de água de lavagem situe-se sempre acima de (0,5L + D), garante-se que não haja perda de material filtrante.

- A área de filtração deve ser suficientemente coberta pelas calhas, a fim de que estas possibilitem uma uniformidade da coleta da água de lavagem:

$$1,5.H_0 \leq S \leq 2,5.H_0 \qquad \text{(Equação 6-51)}$$

Recomenda-se que o espaçamento das calhas de coleta de água de lavagem situe-se em torno de $1,5H_0$ e $2,5H_0$, não sendo este valor inferior a 3,0 m.

É relativamente comum observar algumas unidades de filtração não dotadas de calhas de coleta de água de lavagem, sendo esta encaminhada diretamente a um canal lateral ou central (Fig. 6-36).

Figura 6-36 Unidade de filtração sem calhas de coleta de água de lavagem.

A concepção de sistemas de filtração sem a presença de calhas laterais de coleta de água de lavagem, originária da escola europeia, geralmente é empregada em filtros com largura inferior a 4,0 m. A escola norte-americana apresenta-se mais conservadora e sempre considera a instalação de calhas em unidades de filtração. Levando em conta seu baixo custo em relação aos demais elementos que compõem um sistema de filtração, sempre se recomenda a instalação de calhas pelo fato de estas permitirem melhor coleta da água de lavagem, reduzindo o tempo de duração da operação de lavagem.

Ponto Relevante 7: Recomenda-se que as unidades de filtração sejam sempre dotadas de calhas de coleta de água de lavagem, mesmo que suas áreas de filtração sejam reduzidas.

Tubulações, válvulas e comportas

Cada unidade de filtração contém, no mínimo, cinco válvulas ou comportas, a saber:

- Válvula de entrada de água decantada.
- Válvula de saída de água filtrada.
- Válvula de entrada de água de lavagem.
- Válvula de saída de água de lavagem.
- Válvula de dreno.

Normalmente, as válvulas de entrada de água decantada e de saída de água de lavagem estão localizadas no canal central ou lateral que recebe a água de lavagem dos filtros, podendo estar dispostas em diferentes posições no canal. O diâmetro das válvulas, inclusive, determina a largura mínima do canal de recebimento da água de lavagem. A Figura 6-37 apresenta as válvulas de entrada de água decantada e de saída de água de lavagem dispostas no canal central de uma unidade de filtração.

Figura 6-37 Disposição das válvulas de entrada de água decantada e de saída de água de lavagem no canal central de uma unidade de filtração.

O dimensionamento das válvulas e comportas é normalmente efetuado em função de velocidades máximas admissíveis. A Tabela 6-6 apresenta alguns valores recomendados em função do tipo de unidade de filtração.

Número de filtros e dimensões

O número de filtros a serem implantados em uma estação de tratamento de água é função de seu porte. Por exemplo, a ETA Guaraú (33,0 m³/s) e ETA Rodolfo José da Costa e Silva (15,0 m³/s) têm um total de 48 e 32 filtros, respectivamente.

Tabela 6-6 Velocidades máximas admissíveis recomendadas para comportas, válvulas e canais em sistemas de filtração (KAWAMURA, 2000)

Elemento	Filtros convencionais (m/s)	Filtros autolaváveis (m/s)
Canal de água decantada	0,5	0,5
Válvula de entrada de água decantada	1,5	1,5
Canal ou tubulação de água filtrada	1,2	0,5
Válvula de saída de água filtrada	1,5	0,5
Tubulação de condução de água de lavagem	2,5	0,8
Válvula de entrada de água de lavagem	2,5	1,8
Válvula de saída de água de lavagem	2,5	1,8
Tubulação de condução de água de lavagem superficial	2,5	2,5

Para estações de pequeno porte e que trabalham 24 h por dia, o número mínimo recomendado de filtros é em torno de quatro unidades. Assim, em caso de interrupção de uma unidade para lavagem, o acréscimo de vazão nos filtros reminiscentes possibilitará um aumento de aproximadamente 33,3% em sua taxa de filtração, o que é um valor aceitável para períodos curtos.

Caso a estação de tratamento de água trabalhe menos de 16 h por dia, pode-se admitir um número menor de filtros, uma vez que, no fim da operação, todas as unidades poderão serem lavadas sequencialmente.

A determinação do número de filtros em uma estação de tratamento de água está também associada a uma questão econômica, uma vez que uma quantidade menor de filtros deverá requerer uma área unitária maior de filtração. Com uma área de filtração maior, será maior também sua vazão de água de lavagem e mais onerosa deverá ser a implantação de seus sistemas de lavagem. Por sua vez, como o número de filtros será menor, menores deverão ser os custos com aquisição de válvulas e demais dispositivos hidráulicos, lembrando que uma unidade de filtração deverá conter, no mínimo, cinco válvulas.

Kawamura (2000) recomenda que o número ideal de filtros em uma estação de tratamento de água pode ser calculado em função de sua vazão afluente por meio da seguinte equação:

$$N = 1,2.Q^{0,5}$$ (Equação 6-52)

N = número de filtros
Q = vazão afluente ao sistema de filtração em mgd (1 mgd = 3.785 m³/dia)

É importante lembrar que a Equação 6-52 apenas fornece uma indicação do número de filtros considerado ótimo, devendo a escolha final ser realizada com base na experiência do projetista e nas condições de operação da estação de tratamento de água.

As dimensões da unidade de filtração são normalmente efetuadas com base no *layout* da estação de tratamento de água, procurando-se compatibilizar as dimensões do sistema de filtração com as demais unidades de processo. Normalmente, sugere-se que a área útil de uma unidade de filtração não exceda 120 m², uma vez que tende a encarecer seu sistema de lavagem (tubulações, válvulas, sistemas de recalque etc.). Isso não significa que não possam ser projetadas unidades de filtração com áreas superiores a este valor. No entanto, a vazão da estação de tratamento de água deve justificar a adoção de valores mais elevados.

CONTROLE HIDRÁULICO DE UNIDADES DE FILTRAÇÃO

A operação de uma unidade de filtração deve permitir a necessidade de manutenção de uma taxa de filtração predeterminada e o equilíbrio com sua evolução de perda de carga. Ambas as variáveis devem ser, portanto, controladas, a fim de que a eficiência do processo de filtração seja mantida. Diferentes métodos de controle hidráulico têm sido propostos, e os mais adotados são os apresentados a seguir (KAWAMURA, 2000; DI BERNARDO; DANTAS, 2005; CRITTENDEN, 2012).

Taxa de filtração constante e variação de nível

O controle hidráulico da unidade de filtração é efetuado mediante a distribuição equitativa de vazões entre as diferentes unidades de filtração, permitindo a variação do nível d'água na caixa do filtro. A Figura 6-38 apresenta um corte de uma unidade de filtração submetido a taxa de filtração constante e variação de nível.

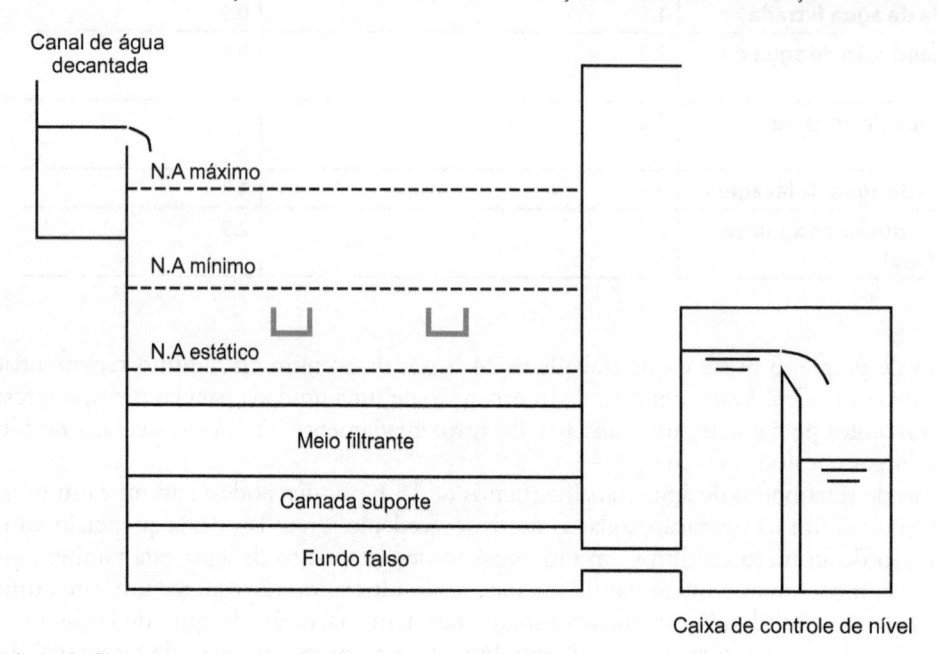

Figura 6-38 Unidade de filtração com taxa de filtração constante e submetida a variação de nível.

Como no início da carreira de filtração é reduzida a perda de carga, é necessária a instalação de um dispositivo hidráulico que possibilite que seu nível d'água se situe sempre acima do meio filtrante. A solução mais comum consiste em implantar um vertedor de saída de água filtrada cuja crista fique acima do topo do meio filtrante.

A água decantada é distribuída equitativamente entre as diferentes unidades de filtração por vertedores individuais instalados no canal de comum de água decantada (Fig. 6-39). No início do processo de filtração, a perda de carga é reduzida, e o nível d'água da caixa do filtro é mínimo. Com o decorrer do processo, há um aumento em sua perda de carga e o nível d'água na caixa do filtro alcança seu valor máximo, indicando a necessidade de interrupção da unidade de filtração para lavagem.

Define-se como carga hidráulica disponível para o processo de filtração a diferença entre a cota do nível d'água máximo na unidade de filtração e a cota da crista do vertedor de saída. Normalmente, o valor situa-se entre 1,8 e 2,5 m para filtros que operam hidraulicamente com taxa constante e variação de nível.

Sistemas de filtração projetados com taxa de filtração constante e variação de nível apresentam como vantagens: sua grande simplicidade, a não necessidade de empregar dispositivos mecanismos ou hidráulicos para o controle da taxa de filtração e, pelo fato das unidades de filtração funcionarem de modo independente, a possibilidade de acompanhamento para cada unidade com relação a sua evolução de perda de carga. Por outro lado, a altura da caixa do filtro é normalmente mais alta, em torno de 4,0 a 5,0 m.

A caixa de controle de nível pode ser única por unidade de filtração ou comum a um conjunto de filtros. Do ponto de vista hidráulico, é sempre mais adequado que cada unidade de filtração tenha seu vertedor de saída de água filtrada individual. Caso se opte por um vertedor comum a todas as unidades de filtração, deve-se garantir que as perdas de carga no canal ou tubulação comum de saída de água filtrada sejam minimizadas, devendo-se adotar uma velocidade máxima inferior a 0,6 m/s, a fim de garantir que estas não interfiram negativamente no funcionamento dos filtros. A Figura 6-40 apresenta sistemas de filtração dotados de vertedores individuais de saída de água filtrada (a) e um vertedor comum a todas as unidades de filtração (b).

Figura 6-39 Distribuição equitativa de vazões mediante instalação de vertedores de entradas individuais em cada unidade de filtração diretamente no canal de água decantada.

(a)   (b)

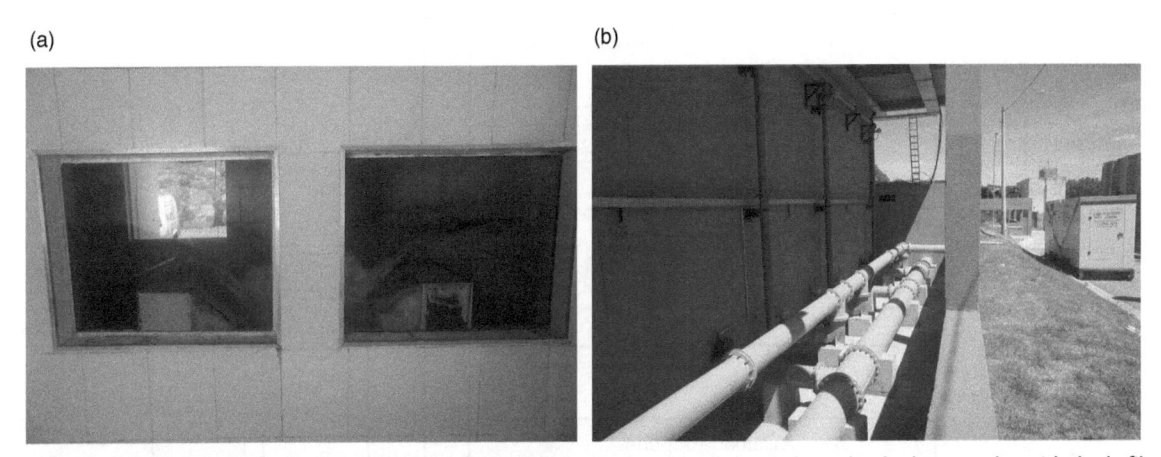

Figura 6-40 Diferentes estruturas de controle de nível de sistemas de filtração. (a) Vertedor individual para cada unidade de filtração. (b) Vertedor comum para um conjunto de filtros.

Os filtros em nenhuma hipótese devem trabalhar "secos", isto é, com nível d'água abaixo do meio filtrante. Normalmente isso ocorre quando a crista do vertedor de saída de água filtrada situa-se abaixo do meio filtrante e em períodos cuja vazão afluente à estação de tratamento de água é mínima, assim, mesmo em caso de interrupção do funcionamento do filtro, o meio filtrante estará sempre submerso. O Vídeo 6-4 apresenta um sistema de controle de nível de uma unidade de filtração dotada de um vertedor retangular e respectiva galeria de tubulações.

Ponto Relevante 8: O posicionamento da crista do vertedor de saída de água filtrada deve ser efetuado de modo que este esteja de 20 a 40 cm acima da cota máxima do meio filtrante, para garantir sua completa submersão.

É comum observar muitas unidades de filtração trabalhando com nível d'água mínimo abaixo do meio filtrante, o que ocasiona entrada de ar no meio filtrante, problemas hidráulicos na unidade de filtração e deterioração da qualidade da água filtrada. A Figura 6-41 apresenta algumas unidades de filtração trabalhando com meio filtrante "seco".

Taxa de filtração e variação de nível constantes

Para essa modalidade de controle hidráulico, a taxa de filtração é constante, isto é, a vazão afluente a cada unidade de filtração é igual, assim como seu nível d'água. A Figura 6-42 apresenta um corte de uma unidade de filtração submetida a taxa de filtração e nível d'água constantes.

Figura 6-41 Unidades de filtração trabalhando com nível d'água mínimo abaixo do meio filtrante.

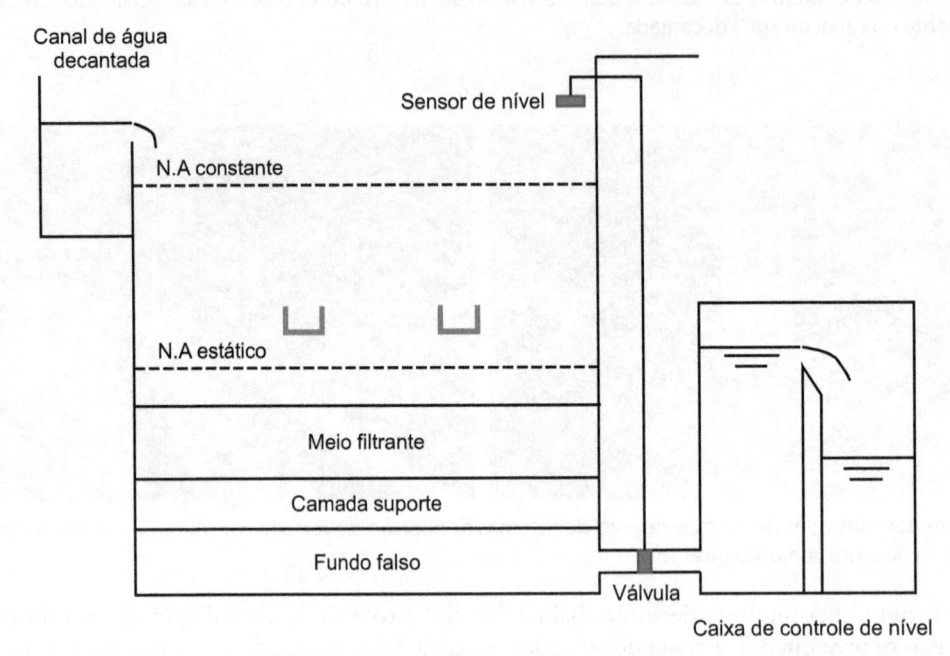

Figura 6-42 Unidade de filtração com taxa de filtração e nível d'água constantes – divisão de vazões entre as unidades de filtração por meio de vertedores individuais.

Esse tipo de controle de taxa de filtração é idêntico ao apresentado anteriormente, isto é, a divisão de vazões entre as unidades de filtração é efetuada por vertedores individuais localizados em um canal geral de água decantada. Com relação ao nível d'agua, este é constante ao longo de toda a carreira de filtração, sendo mantido mediante uma válvula moduladora inserida na tubulação de saída da água filtrada e associada a um sensor de nível instalado na caixa do filtro.

No início da carreira de filtração, o nível d'água na unidade de filtração tenderá a ser mínimo, e, por conseguinte, a válvula moduladora deverá acrescentar uma perda de carga tal que possibilite que o nível d'água na caixa do filtro permaneça constante. Com o decorrer do processo de filtração, haverá um aumento gradativo da perda de carga no meio filtrante, o que deverá ocasionar elevação do nível d'água na caixa do filtro. Para poder manter o nível d'água constante, a válvula moduladora deverá ser aberta de modo a acomodar o aumento da perda de carga durante o processo de filtração.

Quando a válvula moduladora estiver totalmente aberta, não haverá mais perda de carga disponível para o processo de filtração, devendo a unidade de filtração ser isolada e submetida à lavagem. Esse método de controle de taxa de filtração e de nível d'água depende de um dispositivo mecanizado (válvula moduladora) e de um sensor de nível instalado em cada unidade de filtração. Em razão de seu alto custo de implantação e da necessidade de manutenção de dispositivos mecânicos, seu uso não tem sido considerado em estações de tratamento de água de pequeno e médio portes, apenas se justificando em instalações de grande porte e que apresentem condições operacionais e de manutenção compatíveis com o alto grau de instrumentação da instalação. Como exemplos de estações de tratamento de água dotadas de sistemas desse porte, podem-se citar as ETA Guaraú (33,0 m³/s – 48 unidades de filtração) e Taiaçupeba (15,0 m³/s – 30 unidades de filtração), ambas operadas pela Sabesp.

Outra opção de controle de taxa de variação e de nível constante em unidades de filtração considera a entrada da água decantada submersa em todas as unidades de filtração, sendo que seu nível d'água e sua vazão afluente são controlados por um conjunto de válvula moduladora, medidor de vazão e sensor de nível, como indicado na Figura 6-43.

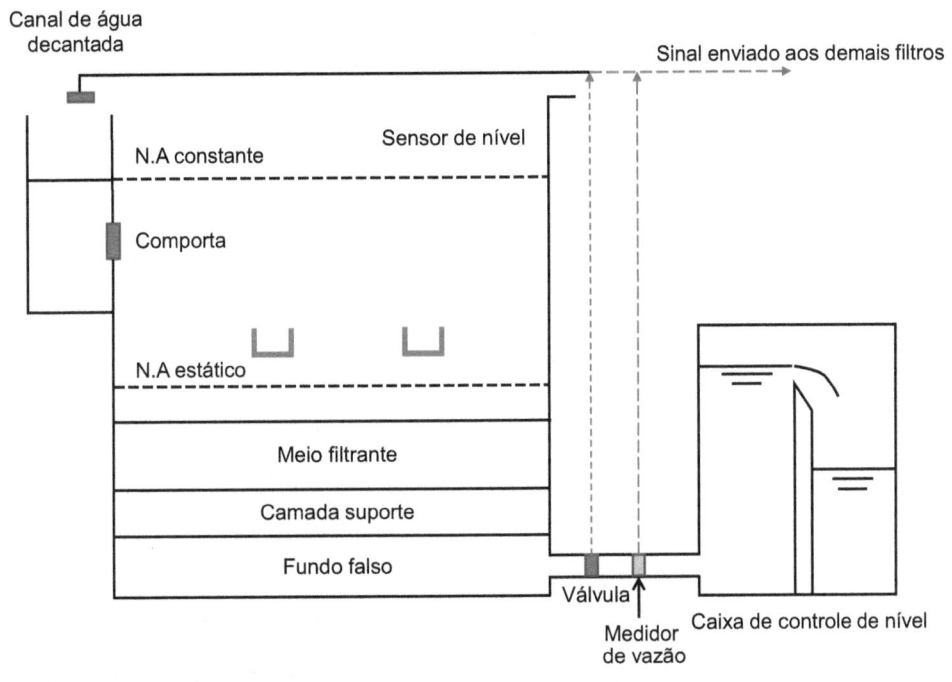

Figura 6-43 Unidade de filtração com taxa de filtração e nível d'água constantes – divisão de vazões entre as unidades de filtração por meio de medidor de vazão e de válvula moduladora.

Esse sistema de controle de taxa de filtração e de nível d'água na caixa do filtro é, sem sombra de dúvida, o mais complexo e mais caro, uma vez que a divisão de vazões entre as unidades de filtração é efetuada por meio de válvulas moduladoras instaladas em cada unidade de filtração associadas a medidores de vazão individuais. Desse modo, o aumento ou a diminuição da vazão afluente às unidades de filtração determinará a abertura da válvula moduladora de vazões, que, por sua vez, também deverá estar associada a um sensor de nível no canal geral de água decantada.

A válvula moduladora de vazões deverá ser, então, responsável pela manutenção do nível d'água constante na caixa do filtro, como também deverá permitir a distribuição equitativa de vazões entre as diferentes unidades de filtração. Como o controle da válvula moduladora depende dos sinais de vazão efluente do filtro e do nível d'água no canal de água decantada, seu sistema de automação e instrumentação é dotado de elevada complexidade, o que faz com que sua implantação apenas seja viável em grandes instalações e dotada de equipes de operação e manutenção altamente especializadas. Com exceção de situações muito particulares, sistemas de controle hidráulico de sistemas de filtração com taxa e nível constantes devem ser evitados, dando-se preferência para sistemas hidraulicamente mais simples.

Ponto Relevante 9: Sistemas de controle hidráulico de unidades de filtração com taxa de filtração e nível d'água constantes devem ser evitados em razão da elevada complexidade de seu sistema de automação e controle, do alto custo de implantação e da necessidade de manutenção de suas partes constitutivas, recomendando-se sua adoção em condições particulares.

Taxa de filtração declinante e variação de nível

Esse sistema de operação de unidades de filtração é bastante atrativo em razão de sua simplicidade e por dispensar o uso de dispositivos mecânicos no controle de suas taxas de filtração (CLEASBY, 1981). Sua operação consiste em permitir que um conjunto de filtros trabalhe de maneira interligada, possibilitando seu funcionamento como vasos comunicantes. A Figura 6-44 apresenta um corte de uma unidade de filtração submetida a taxa de filtração declinante e variação de nível.

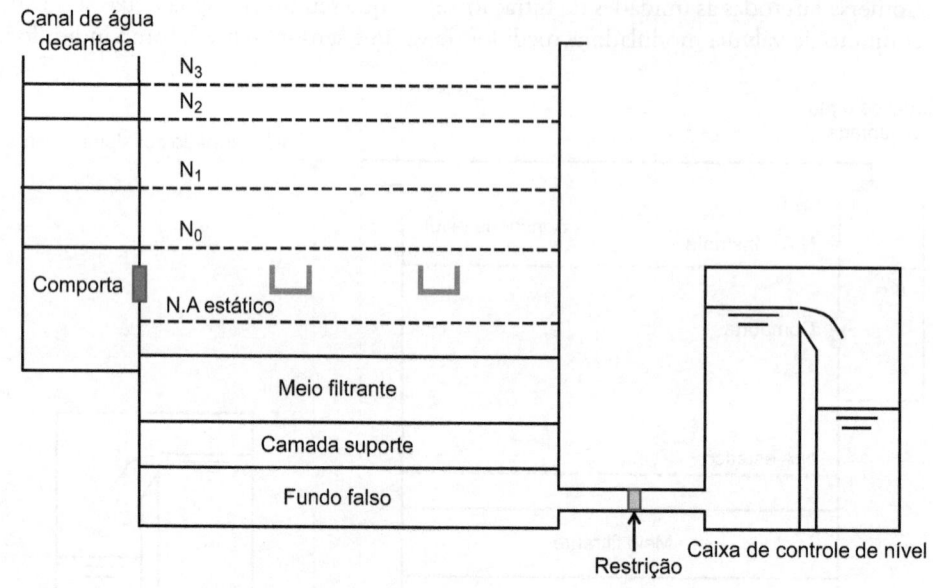

Figura 6-44 Unidade de filtração com taxa de filtração declinante e variação de nível.

Os sistemas de filtração com taxa declinante são operados com, no mínimo, quatro filtros trabalhando como vasos comunicantes. A entrada de água decantada nas unidades de filtração ocorre submersa, ou seja, situa-se abaixo do nível mínimo da unidade, o que faz com que todos os filtros trabalhem interligados entre si pelo canal de água decantada (CLEASBY; DI BERNARDO, 1980; ARBOLEDAVALENCIA; GIRALDO; SNEL, 1985).

A operação de sistemas de filtração com taxa declinante é efetuada de modo que os filtros apresentem diferentes graus de colmatação. Como os filtros trabalham interligados, seus níveis d'água são iguais. Como seus vertedores de saída situam-se em mesma cota, tem-se que suas perdas de carga são também iguais.

Por conseguinte, como as perdas de carga são iguais e cada filtro apresenta um grau diferente de colmatação, a vazão em cada filtro será diferente, sendo que a unidade mais limpa deverá apresentar a maior vazão, e a unidade mais suja, a menor.

Um sistema de filtração que opere com taxa declinante apresenta alguns níveis d'água característicos. Se todas as unidades de filtração estiverem limpas, o nível d'água mínimo na unidade de filtração será N_0. Para que os filtros possam trabalhar como vasos comunicantes, é importante que as comportas de entrada de água decantada situem-se abaixo de N_0.

Com o decorrer do processo de filtração, haverá um contínuo aumento da perda de carga, fazendo com que o nível d'água suba gradualmente até alcançar o nível N_2, determinando a necessidade de lavagem do filtro mais sujo da bateria de filtros. Ao retirar-se o filtro para lavagem, haverá um aumento da vazão afluente aos filtros em operação, o que acarretará elevação em suas taxas de filtração e consequente maior perda de carga, o que fará subir o nível d'água na caixa do filtro até N_3.

Após a lavagem do filtro mais sujo da bateria, o nível d'água na caixa do filtro deverá situar-se em N_1, em razão de o filtro recém-lavado apresentar menor grau de colmatação e maior capacidade de filtração, o que fará com que sua taxa de filtração seja máxima em relação aos demais da bateria. Como o nível d'água máximo na caixa do filtro deverá ser N_3, quando o filtro recém-lavado entrar em operação, sua taxa de filtração deverá ser máxima, e, para limitar seu valor, é comum a instalação de algum tipo de restrição hidráulica na tubulação de saída de água filtrada, sendo a mais comum a adoção de uma placa de orifício.

A carga hidráulica disponível para o processo de filtração é definida como a diferença de conta entre os níveis d'água N_2 e N_0. A grande vantagem da operação dos filtros como taxa declinante em relação a taxa constante e variação de nível é que a carga hidráulica disponível para a filtração resulta menor, o que faz com que a caixa do filtro apresente menor altura. Além disso, a qualidade da água filtrada é ligeiramente melhor, uma vez que as vazões nas unidades de filtração são distribuídas em função de seu grau de colmatação, o que faz com que os filtros mais sujos recebam menor vazão e estejam menos sujeitos à liberação de partículas coloidais previamente depositadas no meio filtrante.

As desvantagens observadas em relação a filtros operados como taxa declinante é a dificuldade dos operadores em estabelecerem diferentes graus de colmatação do meio filtrante, pois isso exige um escalonamento da lavagem das unidades de filtração, sempre da unidade mais suja para a unidade mais limpa. Como as perdas de carga nas unidades de filtração são iguais, é difícil a identificação visual de qual unidade encontra-se com maior grau de colmatação.

Uma das maiores dificuldades no projeto de sistemas de filtração com taxa declinante é sua maior complexidade de cálculo, o que exige a utilização de processos iterativos (CLEASBY, 1981; 1993).

Inúmeras estações de tratamento de água no Brasil foram projetadas com filtros operando com taxa declinante, e seus resultados operacionais têm sido bastante satisfatórios. Um exemplo de estação de tratamento de água operando com taxa declinante, com um total de 32 unidades de filtração, é a ETA Rodolfo José da Costa e Silva (15,0 m^3/s – 32 unidades de filtração), operada pela Sabesp.

MÉTODOS DE LAVAGEM DE UNIDADES DE FILTRAÇÃO

A interrupção da carreira de filtração para a lavagem do meio filtrante normalmente ocorre nas situações a seguir.

- Se a turbidez da água filtrada excede determinado valor fixado pela operação, normalmente superior a 0,5 UNT.
- Quando a perda de carga disponível para o processo de filtração é excedida.
- Caso a duração da carreira de filtração seja superior a determinado tempo.

Muito dificilmente esses critérios são atendidos ao mesmo tempo, sendo que, para filtros bem projetados e operados, normalmente a perda de carga termina sendo excedida em primeiro lugar e acaba por determinar a interrupção do filtro para lavagem.

É importante que, mesmo que a perda de carga e qualidade da água filtrada seja satisfatória, a duração da carreira de filtração não exceda determinado tempo, de modo que não haja compactação do meio filtrante e consequente maior dificuldade durante sua lavagem. Para filtros rápidos por gravidade do tipo dupla camada areia e antracito, recomenda-se que a duração máxima da carreira de filtração não exceda 40 h. Para filtros do tipo camada profunda, é recomendado que sua duração máxima não seja superior a 60 h.

Na atualidade, são tradicionalmente empregados quatro métodos para a lavagem de unidades de filtração, a saber: lavagem com água em contracorrente; lavagem superficial e com água em contracorrente; lavagem com ar seguido de água em contracorrente; e lavagem com ar simultaneamente com água em contracorrente. Cada um desses apresenta vantagens e desvantagens, que serão discutidas a seguir.

Lavagem de unidades de filtração

- Lavagem exclusivamente com água em contracorrente

O método de lavagem exclusivamente com água em contracorrente foi o primeiro método de lavagem desenvolvido para filtros rápidos por gravidade. Seu princípio de funcionamento envolve a aplicação de uma vazão ascensional no meio filtrante, possibilitando a remoção das impurezas da superfície dos grãos que compõem o meio filtrante e a posterior condução para fora da caixa do filtro.

Para que o processo de lavagem seja efetivo, é necessário garantir uma expansão do meio filtrante em torno de 20% a 30%, a fim de que as tensões de cisalhamento induzidas pela velocidade ascensional da água de lavagem possibilitem a remoção das impurezas retidas no meio filtrante. A Figura 6-45 apresenta um perfil da vazão de água de lavagem aplicado em uma unidade de filtração durante sua lavagem exclusivamente com água.

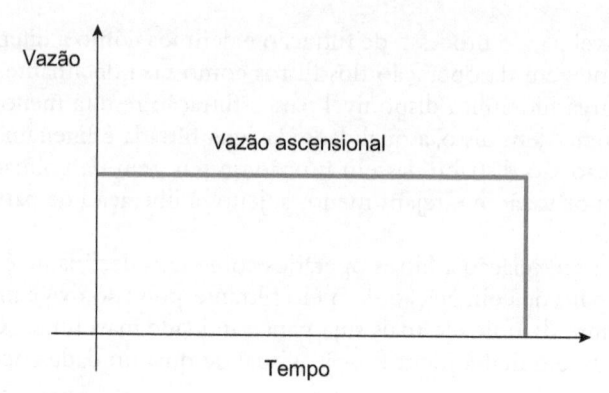

Figura 6-45 Perfil da vazão de água de lavagem aplicado em uma unidade de filtração durante sua lavagem exclusivamente com água.

A duração da lavagem de uma unidade de filtração situa-se em torno de 8 a 15 min, dependendo do tipo de filtro a ser lavado, de seu grau de colmatação e duração da carreira de filtração.

Para filtros rápidos por gravidade constituídos de areia e antracito como materiais filtrantes (filtro dupla camada), as taxas de lavagem situam-se entre 900 e 1.100 m^3/m^2.dia.

Atualmente, sabe-se que a lavagem de filtros exclusivamente com água em contracorrente não é considerada um método adequado, uma vez que não possibilita a completa remoção das impurezas retidas durante o processo de filtração. Essas impurezas não retidas tendem a se acumular continuamente no meio filtrante, o que possibilita a formação de "bolas de lodo" e traz como consequências piora na qualidade da água filtrada e elevação de sua perda de carga (AMIRTHARAJAH, 1978). A Figura 6-46 apresenta uma superfície de um filtro rápido por gravidade após sua lavagem com água em contracorrente.

Figura 6-46 Superfície de um filtro rápido por gravidade após sua lavagem exclusivamente com água em contracorrente.

Observe que, mesmo após sua lavagem com água em contracorrente, a face superior do meio filtrante contém uma capa de impurezas que não puderam ser removidas durante seu processo de lavagem. Com o tempo, essas impurezas tendem a se aglutinar, formando "bolas de lodo", cuja remoção não é mais possível durante seu processo de lavagem (Fig. 6-47). O Vídeo 6-5 apresenta um aspecto das bolas de lodo formadas em uma unidade de filtração em razão de procedimentos de lavagem inadequados.

Em razão das ineficiências observadas em filtros submetidas a lavagem exclusivamente com água em contracorrente, não se recomenda esse método de lavagem.

Figura 6-47 Bolas de lodo formadas em unidades de filtração submetidas a lavagem exclusivamente com água em contracorrente.

Ponto Relevante 10: Não se recomenda a utilização de métodos de lavagem de filtros que empreguem somente água em contracorrente, devendo estes ser utilizados somente em situações muito particulares e quando não for possível o uso de métodos de lavagem alternativos.

• Lavagem superficial seguida de água em contracorrente

Em razão das deficiências observadas com relação aos procedimentos de lavagem que empregavam unicamente água em contracorrente, foram desenvolvidos alguns métodos alternativos de lavagem, e um bastante comum é o emprego de lavagem superficial seguido de água em contracorrente.

A utilização da lavagem superficial envolve a aplicação de uma vazão de água distribuída superficialmente no meio filtrante, de modo a possibilitar a liberação das partículas coloidais retidas em sua parte superior. Os sistemas mais comuns de lavagem superficial podem ser classificados em fixos ou móveis. O sistema fixo compreende um conjunto de tubulações distribuídas ao longo da superfície do meio filtrante, dotadas de orifícios espaçados em torno de 10 a 20 cm e com diâmetros variando de 4 a 8 mm. A Figura 6-48 apresenta um sistema de lavagem superficial instalado em uma unidade de filtração e uma unidade em operação.

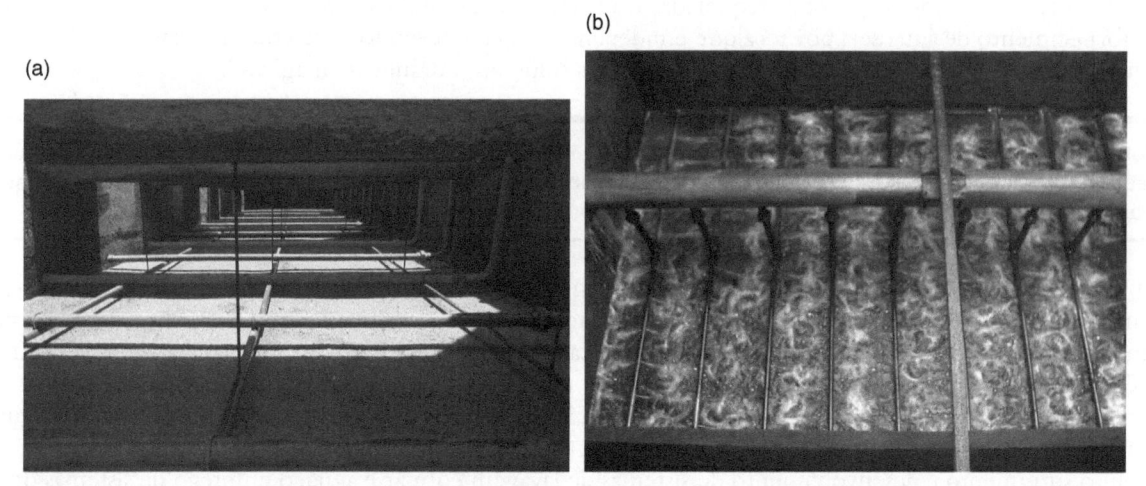

Figura 6-48 Visão geral de um sistema de lavagem superficial instalado em uma unidade de filtração. (a) Filtração. (b) Uma unidade em operação.

Os sistemas do tipo rotativos consistem em um conjunto de tubulações móveis rotativas, também dispostos na parte superior do meio filtrante e distribuindo água por meio de orifícios posicionados ao longo de seu comprimento. Pelo fato de conterem peças móveis, estes sistemas tendem a sofrer uma rápida deterioração com o tempo, ficando inutilizados. Em razão disso, sistemas de lavagem superficial constituídos de dispositivos móveis não têm sido mais utilizados, não se recomendando sua aplicação.

A Figura 6-49 apresenta um perfil das vazões aplicadas durante a lavagem superficial seguida de água em contracorrente.

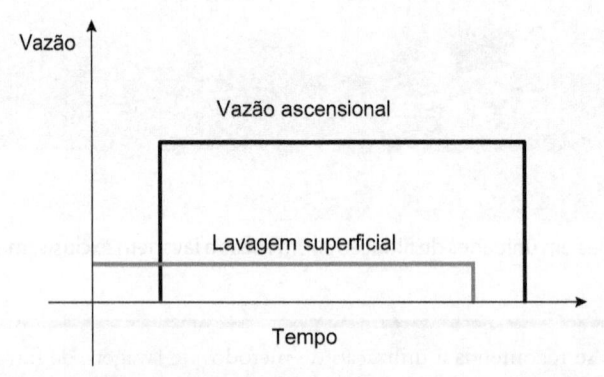

Figura 6-49 Perfil da vazão de água de lavagem aplicado em uma unidade de filtração durante sua lavagem superficial e com água em contracorrente.

Inicialmente, é efetuada uma aplicação de água na superfície do meio filtrante por seu sistema de lavagem superficial durante 2 a 3 min, de modo que sua taxa de lavagem resulte da ordem de 2,0 a 3,0 L/s.m². Desse modo, tende a ocorrer a ruptura do manto de flocos retidos na camada superior do meio filtrante, facilitando sua remoção da caixa do filtro.

Em sequência, aplica-se água ascensionalmente, o que possibilita a expansão do meio filtrante em torno de 20% a 30%. Como o sistema de lavagem superficial normalmente situa-se a não mais que 5 cm da superfície do meio filtrante, o meio filtrante expandido estará sempre acima deste, permitindo que a ação dos jatos de água na limpeza do meio filtrante tenha efeito ao longo de sua profundidade.

Minutos antes do encerramento da lavagem do meio filtrante, desliga-se o sistema de lavagem em contracorrente e, em seguida, desliga-se a lavagem em contracorrente. A duração da lavagem de uma unidade de filtração pode durar entre 10 e 15 min.

O fornecimento de água para o sistema de lavagem superficial deve ser independente do sistema de lavagem em contracorrente. Como as pressões requeridas no sistema de lavagem superficial são maiores, recomenda-se que o fornecimento de água seja por recalque e independente, não devendo ser efetuadas derivações de linhas de recalque, adutoras de água tratada ou ser adotadas outras soluções hidráulicas "mágicas".

Ponto Relevante 11: A concepção de sistemas de lavagem superficial devem ter fornecimento de água independente e por meio de sistemas de recalque específicos, não devendo ser efetuadas derivações de linhas de recalque existentes.

O emprego de sistemas de lavagem superficial seguido de lavagem em contracorrente mostrou ser extremamente confiável em filtros rápidos por gravidade, em que a altura do material filtrante não excede 80 cm. Um dos melhores exemplos de estação de tratamento de água com sistemas de lavagem superficial é a do Guaraú, que vem operando com sucesso desde a década de 1970, sem maiores problemas. O Vídeo 6-6 apresenta a lavagem de uma de suas unidades de filtração dotada de sistema de lavagem superficial e água em contracorrente.

Com o surgimento e desenvolvimento de sistemas de lavagem com ar e água, o emprego de sistemas dotados de lavagem superficial caiu em desuso. No entanto, na impossibilidade de utilização de ar como sistema de lavagem ou em caso de reforma de unidades de filtração em que não seja possível a introdução de lavagem com ar, o emprego de sistemas dotados de lavagem superficial é bastante recomendado. Os principais parâmetros de projeto de sistemas de lavagem superficial estão apresentados a seguir.

PARÂMETROS DE PROJETO – SISTEMAS DE LAVAGEM SUPERFICIAL
- **Taxa de lavagem superficial: 2,0 a 3,0 L/s.m²**
    - **Velocidade nos orifícios: 6,0 a 9,0 m/s**
    - **Espaçamento entre os orifícios: 10 a 20 cm**
    - **Diâmetro dos orifícios: 4 a 8 mm**
    - **Ângulo dos orifícios com o plano horizontal: 22,5°**
    - **Espaçamento entre os tubos distribuidores: 0,8 a 1,2 m**
    - **Distância entre a geratriz inferior do tubo e o topo do material filtrante: 5 a 10 cm**
    - **Velocidade adotada nas tubulações de água de lavagem superficial: 2,0 a 2,5 m/s**

Ponto Relevante 12: A utilização de sistemas de lavagem superficial é bastante atrativa para filtros rápidos por gravidade com não mais de 80 cm de altura, podendo ser empregada quando não for possível usar o ar como sistema de lavagem.

- Lavagem com ar seguido de água em contracorrente

Com o desenvolvimento dos filtros rápidos por gravidade de alta taxa, cuja altura do meio filtrante é superior a 1,5 m, a lavagem superficial apresenta-se como inadequada. Em razão disso, surgiram os métodos de lavagem com ar combinados com a aplicação de água em contracorrente. A Figura 6-50 apresenta o sequenciamento de vazões de ar e água empregado durante a lavagem de uma unidade de filtração.

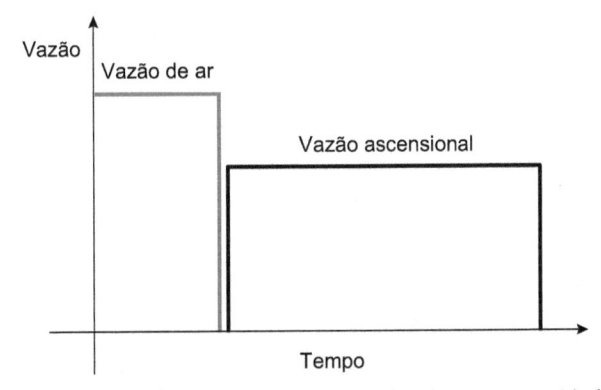

Figura 6-50 Sequenciamento da vazão de ar e água em contracorrente aplicado em uma unidade de filtração durante sua lavagem.

Inicialmente, efetua-se a aplicação de ar no meio filtrante com uma taxa de aplicação de ar em torno de 10 a 20 L/s.m², sendo que sua duração é da ordem de 2 a 3 min. Após a aplicação de ar, efetua-se a introdução de água em contracorrente, de modo a possibilitar a expansão do material filtrante em torno de 20% a 30%.

A ação do ar é extremamente efetiva para a remoção das impurezas capturadas durante o processo de filtração da superfície do material filtrante, enquanto a aplicação da água em contracorrente é responsável pelo carreamento das impurezas para fora da caixa do filtro.

Durante a aplicação do ar é de fundamental importância que o nível d'água no filtro situe-se abaixo das calhas de coleta de água de lavagem, de modo a se evitar perda do material filtrante durante o processo de lavagem. Um sistema de aplicação de ar dimensionado de maneira adequada possibilita uma distribuição de ar no meio filtrante bastante homogênea, como se observa na Figura 6-51.

É altamente recomendável que, após a aplicação do ar, haja um intervalo entre sua interrupção e o início da introdução de água em contracorrente, de modo a possibilitar a reacomodação do meio filtrante e a sedimentação das partículas do material filtrante.

A utilização do ar como método de lavagem sempre exigirá que a unidade de filtração apresente camada suporte do tipo reversa, de modo que a ação do ar não perturbe suas subcamadas compostas por seixos rolados de

Figura 6-51 Aplicação de ar em uma unidade de filtração com distribuição adequada e uniforme.

menor diâmetro. Além disso, o sistema de drenagem deve ser preparado e adequado para lavagem com ar, o que é mais fácil prever durante a fase de projeto.

Ponto Relevante 13: Sempre que possível, recomenda-se que o projeto de novas unidades de filtração considere sua lavagem com ar.

O fornecimento de ar para lavagem é normalmente efetuado por sopradores, devendo estes ser corretamente dimensionados, prevendo-se sempre a implantação de duas unidades (1O + 1R), sendo uma em operação e outra como unidade reserva. O tamanho dos sopradores é função das vazões de ar requeridas, podendo ser do tipo lóbulos rotativos em centrífugos. Em razão de seu menor custo de implantação, é mais comum a utilização de sopradores de lóbulos rotativos. A Figura 6-52 apresenta uma visão geral de um conjunto de sopradores empregados na lavagem de unidades de filtração.

Figura 6-52 Sopradores empregados no fornecimento de ar para lavagem de unidades de filtração.

Um dos maiores cuidados no projeto de sistemas de fornecimento de ar para a lavagem de unidades de filtração é garantir que a tubulação principal de distribuição de ar esteja sempre situada acima do nível d'água máximo da unidade de filtração, de modo que não haja risco de retorno de água para os sopradores de ar. A Figura 6-53 apresenta uma linha de distribuição de ar para lavagem de unidades de filtração. Observe-se que esta se situa em cota mais elevada na estrutura, garantindo-se que esteja acima do nível d'água máximo admitido na unidade de filtração.

Figura 6-53 Linha principal de distribuição de ar para lavagem de unidades de filtração – disposição acima do nível d'água máximo admitido na unidade de filtração.

Os parâmetros de projeto mais comumente adotados no dimensionamento de sistemas de lavagem seguida de água em contracorrente encontram-se apresentados a seguir.

PARÂMETROS DE PROJETO – SISTEMAS DE LAVAGEM COM AR SEGUIDO DE ÁGUA EM CONTRACORRENTE
- Taxa de aplicação de ar: 10 a 20 L/s.m²
  - Duração da aplicação de ar: 2 a 3 min
  - Velocidade adotada nas tubulações de ar: inferior a 20 m/s
  - Taxa de lavagem com água em contracorrente: dependente do tipo de meio filtrante, devendo garantir sua expansão em torno de 20% a 30%
  - Duração da lavagem em contracorrente: 8 a 12 min

É extremamente importante garantir que, após a lavagem com ar, a aplicação de água em contracorrente possibilite a expansão do meio filtrante em torno de 20% a 30%. Na realidade, a remoção das impurezas da superfície do meio filtrante é efetuada pelo ar. No entanto, a lavagem em contracorrente deve garantir sua remoção da caixa do filtro, do contrário, haverá grande probabilidade de formação de bolas de lodo no filtro. Ademais, é importante que a expansão do material filtrante possibilite a expulsão de bolhas de ar que tenham ficado retidas no meio filtrante quando de sua lavagem com ar.

- Lavagem com ar junto com água em contracorrente

Com o desenvolvimento dos sistemas de lavagem de filtros combinados com ar e água, surgiram algumas inovações nos procedimentos e no sequenciamento de aplicação de ar e água, em razão de diversos trabalhos de pesquisa (AMIRTHARAJAH, 1984 ; HEWIT; AMIRTHARAJAH, 1984). Os pesquisadores concluíram que o maior número de colisões entre as partículas que compunham os grãos de meio filtrante ocorreria quando, para um par de valores de velocidade ascensional de água de lavagem abaixo da velocidade mínima de fluidificação e vazão de ar, as bolhas de ar colidissem de tal maneira no interior do meio filtrante que possibilitasse a maior abrasão possível entre os grãos do meio filtrante (condição de *collapse-pulsing*).

A abordagem teórica desenvolvida para sistemas de lavagem com ar e água viabilizou a obtenção de uma equação que relaciona a vazão de água ascensional e a vazão de ar para a situação de *collapse-pulsing*, a qual é expressa assim (HEWITT E AMIRTHARAJAH, 1984):

$$a.Q_a^2 + 100.\left(\frac{V}{V_{mf}}\right) = b \qquad \text{(Equação 6-53)}$$

a, b = constantes
Q_a = vazão de ar ($L^3 L^{-2} T^{-1}$),
V = velocidade ascensional da água de lavagem (LT^{-1})
V_{mf} = velocidade mínima de fluidificação do meio filtrante (LT^{-1})

Com base em resultados experimentais obtidos para diferentes tipos de meios filtrantes, foram propostos alguns valores característicos de a e b, que estão apresentados na Tabela 6-7.

Tabela 6-7 Equações desenvolvidas para condições de *collapse-pulsing* para diferentes tipos de meios filtrantes

Meio filtrante	Equação	Aplicabilidade de Q_a (m³/m².min)
Areia	$8,5.Q_a^2 + 100.\left(\frac{V}{V_{mf}}\right) = 43,5$	0,5 a 1,4
Areia e antracito	$18,5.Q_a^2 + 100.\left(\frac{V}{V_{mf}}\right) = 39,5$	0,2 a 0,7
Antracito	$17,8.Q_a^2 + 100.\left(\frac{V}{V_{mf}}\right) = 43,0$	0,4 a 1,3
Areia e CAG	$32,2.Q_a^2 + 100.\left(\frac{V}{V_{mf}}\right) = 27,2$	< 0,6
CAG	$35,2.Q_a^2 + 100.\left(\frac{V}{V_{mf}}\right) = 26,6$	< 0,8

A Figura 6-54 apresenta o sequenciamento de vazões de ar e água durante a lavagem de uma unidade de filtração com ar e água simultaneamente.

O procedimento de lavagem mais usual consiste, uma vez terminada a carreira de filtração, em abaixar o nível d'água na caixa do filtro até cerca de 5 a 10 cm acima do meio filtrante. A seguir, aplicam-se água e ar simultaneamente entre 2 e 4 min, sendo que a vazão de água em contracorrente deve ser inferior à velocidade mínima de fluidificação do meio filtrante.

A definição do tempo de aplicação de ar e água simultaneamente é função da velocidade ascensional de água de lavagem e da diferença de cota entre a borda superior da calha de coleta de água de lavagem e o nível d'água mínimo. De maneira alguma, a aplicação de ar deve prosseguir quando o nível d'água atingir a calha de coleta de água de lavagem, do contrário, a perda de material filtrante será inevitável. A Figura 6-55 apresenta uma unidade de filtração sendo lavada com ar e água simultaneamente de modo equivocado, uma vez que a água ascensional se encontra transbordando pelas calhas de coleta de água de lavagem, com consequente perda do material filtrante.

Quando o nível d'água estiver entre 10 e 15 cm abaixo da calha de coleta de água de lavagem, cessa-se a aplicação de ar e aumenta a velocidade de água no meio filtrante, com o propósito de expandir o meio filtrante em cerca de 20% a 30%, o que possibilita sua reestratificação e expulsão do ar retido em seus interstícios.

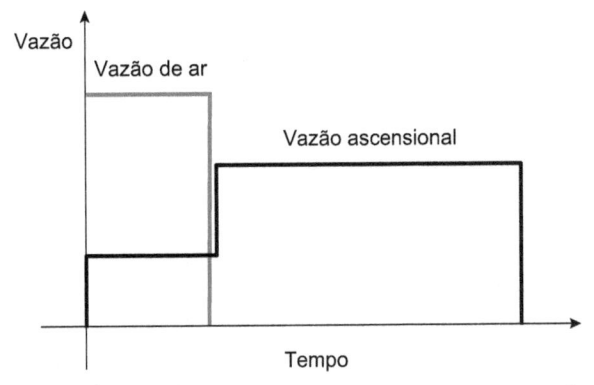

Figura 6-54 Sequenciamento da vazão de ar e água em contracorrente durante a lavagem de unidade de filtração com ar e água simultaneamente.

Figura 6-55 Lavagem de unidade de filtração com ar e água simultaneamente efetuada de maneira equivocada.

Para se evitar a perda de material filtrante, sugere-se que, após a aplicação de ar, a vazão de água ascensional seja interrompida em cerca de 2 a 3 min para que seja possível a sedimentação de partículas do meio filtrante. Após esse intervalo, pode-se, com segurança, aplicar água ascensional, permitindo a expansão do meio filtrante.

Embora a lavagem de meios filtrantes com ar e água simultaneamente seja um método bastante eficaz, as maiores restrições com relação a sua utilização residem no fato de o sistema de fornecimento de água em contracorrente ter de ser projetado para fornecer vazões diferenciadas durante o procedimento de lavagem. Além disso, os procedimentos operacionais devem ser muito bem estabelecidos, uma vez que erros como os apresentados na Figura 6-55 ocasionam a perda do material filtrante.

Assim, considerando-se que a lavagem com ar é sempre superior quando comparada com os métodos que empregam somente água, torna-se sempre mais seguro adotar a lavagem com ar seguido de água em contracorrente, caso não se tenha garantia de que a equipe de operação da estação de tratamento de água possa trabalhar com procedimentos de lavagem mais sofisticados.

Ponto Relevante 14: A lavagem de meios filtrantes com ar e água simultaneamente deve somente ser adotada quando houver plena garantia de que os operadores apresentem habilidade para lidar com procedimentos operacionais mais sofisticados. Do contrário, sugere-se a lavagem das unidades de filtração com ar seguido de água em contracorrente.

Fornecimento de água para lavagem de unidades de filtração

O fornecimento de água para lavagem em contracorrente pode ser efetuado por meio de reservatório elevado, por bombeamento ou pelo fornecimento de água filtrada oriunda de outras unidades de filtração (filtros autolaváveis). A definição do método mais adequado para o fornecimento de água para a lavagem dos filtros depende do tamanho da estação de tratamento de água, do grau de habilidade da equipe de operação, de questões topográficas e do tamanho da unidade de filtração.

A utilização de reservatório elevado para o fornecimento de água de lavagem dos filtros é particularmente interessante quando as condições topográficas possibilitam sua implantação sem a necessidade de grandes obras. Além disso, os custos de bombeamento são minimizados, uma vez que o volume de água para enchimento do reservatório elevado é distribuído em um intervalo mais longo, permitindo a redução da vazão de recalque.

Normalmente, o desnível entre a crista superior das calhas de coleta de água de lavagem e o nível d'água no reservatório elevado situa-se entre 10 e 13 m, e sua variação faz com que a vazão de água de lavagem sofra alguma variação com o tempo.

O dimensionamento de reservatórios elevados deve possibilitar a lavagem de, no mínimo, duas unidades de filtração sequencialmente. O cálculo hidráulico do sistema de fornecimento de água de lavagem deve ser efetuado sempre prevendo a instalação de um medidor de vazão na linha adutora, de modo que seja possível a aferição da vazão de água de lavagem. A previsão de ventosas e demais elementos hidráulicos que possibilitem a expulsão de ar da linha de condução de água de lavagem é também bastante conveniente.

É muito comum serem utilizadas derivações em linhas de adução de água tratada como alternativa para o fornecimento de água de lavagem dos filtros. Geralmente, tal alternativa não é adequada, resultando em inúmeros problemas operacionais, em face de não ser possível estabelecer a vazão adequada para a lavagem dos filtros. Do mesmo modo, é comum a instalação de válvulas borboletas para o controle da vazão, o que não é recomendado, uma vez que esse tipo de válvula não é indicado para controle de vazões, além de desgastes prematuros decorrentes de cavitação. Se necessário controle e ajuste de vazões, recomenda-se a utilização de válvulas do tipo multijato.

Ponto Relevante 15: A lavagem de unidades de filtração por meio de reservatório elevado deve sempre prever a implantação de uma unidade exclusiva e independente, devendo ser evitadas derivações em linhas de recalque de água tratada ou utilização de reservatórios de distribuição.

Ponto Relevante 16: A linha de veiculação de água de lavagem deve sempre ser dotada de medidor de vazão.

Um aspecto de grande relevância é o modo de introdução de água de lavagem na unidade de filtração. A ocorrência de transientes hidráulicos é uma das maiores causas de rompimento de sistemas de drenagem, movimentação de camada suporte e desestruturação de meios filtrantes. A introdução de água na unidade de filtração deve ser, portanto, lenta e gradual, mediante a abertura controlada da válvula de entrada de água de lavagem. Especialmente em filtros submetidos à lavagem com ar e água, deve-se garantir a expulsão do ar no sistema de drenagem mediante a instalação de sistemas de expulsão de ar, de modo que seja evitada sua ruptura. A Figura 6-56 apresenta uma laje de uma unidade de filtração danificada em função de procedimentos inadequados de lavagem.

Ponto Relevante 17: A introdução de água de lavagem na unidade de filtração deve ser efetuada de modo que seja evitada a ocorrência de transientes hidráulicos, prevendo-se sempre a abertura gradual da válvula de entrada de água de lavagem.

Outro meio de fornecimento de água para a lavagem de unidades de filtração é por bombeamento, podendo este ocorrer diretamente no canal geral de água filtrada ou em reservatório específico previsto para tal finalidade. A maior vantagem da adoção de sistemas de recalque é dispensar a construção de reservatórios elevados, além de ser possível maior controle da vazão de água de lavagem mediante a instalação de inversores de frequência nos conjuntos motobombas.

As desvantagens de sua implantação consistem em maior custo de energia elétrica e maior necessidade de manutenção do sistema de recalque, o que inclui o sistema de bombas, motores e demais partes constitutivas.

Figura 6-56 Unidade de filtração danificada em função de ocorrência de transiente hidráulico durante seu procedimento de lavagem.

Independentemente de o sistema de fornecimento de água de lavagem ser por meio de reservatório elevado ou por sistema de recalque, os cuidados com o projeto e a operação da linha de condução de água de lavagem são os mesmos, isto é, devem ser previstos elementos que permitam a medição da vazão, para evitar a ocorrência de transientes hidráulicos por meio de sistemas de partida do tipo *soft-start* e demais elementos hidráulicos pertinentes na linha de recalque.

Uma terceira opção para o fornecimento de água de lavagem é pela implantação de filtros denominados autolaváveis. Nesse sistema, uma parte da água filtrada produzida por um conjunto de filtros em operação é enviada para a lavagem de uma unidade de filtração. Para que seja possível a adoção desse sistema de fornecimento de água de lavagem, a vazão afluente à estação de tratamento deve ser superior à vazão necessária para a lavagem do filtro.

Para que tal esquema hidráulico seja viável, a saída da água filtrada de todas as unidades de filtração deve ser interligada por meio de um barrilete comum, podendo este ser tubulação ou canal. Como parte da água filtrada deverá ser conduzida para o filtro a ser lavado, é necessário que a cota do vertedor geral de saída dessa água situe-se acima das calhas de coleta de água de lavagem. A Figura 6-57 apresenta um esquema hidráulico de um filtro do tipo autolavável.

Em razão desse fato, a caixa dos filtros autolaváveis resulta maior que quando comparada com as demais. Em face de sua simplicidade de implantação e operação, sua utilização é moiro vantajosa em países em desenvolvimento, sendo que um elevado número de instalações se encontram em operação na América Latina com bastante sucesso.

A diferença de cota entre as cristas da calha de coleta de água de lavagem e do vertedor de saída de água filtrada é ditada pelas perdas de cargas na unidade de filtração, as quais se situam em torno de 1,0 a 1,5 m. Para que não haja desequilíbrio na distribuição de água de lavagem nas diferentes unidades de filtração, é recomendável que as velocidades máximas previstas no barrilete geral de água filtrada sejam inferiores a 0,5 m/s.

Com vistas a possibilitar maior flexibilidade no controle da vazão de lavagem, o vertedor de saída de água filtrada pode ser dotado de uma comporta modulada, de modo que seu nível possa ser ajustado e, assim, possa variar a vazão de lavagem das unidades de filtração.

Ponto Relevante Final: Recomenda-se que, quando da implantação de filtros autolaváveis, o vertedor geral de saída de água filtrada seja dotado de comporta ou *stop-logs*, de modo que sua cota possa ser ajustada e, por conseguinte, a vazão de lavagem das unidades de filtração também.

Exemplo 6-3
Problema: Efetuar o pré-dimensionamento de um sistema de filtração para uma estação de tratamento de água cuja vazão afluente deverá ser igual a 1,0 m³/s. Os filtros deverão ser do tipo dupla camada composta por areia e antracito, e seu controle hidráulico deverá ser do tipo taxa de filtração constante e variação de nível. O

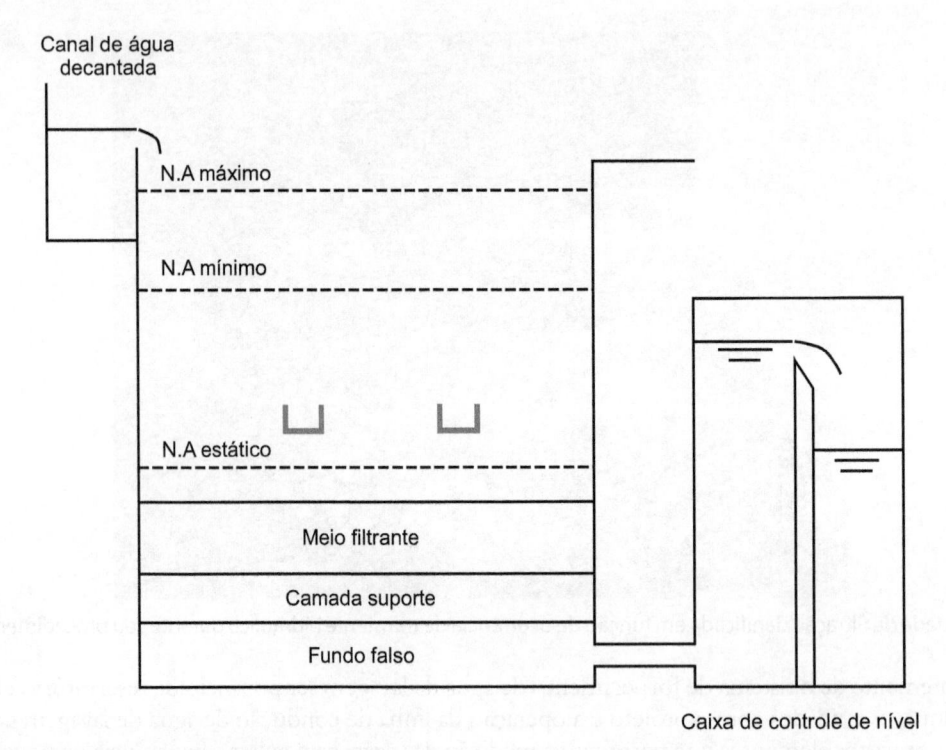

Figura 6-57 Esquema hidráulico de um filtro autolavável.

sistema de lavagem deverá ser de ar seguido por água em contracorrente, sendo este fornecido por uma instalação de recalque específica. A temperatura da fase líquida será de 20 °C, e a altitude da instalação igual a 700 m.

Solução: Inicialmente, deve-se definir o número de unidades de filtração da estação de tratamento de água e avaliar sua área útil de filtração.

- Passo 1: Estimativa do número de unidades de filtração

O número de filtros pode ser estimado com base na Equação 6-52. A vazão afluente à estação de tratamento de água é de 1,0 m³/s, o que corresponde a 22,8 mgd. Assim, tem-se que:

$$N = 1,2.Q^{0,5} = 1,2.22,8^{0,5} \cong 5,7$$ (Equação 6-54)

A princípio, pode-se adotar um total de seis unidades de filtração. Será feita a opção por oito filtros, com o objetivo de reduzir os custos de implantação do sistema de lavagem e por esta possibilitar maior flexibilidade na operação do sistema de filtração.

- Passo 2: Estimativa da área total de filtração e área unitária de cada filtro

Uma vez que se optou por filtros rápidos por gravidade do tipo dupla camada areia e antracito, será admitida uma taxa de filtração igual a 240 m³/m²/dia. Por conseguinte, a área total de filtração requerida deverá ser igual a:

$$A_{tf} = \frac{Q}{q} = \frac{1,0\dfrac{m^3}{s}.86.400\dfrac{s}{dia}}{240\dfrac{m^3}{m^2.dia}} \cong 360 \; m^2$$ (Equação 6-55)

A_{tf} = área total de filtração em m²
Q = vazão em m³/s
q = taxa de filtração em m³/m².dia

Como se prevê a implantação de oito unidades, a área unitária de cada filtro deverá ser igual a 45 m².

- Passo 3: Dimensões de cada unidade de filtração

A definição das dimensões das unidades de filtração depende do *layout* da estação de tratamento de água, podendo ou não estar vinculadas às dimensões de outras unidades de processo. Como, *a priori*, a dimensão dos decantadores não é conhecida, será assumido que a largura e o comprimento útil de cada unidade de filtração sejam iguais a 5,0 m e 9,0 m, respectivamente.

Como a área de filtração não é muito elevada, supõe-se que as unidades de filtração sejam dotadas de uma única célula e um canal lateral que possibilitará a entrada de água decantada e a saída de água de lavagem.

- Passo 4: Definição das características do material filtrante

Uma vez efetuada a opção por um filtro do tipo dupla camada areia e antracito, será adotada uma espessura para a areia e o antracito iguais a 30 cm e 50 cm, respectivamente. Será considerada a adoção de diâmetros efetivos iguais a 0,5 mm (areia) e 1,0 mm (antracito). A relação h/d_{ef} será verificada pela Equação 6-12.

$$\frac{h}{d_{ef}} = \sum_{i=1}^{n} \left(\frac{h_i}{d_{ef,i}} \right) = \frac{0,5 \ mm}{300 \ mm} + \frac{1,0 \ mm}{500 \ mm} = 1.100 \qquad \text{(Equação 6-56)}$$

h_i = altura do material filtrante (L)
d_{ef} = diâmetro efetivo do material filtrante (L)

Uma vez que o valor de h/d_{ef} resulte maior que 1.000, conclui-se que a composição do meio filtrante é adequada.

- Passo 5: Definição das características do fundo falso e sistema de drenagem

O sistema de drenagem deverá ser composto por crepinas, e, em função disso, deverá ser previsto um fundo falso com altura igual a 60 cm, de modo a acomodar as tubulações de entrada de água de lavagem e saída de água filtrada, além de possibilitar inspeções visuais das crepinas instaladas.

A densidade de crepinas por m² deve ser adotada de acordo com as recomendações do fabricante. Assim, adotando-se um total de 30 crepinas por m² e considerando-se uma área de 45 m², tem-se um total de 1.350 crepinas por unidade de filtração.

- Passo 6: Definição das características da camada suporte

Uma vez definidos o sistema de drenagem e o meio filtrante, podem-se estabelecer as características da camada suporte. Na medida em que a lavagem do meio filtrante deverá ser feita com ar seguido de água em contracorrente, a camada suporte deverá ser do tipo reversa. Será, então, adotada uma camada suporte com as características apresentadas a seguir (Fig. 6-58):

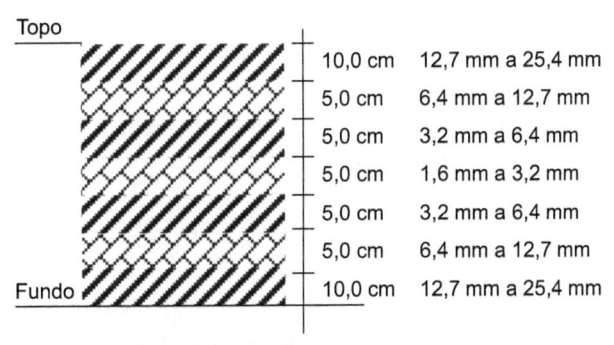

10,0 cm	12,7 mm a 25,4 mm
5,0 cm	6,4 mm a 12,7 mm
5,0 cm	3,2 mm a 6,4 mm
5,0 cm	1,6 mm a 3,2 mm
5,0 cm	3,2 mm a 6,4 mm
5,0 cm	6,4 mm a 12,7 mm
10,0 cm	12,7 mm a 25,4 mm

Figura 6-58 Camada suporte sugerida para implantação em filtros lavados com ar e água.

Desse modo, a altura total da camada suporte deverá ser igual a 45 cm.

- Passo 7: Cálculo das vazões de ar e de água requeridas para a lavagem da unidade de filtração

A lavagem da unidade de filtração deverá ser realizada com ar seguido de água em contracorrente. As taxas de ar normalmente requeridas para a lavagem de filtros do tipo dupla camada areia e antracito situam-se entre 10 e 20 L/s.m². Será adotada uma taxa igual a 15 L/s.m², portanto, a vazão de ar requerida deverá ser igual a:

$$Q_{ar} = q_{ar}.A_f = 15\frac{L}{s.m^2}.45 \ m^2 = 675\frac{L}{s} \qquad \text{(Equação 6-57)}$$

Com relação à vazão de água em contracorrente, será considerada uma taxa de lavagem igual a 1.000 m³/m². dia, o que deverá permitir uma expansão do material filtrante entre 20% e 40% (Exemplo 6-2). Por conseguinte, a vazão de água de lavagem deverá ser igual a:

$$Q_l = q_l.A_f = \frac{1.000\dfrac{m^3}{m^2.dia}.45 \ m^2}{86,4} = 520,8\frac{L}{s} \qquad \text{(Equação 6-58)}$$

- Passo 8: Cálculo dos diâmetros das tubulações de saída de água filtrada, condução de água de lavagem e ar

Os diâmetros das tubulações de saída de água filtrada, condução de água de lavagem e ar deverão ser determinados fixando-se as velocidades compatíveis, de acordo com a Tabela 6-6.

As vazões de saída de água filtrada de interesse são as apresentadas a seguir.

- Condição 1 – oito unidades de filtração em operação normal: 125 L/s.
- Condição 2 – sete unidades de filtração em operação e uma unidade em processo de lavagem: 142,9 L/s.
- Condição 3 – seis unidades de filtração em operação mais uma unidade em processo de lavagem e uma unidade de filtração fora de operação para manutenção: 166,7 L/s.

A condição crítica é a Condição 3, portanto, a vazão máxima esperada para a tubulação de saída de água filtrada deverá ser igual a 166,7 L/s. Admitindo-se uma velocidade máxima igual a 1,2 m/s, tem-se que:

$$Q = v.A \rightarrow d_{mín} = \sqrt{\frac{4.Q}{v.\pi}} = \sqrt{\frac{4.0,167\dfrac{m^3}{s}}{\pi.1,2\dfrac{m}{s}}} \cong 421 \ mm \qquad \text{(Equação 6-59)}$$

Será, então, adotada uma tubulação de saída de água filtrada com diâmetro igual a 400 mm.

Com relação à tubulação de condução de água de lavagem, pode-se considerar uma velocidade em torno de 2,5 m/s. Assim, tem-se que:

$$Q = v.A \rightarrow d_{mín} = \sqrt{\frac{4.Q}{v.\pi}} = \sqrt{\frac{4.0,521\dfrac{m^3}{s}}{\pi.2,5\dfrac{m}{s}}} \cong 515 \ mm \qquad \text{(Equação 6-60)}$$

Por conseguinte, será uma tubulação de condução de água de lavagem com diâmetro igual a 500 mm.

As velocidades admitidas na tubulação de condução de ar são em torno de 15 a 20 m/s. Assim, adotando-se uma velocidade igual a 15 m/s, tem-se que:

$$Q = v.A \rightarrow d_{mín} = \sqrt{\frac{4.Q}{v.\pi}} = \sqrt{\frac{4.0,675\dfrac{m^3}{s}}{\pi.15,0\dfrac{m}{s}}} \cong 239 \ mm \qquad \text{(Equação 6-61)}$$

Desse modo, será adotado um diâmetro para a tubulação de condução de ar igual a 250 mm.

- Passo 9: Cálculo da dimensão das comportas de entrada de água decantada e vertedor de saída de água filtrada

A vazão máxima afluente à/efluente da unidade de filtração corresponde a Condição 3, portanto, igual a 166,7 L/s. Cada unidade de filtração deverá ser dotada de uma caixa de controle de nível com um vertedor retangular individual. Assumindo-se uma lâmina d'água no vertedor igual a 15 cm, pode-se estimar a largura do vertedor por meio da seguinte expressão:

$$B = \frac{Q}{1,838.h^{3/2}} = \frac{0,167\frac{m^3}{s}}{1,838.0,15^{1,5}} \cong 1,56 \ m \qquad \text{(Equação 6-62)}$$

Será, então, adotado um vertedor de saída de água filtrada com largura igual a 1,5 m.

A entrada de água decantada na unidade de filtração deverá ser efetuada por meio de uma comporta para cada unidade de filtração, o que possibilitará a divisão equitativa de vazões entre as oito unidades. Assumindo-se uma comporta com largura igual a 1,0 m, tem-se que a lâmina d'água máxima deverá ser igual a:

$$h = \left(\frac{Q}{1,838.B}\right)^{2/3} = \left(\frac{0,167\frac{m^3}{s}}{1,838.1,0}\right)^{2/3} \cong 20,2 \ cm \qquad \text{(Equação 6-63)}$$

- Passo 10: Cálculo da dimensão da válvula de saída de água de lavagem

A vazão de saída de água de lavagem deverá ser igual a 520,8 L/s. Admitindo-se uma velocidade máxima na válvula igual a 2,5 m/s, tem-se que seu diâmetro mínimo deverá ser igual a:

$$Q = v.A \rightarrow d_{mín} = \sqrt{\frac{4.Q}{v.\pi}} = \sqrt{\frac{4.0,521\frac{m^3}{s}}{\pi.2,5\frac{m}{s}}} \cong 515 \ mm \qquad \text{(Equação 6-64)}$$

Será, então, adotado um diâmetro igual a 500 mm. Como a válvula deverá trabalhar hidraulicamente como um orifício afogado, a carga hidráulica sobre esta pode ser calculada da seguinte maneira:

$$Q = C_Q.A.\sqrt{2.g.h} \rightarrow h = \frac{1}{2.g}.\left(\frac{v}{C_Q}\right)^2 \qquad \text{(Equação 6-65)}$$

h = carga hidráulica sobre a válvula em m
C_Q = coeficiente de vazão (adotado igual a 0,6)
A = área da válvula em m^2
g = aceleração da gravidade em m/s^2
v = velocidade na comporta em m/s

A velocidade na comporta pode ser calculada por:

$$v = \left(\frac{4.Q}{\pi.d^2}\right) = \left(\frac{4.0,521\frac{m^3}{s}}{\pi.0,5^2 m^2}\right) \cong 2,65 \ m/s \qquad \text{(Equação 6-66)}$$

$$h = \frac{1}{2.g}.\left(\frac{v}{C_Q}\right)^2 = \frac{1}{2.9,81\frac{m}{s^2}}.\left(\frac{2,65\frac{m}{s}}{0,6}\right)^2 \cong 1,0 \ m \qquad \text{(Equação 6-67)}$$

- Passo 11: Determinação da dimensão do canal lateral de entrada de água decantada e saída de água de lavagem

O canal lateral do filtro deverá apresentar uma largura tal que possibilite a acomodação e montagem da comporta de entrada de água decantada e da válvula de saída de água de lavagem. Como a largura da comporta de entrada de água decantada é igual a 1.000 mm e a dimensão da válvula de saída de água de lavagem é igual a 500 mm, será adotada uma largura para o canal igual a 1,2 m.

- Passo 12: Dimensionamento das calhas de coleta de água de lavagem

A dimensão útil de cada unidade de filtração deverá ser de 5,0 m de largura e 9,0 m de comprimento e mais um canal lateral de coleta de água de lavagem que deverá estar paralelo ao comprimento do filtro e apresentando 1,2 m de largura. Será adotado, a princípio, um total de cinco calhas de coleta de água de lavagem, devendo estas ser dispostas em sentido perpendicular ao comprimento do filtro. Desse modo, a vazão de cada calha de coleta de água de lavagem deverá ser igual a:

$$Q_c = \frac{Q_l}{n} = \frac{520,8\dfrac{L}{s}}{5} \cong 104,2\frac{L}{s}$$ (Equação 6-68)

A altura do nível d'água máximo na calha de coleta de água de lavagem pode ser determinada em função da vazão e largura da calha (Equação 6-69). Admitindo-se uma calha com largura igual a 0,4 m, tem-se que:

$$h_c = \left(\frac{Q_c}{1,38.B}\right)^{2/3} = \left(\frac{0,104\dfrac{m^3}{s}}{1,38.0,4\ m}\right)^{2/3} \cong 0,33\ m$$ (Equação 6-69)

h_c = altura do nível d'água máximo na calha em m
B = largura da calha em m
Q_c = vazão da calha em m³/s

Assim, serão adotadas calhas de coleta de água de lavagem com dimensões unitárias iguais a 0,4 m de largura e altura, devendo ser implantadas cinco calhas em cada filtro.

- Passo 13: Determinação da altura das calhas de coleta de água de lavagem em relação ao meio filtrante

Recomenda-se que a altura da calha de coleta de água de lavagem em relação ao meio filtrante respeite a seguinte relação (Equação 6-50):

$$(0,5.L + D) \le H_0 \le (L + D)$$ (Equação 6-70)

L = altura do meio filtrante em m
D = altura da calha em m
H_0 = distância entre a cota da crista da calha e a face superior do meio filtrante em m

$$(0,5.0,8 + 0,4) \le H_0 \le (0,8 + 0,4)$$ (Equação 6-71)

$$0,8\ m \le H_0 \le 1,2\ m$$ (Equação 6-72)

Será, então, admitido um valor de H_0 igual a 1,0 m. Como o comprimento do filtro é igual a 9,0 m e este será dotado de cinco calhas de coleta de água de lavagem, o espaçamento entre estas deverá ser igual a 1,8 m. Recomenda-se, portanto, que o espaçamento entre calhas obedeça à seguinte relação (Equação 6-51):

$$1,5.H_0 \le S \le 2,5.H_0$$ (Equação 6-73)

$$1,5\ m \le S \le 2,5\ m$$ (Equação 6-74)

Na medida em que o espaçamento deverá ser igual a 1,8 m, tem-se que a disposição das calhas de coleta de água de lavagem está correta.

- Passo 14: Determinação da cota do vertedor de saída de água filtrada

Uma vez dimensionados os principais elementos do filtro, é necessário determinar a cota do vertedor de saída da água filtrada de modo que os níveis d'água mínimo e máximo na caixa do filtro possam ser estabelecidos. Para tanto, é necessário efetuar o cálculo das perdas de cargas relevantes na unidade de filtração, sendo recomendado explicitá-las em função da taxa de filtração.

As perdas de carga a serem computadas deverão corresponder a meio filtrante limpo, camada suporte, sistema de drenagem, tubulação de saída e vertedor de água filtrada.

Perda de carga no meio filtrante limpo

A perda de carga no meio filtrante limpo pode ser computada como apresentado no Exemplo 6-1. Como os materiais filtrantes dos Exemplos 6-1 e 6-3 apresentam idêntica granulometria, podem-se adotar os valores de perda de carga já calculados anteriormente, podendo explicitá-los em função da taxa de filtração. Os resultados calculados encontram-se apresentados na Figura 6-59.

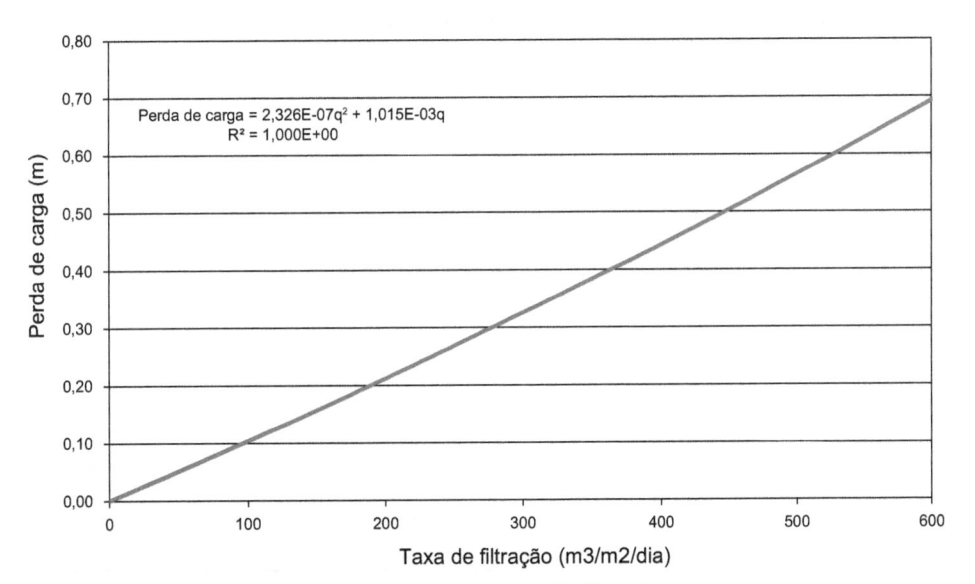

Perda de carga = $2{,}326E{-}07q^2 + 1{,}015E{-}03q$
$R^2 = 1{,}000E{+}00$

Figura 6-59 Perda de carga no meio filtrante limpo em função da taxa de filtração.

Perda de carga na camada suporte

A perda de carga na camada suporte pode ser calculada de modo idêntico ao do meio filtrante. Como a camada suporte adotada deverá ser composta por um total de sete subcamadas com diferentes granulometrias, efetua-se o cálculo para cada uma delas empregando-se a Equação 6-15, podendo-se adotar o diâmetro médio como característico. Os resultados calculados encontram-se apresentados na Figura 6-60.

Perda de carga nas crepinas

A perda de carga nas crepinas deve ser calculada com base nas informações fornecidas pelo fabricante. Normalmente, a perda de carga é apresentada como função de sua vazão unitária. Explicitando a perda de carga nas crepinas em função da taxa de filtração, têm-se os seguintes valores dispostos na Figura 6-61.

Perda de carga na tubulação de saída de água filtrada

As perdas de carga na tubulação de saída de água filtrada (400 mm) compreendem as perdas de cargas localizadas e distribuídas. Como os trechos de tubulação retos são muito pequenos, as perdas de carga distribuídas são

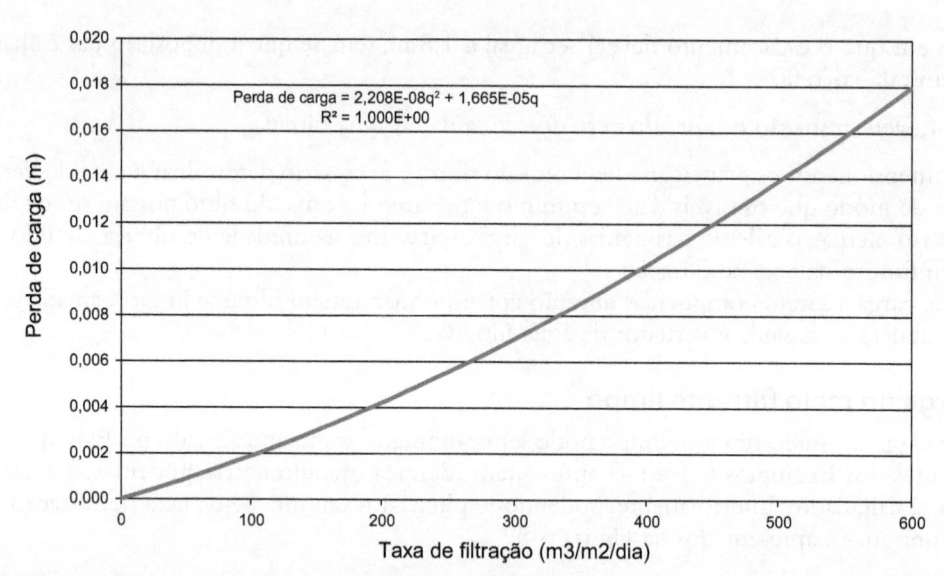

Figura 6-60 Perda de carga na camada suporte em função da taxa de filtração.

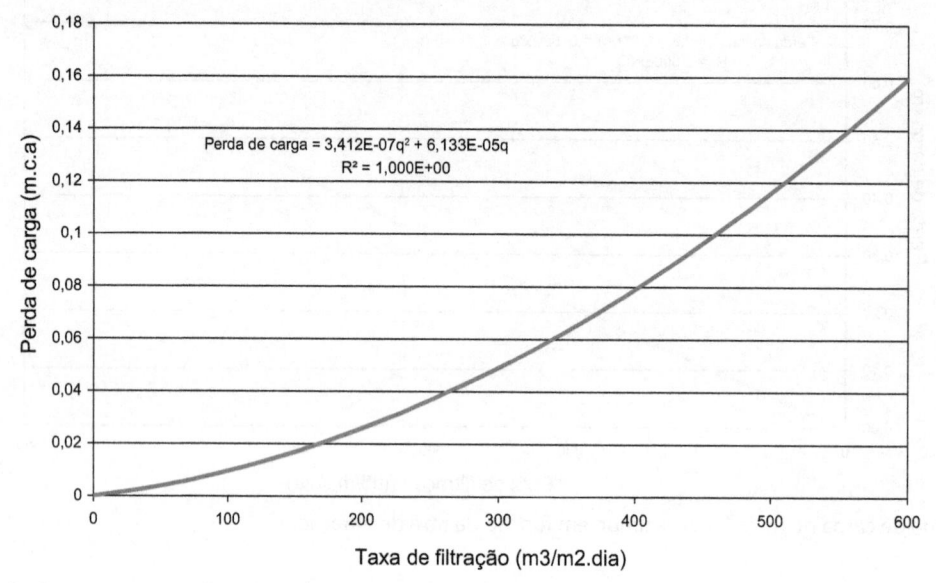

Figura 6-61 Perda de carga nas crepinas em função da taxa de filtração.

desprezíveis quando comparadas com as perdas de carga localizadas. Será, então, admitido que as perdas de carga localizadas sejam as seguintes:

- Entrada de tubulação (K = 0,5).
- Válvula borboleta aberta (K = 0,5).
- Curva 90° (K = 0,4).
- Saída de tubulação (K = 1,0).

Tem-se, portanto, uma somatória de K igual a 2,4. Explicitando-se as perdas de carga localizadas em função da taxa de filtração, obtém-se a seguinte expressão:

$$\Delta H = K.\frac{v^2}{2.g} = \frac{K}{2.g}.\left(\frac{4.q.A_f}{86400.\pi.d^2}\right)^2 \qquad \text{(Equação 6-75)}$$

$$\Delta H = \frac{2,4}{2.9,81\ \frac{m}{s^2}} \cdot \left(\frac{4.q.45\ m^2}{86400.\pi.0,4\ m^2} \right)^2 \cong 2,101.10^{-6}.q^2 \qquad \text{(Equação 6-76)}$$

q = taxa de filtração em m^3/m^2.dia
A_f = área do filtro em m^2
d = diâmetro da tubulação em m
g = aceleração da gravidade em m/s^2

Carga hidráulica no vertedor de saída de água filtrada

Cada unidade de filtração deverá ser dotada de um vertedor individual de saída de água filtrada com largura igual a 1,5 m. Explicitando-se a carga hidráulica sobre o vertedor em função da taxa de filtração, tem-se que:

$$h = \left(\frac{Q}{1,838.B} \right)^{2/3} = \left(\frac{q.A_f}{86400.1,838.B} \right)^{2/3} = \left(\frac{q.45\ m^2}{86400.1,838.1,5\ m} \right)^{2/3} \cong 3,292.10^{-6}.q^{2/3} \quad \text{(Equação 6-77)}$$

h = carga hidráulica sobre o vertedor de saída de água filtrada em m
Q = vazão da unidade de filtração em m^3/s
B = largura do vertedor de saída de água filtrada em m

Efetuando-se a somatória das perdas de carga calculadas, tem-se a seguinte expressão geral em função da taxa de filtração:

$$\Delta h = 2,697.10^{-6}.q^2 + 1,093.\ 10^{-3}.q + 3,292.10^{-6}.q^{2/3} \qquad \text{(Equação 6-78)}$$

A Figura 6-62 apresenta a perda de carga calculada na unidade de filtração em função da taxa de filtração.

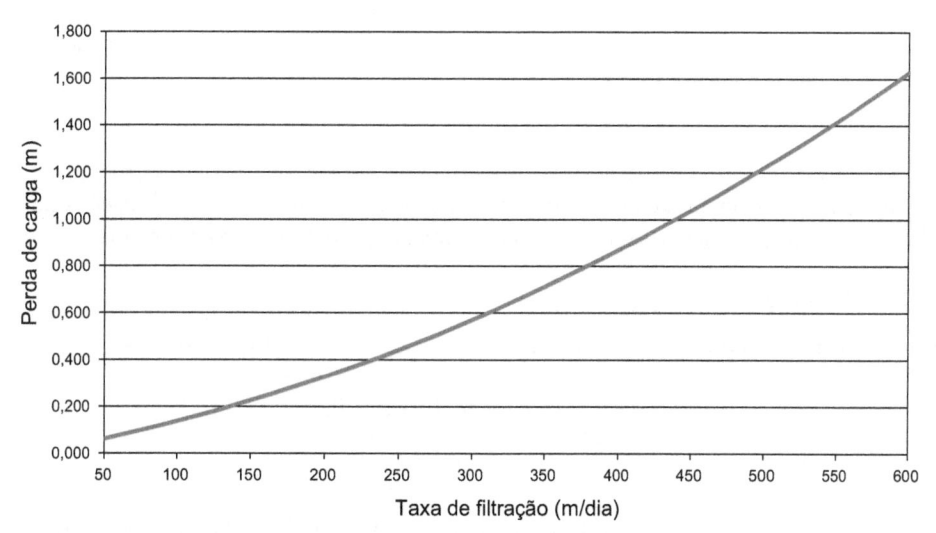

Figura 6-62 Equação geral de perda de carga em função da taxa de filtração.

As unidades de filtração deverão trabalhar com taxas de filtração iguais a 240 m^3/m^2.dia (oito unidades em operação), 274 m^3/m^2.dia (sete unidades em operação e uma unidade em lavagem) e 320 m^3/m^2.dia (seis unidades em operação, uma unidade em lavagem e mais uma unidade em manutenção). Para esses valores de taxas de filtração, os valores de perda de carga deverão ser iguais a 0,418 m, 0,503 m e 0,626 m, respectivamente.

Admitindo-se uma cota para a laje de fundo da unidade de filtração igual a 100,000 e desprezando-se as espessuras das estruturas de concreto armado, tem-se o seguinte perfil para a unidade de filtração apresentado na Figura 6-63.

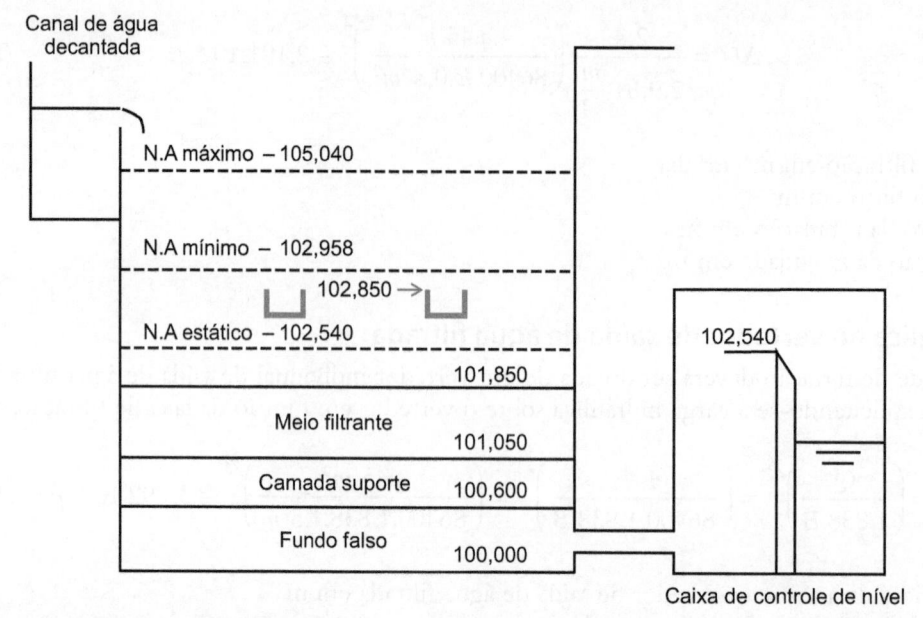

Figura 6-63 Perfil hidráulico da unidade de filtração com taxa de filtração constante e submetido a variação de nível.

A crista da calha de coleta de água de lavagem deverá estar em 102,850. Para a menor taxa de filtração esperada (240 m³/m².dia), a perda de carga no sistema de filtração deverá ser igual a 0,418 m.

Admitindo-se que o nível d'água mínimo na unidade de filtração esteja situado 10 cm acima do topo das calhas de coleta de água de lavagem, ou seja, na cota 102,950, haverá a necessidade de se posicionar a crista do vertedor de saída de água filtrada na cota 102,532. Pode-se, então, fixar a cota da crista do vertedor em 102,540 e, desse modo, a cota do nível d'água mínimo na unidade de filtração deverá estar em 102,958.

Se, porventura, for assumido um valor de carga hidráulica disponível para a filtração igual a 2,5 m, a cota do nível d'água máximo na caixa do filtro deverá ser igual a 105,040. Observe que, mantendo-se a crista do vertedor de saída de água filtrada na cota 102,540, o meio filtrante estará sempre afogado e sem riscos de exposição à condição atmosférica.

- Passo 15: Dimensionamento do sistema de fornecimento de água e ar para a lavagem das unidades de filtração

O dimensionamento do sistema de lavagem com água em contracorrente é essencialmente um problema hidráulico, sendo necessária a determinação de todas as perdas de carga previstas nas tubulações de sucção, recalque e no sistema de filtração. Em seguida, serão efetuados os cálculos das perdas de carga relevantes no sistema de filtração.

Perda de carga no meio filtrante expandido

A perda de carga no meio filtrante expandido pode ser calculada pela Equação 6-30.

$$\Delta H = \frac{\left(\rho_p - \rho\right).\left(1 - \varepsilon_0\right).L_0}{\rho}$$ (Equação 6-79)

$$\Delta H = \frac{\left(2.650\frac{kg}{m^3} - 998,2\frac{kg}{m^3}\right).(1 - 0,43).0,3\ m}{998,2\frac{kg}{m^3}} + \frac{\left(1.600\frac{kg}{m^3} - 998,2\frac{kg}{m^3}\right).(1 - 0,55).0,5\ m}{998,2\frac{kg}{m^3}} \cong 0,42\ m$$ (Equação 6-80)

ΔH = perda de carga no meio filtrante expandido em m
L_0 = altura inicial do material filtrante em m
ρ_p = massa específica das partículas do material filtrante em kg/m³
ρ = massa específica da água em kg/m³
ε_0 = porosidade inicial do meio filtrante

Perda de carga na camada suporte

As perdas de carga na camada suporte podem ser calculadas pela equação apresentada na Figura 6-61. Para uma taxa de lavagem igual a 1.000 m³/m².dia, tem-se que:

$$\Delta h = 2,208.10^{-8}.q^2 + 1,665.\ 10^{-5}.q \rightarrow 2,208.10^{-8}.1.000^2 + 1,665.\ 10^{-5}.1000 \cong 0,039\ m \qquad \text{(Equação 6-81)}$$

Perda de carga nas crepinas

As perdas de cargas nas crepinas também podem ser calculadas pela equação geral apresentada na Figura 6-61. Por conseguinte, para a mesma taxa de lavagem igual a 1.000 m³/m².dia, tem-se que:

$$\Delta h = 3,412.10^{-7}.q^2 + 6,133.\ 10^{-5}.q \rightarrow 3,412.10^{-7}.1.000^2 + 6,133.\ 10^{-5}.1000 \cong 0,40\ m \qquad \text{(Equação 6-82)}$$

Desse modo, tem-se que a perda de carga na unidade de filtração deverá ser igual a 0,86 mca. Uma vez efetuada a somatória deste valor com as demais perdas de carga no sistema de sucção e recalque, pode-se determinar a altura manométrica do sistema de recalque. Com seu valor, mais a vazão de recalque (521 L/s), pode-se definir o conjunto motobomba mais adequado à instalação.

Com relação ao sistema de fornecimento de ar para a lavagem das unidades de filtração, será efetuado o dimensionamento do soprador, devendo este apresentar capacidade igual a 675 L/s (40,5 m³/min).

A pressão estática a ser vencida pelo soprador deverá de aproximadamente 2,85 m, correspondente ao desnível existente entre a borda superior da calha de coleta de água de lavagem (cota 102,850) e a laje de fundo da unidade de filtração (cota 100,000).

Assumindo-se, preliminarmente, uma perda de carga na linha de recalque e sucção igual a 1,0 mca, tem-se uma pressão de saída no soprador igual a 3,85 mc. Para uma altitude de 700 m acima do nível do mar e admitindo um valor de temperatura do ar no mês mais quente em torno de 35 °C, pode-se estimar a potência do soprador por meio da seguinte expressão:

$$Pot = \frac{w.R.T_0}{8,41.Ef}.\left[\left(\frac{P}{P_0}\right)^{0,283} - 1\right] \qquad \text{(Equação 6-83)}$$

Pot = potência do soprador em kW
w = vazão de ar em kg/s
R = constante universal dos gases em $J.mol^{-1}.K^{-1}$
T_0 = temperatura do ar na admissão do soprador em K
Ef = eficiência do soprador
P = pressão absoluta na saída do soprador em atm
P_0 = pressão absoluta na entrada do soprador em atm

Para uma altitude de 700 m e temperatura do ar igual a 35 °C, tem-se que a massa específica do ar é igual a 1,05 kg/m³. Desse modo, a vazão mássica de ar deverá ser igual a:

$$w = \frac{Q_{ar}.\rho_{ar}}{60\ \dfrac{s}{min}} = \frac{40,5\ \dfrac{m^3}{min}.1,05\ \dfrac{kg}{m^3}}{60\ \dfrac{s}{min}} \cong 0,71\frac{kg}{s} \qquad \text{(Equação 6-84)}$$

Q_{ar} = vazão de ar em m³/min
ρ_{ar} = massa específica do ar em kg/m³

As pressões absolutas na entrada (P_0) e saída do soprador (P) são iguais a 0,916 atm e 1,289 atm, respectivamente. Assumindo-se uma eficiência para o soprador igual a 70%, tem-se que:

$$Pot = \frac{w.R.T_0}{8,41.Ef}.\left[\left(\frac{P}{P_0}\right)^{0,283} - 1\right] = \frac{0,71\frac{kg}{s}.8,314\frac{J}{mol.K}.308,15\ K}{8,41.0,7}.\left[\left(\frac{1,289\ atm}{0,916\ atm}\right)^{0,283} - 1\right] \cong 31,3\ kW \qquad \text{(Equação 6-85)}$$

Pode-se, então, adotar a instalação de dois sopradores (1O + 1R) com capacidade mínima igual a 40,5 m³/min e potência do motor igual a 40 kW.

Observação: admitiu-se preliminarmente uma perda de carga no sistema de veiculação de ar igual a 1,0 mca. Uma vez definido o caminhamento das tubulações de sucção e recalque de ar, as perdas de carga podem ser calculadas com maior rigor, podendo-se empregar a fórmula universal.

PROCEDIMENTOS OPERACIONAIS E RECOMENDAÇÕES SUGERIDAS PARA UNIDADES DE FILTRAÇÃO

As unidades de filtração apresentam ao longo do tempo uma sequência de etapas de filtração e lavagem, o que faz com que os filtros tenham um comportamento dinâmico, podendo ser admitidos como elementos vivos em uma estação de tratamento de água. Os cuidados iniciam-se durante a etapa de montagem dos filtros e continuam ao longo de sua vida útil, o que requer um contínuo monitoramento da unidade.

Cuidados durante a fase de montagem de unidades de filtração

Os filtros são normalmente concebidos tendo uma camada suporte e materiais filtrantes com uma característica granulométrica específica e alturas. Como esses materiais que compõem a camada suporte e meios filtrantes são adquiridos no mercado mediante processos licitatórios, é de fundamental importância que os respectivos editais de licitação sejam preparados com um conjunto mínimo de informações que possibilitem controlar seu recebimento. Em nenhuma hipótese podem ser utilizados materiais filtrantes recondicionados ou reaproveitados de outras instalações.

Uma vez os materiais filtrantes tenham sido recebidos na obra, estes têm de ser devidamente amostrados e analisados com respeito a sua granulometria e demais índices físicos. A montagem do material filtrante deve seguir rigorosamente as características do projeto original, de modo que não ocorram equívocos em sua montagem.

Quando a primeira camada de material filtrante for montada na caixa de filtro, devem-se adicionar cerca de 2,0 a 3,0 cm de altura extra, de modo que a remoção seja possível durante a lavagem inicial. Por exemplo, uma vez tendo sido montada a primeira camada de areia, efetua-se sua lavagem em contracorrente e, em seguida, realiza-se a retirada de 2,0 cm de material, que, justamente, são os de menor diâmetro.

Caso o filtro seja do tipo dupla camada areia e antracito, o mesmo procedimento deve ser repetido para o antracito, ou seja, adicionam-se cerca de 2,0 a 3,0 cm de altura adicional e faz-se sua remoção após sua lavagem em contracorrente. O Vídeo 6-7 apresenta uma unidade de filtração montada de maneira equivocada, podendo-se observar a presença de materiais filtrantes ainda ensacados no interior do meio filtrante.

Cuidados durante a operação das unidades de filtração

Uma vez montado, pode-se proceder à operação do sistema de filtração de acordo com o manual de operação da estação de tratamento de água.

A primeira operação do sistema de filtração deve ocorrer de forma extremamente controlada, para que não haja perturbação da camada suporte. Como o filtro encontra-se seco, a introdução de água e lavagem deve ocorrer de maneira controlada, uma vez que, havendo ar em seu interior, especialmente no fundo falso e sistema de drenagem, este pode ser comprimido, resultando em danos na unidade de filtração e perturbação da camada suporte e material filtrante, o que é irreversível. Desse modo, todo o sistema de lavagem em contracorrente tem de ser projetado e operado a fim de que sejam evitados transientes hidráulicos, prevendo-se que a linha de condução de água de lavagem seja dotada de válvulas com abertura lenta e controle de vazão.

Ao longo do tempo, deve-se evitar a formação de biofilmes e crescimento de microrganismos na caixa do filtro; do contrário, haverá tendência de aumento da perda de carga durante a carreira de filtração e gradual perda da qualidade da água filtrada. O melhor meio de se evitar a formação e o desenvolvimento de biofilmes na caixa do filtro é manter uma concentração residual de agente desinfetante, por exemplo, 0,2 mg Cl_2/L. Nesse caso, torna-se recomendável a instalação de sistemas de intercloração com vistas a possibilitar que as dosagens de cloro aplicadas no processo de tratamento possam ser escalonadas.

Os filtros devem ser lavados de maneira que a turbidez da água de lavagem resulte em valores inferiores a 15 UNT, recomendando-se valores inferiores a 10 UNT. Muitas vezes, as estações de tratamento de água preferem lavar os filtros empregando valores mínimos de tempo de duração de lavagem com água em contracorrente que viabilizem maior economia com água de lavagem. No entanto, tal prática é danosa à operação do processo de filtração, pois ocasiona maiores valores de turbidez da água filtrada no início do processo de filtração, como também proporciona uma possível tendência de formação de bolas de lodo no interior do filtro.

Quando os filtros forem lavados, qualquer que seja seu método de lavagem, jamais se deve drenar a água do meio filtrante, expondo sua camada superficial ao contato com a atmosfera. Muitas vezes, o vertedor de saída de água filtrada está posicionado abaixo da superfície do material filtrante, e, desse modo, a tendência quando da lavagem do filtro é que, uma vez tendo-se fechado a entrada de água decantada, o nível d'água se reduza até a cota da crista do vertedor de saída de água filtrada. Mesmo que a saída de água filtrada seja fechada, muitas vezes as válvulas não se encontram com sua vedação em condições ideais, e, assim, a passagem da água filtrada se realiza, possibilitando a exposição da superfície do material filtrante a pressão atmosférica. Por conseguinte, ocorre a tendência de entrada de ar no material filtrante, o que potencialmente pode acarretar deterioração das carreiras de filtração subsequentes.

Os filtros rápidos por gravidade podem ser lavados com ar e água. Sempre que este método de lavagem for empregado, deve-se garantir que a aplicação de ar se dê sempre com o nível d'água abaixo da calha de coleta de água de lavagem. Isso porque a ação das bolhas de ar, por ser bastante intensa, pode ocasionar a perda do material filtrante da caixa de filtro.

A perda de material filtrante ao longo do tempo pode ocorrer em sistemas de filtração. No entanto, essa perda deve ser devidamente monitorada, considerando-se aceitável quando não superior a 1 cm por ano. Os meios de monitoramento de sistemas de filtração devem sempre compreender seu monitoramento altimétrico, devendo este procedimento ser efetuado pelo menos uma vez por ano. Caso os valores sejam superiores ao determinado, devem-se investigar as razões e efetuar as medidas corretivas necessárias. Somente após esta ação, deve-se realizar a reposição do material filtrante.

Uma das maneiras de se avaliar a perda de material filtrante em sistemas de filtração consiste em avaliações periódicas em seus sistemas de recuperação de água de lavagem, caso haja. Se, porventura, o sistema de filtração estiver perdendo material filtrante de modo excessivo durante seu processo de lavagem, a tendência será sua acumulação dos tanques de equalização de água de lavagem.

A perda de material filtrante pode também ocorrer por seu sistema de drenagem e fundo falso, especialmente se estes forem muito antigos ou se sua montagem for efetuada de modo inadequado. Neste caso, a tendência é seu acúmulo no reservatório de água tratada da estação de tratamento de água. Assim sendo, recomenda-se que este seja inspecionado pelo menos uma vez por ano.

Qualquer que seja o método de lavagem dos filtros, geralmente é necessário que este sofra uma expansão em torno de 20% a 30%, de modo que as impurezas retiradas da superfície do meio filtrante possam ser transferidas para a fase líquida e posteriormente retiradas da caixa do filtro, quando da aplicação da água de lavagem em contracorrente. No entanto, a expansão do meio filtrante tem de ser devidamente controlada pela correta definição da vazão de água de lavagem. É recomendável que a vazão de água de lavagem seja medida por meio da instalação de medidores de vazão magnéticos ou ultrassônicos inseridos na tubulação de água de lavagem, e que esta possa ser corrigida por válvulas controladoras de vazão. A expansão do meio filtrante deve ser avaliada a cada semestre com o uso de disco de Secchi, por exemplo. O manual de operação da estação de tratamento de água deve fixar os valores recomendáveis de vazões de água de lavagem, para que possa ser alcançada a expansão do material filtrante determinada.

Parâmetros indicadores e de monitoramento utilizados na operação de unidades de filtração

A operação de um sistema de filtração em suas condições normais pode ser avaliada por alguns indicadores, a saber:

- Qualidade da água filtrada e duração da carreira de filtração

A qualidade da água filtrada é um parâmetro de fundamental importância para a avaliação do comportamento da unidade de filtração. Os padrões de potabilidade mundialmente estabelecidos impõem a necessidade de produção de água filtrada com valores de turbidez abaixo de certos valores, normalmente inferiores a 0,5 UNT, recomendando-se que, em cerca de 95% do tempo, seus valores sejam inferiores a 0,3 UNT.

O comportamento dos filtros rápidos por gravidade é extremamente dependente das condições de pré-tratamento impostas à água decantada. Caso os valores de turbidez da água decantada sejam razoáveis, esperam-se valores compatíveis para a qualidade da água filtrada.

Os valores que podem ser entendidos como compatíveis é função de inúmeras variáveis, ressaltando-se as características da estação de tratamento de água, a qualidade da água bruta, e o tipo e a dosagem de coagulante empregado no processo de coagulação.

A melhor garantia de que o sistema de filtração funcione a contento é, portanto, assegurar-se de que há estabilidade na operação do processo de tratamento e uma condição ótima de pré-tratamento. Embora não seja possível estabelecer uma regra geral, recomendam-se alguns valores de referência para a qualidade da água decantada (Tabela 6-8).

Tabela 6-8 Valores de referência para a qualidade da água decantada em função do tipo de coagulante empregado no processo de tratamento de água

Coagulantes: sais de alumínio (sulfato de alumínio e cloreto de polialumínio)	
Valores ótimos de turbidez	Menor que 2,0 UNT
Valores medianos de turbidez	Entre 2,0 UNT e 4,0 UNT
Valores insatisfatórios de turbidez	Acima de 4,0 UNT
Coagulantes: sais de ferro (sulfato férrico e cloreto férrico)	
Valores ótimos de turbidez	Menor que 1,0 UNT
Valores medianos de turbidez	Entre 1,0 UNT e 3,0 UNT
Valores insatisfatórios de turbidez	Acima de 3,0 UNT

Um segundo parâmetro de grande significância na avaliação do desempenho de unidades de filtração é a duração das carreiras de filtração. Muitas vezes, apenas a avaliação da qualidade da água filtrada não é suficiente para um pleno julgamento do comportamento de um sistema de filtração, uma vez que este pode produzir um efluente final com valores de turbidez adequados, mas, no entanto, apresentar carreiras de filtração muito curta.

O valor de duração das carreiras de filtração que pode ser considerado referência para os filtros concebidos como dupla camada areia e antracito situa-se em torno de 24 h, sendo que valores inferiores indicam condições inadequadas no pré-tratamento. Para filtros rápidos por gravidade de alta taxa, recomenda-se que sua duração típica seja superior a 40 h (Tabela 6-9).

Tabela 6-9 Valores de referência para a duração das carreiras de filtração no processo de tratamento de água

Filtros rápidos por gravidade do tipo camada simples de areia e dupla camada areia-antracito operados com taxas de filtração situadas entre 240 e 360 m³/m²/dia	
Valores ótimos	Maior que 24 h
Valores medianos	Entre 20 e 24 h
Valores insatisfatórios	Menor que 20 h
Filtros rápidos por gravidade do tipo camada profunda de areia ou antracito operados com taxas de filtração situadas entre 400 e 600 m³/m²/dia	
Valores ótimos	Maior que 40 h
Valores medianos	Entre 30 e 40 h
Valores insatisfatórios	Menor que 30 h

- Indicadores de desempenho específicos

Outro meio de avaliação do desempenho de sistemas de filtração é pelo cálculo de algumas grandezas operacionais. Para tanto, se faz necessário que sejam apresentadas algumas definições, a saber:

- VUF = volume unitário de água produzido em uma carreira de filtração (m^3/m^2).
- VUL = volume unitário de água consumido em um processo de lavagem (m^3/m^2).
- TF = tempo de duração da carreira de filtração (h).
- TL = tempo de duração da lavagem em contracorrente (h).
- q = taxa de filtração ($m^3/m^2/dia$).
- q_L = taxa de lavagem em contracorrente ($m^3/m^2/dia$).

O conceito de volume unitário de água produzido em uma carreira de filtração (VUF) é o volume de água produzido por unidade de área filtrante. Seu cálculo pode ser efetuado pela seguinte expressão:

$$VUF = \frac{q.TF}{24\frac{h}{dia}}$$ (Equação 6-86)

Igualmente, o volume unitário de água consumido em seu processo de lavagem deve também ser visto como uma normalização do volume de água de lavagem gasto por unidade de área de meio filtrante. Tem-se, portanto, que:

$$VUL = \frac{q_L.TL}{24\frac{h}{dia}}$$ (Equação 6-87)

Pode-se considerar que um filtro trabalhe de forma adequada com relação a seu volume de água produzido, se porventura seus valores de VUF forem superiores a 600 m^3/m^2. Valores situados entre 400 e 600 m^3/m^2 podem ser considerados bons, no entanto, valores inferiores a 400 m^3/m^2 indicam algumas deficiências quanto à produção de água, e abaixo de 200 m^3/m^2, pode ser considerados inaceitáveis.

Do mesmo modo, os valores de VUL também indicam o comportamento dos processos de lavagem dos filtros com vistas a seu potencial de consumo de água de lavagem. Os valores de VUL geralmente situam-se entre 5 e 15 m^3/m^2, sendo melhores quanto menores forem.

Computando-se os valores de produção de água e seu respectivo consumo para uma específica carreira de filtração, pode-se efetuar o cálculo de sua capacidade de produção efetiva, a saber:

$$PE = \frac{(VUF - VUL).100}{VUF}$$ (Equação 6-88)

PE = produção efetiva de água em uma carreira de filtração específica (%)

O cálculo da produção efetiva é um parâmetro interessante, pois permite analisar um filtro específico com respeito a sua capacidade de produção de água e seu respectivo consumo de água de lavagem. O parâmetro PE é um parâmetro associado a uma carreira específica de filtração, e recomenda-se que esse valor seja sempre superior a 95%.

Se, porventura, o comportamento de todos os filtros da estação de tratamento de água tiver de ser analisado com relação a seu consumo de água de lavagem, pode-se computar o volume de água aduzido e o volume de água consumido na lavagem dos filtros para determinado intervalo, podendo este ser de 1 dia, por exemplo. Assim sendo, pode-se calcular o percentual de água de lavagem gasto em relação ao volume de água bruta aduzido, a saber:

$$PAL = \left(\frac{V_{AL}}{V_{AD}}\right).100$$ (Equação 6-89)

PAL = porcentagem da água de lavagem gasta em uma estação de tratamento de água em um intervalo (%)
V_{AL} = volume de água de lavagem consumida na estação de tratamento de água em um intervalo em m^3
V_{AD} = volume de água bruta aduzida para a estação de tratamento de água em um intervalo em m^3

Considera-se um valor de PAL muito bom como sendo inferior a 2%. Se, porventura, este estiver entre 2% e 3%, pode-se admiti-lo como adequado. No entanto, se estiver superior a 3%, muito provavelmente devem estar ocorrendo problemas com as carreiras de filtração, em geral, muito reduzidas e com excessivo consumo de água de lavagem.

Com respeito ao monitoramento de uma unidade de filtração, em face das características de seu funcionamento hidráulico, podem ser sugeridos os seguintes parâmetros mínimos:

- Qualidade da água decantada e filtrada

A qualidade da água decantada e filtrada pode ser avaliada por meio dos parâmetros turbidez e contagem de partículas. Infelizmente, os equipamentos que permitem a determinação da contagem de partículas são ainda de custo muito alto e, desse modo, não são muito comuns na operação rotineira de estações de tratamento de água. Assim sendo, a utilização do parâmetro turbidez é muito mais comum, tendo-se inclusive valores padrões de referência.

Geralmente, uma estação de tratamento de água conta com mais de um filtro, e o ideal é que a turbidez da água filtrada seja monitorada em cada filtro. Esse monitoramento pode ser efetuado pela coleta de amostras pontuais ou por meio de turbidímetros de escoamento contínuo.

Por conseguinte, as situações de monitoramento que podem ser consideradas são as apresentadas a seguir.

- Opção 1 – monitoramento da qualidade da água filtrada em cada filtro mediante o uso de turbidímetros de escoamento contínuo. Esta é, sem dúvida, a melhor opção, uma vez que permite a obtenção de dados de cada unidade de filtração, possibilitando a formação de um histórico individual.
- Opção 2 – caso não seja possível a instalação de turbidímetros de escoamento contínuo em cada filtro, recomenda-se que, pelo menos, uma unidade seja instalada no canal geral de água filtrada. De qualquer modo, aconselha-se que, de maneira rotineira, cada filtro seja avaliado pelo menos uma vez por mês mediante a coleta de amostras de água filtrada a cada hora, de modo que seu comportamento individual possa ser avaliado, bem como seja possível identificar eventuais anomalias.
- Avaliação da carga das partículas coloidais (potencial zeta) e dosagem de coagulante

A obtenção do valor da carga das partículas coloidais mediante a definição do potencial zeta da água bruta e coagulada permite que possam ser controladas as condições do processo de coagulação, garantindo as condições ótimas de operação do processo de filtração. No entanto, em função de seu alto custo, apenas em grandes estações de tratamento de água é comum serem empregados equipamentos para a determinação da carga das partículas coloidais.

- Evolução da perda de carga e taxa de filtração

A obtenção da taxa de filtração em cada filtro e sua respectiva perda de carga, bem como seus cálculos e suas estimativas, é função de seu controle hidráulico. A obtenção desses parâmetros é de grande importância, pois permitem avaliar a duração das carreiras de filtração e definir o momento adequado de sua lavagem.

- Duração da carreira de filtração

Esse parâmetro deve ser anotado, de modo que possa ser avaliado temporalmente. Assim, podem-se controlar e verificar as condições de pré-tratamento ótimas que possibilitem otimizar o processo de filtração.

- Duração da lavagem dos filtros e das velocidades ascensionais de água de lavagem

O registro dessas grandezas permite computar os valores de volume de água de lavagem gasto em cada operação e, desse modo, calcular os parâmetros de monitoramento de cada unidade de filtração individualmente e em toda a estação de tratamento de água.

- Realização de inspeções visuais no material filtrante, execução de altimetria e obtenção da curva granulométrica do material filtrante

Recomenda-se que a altimetria em cada unidade de filtração seja executada pelo menos uma vez por ano, de modo que possa ser avaliada a existência de eventual perda de material filtrante. Igualmente, deve-se coletar uma amostra do material filtrante e obter sua curva granulométrica para posterior confrontação com a especificada no projeto. As inspeções visuais objetivam avaliar a presença de bolas de lodo na superfície do material filtrante e a efetividade dos seus processos de lavagem. Em caso de ser observadas bolas de lodo retidas na superfície do material filtrante, recomenda-se que este seja removido por meio de raspagem superficial. O Vídeo 6-8 apresenta a superfície de unidade de filtração após seu procedimento de lavagem, podendo-se observar a elevada quantidade de bolas de lodo e impurezas não removidas.

Referências

AKGIRAY, O.; SOYER, E. An evaluation of expansion equations for fluidized solid-liquid systems. *Journal of Water Supply Research and Technology-Aqua*, London, v. 55, n. 7-8, p. 517-526, Nov. 2006.

AKGIRAY, O.; SOYER, E.;YUKSEL, E. Prediction of filter expansion during backwashing. In: WILDERER, P. (Ed.). *4th World Water Congress*: Innovation in Drinking Water Treatment, v.4, 2004. p.131-138. (Water Science and Technology: Water Supply).

AMIRTHARAJAH, A. Optimum backwashing of sand filters. *Journal of the Environmental Engineering Division*, New York, v. 104, n. 5, p. 917-932, 1978.

AMIRTHARAJAH, A. Fundamentals and theory of air scour. *Journal of Environmental Engineering*, New York, v. 110, n. 3, p. 573-590, 1984.

AMIRTHARAJAH, A. Some theoretical and conceptual views of filtration. *Journal American Water Works Association*, v. 80, n. 12, p. 36-46, Dec. 1988.

ARBOLEDAVALENCIA, J.; GIRALDO, R.; SNEL, H. Hydraulic behavior of declining-rate filtration. *Journal American Water Works Association*, Denver, v. 77, n. 12, p. 67-74, 1985.

CHEN, G.; DUSSERT, B. W.; SUFFET, I. H. Evaluation of granular activated carbons for removal of methylisoborneol to below odor threshold concentration in drinking water. *Water Research*, v. 31, n. 5, p. 1155-1163, May 1997.

CLEASBY, J. L. Declining-rate filtration. *Journal American Water Works Association*, Denver, v. 73, n. 9, p. 484-489, 1981.

CLEASBY, J. L. Status of declining-rate filtration design. *Water Science and Technology*, Dordrecht, v. 27, n. 10, p. 151-164, 1993.

CLEASBY, J. L.; DI BERNARDO, L. Hydraulic considerations in declining-rate filtration. *Journal of the Environmental Engineering Division*, New York, v. 106, n. 6, p. 1043-1055, 1980.

CLEASBY, J. L.; FAN, K. S. Predicting fluidization and expansion of filter media. *Journal of the Environmental Engineering Division*, New York, v. 107, n. 3, p. 455-471, 1981.

CRITTENDEN, J. C. et al. *Water treatment principles and design*. 3rd ed. New York: Wiley, 2012. 1901 p.

DHARMARAJAH, A. H.; CLEASBY, J. L. Predicting the expansion behavior of filter media. *Journal American Water Works Association*, Denver, v. 78, n. 12, p. 66-76, Dec. 1986.

DI BERNARDO, L.; DANTAS, A. D. B. *Métodos e técnicas de tratamento de água*. São Carlos: Rima, 2005. 1566 p.

EMELKO, M. B.; HUCK, P. M.; COFFEY, B. M. A review of Cryptosporidium removal by granular media filtration. *Journal American Water Works Association*, Denver, v. 97, n. 12, p. 101-115, Dec. 2005.

HEWITT, S. R.; AMIRTHARAJAH, A. Air dynamics through filter media during air scour. *Journal of Environmental Engineering*, New York, v. 110, n. 3, p. 591-606, 1984.

HUCK, P. M. et al. Effects of filter operation on Cryptosporidium removal. *Journal American Water Works Association*, Denver, v. 94, n. 6, p. 97-111, June 2002.

IVES, K. J. Rapid filtration. *Water Research*, Oxford, v. 4, n. 3, p. 201-223, March 1970.

KAWAMURA, S. Design and operation of high-rate filters (.1.). *Journal American Water Works Association*, Denver, v. 67, n. 10, p. 535-544, 1975a.

KAWAMURA, S. Design and operation of high-rate filters. (.2.). *Journal American Water Works Association*, Denver, v. 67, n. 11, p. 653-662, 1975b.

KAWAMURA, S. *Integrated design and operation of water treatment facilities*. 2nd ed. New York: Wiley, 2000. 691 p.

OMELIA, C. R. Particles, pretreatment, and performance in water filtration. *Journal of Environmental Engineering*, New York, v. 111, n. 6, p. 874-890, 1985.

PERSSON, F. et al. Removal of geosmin and MIB by biofiltration - An investigation discriminating between adsorption and biodegradation. *Environmental Technology*, London, v. 28, n. 1, p. 95-104, Jan. 2007.

RIDAL, J. et al. Removal of taste and odour compounds by conventional granular activated carbon filtration. *Water Quality Research Journal of Canada*, Burlington, v. 36, n. 1, p. 43-54, 2001.

TOBIASON, J. E. et al. Granular Media Filtration. In: EDZWALD, J. K. (Ed.) Water quality and treatment: a handbook on drinking water. 6th ed. Denver: AWWA; 2011. cap. 10

TOBIASON, J. E.; OMELIA, C. R. Physicochemical aspects of particle removal in depth filtration. *Journal American Water Works Association*, Denver, v. 80, n. 12, p. 54-64, Dec. 1988.

YAO, K. M.; HABIBIAN, M. M.; OMELIA, C. R. Water and waste water filtration: concepts and applications. *Environmental Science & Technology*, Easton, v. 5, n. 11, p. 1105-1112, 1971.

CAPÍTULO 7

Desinfecção

CONCEITUAÇÃO DO PROCESSO DE DESINFECÇÃO

O tratamento de águas de abastecimento tem como objetivo principal a produção de uma água adequada do ponto de vista estético e segura do ponto de vista microbiológico. Dessa maneira, é necessário que sejam previstas alternativas tecnológicas que possibilitem garantir a remoção física e inativação dos microrganismos patogênicos que eventualmente estejam presentes na fase líquida.

Os processos de coagulação, floculação, sedimentação e filtração são essencialmente responsáveis pela remoção de partículas coloidais presentes na fase líquida e, entre estas, incorporam-se microrganismos patogênicos, que também são partículas de origem orgânica. No entanto, como não é possível garantir a segurança microbiológica da água tratada somente por sua remoção física, é necessário que haja um processo adicional que possibilite a inativação de microrganismos patogênicos presentes na fase líquida.

DEFINIÇÃO DE DESINFECÇÃO
Processo físico químico que objetiva eliminar, de modo econômico, os microrganismos patogênicos presentes na fase líquida.

É conveniente diferenciar os processos de desinfecção e esterilização. Este último tem por propósito eliminar todas as formas de vida na fase líquida, ao passo que a desinfecção tem por finalidade a remoção dos microrganismos patogênicos. É importante ter em mente, portanto, que a água tratada, mesmo submetida a processos de desinfecção, ainda detém formas de vida microbiológicas que tendem a se desenvolver no sistema de distribuição.

O conceito de desinfecção, portanto, pode ser encarado de maneira mais abrangente que somente restrito à inativação dos microrganismos patogênicos presentes na fase líquida (Fig. 7-1).

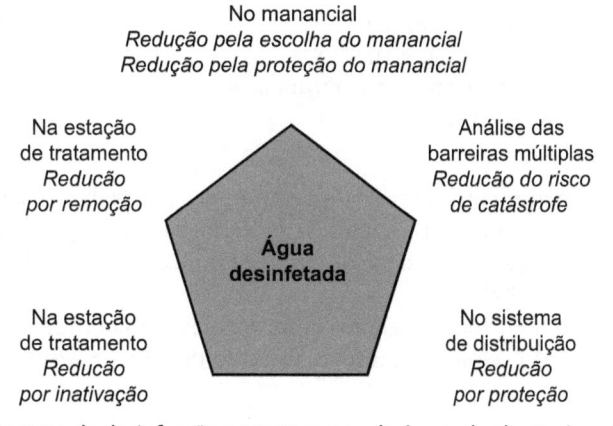

Figura 7-1 Visão integrada do processo de desinfecção no tratamento de águas de abastecimento.

Como apresentado na Figura 7-1, o conceito de desinfecção pode ser entendido como um conjunto de ações que objetivem garantir a segurança microbiológica da água tratada. Em geral, entende-se o processo de desinfecção como somente a inativação dos microrganismos patogênicos por meio da adição de agentes químicos. No entanto, a segurança microbiológica da água é composta por uma somatória de ações, a saber:

- Escolha do manancial: a seleção do manancial a ser empregado para abastecimento público e sua constante proteção é um dos meios de garantir a desinfecção da água tratada, uma vez que objetiva reduzir os riscos de contaminação da água bruta.
- Remoção física dos microrganismos: os processos de coagulação, floculação, sedimentação e filtração permitem a remoção de microrganismos patogênicos na fase líquida. Assim sendo, sua operação adequada é uma garantia de remoção de microrganismos não passíveis de inativação com a utilização de agentes desinfetantes.
- Remoção por inativação: a adição de agentes desinfetantes garante a inativação de microrganismos patogênicos presentes na fase líquida que não foram removidos fisicamente pelo processo de tratamento.
- Proteção do sistema de distribuição: a garantia da qualidade microbiológica da água tratada não pode estar somente restrita à estação de tratamento de água, uma vez que depende da operação adequada do sistema de distribuição, assegurando pressões mínimas e máximas compatíveis, o que evita a formação de zonas "mortas" e possibilita a manutenção de concentrações de agentes desinfetantes residuais ao longo do sistema.
- Aplicação do conceito de barreiras múltiplas: a somatória de esforços que objetivem garantir a qualidade microbiológica da água tratada consiste na aplicação de barreiras múltiplas que permitam a remoção de patogênicos presentes na fase líquida, seja por remoção física, seja por inativação.

Assim sendo, pode-se entender o processo de desinfecção como um conjunto de ações que permitam garantir a segurança microbiológica da água tratada e não somente sua inativação por meio de agentes químicos. A correta operação dos processos de coagulação, floculação, sedimentação e filtração é de grande importância, uma vez que possibilita maximizar a remoção física dos microrganismos patogênicos presentes na fase líquida, atenuando os esforços exigidos pela etapa de inativação química.

AGENTES DESINFETANTES EMPREGADOS NO TRATAMENTO DE ÁGUAS DE ABASTECIMENTO

Há uma grande variedade de agentes desinfetantes que podem ser empregados no tratamento de águas de abastecimento, podendo-se citar desde agentes físicos (temperatura, filtração, radiação ultravioleta etc.) até agentes químicos (fenóis, halogênios, álcoois, metais pesados, ácidos e bases etc.) (CRITTENDEN et al., 2012).

As principais características que norteiam a escolha do agente desinfetante a ser empregado no tratamento de águas de abastecimento são as seguintes (White; Black & Veatch, 2010):

- Atividade antimicrobiana.
- Solubilidade e estabilidade na fase líquida.
- Inocuidade para os seres humanos e animais.
- Ausência de combinação com material estranho.
- Toxicidade para os microrganismos em temperatura ambiente.
- Ausência de poderes corrosivos e tintoriais.
- Disponibilidade.

Como é muito difícil o preenchimento de todos estes quesitos, a escolha do agente desinfetante empregado em uma estação de tratamento de água tem sido definida preferencialmente por sua efetividade, minimização da formação de subprodutos da desinfecção, capacidade de permitir concentrações residuais no sistema de distribuição e seu baixo custo (KAWAMURA, 2000).

Entre as opções disponíveis no mercado, os agentes desinfetantes mais comumente empregados no tratamento de águas de abastecimento têm sido o cloro, cloraminas, dióxido de cloro e ozônio.

Cloro e suas variantes

No Brasil e em toda a América Latina, o cloro tem sido utilizado em larga escala em função de seu baixo custo e sua alta eficiência. Pode ser usado sob a apresentação de cloro gasoso, hipoclorito de sódio ou hipoclorito de cálcio.

Até a década de 1990, as estações de tratamento de água empregavam o cloro na forma de cloro gasoso em razão de seu baixo custo, se comparado com o hipoclorito de sódio e o hipoclorito de cálcio. No entanto, em razão de questões ambientais associadas ao emprego de cloro gasoso em instalações de alto risco, muitas empresas de saneamento têm optado por mudar para o hipoclorito de sódio ou o hipoclorito de cálcio.

Cloraminas

A cloraminação tem sido largamente empregada no mundo como alternativa ao uso do cloro como agente desinfetante, especialmente quando há uma preocupação especial com a formação de subprodutos da desinfecção. A utilização das cloraminas envolve a reação do cloro e da amônia em proporções molares adequados, o que permite a formação da monocloramina como agente desinfetante.

As cloraminas não têm poder oxidante, devendo ser utilizadas somente como agente desinfetante. Em razão disso, seu uso limita-se à pós-desinfecção. No Brasil, apenas a Sociedade de Abastecimento de Água e Saneamento S/A (Sanasa), de Campinas, tem adotado a prática regular da cloraminação como agente desinfetante no tratamento de águas de abastecimento.

Dióxido de cloro

A utilização do dióxido de cloro tem ganhado aceitação no tratamento de águas de abastecimento em função de seu alto poder desinfetante e oxidante, o que lhe concede grande versatilidade, podendo este ser aplicado como pré-oxidação e pós-desinfecção. A maior desvantagem quanto a sua utilização no Brasil é a necessidade de ser preparado *in loco*, não podendo ser comprimido por ser explosivo. Além disso, a matéria-prima principal para sua produção (clorito de sódio e clorato de sódio), por não ser produzida no Brasil, necessita ser importada, o que faz com que seu preço flutue de acordo com as cotações internacionais e a taxa de câmbio.

Em função de seu alto custo, da necessidade de produção *in loco* e de cuidados operacionais com relação a seu equipamento de geração, seu uso no Brasil tem-se limitado a algumas instalações, notadamente no Paraná sob os cuidados da Companhia de Saneamento do Paraná (Sanepar).

Ozônio

Entre todos os agentes desinfetantes, o ozônio apresenta maior poder de desinfecção, sendo, inclusive, o único capaz de inativar cistos de protozoários resistentes à cloração. Embora empregado em um grande número de instalações na Europa, especialmente na França e na Bélgica, apenas a partir da década de 1990 sua aceitação aumentou nos Estados Unidos. em razão dos esforços envidados com o objetivo de minimizar os riscos associados à presença de oocistos de *Cryptosporidium* na água bruta (RENNECKER et al., 2001; LI; HAAS, 2004).

Embora sua eficiência como agente oxidante e desinfetante seja superior quando comparado com cloro, cloraminas e dióxido de cloro, seu alto custo inibe sua utilização no Brasil. Além disso, por apresentar baixa solubilidade da fase líquida, sua aplicação requer a construção de obras físicas (reatores de contato e implantação do sistema de geração), o que impede seu emprego nas estações de tratamento de água implantadas, sendo apenas viável para novas instalações. Por não permitir concentrações residuais na água tratada, sua utilização no tratamento de águas de abastecimento deve ser efetuada em conjunto com um agente desinfetante secundário.

Dado que o cloro (cloro gasoso, hipoclorito de sódio e hipoclorito de cálcio) tem sido o agente oxidante e desinfetante mais comumente empregado no Brasil, não serão abordados neste capítulo as aplicações associadas a cloraminação, dióxido de cloro e ozônio. Se houver necessiadade, é recomendável a consulta a algumas referências complementares (U.S. ENVIRONMENTAL PROTECTION AGENCY, 1999a; WHITE; BLACK & VEATCH, 2010).

COMPORTAMENTO QUÍMICO DO CLORO NA FASE LÍQUIDA

O cloro pode ser utilizado no tratamento de águas de abastecimento sob a apresentação de cloro gasoso, hipoclorito de sódio e hipoclorito de cálcio. Quando aplicados na fase líquida, suas reações principais são as seguintes:

$$Cl_{2\,(aq)} + H_2O \rightarrow HOCl + H^+ + Cl^- \qquad \text{(Equação 7-1)}$$

$$NaOCl + H_2O \rightarrow HOCl + Na^+ + OH^- \qquad \text{(Equação 7-2)}$$

$$Ca(OCl)_2 + 2H_2O \rightarrow 2HOCl + Ca^{+2} + 2OH^- \qquad \text{(Equação 7-3)}$$

Com base nas Equações 7-1 a 7-3, conclui-se que qualquer que seja a forma de cloro adicionado na fase líquida, havendo sua reação com a água, a espécie resultante será o ácido hipocloroso (HOCl). Por ser um ácido fraco, o ácido hipocloroso dissocia-se na fase líquida, permitindo a formação do íon hipoclorito (OCl⁻) pela seguinte expressão:

$$HOCl \leftrightarrows OCl^- + H^+$$ (Equação 7-4)

A reação de dissociação do ácido hipocloroso tem uma constante de equilíbrio, que é igual a (HAAS, 2011):

$$K_a = \frac{[OCl^-].[H^+]}{[HOCl]}$$ (Equação 7-5)

$$\ln (K_a) = 23,184 - 0,0583.T - \frac{6.908}{T}$$ (Equação 7-6)

T = temperatura em Kelvin

Para uma temperatura igual a 25 °C, o valor de K_a é igual a $10^{-7,54}$, e, por conseguinte, a especiação do ácido hipocloroso e do íon hipoclorito em função do pH apresenta a variação vista na Figura 7-2.

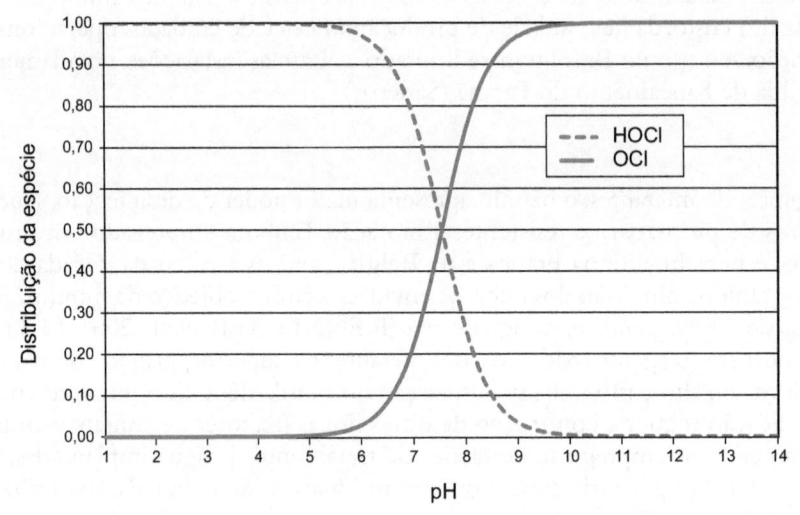

Figura 7-2 Distribuição do ácido hipocloroso e do íon hipoclorito na fase líquida em função do pH para temperatura igual a 25 °C.

A distribuição do ácido hipocloroso e do íon hipoclorito na fase líquida é função do pH. Para um valor de pH igual a 7,5, a distribuição de ambas as espécies é igual, ou seja, 50% estarão sob a apresentação de ácido hipocloroso e 50% de íon hipoclorito. Caso o pH seja inferior a 6,5, o cloro estará presente na forma de ácido hipocloroso, e, caso seja superior a 8,5, estará presente como íon hipoclorito. Para valores de pH entre 6,5 e 8,5, a distribuição de ambas as espécies será função do pH.

A somatória das concentrações molares do ácido hipocloroso e do íon hipoclorito é denominada cloro livre. Com o objetivo de possibilitar uma comparação entre as concentrações molares de ambas as espécies na fase líquida, exprime-se sua concentração como Cl_2.

$$Cloro\ livre = [HOCl] + [OCl^-]$$ (Equação 7-7)

O ácido hipocloroso apresenta poder desinfetante maior que o íon hipoclorito, e, em razão disso, a cinética do processo de desinfecção é função do pH da fase líquida (White; Black & Veatch, 2010).

O cloro não pode ser considerado um elemento conservativo, uma vez que participa de um conjunto de reações na fase líquida, o que faz com que suas concentrações sofram alterações ao longo do tempo. Entre estas, as mais significativas são as seguintes:

- Reações com a radiação luz ultravioleta

O cloro livre sofre reações com a radiação ultravioleta, ocorrendo sua destruição na fase líquida.

$$2HOCl \rightarrow 2H^+ + 2Cl^- + O_2 \qquad \text{(Equação 7-8)}$$

Esse fato é observado em algumas estações de tratamento de água ao se efetuar a pré-cloração, e quando suas unidades de sedimentação têm elevados tempos de detenção hidráulico e alta capacidade de clarificação. A Figura 7-3 apresenta a variação das concentrações de cloro residual livre ao longo do dia para a água decantada e filtrada em uma estação de tratamento de água sujeita a pré-cloração.

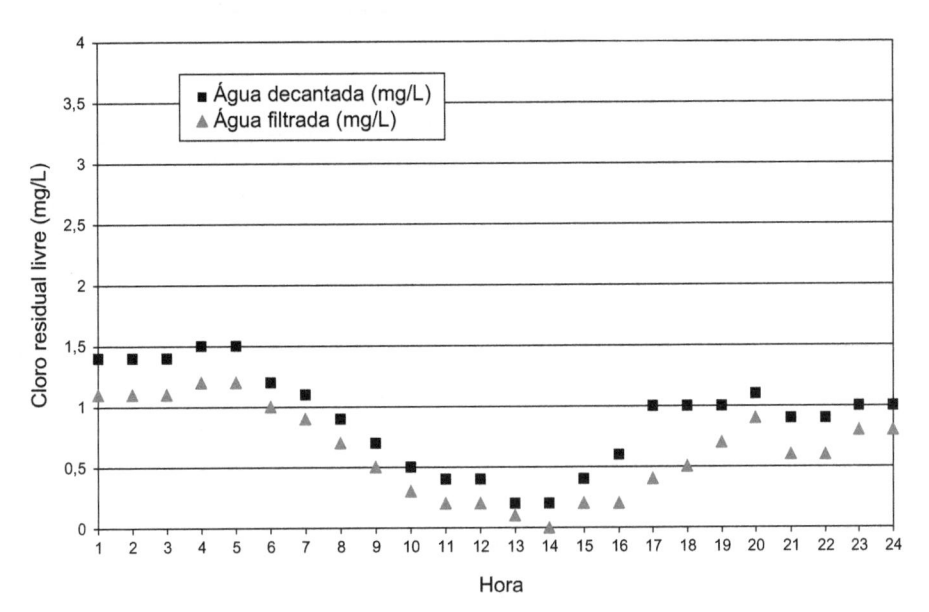

Figura 7-3 Variação horária das concentrações de cloro residual livre para a água decantada e filtrada em uma estação de tratamento de água.

Mantida constante a dosagem de cloro aplicado na forma de pré-cloração, observa-se que, para o período do dia de maior incidência de luz solar (entre 9 e 16 h), houve diminuição das concentrações residuais de cloro livre na água decantada e filtrada, em razão de sua reação com a radiação ultravioleta.

- Reações com compostos inorgânicos

Além de ser um agente desinfetante, o cloro livre também apresenta poder de oxidação, sendo largamente empregado com o objetivo de oxidar ferro e manganês presentes na fase líquida. As reações de oxidação e redução para ambos os compostos inorgânicos podem ser escritas da seguinte maneira:

$$2Fe^{+2} + HOCl + 2H_2O \rightarrow 2Fe(OH)_{3(S)} + Cl^- + 5H^+ \qquad \text{(Equação 7-9)}$$

$$Mn^{+2} + HOCl + H_2O \rightarrow MnO_{2(S)} + Cl^- + 3H^+ \qquad \text{(Equação 7-10)}$$

Com base nas reações químicas apresentadas, tem-se que cada miligrama de Fe^{+2} e Mn^{+2} exerce uma demanda de cloro igual a 0,64 mg Cl_2/L e 1,29 mg Cl_2/L, respectivamente. A oxidação do ferro mediante o emprego do cloro como agente oxidante pode ser considerada uma reação rápida, processando-se em segundos e ocorrendo em ampla condição de pH da fase líquida. Por sua vez, a oxidação do manganês por cloro livre é dependente do pH, sendo favorecida do ponto de vista cinético para valores superiores a 8,0 (HAO; DAVIS; CHANG, 1991).

- Reações com compostos orgânicos

O cloro apresenta capacidade de oxidar determinados compostos orgânicos, o que faz com que estes tendam a exercer uma demanda pelo agente desinfetante. Como as águas naturais comumente empregadas para abastecimento público apresentam concentrações de compostos orgânicos naturais em sua composição físico-química,

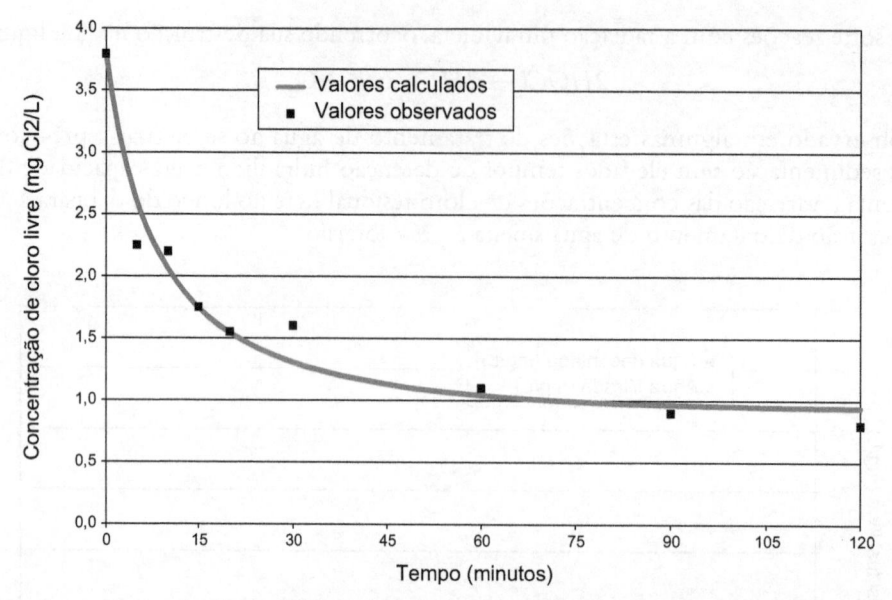

Figura 7-4 Variação da concentração de cloro livre em função do tempo para uma água bruta submetida a pré-cloração – concentração de carbono orgânico total igual a 4,01 mg C/L.

estes tendem a reagir com o cloro, formando uma classe de compostos orgânicos denominados compostos subprodutos da desinfecção.

$$HOCl + CON \rightarrow SPD$$ (Equação 7-11)

CON = compostos orgânicos naturais
SPD = compostos subprodutos da desinfecção

A reação do cloro com os CONs presentes na fase líquida não é imediata, sendo esta função do tempo. A Figura 7-4 apresenta uma curva de variação da concentração de cloro livre em função do tempo para uma água bruta submetida a pré-cloração e apresentando uma concentração de carbono orgânico total igual a 4,01 mg C/L.

Como as reações de oxidação do cloro livre na fase líquida não são seletivas, parte dos CONs passíveis mais facilmente de oxidação exerce uma demanda maior pelo agente oxidante, o que acarreta aumento do consumo de cloro livre no período inicial.

Com o decorrer do tempo, a taxa de decaimento do cloro livre tende a reduzir, em função da maior dificuldade do cloro livre reagir com os demais CONs presentes na fase líquida.

O comportamento do cloro livre com respeito à oxidação de compostos orgânicos presentes em águas naturais é específico para cada água, de modo que cada caso deve ser estudado separadamente.

- Reações com amônia

O cloro apresenta a capacidade de reagir com a amônia, formando cloraminas, de acordo com as seguintes reações (WHITE; BLACK & VEATCH, 2010; TCHOBANOGLOUS et al., 2014):

$$HOCl + NH_3 \rightarrow NH_2Cl + H_2O$$ (Equação 7-12)

$$NH_2Cl + HOCl \rightarrow NHCl_2 + H_2O$$ (Equação 7-13)

$$NHCl_2 + HOCl \rightarrow NCl_3 + H_2O$$ (Equação 7-14)

A somatória das concentrações de monocloramina (NH_2Cl), dicloramina ($NHCl_2$) e tricloramina (NCl_3) é denominada cloro combinado. A especiação da cloramina na fase líquida é função do pH e da relação entre cloro e amônia (Cl_2/NH_3).

$$Cloro\ combinado = \left[NH_2Cl \right] + \left[NHCl_2 \right] + \left[NCl_3 \right]$$ (Equação 7-15)

Quando se emprega a cloraminação no tratamento de águas de abastecimento, a relação Cl_2/NH_3 normalmente situa-se entre 2,0 e 3,0, e o pH da água é sempre superior a 8,0, de modo a maximizar a formação de monocloramina em detrimento à dicloramina e à tricloramina.

Caso a relação Cl_2/NH_3 seja superior a 7,6, a amônia presente na fase líquida deverá ser totalmente oxidada a nitrogênio gasoso ou nitrato, de acordo com as seguintes reações:

$$3HOCl + 2NH_3 \rightarrow N_{2(g)} + 3H_2O + 3HCl \qquad \text{(Equação 7-16)}$$

$$4HOCl + NH_3 \rightarrow NO_3^- + H_2O + 4HCl + H^+ \qquad \text{(Equação 7-17)}$$

As reações químicas apresentadas nas Equações 7-16 e 7-17 descrevem o processo de cloração ao *breakpoint*, sendo a alternativa empregada para a remoção da amônia na fase líquida. Considerando que outros compostos presentes na fase líquida tendem a exercer uma demanda pelo cloro livre, normalmente as relações mássicas Cl_2/NH_3 situam-se entre 10 e 12.

Como o cloro adicionado na fase líquida participa de diferentes reações de oxidação, suas concentrações variam no tempo e a quantidade consumida para um tempo específico é chamada de demanda de cloro, que pode ser escrita da seguinte maneira:

$$DC(t) = Dosagem\ de\ cloro - Cloro\ livre(t) \qquad \text{(Equação 7-18)}$$

DC(t) = demanda de cloro para um tempo t em mg Cl_2/L

Como a maior parte das estações de tratamento de água trabalham com cloro livre, a demanda de cloro é geralmente calculada pela diferença entre a dosagem de cloro e a concentração residual de cloro livre em um tempo t. Uma vez que as concentrações de cloro residual livre variam no tempo, a demanda de cloro também é uma grandeza variável e deve, portanto, sempre estar associada a um tempo t.

CINÉTICA DO PROCESSO DE DESINFECÇÃO E IMPORTÂNCIA DO PARÂMETRO C.T

A ação do cloro com respeito à inativação de microrganismos patogênicos é um processo de elevada complexidade, pois depende do tipo de microrganismo, da concentração do agente desinfetante, da temperatura e da qualidade da água. Os trabalhos pioneiros desenvolvidos por Chick e Watson em 1908 possibilitaram o desenvolvimento de uma cinética para o processo de desinfecção, que pode ser escrito da seguinte maneira (HAAS, 2011):

$$\frac{dN}{dt} = -k_d.C^n.N \qquad \text{(Equação 7-19)}$$

dN/dt = taxa de inativação de um microrganismo específico em função do tempo
k_d = constante de reação
C = concentração do agente desinfetante na fase líquida
n = ordem da reação em relação à concentração do agente desinfetante
N = concentração de microrganismos viáveis

O valor de k_d é específico para cada tipo de microrganismo a ser inativado e também função do agente desinfetante, da temperatura da fase líquida e da qualidade da água. Como há uma grande variedade de microrganismos patogênicos que podem estar presentes na fase líquida, a utilização da Equação 7-19 é complexa, dado que exige a obtenção de valores de k_d para cada tipo de aplicação específica.

Se, porventura, for admitido que a concentração do agente desinfetante permaneça constante ao longo do tempo, a Equação 7-19 pode ser integrada, obtendo-se a seguinte expressão:

$$N = N_0.e^{-k_d.C^n.t} \qquad \text{(Equação 7-20)}$$

Uma vez fixado um valor de N/N_0 e conhecido o valor de k_d, é possível observar que haverá um valor específico de $C^n.t$, que permitirá a igualdade da equação. Logo, tem-se que:

$$\frac{N}{N_0} \rightarrow C^n.t = constante \qquad \text{(Equação 7-21)}$$

Ambos os parâmetros C e t podem ser combinados de modo a garantir um desejado valor de $C^n.t$. Pode-se aumentar o valor de C e permitir uma redução no valor de t, e, do mesmo modo, aumentar t e possibilitar uma redução em C.

Ponto Relevante 1: A eficiência do processo de desinfecção é função de uma combinação do tempo de contato da fase líquida com o agente desinfetante e sua concentração residual na fase líquida.

Se for assumido que a ordem da cinética de desinfecção seja de primeira ordem em relação à concentração do agente desinfetante, isto é, n = 1, pode-se associar a eficiência do processo de desinfecção ao parâmetro C.t. Como a inativação de um microrganismo específico é função do agente desinfetante empregado, os valores de C.t que proporcionam determinado grau de inativação são função do agente desinfetante (U.S. ENVIRONMENTAL PROTECTION AGENCY, 1999c).

A avaliação da eficiência do processo de desinfecção no tratamento de águas de abastecimento pode ser expressa numericamente como uma relação entre N_0/N para um tipo de microrganismo específico. Se, porventura, essa relação for igual a 10, obtêm um valor de $\log(N_0/N)$ igual a 1 e uma eficiência de remoção igual a 90%. Assim sendo, se esta relação for igual a 100, o valor de $\log(N_0/N)$ deverá ser igual a 2, a eficiência de remoção igual a 99%, e assim por diante. O mais comum é expressar a eficiência do processo de desinfecção em termos de $\log(N_0/N)$, por ser um número de mais fácil interpretação; motivo pelo qual esse será adotado neste livro.

O comportamento físico do processo de desinfecção é normalmente realizado por meio de análises microbiológicas, podendo-se empregar microrganismos indicadores ou microrganismos específicos. A utilização de microrganismos específicos como parâmetro de avaliação da eficiência da desinfecção é muito difícil em razão da complexidade e dificuldade na realização das análises microbiológicas. Por sua vez, os microrganismos indicadores mais comumente empregados no saneamento (grupo coliforme) apresentam baixa resistência ao cloro livre, sendo mais facilmente inativados quando comparados com a maioria dos microrganismos patogênicos que potencialmente podem estar presentes em águas de abastecimento.

A grande dificuldade nesse tipo de abordagem é que a realização de análises microbiológicas, de microrganismos indicadores ou específicos, demandam tempo, muitas vezes superior a 48 h. A presença de microrganismos patogênicos presentes na água tratada identificada 48 h após a coleta da amostra não é um procedimento seguro do ponto de vista sanitário, portanto, alternativas complementares para a avaliação da eficácia do processo de desinfecção se fazem necessárias.

Com base neste conceito, a United States Environmental Protection Agency (U.S. EPA) desenvolveu valores de C.t (C em mg/L e t em minutos) para diferentes agentes desinfetantes, os quais estão associados a inativação de *Giardia lamblia* e vírus. A inerente vantagem ao serem desenvolvidos valores de C.t para ambos os microrganismos patogênicos é sua resistência ao cloro livre maior que a do grupo coliforme. Por conseguinte, uma vez garantida a inativação de ambos, está assegurada a inativação de microrganismos do grupo coliforme.

Com o objetivo de garantir a qualidade microbiológica da água tratada, definiu-se a necessidade do processo de tratamento assegurar uma remoção de 99,9% de *Giardia lamblia* ($\log(N_0/N)$ igual a 3) e 99,99% de vírus ($\log(N_0/N)$ igual a 4). Alguns valores de C.t requeridos para garantir $\log(N_0/N)$ igual a 3 para *Giardia lamblia* e igual a 4 para vírus encontram-se apresentados nas Tabelas 7-1 e 7-2, respectivamente.

Tabela 7-1 Valores de C.t em mg/L.min requeridos (cloro livre) para a inativação de 99,9% de *Giardia lamblia* – temperatura igual a 20 °C (U.S. ENVIRONMENTAL PROTECTION AGENCY, 1999b)

pH igual a 6,0				
0,6 mg Cl_2/L	1,0 mg Cl_2/L	1,2 mg Cl_2/L	1,6 mg Cl_2/L	2,0 mg Cl_2/L
38	39	40	42	44
pH igual a 7,0				
0,6 mg Cl_2/L	1,0 mg Cl_2/L	1,2 mg Cl_2/L	1,6 mg Cl_2/L	2,0 mg Cl_2/L
54	56	57	59	62
pH igual a 8,0				
0,6 mg Cl_2/L	1,0 mg Cl_2/L	1,2 mg Cl_2/L	1,6 mg Cl_2/L	2,0 mg Cl_2/L
77	81	83	87	91

Tabela 7-2 Valores de C.t em mg/L.min requeridos (cloro livre) para a inativação de 99,99% de vírus
(U.S. ENVIRONMENTAL PROTECTION AGENCY, 1999b)

Temperatura (°C)				
5	10	15	20	25
8,0	6,0	4,0	3,0	2,0

Os valores de C.t necessários para garantir a inativação de *Giardia* são função do pH da fase líquida, da concentração de cloro livre e da temperatura. Observa-se que, com o aumento do pH da fase líquida, os valores de C.t requeridos para um mesmo grau de inativação se elevam. Tal fato se justifica em razão do menor poder desinfetante do íon hipoclorito em comparação com o ácido hipocloroso.

Os valores de C.t requeridos para a inativação de *Giardia* são maiores que os requeridos para vírus, o que é justificável em função de sua maior resistência a desinfecção.

As Equações 7-22 e 7-23 apresentam expressões que possibilitam o cálculo do parâmetro C.t requerido para alcançar graus de inativação de *Giardia* igual a 3 e de vírus igual a 4 pelo cloro livre (MARTIN, 1993).

$$C.t = 0,2828.pH^{2,69}.Cl_2^{0,15}.log\left(\frac{N_0}{N}\right).0,933^{(T-5)} \qquad \text{(Equação 7-22)}$$

Observação: a Equação 7-22 válida para valores de pH entre 6,0 e 9,0 e de temperatura entre 1 °C e 25 °C.

C.t = valor de C.t requerido para a inativação de *Giardia* em min.mg/L
pH = pH da fase líquida
Cl_2 = concentração de cloro livre em mg/L
$log(N_0/N)$ = grau de inativação requerido
T = temperatura em °C

$$C.t = -3,275.10^{-7}.T^6 + 2,032.10^{-5}.T^5 - 3,914.10^{-4}.T^4$$
$$+ 7,766.10^{-4}.T^3 + 6,649.10^{-2}.T^2 - 1,199.T + 12,69 \qquad \text{(Equação 7-23)}$$

Observação: a Equação 7-23 válida para valores de pH entre 6,0 e 9,0 e de temperatura entre 1 °C e 25 °C.

C.t = valor de C.t requerido para a inativação de vírus ($log(N_0/N)$ igual a 4 em min.mg/L
T = temperatura em °C

Confrontando-se os valores de C.t observado e C.t requerido, pode-se determinar o grau de inativação resultante das Equações 7-24 e 7-25.

$$log\left(\frac{N}{N}\right)_{Giardia} = 3.\left(\frac{C.t}{C.t_{req,G}}\right) \qquad \text{(Equação 7-24)}$$

$$log\left(\frac{N_0}{N}\right)_{vírus} = 4.\left(\frac{C.t}{C.t_{req,v}}\right) \qquad \text{(Equação 7-25)}$$

$log(N_0/N)$ = grau de inativação observado para *Giardia* e vírus
C.t = parâmetro C.t observado em min.mg/L
$C.t_{req,G}$ = parâmetro C.t requerido para um grau de inativação de *Giardia* igual a 3
$C.t_{req,v}$ = parâmetro C.t requerido para um grau de inativação de vírus igual a 4

Como a concentração do cloro livre tende a variar na fase líquida em função do tempo, a U.S. EPA recomenda que o valor a ser adotado para fins de cálculo seja o da concentração de cloro livre na saída do tanque de contato e que o tempo corresponda ao valor de t_{10}, ou seja, o tempo no qual 10% do fluido introduzido no reator em um tempo t = 0 sejam eliminados deste após um tempo t (U.S. ENVIRONMENTAL PROTECTION AGENCY, 2003).

A obtenção do valor de t_{10} para determinado tipo de reator é mais bem avaliada por meio de ensaios específicos de caracterização hidráulica da unidade por meio de traçadores. Ocorre que, na prática, é muito difícil sua execução, motivo pelo qual o valor de t_{10} pode ser estimado conhecendo-se seu tempo de detenção hidráulico e o multiplicando por um fator hidráulico, que é função da geometria do reator (Tabela 7-3). Dessa maneira, tem-se que:

$$t_{10} = K.t$$ (Equação 7-26)

K = fator hidráulico, sendo este uma característica do reator
t = tempo de detenção hidráulico do reator (T)

Tabela 7-3 Valores de K em função do tipo de reator e suas condições geométricas
(U.S. ENVIRONMENTAL PROTECTION AGENCY, 1999b)

Regime de escoamento	K	Descrição
Mistura completa	0,1	Baixa relação L/B, entrada com alta velocidade
"Pobre"	0,3	Sem a presença de chicanas no interior do reator
"Médio"	0,5	Com a presença de algumas chicanas
"Superior"	0,7	Boas condições de entrada e saída e existência de chicanas no interior do reator
Pistonado ideal	1,0	Grande relação L/B e existência de chicanas no interior do reator

Exemplo 7-1

Problema: Necessita-se avaliar o grau de inativação de *Giardia* e vírus para uma estação de tratamento de água que apresenta vazão máxima horária igual a 700 L/s e tanque de contato com volume igual a 1.000 m³. O ajuste do pH da água tratada é efetuado a montante do tanque de contato, sendo este igual a 8,2. A concentração de cloro livre na saída do tanque de contato é igual a 1,8 mg Cl_2/L. Por ser uma estação de tratamento de água antiga, o tanque de contato não conta com chicanas em seu interior. A temperatura da fase líquida é igual a 20 °C.

Solução: A avaliação do processo de desinfecção deverá ser efetuada mediante a determinação dos valores de C.t requerido e de C.t observado para ambos, *Giardia* e vírus.

• Passo 1: Determinação do valor de C.t observado

Para a determinação do valor de C.t observado, é necessária a concentração do agente desinfetante na saída do tanque de contato e seu valor de t_{10}. A concentração do cloro livre é conhecida e igual a 1,8 mg Cl_2/L. O valor de t_{10} pode ser calculado pela Equação 7-26, uma vez conhecido seu tempo de detenção hidráulico. Assim, tem-se que:

$$t = \frac{V}{Q} = \frac{1.000 \ m^3}{0,7 \ \frac{m^3}{s}.60 \ \frac{s}{min}} \cong 23,8 \ min$$ (Equação 7-27)

Como o tanque de contato não apresenta chicanas e, por conseguinte, seu comportamento hidráulico aproxima-se de um reator de mistura completa, pode-se adotar um valor de K igual a 0,1.

$$t_{10} = K.t = 0,1.23,8 \ min \cong 2,38 \ min$$ (Equação 7-28)

Logo, o valor de C.t observado deverá ser igual a:

$$C.t_{10} = 1,8 \ \frac{mg}{L}.2,38 \ min \cong 4,29 \ min.\frac{mg}{L}$$ (Equação 7-29)

• Passo 2: Determinação do valor de C.t requerido para *Giardia* e vírus

Os valores de C.t requerido deverão ser calculados para *Giardia* ($\log(N_0/N) = 3$) e para vírus ($\log(N_0/N) = 4$) pelas Equações 7-22 e 7-23, respectivamente.

$$C.t = 0,2828.pH^{2,69}.Cl_2^{0,15}.\log\left(\frac{N_0}{N}\right).0,933^{(T-5)} =$$

$$0,2828.8,2^{2,69}.1,8^{0,15}.3.0,933^{15} \cong 94,03 \ min.\frac{mg}{L}$$ (Equação 7-30)

$$C.t = -3,275.10^{-7}.T^6 + 2,032.10^{-5}.T^5 - 3,914.10^{-4}.T^4 + 7,766.10^{-4}.T^3 + 6,649.10^{-2}.T^2$$
$$- 1,199.T + 12,69 = -3,275.10^{-7}.20^6 + 2,032.10^{-5}.20^5 - 3,914.10^{-4}.20^4$$
$$+ 7,766.10^{-4}.20^3 + 6,649.10^{-2}.20^2 - 1,199.20 + 12,69 \cong 2,96 \; min.\frac{mg}{L}$$

(Equação 7-31)

- Passo 3: Determinação do grau de inativação de *Giardia* e vírus esperado

O grau de inativação de *Giardia* e vírus esperado para o sistema de desinfecção pode ser calculado pelas Equações 7-24 e 7-25.

$$log\left(\frac{N_0}{N}\right)_{Giardia} = 3.\left(\frac{C.t}{C.t_{req,G}}\right) = 3.\left(\frac{4,29 \; min.\frac{mg}{L}}{94,03 \; min.\frac{mg}{L}}\right) \cong 0,14$$

(Equação 7-32)

$$log\left(\frac{N_0}{N}\right)_{virus} = 4.\left(\frac{C.t}{C.t_{req,v}}\right) = 4.\left(\frac{4,29 \; min.\frac{mg}{L}}{2,96 \; min.\frac{mg}{L}}\right) \cong 5,80$$

(Equação 7-33)

Como *Giardia* é mais resistente à ação do cloro que o vírus, seu grau de inativação é menor. A inativação de vírus pode ser considerada adequada, e, no entanto, a inativação de *Giardia* é reduzida, o que deverá exigir modificações no sistema de desinfecção.

- Passo 4: Sugestões de melhorias no sistema de desinfecção

Entre estas alterações, pode-se sugerir a melhoria das condições hidráulicas do tanque de contato mediante a instalação de chicanas em seu interior, o que poderia elevar seu valor de K de 0,1 para 0,7.

Além disso, como a correção final do pH da água tratada é efetuada a montante do tanque de contato, o pH da fase líquida é igual a 8,2. Pode-se, por exemplo, sugerir a mudança do ponto de aplicação do pós-alcalinizante de montante para jusante do tanque de contato, o que permitiria a redução do pH da fase líquida, possibilitando menores valores de C.t requerido. Também se podem aumentar as concentrações de cloro livre na saída do tanque de contato, no entanto, este aumento tem que ser estudado de modo que não haja prejuízos a qualidade da água tratada com respeito a maior formação de subprodutos da desinfecção e maiores residuais de cloro livre no sistema de distribuição.

Vamos admitir uma melhoria nas condições hidráulicas no tanque de contato (instalação de chicanas), de modo a elevar o valor de K para 0,7 e efetuar a mudança do ponto de correção do pH da água tratada de modo que seu valor na saída do tanque de contato seja igual a 6,5. Se, porventura, ambas as sugestões de alteração de operação do sistema de desinfecção forem efetuadas, pode-se calcular os novos valores de C.t observado e requerido.

$$t_{10} = K.t = 0,7.23,8 \; min \cong 16,7 \; min$$

(Equação 7-34)

$$C.t_{10} = 1,8\frac{mg}{L}.16,7 \; min \cong 30,1 \; min.\frac{mg}{L}$$

(Equação 7-35)

$$C.t = 0,2828.pH^{2,69}.Cl_2^{0,15}.log\left(\frac{N_0}{N}\right).0,933^{(T-5)} = 0,2828.6,5^{2,69}.1,8^{0,15}.3.0,933^{15} \cong 50,33 \; min.\frac{mg}{L}$$

(Equação 7-36)

$$log\left(\frac{N_0}{N}\right)_{Giardia} = 3.\left(\frac{C.t}{C.t_{req,G}}\right) = 3.\left(\frac{30,1 \; min.\frac{mg}{L}}{50,33 \; min.\frac{mg}{L}}\right) \cong 1,79$$

(Equação 7-37)

Observe que, com modificações relativamente simples, foi possível alcançar um aumento considerável no grau de inativação de *Giardia*, de 0,14 para 1,79.

Com o objetivo de garantir a segurança microbiológica da água tratada, a U.S. EPA recomenda que as estações de tratamento de água garantam valores de $\log(N_0/N)$ iguais a 3 e q 4 para *Giardia* e vírus, respectivamente (U.S. ENVIRONMENTAL PROTECTION AGENCY, 1991).

Como o processo de desinfecção envolve ambos os mecanismos de separação física e inativação por meio de agentes químicos, é possível estabelecer um crédito no valor de $\log(N_0/N)$, caso as unidades de filtração apresentem comportamento adequado com relação à separação de partículas coloidais. Assim sendo, recomenda-se que os valores de turbidez da água filtrada geral da estação de tratamento de água sejam inferiores a 0,3 UNT durante 95% do tempo e nunca superiores a 1,0 UNT durante o período de 1 mês. Caso seja possível atender a essa condição, é possível garantir créditos de $\log(N_0/N)$ como apresentado na Tabela 7-4.

Tabela 7-4 Valores de $\log(N_0/N)$ requeridos para a desinfecção em função do tipo de processo de tratamento (U.S. ENVIRONMENTAL PROTECTION AGENCY, 1991)

Processos	Valores de $\log(N_0/N)$	
	Giardia	Vírus
Valores requeridos	3,0	4,0
Crédito - tratamento convencional	2,5	2,0
Requerido pela desinfecção	0,5	2,0
Crédito – filtração direta	2,0	1,0
Requerido pela desinfecção	1,0	3,0
Crédito – filtração lenta	2,0	2,0
Requerido pela desinfecção	1,0	2,0
Crédito – sem filtração	0,0	0,0
Requerido pela desinfecção	3,0	4,0

Para um processo de tratamento do tipo convencional de ciclo completo, se, porventura, os processos de coagulação, floculação, sedimentação e filtração estiverem sendo operados de maneira satisfatória, é possível atribuir valores de remoção física de *Giardia* e vírus ($\log(N_0/N)$) iguais a 2,5 e 2,0, respectivamente. Portanto, para garantir um valor total de $\log(N_0/N)$ igual a 3,0 (*Giardia*) e a 4,0 (vírus), a inativação pelo agente desinfetante deverá complementar com valores mínimos de $\log(N_0/N)$ iguais a 0,5 (*Giardia*) e 2,0 (vírus).

Ressalta-se, assim, a importância da filtração com respeito a sua capacidade de remoção física de microrganismos presentes na fase líquida. Se bem operadas, as unidades de filtração tornam-se parte na etapa de desinfecção, sendo responsáveis por altos valores de $\log(N_0/N)$. No entanto, para que seja possível atribuir esses valores de $\log(N_0/N)$, é de fundamental importância que a remoção de partículas coloidais ocorra de modo satisfatório, e, para isso, sua avaliação deve ser efetuada com base nos valores de turbidez da água filtrada geral (HUCK et al., 2000; HUCK et al., 2002).

Analisando-se o Exemplo 7-1, tem-se que os valores requeridos de $\log(N_0/N)$ para *Giardia* e para vírus são iguais a 3,0 e 4,0, respectivamente. Se, porventura, as unidades de filtração operarem a contento, a etapa de desinfecção terá de garantir um valor adicional de $\log(N_0/N)$ igual a 0,5 (*Giardia*) e a 2,0 (vírus).

Observe que a mudança das condições de operação da etapa de desinfecção possibilitou um aumento no valor de C.t para *Giardia*, de 0,14 para 1,79, que, somado com 2,5 relativo a filtração, totaliza um valor de $\log(N_0/N)$ igual a 4,29. Como este valor é superior a 3,0, garante-se a segurança microbiológica da água tratada.

Ponto Relevante 2: O processo de filtração não é apenas importante para a clarificação da água tratada, mas também de grande relevância para a desinfecção, por possibilitar a remoção física de microrganismos patogênicos presentes na fase líquida. Dessa maneira, ao garantir que as unidades de filtração funcionem de modo satisfatório, permite-se maior segurança na etapa de inativação por meio de agentes desinfetantes.

UTILIZAÇÃO DO CLORO GASOSO NO PROCESSO DE TRATAMENTO

Em condições ambientes, o cloro é um gás e, por razões econômicas, seu transporte e sua estocagem são efetuados no estado líquido. Embora seja comum a denominação de cloro gasoso, na verdade, o cloro é armazenado no estado líquido, existindo um equilíbrio entre a fase líquida e gasosa. O fornecimento de cloro líquido pode ocorrer na forma de cilindros de 68 kg (comumente denominados cilindros torpedo), de cilindros de 900 kg, de carretas com capacidade variando de 18 a 20 toneladas, e de tanques estacionários com volume variável. As Figuras 7-5 a 7-8 apresentam as diferentes formas de armazenamento de cloro líquido mais comumente empregadas.

Figura 7-5 Armazenamento de cloro líquido na forma de cilindros de 68 kg.

Figura 7-6 Armazenamento de cloro líquido na forma de cilindros de 900 kg.

Figura 7-7 Armazenamento de cloro líquido na forma de carretas – capacidade igual a 18 toneladas.

Figura 7-8 Armazenamento de cloro líquido na forma de tanques estacionários – capacidade igual a 50 toneladas.

A retirada de cloro de cilindros com capacidade igual a 68 kg apenas pode ser efetuada no estado gasoso. Por sua vez, cilindros de cloro com capacidade de 900 kg permitem que a retirada de cloro possa ocorrer nos estados gasoso ou líquido. Por sua vez, carretas de cloro e tanques estacionários permitem o fornecimento de cloro somente no estado líquido.

A retirada de cloro gasoso de cilindros de 68 kg e de 900 kg é limitada em função da capacidade de vaporização do cloro líquido no interior dos cilindros. Para cilindros de 68 kg, sua taxa máxima de retirada de cloro gasoso é limitada a 1,0 a 1,5 lb/dia/°F, o que corresponde a uma taxa máxima entre 30 e 46 kg/dia para uma temperatura igual a 20 °C. Por sua vez, para cilindros de 900 kg, as taxas máximas admissíveis para a retirada de cloro gasoso são iguais a 6,0 a 8,0 lb/dia/°F (WHITE; BLACK & VEATCH, 2010). Dessa maneira, para uma temperatura igual a 20 °C, tem-se valores entre 180 e 240 kg/dia.

Ponto Relevante 3: A taxa máxima de retirada de cloro gasoso de cilindros com capacidade igual a 68 kg e 900 kg é limitada a 1,0 a 1,5 lb/dia/°F e 6,0 a 8,0 lb/dia/°F, respectivamente.

Quando ocorre uma retirada de cloro gasoso acima da capacidade de vaporização do cloro líquido no interior do cilindro, nota-se o congelamento da umidade externa ao cilindro, como se observa na Figura 7-9.

Figura 7-9 Retirada de cloro gasoso acima da capacidade de vaporização do cloro líquido no cilindro – congelamento da umidade externa ao cilindro.

Assim, caso se opte pela retirada de cloro gasoso de cilindros de 68 kg ou de 900 kg, o arranjo da instalação é ditado pelo consumo máximo de cloro, podendo mais de um cilindro ser operado em paralelo.

Exemplo 7-2

Problema: Uma estação de tratamento de água deverá ser operada com uma vazão máxima horária igual a 50 L/s e 100 L/s para sua condição de início e fim de plano, e os consumos de cloro máximos previstos para a pré e pós-cloração deverão estar entre 2,0 e 3,0 mg Cl_2/L. Deve-se verificar a viabilidade de adoção de um sistema de armazenamento de cloro na forma de cilindros de 68 kg e o arranjo mínimo de cilindros em paralelo para o atendimento da demanda prevista. A temperatura do ar para o mês mais frio é igual a 14 °C.

Solução: O número mínimo de cilindros a serem dispostos em paralelo é ditado como consumo horário máximo previsto.

• Passo 1: Determinação do consumo máximo horário de cloro previsto para a condição de início e fim de plano

O consumo máximo horário de cloro previsto para a pré e pós-cloração pode ser calculado por:

$$C_{Cl} = Q.D_{Cl} = \frac{50\frac{L}{s}.86400\frac{s}{dia}.5\ g/m^3}{1.000\frac{L}{m^3}.1.000\frac{g}{kg}} \cong 21,6\ kg\frac{Cl_2}{dia}$$ (Equação 7-38)

$$C_{Cl} = Q.D_{Cl} = \frac{100\frac{L}{s}.86400\frac{s}{dia}.5\ g/m^3}{1.000\frac{L}{m^3}.1.000\frac{g}{kg}} \cong 43,2\ kg\frac{Cl_2}{dia}$$ (Equação 7-39)

C_{Cl} = consumo de cloro (MT^{-1})
Q = vazão (LT^{-3})
D_{Cl} = dosagem de cloro (ML^3)

• Passo 2: Determinação da capacidade máxima de retirada de cloro gasoso por cilindro de 68 kg

A taxa máxima de retirada de cloro gasoso em cilindros de 68 kg situa-se entre 1,0 e 1,5 lb/dia/°F. Para uma temperatura mínima do ar igual a 14 °C, o que corresponde a 57,2 °F, tem-se que:

$$T_{mín} = \frac{1,0\dfrac{lb}{dia.F}.57,2\ F}{2,205\ lb/kg} \cong 25,9\ kg\frac{Cl_2}{dia} \qquad \text{(Equação 7-40)}$$

$$T_{máx} = \frac{1,5\dfrac{lb}{dia.F}.57,2\ F}{2,205\ lb/kg} \cong 38,9\ kg\frac{Cl_2}{dia} \qquad \text{(Equação 7-41)}$$

Assumindo-se um valor médio, é possível adotar uma taxa máxima de retirada de cloro gasoso igual a 32,4 kg/dia por cilindro de cloro de 68 kg.

- Passo 3: Determinação do número mínimo de cilindros requerido

Na medida em que o consumo máximo de cloro para as condições de início e fim de plano deverá ser em torno de 21,6 a 43,2 kg/dia, e a retirada máxima de cloro por cilindro é igual a 32,4 kg/dia, pode-se admitir em início de plano a instalação de um cilindro de 68 kg em operação e mais um cilindro em *stand-by* e uma unidade reserva, o que totaliza três cilindros.

Para a condição de fim de plano não é mais possível a operação de um único cilindro para atendimento da demanda total de cloro, uma vez que o consumo máximo horário deverá ser de até 43,2 kg/dia e superior a 32,4 kg/dia. Pode-se prever a operação de dois cilindros em paralelo, o que permite uma taxa máxima de retirada de cloro de até 64,8 kg/dia e superior à demanda máxima de 43,2 kg/dia.

Assim sendo, podem-se prever dois cilindros em operação dispostos em paralelo, dois cilindros em *stand-by* e mais dois cilindros reserva, totalizando seis cilindros para atendimento da condição de fim de plano.

A retirada de cloro gasoso de cilindros de 68 kg ou 900 kg e sua aplicação em diferentes pontos no processo de tratamento exigem a implantação de um conjunto de equipamentos que permita seu manuseio com segurança. Como o cloro gasoso é altamente tóxico, seu sistema de retirada dos cilindros é concebido de tal modo que as linhas de condução de cloro gasoso estejam submetidas a pressão menor que a atmosférica (sob vácuo).

As vazões de cloro retiradas de um conjunto de cilindros operados em paralelo e sua aplicação no processo de tratamento necessitam ser controladas por cloradores, e, como não é possível a aplicação de cloro na forma de gás diretamente no ponto de aplicação, faz-se necessária sua dissolução na fase líquida e posterior aplicação na estação de tratamento. A Figura 7-10 apresenta um esquema típico de uma instalação de dosagem de cloro gasoso.

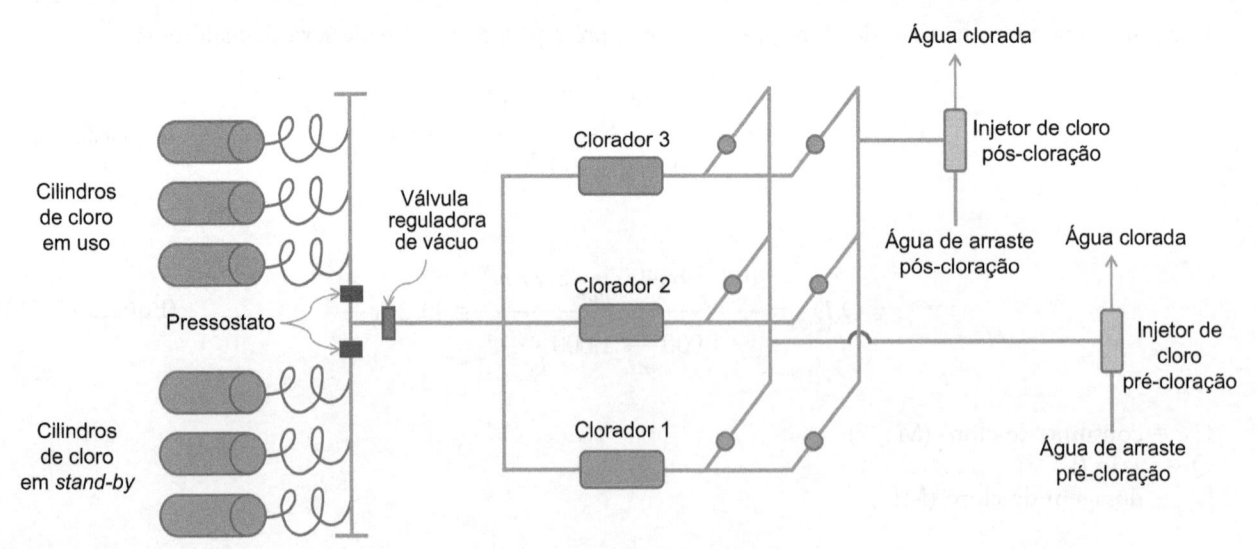

Figura 7-10 Esquema típico de uma instalação de retirada de cloro na forma de gás.

Normalmente, os cilindros de cloro são arranjados em baterias, sendo uma em operação e outra em *stand-by*. Todos os cilindros são interconectados em um barrilete, e cada bateria de cilindros tem um pressostato na linha, que possibilita a troca automática de cilindros.

O cloro gasoso é encaminhado para os cloradores, devendo ser previstas unidades exclusivas para cada ponto de aplicação. Desse modo, se for prevista a aplicação de cloro na forma de pré e pós-cloração, deve ser instalado, no mínimo, um total de dois cloradores em operação e mais uma unidade reserva.

O clorador é responsável pelo controle das vazões mássicas de cloro enviadas para os diferentes pontos de aplicação, e sua operação ser manual ou automatizada. A Figura 7-11 apresenta um clorador típico empregado em estações de tratamento de água. O Vídeo 7-1 mostra um conjunto de cloradores em operação e as respectivas linhas de cloro para os diferentes pontos de aplicação.

Figura 7-11 Clorador empregado em sistemas de dosagem de cloro no tratamento de águas de abastecimento.

Como não é possível a aplicação do cloro na forma de gás diretamente na fase líquida, é necessário efetuar sua dissolução em água e, a partir daí, viabilizar seu envio para os diferentes pontos de aplicação.

A segurança na operação do sistema de cloração é garantida pelos injetores de cloro, por permitir que as linhas de cloro sejam submetidas a pressão negativa. O injetor funciona como um venturi, sendo alimentado com água de arraste e possibilitando a ocorrência de vácuo na linha de cloro gasoso. A água de arraste apresenta, portanto, dupla função; a primeira possibilita a formação de vácuo na linha de cloro, e a segunda permite a dissolução do cloro gasoso na fase líquida.

Assim sendo, toda a linha de cloro gasoso situada a montante do injetor está submetida a pressão negativa, e, em caso de ruptura da tubulação, haverá a tendência de entrada de ar externo na tubulação, o que não torna possível a liberação de cloro na forma de gás. Para que os cloradores possam trabalhar de modo adequado, a montante destes deve ser prevista uma válvula reguladora de vácuo. Por conseguinte, entre os cilindros de cloro e a válvula reguladora de vácuo, a linha de cloro gasoso estará submetida a mesma pressão no interior dos cilindros em operação, e, a jusante desta até os injetores, a pressão na linha de cloro gasoso deverá ser negativa.

A Figura 7-12 apresenta um injetor de cloro típico utilizado no tratamento de águas de abastecimento.

A solubilidade do cloro em água é da ordem de 7 g/L, e, para viabilizar sua dissolução de maneira adequada em água, recomenda-se que sua concentração na água de arraste não seja superior a 3,5 g/L.

Cada ponto de aplicação deve ter seu injetor específico e ser alimentado por cloradores individuais. Como apresentado na Figura 7-10, a instalação conta com um injetor operando na pré-cloração e um segundo na pós-cloração. Como existem dois pontos de aplicação, o sistema deverá considerar, no mínimo, três cloradores: duas unidades em operação e uma reserva.

Para maior flexibilidade na operação do sistema de cloração, é sempre interessante que todos os cloradores sejam interligados em barriletes comuns, de modo que, por meio de manobras de válvulas, cada clorador possa

Figura 7-12 Injetor de cloro típico utilizado em sistemas de dosagem de cloro.

alimentar individualmente um injetor de cloro. Dessa maneira, os cloradores 1, 2 e 3 podem tanto alimentar o injetor da pré-cloração como o da pós-cloração, além de contarem com uma unidade reserva.

Um aspecto de grande importância com respeito à operação dos injetores de cloro é que o fornecimento de água de arraste para cada um deles deve ser específico, isto é, um sistema de recalque para cada injetor. É muito comum se observar sistemas de cloração dimensionados com uma única instalação de recalque fornecendo água de arraste para diversos injetores de cloro. Como os pontos de aplicação de cloro podem estar distantes uns dos outros, é muito difícil garantir que um único sistema de recalque consiga fornecer vazões de água de arraste equilibradas para cada injetor. Se isso não for possível, tem-se o risco de os injetores de cloro não trabalharem de modo satisfatório.

Ponto Relevante 4: Cada injetor de cloro deve apresentar um sistema exclusivo de fornecimento de água de arraste, não se recomendando o abastecimento de múltiplos injetores com um único sistema de recalque.

Para estações de tratamento de água de grande porte, torna-se mais interessante o armazenamento de cloro sob a apresentação de cilindros de 900 kg ou carreta, sendo sua retirada efetuada na forma líquida. Desse modo, é necessário que o cloro líquido seja transformado em vapor antes de seu envio aos cloradores. Os evaporadores basicamente são constituídos por uma unidade de aquecimento que possibilita a transformação do cloro no estado líquido para o gasoso. A Figura 7-13 apresenta um evaporador normalmente empregado em sistemas de cloração.

O evaporador é alimentado com cloro líquido, a linha de cloro encontra-se, portanto, pressurizada. Para reduzir os riscos da instalação, os evaporadores devem sempre ser instalados o mais próximo possível do sistema de armazenamento. A Figura 7-14 apresenta um arranjo típico de um sistema de dosagem de cloro dotado de evaporadores e cloradores.

Como o cloro gasoso a jusante dos evaporadores ainda se encontra pressurizado, os evaporadores são equipados com válvula redutora de pressão e válvula reguladora de vácuo. Desta última em diante, a linha de cloro estará submetida a pressão negativa.

O projeto do sistema de cloração deve sempre considerar a necessidade de implantação de unidades reserva, seja para cloradores, seja para evaporadores. Por serem equipamentos dotados de certa sofisticação, os fabricantes recomendam a realização de programas de manutenção preventiva anual para todos os equipamentos e demais partes constitutivas que compõem um sistema de cloração. O Vídeo 7-2 apresenta uma instalação com evaporadores e cloradores para uma estação de tratamento de água de grande porte.

Figura 7-13 Evaporador típico utilizado em sistemas de cloração.

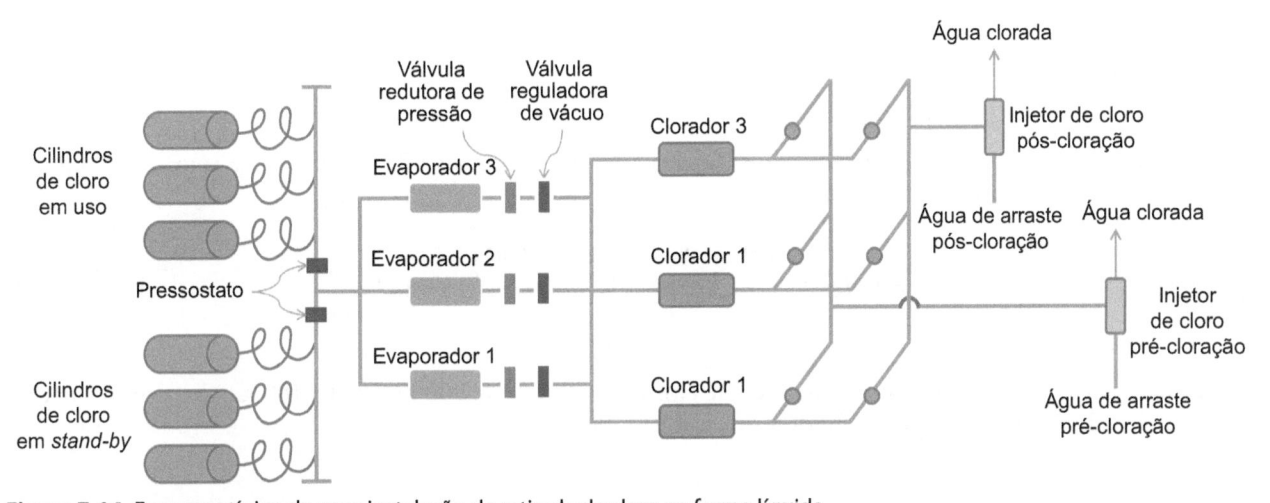

Figura 7-14 Esquema típico de uma instalação de retirada de cloro na forma líquida

---

Ponto Relevante 5: Tendo em vista a complexidade da instalação de sistemas de cloração e os riscos envolvidos, devem-se prever manutenções preventivas anuais em suas partes constitutivas.

O dimensionamento da capacidade dos evaporadores, cloradores e injetores de cloro deve prever a associação destes entre si e ser orientado por sua concepção e pelo esquema de funcionamento do sistema de cloração. Como no mercado há diferentes fornecedores de equipamentos para sistemas de cloração, cada um destes tende a apresentar características e peças específicas (tanques de expansão de cloro, filtros etc.), motivo pelo qual o projeto de um sistema de cloração deve sempre ser efetuado em conjunto com o fabricante.

Uma recomendação importante é que a capacidade dos evaporadores, cloradores e injetores seja ligeiramente superior às requeridas, de modo que a instalação nunca esteja submetida a uma condição limite de operação. Desse modo, sugere-se que sua condição máxima de operação corresponda a 80% de sua capacidade nominal.

Ponto Relevante 6: Para uma operação segura do sistema de cloração, recomenda-se que sua condição de operação máxima não exceda 80% de sua capacidade nominal.

Exemplo 7-3

Problema: Deseja-se efetuar a concepção e o dimensionamento de um sistema de cloração para uma estação de tratamento de água cuja vazão deverá ser igual a 4,0 m³/s. A aplicação de cloro no processo de tratamento deverá ser efetuada na forma de pré-cloração (dosagens média e máxima iguais a 2,0 mg Cl_2/L e 4,0 mg Cl_2/L, respectivamente) e pós-cloração (dosagens média e máxima iguais a 2,0 mg Cl_2/L e 3,0 mg Cl_2/L, respectivamente).

Solução: A concepção do sistema de cloração deverá ser efetuada computando-se o cálculo de seu consumo diário e de acordo com a avaliação da viabilidade de extração do cloro na forma de gás ou líquida.

- Passo 1: Determinação do consumo máximo horário de cloro previsto para pré e pós-cloração

Uma vez que as dosagens máximas de cloro previstas para a pré e pós-cloração são iguais a 4,0 mg Cl_2/L e 3,0 mg Cl_2/L, respectivamente, o consumo máximo horário de cloro pode ser calculado por:

$$C_{Cl} = Q.D_{Cl} = \frac{4,0 \frac{m^3}{s}.86400 \frac{s}{dia}.7 \ g/m^3}{1.000 \frac{g}{kg}} \cong 2.420 \ kg \frac{Cl_2}{dia} \qquad \text{(Equação 7-42)}$$

C_{Cl} = consumo de cloro (MT^{-1})
Q = vazão (LT^{-3})
D_{Cl} = dosagem de cloro (ML^3)

Por sua vez, as dosagens médias na pré e pós-cloração deverão ser iguais a 2,0 mg Cl_2/L, cada uma. O consumo médio diário deverá, portanto, ser igual a:

$$C_{Cl} = Q.D_{Cl} = \frac{4,0 \frac{m^3}{s}.86400 \frac{s}{dia}.4 \ g/m^3}{1.000 \frac{g}{kg}} \cong 1.383 \ kg \frac{Cl_2}{dia} \qquad \text{(Equação 7-43)}$$

Assumindo-se uma taxa máxima de retirada de cloro de cilindros de 900 kg igual a 180 kg/dia, haverá a necessidade de instalação de um total de cilindros em paralelo igual a:

$$N = \frac{2.420 \ kg \frac{Cl_2}{dia}}{180 \ kg \frac{Cl_2}{dia}} \cong 13,4 \qquad \text{(Equação 7-44)}$$

N = número de cilindros em operação dispostos em paralelo

Dessa maneira, a retirada dessa quantidade de cloro dos cilindros de 900 kg na forma de gás apenas será possível com um mínimo de 14 cilindros dispostos em paralelo. Para garantir maior segurança à operação do sistema de cloração e reduzir o número de cilindros em operação, será adotada a instalação de duas baterias com oito cilindros de cloro em cada uma, devendo uma bateria estar em operação e outra em *stand-by*. Assim sendo, o cloro deverá ser retirado dos cilindros na forma líquida.

- Passo 2: Verificação da autonomia do sistema de cloração

Como cada bateria de cilindros de cloro deverá ter oito cilindros em operação, sua capacidade de armazenamento deverá ser igual a 7.200 kg. Na medida em que o consumo médio de cloro esperado deverá ser igual a 1.383 kg/dia, a autonomia de cada bateria de cilindros deverá ser igual a:

$$Autonomia = \frac{7.200 \ kg \ Cl_2}{1.383 \ kg \frac{Cl_2}{dia}} \cong 5,2 \ dias \qquad \text{(Equação 7-45)}$$

Por conseguinte, a cada 5 dias, estima-se a troca da bateria de cilindros em operação. Pode-se, portanto, adotar um armazenamento de 24 cilindros de cloro de 900 kg, sendo 16 cilindros montados em duas baterias, cada uma com oito cilindros, mais oito unidades reserva. A autonomia do sistema deverá, então, ser da ordem de 15 dias.

A adoção do número de cilindros de 900 kg a serem estocados é função da logística de entrega e das condições de fornecimento. Caso o fornecedor apresente uma condição de entrega mais difícil, pode-se adotar um número maior de cilindros armazenados.

- Passo 3: Determinação da capacidade dos evaporadores de cloro

O sistema de evaporação de cloro deverá apresentar capacidade igual ou superior à demanda máxima horária de cloro. Para que os evaporadores não trabalhem em sua condição limite, será admitido que sua condição máxima de operação seja 80% de sua capacidade nominal. Como esta é igual a 2.420 kg Cl_2/dia (pré e pós-cloração), tem-se uma necessidade de evaporação de cloro igual a 100,8 kg Cl_2/h. Desse modo, a capacidade mínima de evaporação deverá ser igual a:

$$Evap = \frac{100,8 \ kg \frac{Cl_2}{h}}{0,8} \cong 126 \ kg \frac{Cl_2}{h} \qquad \text{(Equação 7-46)}$$

Evap = capacidade de evaporação de cloro em kg/h

A capacidade dos evaporadores é definida pelos equipamentos existentes no mercado. Assim sendo, podem-se adotar dois evaporadores com capacidade individual igual a 200 kg Cl_2/h, com uma unidade em operação e outra em *stand-by*.

- Passo 4: Determinação da capacidade dos cloradores

Os consumos máximos de cloro previstos para a pré e pós-cloração deverão ser iguais a:

$$C_{Cl,pré} = Q.D_{Cl} = \frac{4,0 \ \frac{m^3}{s} . 86400 \frac{s}{dia} . 4 \ g/m^3}{1.000 \frac{g}{kg} . 24 \frac{h}{dia}} \cong 57,6 \ kg \frac{Cl_2}{h} \qquad \text{(Equação 7-47)}$$

$$C_{Cl,pós} = Q.D_{Cl} = \frac{4,0 \ \frac{m^3}{s} . 86400 \frac{s}{dia} . 3 \ g/m^3}{1.000 \frac{g}{kg} . 24 \frac{h}{dia}} \cong 43,2 \ kg \frac{Cl_2}{h} \qquad \text{(Equação 7-48)}$$

Será estabelecido um arranjo de cloradores, a fim de que qualquer uma das unidades possa atender tanto a pré como a pós-cloração. Considerando-se que o consumo crítico ocorrerá na pré-cloração, a capacidade individual de cada clorador deverá ser igual a:

$$Clor = \frac{57,6 \ kg \frac{Cl_2}{h}}{0,8} \cong 72 \ kg \frac{Cl_2}{h} \qquad \text{(Equação 7-49)}$$

Clor = capacidade do clorador em kg/h

Será admitida, então, a implantação de três cloradores com capacidade individual igual a 120 kg Cl_2/h, com duas unidades operando na pré e pós-cloração, e a terceira em *stand-by*.

- Passo 5: Determinação da capacidade dos injetores de cloro

A capacidade dos injetores de cloro é definida pela capacidade dos cloradores. Como a capacidade máxima dos cloradores deverá ser igual a 120 kg Cl_2/h, os injetores também deverão apresentar capacidade máxima igual a 120 kg Cl_2/h. Na medida em que estão previstos dois pontos de aplicação de cloro (pré e pós-cloração), deverão ser adotados dois injetores de cloro com capacidade individual igual a 120 kg Cl_2/h, sendo uma unidade para a pré-cloração e outra para a pós-cloração.

- Passo 6: Determinação da vazão de água de arraste e condições de operação do sistema de recalque

Cada injetor deverá estar associado a um clorador com capacidade máxima de dosagem igual a 120 kg Cl_2/h. A concentração de cloro na água de arraste não deve ser superior a 3,5 g/L, e, por conseguinte, a vazão de água de arraste necessária para o funcionamento de cada injetor deverá ser igual a:

$$Q_a = \frac{120 \, kg \, \frac{Cl_2}{h}}{3,5 \, \frac{kg}{m^3}} \cong 34,3 \, \frac{m^3}{h} \qquad \text{(Equação 7-50)}$$

As vazões mínimas de água de arraste de cada injetor deverão ser, portanto. iguais a 35 m³/h, devendo ser previstas duas bombas (1O + 1R) para a operação do injetor da pré-cloração e mais duas bombas (1O + 1R) para o injetor da pós-cloração.

A altura manométrica de cada sistema de recalque deve ser definida em função da pressão mínima de trabalho requerida pelo injetor mais as perdas de carga localizadas e distribuídas na linha de água de arraste. Normalmente, as pressões mínimas de trabalho de injetores de cloro situam-se em torno de 40 a 80 mca; valor a ser confirmado com o fabricante.

- Passo 7: Definição do arranjo básico das unidades componentes do sistema de cloração

A Figura 7-15 apresenta o arranjo do sistema de cloração projetado. A concepção foi efetuada garantindo-se flexibilidade à instalação, os cloradores foram arranjados, portanto, de modo que qualquer um deles possa atender aos diferentes injetores de cloro mediante manobras de válvulas.

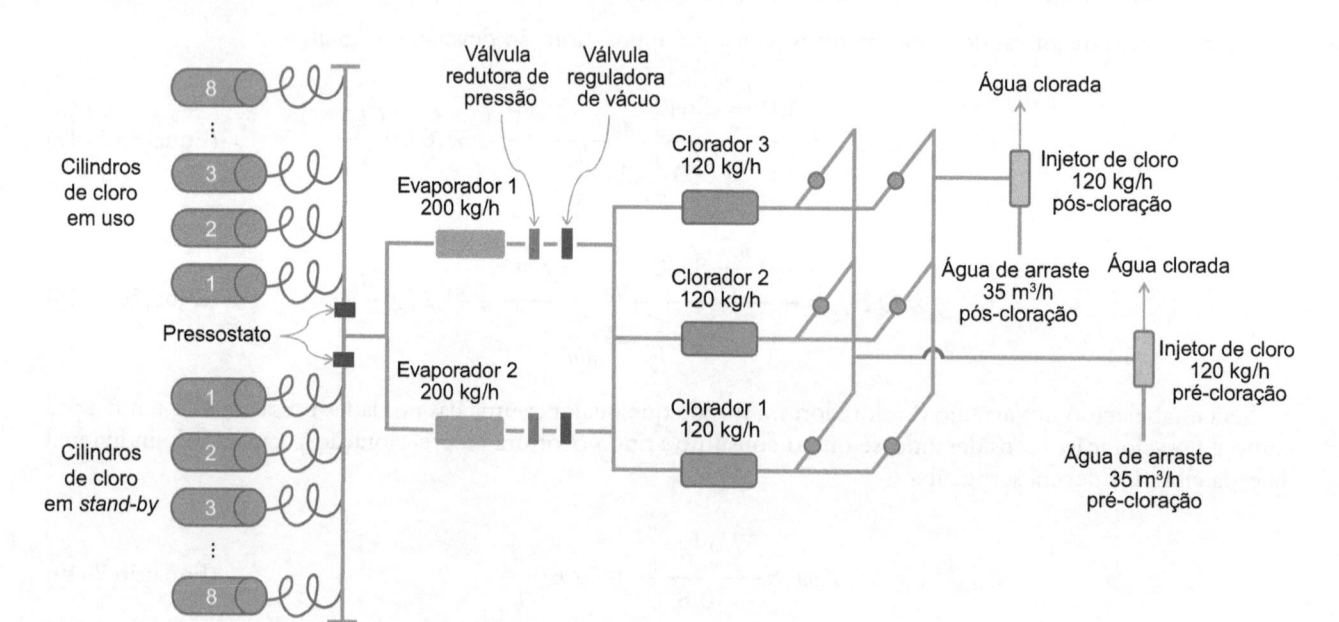

Figura 7-15 Esquema proposto para o sistema de cloração projetado.

Algumas empresas de saneamento, inclusive a Sabesp, exigem redundância nos injetores de cloro, sempre instalando uma unidade reserva. Desse modo, a concepção admitiria dois injetores para a pré-cloração (1O + 1R) e mais dois injetores para a pós-cloração (1O + 1R), sendo que, cada injetor de cloro tem sua linha específica de transporte de água de arraste e difusor específico no ponto de aplicação. Essa preocupação com a redundância nos injetores e linha de cloro justifica-se em razão da necessidade de manutenção dos difusores, que, por serem na maior parte das vezes construídos em PVC, tendem a sofrer quebra e desgaste com o tempo. Assim sendo, em caso de troca da linha ou manutenção dos injetores, há sempre um conjunto reserva.

Todas as instalações e todos os sistemas de cloro que trabalham com cloro gasoso liquefeito necessitam ser dotados de sistemas de segurança, compreendendo sistemas de exaustão de gases, alarmes, equipamentos de segurança e neutralização de gases. Para que estes sistemas funcionem a contento, as salas de armazenamento de cilindros de cloro e carretas devem ser isoladas.

Um dos maiores problemas observados em instalações de cloro gasoso liquefeito é que os sistemas de neutralização de gases devem ser continuamente inspecionadas ao longo do ano e colocadas em funcionamento por meio de testes específicos. Infelizmente, tem-se observado muitas instalações de cloro cujos sistemas de exaustão e neutralização de gases não têm condições de uso por falta de manutenção. Além disso, como são muito pouco utilizados, quando, de fato, necessita-se de seu funcionamento, não apresentam condições de trabalho.

Ponto Relevante 7: Todo sistema de cloração que trabalha com cloro gasoso liquefeito deve ser dotado de sistemas de segurança, compreendendo sistemas de exaustão, alarmes, equipamentos de segurança e de neutralização de gases. Por serem sistemas de pouco uso, todas as suas partes constitutivas devem ser colocadas em operação pelo menos duas vezes no ano para fins de teste e realização de programas de manutenção preventiva.

UTILIZAÇÃO DO CLORO NA FORMA DE HIPOCLORITO DE SÓDIO NO PROCESSO DE TRATAMENTO

A utilização do cloro no tratamento de águas de abastecimento pode ser efetuada por meio de aplicação de uma solução de hipoclorito de sódio, comercializada em concentrações que podem variar de 10% a 15% como cloro livre. Do ponto de vista comercial, a aquisição de cloro na forma de hipoclorito de sódio é mais cara em comparação com o cloro gasoso liquefeito, no entanto, por questões de segurança e ambientais, muitas estações de tratamento de água têm mudado de cloro gasoso para hipoclorito de sódio. Por ser uma solução líquida, todo seu manuseio na estação de tratamento de água é bastante facilitado, o que permite o estoque em tanques de fibra de vidro reforçado e o envio aos diferentes pontos de aplicação por meio de bombas dosadoras. A Figura 7-16

Figura 7-16 Tanques de armazenamento de solução de hipoclorito de sódio.

apresenta uma vista de tanques de estocagem de solução de hipoclorito de sódio geralmente utilizados em estações de tratamento de água.

A produção do hipoclorito de sódio é normalmente realizada por meio da reação do hidróxido de sódio e cloro, como na seguinte expressão:

$$2NaOH + Cl_2 + H_2O \rightarrow NaOCl + NaCl + H_2O + calor \qquad \text{(Equação 7-51)}$$

A estabilidade da solução de hipoclorito de sódio é inversamente proporcional a sua concentração, portanto, quanto maior é a concentração da solução, menor é sua estabilidade. Em razão disso, as soluções de hipoclorito de sódio são comercializadas em concentrações que variam de 10% a 15%. A estabilidade da solução é também dependente do pH e normalmente durante seu processo de produção é adicionado um excesso de soda cáustica, de modo que o pH da solução de hipoclorito de sódio se situe entre 12 e 13 (White; Black & Veatch, 2010).

O decaimento da solução de hipoclorito de sódio pode ser estimado com base nas seguintes expressões (THE CHLORINE INSTITUTE, 2011):

$$Ln(C) = Ln(C_0) - k.C_0^3.t \qquad \text{(Equação 7-52)}$$

$$Ln(k) = 18,56 Ln(T) - 129,65 \qquad \text{(Equação 7-53)}$$

C_0 e C = concentrações inicial e final da solução de hipoclorito de sódio expresso como cloro livre em %
k = constante da reação
t = tempo em dias
T = temperatura em °R

A Tabela 7-5 apresenta alguns valores de meia-vida em função da temperatura para soluções de hipoclorito de sódio com diferentes concentrações iniciais.

Tabela 7-5 Valores de meia-vida em função da temperatura para soluções de hipoclorito de sódio com diferentes concentrações (White; Black & Veatch, 2010)

Concentração como cloro livre (%)	Meia-vida (dias)	
	25 °C	35 °C
15	144	39
12	180	48
9	240	65
6	360	97
3	720	194
1	2.160	580

Pode-se observar que a meia-vida das soluções de hipoclorito de sódio varia em função da temperatura. Assim, mantida a concentração da solução, quanto maior for a temperatura, menor será sua meia-vida. Do ponto de vista prático, não é interessante, portanto, a estocagem de soluções de hipoclorito de sódio por tempo muito elevado, em razão de sua degradação. Para locais cuja temperatura média do ar seja superior a 30 °C, não se recomendam valores de autonomia superiores a 20 dias.

Ponto Relevante 8: Recomenda-se que a autonomia de soluções de hipoclorito de sódio não seja superior a 30 dias, de modo a evitar uma significativa perda de concentração com o tempo.

De igual modo, também a concentração da solução de hipoclorito de sódio é parâmetro de grande relevância com respeito a seu decaimento, sendo que, quanto maior for esta, menor será sua meia-vida, o que justifica o fato de não ser tecnicamente adequada a comercialização de soluções com concentração superior a 15%.

Como a concentração de soluções comerciais de hipoclorito de sódio tende a se degradar com o tempo, é recomendável que sua concentração seja monitorada diariamente por meio de análises específicas.

Ponto Relevante 9: Considerando que as concentrações de soluções de hipoclorito de sódio tendem a variar com o tempo, é recomendável que sua monitoração diária por meio de análises específicas.

Exemplo 7-4

Problema: Efetuar a concepção e o dimensionamento de um sistema de cloração mediante o uso de solução de hipoclorito de sódio a 12% para uma estação de tratamento de água cuja vazão deverá ser igual a 200 L/s. A aplicação de cloro no processo de tratamento deverá ser efetuado na forma de pré-cloração (dosagens média e máxima iguais a 2,0 mg Cl_2/L e 4,0 mg Cl_2/L, respectivamente) e pós-cloração (dosagens média e máxima iguais a 2,0 mg Cl_2/L e 3,0 mg Cl_2/L, respectivamente). Admita uma autonomia máxima para o sistema de estocagem de solução de hipoclorito de sódio igual a 20 dias e uma temperatura média do ar para o mês mais quente igual a 32 °C.

Solução: Assim como no Exemplo 7-3, a concepção do sistema de cloração deverá ser efetuada computando-se o cálculo de seu consumo diário.

- Passo 1: Determinação dos consumos médios diário de cloro previstos para pré e pós-cloração

As dosagens médias de cloro previstos para a pré e a pós-cloração são iguais a 2,0 mg Cl_2/L, cada uma. O consumo médio diário de cloro pode ser calculado por:

$$C_{Cl} = Q.D_{Cl} = \frac{0,2\,\frac{m^3}{s}.86400\,\frac{s}{dia}.4\,g/m^3}{1.000\,\frac{g}{kg}} \cong 69,12\,kg\,\frac{Cl_2}{dia} \qquad \text{(Equação 7-54)}$$

C_{Cl} = consumo de cloro (MT^{-1})
Q = vazão (LT^{-3})
D_{Cl} = dosagem de cloro (ML^3)

- Passo 2: Determinação do volume mínimo de estocagem de solução de hipoclorito de sódio

Assumindo-se uma autonomia máxima para o hipoclorito de sódio igual a 20 dias, a necessidade de estocagem deverá ser igual a:

$$C_{Cl,t} = 69,12\,kg\,\frac{Cl_2}{dia}.20\,dias \cong 1.383\,kg\,Cl_2 \qquad \text{(Equação 7-55)}$$

$C_{Cl,t}$ = consumo total de cloro para um período t (MT^{-1})

Como a concentração média da solução de hipoclorito de sódio deverá ser igual a 12%, a massa de produto comercial pode ser calculada da seguinte maneira:

$$M_{Cl,t} = \frac{C_{Cl,t}.100}{C_{s(\%)}} = \frac{1.383\,kg\,Cl_2.100}{12} \cong 11.525\,kg \qquad \text{(Equação 7-56)}$$

$M_{Cl,t}$ = massa total de solução 12% de hipoclorito de sódio para um período t (M)
C_s = concentração da solução de hipoclorito de sódio expresso como massa de Cl_2 disponível por massa de produto comercial

Assumindo-se a massa específica para a solução de hipoclorito de sódio igual a 12% igual a 1.200 kg/m³, tem-se um volume mínimo de estocagem de solução igual a:

$$Vol = \frac{M_{Cl,t}}{\rho} = \frac{11.525\,kg}{1.200\,\frac{kg}{m^3}} \cong 9,6\,m^3 \qquad \text{(Equação 7-57)}$$

Vol = volume máximo de estocagem de solução de hipoclorito de sódio em m³

ρ = massa específica da solução de hipoclorito de sódio em kg/m³

Pode-se, então, optar pela implantação de um sistema de estocagem de solução de hipoclorito de sódio dotado de dois tanques com capacidade individual igual a 5,0 m³.

- Passo 3: Determinação da capacidade das bombas dosadoras para pré e pós-cloração

As dosagens máximas de cloro a serem aplicadas na pré e pós-cloração deverão ser iguais a 4,0 mg Cl_2/L e 3,0 mg Cl_2/L, respectivamente. As vazões máximas das bombas dosadoras deverão, portanto, ser iguais a:

$$Q_b = \frac{Q.D}{\left(C_s.\rho - D\right)} \qquad \text{(Equação 7-58)}$$

$$Q_{b,pré} = \frac{200\,\frac{L}{s}.4,0\,\frac{mg}{L}}{\left(0,12.1200\,\frac{kg}{m^3}.1000\,\frac{g}{kg} - 4,0\,\frac{g}{m^3}\right)} \cong 20,0\,\frac{L}{h} \qquad \text{(Equação 7-59)}$$

$$Q_{b,pós} = \frac{200\,\frac{L}{s}.3,0\,\frac{mg}{L}}{\left(0,12.1200\,\frac{kg}{m^3}.1000\,\frac{g}{kg} - 3,0\,\frac{g}{m^3}\right)} \cong 15,0\,\frac{L}{h} \qquad \text{(Equação 7-60)}$$

Q_b = vazão da bomba dosadora (L^3T^{-1})
Q = vazão afluente (L^3T^{-1})
D = dosagem de cloro (M^3T^{-1})

Por conseguinte, tem-se que as vazões máximas das bombas dosadoras para atendimento da pré e da pós-cloração deverão ser iguais a 20 L/h e 15 L/h, respectivamente. Para conferir maior segurança ao sistema de dosagem, será admitida uma a vazão máxima de operação das bombas dosadoras correspondente a 80% de sua capacidade nominal. Tem-se, portanto, que:

$$Q_{b,pré} = \frac{20,0\,\frac{L}{h}}{0,8} \cong 25,0\,\frac{L}{h} \qquad \text{(Equação 7-61)}$$

$$Q_{b,pós} = \frac{15,0\,\frac{L}{h}}{0,8} \cong 18,8\,\frac{L}{h} \qquad \text{(Equação 7-62)}$$

Como as vazões de dosagem são bastante semelhantes, admite-se a implantação de quatro bombas dosadoras com capacidade igual a 25 L/h, sendo duas (1O + 1R) bombas para a pré-cloração e duas (1O + 1R) para a pós-cloração.

- Passo 4: Verificação da concentração da solução de hipoclorito de sódio para uma autonomia de 20 dias

A solução de hipoclorito de sódio deverá ser recebida na estação de tratamento de água com uma concentração igual a 12% e apresentar uma autonomia média igual a 20%. Sua concentração final pode ser estimada pelas Equações 7-52 e 7-53. A temperatura do mês mais quente foi adotada como igual a 32 °C, o que corresponde a 549,27 °R. Tem-se, portanto, que:

$$Ln(k) = 18,56Ln(T) - 129,65 \qquad \text{(Equação 7-63)}$$

$$Ln(k) = 18,56Ln(549,27) - 129,65 \rightarrow k = 3,501.10^{-6} \qquad \text{(Equação 7-64)}$$

$$Ln(C) = Ln(C_0) - k.C_0^3.t \qquad \text{(Equação 7-65)}$$

$$Ln(C) = Ln(12) - 3,501.10^{-6}.12^3.20 \rightarrow C = 10,6\% \qquad \text{(Equação 7-66)}$$

Por conseguinte, para o mês mais quente e uma autonomia de 20 dias, tem-se uma expectativa de redução da concentração da solução de hipoclorito de sódio de 12% para 10,6%.

Uma das maiores dificuldades associados ao uso do hipoclorito de sódio é seu alto custo quando comparado com o cloro gasoso liquefeito. Como sua concentração é normalmente limitada a 15%, seus custos de transporte e distribuição são bastante elevados, especialmente em regiões de difícil acesso. Desse modo, nos últimos anos, tem tido grande aceitação no mercado a utilização de sistemas geradores de solução de hipoclorito de sódio *in loco*, o que possibilita a produção de solução de hipoclorito de sódio com concentrações que podem variar de 0,4% a 0,8%, como cloro livre.

A produção de hipoclorito de sódio *in loco* é efetuada por meio da reação de cloreto de sódio (NaCl) em meio aquoso e da introdução de energia (Equação 7-67).

$$NaCl + H_2O + Energia \rightarrow NaOCl + H_2 \qquad \text{(Equação 7-67)}$$

Os valores típicos de massa de cloreto de sódio necessários para a produção de 1 kg de cloro livre são da ordem de 3 a 4 kg de NaCl. Por sua vez, o consumo de energia situa-se em torno de 0,91 kwh por kg de cloro livre (HAAS, 2011). Esses valores são função da tecnologia de geração empregada e devem, portanto, ser verificados com os fabricantes. A Figura 7-17 apresenta um típico equipamento de geração de solução de hipoclorito de sódio.

Figura 7-17 Equipamento de geração de solução de hipoclorito de sódio *in loco*.

Como a solução de hipoclorito de sódio produzida apresenta concentrações que podem variar de 0,4% a 0,8%, é necessário prever um sistema de armazenamento cuja autonomia seja de, no mínimo, 1 dia (Fig. 7-18). Como a concentração da solução é reduzida, sua estabilidade é bastante elevada.

É importante ressaltar que a implantação de um sistema gerador de solução de hipoclorito de sódio *in loco* deve considerar a instalação de um conjunto reserva, não se recomendando a instalação de um único equipamento.

Do ponto de vista da segurança, quando comparados com o uso de cloro gasoso liquefeito e solução de hipoclorito de sódio, sem sombra de dúvida, os sistemas de geração *in loco* são muito mais seguros, razão pela qual eu uso tem crescido de maneira vertiginosa.

As maiores restrições com relação a seu uso estão associadas aos custos da manutenção dos equipamentos de geração, que deve sempre ser realizada por pessoal especializado. Em muitos casos, pode-se efetuar um contrato

Figura 7-18 Sistema de estocagem de solução de hipoclorito de sódio gerado *in loco*.

permanente de manutenção com o fornecedor dos equipamentos, o que é particularmente interessante uma vez que permite uma diluição dos custos ao longo do tempo.

UTILIZAÇÃO DO CLORO NA FORMA DE HIPOCLORITO DE CÁLCIO NO PROCESSO DE TRATAMENTO

O hipoclorito de cálcio é comercializado na forma sólida, apresentando uma concentração de cloro livre em torno de 65%. Por estar no estado sólido, sua aplicação requer a preparação de uma solução e o posterior envio na forma líquida para os diferentes pontos de aplicação.

Sua aquisição pode ser sob as apresentações de pó, granular ou de pastilhas (Fig. 7-19). A solubilidade do hipoclorito de cálcio varia com a temperatura, sendo que, para temperatura ambiente, seu valor situa-se em torno de 200 g/L.

Como a dissolução do hipoclorito de cálcio requer a adição de água, por conter íons cálcio em solução, é recomendável que a preparação da solução não apresente concentrações superiores a 40 g/L, para não ocorrer a precipitação de cálcio na forma de carbonatos nas linhas de dosagem.

Ponto Relevante Final: Recomenda-se que a concentração máxima da solução de hipoclorito de cálcio não seja superior a 40 g/L, de modo que não haja a precipitação de cálcio na forma de carbonato nas linhas de dosagem.

Quando adquirido na forma sólida (pó ou granular), a preparação da solução de hipoclorito de cálcio normalmente é efetuada em batelada, isto é, preparam-se dois tanques com uma solução de concentração conhecida, devendo um estar em operação e outro em *stand-by*. Uma vez esgotado o volume do tanque em operação, coloca-se em regime o segundo tanque e realiza-se o preparo de uma nova solução de hipoclorito de cálcio no tanque fora de operação.

Por envolver mão de obra necessária ao preparo da solução, a utilização do hipoclorito de cálcio na forma de pó ou granular é apenas vantajosa para pequenas estações de tratamento de água e em regiões cujo valor do transporte torne inviável a utilização do hipoclorito de sódio.

Mais recentemente, tem ganhado bastante aceitabilidade no mercado nacional a utilização do hipoclorito de cálcio na forma de pastilhas, que, por seu processo de produção, possibilita sua erosão pela água e a produção contínua de uma solução de hipoclorito de cálcio, sem que haja a necessidade de dissolução do produto em batelada.

Dessa maneira, os tabletes de hipoclorito de cálcio são dispostos em reservatórios. e, mediante a introdução contínua de água, permite-se a dissolução do hipoclorito de cálcio na água de arraste, que, por sua vez, segue para os diferentes pontos de dosagem. As taxas de dissolução das pastilhas situa-se em torno de 0,2 a 0,35 g/L.h, no entanto, esses valores devem ser verificados diretamente com os fabricantes.

A montagem da instalação consiste em um conjunto de reservatórios preenchidos com pastilhas de 200 g cada e alimentados com uma vazão de água predeterminada, de modo a possibilitar a produção de uma solução de

(a)

(b)

Figura 7-19 Hipoclorito de cálcio comercializado na forma granular e de pastilhas (a) Granular. (b) Pastilhas.

hipoclorito de cálcio. Uma vez preparada, esta segue por bombeamento para os diferentes pontos de dosagem. A dissolução das pastilhas acarretará a diminuição de seu volume nos reservatórios, que, assim, podem ser continuamente repostos em intervalos regulares. A Figura 7-20 apresenta uma instalação de dosagem de cloro por meio do uso de pastilhas de hipoclorito de cálcio.

A adoção do hipoclorito de cálcio na forma de pastilhas, por não exigir a preparação manual de solução, possibilita seu uso em estações de tratamento de água de médio e grande portes, sendo, assim, uma excelente alternativa ao cloro gasoso liquefeito.

Exemplo 7-5

Problema: Uma estação de tratamento de água deverá ser dimensionada para uma vazão igual a 100 L/s, e seu sistema de cloração deverá utilizar cloro sob a apresentação de hipoclorito de cálcio granular. A aplicação de cloro no processo de tratamento deverá ser efetuado na forma de pré-cloração (dosagens média e máxima iguais a 2,0 mg Cl_2/L e 4,0 mg Cl_2/L, respectivamente) e pós-cloração (dosagens média e máxima iguais a 2,0 mg Cl_2/L e 3,0 mg Cl_2/L, respectivamente). Admite-se uma autonomia máxima para o sistema de estocagem de solução de hipoclorito de cálcio igual a 20 dias.

Figura 7-20 Instalação de dosagem de cloro na forma de pastilhas de hipoclorito de cálcio.

Solução: Como o cloro será empregado na forma de hipoclorito de cálcio granular, deverão ser previstos um sistema de preparação de solução e um sistema de bombeamento para os diferentes pontos de aplicação.

- Passo 1: Determinação do consumo médio diário de cloro previsto para pré e pós-cloração

As dosagens médias de cloro previstos para a pré e a pós-cloração são iguais a 2,0 mg Cl_2/L cada, e o consumo médio diário de cloro pode, portanto, ser calculado por:

$$C_{Cl} = Q.D_{Cl} = \frac{0,1 \frac{m^3}{s} .86400 \frac{s}{dia} .4 \ g/m^3}{1.000 \frac{g}{kg}} \cong 34,6 \ kg \frac{Cl_2}{dia} \qquad \text{(Equação 7-68)}$$

C_{Cl} = consumo de cloro (MT^{-1})
Q = vazão (LT^{-3})
D_{Cl} = dosagem de cloro (ML^3)

- Passo 2: Determinação do volume mínimo de estocagem de hipoclorito de cálcio granular

Assumindo-se uma autonomia do sistema de cloração igual a 20 dias, tem-se o seguinte consumo de cloro estimado:

$$C_{Cl,t} = 34,6 \ kg \frac{Cl_2}{dia}.20 \ dias \cong 692 \ kg \ Cl_2 \qquad \text{(Equação 7-69)}$$

$C_{Cl,t}$ = consumo total de cloro para um período t (MT^{-1})

Como o hipoclorito de cálcio é comercializado com uma concentração igual a 65% como cloro livre, a massa de produto comercial deverá ser igual a:

$$M_{Cl,t} = \frac{C_{Cl,t}.100}{C_{s(\%)}} = \frac{692 \ kg \ Cl_2.100}{65} \cong 1.065 \ kg \qquad \text{(Equação 7-70)}$$

$M_{Cl,t}$ = massa total de hipoclorito de cálcio a 65% para um período t (M)
C_s = concentração do hipoclorito de cálcio expresso como massa de Cl_2 disponível por massa de produto comercial

Por conseguinte, a massa de hipoclorito de cálcio granular a ser estocada deverá ser igual a 1.065 kg, podendo ser adquirida em tambores com capacidade de 40 kg. Pode-se adotar um total de 30 tambores de 40 kg, perfazendo a massa total estocada igual a 1.200 kg.

- Passo 3: Determinação das vazões médias de solução de hipoclorito de cálcio a serem aplicadas na pré e pós-cloração

Para garantir que a solução de hipoclorito de cálcio não seja incrustante, será admitida uma concentração máxima na solução a ser preparada igual a 40 g/L (4%). Assim, como a concentração do hipoclorito de cálcio granular é igual a 65%, tem-se que a concentração da solução expressa como Cl_2 deverá ser igual a:

$$C_{Cl} = 40 \ \frac{g}{L}.0,65 = 26 \ \frac{g \ Cl_2}{L} \qquad \text{(Equação 7-71)}$$

As dosagens médias de cloro a serem aplicadas na pré e pós-cloração deverão ser iguais a 2,0 mg Cl_2/L, cada uma. A vazão média de solução consumida deverá, portanto, ser igual a:

$$Q_b = \frac{Q.D}{\left(C_s.\rho - D\right)} \qquad \text{(Equação 7-72)}$$

$$Q_{b,pré} = \frac{100 \ \frac{L}{s}.2,0 \ \frac{mg}{L}}{\left(26.000 \ \frac{g}{m^3} - 2,0 \ \frac{g}{m^3}\right)} \cong 27,7 \ \frac{L}{h} \qquad \text{(Equação 7-73)}$$

$$Q_{b,pós} = \frac{100 \ \frac{L}{s}.2,0 \ \frac{mg}{L}}{\left(26.000 \ \frac{g}{m^3} - 2,0 \ \frac{g}{m^3}\right)} \cong 27,7 \ \frac{L}{h} \qquad \text{(Equação 7-74)}$$

Q_b = vazão da bomba dosadora para a condição de dosagem média (L^3T^{-1})
Q = vazão afluente (L^3T^{-1})
D = dosagem de cloro (M^3T^{-1})

- Passo 4: Cálculo do volume do tanque de preparo de solução de hipoclorito de cálcio

O consumo médio de solução de hipoclorito de cálcio a 4% deverá ser igual a 27,7 L/h (pré-cloração) e mais 27,7 L/h (pós-cloração), totalizando uma vazão média igual a 55,4 L/h. Assumindo-se uma autonomia de 12 h para a solução de hipoclorito de cálcio a 4%, tem-se um volume mínimo de preparo de solução igual a:

$$Vol = \left(Q_{b,pré} + Q_{b,pós}\right).12 \; horas = 55,4 \; \frac{L}{h}.12 \; h \cong 664,8 \; L \qquad \text{(Equação 7-75)}$$

Será assumida, então, a implantação de dois tanques de preparação para solução de hipoclorito de cálcio a 4% com volume igual a 1.000 m³ cada, o que deverá possibilitar uma autonomia maior que 12 h. O regime de operação dos tanques deverá ser um tanque em operação e outro em *stand-by*.

- Passo 5: Determinação da capacidade das bombas dosadoras para pré e pós-cloração

As dosagens máximas de cloro a serem aplicadas na pré e pós-cloração deverão ser iguais a 4,0 mg Cl_2/L e 3,0 mg Cl_2/L, respectivamente. Por conseguinte, as vazões máximas das bombas dosadoras deverão ser iguais a:

$$Q_{b,pré} = \frac{100 \; \frac{L}{s}.4,0 \; \frac{mg}{L}}{\left(26.000 \; \frac{g}{m^3} - 4,0 \; \frac{g}{m^3}\right)} \cong 55,4 \; \frac{L}{h} \qquad \text{(Equação 7-76)}$$

$$Q_{b,pós} = \frac{100 \; \frac{L}{s}.3,0 \; \frac{mg}{L}}{\left(26.000 \; \frac{g}{m^3} - 3,0 \; \frac{g}{m^3}\right)} \cong 41,5 \; \frac{L}{h} \qquad \text{(Equação 7-77)}$$

As vazões máximas das bombas dosadoras para atendimento da pré e da pós-cloração deverão ser iguais a 56 L/h e 42 L/h, respectivamente. Admitindo-se que a vazão máxima de operação das bombas dosadoras corresponda a 80% de sua capacidade nominal, tem-se que:

$$Q_{b,pré} = \frac{56 \; \frac{L}{h}}{0,8} \cong 70 \frac{L}{h} \qquad \text{(Equação 7-78)}$$

$$Q_{b,pós} = \frac{42 \; \frac{L}{h}}{0,8} \cong 53 \frac{L}{h} \qquad \text{(Equação 7-79)}$$

Será, então, admitida a implantação de quatro bombas dosadoras com capacidade igual a 70 L/h, sendo duas (1O + 1R) para a pré-cloração e mais duas (1O + 1R) para a pós-cloração.

Referências

CRITTENDEN, J. C. et al. *Water treatment principles and design*. 3rd ed. New York: Wiley, 2012. 1901 p.

HAAS, C. N. Chemical disinfection. In: EDZWALD, J. K. (Ed.) *Water quality and treatment:* a handbook on drinking water. 6th ed. Denver: AWWA, 2011. cap. 17

HAO, O. J.; DAVIS, A. P.; CHANG, P. H. Kinetics of manganese(ii) oxidation with chlorine. Journal of Environmental Engineering, New York, v. 117, n. 3, p. 359-374, May-June 1991.

HUCK, P. M. et al. *The importance of coagulation for the removal of Cryptosporidium and surrogates by filtration*. 2000. p. 191-200.

HUCK, P. M. et al. Effects of filter operation on Cryptosporidium removal. Journal American Water Works Association, Denver, v. 94, n. 6, p. 97-111, June 2002.

KAWAMURA, S. *Integrated design and operation of water treatment facilities*. 2nd ed. New York: Wiley, 2000. 691 p.

LI, L. J.; HAAS, C. N. Inactivation of Cryptosporidium parvum with ozone in treated drinking water. *Journal of Water Supply Research and Technology-Aqua*, London, v. 53, n. 5, p. 287-297, July 2004.

MARTIN, P. Calculating CT Compliance. *Journal of American Water Works Association*, Denver, v. 85, n. 12, 1993.

RENNECKER, J. L. et al. Role of disinfectant concentration and pH in the inactivation kinetics of Cryptosporidium parvum oocysts with ozone and monochloramine. *Environmental Science & Technology*, Easton, v. 35, n. 13, p. 2752-2757, July 2001.

TCHOBANOGLOUS, G. et al. (Ed.) *Wastewater engineering:* treatment and resource recovery. 5th ed. New York: McGraw-Hill, 2014. 2048 p.

THE CHLORINE INSTITUTE. *Sodium Hyphoclorite Manual:* Pamphlet 96. The Chlorine Institute. Arlington, VA, 2011.

U.S. Environmental Protection Agency. *Guidance manual for compliance with the filtration and disinfection requirements for public water systems using surface water sources.* Washington D.C: 1991.

U.S. Environmental Protection Agency. Alternative Disinfectants and oxidants guidance manual. Washington, D.C.: 1999a.

U.S. Environmental Protection Agency. Disinfection profile and benchmarking guidance manual. Washington D.C: 1999b.

U.S. Environmental Protection Agency. *LT1ESWTR disinfection profiling and benchmarking. Technical guidance manual.* Washington D.C: 2003.

U.S. Environmental Protection Agency. *Microbial and disinfection byproduts rules simultaneous compliance guidance manual.* Washington D.C: 1999c.

WHITE, G. C.; BLACK & VEATCH. *White's handbook of chlorination and alternative disinfectants.* 5th. Hoboken, N.J.: Wiley, 2010. xxxix, 1062 p.

 CAPÍTULO 8

Oxidação Química

UTILIZAÇÃO DA OXIDAÇÃO QUÍMICA NO TRATAMENTO DE ÁGUAS DE ABASTECIMENTO

A oxidação química tem sido largamente empregada no tratamento de águas de abastecimento como solução para uma grande gama de problemas, por exemplo, a remoção de compostos inorgânicos (ferro [Fe] e manganês [Mn]), a minimização de problemas de gosto e odor, a remoção de cor, entre outros. Como o cloro é tradicionalmente empregado no tratamento de águas de abastecimento como agente desinfetante, a maioria das estações de tratamento de água o usa também como agente oxidante. No entanto, dadas as restrições técnicas associadas à formação de compostos orgânicos clorados (subprodutos da desinfecção), a utilização do cloro como agente oxidante tem sofrido restrições e possibilitado o emprego de agentes oxidantes alternativos (U.S. ENVIRONMENTAL PROTECTION AGENCY, 1999).

DEFINIÇÃO DE OXIDAÇÃO QUÍMICA
Processo físico químico que envolve a adição de agentes oxidantes no processo de tratamento objetivando a solução de múltiplos problemas de qualidade da água.

Tradicionalmente, a utilização da oxidação química no tratamento de águas de abastecimento pode ser efetuada na pré, inter e pós-oxidação (Fig. 8-1).

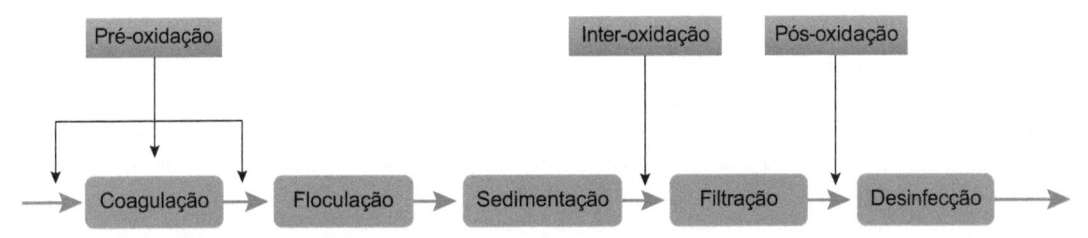

Figura 8-1 Pontos de aplicação de agentes oxidantes em estações de tratamento de água do tipo convencional.

A pré-oxidação envolve a aplicação do agente oxidante na água bruta, podendo ser efetuada antes da coagulação, próximo desta ou imediatamente após. A interoxidação possibilita a dosagem do agente oxidante na água decantada, e, desse modo, sua aplicação é efetuada em algum ponto entre os decantadores e o sistema de filtração. Por sua vez, a pós-oxidação tem por objetivo principal possibilitar a operação da etapa de desinfecção, sendo o agente oxidante aplicado após a filtração e a montante do tanque de contato.

A aplicação do agente oxidante na pré, inter e pós-oxidação deve atender à solução de problemas de qualidade e tratamento específicos, sendo normalmente empregados com os objetivos apresentados a seguir (CRITTENDEN et al., 2012).

Oxidação de compostos inorgânicos, normalmente ferro e manganês em estado de oxidação reduzido

Determinados tipos de águas brutas provenientes de mananciais superficiais podem apresentar concentrações de ferro e manganês sob a apresentação de Fe^{+2} e Mn^{+2}, e sua remoção da fase líquida requer sua oxidação para Fe^{+3} e Mn^{+4}, de modo a possibilitar sua precipitação na forma de $Fe(OH)_3$ e MnO_2. Normalmente, a oxidação de compostos inorgânicos presentes na água bruta exige que a aplicação do agente oxidante seja realizada na pré-oxidação, uma vez que as espécies oxidadas e insolúveis podem ser removidas nas etapas de sedimentação e filtração.

Desinfecção

Como muitos dos agentes oxidantes normalmente empregados no tratamento de águas de abastecimento são também agentes desinfetantes, sua utilização na pré e interoxidação permite a manutenção de concentrações residuais ao longo do processo de tratamento, o que possibilita maior eficiência ao processo de desinfecção mediante o aumento do valor de seu parâmetro C.t.

Controle de gosto e odor em águas de abastecimento

Determinados problemas de gosto e odor em águas de abastecimento podem ser minimizados mediante oxidação química. A presença de compostos sulfurosos e seus decorrentes problemas de gosto e odor podem ser diminuídos com a utilização do cloro como agente oxidante. Por sua vez, sua eficácia na solução de problemas de gosto e odor que tenham como origem a presença de compostos orgânicos metabólicos de algas e demais microrganismos, notadamente MIB e geosmina, é bastante reduzida, exigindo o uso de agentes oxidantes alternativos.

Remoção de cor

A cor em águas naturais tem sua origem na presença de compostos orgânicos naturais na fase líquida (substâncias húmicas), os quais, ao refletirem determinados comprimentos de onda na faixa do visível, possibilitam a percepção da cor pelo olho humano. As tecnologias mais comuns para a remoção da cor real no tratamento de águas de abastecimento são a coagulação química, a adsorção em carvão ativado e a oxidação química, que podem ser empregadas de maneira isolada ou em conjunto. Tradicionalmente, a remoção de cor real no tratamento de águas de abastecimento tem sido efetuada pelo uso do cloro na forma de pré-cloração. No entanto, em face de suas reações com os compostos orgânicos precursores e do maior aumento nas concentrações de subprodutos da desinfecção, seu uso tem sido descontinuado e aberto à possibilidade de utilização de outros agentes oxidantes.

Oxidação de micropoluentes orgânicos

Algumas classes de compostos orgânicos de origem antropogênica e biogênica que podem estar presentes em águas naturais podem ser removidas de maneira eficiente por meio de processos de oxidação química, notadamente com a utilização do ozônio isolado ou combinado com o peróxido de hidrogênio. As reações desses compostos orgânicos com os diferentes agentes oxidantes normalmente empregados no tratamento de águas de abastecimento são bastante específicas e devem ser objeto de estudos próprios.

Minimização da formação de subprodutos da desinfecção

O cloro tem sido empregado em estações de tratamento de água na forma de pré, inter e pós-cloração, e, dependendo das características da água bruta, seu uso na pré-cloração tende a aumentar a concentração de compostos orgânicos clorados na água tradada. Desse modo, a mudança do agente oxidante aplicado na pré-oxidação pode ser uma técnica bastante efetiva para a minimização da formação de subprodutos da desinfecção durante o processo de tratamento.

Auxiliar do processo de coagulação, floculação e filtração

Embora muitos trabalhos experimentais tenham sido realizados com o propósito de elucidar melhor os efeitos da oxidação química nos processos de coagulação, floculação e filtração, ainda persistem muitas dúvidas a respeito. No entanto, são de senso comum entre os operadores de estações de tratamento os benefícios auferidos à filtração ao se empregar a pré-cloração. Porém, quando bem empregadas, a pré e a interoxidação são ferramentas bastante importantes na operação dos processos de tratamento, não devendo, portanto, ser desprezadas.

Controle biológico das unidades que compõem o processo de tratamento de água

Uma das maiores justificativas para a utilização da pré-oxidação é a manutenção de concentrações residuais do agente oxidante ao longo do processo de tratamento, para que não haja o desenvolvimento de biofilmes ao longo das unidades de processo, o que pode comprometer especialmente o processo de filtração. Em caso de impossibilidade de operação da pré-oxidação, é sempre recomendável a interoxidação, com o objetivo de garantir uma concentração residual do agente oxidante ao longo da unidade de filtração, evitando-se o desenvolvimento microbiológico de algas e demais microrganismos no meio filtrante.

SELEÇÃO DOS AGENTES OXIDANTES A SEREM EMPREGADOS NO PROCESSO DE TRATAMENTO

Os agentes oxidantes mais comumente empregados no tratamento de águas de abastecimento são cloro, permanganato de potássio, dióxido de cloro, ozônio e peróxido de hidrogênio. A escolha do agente oxidante mais adequado é função de inúmeras variáveis, a saber: natureza do problema a ser solucionado e questões de ordem econômica e ambientais.

Um dos aspectos mais relevantes e, sem sombra de dúvida, de maior significância no que diz respeito à definição dos agentes oxidantes passíveis de emprego no processo de tratamento, é a correta definição dos problemas a serem solucionados. Muitas vezes, diagnósticos técnicos mal elaborados tendem a não caracterizar o problema de maneira adequada, o que resulta em direcionamento para soluções equivocadas.

Uma vez definido o problema com exatidão, pode-se efetuar um estudo mais minucioso das soluções técnicas disponíveis, sempre se levando em consideração que, muitas vezes, pode haver mais de uma solução disponível. A definição das soluções técnicas adequadas normalmente é efetuada com base em considerações iniciais de ordem teórica, em que é possível efetuar uma varredura das soluções disponíveis no mercado (Fig. 8-2).

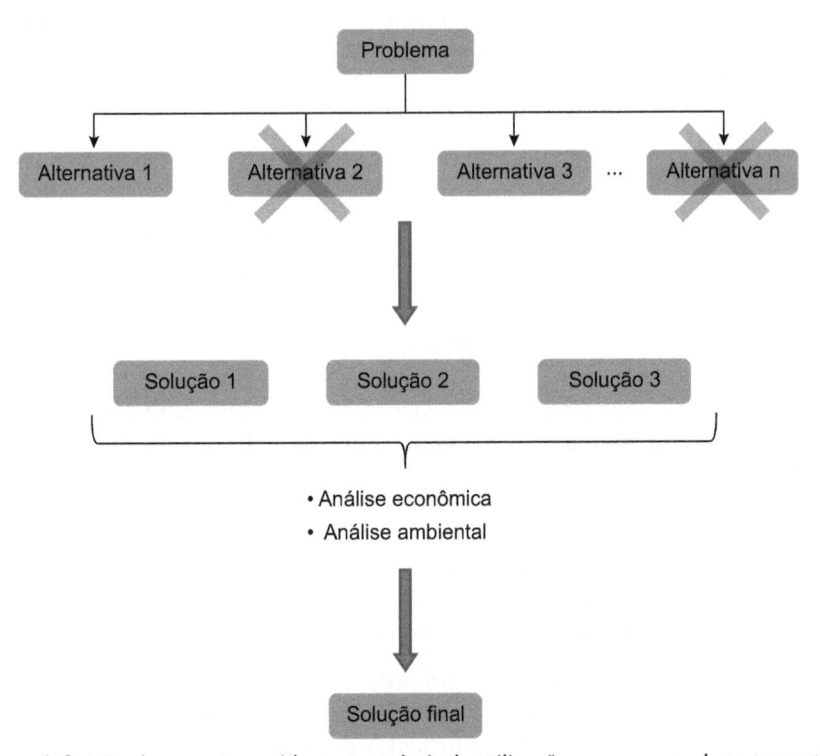

Figura 8-2 Diagnóstico e definição dos agentes oxidantes passíveis de utilização no processo de tratamento.

Por exemplo, se, porventura, o problema for a necessidade de oxidação de ferro sob a apresentação de Fe^{+2} para Fe^{+3}, podem ser empregados diferentes agentes oxidantes, como cloro, permanganato de potássio, dióxido de cloro, peróxido de hidrogênio e ozônio, entre outros. Para o caso em questão, uma análise econômica acabará por indicar o cloro como melhor alternativa.

Na necessidade de oxidação de manganês (Mn^{+2} para Mn^{+4}), o cloro na forma de pré-oxidação somente será viável tecnicamente, caso sua reação de oxidação seja processada em um valor de pH da fase líquida superior a 8,0, o que nem sempre é possível, exigindo que sejam empregados sais de ferro como coagulante

(KNOCKE et al., 1991). A utilização do peróxido de hidrogênio é também inviabilizada em razão de sua baixa eficácia, o que restringe a solução ao uso do permanganato de potássio, dióxido de cloro e ozônio.

Problemas de gosto e odor em águas de abastecimento que tenham por origem a presença de compostos inorgânicos ou orgânicos sulfurosos tendem a ser minimizados de maneira eficiente por meio do uso do cloro. No entanto, caso esses problemas se originem na presença de subprodutos orgânicos metabólicos de algas e demais microrganismos, o uso de cloro deve ser evitado, recomendando-se o emprego do ozônio ou permanganato de potássio como agentes pré-oxidantes.

Dependendo da extensão do problema e das eventuais dúvidas que, porventura, possam surgir com relação à utilização de diferentes agentes oxidantes disponíveis no mercado e de suas interações com a fase líquida, é comum e de grande relevância a condução de ensaios em escala de laboratório, bem como a realização de ensaios de tratabilidade mais apurados.

Comprovada a adequação técnica das diferentes soluções disponíveis no mercado, pode-se proceder posteriormente a avaliações econômicas e ambientais, balizando-se, assim, a escolha da solução final. Para muitos problemas comumente encontrados no tratamento de águas de abastecimento, a utilização do cloro é tecnicamente adequada. No entanto, em razão das restrições ambientais quanto a sua utilização sob a apresentação de cloro gasoso liquefeito, seu emprego pode ser inviabilizado, tornando necessária a adoção de soluções técnicas de maior custo, por exemplo, a utilização do cloro na forma de hipoclorito de sódio ou de hipoclorito de cálcio.

Em resumo, é importante salientar que a utilização da oxidação química no tratamento de águas de abastecimento apresenta múltiplas finalidades, podendo ser empregada para a solução de diferentes problemas de qualidade da água. Em razão disso, é sempre conveniente a execução de ensaios em escala de laboratório, ou mesmo em escala piloto, que possibilite delinear as condições ideais de aplicação de determinado agente oxidante, especialmente aqueles de maior custo de implantação e produção.

CLORO E SUAS VARIANTES

Como mencionado, o cloro pode ser empregado no tratamento de águas de abastecimento na forma de cloro gasoso liquefeito, hipoclorito de sódio ou hipoclorito de cálcio. As principais vantagens da utilização do cloro como agente oxidante no tratamento de águas de abastecimento são as relacionadas a seguir.

- Baixo custo em razão de sua grande disponibilidade no mercado.
- Poder oxidante e desinfetante.
- Aplicação bastante versátil no processo de tratamento, apresentando múltiplas funções.
- Relativa estabilidade na fase líquida, o que permite a manutenção de concentrações residuais ao longo do sistema de distribuição.

As desvantagens são as relacionadas a seguir.

- Capacidade de formação de subprodutos da desinfecção.
- Uso do cloro liquefeito gasoso com riscos em seu manuseio.
- Instabilidade das soluções de hipoclorito de sódio, especialmente em locais cuja temperatura seja elevada.

Dada a grande versatilidade do cloro, sua aplicação pode ser efetuada na forma de pré, inter e pós-cloração. Tradicionalmente, o uso do cloro na forma de pré-cloração tem sido efetivado com o objetivo de possibilitar a oxidação de ferro e manganês, além de permitir a presença de concentrações residuais de cloro livre ao longo das unidades de processo, com a finalidade de evitar o desenvolvimento de algas e demais microrganismos. As reações de oxidação de ferro e manganês pelo cloro podem ser escritas da seguinte maneira (SINGER; RECKHOW, 2011):

$$2Fe^{+2} + HOCl + 5H_2O \rightarrow 2Fe(OH)_{3(s)} + Cl^- + 5H^+ \qquad \text{(Equação 8-1)}$$

$$Mn^{+2} + HOCl + H_2O \rightarrow MnO_{2(s)} + Cl^- + 3H^+ \qquad \text{(Equação 8-2)}$$

Com base nas Equações 8-1 e 8-2, tem-se que as dosagens de cloro são iguais a 0,62 mg Cl_2 por mg de Fe^{+2} e 1,29 mg Cl_2 por mg de Mn^{+2}. A oxidação de Fe^{+2} e Mn^{+2} para Fe^{+3} e Mn^{+4} faz com que ambas as espécies precipitem-se na forma de $Fe(OH)_3$ e MnO_2, o que requer sua separação da fase líquida por processos de sedimentação e filtração.

Do ponto de vista cinético, a oxidação de Fe^{+2} para Fe^{+3} é extremamente rápida, ocorrendo em uma ampla faixa de pH. Por sua vez, a oxidação do Mn^{+2} para Mn^{+4} é mais lenta, sendo favorecida para valores de pH superiores a 8,0. Nessa condição, a reação de oxidação se dá em segundos. Para valores de pH inferiores a 7,0, a reação é lenta, ocorrendo em minutos. Desse modo, pode haver a precipitação de MnO_2 ao longo do processo de tratamento (Fig. 8-3), até mesmo na superfície do meio filtrante e com consequente alteração de sua granulometria.

Figura 8-3 Precipitação de manganês na forma de MnO_2 na superfície de calhas de coleta de água decantada.

Caso a presença de manganês na água bruta necessite de sua oxidação em uma faixa de pH próximo da neutralidade e não seja possível trabalhar com valores de pH de coagulação superiores a 8,0, não se recomenda a utilização do cloro como agente pré-oxidante, devendo ser empregados outros agentes oxidantes.

Uma grande vantagem da utilização do cloro na forma de pré-cloração é a possibilidade de garantir concentrações residuais de cloro livre ao longo do processo de tratamento, evitando-se, dessa maneira, o desenvolvimento de algas e demais microrganismos ao longo do processo de tratamento. A manutenção de concentrações de cloro residual livre em torno de 0,5 mg Cl_2/L na água decantada é suficiente para garantir uma qualidade sanitária adequada das unidades de processo. A Figura 8-4 apresenta um mesmo decantador sem (a) e com (b) a presença de cloro residual livre. É possível observar como as paredes das calhas de coleta de água decantada encontram-se mais limpas e sem o desenvolvimento de biofilmes em sua superfície quando se mantêm concentrações de cloro residual livre na água decantada.

Em virtude de algumas preocupações com relação à formação de subprodutos da desinfecção ao se fazer uso da pré-cloração no tratamento de águas de abastecimento, é de grande relevância o monitoramento da qualidade da água tratada quanto a seus efeitos na formação de maiores concentrações de compostos orgânicos clorados.

É importante ressaltar que os benefícios da pré-cloração são conseguidos com concentrações residuais de cloro livre não superiores a 0,5 mg Cl_2/L, não havendo a necessidade de manutenção de concentrações superiores a este valor.

Ponto Relevante 1: A manutenção de concentrações residuais de cloro livre em torno de 0,5 mg Cl_2/L na água decantada é adequada ao controle da formação de biofilmes nas unidades de tratamento.

Em razão de sua flexibilidade, o cloro também pode ser aplicado na forma de intercloração, ou seja, diretamente na água decantada, permitindo a manutenção de uma concentração de cloro residual livre no sistema de filtração.

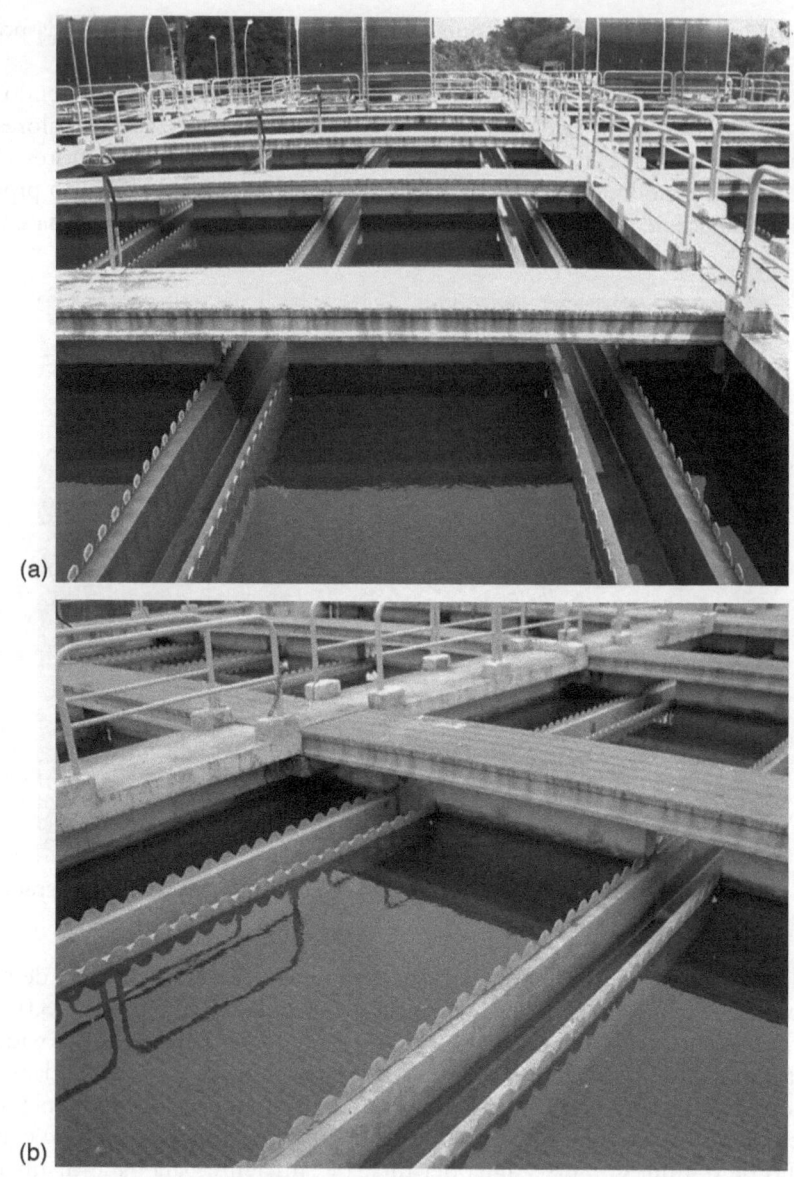

Figura 8-4 Decantador submetido a água decantada (a) sem e (b) com a presença de cloro residual livre. (a) Sem pré-cloração. (b) Com pré-cloração.

Tal prática é bastante importante, pois evita o desenvolvimento de biofilmes na superfície do meio filtrante, preservando a unidade de filtração.

A prática da intercloração é bastante interessante, pois permite que, quando necessário, seja possível interromper a pré-cloração sem maiores prejuízos ao sistema de filtração. Para viabilizar a intercloração, o projeto da estação de tratamento de água deve possibilitar que a água decantada produzida em todas as unidades de sedimentação possa ser direcionada a um ponto comum que permita a aplicação do cloro.

Por conseguinte, para maior flexibilidade à operação do processo de tratamento, recomenda-se, sempre que possível, que as estações de tratamento de água sejam sempre dotadas de pré, inter e pós-cloração, permitindo que, a qualquer momento, possa ser efetuada sua aplicação de modo conveniente à necessidade específica.

Uma das situações mais observadas em projeto é a não implantação, ou mesmo a desativação, de sistemas de pré e intercloração em estações de tratamento de água, em razão de preocupações quanto à formação de subprodutos da desinfecção. Ocorre que, quando sua aplicação é necessária, as instalações não se encontram à disposição, sendo muitas vezes preciso efetuar adaptações em campo, o que, normalmente, não é muito recomendável.

Desse modo, a operação do processo de tratamento pode, a qualquer momento, interromper ou efetuar a aplicação do cloro de acordo com suas necessidades previstas. É possível, inclusive, permitir a combinação de diferentes agentes oxidantes na forma de pré-oxidação, ora utilizando-se um, ora outro, de acordo com a conveniência operacional.

PERMANGANATO DE POTÁSSIO

O permanganato de potássio tem sido tradicionalmente empregado no tratamento de águas de abastecimento para controle de gosto e odor, bem como para oxidação de ferro e manganês. Por ser um agente oxidante, suas reações preponderantes na fase líquida são as seguintes:

$$KMnO_4 \rightarrow K^+ + MnO_4^-$$ (Equação 8-3)

$$MnO_4^- + 8H^+ + 5e^- \rightarrow Mn^{+2} + 4H_2O$$ (Equação 8-4)

$$MnO_4^- + 4H^+ + 3e^- \rightarrow MnO_{2(s)} + 2H_2O$$ (Equação 8-5)

Por ser um sal, o permanganato de potássio se dissocia em íons K^+ e MnO_4^- sendo o permanganato o agente oxidante. Em meio ácido (Equação 8-4), o íon permanganato é reduzido a Mn^{+2} e, em meio neutro ou básico (Equação 8-5), o íon permanganato é reduzido a $MnO_{2(s)}$, sendo este um sólido (U.S. ENVIRONMENTAL PROTECTION AGENCY, 1999).

A reação química indicada pela Equação 8-4 ocorre preferencialmente para valores de pH da fase líquida inferiores a 3 e, como a dosagem do permanganato de potássio é efetuada na fase líquida em condições de pH próximo da neutralidade, sua reação de redução preponderante é representada pela Equação 8-5. O subproduto da redução do permanganato é, portanto, o dióxido de manganês, que, por ser sólido, necessita ser removido da fase líquida de modo conveniente. Em razão disso, a utilização do permanganato de potássio no processo de tratamento é efetuada sempre na pré-oxidação.

Entre as principais vantagens do permanganato de potássio como agente oxidante, citam-se as a seguir.

- Excelente capacidade de oxidação de ferro e manganês na fase líquida.
- Fácil transporte e manuseio.
- Sem formação de subprodutos da desinfecção.

Como desvantagens, citam-se as relacionadas a seguir.

- Custo elevado.
- Sem poder desinfetante.
- Aplicação somente na forma de pré-oxidação.
- Aplicação em excesso pode conferir cor e maior residual de manganês na fase líquida.

Uma vez que o permanganato de potássio não é produzido no Brasil, o produto deve ser importado, e, em razão disso, seu preço é função de oscilações de oferta e demanda no mercado internacional, bem como da taxa de câmbio vigente. Atualmente, o preço do produto comercial situa-se em torno de R\$ 18,00 a R\$ 22,00 por kg.

Sua comercialização é efetuada na forma sólida, podendo ser adquirida em embalagens com capacidade igual a 25 kg, 150 kg, ou em *bags* com capacidade igual a 1.500 kg (Fig. 8-5).

A solubilidade do permanganato de potássio varia em função da temperatura, sendo que, para 20 °C, seu valor situa-se em torno de 6,5% (65 g/L). Por ser um produto sólido, sua aplicação necessita que seja preparada uma

(a)

(b)

Figura 8-5 Permanganato de potássio adquirido em embalagens com capacidade igual a (a) 25 kg e a (b) 150 kg.

solução com concentração não superior a 4% (40 g/L), e, a partir desta, seja efetuada sua aplicação na fase líquida por meio de bombas dosadoras adequadas.

A solução de permanganato de potássio apresenta cor púrpura, e, se aplicada em excesso, pode conferir cor à água (Fig. 8-6).

Desse modo, o controle das dosagens a serem aplicadas no processo de tratamento deve ser cuidadosamente efetuado por meio de ensaios de demanda, de modo a se garantir que a concentração residual de permanganato de potássio na água decantada não seja superior a 0,1 mg $KMnO_4/L$.

Como a reatividade do permanganato de potássio com os compostos orgânicos naturais presentes na fase líquida tende a ser menor que a do cloro livre, normalmente as dosagens de permanganato de potássio aplicadas na forma de pré-oxidação tendem a ser menores, em geral, inferiores a 1,0 mg $KMnO_4/L$.

Embora o preço do permanganato de potássio comercial (R\$ 20,00/kg) seja mais elevado que o do cloro liquefeito (R\$ 6,50/kg), como suas dosagens são normalmente menores, os custos com o agente oxidante tendem a ser equivalentes. As Figuras 8-7 e 8-8 apresentam duas curvas de demanda de cloro e permanganato de potássio, respectivamente, para diferentes tempos de contato (8 e 38 min) e mesma água bruta.

Figura 8-6 Aplicação do permanganato de potássio na fase líquida.

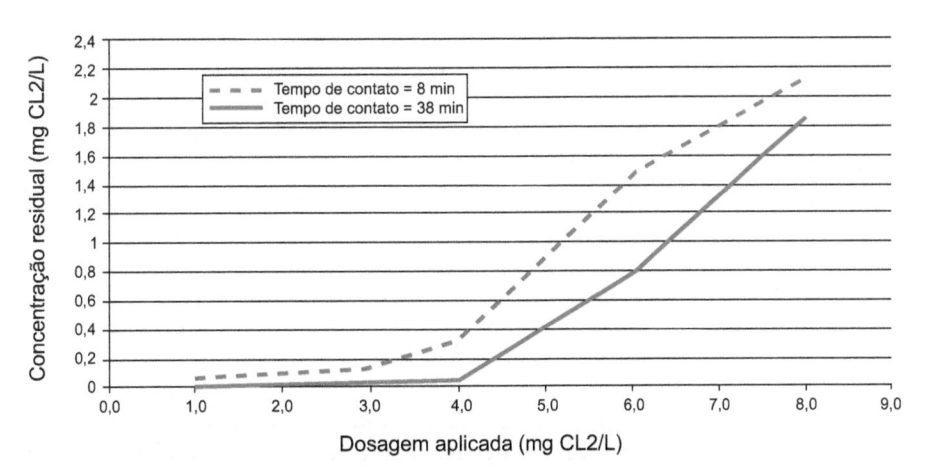

Figura 8-7 Curvas de demanda para o cloro livre para diferentes tempos de contato.

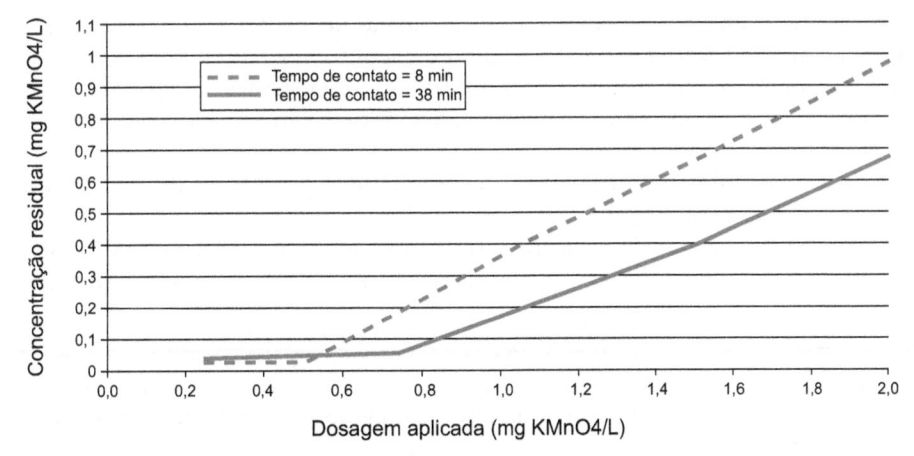

Figura 8-8 Curvas de demanda para o permanganato de potássio para diferentes tempos de contato.

Observando-se as curvas de demanda do cloro apresentados na Figura 8-7, caso seja necessário garantir uma concentração de cloro residual livre em torno de 0,1 mg Cl_2/L para tempos de contato iguais a 8 min e 38 min, as dosagens de cloro requeridas são iguais a 3,0 mg Cl_2/L e 4,2 mg Cl_2/L, respectivamente. Por sua vez, para o permanganato de potássio, também se objetivando garantir uma concentração residual na fase líquida não superior a 0,1 mg $KMnO_4$/L, tem-se que as dosagens a serem aplicadas situam-se entre 0,6 e 0,8 mg $KMnO_4$/L para os mesmos tempos de contato iguais a 8 min e 38 min, respectivamente.

Os resultados apresentados indicam a importância da realização de ensaios de demanda para diferentes agentes oxidantes, sendo que seus valores variam de acordo com a qualidade da água bruta e o tempo de contato. Assim sendo, sua execução deve ser realizada pelo menos uma vez durante o turno de operação, de modo que as correções nas dosagens aplicadas possam ser realizadas com segurança.

As aplicações do permanganato de potássio no tratamento de águas de abastecimento mais relevantes têm sido efetuadas com o objetivo de oxidação de ferro e manganês, controle de gosto e odor, e minimização da formação de subprodutos da desinfecção. Como o cloro apresenta limitações cinéticas com respeito à oxidação de manganês, a utilização do permanganato de potássio tem sido bastante efetiva, uma vez que a oxidação do manganês é muito mais rápida em pH neutro (KNOCKE et al., 1991; VANBENSCHOTEN; WEI; KNOCKE, 1992). As Equações 8-6 e 8-7 apresentam a estequiometria das reações de oxidação do ferro e manganês pelo permanganato de potássio.

$$3Fe^{+2} + MnO_4^- + 7H_2O \rightarrow 3Fe(OH)_{3(s)} + MnO_{2(s)} + 5H^+ \qquad \text{(Equação 8-6)}$$

$$3Mn^{+2} + 2MnO_4^- + 2H_2O \rightarrow 5MnO_{2(s)} + 4H^+ \qquad \text{(Equação 8-7)}$$

Com base nas Equações 8-6 e 8-7, tem-se que as dosagens requeridas de permanganato de potássio para a oxidação de Fe + 2 e Mn + 2 são iguais a 0,71 mg $KMnO_4$ por mg de Fe^{+2} e 1,45 mg $KMnO_4$ por mg de Mn^{+2}.

A segunda grande aplicabilidade do permanganato de potássio está associada ao controle de gosto e odor em águas de abastecimento (SRINIVASAN; SORIAL, 2011). Em muitas situações, a utilização do cloro como agente pré-oxidante não é adequada, especialmente em períodos de grandes florações de algas no manancial, que podem trazer como consequência problemas de gosto e odor. Como o cloro apresenta uma elevada capacidade de romper a parede celular de determinadas algas presentes na água bruta, pode ocorrer a liberação de compostos orgânicos intracelulares causadores de gosto e odor (PETERSON et al., 1995; DALY; HO; BROOKES, 2007). Desse modo, em vez de proporcionar uma redução nos problemas de gosto e odor, o emprego do cloro na forma de pré-cloração pode ocasionar sua amplificação. Para esses casos, a mudança do agente pré-oxidante do cloro para o permanganato de potássio é bastante atrativa (FRAN et al., 2013).

A terceira grande possibilidade para a utilização do permanganato de potássio como agente pré-oxidante tem o objetivo de permitir o controle da formação de subprodutos da desinfecção. Uma vez que o cloro tende a reagir com os compostos orgânicos naturais presentes na água bruta, há uma tendência maior de formação de subprodutos da desinfecção. Se, porventura, suas concentrações tenderem a valores superiores aos padrões de potabilidade vigentes no território nacional, uma possibilidade de redução é a interrupção da pré-cloração e a mudança do agente pré-oxidante do cloro para o permanganato de potássio (KAWAMURA, 2000).

É importante notar que problemas de gosto e odor em águas de abastecimento e formação de subprodutos da desinfecção apresentam forte caráter sazonal, variando de acordo com o tempo e com as características meteorológicas. Assim, é altamente recomendável que a implantação de sistemas de pré-oxidação sempre considere a possibilidade de uso de mais de um agente oxidante, adotando-se um ou outro em função de problemas de qualidade da água específicos.

Por exemplo, durante períodos em que não sejam observados problemas de gosto e odor ou formação significativa de subprodutos da desinfecção, pode-se usar o cloro como agente pré-oxidante. Havendo qualquer necessidade de uso do permanganato de potássio, interrompe-se a pré-cloração e inicia-se sua aplicação. Se houver possibilidade de interrupção do uso do permanganato de potássio, pode se proceder ao retorno da pré-cloração.

Ponto Relevante 4: A utilização do permanganato de potássio e do cloro na forma de pré-oxidação pode ser efetuada de forma alternada, empregando-se um ou outro em função da ocorrência de problemas específicos na qualidade da água bruta.

DIÓXIDO DE CLORO

O dióxido de cloro é um agente oxidante que, por também apresentar propriedade desinfetante, pode ser aplicado na pré, inter e pós-oxidante. Em razão de suas propriedades físico-químicas, o dióxido de cloro na forma gasosa não pode ser comprimido por ser explosivo e, por esse motivo, sua produção tem de ser efetuada *in loco*. A produção do dióxido de cloro pode ser efetuada por meio de diferentes tecnologias de produção, empregando as duas diferentes matérias-primas bases apresentadas a seguir.

- Produção do dióxido de cloro de clorito de sódio

A produção do dióxido de cloro de clorito de sódio pode ser efetuada mediante a reação do clorito de sódio com o cloro (Equação 8-8) ou do clorito de sódio com o ácido clorídrico (Equação 8-9).

$$2NaClO_2 + Cl_2 \rightarrow 2ClO_2 + 2NaCl \qquad \text{(Equação 8-8)}$$

$$5NaClO_2 + 4HCl \rightarrow 4ClO_2 + 5NaCl + 2H_2O \qquad \text{(Equação 8-9)}$$

Do ponto de vista estequiométrico, a produção do dióxido de cloro com uso de cloro (Equação 8-8) é mais favorável que com ácido clorídrico (Equação 8-9), uma vez que, para cada mol de clorito de sódio, é possível a produção de 1 mol de dióxido de cloro, ou seja, uma conversão teórica máxima igual a 100%. Por sua vez, o dióxido de cloro produzido de ácido clorídrico possibilita a geração de 4 moles de dióxido de cloro com 5 moles de clorito de sódio, o que indica uma capacidade máxima de conversão igual a 80%.

- Produção do dióxido de cloro com clorato de sódio

A produção do dióxido de cloro com clorato de sódio envolve sua reação com uma solução de peróxido de hidrogênio e ácido sulfúrico, de acordo com a reação química apresentada pela expressão a seguir.

$$2NaClO_3 + H_2SO_4 + H_2O_2 \rightarrow 2ClO_2 + Na_2SO_4 + 2H_2O + O_2 \qquad \text{(Equação 8-10)}$$

Como a produção do dióxido de cloro deve ser efetuada *in loco*, há diferentes equipamentos comerciais que viabilizam sua geração com segurança (Fig. 8-9). Na medida em que os sistemas de geração de dióxido de cloro apresentam certo grau de sofisticação, sua operação e manutenção requerem pessoal técnico especializado. Sua utilização, portanto, normalmente se restringe a empresas de saneamento que apresentem sólida estrutura operacional, contando com equipes de manutenção permanente e exclusiva para a estação de tratamento de água.

Outra possibilidade de implantação de sistemas de produção de dióxido de cloro em sistemas de produção de água é por comodato, podendo ser efetuada uma modalidade de contrato que contemple o fornecimento de matérias-primas, operação e manutenção do sistema por parte do fornecedor do equipamento.

Em ambos os processos de produção do dióxido de cloro com clorito de sódio e ácido clorídrico ou com clorato de sódio, a mistura dos reagentes é normalmente efetuada na forma líquida, e sua reação ocorre em uma câmara, o que possibilita a produção do dióxido de cloro na forma gasosa.

Na câmara de reação, o dióxido de cloro é dissolvido na fase líquida, permitindo sua aplicação nos diferentes pontos do processo de tratamento. A solubilidade máxima do dióxido de cloro situa-se em torno de 70 g/L para 20 °C; no entanto, a maior parte dos geradores comerciais de dióxido de cloro em operação no mercado possibilita a produção de solução de dióxido de cloro cujas concentrações variam de 1 a 4 g/L (0,4%).

Ambas as matérias-primas para a produção do dióxido de cloro (clorito de sódio e clorato de sódio) não são produzidas comercialmente no Brasil, portanto, são importadas. O preço de ambas é altamente variável no mercado nacional em razão de suas cotações no mercado internacional e da taxa de câmbio.

Por ser uma molécula neutra, o dióxido de cloro não sofre reações de hidrólise na fase líquida, o que faz com que sua ação como agente oxidante e desinfetante não sofra variações com o pH da fase líquida. Considerando sua aplicabilidade no tratamento de águas de abastecimento, suas principais vantagens são as relacionadas a seguir.

- Poder oxidante e desinfetante.
- Eficiência como agente desinfetante não afetada pelo pH da fase líquida
- Grande versatilidade, que permite seu emprego na pré, inter ou pós-oxidação.
- Eficácia na oxidação de Fe^{+2} e Mn^{+2}
- Emprego para controle de determinados problemas específicos de gosto e odor em águas de abastecimento.

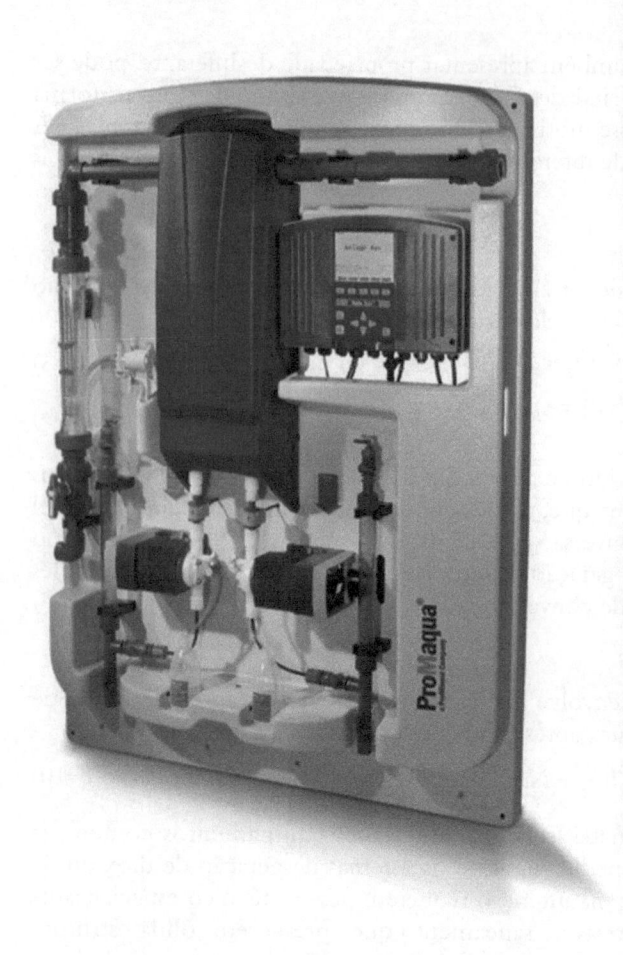

Figura 8-9 Equipamentos comerciais existentes no mercado para a produção de dióxido de cloro.

- Produzido de modo adequado, não permite a formação de compostos orgânicos organoclorados.
- Estabilidade na fase líquida, possibilitando a manutenção de concentrações residuais ao longo do sistema de distribuição de água.

Como desvantagens, citam-se as relacionadas a seguir.

- Alto custo em razão do preço da matéria-prima empregada em seu processo de produção.
- Necessidade de geração in loco, o que induz a maiores custos operacionais associados à manutenção dos equipamentos de geração.
- Controle do processo de produção de dióxido de cloro que requer cuidados operacionais.
- Capacidade de formação de subprodutos da desinfecção, notadamente os compostos inorgânicos clorito e clorato.
- Elevadas concentrações residuais de dióxido de cloro na água tratada, que podem ocasionar problemas de gosto e odor.

Assim como a maior parte dos agentes oxidantes comumente empregados no tratamento de águas de abastecimento, o dióxido de cloro também tende a reagir com os compostos orgânicos naturais presentes na fase líquida, sendo que as reações químicas preponderantes tendem a ser as seguintes (AIETA; ROBERTS; HERNANDEZ, 1984; SORLINI et al., 2014):

$$ClO_2 + CON \rightarrow ClO_2^- + CON_{oxid} \qquad \text{(Equação 8-11)}$$

$$ClO_2 + CON \rightarrow Cl^- + CON_{oxid} \qquad \text{(Equação 8-12)}$$

CON = compostos orgânicos naturais

CON_{oxid} = compostos orgânicos naturais oxidados pelo dióxido de cloro

As reações de oxidação dos compostos orgânicos naturais presentes na fase líquida pelo dióxido de cloro possibilitam que este possa ser reduzido a clorito (Equação 8-11) ou a cloreto (Equação 8-12). Evidências experimentais indicam que a redução do dióxido de cloro a íon clorito é preponderante, sendo que cerca de 50% a 70% do dióxido de cloro que tende a reagir com os compostos orgânicos naturais é reduzido a clorito, e o restante a íon cloreto (AIETA; ROBERTS, 1983).

Como o íon clorito é classificado como um subproduto da desinfecção e sua concentração máxima recomendável na água tratada é igual a 1,0 mg ClO_2^-/L, se for assumido que aproximadamente 70% do dióxido de cloro dosado é reduzido a íon clorito, a concentração máxima passível de ser efetuada no processo de tratamento é limitada a 1,5 mg ClO_2/L.

Ponto Relevante 5: As dosagens aplicadas de dióxido de cloro no tratamento de águas de abastecimento geralmente não devem ser superiores a 1,5 mg ClO_2/L, a fim de garantir que as concentrações de clorito na água tratada não sejam superiores a 1,0 mg ClO_2^-/L.

Por conseguinte, a eventual utilização do dióxido de cloro no tratamento de águas de abastecimento requer a realização de estudos de tratabilidade que permitam definir sua demanda em função da qualidade da água, de modo que a formação de clorito possa ser cuidadosamente avaliada.

Em geral, a utilização do dióxido de cloro como agente oxidante e desinfetante é mais indicada para água bruta com baixas concentrações de compostos orgânicos naturais e que exerçam reduzida demanda pelo dióxido de cloro, do contrário, as concentrações de clorito na água tratada podem alcançar valores superiores a 1,0 mg ClO_2^-/L, o que exige sua remoção posterior.

A utilização do dióxido de cloro para a oxidação de ferro e manganês é bastante efetiva, sendo que ambas as reações de oxidação são muito rápidas em uma ampla faixa de pH. A estequiometria dessas duas reações de oxidação encontra-se apresentada pelas seguintes expressões (SINGER; RECKHOW, 2011):

$$5Fe^{+2} + ClO_2 + 13H_2O \rightarrow 5Fe(OH)_{3(s)} + Cl^- + 11H^+ \qquad \text{(Equação 8-13)}$$

$$Mn^{+2} + 2ClO_2 + 2H_2O \rightarrow MnO_{2(s)} + 2ClO_2^- + 4H^+ \qquad \text{(Equação 8-14)}$$

Com base na estequiometria das reações de oxidação do Fe^{+2} e Mn^{+2} pelo dióxido de cloro, tem-se que as dosagens requeridas se situam em torno de 0,24 mg ClO_2 para cada mg de Fe^{+2} e de 2,46 mg ClO_2 para cada mg de Mn^{+2}.

Uma das aplicações mais relevantes do dióxido de cloro na pré-oxidação é a necessidade de redução na formação de compostos orgânicos clorados, que pode ser efetuada mediante alteração do agente pré-oxidante (cloro para o dióxido de cloro) (ARORA; LECHEVALIER; BATTIGELLI, 2001).

Embora o cloro na forma de pré-cloração possa ser alterado para o permanganato de potássio, pelo fato de este não ser um agente desinfetante, pode haver uma redução nos valores de C.t e consequente prejuízo ao processo de desinfecção. Desse modo, justifica-se a alteração do cloro na pré-oxidação pelo dióxido de cloro, uma vez que é possível a manutenção de uma concentração residual do agente oxidante na fase líquida, viabilizando sua ação como agente desinfetante.

Para condições mais extremas, pode-se, inclusive, considerar a mudança do agente pós-oxidante do cloro para o dióxido de cloro, garantindo, assim, que a formação de compostos orgânicos clorados seja reduzida de maneira significativa.

A utilização do dióxido de cloro para controle de gosto e odor em águas de abastecimento é bastante efetiva para problemas de gosto e odor resultantes da presença de compostos orgânicos fenólicos na água bruta. Como a oxidação destes compostos pelo dióxido de cloro é bastante efetiva e como não há a formação de subprodutos, seu controle é efetuado com bastante segurança (WALKER; LEE; AIETA, 1986).

No entanto, como a maior parte dos problemas de gosto e odor em águas de abastecimento está associada à produção de subprodutos metabólicos com origem em algas e demais microrganismos, evidências experimentais têm indicado que a remoção desses compostos pelo dióxido de cloro não é significativa. O emprego do dióxido de cloro para a solução de problemas de gosto e odor em águas de abastecimento deve, portanto, ser efetuada de maneira bastante criteriosa, procurando-se identificar com clareza os problemas a serem abordados e avaliando-se sua viabilidade técnica mediante a condução de ensaios experimentais específicos.

Uma das questões mais relevantes a ser considerada pelas empresas de saneamento quando da utilização do dióxido de cloro como agente oxidante e desinfetante é a necessidade de monitoramento das concentrações desse dióxido e do clorito ao longo do processo de tratamento e no sistema de distribuição de água.

Normalmente, os métodos analíticos para a determinação das concentrações residuais de dióxido de cloro e clorito são mais sofisticados que os métodos existentes para a determinação de cloro livre, o que requer maior cuidado por parte das equipes de operação da estação de tratamento e do sistema de distribuição de água. Alguns métodos analíticos empregados no passado, por exemplo, por DPD, foram descontinuados pela American Public Health Association (APHA) em razão de sua falta de confiabilidade. Por conseguinte, o monitoramento operacional do sistema de produção e distribuição de água que emprega o dióxido de cloro tende a exigir maior preparação dos profissionais responsáveis pela operação do sistema.

Ponto Relevante 6: A utilização do dióxido de cloro no tratamento de águas de abastecimento requer o monitoramento de suas concentrações residuais e do íon clorito no processo de tratamento, e, se for o caso, também no sistema de distribuição de água. Como os métodos analíticos empregados em sua determinação são mais sofisticados quando comparados com os tradicionalmente utilizados para o cloro livre, exige-se especial atenção à preparação e ao treinamento das equipes de operação responsáveis pela operação do sistema de produção de água, de modo a garantir o correto monitoramento da qualidade da água tratada.

OZÔNIO

O ozônio pode ser empregado no tratamento de águas de abastecimento como agente oxidante e desinfetante, e sua aplicação pode ocorrer na forma de pré, inter e pós-oxidante. Embora empregado em grande escala em alguns países da Europa Ocidental e Oriental, e, mais recentemente, redescoberto pelos norte-americanos, a utilização do ozônio é muito limitada no Brasil em razão de seu alto custo, não tendo sido identificada até o momento nenhuma aplicação direta no tratamento de águas de abastecimento (LANGLAIS et al.,1991).

Pelo fato de o ozônio ser altamente instável, seu uso exige uma produção *in loco*, sendo oxigênio e energia suas matérias-primas principais, como apresentado nas expressões a seguir.

$$O_2 + Energia \rightarrow O + O \qquad \text{(Equação 8-15)}$$

$$O_2 + O \rightarrow O_3 \qquad \text{(Equação 8-16)}$$

A ação do ozônio como agente oxidante é extremamente complexa, envolvendo dois caminhos de oxidação principais, como ilustra a Figura 8-10.

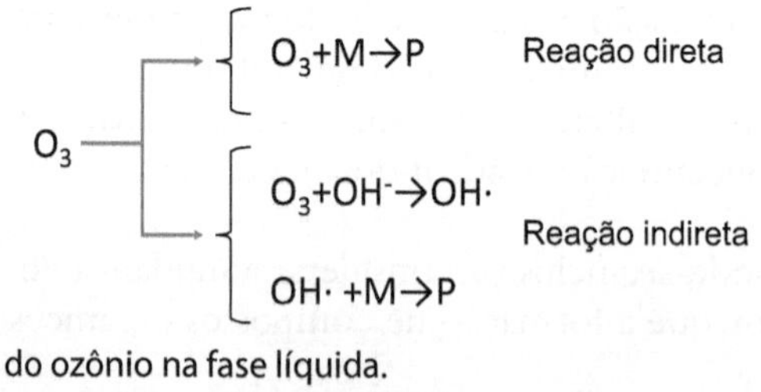

$$O_3 \begin{cases} O_3 + M \rightarrow P & \text{Reação direta} \\ \begin{cases} O_3 + OH^- \rightarrow OH\cdot & \\ OH\cdot + M \rightarrow P & \end{cases} & \text{Reação indireta} \end{cases}$$

Figura 8-10 Mecanismos de oxidação do ozônio na fase líquida.

O primeiro mecanismo envolve a reação do ozônio diretamente na oxidação de compostos orgânicos sintéticos ou naturais, sendo este conhecido como mecanismo de reação direta. Esse mecanismo é, do ponto de vista cinético, lento e extremamente seletivo, motivo pelo qual é efetivo apenas para algumas classes de compostos orgânicos.

O segundo mecanismo, denominado reação indireta, envolve a reação do ozônio com compostos precursores de radicais livres hidroxila ($OH\cdot$), sendo os íons hidroxila os mais comuns na fase líquida. O radical livre hidroxila é um agente oxidante muito mais poderoso que o ozônio, além de apresentar pouca seletividade e altas velocidades de reação.

De acordo com estudos experimentais, o mecanismo de ação preponderante do ozônio na oxidação de compostos orgânicos sintéticos e causadores de gosto e odor e sabor em águas de abastecimento é decorrente da formação de radicais livres hidroxila, podendo ser considerada desprezível a ação do ozônio molecular (GLAZE; KANG, 1988).

Como resultado da produção natural de radicais livres hidroxila durante o processo de ozonização, o ozônio sofre um processo denominado autodecomposição, o que faz com que este seja muito instável, decompondo-se rapidamente, de acordo com a expressão a seguir.

$$2O_3 \rightarrow 3O_2 \qquad \text{(Equação 8-17)}$$

O processo de decomposição do ozônio na fase líquida é extremamente complexo, pois envolve múltiplas reações em cadeia. Normalmente, as reações de autodecomposição do ozônio na fase líquida são aceleradas, se houver condições para maior produção de radicais livres hidroxila, como maior pH da fase aquosa, adição de peróxido de hidrogênio, entre outras (HERMANOWICZ; BELLAMY; FUNG, 1999; GARDONI; VAILATI; CANZIANI, 2012).

Para as dosagens comumente empregadas no tratamento de águas de abastecimento, o ozônio aplicado na fase líquida não permite a manutenção de concentrações residuais na fase líquida para tempos superiores a 30 min. Desse modo, o ozônio não pode ser empregado como agente desinfetante com o objetivo de garantir concentrações residuais no sistema de distribuição. Caso seja utilizado como agente pós-oxidante, seu uso deverá ser, necessariamente, combinado com um agente desinfetante que permita concentrações residuais mínimas no sistema de distribuição.

Ponto Relevante Final: Embora o ozônio seja um agente desinfetante extremamente eficaz, pelo fato não permitir o estabelecimento de concentrações residuais no sistema de distribuição de água, sua utilização em estações de tratamento de água deverá necessariamente ser efetuada em conjunto com outro agente desinfetante.

Quando o objetivo do processo de ozonização é a desinfecção, é conveniente garantir condições para que as concentrações de ozônio na fase líquida apresentem a maior estabilidade possível, uma vez que a molécula de O_3 é a responsável por assegurar a inativação dos microrganismos patogênicos. Por outro lado, quando o objetivo da ozonização é a oxidação de compostos orgânicos, as maiores eficiências são garantidas se forem oferecidas condições para maximizar a produção de radicais livres hidroxila, o que faz com que as concentrações de ozônio apresentem maior taxa de decomposição.

Do ponto de vista didático, os sistemas de ozonização podem ser divididos nos quatro componentes básicos relacionados a seguir (RAKNESS, 2005).

- Sistemas de preparação do gás de alimentação a ser utilizado na produção de ozônio.
- Gerador de ozônio e sistema de aplicação (placas difusoras, tubulações etc.).
- Reatores de contato do ozônio gasoso e fase líquida.
- Unidades de destruição do ozônio residual presente na fase gasosa (efluente do reator de contato).

A geração de ozônio é normalmente efetuada de descargas elétricas entre dois eletrodos separadas por placas dielétricas, podendo ser produzido do ar atmosférico, oxigênio puro ou ar atmosférico enriquecido com oxigênio puro. O maior custo de operação associado à produção do ozônio está associado aos custos com energia elétrica, sendo estes função da matéria-prima empregada para sua produção. Ao se empregar o ar atmosférico, o consumo energético é estimado entre 14 e 20 kWh por kg de O_3 produzido. Para oxigênio puro, situa-se em torno de 8 a 12 kWh por kg de O_3 produzido. Como esses valores são função da tecnologia de produção de ozônio utilizada e esta, por sua vez, é dependente da tecnologia adotada pelo fabricante, é sempre conveniente a consulta a fornecedores de reputação conhecida, para a obtenção de valores confiáveis (LANGLAIS et al., 1991).

De modo geral, a frequência de alimentação do gerador de ozônio pode ser agrupada nas três diferentes categorias relacionadas a seguir.

- Geradores de ozônio de baixa frequência (50 ou 60 Hz).
- Geradores de ozônio de média frequência (400 a 1000 Hz).
- Geradores de ozônio de alta frequência (acima de 1.000 Hz).

A concentração de ozônio na fase gasosa pode variar de 2% a 12%, sendo que os geradores de baixa e média frequência conseguem alcançar concentrações entre 2% e 4%, ao passo que geradores de alta frequência podem chegar a 12%.

Equipamentos de geração de ozônio com capacidade de trabalho em diferentes frequências permitem, uma vez mantida constante a vazão de gás de entrada, variar a concentração de ozônio produzido na fase gasosa e, consequentemente, também variar as dosagens de ozônio aplicada na fase líquida. A Figura 8-11 apresenta alguns geradores de ozônio empregados no tratamento de águas de abastecimento.

Figura 8-11 (a e b) Geradores de ozônio empregados no tratamento de águas de abastecimento. (Fontes: http://www.xylem.com/treatment/us/brands/wedeco. e http://www.tpomag.com/editorial/2013/08/quick_change_artist_wso.)

Para todos os sistemas citados, o gás de alimentação deve passar por uma etapa de pré-tratamento antes de sua introdução no gerador, de modo a não ocasionar prejuízo nas placas dielétricas componentes do sistema gerador de ozônio. As etapas de pré-tratamento, resumidamente, envolvem remoção de material particulado, compressão do gás e seu posterior resfriamento e retirada de umidade.

Diferentemente de cloro livre, cloraminas e dióxido de cloro, cuja solubilidade em meio aquoso é relativamente elevada, o ozônio é pouco solúvel e, por conseguinte, sua aplicação requer estruturas físicas que permitam sua distribuição na fase líquida de maneira eficiente.

Os reatores de contato da fase gasosa com a fase líquida representam a parte constitutiva mais importante de um sistema de ozonização, e seu bom desempenho como operação unitária depende de uma série de fatores como vazão de líquido, vazão de gás, concentração de ozônio no gás de alimentação, caraterísticas hidrodinâmicas dos reatores e características físico-químicas da água bruta.

As concepções mais usuais de sistemas de contato gás-líquido são os reatores de mistura completa, reatores tubulares com escoamento de gás-líquido em contracorrente, reatores tubulares com escoamento de gás-líquido em cocorrente ou uma combinação entre estes dois últimos (reator com regime de escoamento em contracorrente e cocorrente), como apresentado na Figura 8-12 (RAKNESS, 2005).

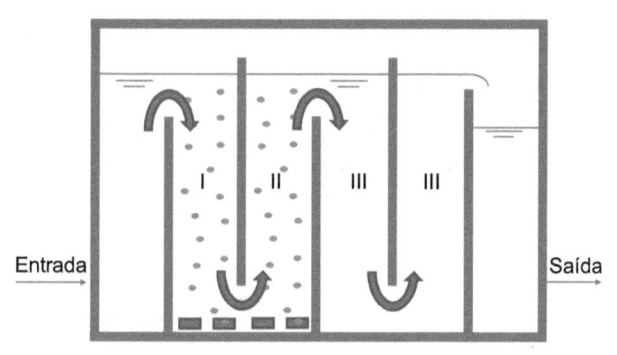

Figura 8-12 Concepção de reatores de ozonização.

Em sistemas de mistura completa, o gás contendo ozônio é introduzido no reator por meio de um agitador do tipo turbina, e a turbulência induzida pelo sistema de agitação permite a dissolução e transferência do ozônio da fase gasosa para a fase líquida.

Sistemas de contato gás-líquido do tipo contracorrente são caracterizados por apresentarem a fase líquida escoando em sentido contrário à fase gasosa, sendo indicados na Figura 8-12 como trechos de Tipo I. Em sistemas de contato gás-líquido do tipo cocorrente, tanto a fase líquida como a fase gasosa escoam em um mesmo sentido, (trechos indicados como de Tipo II). Os trechos sem introdução de ozônio, ocorrendo unicamente a decomposição do ozônio na fase líquida, são denominados trechos reativos e estão indicados como de Tipo III.

Reatores de contato em sistemas de ozonização compostos por difusores de bolha fina e multicompartimentados em reatores do tipo contracorrente, cocorrente e trechos reativos são os mais utilizados atualmente. A adoção deste tipo de concepção de sistemas de ozonização tem sido preferida pelo fato de este ser extremamente flexível, o que permite a aplicação de diferentes dosagens de ozônio em diferentes compartimentos do sistema e sua consequente otimização no tocante ao atendimento de um ou mais objetivos específicos.

Dado o fato de a solubilidade do ozônio na fase líquida ser bastante reduzida e considerando seu alto custo de produção, os sistemas de contato gás-líquido normalmente são projetados para garantir taxas de transferência do ozônio da fase gasosa para a fase líquida acima de 95%. Desse modo, as alturas de lâmina d'água nos reatores de contato situam-se em torno de 5,0 a 6,0 m.

Como o ozônio se decompõe na fase líquida, o tempo de detenção hidráulico normalmente adotado no reator de contato situa-se em torno de 15 a 30 min, sendo que este é normalmente dotado de, pelo menos, quatro câmaras em série. Assim sendo, pode-se efetuar a aplicação do ozônio nas câmaras iniciais, permitindo que as últimas possam trabalhar como trechos reativos. A Figura 8-13 apresenta um perfil de concentração de ozônio na fase líquida para um reator de contato dotado de quatro câmaras em série, sendo duas do tipo contracorrente e duas do tipo reativas.

Os resultados apresentados na Figura 8-13 são dois perfis de concentração de ozônio residual na fase líquida para duas diferentes condições operacionais; a primeira condição com aplicação de ozônio na primeira e segunda câmaras com dosagens iguais a 1,0 mg O_3/L em cada câmara (Condição 1), e a segunda com dosagem de 2,0 mg O_3/L somente na primeira câmara (Condição 2).

Para ambas as condições operacionais, pode-se observar que o efluente do reator de contato não mais apresenta concentrações residuais de ozônio na fase líquida, o que é explicado por sua elevada taxa de decomposição. Também é interessante notar que, ainda que a dosagem total de ozônio aplicado na fase líquida tenha sido igual a 2,0 mg O_3/L, a divisão desta na primeira e segunda câmaras possibilitou concentrações residuais de ozônio mais estáveis na fase líquida para a Condição 1, embora com concentrações residuais máximas observadas menores que as da Condição 2. Desse modo, ressalta-se a importância da possibilidade de subdivisão da dosagem total de ozônio aplicado no reator de contato em diferentes câmaras, o que permite manobrar melhor o perfil de concentrações residuais na fase líquida.

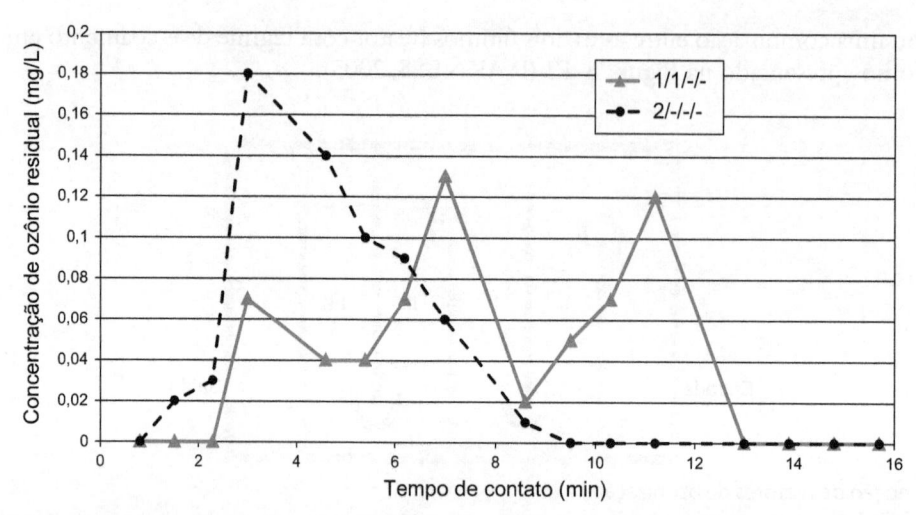

Figura 8-13 Perfil de concentração do ozônio na fase líquida para um reator de contato dotado de quatro câmaras em série.

O tratamento do gás efluente dos reatores de contato é necessário, uma vez que, dada a baixa solubilidade do ozônio na fase líquida, sua transferência da fase gasosa não é completa. Em razão da toxicidade do gás efluente dos reatores de contato e dos perigos que podem ser ocasionados â saúde dos técnicos que trabalham em instalações de ozonização, faz-se necessária a sua destruição, que pode ser por via térmica ou por via catalítica.

Por motivos de segurança, recomenda-se que a concentração máxima de ozônio no ar seja inferior a 0,2 mg/m³ (0,1 ppmv), para tempos de exposição inferiores a 8 h, e inferior a 0,4 mg/m³ (0,2 ppmv), para tempos de exposição inferiores a 10 min.

Embora de aplicação restrita no Brasil, o ozônio como agente oxidante apresenta as vantagens relacionadas a seguir.

- Poder desinfetante, sendo maior que o dos demais agentes desinfetantes empregados no tratamento de águas de abastecimento (cloro, cloraminas e dióxido de cloro).
- Único agente desinfetante capaz de garantir a inativação de cistos de protozoários, notadamente *Cryptosporidium*.
- Extremamente efetivo para a oxidação de ferro e manganês.
- Alta eficiência no controle de gosto e odor em águas de abastecimento.
- Capacidade de oxidação de determinadas classes de compostos orgânicos sintéticos eventualmente presentes na fase líquida.
- Útil para o controle na formação de subprodutos orgânicos clorados durante o processo de tratamento.

Embora apresente inúmeras vantagens quanto a seu emprego no tratamento de águas de abastecimento, o ozônio tem algumas desvantagens, como as relacionadas a seguir.

- Custo bastante elevado de produção em função da necessidade de uso intensivo de energia elétrica.
- Aplicação do ozônio no tratamento de águas de abastecimento exige a implantação de obras civis (reatores de contato) e a aquisição do sistema de geração.
- Não passível de formação de concentrações residuais, não podendo ser utilizado como agente desinfetante no sistema de distribuição.
- Passível de produção de subprodutos da desinfecção, comumente o íon bromato.

Apesar de sua grande flexibilidade como agente oxidante e desinfetante, infelizmente, seu emprego no tratamento de águas de abastecimento no Brasil é inviabilizado por seu alto custo de implantação e operação.

Sua aplicação no tratamento de águas de abastecimento pode ser efetuada na forma de pré, inter ou pós-oxidação, sendo que sua definição depende dos objetivos a serem atendidos com a ozonização. A Tabela 8-1 apresenta um resumo dos melhores pontos de aplicação do ozônio em função de sua principal finalidade.

Tabela 8-1 Aplicação do ozônio no tratamento de água em função de sua finalidade e do intervalo de dosagens (LANGLAIS et al., 1991)

Finalidade	Ponto de aplicação	Dosagem
Oxidação de Fe e Mn	Pré-ozonização Interozonização	Média
Remoção de cor	Pré-ozonização Interozonização	Média a alta
Controle de odor e sabor	Pré-ozonização Interozonização	Alta
Oxidação de compostos orgânicos sintéticos	Interozonização	Média a alta
Desinfecção	Pré-ozonização (prática norte-americana) Interozonização (prática europeia)	Média a alta
Controle de subprodutos da desinfecção	Interozonização Pré-ozonização	Média a alta

Em função de sua alta reatividade na fase líquida, o ozônio pode participar de reações de oxidação com determinados compostos orgânicos naturais, alterando sua estrutura molecular, com diminuição de seu peso molecular, e tornando-os mais polares (Equação 8-18).

$$2O_3 + CON \rightarrow 3O_2 + CON_{oxid}$$
(Equação 8-18)

CON = compostos orgânicos naturais
CON_{oxid} = compostos orgânicos naturais oxidados pelo ozônio

Os compostos orgânicos formados (aldeídos, cetonas e certos ácidos orgânicos) como resultado da ozonização de compostos orgânicos naturais oxidados, por seu menor peso molecular e mudanças estruturais em suas moléculas, apresentam-se mais biodegradáveis, o que deve ser objeto de estudos específicos, para que não haja comprometimento da qualidade da água tratada (GOEL; HOZALSKI; BOUWER, 1995).

Ainda que bastante efetivo no controle da formação de compostos orgânicos clorados, a utilização do ozônio no tratamento de águas de abastecimento também pode produzir subprodutos da desinfecção, sendo o íon bromato o mais relevante (FERGUSON et al., 1991). Sua formação pode ser descrita por meio das seguintes expressões:

$$O_3 + Br^- \rightarrow OBr^-$$
(Equação 8-19)

$$O_3 + OBr^- \rightarrow BrO_2^-$$
(Equação 8-20)

$$O_3 + BrO_2^- \rightarrow BrO_3^-$$
(Equação 8-21)

A reação do ozônio com íons brometo possibilita a formação do íon hipobromoso, o qual, por sua vez, ao ser oxidado pelo ozônio, tende a produzir concentrações de íons bromato na fase líquida, que é atualmente considerado subproduto da desinfecção. A legislação brasileira atualmente apresenta o íon bromato como padrão de potabilidade, recomendando que sua concentração na água tratada não exceda 10 µg/L.

Ainda que a ozonização não possibilite, portanto, a formação de compostos orgânicos organoclorados como subprodutos da desinfecção, dependendo das características da água bruta, pode ocorrer a formação de íons bromato, o que requer atenção quanto a sua utilização como agente oxidante e desinfetante. Como não há um padrão de qualidade da água bruta que possibilite avaliar a tendência de formação de íons bromato ao ser submetida à ozonização, o único meio de avaliação é a execução de ensaios experimentais em escalas de laboratório e piloto.

Em razão de seu alto custo de implantação e produção, o emprego do ozônio no tratamento de águas de abastecimento apenas se justifica para aplicações bastante específicas, especialmente aquelas em que os demais agentes oxidantes passíveis de utilização não apresentem efetividade. Pode-se citar como exemplo a remoção de compostos orgânicos causadores de gosto e odor que tenham como origem subprodutos metabólicos de algas e demais microrganismos e de compostos orgânicos sintéticos.

Além disso, caso seja necessário o emprego de um agente desinfetante que ofereça garantias para inativar cistos de protozoários, notadamente *Cryptosporidium*, o ozônio é, sem dúvida, a opção a ser adotada, uma vez que os demais agentes desinfetantes não apresentam eficácia desejada.

PERÓXIDO DE HIDROGÊNIO

O peróxido de hidrogênio é comercializado e aplicado no tratamento de águas de abastecimento na forma líquida, sendo comercializado em solução de 35%, de 50% e até de 75% em massa. Na maior parte das aplicações, são empregadas soluções de 35% e 50% em massa.

Sua aplicação no tratamento de águas de abastecimento tem sido ainda muito limitada em razão de considerações de ordem cinética no que diz respeito à oxidação de ferro, manganês, compostos orgânicos sintéticos, entre outras aplicações. No entanto, sua aplicação combinada com outros agentes oxidantes, em especial o ozônio e a radiação ultravioleta, tem-se mostrado particularmente atrativa, uma vez que a combinação destes é capaz de maximizar a ação oxidante do H_2O_2 pela formação de radicais hidroxila, que são compostos oxidantes extremamente mais reativos, não seletivos e com maior eficácia. Alguns estudos em desenvolvimento em escala real indicam sua potencialidade na remoção de compostos orgânicos causadores de odor e sabor, e a oxidação de compostos orgânicos sintéticos em águas de abastecimento (GLAZE; KANG, 1988; FERGUSON et al., 1990; KARIMI et al., 1997).

O peróxido de hidrogênio, quando em solução aquosa, apresenta um comportamento acidobásico, uma vez que o composto H_2O_2 é um ácido fraco. Sua equação de equilíbrio pode ser escrita pela seguinte expressão:

$$H_2O_2 \leftrightarrows HO_2^- + H^+ \qquad \text{(Equação 8-22)}$$

A equação de equilíbrio apresentada pela Equação 8-22 tem um valor de constante de equilíbrio igual a $10^{-11,7}$, e, por conseguinte, a distribuição das espécies H_2O_2 e HO_2^- na fase líquida é função do pH da fase líquida. Para valores de pH inferiores a 10,6, predomina na fase líquida o peróxido de hidrogênio na forma de H_2O_2, sendo que, para valores de pH superiores a 12,6, há predominância da espécie química HO_2^-. Entre 10,6 e 12,6, há uma distribuição entre ambas as espécies, sendo que, para pH igual a 11,7, as concentrações molares de ambas as espécies são iguais.

Como o pH da água no processo de tratamento de água apresenta valores próximos da neutralidade, a maior parte do peróxido de hidrogênio aplicado estará na forma de H_2O_2.

O peróxido de hidrogênio pode agir tanto como agente redutor como agente oxidante. As reações de óxido-redução envolvidas são as seguintes:

$$H_2O_2 + 2H^+ + 2e^- \leftrightarrows 2H_2O \quad \text{(Equação 8-23, como agente oxidante)}$$

$$H_2O_2 \leftrightarrows O_2 + 2H^+ + 2e^- \quad \text{(Equação 8-24, como agente redutor)}$$

Uma das grandes vantagens da utilização do peróxido de hidrogênio como agente oxidante é que os subprodutos de suas reações de oxidação e redução são H_2O e O_2. Uma das aplicações mais interessantes do peróxido de hidrogênio no tratamento de águas de abastecimento está associada à oxidação de Fe^{+2} para Fe^{+3}, sendo que sua reação estequiométrica se encontra apresentada pela Equação 8-25.

$$2Fe^{+2} + H_2O_2 + 4H_2O \rightarrow 2Fe(OH)_{3(s)} + 4H^+ \qquad \text{(Equação 8-25)}$$

Com base na Equação 8-25, tem-se que, para cada 1 mg Fe^{+2}/L, é requerida uma dosagem de peróxido de hidrogênio igual a 0,30 mg H_2O_2/L. A oxidação do Fe^{+2} pelo peróxido de hidrogênio é relativamente rápida, podendo ser empregada com segurança no tratamento de águas de abastecimento. No entanto, com respeito ao elemento manganês, sua oxidação de Mn^{+2} para Mn^{+4} não é viável do ponto de vista cinético, não se recomendando o uso do peróxido de hidrogênio.

A utilização mais relevante do peróxido hidrogênio no tratamento de águas de abastecimento está associado a processos oxidativos avançados, para que seja possível maximizar a geração de radicais livres hidroxila. Sua combinação com o ozônio permite a formação de radicais livres, como apresentado de modo simplificado pela seguinte expressão:

$$2O_3 + H_2O_2 \rightarrow 3O_2 + 2OH$$ (Equação 8-26)

Pelo fato de o radical livre hidroxila ser um agente oxidante não seletivo e de grande poder de oxidação, a combinação do peróxido de hidrogênio com o ozônio, conhecido por peroxônio, é uma alternativa interessante para a remoção de determinadas classes de contaminantes orgânicos. A estequiometria da reação do peróxido de hidrogênio com o ozônio (Equação 8-26) indica que, para cada 1 mg O_3/L, é necessária uma dosagem mínima de 0,35 mg H_2O_2/L. Normalmente, considerando um consumo de peróxido de hidrogênio adicional requerido para a oxidação de compostos orgânicos presentes na fase líquida, recomenda-se uma relação em torno de 0,5 mg H_2O_2/ mg O_3. A Figura 8-14 apresenta resultados de concentração de ozônio na fase líquida para ensaios de ozonização realizados com e sem a combinação de peróxido de hidrogênio.

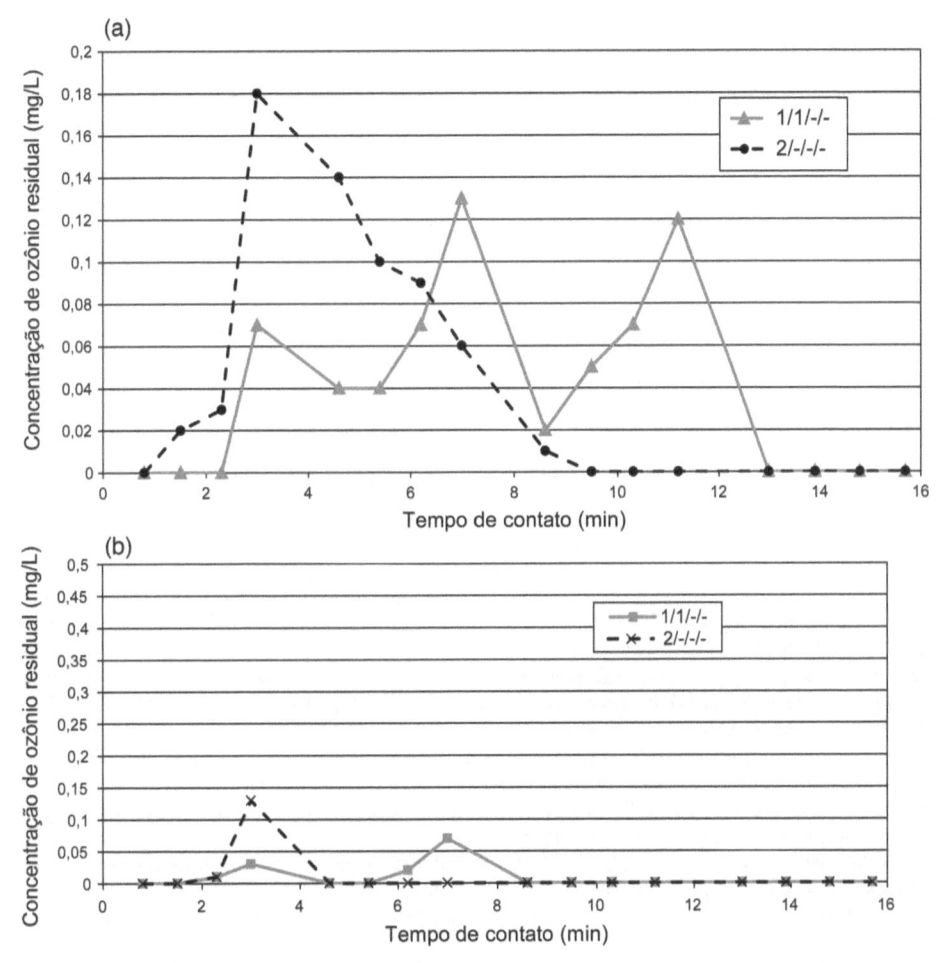

Figura 8-14 Perfil de concentração do ozônio na fase líquida para um reator de contato dotado de quatro câmaras em série (a) sem peróxido de hidrogênio e (b) com peróxido de hidrogênio.

Os resultados de concentração de ozônio na fase líquida apresentados na Figura 8-14 foram obtidos para ensaios conduzidos com dosagens de ozônio igual a 2,0 mg O_3/L, (a) sem e (b) com peróxido de hidrogênio e diferentes configurações de aplicação, sendo 2,0 mg O_3/L na primeira câmara de ozonização e 1,0 mg O_3/L na primeira e 1,0 mg O_3/L na segunda câmara de ozonização.

Embora a concentração de ozônio aplicado tenha sido igual, para a mesma configuração de ozônio aplicado nos reatores de ozonização, pode-se observar que suas concentrações residuais na fase líquida foram sempre superiores aos mesmos ensaios efetuados mediante sua combinação com peróxido de hidrogênio. Isto se deve ao fato de que, quando se tem o ozônio combinado com o peróxido de hidrogênio, há maior produção de radicais livres hidroxila, que, por sua vez, apresentam como efeito reações que ocasionam a autodecomposição do ozônio na fase líquida. De modo simplificado, esta reação de autodecomposição pode ser representada pela expressão a seguir.

$$O_3 + OH \rightarrow 2O_2 + H^+$$ (Equação 8-27)

Desse modo, para processos em que seja conveniente maximizar a produção de radicais livres hidroxila, a combinação do ozônio com o peróxido de hidrogênio é uma alternativa bastante atrativa, especialmente quando se deseja a oxidação de compostos orgânicos sintéticos na fase líquida. Por outro lado, como consequência, ocorre um aumento na taxa de autodecomposição do ozônio na fase líquida, o que faz com que suas concentrações residuais na fase líquida sejam menores, podendo comprometer a eficácia do processo de desinfecção.

Como o comportamento de ambos os agentes oxidantes na fase líquida (ozônio e peróxido de hidrogênio) é função da qualidade da água, em razão dos altos custos envolvidos na implantação de sistemas de ozonização combinados com peróxido de hidrogênio, é conveniente que a avaliação de sua viabilidade de implantação seja justificada por meio de ensaios experimentais em escalas piloto e de laboratório.

Em resumo, a aplicabilidade do peróxido de hidrogênio como agente oxidante em estações de tratamento de água tem-se apresentado bastante limitada em face de sua reduzida capacidade de oxidação quando empregado isoladamente. Alguns campos de aplicação mais atrativos do peróxido de hidrogênio têm sido seu uso como algicida em substituição ao sulfato de cobre; no entanto, sua efetividade também deve ser avaliada em campo (DRABKOVA; ADMIRAAL; MARSALEK, 2007; MATTHIJS et al., 2012).

Referências

AIETA, E. M.; ROBERTS, P. V. Disinfection with chlorine and chlorine dioxide. *Journal of Environmental Engineering*, New York, v. 109, n. 4, p. 783-799, 1983.

AIETA, E. M.; ROBERTS, P. V.; HERNANDEZ, M. Determination of chlorine dioxide, chlorine, chlorite, and chlorate in water. *Journal American Water Works Association*, Denver, v. 76, n. 1, p. 64-70, 1984.

ARORA, H.; LECHEVALLIER, M.; BATTIGELLI, D. Effectiveness of chlorine dioxide in meeting the enhanced surface water treatment and disinfection by-products rules. *Journal of Water Supply Research and Technology-Aqua*, London, v. 50, n. 4, p. 209-227, Aug. 2001.

CRITTENDEN, J. C. et al. *Water treatment principles and design.* 3rd ed. New York: Wiley, 2012. 1901 p.

DALY, R. .; HO, L.; BROOKES, J. D. Effect of chlorination on Microcystis aeruginosa cell integrity and subsequent microcystin release and degradation. *Environmental Science & Technology*, Easton, v. 41, n. 12, p. 4447-4453, June 2007.

DRABKOVA, M.; ADMIRAAL, W.; MARSALEK, B. Combined exposure to hydrogen peroxide and light - Selective effects on cyanobacteria, green algae, and diatoms. *Environmental Science & Technology*, Easton, v. 41, n. 1, p. 309-314, Jan. 2007.

FAN, J. et al. Impact of potassium permanganate on cyanobacterial cell integrity and toxin release and degradation. *Chemosphere*, Amsterdam, v. 92, n. 5, p. 529-534, July 2013.

FERGUSON, D. W. et al. Comparing peroxone and ozone for controlling taste and odor compounds, disinfection by-products, and microorganisms. *Journal American Water Works Association*, Denver, v. 82, n. 4, p. 181-191, Apr. 1990.

GARDONI, D.; VAILATI, A.; CANZIANI, R. Decay of ozone in water: a review. *Ozone-Science & Engineering*, v. 34, n. 4, p. 233-242, 2012.

GLAZE, W. H.; KANG, J. W. Advanced oxidation processes for treating groundwater contaminated with TCE and PCE - Laboratory studies. *Journal American Water Works Association*, Denver, v. 80, n. 5, p. 57-63, May 1988.

GOEL, S.; HOZALSKI, R. M.; BOUWER, E. J. Biodegradation of nom - effect of nom source and ozone dose. *Journal American Water Works Association*, Denver, v. 87, n. 1, p. 90-105, Jan. 1995.

HERMANOWICZ, S. W.; BELLAMY, W. D.; FUNG, L. C. Variability of ozone reaction kinetics in batch and continuous flow reactors. *Water Research*, Oxford, v. 33, n. 9, p. 2130-2138, Jun 1999.

KARIMI, A. A. et al. Evaluating an AOP for TCE and PCE removal. *Journal American Water Works Association*, Denver, v. 89, n. 8, p. 41-53, Aug. 1997.

KAWAMURA, S. *Integrated design and operation of water treatment facilities.* 2nd ed. New York: Wiley, 2000. 691 p.

KNOCKE, W. R. et al. Kinetics of manganese and iron oxidation by potassium-permanganate and chlorine dioxide. *Journal American Water Works Association*, Denver, v. 83, n. 6, p. 80-87, June 1991.

LANGLAIS, B. et al. *Ozone in water treatment*: Application and engineering: Cooperative research report. Chelsea, Mich.: Lewis Publishers, 1991. 569 p.

MATTHIJS, H. C. P. et al. Selective suppression of harmful cyanobacteria in an entire lake with hydrogen peroxide. *Water Research*, Oxford, v. 46, n. 5, p. 1460-1472, Apr. 2012.

PETERSON, H. G. et al. Physiological toxicity, cell membrane damage and the release of dissolved organic carbon and geosmin by Aphanizomenon flos-aquae after exposure to water treatment chemicals. *Water Research*, Oxford, v. 29, n. 6, p. 1515-1523. 1995.

RAKNESS, K. L. *Ozone in drinking water treatment*: process design, operation, and optimization. 1st. Denver: AWWA, 2005. 302 p.

SINGER, P. C.; RECKHOW, D. A. Chemical oxidation. In: EDZWALD, J. K. (Ed.) *Water quality and treatment*: a handbook on drinking water. 6th ed. Denver: AWWA, 2011.

SORLINI, S. et al. Influence of drinking water treatments on chlorine dioxide consumption and chlorite/chlorate formation. *Water Research*, Oxford, v. 54, p. 44-52, May 2014.

SRINIVASAN, R.; SORIAL, G. A. Treatment of taste and odor causing compounds 2-methyl isoborneol and geosmin in drinking water: A critical review. *Journal of Environmental Sciences*, Beijing, v. 23, n. 1, p. 1-13, 2011.

U.S. Environmental Protection Agency. *Alternative disinfectants and oxidants guidance manual*. Washington: Environmental Protection Agency, 1999.

VANBENSCHOTEN, J. E.; WEI, L.; KNOCKE, W. R. Kinetic modeling of manganese(ii) oxidation by chlorine dioxide and potassium-permanganate. *Environmental Science & Technology*, Easton, v. 26, n. 7, p. 1327-1333, July 1992.

WALKER, G. S.; LEE, F. P.; AIETA, E. M. Chlorine dioxide for taste and odor control. *Journal American Water Works Association*, Denver, v. 78, n. 3, p. 84-93, Mar.1986.

CAPÍTULO 9

Remoção de Compostos Orgânicos e Controle da Formação de Subprodutos da Desinfecção

COMPOSTOS ORGÂNICOS E SUA PRESENÇA EM ÁGUAS DE ABASTECIMENTO

Até o início da década de 1970, as maiores preocupações com respeito à presença de compostos orgânicos em águas de abastecimento deviam-se a sua capacidade de conferir cor à água tratada. Com o desenvolvimento progressivo de diferentes técnicas analíticas, por exemplo, a cromatografia líquida (HPLC) e a cromatografia gasosa associada à espectrometria de massa (GC-MS), tornou-se possível identificar inúmeros compostos orgânicos que podem estar presentes em águas naturais e tratadas, e que, potencialmente, podem trazer riscos à saúde humana.

O tratamento convencional de águas de abastecimento tem por objetivo assegurar a remoção de partículas em suspensão e coloidais, ou seja, possibilitar a clarificação adequada da água tratada, bem como garantir sua segurança microbiológica, não tendo sido originalmente concebido para a remoção de compostos orgânicos presentes na fase líquida (Fig. 9-1). Desse modo, sua ação na remoção de compostos orgânicos em fase aquosa é limitada, devendo, portanto, ser complementada, seja com processos unitários adicionais, seja mediante a modificação de condições operacionais do processo de tratamento.

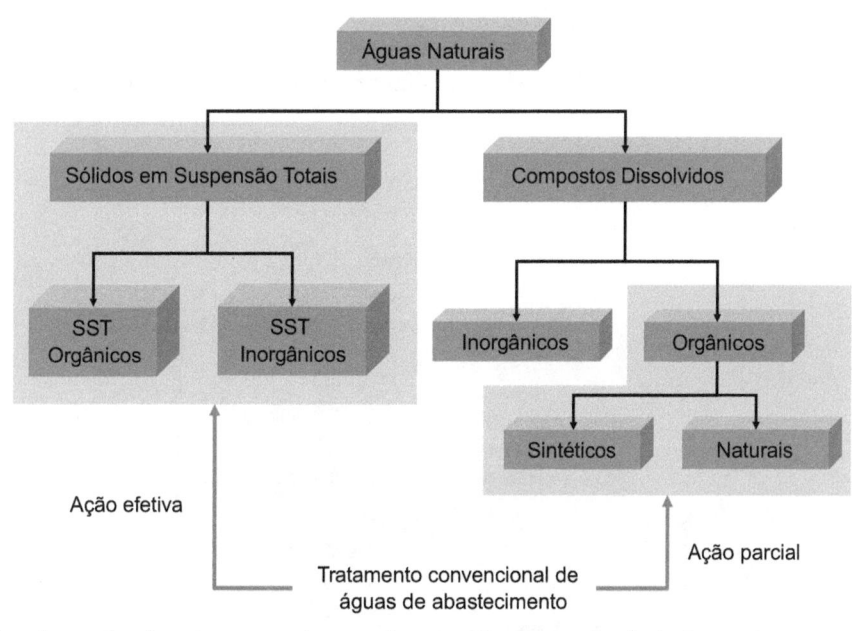

Figura 9-1 Espectro de contaminantes presentes em águas naturais e ação do tratamento convencional de águas de abastecimento.

Embora o tratamento convencional de águas de abastecimento não tenha por objetivo, portanto, garantir a remoção de compostos orgânicos presentes na fase líquida, pode possibilitar, ainda que parcialmente, sua remoção da fase líquida e o consequente atendimento aos padrões de potabilidade vigentes.

Os compostos orgânicos que, porventura, possam estar presentes na água bruta e tratada podem ser oriundos de processos biogênicos e antropogênicos, e suas concentrações em meio aquoso podem variar de ng/L a mg/L. De acordo com sua origem, podem ser classificados como relacionados a seguir (CRITTENDEN et al., 2012).

- Compostos orgânicos de origem natural que têm por base a degradação de matéria orgânica de origem vegetal, denominados coletivamente por substâncias húmicas.
- Compostos orgânicos naturais formados como subprodutos metabólicos de algas e demais microrganismos, podendo-se citar compostos orgânicos causadores de gosto e odor, bem como cianotoxinas.
- Compostos orgânicos de origem antropogênica, por exemplo, compostos orgânicos sintéticos, interferentes endócrinos, produtos farmacêuticos e de higiene pessoal.
- Compostos orgânicos formados durante o processo de tratamento, mais especificamente, os subprodutos da desinfecção.

Dependendo de suas características físico-químicas, a presença de compostos orgânicos em águas de abastecimento pode ocasionar uma série de inconvenientes, como os relacionados a seguir.

- Conferir cor real na água tratada.
- Possibilitar o aumento na formação de subprodutos da desinfecção.
- Ocasionar um aumento nas dosagens de coagulante requeridas para o processo de coagulação.
- Interferir nos processos de oxidação química do ferro e manganês.
- Ocasionar problemas de gosto e odor em águas de abastecimento.
- Complexar metais, ocasionando o aumento de sua solubilidade em meio aquoso.
- Aumento na demanda de agentes oxidantes.
- Aumento na concentração de compostos orgânicos biodegradáveis na água tratada.
- Podem conferir toxicidade crônica à água tratada.

Como os compostos orgânicos apresentam grande diversidade de características físico-químicas (peso molecular, composição química, solubilidade, volatilidade, polaridade, capacidade de partição em fase sólida e líquida), as tecnologias para sua remoção da fase líquida são também bastante diferentes entre si, o que as torna específicas para determinadas classes de compostos orgânicos.

De modo geral, a seleção das tecnologias de tratamento a serem adotadas para a remoção de determinados compostos orgânicos na fase líquida depende fundamentalmente de seu peso molecular, polaridade e volatilidade (Fig. 9-2).

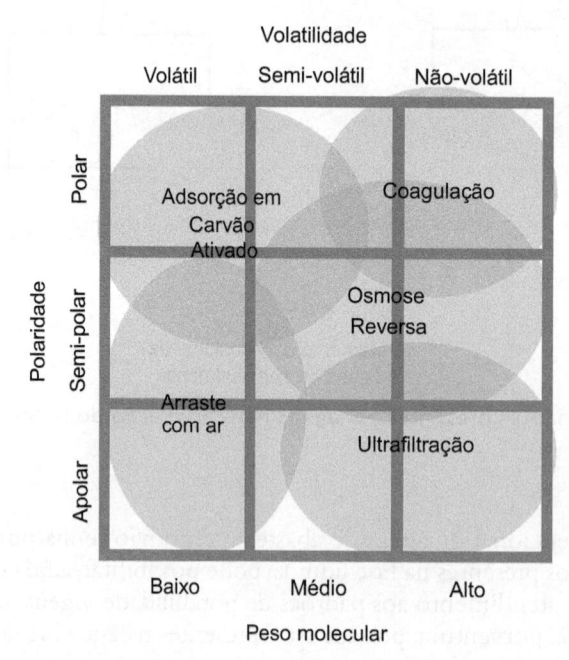

Figura 9-2 Definição de tecnologias de tratamento para a remoção de compostos orgânicos em função de seu peso molecular, polaridade e volatilidade.

Compostos orgânicos de baixo peso molecular e apolares tendem a ser voláteis, portanto, podem ser removidos da fase líquida mediante processos de arraste com ar (HAND et al., 1986). Com o aumento de sua polaridade e a diminuição de sua volatilidade, os processos de arraste com ar deixam de ser efetivos, tornando-se mais atrativa a utilização de processos de adsorção em carvão ativado em pó ou granular (NAJM et al., 1991). Em geral, a utilização de sistemas de tratamento compostos por unidades de arraste com ar ou por sistemas de adsorção em carvão ativado são mais recomendada para compostos orgânicos sintéticos que apresentem peso molecular inferior a 200 Da e para determinados compostos orgânicos de origem biogênica.

Com a elevação do peso molecular dos compostos orgânicos, a tendência é aumentar sua polaridade e, por conseguinte, torna-se possível sua remoção por processos de membrana, notadamente por sistemas de nanofiltração e osmose reversa. Como a eficiência dos processos de separação de compostos orgânicos em sistemas de nanofiltração e osmose reversa depende de suas interações com o material constitutivo da membrana, a eficiência de remoção é altamente específica, devendo ser estudada caso a caso (JACANGELO; PATANIA; TRUSSELL, 1989; CLARK et al., 1998).

Dependendo do peso molecular dos compostos orgânicos presentes em fase aquosa, especialmente para substâncias húmicas cujos valores podem ser superiores a 2.000 Da, o emprego de sistemas de ultrafiltração pode ser bastante efetivo, sendo que sua eficiência depende do peso molecular de corte da membrana de ultrafiltração considerada. Para moléculas orgânicas de alto peso molecular que geralmente compõem as substâncias húmicas, o processo de coagulação pode permitir eficiências de remoção que podem variar de 20% a 60%, dependendo das condições operacionais do processo de coagulação (tipo e dosagem de coagulante, pH de coagulação, características físico-químicas das substâncias húmicas etc.) (ALSPACH et al., 2008; CHEW; AROUA; HUSSAIN, 2016).

Com base no exposto, é possível observar que a remoção de compostos orgânicos presentes em meio aquoso é altamente dependente de suas características físico-químicas, das características da fase líquida e da tecnologia de tratamento a ser adotada. Considerando, portanto, a diversidade de compostos orgânicos que podem estar presentes em determinada água bruta, não é possível estabelecer uma solução padrão, sendo que cada caso deve ser tratado e estudado de modo específico.

Ponto Relevante 1: A remoção de compostos orgânicos pelo tratamento convencional de águas de abastecimento é guiada por suas características físico-químicas principais, e, em razão da diversidade de compostos que podem ser encontrados em água naturais e tratadas, a tecnologia de remoção a ser adotada deve ser definida de forma específica.

REMOÇÃO DE COMPOSTOS ORGÂNICOS NATURAIS NO TRATAMENTO CONVENCIONAL DE ÁGUAS DE ABASTECIMENTO

Historicamente, até o início da década de 1970, a remoção de compostos orgânicos naturais (CONs) no tratamento de águas de abastecimento era efetuada com o objetivo de garantir a remoção da cor real da fase líquida. A partir de 1974, com a descoberta de que a reação dos CONs com o cloro possibilita a formação de compostos orgânicos denominados de subprodutos da desinfecção, maiores estudos passaram a ser desenvolvidos com o objetivo de esclarecer melhor o impacto dos CONs nos processos de tratamento e as tecnologias passíveis de serem empregadas para sua remoção (ROOK, 1976).

Os CONs presentes em águas naturais podem ser divididos em duas diferentes frações, a saber (EDZWALD; TOBIASON, 2011b):

- Fração húmica.
- Fração não húmica.

A fração húmica está normalmente associada à degradação biológica de matéria orgânica de origem vegetal, podendo estes ser encaminhados para o manancial por escoamento superficial direto ou escoamento subsuperficial (Fig. 9-3). Como é muito difícil a caracterização físico-química dos compostos orgânicos que têm como origem os processos biológicos de degradação de matéria orgânica vegetal, estes são chamados coletivamente de substâncias húmicas, compreendendo os ácidos húmicos e fúlvicos.

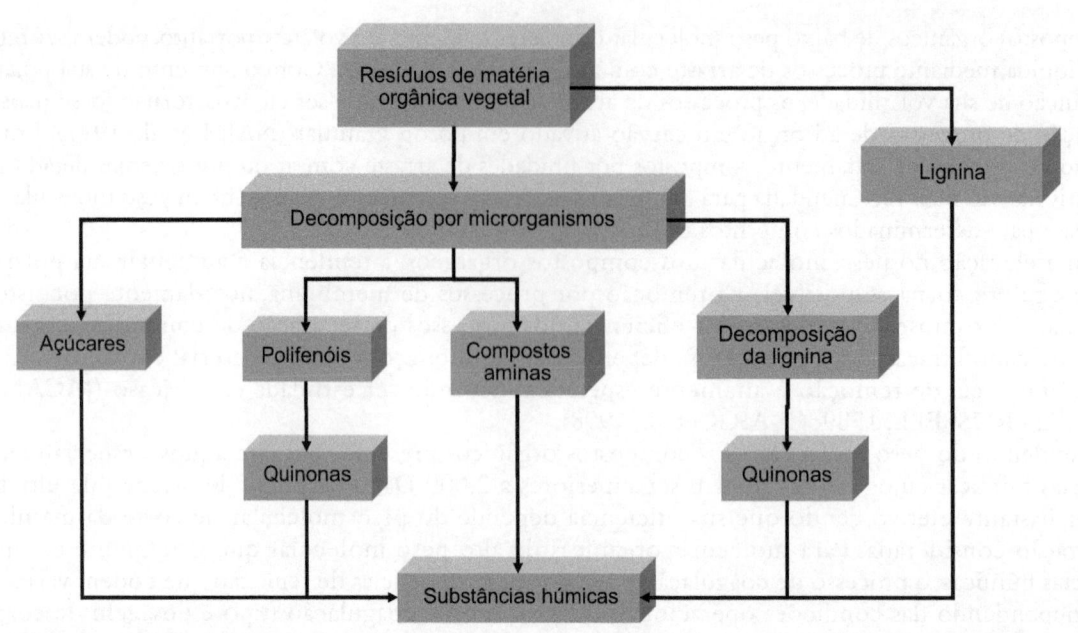

Figura 9-3 Origem das substâncias húmicas como resultado da degradação biológica de matéria orgânica vegetal.

Os ácidos húmicos apresentam peso molecular acima de 2.000 Da e superior ao peso molecular dos ácidos fúlvicos, que é entre 200 e 1.000 Da. Uma vez que o peso molecular dos ácidos húmicos é maior que o dos ácidos fúlvicos, sua estrutura molecular tende a ser mais complexa e com maior grau de aromaticidade. Como consequência, a solubilidade dos ácidos fúlvicos tende a ser maior que a dos ácidos húmicos, e, em razão de seu menor peso molecular, sua remoção pelo processo de coagulação é bastante reduzida.

Por apresentarem grupos funcionais ionizáveis em suas moléculas, os ácidos húmicos e fúlvicos podem liberar íons H^+ para a fase líquida, e, desse modo, ocasionar elevada depleção do pH da fase aquosa. É comum que algumas águas brutas, quando em presença de elevadas concentrações de substâncias húmicas, apresentem valores de pH inferiores a 5, especialmente para aquelas cujos valores de alcalinidade sejam bastante reduzidos, normalmente, inferiores a 20 mg $CaCO_3$/L.

A fração não húmica que compõe os CONs normalmente é formada por compostos orgânicos alifáticos, de baixo peso molecular e pouco suscetível a remoção pelo processo de coagulação. Em razão de sua natureza físico-química, a fração não húmica pode ser constituída por compostos orgânicos hidrofóbicos e hidrofílicos, podendo estes apresentar carga negativa, positiva ou serem neutros.

Uma vez que não é possível sua quantificação individual, os CONs presentes em águas naturais normalmente são avaliados por meio de parâmetros indiretos, sendo os mais comuns o carbono orgânico total (COT), o carbono orgânico dissolvido (COD) e a absorção de luz ultravioleta no comprimento de onda igual a 254 nm (UV-254). As concentrações de COT em águas naturais podem variar de 1 a 10 mg/L, podendo ser até superiores a este valor para águas que apresentem cor real elevada, por exemplo, o rio Negro.

A determinação dos parâmetros COT e COD não é uma prática muito comum na maioria das estações de tratamento de água no Brasil, pelo fato de exigir equipamentos analíticos relativamente sofisticados e ser de alto custo. Desse modo, os parâmetros COT e COD têm sido mais considerados em estudos específicos e de cunho mais acadêmico. Como opção, pode-se utilizar o parâmetro UV-254 de maneira mais rotineira em razão de sua determinação bastante simples, exigindo tão somente um espectrofotômetro que opere na faixa de comprimentos de onda superiores a 200 nm (EDZWALD; BECKER; WATTIER, 1985). Os valores de UV-254 normalmente variam de 0,02 cm^{-1} para água tratada até valores em torno de 0,4 cm^{-1} para águas brutas, podendo alcançar até 0,8 cm $^{-1}$ para águas brutas com cor real elevada. A Figura 9-4 apresenta os resultados de um programa de monitoramento das concentrações de COT e UV-254 para a água bruta proveniente do reservatório do Guarapiranga.

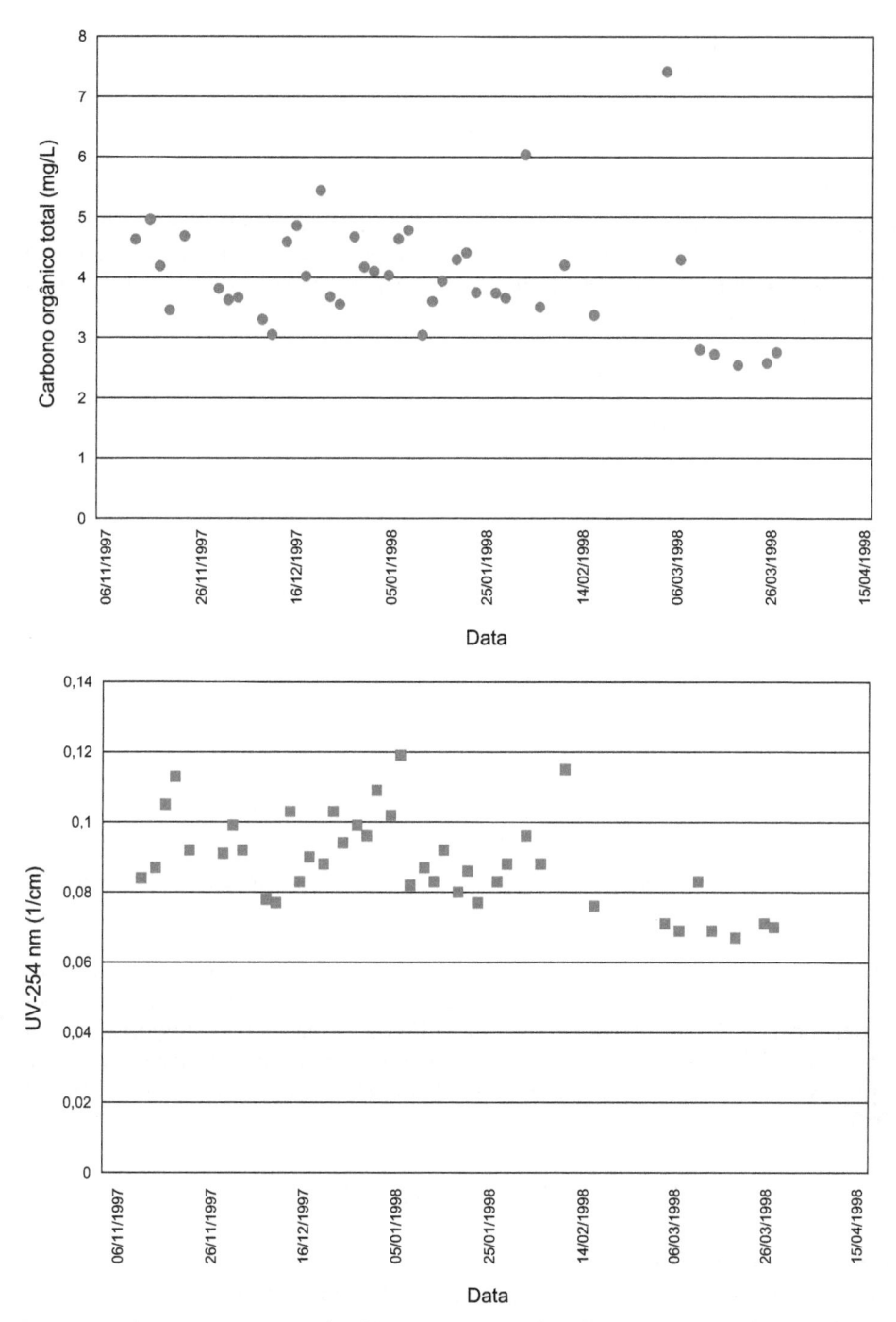

Figura 9-4 Variações temporais nas concentrações de COT e UV-254 para a água bruta proveniente do reservatório do Guarapiranga (São Paulo).

Pode-se observar que as concentrações de COT e UV-254 tendem a sofrer variações ao longo do tempo, que estão fortemente associadas aos aspectos hidrológicos que caracterizam a bacia hidrográfica. Geralmente, com o início da época chuvosa e após um período de estiagem, a tendência é aumentar as concentrações de COT na água bruta, por causa do encaminhamento de CONs para o corpo d'água decorrente do escoamento superficial direto (BEDDING et al., 1983). Este aumento é normalmente observado na operação das estações de tratamento de água pela ocorrência de uma demanda maior de agentes oxidantes e elevação nas dosagens de coagulante requeridas pelo processo de coagulação.

Assim, mesmo na ausência de condições de monitoramento das concentrações temporais do parâmetro COT na água bruta, é possível o acompanhamento da grandeza UV-254 como um parâmetro indicador das possíveis variações do COT, o que possibilita que sejam antecipadas as prováveis alterações no processo de tratamento em decorrência de seu aumento ou redução ao longo do tempo.

Para a maior parte das águas naturais, é possível correlacionar ambos os parâmetros COT e UV-254, o que possibilita avaliar o desempenho do processo de tratamento com relação à remoção de CON. Desse modo, com base em um programa de monitoramento para determinada água bruta e tratada, é possível estabelecer uma relação entre ambos os parâmetros, o que pode ajudar na operação do processo de tratamento. A Figura 9-5 apresenta os valores de COT e UV-254 obtidos para a água bruta afluente e a água tratada produzida pela estação de tratamento de água Rodolfo José da Costa e Silva (ETA RJCS – Sabesp).

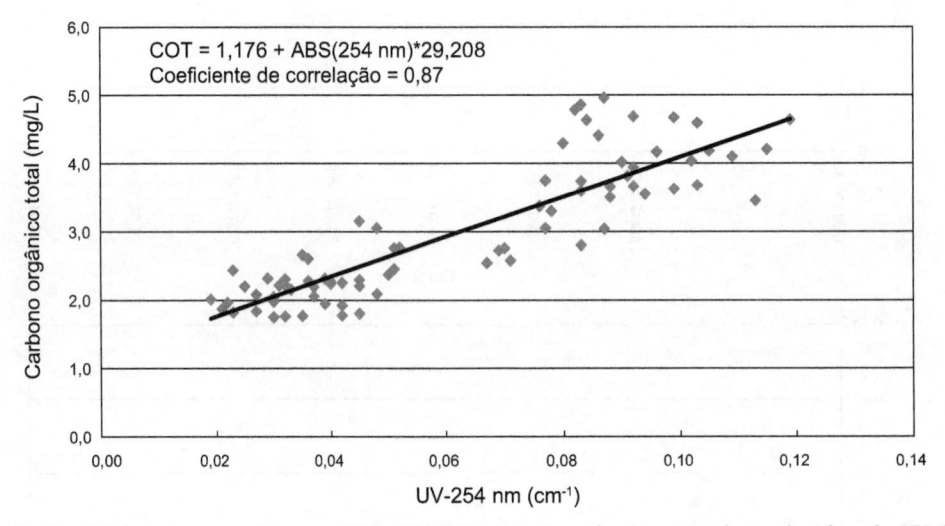

Figura 9-5 Correlação obtida entre os parâmetros COT e UV-254 para a água bruta e tratada produzida pela ETA RJCS (Sabesp).

É importante salientar que a obtenção de correlações entre os parâmetros COT e UV-254 é específica para cada água estudada, não devendo ser extrapoladas, pois estas são função da natureza dos CONs presentes na fase líquida, que são dependentes das características físicas e hidrológicas da bacia hidrográfica objeto do estudo.

A relação entre UV-254 e COD tem sido extensivamente empregada para avaliar o potencial de remoção de COD pelo processo de coagulação, sendo este calculado pela seguinte expressão (EDZWALD; BECKER; WATTIER, 1985):

$$UVS = \frac{UV - 254}{COD}.100$$

(Equação 9-1)

UVS = absorbância específica em L/mg.m
UV-254 = absorbância no comprimento de onda igual a 254 nm (cm^{-1})
COD = carbono orgânico dissolvido (mg/L)

Normalmente, águas que apresentem valores de UVS superiores a 4 são normalmente compostas por um CON cuja maior fração tende a ser húmica, sendo possível alcançar valores de remoção de COT entre 60% e 80% pelo processo de coagulação.

Para valores de UVS entre 2 e 4, a composição dos CONs na fase líquida é caracterizada por uma composição de fração húmica e não húmica, e, por conseguinte, o potencial de remoção de COT pelo processo de coagulação tende a ser reduzido para valores entre 40% e 60%.

Valores de UVS inferiores a 2 indicam que a fração não húmica tende a predominar na fase líquida e, em razão de suas características físico-químicas não permitirem sua remoção de maneira satisfatória pelo processo de coagulação, a eficiência de remoção de COT não é superior a 20%.

A maior motivação para o estudo das variações temporais das concentrações de CONs na água bruta e tratada está associada a sua capacidade de reação a determinados agentes oxidantes, permitindo a formação de subprodutos da desinfecção. A remoção dos CONs pelo processo de tratamento é, portanto, uma técnica altamente atrativa para auxiliar na redução da formação de subprodutos da desinfecção.

Os coagulantes normalmente mais empregados no tratamento convencional de águas de abastecimento são os sais de alumínio e ferro, e o comportamento de ambos na fase líquida é basicamente função das dosagens de coagulantes empregados no processo de coagulação e do pH da fase líquida. Como as moléculas que compõem os CONs presentes em águas naturais tendem a apresentar peso molecular elevado, as interações com os coagulantes são significativas o suficiente para possibilitar, ainda que parcialmente, sua remoção da fase líquida.

Em resumo, é possível apresentar dois mecanismos de ação preponderantes do processo de coagulação e seus efeitos na remoção de CON, a saber (HUBEL; EDZWALD, 1987; KUO; AMY, 1998; RANDTKE, 1988):

- Reações de precipitação dos CONs e as espécies hidrolisadas formadas como resultado da adição do coagulante metálico na fase líquida.
- Reações de adsorção dos CONs no hidróxido metálico precipitado formado durante o processo de coagulação.

As reações de precipitação dos CONs com as espécies hidrolisadas formadas na adição do coagulante na fase líquida são, em geral, preponderantes quando a adição do coagulante na fase líquida possibilita a formação de espécies monoméricas e poliméricas que possam interagir com moléculas orgânicas específicas (Fig. 9-6).

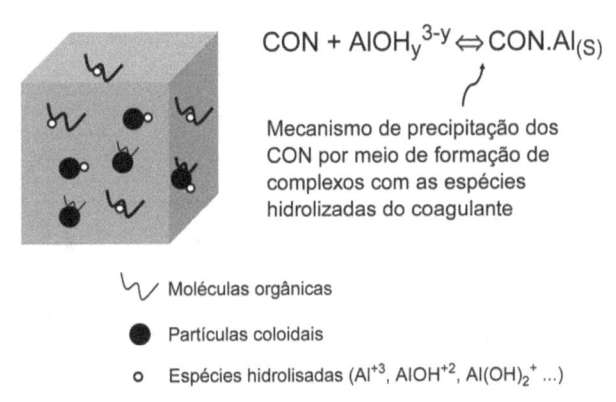

$$CON + AlOH_y^{3-y} \Leftrightarrow CON.Al_{(S)}$$

Mecanismo de precipitação dos CON por meio de formação de complexos com as espécies hidrolizadas do coagulante

⌇ Moléculas orgânicas

● Partículas coloidais

o Espécies hidrolisadas (Al^{+3}, $AlOH^{+2}$, $Al(OH)_2^+$ ...)

Figura 9-6 Mecanismo de remoção de CONs da fase líquida mediante sua precipitação com as espécies hidrolisadas formadas durante o processo de coagulação.

De acordo com as condições de operação do processo de coagulação, a adição do coagulante na fase líquida possibilita a formação de espécies mono e poliméricas que podem ter capacidade de interação com determinadas moléculas que compõem os CONs presentes na fase líquida.

O grau de interação entre o coagulante e os CONs é função de suas características físico-químicas e das condições operacionais do processo de coagulação, mais especificamente: o tipo e a dosagem de coagulante e o pH de coagulação (CHENG et al., 1995; KRASNER; AMY, 1995).

O mecanismo considerado preponderante na remoção de CONs pelo processo de coagulação é sua adsorção no hidróxido metálico formado após a adição do coagulante (Fig. 9-7).

Como as dosagens de coagulantes normalmente empregados no tratamento de águas de abastecimento são bem superiores à sua máxima concentração solúvel na fase líquida, os sais de alumínio e ferro tendem a precipitar na forma de hidróxido metálico. Por sua vez, parte dos CONs tende a adsorver em sua superfície, sendo posteriormente removida do meio aquoso.

Dada a diversidade de características físico-químicas dos CONs presentes na fase líquida e da grande possibilidade de condições operacionais que podem ser oferecidas ao processo de coagulação, não é possível estabelecer condições para a ocorrência de ambos os mecanismos de remoção de CON. Logo, a melhor forma de se avaliar a potencialidade de remoção de CONs pelo processo de coagulação é mediante a execução de ensaios experimentais, sendo possível avaliar as suas condições de otimização (EDWARDS, 1997).

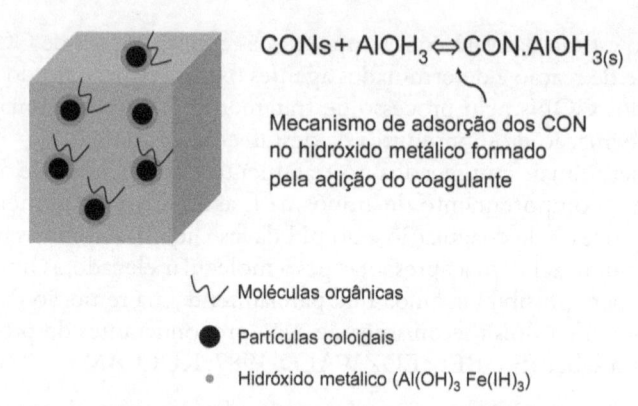

$$CONs + AlOH_3 \Leftrightarrow CON.AlOH_{3(s)}$$

Mecanismo de adsorção dos CON
no hidróxido metálico formado
pela adição do coagulante

〜 Moléculas orgânicas

● Partículas coloidais

· Hidróxido metálico (Al(OH)$_3$ Fe(IH)$_3$)

Figura 9-7 Mecanismo de remoção de CONs da fase líquida mediante sua adsorção no hidróxido metálico precipitado após a adição do coagulante.

Ainda que o processo de coagulação não seja operado para permitir a otimização de remoção de CONs presentes na fase líquida, a sua remoção tende a ocorrer de forma incidental. A Figura 9-8 apresenta os resultados de remoção de COT e UV-254 obtidos para a água bruta proveniente do reservatório do Guarapiranga e submetida ao processo de tratamento convencional na ETA RJCS (Sabesp).

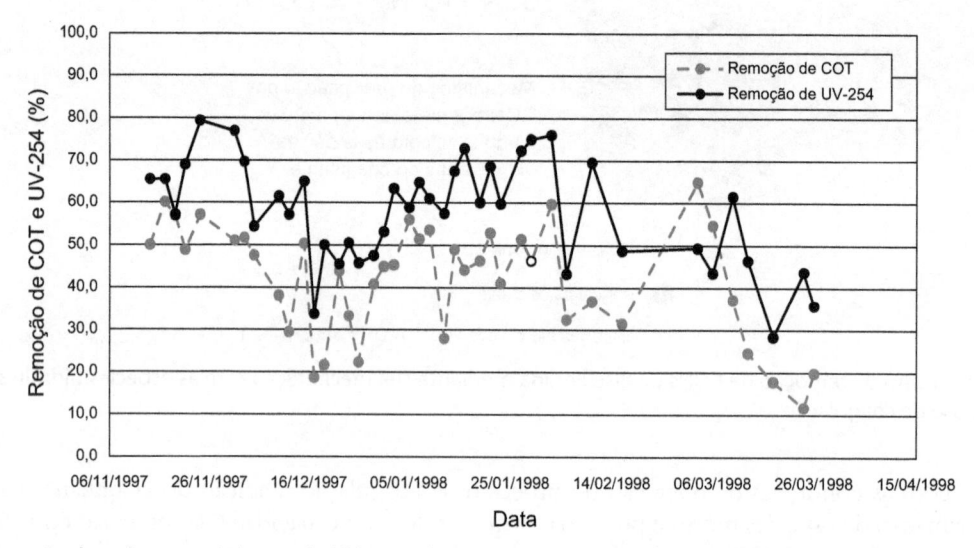

Figura 9-8 Remoção de carbono orgânico total e UV-254 pelo processo de coagulação para a água bruta proveniente do reservatório do Guarapiranga (São Paulo).

O monitoramento da ETA RJCS foi efetuado de outubro de 1997 a março de 1998. Durante esse período, foram coletadas amostras de águas bruta e filtrada visando à determinação da concentração de COT e UV-254. Com base em seus valores, foi calculada sua remoção pelo processo de tratamento.

Durante o período de monitoramento, o pH de coagulação manteve-se, em grande parte do tempo, entre 5,8 e 6,5. O coagulante empregado no processo de tratamento foi um sal de ferro (cloreto férrico) com dosagem aplicada na água bruta em torno de 18 a 22 mg/L (expresso como FeCl$_3$).

Na maior fração do tempo, a remoção de UV-254 foi maior que a de COT, sendo que a remoção média de ambos os parâmetros foi igual a 58% (UV-254) e 42% (COT), respectivamente. Ainda que o processo de coagulação não tenha, portanto, sido operado com a finalidade de garantir determinada remoção de CONs, esta tenderá a ocorrer de modo incidental, podendo suas eficiências ser maiores ou menores, dependendo de como o processo de coagulação é operado.

Ponto Relevante 2: Ainda que o processo de coagulação não seja operado prioritariamente com o objetivo de remoção de compostos orgânicos naturais presentes na fase líquida, haverá uma remoção incidental, podendo sua eficiência ser maior ou menor em função do modo como o processo de coagulação é operado.

Também é importante salientar que, ainda que a remoção de UV-254 tenha sido maior que é a de COT, é possível estabelecer uma correlação entre ambos os parâmetros. A Figura 9-9 apresenta a relação obtida entre a remoção de UV-254 e COT.

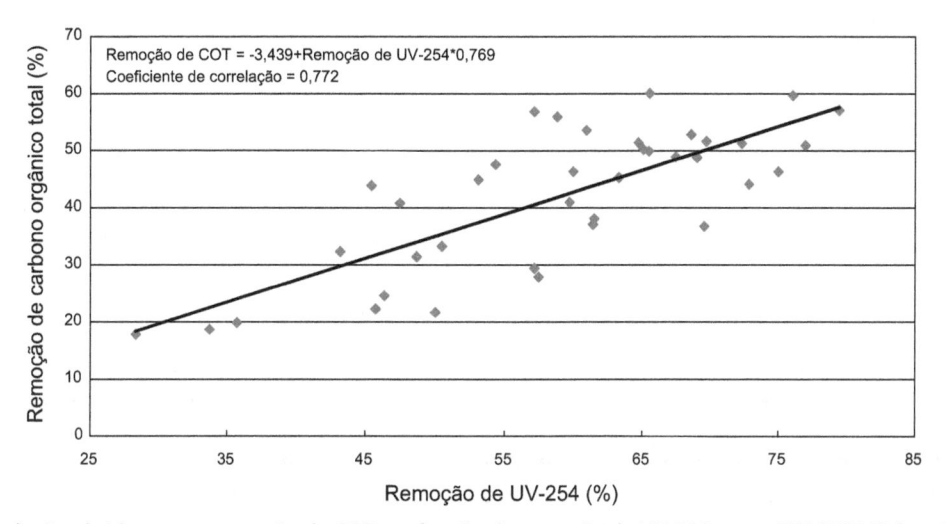

Figura 9-9 Correlação obtida entre a remoção de COT em função da remoção de UV-254 para a ETA RJCS (Sabesp).

Com base nos resultados apresentados na Figura 9-9, é possível observar que ambas as grandezas, de remoção de COT e de remoção de UV, apresentaram uma correlação positiva, isto é, quanto maior foi a remoção de UV-254, maiores também foram as remoções de COT. É importante salientar que a equação de regressão apresentada na Figura 9-9 é específica para a água bruta objeto do estudo, não podendo ser generalizada.

A possibilidade de se estabelecer uma regressão entre a remoção de COT em função da remoção de UV-254 é bastante relevante, uma vez que permite que a operação da estação de tratamento de água possa avaliar indiretamente a remoção de COT com base no monitoramento de parâmetros de mais simples determinação analítica; neste caso, UV-254 da água bruta e filtrada.

Entre os parâmetros mais relevantes que tendem a reger a eficiência do processo de coagulação na remoção de com, podem-se citar o tipo de coagulante (sais de alumínio ou ferro), as dosagens de coagulante e o pH de coagulação (DAVIS; EDWARDS, 2014). Com base nos resultados do programa de monitoramento da remoção de COT pela ETA RJCS, foi possível correlacioná-los com o pH de coagulação, estando seus valores apresentados na Figura 9-10.

Uma vez que o coagulante e suas dosagens mantiveram-se praticamente constantes ao longo do período de monitoramento, observando-se apenas variações nos valores de pH de coagulação, foi possível avaliar seu impacto com respeito à remoção de COT. Os resultados apresentados na Figura 9-10 indicam uma diminuição da remoção de COT com o aumento do pH de coagulação, podendo-se concluir que a operação do processo de coagulação em pH mais ácido possibilita maximizar a remoção de COT durante o processo de tratamento. Essa conclusão é corroborada por estudos efetuados por outros pesquisadores. Além dessa, algumas outras observações gerais têm sido relevantes, a saber (CROZES; WHITE; MARSHALL, 1995; WHITE et al., 1997; KASTL et al., 2004; DAVIS; EDWARDS, 2014):

• A remoção de CONs pelo processo de coagulação é mais efetiva quando conduzido com sais de ferro em detrimento aos sais de alumínio.

• A maximização da remoção de CONs pelo processo de coagulação é normalmente alcançada quando este é operado em valores de pH entre 5,5 e 6,5.

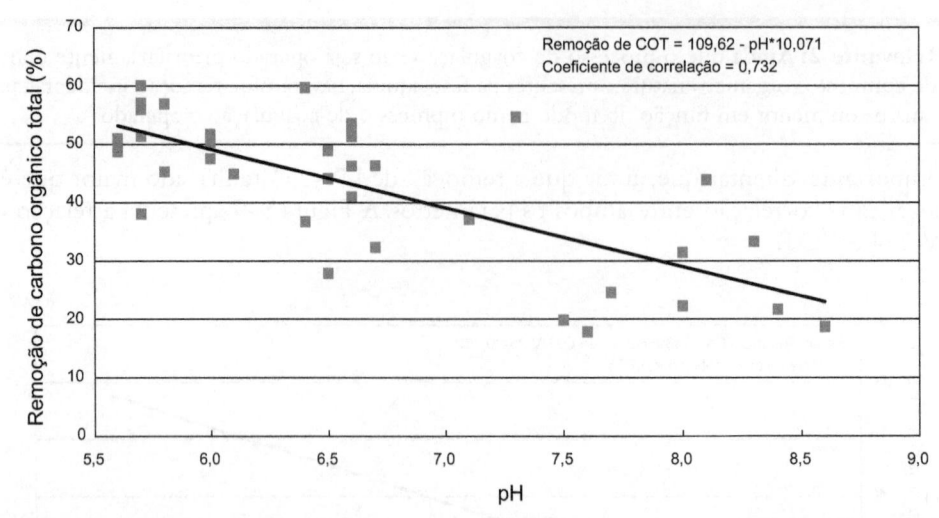

Figura 9-10 Correlação obtida entre a remoção de COT em função do pH de coagulação para a ETA RJCS (Sabesp).

- A otimização conjunta do processo de coagulação quanto à desestabilização das partículas coloidais e remoção de CONs é possível de ser efetivada.
- As dosagens de coagulante requeridas para a otimização da remoção de CONs pelo processo de coagulação são normalmente superiores às dosagens necessárias à desestabilização das partículas coloidais.

Ponto Relevante 3: Quando se objetiva a maximização da remoção de CONs pelo processo de coagulação, os melhores resultados são normalmente obtidos com o emprego de sais de ferro como coagulante e valores de pH entre 5,5 e 6,5.

Ainda que haja algum consenso com relação às condições ótimas de operação do processo de coagulação que possibilitem maximizar a remoção de CON, a magnitude de sua remoção apenas pode ser avaliada de maneira confiável com base em estudos e ensaios de tratabilidade, sendo estes válidos para a água bruta estudada e não devendo ser extrapoladas.

As maiores dificuldades operacionais que as estações de tratamento de água enfrentam quando necessitam otimizar seus processos de coagulação para poder maximizar a remoção de CONs estão associadas às dificuldades inerentes ao uso de sais de ferro como coagulante, podendo-se citar:

- O custo com sais de ferro é maior que o com sais de alumínio.
- As dosagens de coagulante requeridas para a otimização da remoção de CONs são maiores que as requeridas para a remoção de turbidez, o que acarreta maiores custos com produtos químicos e consequentemente maior produção de lodo.
- Pelo fato de coagulantes à base de ferro apresentarem caráter mais ácido quando comparados a sais de alumínio, as dosagens requeridas de agente pré-alcalinizante são também mais altas, o que é outro fator que contribui para elevar os custos com produtos químicos.

REMOÇÃO DE COMPOSTOS ORGÂNICOS NATURAIS SUBPRODUTOS METABÓLICOS DE ALGAS E DEMAIS MICRORGANISMOS

As duas classes de compostos orgânicos naturais de origem biogênica que apresentam maior relevância no tratamento de águas de abastecimento são os subprodutos metabólicos de algas que potencialmente podem causar gosto e odor, e as cianotoxinas. A remoção de compostos orgânicos causadores de gosto e odor em águas de abastecimento será especificamente abordada no Capítulo 10. Assim sendo, o foco para discussão serão as tecnologias de tratamento visando à remoção de cianotoxinas.

Em razão de muitos mananciais empregados para abastecimento público apresentarem alto grau de eutrofização, a possibilidade destes permitirem o desenvolvimento de cianobactérias como espécie relevante é bastante elevada, o que pode induzir a liberação de toxinas (cianotoxinas) para a fase líquida.

As cianotoxinas formam um grupo de substâncias químicas bastante diverso, com mecanismos tóxicos específicos em vertebrados. As cianotoxinas podem ser classificadas de acordo com seu meio de ação, podendo afetar o sistema nervoso (neurotoxinas – anatoxina-a, anatoxina-a(s) e saxitoxinas), algumas são particularmente tóxicas ao fígado (hepatotoxinas – microcistinas, nodularina e cilindrospermopsinas) e outras podem ainda ser irritantes ao contato (dermatoxinas) (NEWCOMBE et al., 2010). A Figura 9-11 apresenta a estrutura química de algumas cianotoxinas presentes em águas naturais.

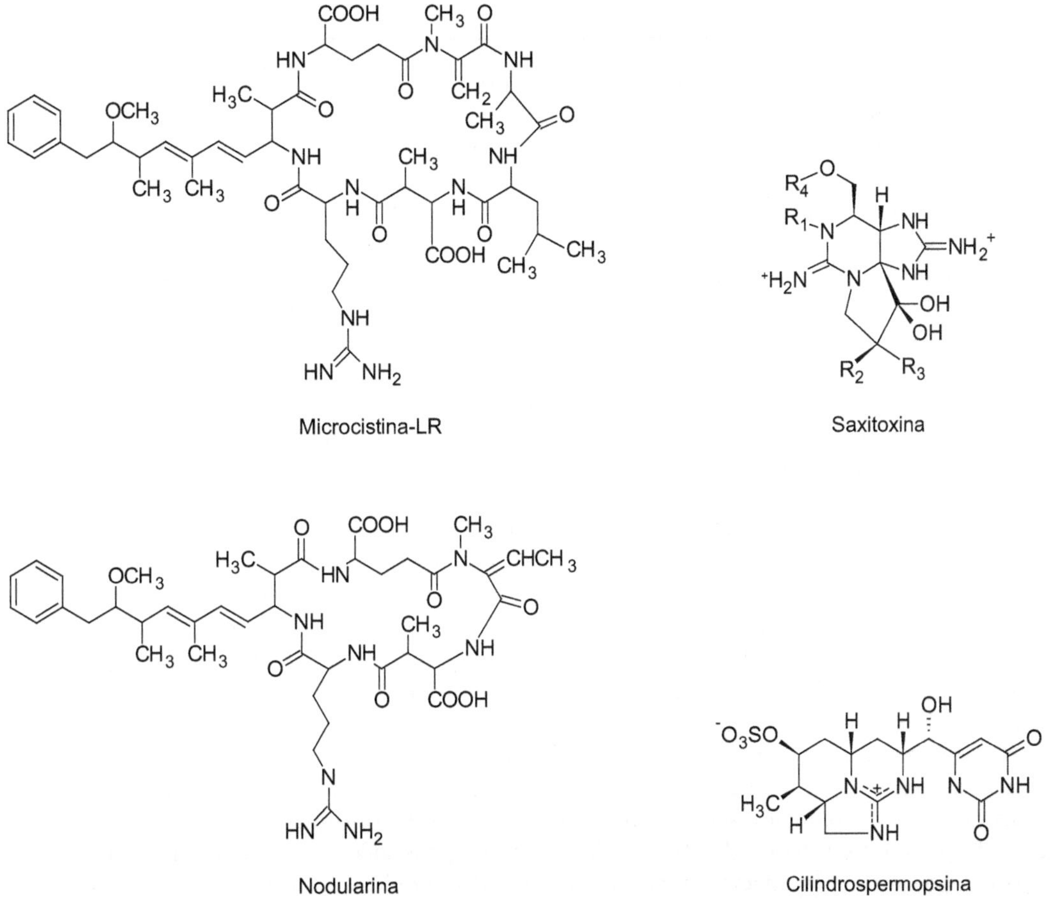

Microcistina-LR

Saxitoxina

Nodularina

Cilindrospermopsina

Figura 9-11 Estrutura química de algumas cianotoxinas passíveis de ocorrência em mananciais eutrofizados (NEWCOMBE et al., 2010).

Em razão de suas diferentes propriedades físico-químicas, não é possível definir um padrão ou uma técnica de tratamento que seja comum a todas as cianotoxinas, devendo estas, portanto, ser definidas em função de sua ocorrência na fase líquida.

Como é muito difícil a identificação e quantificação analítica das cianotoxinas que potencialmente possam estar presentes na água bruta, a maior parte das legislações ambientais estabelece como padrão de qualidade e potabilidade a concentração da cianotoxina microcistina; por ser esta a de maior incidência em mananciais eutrofizados empregados para abastecimento público. Os padrões de potabilidade estabelecidos pela Portaria MS 2.914/2011 recomendam que as concentrações de microcistina e saxitoxinas sejam inferiores a 1,0 µg/L e 3,0 µg/L, respectivamente, na saída do processo de tratamento.

Do ponto de vista físico, as cianotoxinas podem estar disponíveis na fase líquida na forma extracelular ou presentes no interior das cianobactérias, ou seja, na forma intracelular. Em razão disso, diferentes tecnologias de tratamento são empregadas para sua remoção da fase líquida.

Normalmente, a remoção de cianotoxinas intracelulares pelo tratamento convencional de águas de abastecimento é mais fácil de ser operacionalizada, uma vez que envolve a otimização com respeito à separação das cianobactérias da fase líquida (U.S. ENVIRONMENTAL PROTECTION AGENCY, 2015c). Como normalmente águas brutas provenientes de mananciais eutrofizados apresentam baixos valores de turbidez e elevadas concentrações de algas, sua remoção pode ser otimizada por meio de operação adequada de seus processos de coagulação, floculação e separação sólido-líquido.

Ponto Relevante 4: As cianotoxinas intracelulares podem ser removidas de modo eficiente pelo processo de tratamento convencional, uma vez que sejam garantidas condições ideais de operação de seus processos de coagulação e separação sólido-líquido.

A experiência da maior parte das estações de tratamento de água que empregam corpos d'água eutrofizados como mananciais para abastecimento público tem reportado que a utilização de sais de ferro, especialmente o cloreto férrico, apresenta eficiências de remoção de cianobactérias melhores que com o emprego de sais de alumínio.

Considerando-se que as algas contam com uma grande diversidade de formas e geometrias, as condições ideais de operação do processo de coagulação que possibilitem sua remoção da fase líquida devem ser sempre objeto de avaliações específicas mediante seu monitoramento durante o processo de tratamento. Como é muito difícil a definição das condições ótimas de coagulação que viabilizem a maximização da remoção de cianobactérias em escala real, sempre se recomenda que os estudos de otimização sejam realizados incialmente em escala de *jar-test*, para que, posteriormente, possam ser transpostos para a estação de tratamento de água.

A utilização de decantadores convencionais de fluxo horizontal e decantadores de alta taxa, quando correta-mente operados, é bastante adequada com respeito à separação sólido-líquido dos flocos formados pelos processos de coagulação e floculação, embora a flotação por ar dissolvido apresente maiores vantagens, uma vez que os flocos formados tendem a apresentar baixos valores de massa específica, tornando-os mais suscetíveis de remoção da fase líquida (HAARHOFF; LANGENEGGER; VANDER MERWE, 1992).

A separação de cianobactérias da fase líquida durante o tratamento convencional faz com que estas tendam a se acumular no lodo retido nos decantadores. Se, porventura, a concentração de cianotoxinas intracelular for significativa, e caso o lodo não seja removido de modo eficiente nas unidades de separação sólido-líquido, podem ocorrer a decomposição das cianobactérias e a consequente liberação das cianotoxinas para a fase líquida (DREYFUSS et al., 2016; PESTANA et al., 2016). Para que a remoção física das cianotoxinas intracelulares ocorra de maneira adequada, é importante, portanto, o correto controle do lodo removido pelos processos de separação sólido-líquido, devendo se evitar seu acúmulo e sua posterior decomposição.

Merecem atenção as estações de tratamento de água mais antigas cujos decantadores são normalmente do tipo convencionais de fluxo horizontal e sem sistemas de remoção semicontínua de lodo. Como essas unidades são operadas durante períodos em torno de 20 a 40 dias entre lavagens sucessivas, o acúmulo de lodo pode oferecer condições para a decomposição anaeróbia das cianobactérias removidas e liberação das cianotoxinas para a fase líquida.

A oxidação química pode ser empregada como técnica de remoção de cianotoxinas intracelulares; no entanto, é importante que as dosagens do agente oxidante empregado sejam tais que permitam a ruptura da membrana celular e a posterior oxidação das cianotoxinas intracelulares liberadas para a fase líquida.

Uma das técnicas de prevenção e controle mais empregadas para evitar a proliferação de cianobactérias em mananciais eutrofizados e a consequente ocorrência de compostos causadores de gosto e odor e cianotoxinas na fase líquida tem sido a adição de algicidas, podendo-se citar o sulfato de cobre e o peróxido de hidrogênio.

O emprego de algicidas para o controle de cianobactérias tem sido questionado, uma vez que sua tendência é promover a ruptura da membrana celular e a posterior liberação das cianotoxinas intracelulares para a fase líquida. Desse modo, a aplicação de algicidas em mananciais eutrofizados deve ser realizada com bastante controle, não se recomendando seu uso quando a concentração de cianobactérias for elevada; do contrário, a possiblidade de elevação de sua concentração no meio aquoso pode aumentar em razão de sua liberação para a fase líquida (MEREL et al., 2013; FAN et al., 2014).

As boas práticas sugerem que a aplicação de algicidas esteja apoiada em excelentes programas de monitoramento hidrobiológico, sendo que, uma vez evidenciado o início de uma floração de cianobactérias em determinadas partes do manancial, pode-se proceder à aplicação de algicidas localmente e de modo controlado. Para que sejam efetivos, os programas de monitoramento hidrobiológico devem ser regulares e bastante robustos, possibilitando uma varredura completa do manancial, de modo que o início da floração possa ser identificado e medidas corretivas possam ser tomadas com celeridade. Se, porventura, o início das florações de cianobactérias não puder ser identificado e a concentração de cianobactérias for elevada, não se recomenda a aplicação de algicidas pelos motivos comentados (U.S. ENVIRONMENTAL PROTECTION AGENCY, 2016).

Uma das maiores preocupações acerca do uso contínuo de algicidas para o controle de florações de algas potencialmente tóxicas é a tendência de determinadas cianobactérias adquirirem resistência com o decorrer do tempo, o que faz com que a eficiência do algicida tenda a apresentar redução. Assim sendo, recomenda-se sempre que a utilização de algicidas para controle de floração de algas em mananciais empregados para abastecimento público seja sempre comunicada e autorizada pelos órgãos ambientais competentes.

A remoção de cianotoxinas extracelulares no tratamento convencional de águas de abastecimento é bastante reduzida, uma vez que os processos de coagulação, floculação, sedimentação e filtração não apresentam eficácia no que diz respeito à remoção de compostos orgânicos solúveis de baixo peso molecular. Entre as tecnologias de tratamento que podem ser empregadas para a remoção de cianotoxinas extracelulares, sobressaem-se a oxidação química e a adsorção em carvão ativado em pó (CAP) ou carvão ativado granular (CAG) (RODRIGUEZ et al., 2007; HO et al., 2011). Embora possam ser empregadas outras tecnologias de tratamento, por exemplo, processos de membrana, seus custos de implantação são, por hora, bastante elevados, o que impede sua implantação em estações de tratamento de água para abastecimento público.

- Oxidação química

Os agentes oxidantes mais comumente empregados no tratamento de águas de abastecimento são cloro, permanganato de potássio, dióxido de cloro e ozônio. Como as cianotoxinas apresentam grande diversidade de características físico-químicas, a ação dos diferentes agentes oxidantes é bastante diversa, não sendo possível definir um único agente oxidante capaz de garantir a oxidação de todas as cianotoxinas que, porventura, possam estar presentes em águas naturais.

Entre os agentes oxidantes normalmente utilizados no tratamento de águas de abastecimento, os resultados experimentais indicam que o ozônio é o que apresenta maior efetividade na oxidação das diferentes cianotoxinas que podem estar presentes em mananciais empregados para abastecimento público. Como as dosagens de ozônio normalmente empregadas no tratamento de águas de abastecimento situam-se entre 1,0 e 4,0 mg O_3/L, estas têm-se mostrado adequadas à oxidação da maior parte das cianotoxinas que potencialmente podem ser encontradas em águas naturais (U.S. ENVIRONMENTAL PROTECTION AGENCY, 2015a, b). No entanto, em função de seu alto custo de implantação e geração, sua utilização em estações de tratamento de água no Brasil é apenas justificada para aplicações específicas.

O dióxido de cloro, ainda que seja um agente oxidante e desinfetante de grande aplicabilidade no tratamento de águas de abastecimento, não tem apresentado resultados satisfatórios com respeito à oxidação de cianotoxinas, não podendo, portanto, ser empregado como técnica de tratamento.

A utilização do permanganato de potássio como pré-oxidante é bastante atrativa, uma vez que seu potencial de ruptura da membrana celular e liberação das cianotoxinas intracelulares para a fase líquida é muito inferior ao do cloro (Li et al., 2014). Muitas vezes, quando há uma floração de algas tóxicas e a consequente preocupação de que a pré-cloração possa ocasionar a liberação das cianotoxinas intracelulares, a mudança do cloro para o permanganato de potássio como agente pré-oxidante é bastante adequada. As dosagens de permanganato de potássio normalmente utilizadas no tratamento de águas de abastecimento situam-se em torno de 0,5 a 1,5 mg $KMnO_4$/L, e, em geral, estas não apresentam condições de romper a membrana celular.

Ponto Relevante 5: Em caso de necessidade de aplicação de um agente pré-oxidante em águas brutas que apresentem floração de cianobactérias potencialmente tóxicas, pode-se empregar o permanganato de potássio em substituição ao cloro, considerando que sua menor capacidade ocasiona a ruptura da membrana celular e a consequente liberação das cianotoxinas intracelulares.

Os estudos científicos têm demonstrado que o permanganato de potássio é bastante efetivo no que se refere à oxidação de microcistinas e anatoxinas. No entanto, sua efetividade com respeito à oxidação de cilindros, permopsinas e saxitoxinas é limitada (NEWCOMBE et al., 2010). A Figura 9-12 apresenta alguns resultados de oxidação de microcistina-LR em função da dosagem de permanganato de potássio para um tempo de contato igual a 30 min.

Como se pode observar pelos resultados apresentados na Figura 9-12, para as dosagens de permanganato de potássio geralmente empregadas no tratamento de águas de abastecimento e tempo de contato igual a 30 min, é possível alcançar valores de remoção de microcistina-LR superiores a 90%.

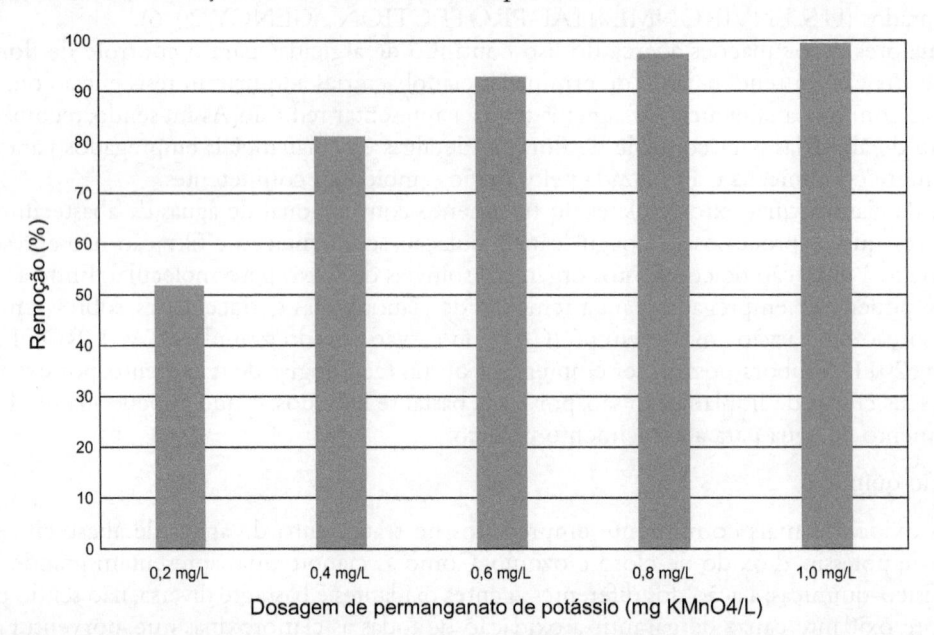

Figura 9-12 Oxidação de microcistina-LR em função de diferentes dosagens de permanganato de potássio como agente oxidante – tempo de contato: 30 min.

Como para essas dosagens de permanganato de potássio a possibilidade de liberação das cianotoxinas intracelulares é muito reduzida, sua utilização como pré-oxidante é uma excelente alternativa para a oxidação de determinadas cianotoxinas que estejam na forma extracelular.

A manutenção de um tempo de contato adequado é importante, de modo que a ação do agente oxidante possa ocorrer de maneira satisfatória. A Figura 9-13 apresenta os valores de remoção de microcistina-LR em função do tempo de contato para uma dosagem de permanganato de potássio igual a 0,7 mg $KMnO_4$/L.

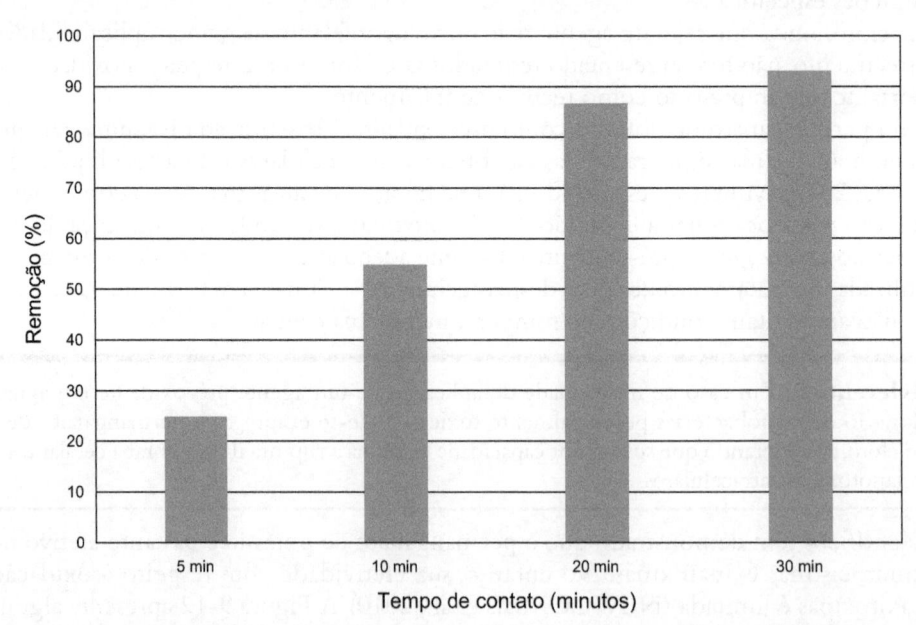

Figura 9-13 Oxidação de microcistina-LR em função do tempo de contato – dosagem de permanganato de potássio igual a 0,7 mg $KMnO_4$/L.

É possível observar que, para tempos de contato superiores a 20 min e dosagem de permanganato de potássio igual a 0,7 mg $KMnO_4/L$, foi possível obter uma remoção de microcistina-LR superior a 80%. Dessa maneira, pontos de aplicação de permanganato de potássio que possibilitem o aumento de seu tempo de contato com a água bruta são bastante relevantes, sugerindo-se que sejam iguais ou superiores a 20 min.

Ponto Relevante 6: Para as dosagens comumente empregadas no tratamento de águas de abastecimento e um tempo de contato mínimo de 20 min entre o agente oxidante e a água bruta, o permanganato de potássio apresenta capacidade de oxidação de determinadas cianotoxinas, podendo-se citar microcistinas e anatoxinas.

Por sua vez, o cloro também apresenta efetividade com respeito à oxidação de cianotoxinas extracelulares (microcistinas, saxitoxinas e cilindrosmerpopsinas), com exceção da anatoxina-a, cujos resultados experimentais ainda têm sido contraditórios (NEWCOMBE et al., 2010). Assim como o permanganato de potássio, os parâmetros tempo de contato e concentração residual do agente oxidante são importantes. A Figura 9-14 apresenta alguns resultados de oxidação de microcistina-LR para um tempo de contato fixo igual a 30 min em função de diferentes dosagens de cloro.

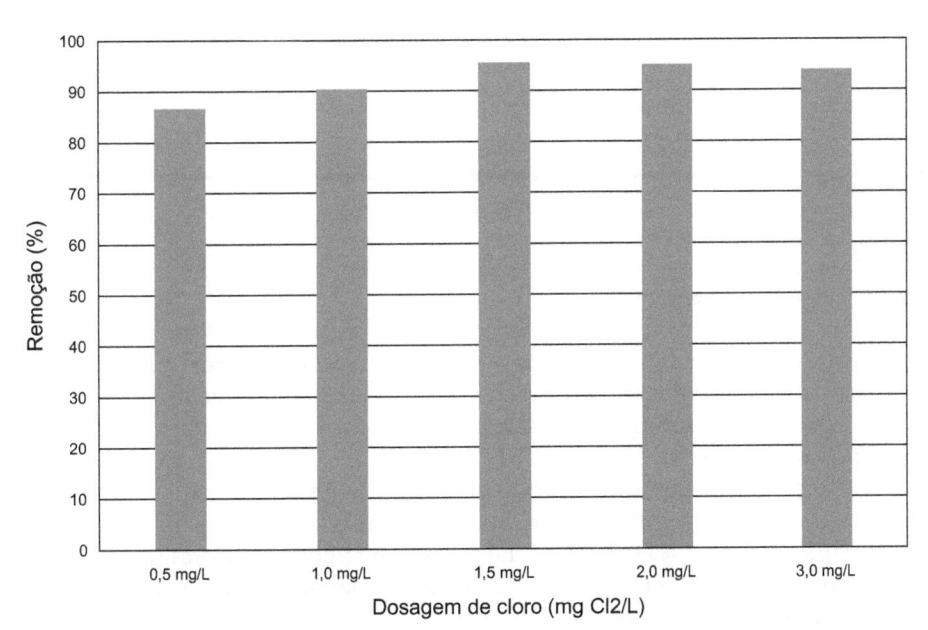

Figura 9-14 Oxidação de microcistina-LR em função de diferentes dosagens de cloro como agente oxidante – tempo de contato: 30 min.

Como se pode observar, o cloro apresenta elevada eficiência com remoção e oxidação de microscistina-LR, sendo que dosagens de cloro livre em torno de 1,0 mg Cl_2/L são capazes de garantir uma remoção superior a 90%. A influência do tempo de contato pode ser observada nos resultados dispostos na Figura 9-15.

Para uma dosagem de cloro igual a 1,0 mg Cl_2/L, observa-se que a remoção de microcistina-LR alcançou um valor de eficiência em torno de 90% para um tempo de contato igual a 30 min. Torna-se importante, portanto, garantir um tempo de contato entre o agente oxidante e a cianotoxina igual ou superior a 30 min.

Do ponto de vista operacional, a aplicação do cloro em estações de tratamento de água do tipo convencionais pode ocorrer na forma de pré, inter ou pós-cloração. Se o objetivo for garantir condições de maximizar o tempo de contato do agente oxidante com a fase líquida, o ideal é a aplicação do cloro na forma de pré-cloração. No entanto, é importante lembrar que é possível ocorrer a ruptura da membrana celular de cianobactérias presentes no meio aquoso e o aumento das concentrações de cianotoxinas na forma extracelular. É de grande relevância, portanto, que a dosagem de cloro aplicado na forma de pré-cloração seja adequada, de modo a garantir condições de oxidação das microcistinas intra e extracelulares (ACERO; RODRIGUEZ; MERILUOTO, 2005).

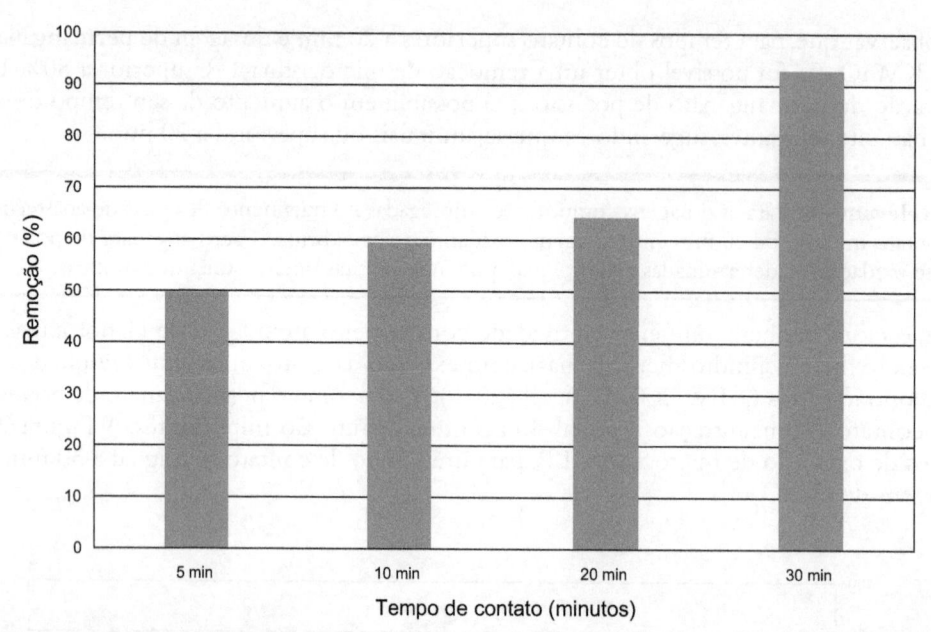

Figura 9-15 Oxidação de microcistina-LR em função do tempo de contato – dosagem de cloro livre igual a 1,0 mg Cl_2/L.

Ponto Relevante 8: Caso o cloro seja empregado na forma de pré-cloração, é de grande importância que sua dosagem seja efetuada, de modo a garantir a oxidação das ciatoxinas intra e extracelulares, uma vez que a possibilidade de ruptura da membrana celular das cianobactérias presentes na água bruta e a liberação das cianotoxinas intracelulares para o meio aquoso é bastante elevada.

O processo de tomada de decisão sobre a medida operacional a ser tomada em uma estação de tratamento que apresente um manancial submetido à floração de cianobactérias deve estar fortemente apoiado em um programa de monitoramento suficientemente robusto, que indique qual cianotoxina está presente na fase líquida e suas respectivas concentrações nas formas intra e extracelular (U.S. ENVIRONMENTAL PROTECTION AGENCY, 2016).

Os estudos efetuados por Acero possibilitaram a obtenção de resultados experimentais que permitiram a aplicação do conceito de C.t empregado na desinfecção e transposto para a oxidação de microcistina-LR (ACERO; RODRIGUEZ; MERILUOTO, 2005). Tabela 9-1 apresenta os valores de C.t associados à oxidação de microcistina-LR pelo cloro livre, em função de diferentes concentrações iniciais na fase líquida (10 e 50 µg/L) e sua redução para 1,0 µg/L para diferentes valores de temperatura e pH da fase líquida.

Tabela 9-1 Valores de C.t para oxidação de microcistina-LR pelo cloro livre em função da temperatura e do pH da fase líquida (ACERO; RODRIGUEZ; MERILUOTO, 2005)

pH	Concentração inicial de microcistina-LR (µg/L)	Valores de C.t (mg.min/L)			
		10 °C	15 °C	20 °C	25 °C
6	50	46,6	40,2	34,8	30,3
	10	27,4	23,6	20,5	17,8
7	50	67,7	58,4	50,6	44,0
	10	39,8	34,4	29,8	25,9
8	50	187	161	140	122
	10	110	94,9	82,3	71,7
9	50	617	526	459	399
	10	363	310	270	235

A observação dos valores de C.t apresentados na Tabela 9-1 permite algumas conclusões importantes, a saber:

- O pH da fase líquida é uma grandeza importante, podendo-se notar que, para um mesmo valor de temperatura, a maior eficiência com respeito à oxidação de microcistina-LR é obtida para valores de pH mais ácidos.
- De igual maneira, é possível notar que a temperatura é parâmetro relevante, sendo que as maiores eficiências de remoção são observadas para valores mais elevados de temperatura.

Os valores de C.t apresentados na Tabela 9-1 devem ser empregados como valores de referência para fins de gerenciamento operacional da estação de tratamento de água, não devendo, em nenhuma hipótese, substituírem os programas de monitoramento das concentrações de cianotoxinas nas águas bruta e tratada. Admitindo-se que a oxidação da microcistina-LR seja uma equação cinética de segunda ordem, os valores de C.t da Tabela 9-1 podem ser empregados para estimar a grandeza de C.t para diferentes valores de concentração inicial e final na fase líquida mediante a utilização das expressões a seguir.

$$(C.t)_{C_0 \to C} = \frac{ln\left(C_0/C\right)}{ln\left(50/1\right)} \cdot (C.t)_{50 \to 1} \qquad \text{(Equação 9-1)}$$

$$(C.t)_{C_0 \to C} = \frac{ln\left(C_0/C\right)}{ln\left(10/1\right)} \cdot (C.t)_{10 \to 1} \qquad \text{(Equação 9-2)}$$

C_0 e C = concentrações inicial e final de mcrocistina-LR na fase líquida em µg/L.
$C.T_{C0 \to C}$ = valor de C.t requerido para a redução da concentração de microcistina-LR de C_0 para C em min. mg/L
$C.T_{50 \to 1}$ = valor de C.t requerido para a redução da concentração de microcistina-LR de 50 µg/L para 1 µg/L em min.mg/L
$C.T_{10 \to 1}$ = valor de C.t requerido para a redução da concentração de microcistina-LR de 10 µg/L para 1 µg/L em min.mg/L

Exemplo 9-1

Problema: Uma água bruta apresenta concentração total (intra e extracelular) de microcistina-LR igual a 8 µg/L. Admitindo-se que a temperatura e o pH da fase líquida sejam iguais a 6,0 e 20 °C, respectivamente, estime qual deverá ser o valor de C.t requerido pelo cloro livre, de maneira a possibilitar uma redução de 8 para 1 µg/L.

Solução: O cálculo do valor de C.t requerido pode, em tese, ser calculado por meio das Equações 9-1 ou 9-2. Como a concentração inicial C_0 igual a 8 µg/L está mais próxima de 10 µg/L, sugere-se a utilização da Equação 9-2.

- Passo 1: Determinação do valor de C.t requerido para a redução da concentração de microcistina-LR de 10 para 1 µg/L.

Para a determinação do valor de $C.T_{10 \to 1}$, é necessário fazer uma consulta aos valores apresentados na Tabela 9-1. Para um valor de pH igual a 6,0 e temperatura igual a 20 °C, tem-se um valor de $C.T_{10 \to 1}$ igual a 20,5 min.mg/L.

- Passo 2: Determinação do valor de C.t requerido para a redução da concentração de microcistina-LR de 8 para 1 µg/L.

O valor de $C.T_{8 \to 1}$ poderá ser calculado pela Equação 9-2. Dessa maneira, tem-se que:

$$(C.t)_{8 \to 1} = \frac{ln\left(C_0/C\right)}{ln\left(10/1\right)} \cdot (C.t)_{10 \to 1} = \frac{ln\left(8/1\right)}{ln\left(10/1\right)} \cdot 20,5 \cong 18,5 \qquad \text{(Equação 9-3)}$$

O valor de $C.T_{8 \to 1}$ é, portanto, igual a 18,5 min.mg/L. A aplicação do conceito de C.t deve ser empregada de modo análogo ao estudado no Capítulo 7.

De acordo com Newcombe (2010), as principais recomendações com respeito à utilização do cloro na oxidação de cianotoxinas (microcistinas, saxitoxinas e cilindrospermopsinas) são a dosagem mínima de cloro igual ou superior a 3,0 Cl_2/L, a manutenção de uma concentração de cloro residual mínima igual ou superior a 0,5 mg Cl_2/L, a garantia de um tempo de contato mínimo igual a 30 min, o pH da fase líquida inferior a 8 e um valor mínimo de C.t igual a 20 min.mg/L (NEWCOMBE et al., 2010).

Ponto Relevante 9: A utilização do cloro como agente oxidante é eficiente com respeito à oxidação de determinadas cianotoxinas (microcistinas, saxitoxinas e cilindrospermopsinas), recomendando-se dosagem mínima de cloro igual ou superior a 3,0 Cl_2/L, manutenção de uma concentração de cloro residual mínima igual ou superior a 0,5 mg Cl_2/L, garantia de um tempo de contato mínimo igual a 30 min, pH da fase líquida inferior a 8 e valor mínimo de C.t igual a 20 min.mg/L.

- Adsorção em carvão ativado

O processo de adsorção em carvão ativado pode ser efetuado na forma de carvão ativado em pó (CAP) ou carvão ativado granular (CAG), consistindo em uma tecnologia de tratamento bastante eficaz para a remoção de cianotoxinas presentes na fase líquida (Ho et al., 2011).

Como na maioria dos mananciais empregados para abastecimento público, a ocorrência de cianotoxinas tende a ser sazonal, ou seja, em apenas algumas épocas do ano, a utilização do CAP em detrimento do CAG torna-se mais atrativa do ponto de vista econômico.

A aplicação do CAP no tratamento de águas de abastecimento pode ser efetuada com a captação de água bruta, a montante da mistura rápida, junto ao coagulante ou a jusante da mistura rápida. Independentemente do ponto de aplicação, é de grande importância que haja um tempo de contato mínimo do CAP com a água bruta, a fim de que haja uma efetiva remoção das cianotoxinas da fase líquida. A recomendação prática é que este se situe em torno de, no mínimo, 20 min.

A eficiência do processo de adsorção com respeito à remoção de cianotoxinas da fase líquida também está diretamente associado às dosagens de CAP empregadas no processo de tratamento. Pesquisas efetuadas indicam que as dosagens de CAP mais adequadas situam-se sempre iguais ou superiores a 20 mg/L, e as dosagens inferiores a 10 mg/L não apresentam resultados satisfatórios (U.S. ENVIRONMENTAL PROTECTION AGENCY, 2015c). A Figura 9-16 mostra alguns resultados de adsorção de microcistina-LR para um tempo de contato igual a 30 min em função da dosagem de CAP.

Como se pode observar nos resultados apresentados na Figura 9-16, a eficiência de remoção de microcistina-LR apenas alcançou valores iguais ou superiores a 80% para dosagens de CAP acima de 20 mg/L.

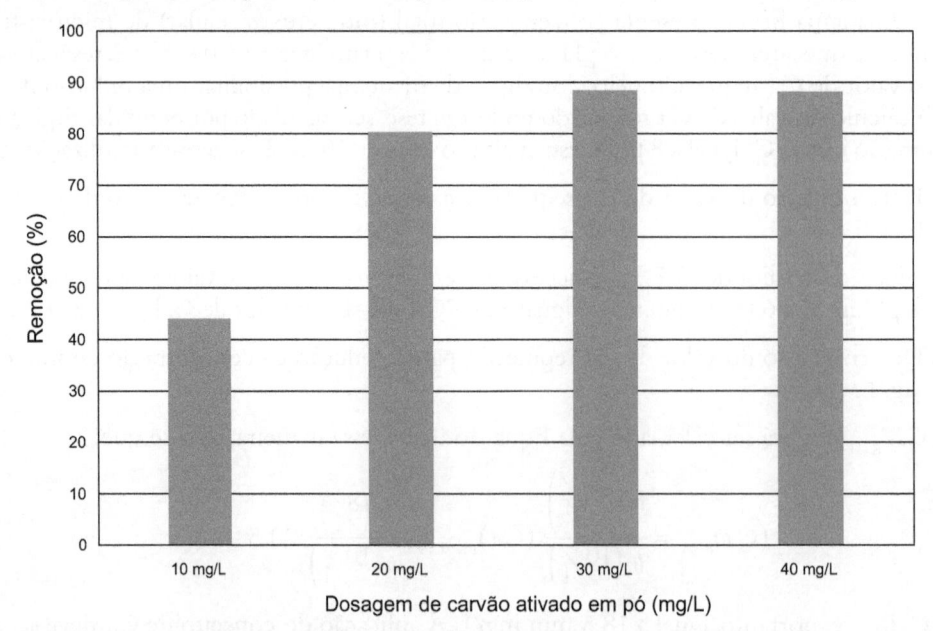

Figura 9-16 Remoção de microcistina-LR por adsorção em função de diferentes dosagens de carvão ativado em pó – tempo de contato: 30 min.

Embora não seja possível generalizar o comportamento do processo de adsorção visando à remoção das demais cianotoxinas, que, porventura, possam estar presentes no meio aquoso, dosagens de CAP iguais ou inferiores a 10 mg/L não são recomendadas, em razão de sua baixa eficácia.

Ponto Relevante 10: A utilização do carvão ativado em pó para possibilitar a remoção de cianotoxinas deve ser efetuada de modo a garantir dosagens mínimas iguais a 20 mg/L e tempo de contato igual ou superior a 30 min.

Têm-se observado inúmeras estações de tratamento de água que efetuaram a aplicação de CAP como medida de prevenção e controle de cianotoxinas que potencialmente podem estar presentes na fase líquida, mas que o fazem com dosagens de CAP reduzidas e cuja eficiência é bastante questionável. Muitas vezes, a redução nas dosagens de CAP é motivada com base na necessidade de redução de custos operacionais, que, no entanto, não conferem a eficiência desejada ao processo de tratamento.

A eficácia do processo de adsorção com respeito à remoção de cianotoxinas é função não somente das dosagens empregadas no processo de tratamento e tempo de contato, mas também do tipo de carvão ativado empregado. Como o processo de produção do carvão ativado depende da qualidade da matéria-prima empregada e de suas condições de ativação, têm-se no mercado nacional diversos tipos de CAP, que apresentam as mais diferentes características de desempenho. Recomenda-se, portanto, que o CAP a ser empregado no processo de tratamento seja, sempre que possível. adquirido por meio de processos licitatórios que permitam a participação de empresas de reputação e idoneidade reconhecidas.

A utilização do CAG, ainda que apresente elevada eficiência com respeito à remoção de cianotoxinas, justifica-se apenas se suas concentrações na fase líquida apresentarem ocorrência constante ao longo do tempo, o que é, do ponto de vista prático, muito difícil.

Como o processo de adsorção não é seletivo, a tendência do CAG é adsorver outros compostos orgânicos presentes em meio aquoso, reduzindo sua capacidade de adsorção. Se, porventura, for necessário conjugar outros objetivos a ser alcançados pelo processo de tratamento – a remoção de compostos causadores de gosto e odor, por exemplo –, a utilização do CAG pode ser viável. Uma vez que o emprego do CAG depende de implantação de obras civis de porte significativo, além de adaptações hidráulicas que podem ser consideráveis em estações de tratamento de água existentes, seus custos de implantação tendem a ser bastante elevados, devendo cada caso ser estudado de maneira específica.

Em função do comprometimento do manancial empregado para abastecimento público, podem ser citadas algumas ações de curto, médio e longo prazos a serem implantadas visando ao controle de cianotoxinas que, porventura, possam estar presentes na água bruta.

AÇÕES DE CURTO PRAZO
- Interrupção da pré-cloração, evitando-se lise celular e liberação das cianotoxinas intracelulares para a fase liquida.
- Otimização do processo de coagulação, com o objetivo de maximização da remoção das cianobactérias de forma intacta do meio aquoso.
- Caso seja necessário uma etapa de pré-oxidação, sugere-se a interrupção da pré-cloração e adição do permanganato de potássio como agente pré-oxidante.
- Aplicação do carvão ativado em pó na água bruta. Para essa condição, é recomendável a interrupção da pré-cloração, de maneira que não haja prejuízos ao processo de adsorção.
- Na impossibilidade de aplicação de permanganato de potássio ou carvão ativado em pó na água bruta, pode-se operar a pré-cloração, garantindo-se que a dosagem aplicada seja tal que permita a oxidação das cianotoxinas extra e intracelulares.
- Aumento das dosagens de cloro na forma de pós-cloração.

AÇÕES DE MÉDIO PRAZO
- Monitoramento hidrobiológico do manancial e aplicação controlada de algicidas, com o objetivo de redução das florações de cianobactérias e potencial liberação de cianotoxinas para o meio aquoso.

AÇÕES DE LONGO PRAZO
- Controle da entrada de nutrientes do manancial e estabelecimento de programas de recuperação da qualidade da água bruta.

REMOÇÃO DE COMPOSTOS ORGÂNICOS DE ORIGEM ANTROPOGÊNICA

As estações de tratamento de água do tipo convencionais não são projetadas objetivando a remoção de compostos orgânicos de origem antropogênica, uma vez que os processos de coagulação, floculação, sedimentação e filtração não apresentam eficácia com respeito a sua remoção da fase líquida. Assim sendo, sua ocorrência em águas brutas requer que as estações de tratamento de água convencionais tenham de ser dotadas de processos unitários adicionais, por exemplo, adsorção em carvão ativado, arraste com ar, oxidação química ou processos de membrana (osmose reversa e nanofiltração).

Uma grande variedade de compostos orgânicos de origem antropogênica pode estar presente em águas naturais, podendo-se citar compostos orgânicos sintéticos, interferentes endócrinos, produtos farmacêuticos e de higiene pessoal. Sua ocorrência pode ser intermitente ou constante ao longo do tempo, e, desse modo, as tecnologias de tratamento a serem implantadas dependem do grau de exposição da água bruta aos contaminantes.

Caso a ocorrência de compostos orgânicos de origem antropogênica na água bruta seja constante ao longo do tempo, e admitindo-se que suas concentrações sejam superiores aos padrões de potabilidade impostos pela legislação vigente, a concepção da estação de tratamento de água deverá ser efetuada com o objetivo de possibilitar sua remoção da fase líquida de maneira perene. Como estações de tratamento de água do tipo convencionais, em geral, não possibilitam a remoção de compostos orgânicos de peso molecular inferior a 200 Da de modo satisfatório, sua concepção necessariamente deverá adotar a implantação de outras tecnologias de tratamento.

Atualmente, uma das maiores preocupações ambientais está associada à presença de compostos orgânicos classificados como interferentes endócrinos, produtos farmacêuticos e de higiene pessoal, e que podem estar presentes em águas naturais, em razão do lançamento de efluentes tratados e não tratados em corpos receptores empregados como mananciais para abastecimento público (VERLICCHI; AUKIDY; ZAMBELLO, 2012; TIJANI; FATOBA; PETRIK. 2013). Como suas concentrações presentes em águas naturais situam-se em torno de ng/L, sua identificação e quantificação analítica são ainda bastante complexas e caras.

Os compostos orgânicos classificados como interferentes endócrinos, produtos farmacêuticos e de higiene pessoal são denominados compostos orgânicos emergentes, portanto, ainda passíveis de estudos futuros, de modo a viabilizar o estabelecimento de riscos à saúde pública e a posterior definição de padrões de potabilidade.

É importante frisar que a segurança química da água tratada quanto à presença de compostos orgânicos de origem antropogênica em uma estação de tratamento de água convencional de ciclo completo é sempre regida pela escolha do manancial, devendo este apresentar uma qualidade da água bruta compatível com os contaminantes passíveis de remoção pelo processo de tratamento.

No entanto, há algumas situações nas quais a água bruta é exposta a determinados compostos orgânicos de origem antropogênica de modo intermitente, por exemplo: lançamento esporádico de efluentes industriais em corpos d'água, acidentes rodoviários com produtos químicos e pesticidas encaminhados ao manancial pelo escoamento superficial direto. Assim sendo, podem ser efetuadas algumas implantações no processo de tratamento, de modo a garantir sua remoção da fase líquida de maneira satisfatória.

Normalmente, os processos de oxidação química que utilizam os tradicionais agentes oxidantes empregados no tratamento de águas de abastecimento (cloro, permanganato e potássio e dióxido de cloro) apresentam eficácia bastante reduzida com respeito à remoção de compostos orgânicos sintéticos, sendo que o único agente oxidante considerado efetivo é o ozônio, que pode ser utilizado com o peróxido de hidrogênio (peroxônio) (RAKNESS, 2005).

As maiores dificuldades associadas ao uso do ozônio e sua implantação em estações de tratamento de águas do tipo convencionais é que demandam a construção de obras civis de grande envergadura (reatores de contato), requerem a aquisição de equipamentos de geração e seus periféricos, e apresentam alto custo operacional (energia elétrica). Sua implantação, portanto, apenas se justifica caso a presença de compostos orgânicos sintéticos na água bruta seja perene, recomendando-se a operação de um sistema de ozonização constante ao longo do tempo.

Alguns compostos orgânicos sintéticos, por serem voláteis, podem ser removidos da fase líquida por meio de processos de arraste com ar, mediante o emprego de colunas de arraste com ar. A tecnologia de arraste com ar é viável para compostos orgânicos com valores de constantes de Henry superiores a 0,05 m^3/m^3. No entanto, tal qual os sistemas de ozonização, a implantação de sistemas de arraste com ar impõe modificações estruturais nas estações de tratamento que, apenas justificam sua adoção caso as concentrações dos contaminantes presentes na fase líquida sejam constantes ao longo do tempo.

A tecnologia de tratamento que tem sido mais extensivamente empregada com o objetivo de garantir a remoção de compostos orgânicos de origem antropogênica no tratamento de águas de abastecimento é mediante a adoção de processos de adsorção em carvão ativado em pó (CAP) ou granular (CAG) (CRITTENDEN et al., 2012).

A utilização do CAP no tratamento de águas de abastecimento é muito versátil, uma vez que possibilita sua dosagem em diferentes concentrações, as quais são definidas com base na qualidade da água bruta e no grau de remoção desejado para determinado contaminante.

A grande vantagem do emprego do CAP é que sua aplicação pode ser efetuada de modo intermitente, isto é, quando determinado contaminante de interesse estiver presente na fase líquida. O CAP pode ser aplicado em diferentes pontos no processo de tratamento, sendo que os mais comuns têm sido na captação da água bruta, a montante da mistura rápida, junto à mistura rápida ou a jusante desta, e, eventualmente entre os decantadores e filtros (Fig. 9-17).

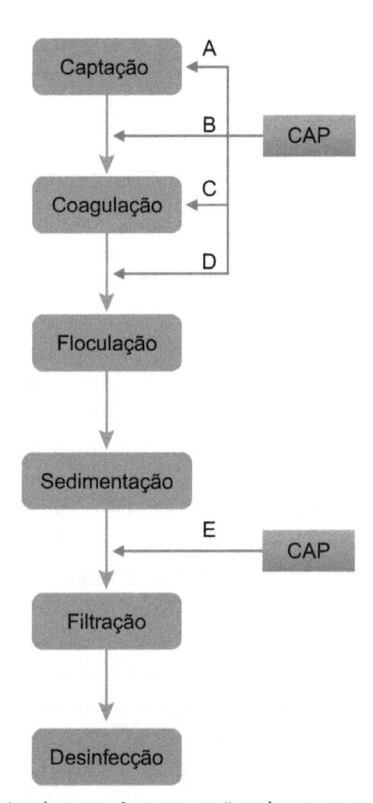

Figura 9-17 Pontos de aplicação de carvão ativado em pó em estações de tratamento de água convencionais.

Como o processo de adsorção exige um tempo de contato adequado entre o CAP e a fase líquida, é sempre recomendável que seja maximizado, procurando-se garantir um valor mínimo em torno de 20 min. Caso a aplicação do CAP ocorra imediatamente a montante (Ponto B), a jusante (Ponto D) ou junto à mistura rápida (Ponto C), o tempo de contato para o processo de adsorção será proporcionado pela unidade de floculação.

Se, porventura, a distância entre a captação de água bruta e a estação de tratamento de água for razoável, pode-se prever a aplicação do CAP com a captação (Ponto A), garantindo-se maior tempo de contato deste com a fase líquida. No caso em questão, seu valor corresponde à somatória dos tempos de detenção na adutora de água bruta e sistema de floculação.

Uma possibilidade de aplicação do CAP em uma estação de tratamento de água convencional é na água decantada, entre os decantadores e filtros (Ponto E), sendo que sua principal vantagem reside no fato de ser minimizada a interferência dos CONs no processo de adsorção. O tempo de contato da fase líquida entre os decantadores e filtros é, no entanto, normalmente bastante reduzido, o que exige maiores dosagens de CAP. Aliado a esse fato, o CAP separado da fase líquida na unidade de filtração pode induzir a uma elevação de sua perda de carga, comprometendo a duração das carreiras de filtração. Por conseguinte, ainda que haja algumas citações da literatura sobre a possibilidade de aplicação de CAP entre as unidades de sedimentação e filtração, em virtude dos problemas comentados, não se recomenda sua aplicação (NAJM et al., 1991).

A eficiência do processo de adsorção pelo CAP é ditada por dosagem, tempo de contato com a fase líquida e qualidade do material adsorvente. A evolução típica da concentração do contaminante com o tempo durante o processo de adsorção em função da dosagem de CAP encontra-se apresentado na Figura 9-18.

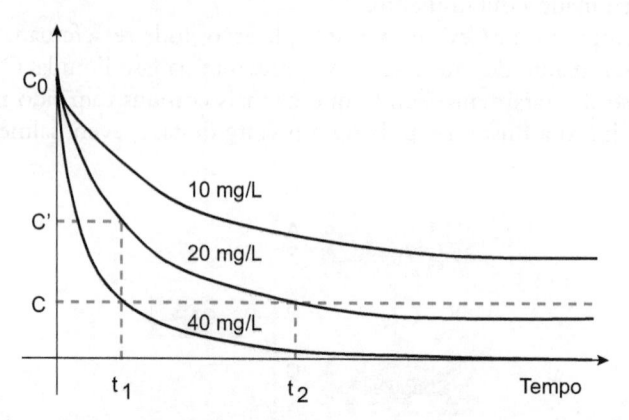

Figura 9-18 Evolução típica da concentração do adsorvato em função do tempo durante o processo de adsorção em função da dosagem de CAP.

A interpretação da variação temporal das concentrações do contaminante com o tempo para diferentes dosagens de CAP apresentadas na Figura 9-18 é bastante relevante para a otimização do processo de adsorção. Caso o objetivo seja a redução da concentração do contaminante na fase líquida de C_0 para C, apenas as dosagens de CAP de 20 mg/L e de 40 mg/L são capazes de alcançar este objetivo para tempos de contato iguais ou superiores a t_1 e t_2, respectivamente.

A dosagem de CAP igual a 10 mg/L, para qualquer tempo de contato, não permite a redução de C_0 para C, o que faz com que seja necessário aumentar a dosagem de CAP, para se alcançar um valor de C. Se, porventura, o tempo de contato for igual a t_1, para uma dosagem de CAP igual a 20 mg/L, a concentração do contaminante na fase líquida será reduzida de C_0 para C', sendo este superior a C. Assim, impondo-se a necessidade de redução de C_0 para C para um tempo de contato t_1, torna-se necessário aumentar a dosagem de CAP de 20 mg/L para 40 mg/L.

No entanto, pode-se observar que, caso o tempo de contato seja aumentado de t_1 para t_2, é possível a redução de C_0 para C para a dosagem de CAP igual a 20 mg/L. Mantendo-se o tempo de contato igual a t_2, a utilização de uma dosagem de CAP superior a 20 mg/L, por exemplo, ou uma dosagem igual a 40 mg/L, permitirá que a concentração do contaminante seja reduzido para um valor inferior a C, o que pode ser antieconômico.

Considerando-se a importância do tempo de contato no processo de adsorção, pode-se prever a construção de um tanque de contato a montante da mistura rápida, com a finalidade de possibilitar seu aumento (KIM; BAE, 2007). As Figuras 9-19 e 9-20 apresentam, respectivamente uma planta e um corte de um tanque de contato projetado para uma estação de tratamento de água com vazão igual a 300 L/s.

O projeto de tanques de contato com o objetivo de otimização do processo de adsorção é normalmente efetuado prevendo-se tempo de detenção hidráulico mínimo de 20 min e regime de escoamento tendendo a fluxo

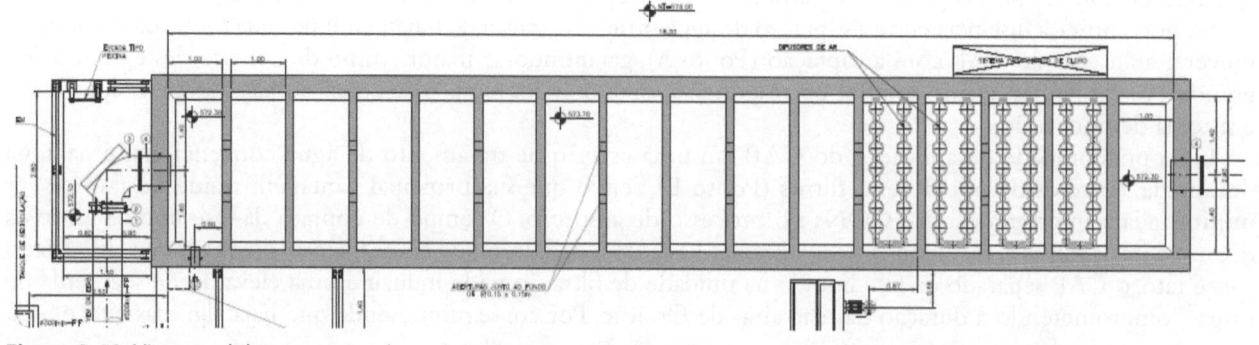

Figura 9-19 Vista geral de um tanque de contato situado a montante da mistura rápida empregado para adsorção em CAP.

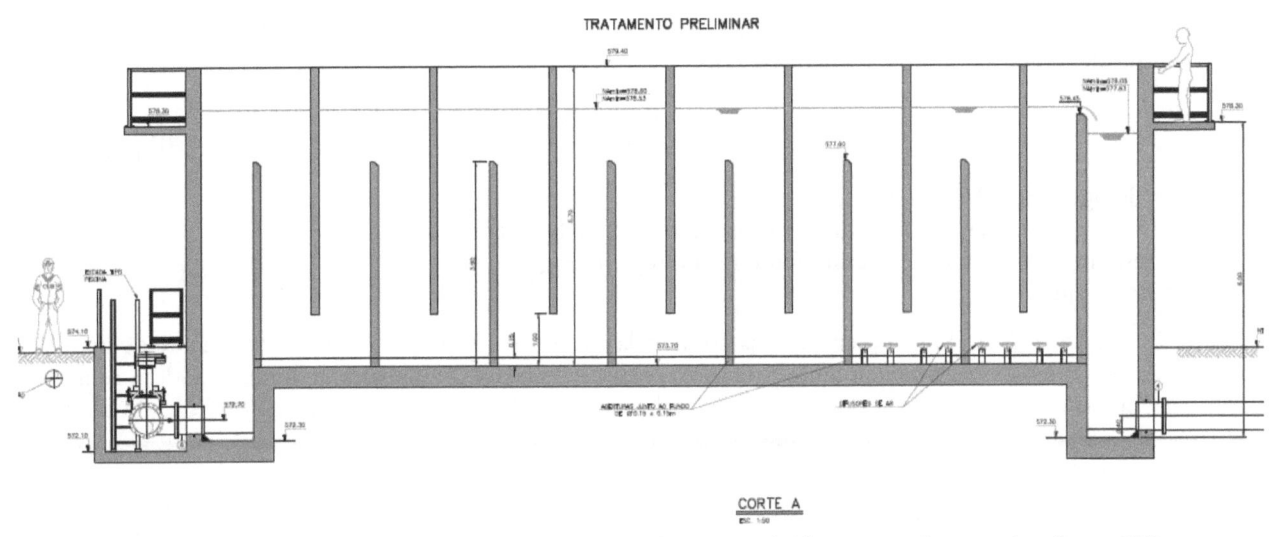

Figura 9-20 Corte de um tanque de contato situado a montante da mistura rápida empregado para adsorção em CAP.

pistonado ideal. Para tanto, é indispensável a adoção de chicanas que possibilitem o estabelecimento de trechos com escoamento vertical ascendente e descendente, ou com escoamento horizontal. Como a área disponível para a implantação dessas unidades são bastante restritas, recomenda-se a adoção de tanques de contato com escoamento vertical, podendo-se usar uma altura útil entre 5,0 e 6,0 m, o que permite reduzir sua área de implantação.

A melhor alternativa para definição das dosagens de CAP a serem empregadas na operação de uma estação de tratamento de água é mediante a execução de ensaios experimentais em escala de *jar-test* com a água bruta, procurando simular as condições de operação do processo de tratamento. Pode-se, por exemplo, avaliar diferentes marcas comerciais de CAP com respectivas dosagens, pontos de aplicação de CAP e eventuais interferentes no processo de adsorção, como a combinação de agentes oxidantes e coagulante com o CAP.

A estimativa de dosagens de CAP a serem empregadas na remoção de compostos orgânicos sintéticos pode ser avaliada em caráter preliminar, conhecendo-se sua isoterma de adsorção. A isoterma mais comumente apresentada na literatura tem sido a isoterma de Freundlich, sendo expressa por:

$$q = K.C^{1/n}$$
(Equação 9-4)

q = concentração do contaminante adsorvido na fase sólida (mg/g)
C = concentração do contaminante em equilíbrio na fase líquida (mg/L)
K = constante de Freundlich $(mg/g).(L/mg)^{1/n}$
1/n = constante

A Tabela 9-2 apresenta valores de K e 1/n para alguns compostos orgânicos sintéticos obtidos para ensaios de adsorção conduzidos com água ultrapura.

Tabela 9-2 Valores de K e 1/n para determinados compostos orgânicos sintéticos (American Water Works; James, 2011a)

Composto	K $(mg/g).(L/\mu g)^{1/n}$	1/n
Pentaclorofenol	42,6	0,339
Atrazina	38,7	0,291
Aldicarb	8,27	0,402
Tolueno	5,01	0,429
Benzeno	1,26	0,533
Clorofórmio	0,0925	0,669

Uma vez conhecida a isoterma de adsorção de um composto orgânico para determinado material adsorvedor, a dosagem mínima de PAC pode ser calculada por:

$$C_{PAC} = \frac{(C_0 - C)}{K.C^{1/n}}$$

(Equação 9-5)

C_{PAC} = dosagem de PAC em mg/L
C_0 e C = concentrações inicial e final do adsorvato na fase líquida em $\mu g/L$
K = constante da isoterma de Freundlich em $(\mu g/mg).(L/mg)^{1/n}$
$1/n$ = constante

A utilização da Equação 9-5 requer que seja conhecida a isoterma de adsorção do contaminante de interesse, podendo esta ser obtida experimentalmente para a água bruta de estudo. De maneira preliminar, podem-se utilizar isotermas obtidas na literatura, tendo o cuidado de avaliar suas condições de execução e a condição de campo.

Exemplo 9-2

Problema: Um manancial para abastecimento público apresenta esporadicamente concentrações de atrazina em torno de 10 $\mu g/L$ e deseja-se reduzir sua concentração na estação de tratamento de água para 2 $\mu g/L$ mediante a utilização de PAC. A isoterma do composto atrazina para a água bruta em questão não é conhecida. Com base nessas informações, estime a dosagem mínima de PAC requerida.

Solução: O cálculo da dosagem mínima de PAC pode ser calculado pela Equação 9-5. Como a isoterma não é conhecida, pode-se, preliminarmente, utilizar-se os parâmetros K e $1/n$ publicados na literatura.

* Passo 1: Obtenção da isoterma do composto atrazina na literatura

Podem-se, preliminarmente, utilizar os parâmetros K e $1/n$ para a atrazina, como apresentado na Tabela 9-2. Como as isotermas apresentadas na Tabela 9-2 foram obtidas para o contaminante em água ultrapura e considerando-se que águas naturais contêm CONs que tendem a interferir no processo de adsorção, pode-se efetuar uma redução do valor do parâmetro K aplicando-se um fator de segurança igual a 10. Desse modo, tem-se que:

$$q = \frac{K}{FS}.C^{1/n} = \frac{38,7}{10}.C^{0,291} = 3,87.C^{0,291}$$

(Equação 9-6)

q = concentração do contaminante adsorvido na fase sólida (mg/g)
C = concentração do contaminante em equilíbrio na fase líquida ($\mu g/L$)
K = constante de Freundlich $(mg/g).(L/\mu g)^{1/n}$
$1/n$ = constante
FS = fator de segurança

* Passo 2: Determinação da dosagem mínima de CAP

A dosagem mínima de CAP pode ser calculada pela Equação 9-5. Assim sendo, tem-se que:

$$C_{PAC} = \frac{(C_0 - C)}{K.C^{1/n}} = \frac{\left(10\ \frac{\mu g}{L} - 2\ \frac{\mu g}{L}\right).10^{-3} mg/\mu g}{3,87.2^{0,291}\ \frac{mg}{g}.10^{-3} g/mg} \cong 1,69\ \frac{mg}{L}$$

(Equação 9-7)

Comentário: A dosagem mínima de PAC calculada foi de 1,7 mg/L, no entanto, considerando que a isoterma empregada no cálculo foi obtida tendo-se empregado água ultrapura, as dosagens a serem utilizadas em escala real tenderão a ser maiores. Ademais, a dosagem de PAC estimada pela Equação 9-5 parte do pressuposto de que haja o equilíbrio da atrazina com o PAC, o que, na prática, pode exigir longos tempos de contato com a fase líquida, nem sempre disponíveis na estação de tratamento. Por conseguinte, a dosagem de PAC calculada deve ser vista com reservas, indicando tão somente a viabilidade da utilização do processo de adsorção como tecnologia de tratamento.

Como são muitas as variáveis que influenciam diretamente a eficiência do processo de adsorção, por exemplo, qualidade da água bruta, concentração de CON, tipo e dosagens de CAP, pontos de aplicação e interferência de produtos químicos empregados no processo de tratamento (coagulante, agentes oxidantes etc.), as dosagens de CAP para a remoção de determinado contaminante devem, sempre que possível, ser definidas com base em ensaios experimentais.

Ponto Relevante 11: A remoção de compostos orgânicos sintéticos presentes na água bruta pode ser efetuada de modo satisfatório mediante o emprego do carvão ativado em pó. A definição das dosagens a serem empregadas é função de inúmeras variáveis, por exemplo, qualidade da água bruta, tipo de carvão ativado e seu ponto de aplicação no processo de tratamento e eventuais interferências de produtos químicos empregados na estação de tratamento. Assim sendo, recomenda-se que sua definição seja sempre efetuada com base em ensaios experimentais.

MINIMIZAÇÃO E REMOÇÃO DE SUBPRODUTOS DA DESINFECÇÃO FORMADOS NO PROCESSO DE TRATAMENTO

Ao longo do processo de tratamento de água podem ser empregados diferentes agentes oxidantes e desinfetantes, sendo que sua aplicação pode ocorrer na forma de pré-oxidação, interoxidação ou pós-desinfecção. No ano de 1974, alguns pesquisadores descobriram que a reação do cloro com determinados CONs poderia formar compostos orgânicos halogenados (ROOK, 1976). Entre estes, os que estão presentes em maiores concentrações em águas de abastecimento, quando submetidas ao processo de desinfecção com cloro, são os compostos classificados como tri-halometanos (clorofórmio, bromofórmio, diclorobromometano, clorodibromometano) e os ácidos haloacéticos (ácido monocloroacético, dicloroacético, tricloroacético, monobromoacético e dibromoacético) (KRASNER et al., 1989).

Desse modo, a operação das estações de tratamento de água passou a ter de contemplar não apenas a produção de água com padrões estéticos adequados e seguros do ponto de vista microbiológico, como também o objetivo de minimizar a formação de compostos orgânicos subprodutos da desinfecção.

Em função dos estudos epidemiológicos e toxicológicos desenvolvidos pela United States Environmental Protection Agency (U.S. EPA), em 1979 foi proposto o limite máximo de concentração de 100 μg/L para os THMs, e, atualmente, este se encontra em 80 μg/L. Além disso, tendo por base controlar outros compostos orgânicos subprodutos da desinfecção também hoje é controlada a concentração máxima de ácidos haloacéticos (AHAs) em águas de abastecimento em 60 μg/L.

A descoberta da formação dos subprodutos da desinfecção como resultado das reações do cloro com os CONs induziu a utilização de outros agentes oxidantes e desinfetantes no tratamento de águas de abastecimento, sendo que estudos posteriores demonstraram que estes também apresentavam poder de reação com os CONs e capacidade de formação de subprodutos. Atualmente, a legislação brasileira (Portaria MS 2.914/2011) considera como subprodutos da desinfecção os compostos apresentados na Tabela 9-3.

Tabela 9-3 Padrões de potabilidade estabelecidos pela Portaria MS 2.914/2011 para diferentes subprodutos da desinfecção

Composto	Agente oxidante	Padrão de potabilidade
Tri-halometanos	Cloro e cloraminas	0,1 mg/L (100 μg/L)
Ácidos haloacéticos	Cloro e cloraminas	0,08 mg/L (80 μg/L)
Clorito	Dióxido de cloro	1,0 mg/L
Bromato	Ozônio	0,01 mg/L (10 μg/L)

É importante ressaltar que inúmeros outros compostos orgânicos não apresentados na Tabela 9-3 são resultado da reação dos mais diferentes agentes oxidantes empregados no tratamento de águas de abastecimento e dos CONs presentes em meio aquoso. A definição de padrões de potabilidade para os diferentes subprodutos da desinfecção é efetuada com base em estudos toxicológicos e epidemiológicos para aqueles compostos formados cujas concentrações sejam mais elevadas na água tratada e em função de seus riscos à saúde pública.

A reação dos CONs com os agentes oxidantes é um processo cinético, podendo ser descrita como uma reação de segunda ordem. Pode-se, portanto, escrever que:

$$AO + CON \rightarrow SPD$$

(Equação 9-8)

$$\frac{d(SPD)}{dt} = k.[AO].[CON]$$

(Equação 9-9)

AO = agente oxidante
CON = compostos orgânicos naturais
SPD = subprodutos da desinfecção
k = constante de reação

Observando-se a Equação 9-9, tem-se que a taxa de formação de subprodutos da desinfecção é proporcional à concentração dos reagentes; neste caso, a concentração do agente oxidante e dos compostos orgânicos naturais passíveis de reagirem com o agente oxidante, comumente denominado compostos orgânicos precursores (COPs).

Por ser um processo cinético, a formação dos subprodutos da desinfecção ocorre não somente ao longo da estação de tratamento de água, mas também durante seu percurso nas demais partes constitutivas do sistema de abastecimento de água (reservatórios e rede de distribuição). Como consequência, as concentrações dos subprodutos da desinfecção observadas no sistema de distribuição de água são maiores que os valores obtidos na saída da estação de tratamento. A Figura 9-21 apresenta valores de concentrações de THMs monitorados na saída do processo de tratamento e após 24 horas para duas estações de tratamento de água distintas.

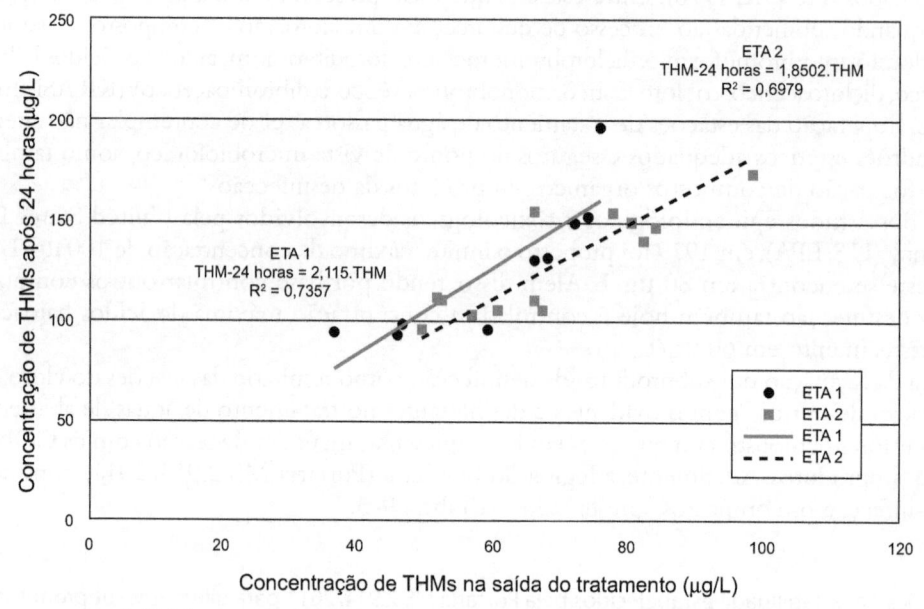

Figura 9-21 Concentrações de THMs na saída do tratamento e após 24 h para duas diferentes estações de tratamento de água.

Com base nos resultados apresentados na Figura 9-21, pode-se observar que a relação entre as concentrações de THMs após 24 h e na saída do processo de tratamento para as estações de tratamento de água 1 e 2 foram iguais a 2,11 e 1,85, respectivamente, indicando que seus valores no sistema de distribuição de água tendem a potencialmente dobrar em relação a sua concentração avaliada na saída do processo de tratamento. Embora as correlações apresentadas na Figura 9-21 sejam específicas e válidas somente para as estações de tratamento de água estudadas, é importante saber que a reação do agente oxidante com os compostos orgânicos precursores continua a ocorrer ao longo do sistema de distribuição, apresentando como consequência um aumento gradual nas concentrações dos compostos subprodutos da desinfecção.

Ponto Relevante 12: Uma vez que a reação entre o agente oxidante e os compostos orgânicos precursores tende a continuar ao longo do sistema de distribuição, suas concentrações dos subprodutos da desinfecção são maiores que os valores observados na saída do processo de tratamento.

A formação dos subprodutos da desinfecção depende da reação do agente oxidante com os compostos orgânicos precursores, e, caso estes apresentem variações de concentração e características físico-químicas ao longo do tempo, também é de esperar que ocorram variações nas concentrações dos subprodutos da desinfecção na água tratada. A Figura 9-22 apresenta os valores médios mensais de intensidade pluviométrica no manancial e concentrações de THMs observados para uma estação de tratamento de água na saída do processo de tratamento e no sistema de distribuição.

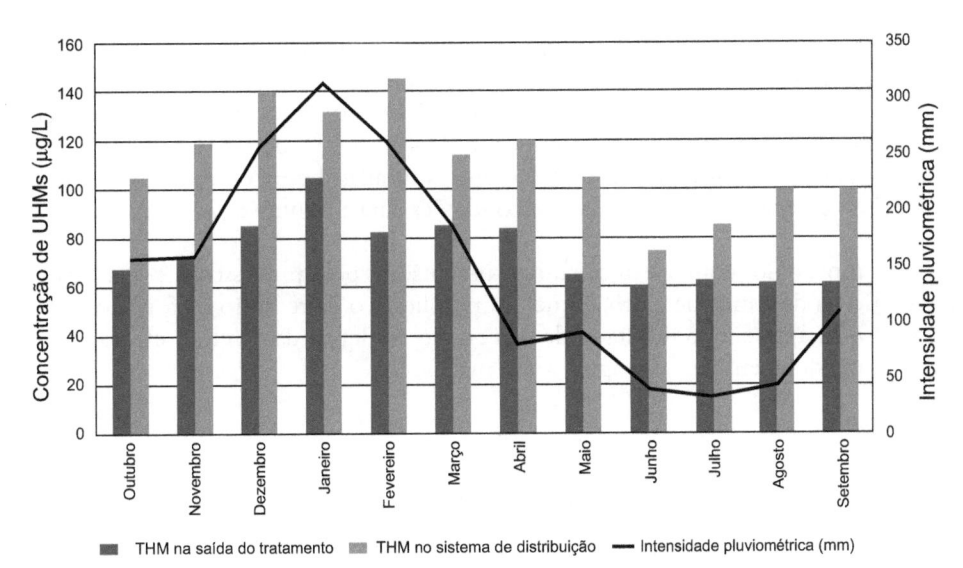

Figura 9-22 Valores médios mensais de intensidade pluviométrica e concentrações de THMs na saída do tratamento e no sistema de distribuição para uma estação de tratamento de água.

Pode-se notar que as concentrações médias mensais de THMs obtidos na saída do processo de tratamento e no sistema de distribuição apresentaram variações temporais significativas, sendo que os valores mais elevados estão concentrados de novembro a abril.

O período em que foram observadas as maiores concentrações de THMs também coincidiu com a época do ano em que são registradas as maiores intensidades pluviométricas no manancial, justificando que a maior parte dos compostos orgânicos precursores é introduzida no manancial pelo escoamento superficial direto.

Isso indica que a formação de subprodutos da desinfecção tende a apresentar sazonalidade, o que traz como consequência a necessidade de serem estabelecidas medidas de controle que levem em conta a grandeza dessas variações. Por conseguinte, no período seco, as concentrações de subprodutos da desinfecção tendem a ser menores que os valores observados no período úmido. Caso estes sejam superiores aos impostos pelos padrões de potabilidade vigentes, podem-se estabelecer medidas de controle específicas para determinadas épocas do ano.

Também se observa que os valores de concentração de THMs para a água tratada mostraram-se maiores quando comparados com seus valores obtidos na saída do processo de tratamento, o que mais uma vez justifica o caráter cinético da formação de subprodutos da desinfecção.

Ponto Relevante 13: A formação de subprodutos da desinfecção tende a apresentar variações temporais em função da qualidade da água bruta e do modo de operação do processo de tratamento. Desse modo, as eventuais técnicas objetivando sua minimização devem considerar tais variações, podendo-se adotá-las em épocas do ano específicas.

Com base na Equação 9-9, é possível definir algumas estratégias a serem utilizadas com o objetivo de minimizar a formação de subprodutos da desinfecção (SINGER, 1994). Entre estas, pode-se citar:

- Remoção dos compostos orgânicos precursores de subprodutos da desinfecção em águas de abastecimento.
- Alteração do ponto de aplicação do agente desinfetante e mudança do agente desinfetante, ou uma combinação de ambos.
- Remoção dos compostos orgânicos subprodutos da desinfecção, uma vez formados durante o processo de tratamento.

Do ponto de vista prático, a melhor alternativa visando à redução da formação de THMs e AHAs é a remoção dos compostos orgânicos precursores pelo processo de coagulação, na medida em que este é um processo unitário integrante do tratamento de água.

Embora a definição da dosagem de coagulante, do pH de coagulação ou mesmo do tipo de coagulante empregado no processo de tratamento tenha por propósito maximizar a remoção de material particulado (turbidez) e cor real a um menor custo possível, é possível conciliar as condições ideais de operação do processo de coagulação para a remoção de material particulado e de compostos orgânicos precursores.

Como discutido na seção "Remoção de compostos orgânicos naturais no tratamento convencional de águas de abastecimento", é possível alcançar valores de remoção de 40% a 60% de COT pelo processo de coagulação, desde que suas condições de operação sejam devidamente ajustadas. Logo, obtendo-se a máxima remoção de COT durante o processo de coagulação, garantem-se condições para a minimização da formação dos subprodutos da desinfecção.

A otimização da remoção dos compostos orgânicos precursores pelo processo de coagulação apresenta como consequência a redução na demanda de cloro, o que é um indicativo da redução na formação de subprodutos da desinfecção. A Figura 9-23 apresenta o resultado de um ensaio de demanda de cloro efetuado para águas bruta e filtrada submetidas a uma dosagem de cloro igual a 3,5 mg Cl_2/L.

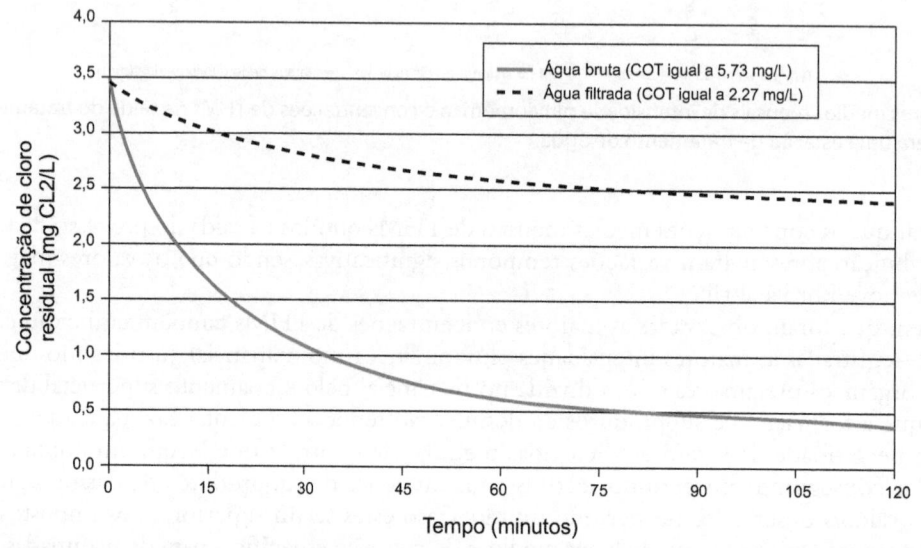

Figura 9-23 Variação das concentrações de cloro livre em função do tempo para água bruta e água filtrada submetidas à dosagem de cloro igual a 3,5 mg Cl_2/L.

A água bruta apresenta concentração de COT igual a 5,7 mg/L e, ao ser submetida ao processo de coagulação, possibilitou sua redução para 2,3 mg/L, ou seja, foi possível alcançar uma redução de COT igual a 3,4 mg/L, o que corresponde a 59,6%. Os resultados apresentados na Figura 9-23 indicam que, após 120 min, a concentração de cloro residual livre na água bruta foi reduzida de 3,5 mg Cl_2/L para 0,4 mg Cl_2/L, sendo que o valor obtido para a água filtrada foi igual a 2,4 mg Cl_2/L. Assim, a água bruta e a água filtrada apresentaram valores de demanda de cloro iguais a 3,1 mg Cl_2/L e 1,1 mg Cl_2/L, respectivamente. A implicação da redução em seus valores de demanda de cloro está diretamente associada à redução na formação de subprodutos da desinfecção, uma vez que se tem observado experimentalmente que sua formação está correlacionada com a demanda de cloro. A Figura 9-24 apresenta uma correlação entre a formação de THMs e a demanda de cloro obtida para diferentes tipos de águas brutas e filtradas.

Os resultados apresentados na Figura 9-24 evidenciam a importância da demanda de cloro na formação de THMs, estimando-se uma produção de cerca de 28 μg/L de THMs para cada 1,0 mg Cl_2/L de demanda de cloro. Obviamente, essa relação é específica para as águas brutas e filtradas utilizadas na investigação experimental, não podendo ser generalizadas. No entanto, de maneira bastante clara, fica demonstrada a relação entre a formação de THMs e a demanda de cloro, podendo este parâmetro ser empregado como um indicador para a menor ou maior formação de subprodutos da desinfecção em estações de tratamento de água.

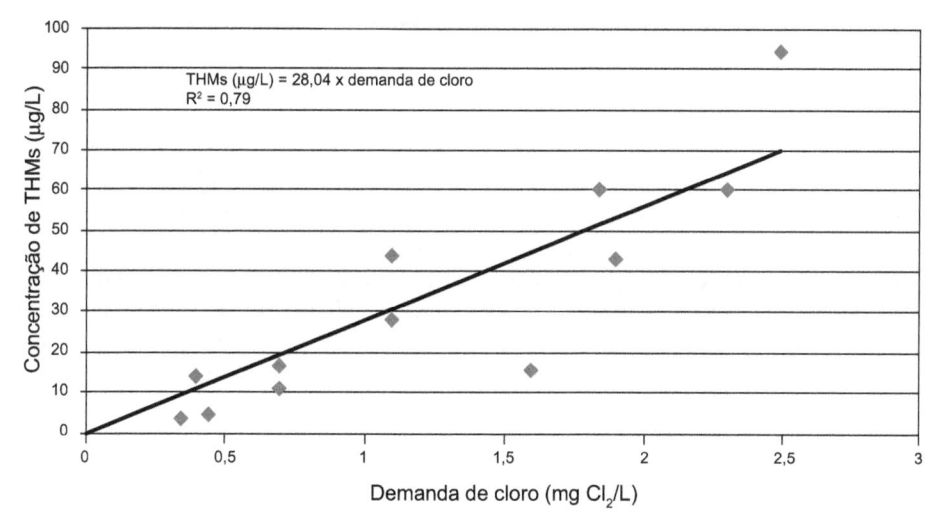

Figura 9-24 Formação de THMs em função da demanda de cloro para diferentes tipos de água bruta e de água filtrada.

Ponto Relevante 14: O parâmetro demanda de cloro pode ser empregado como um indicador para a avaliação da formação de subprodutos da desinfecção no tratamento de águas de abastecimento, podendo ser correlacionado com a concentração de subprodutos da desinfecção específicos.

Uma vez tendo sido formados pelo processo de tratamento, a remoção dos compostos subprodutos da desinfecção é dificultada, dado que o tratamento convencional não apresenta condições adequadas para sua remoção. Portanto, é necessária a implantação de operações unitárias adicionais, por exemplo, processos de adsorção em carvão ativado granular e de arraste com ar ou processos oxidativos avançados. Todos estes, por demandarem o estabelecimento de unidades de tratamento adicionais na estação de tratamento, e por apresentarem altos custos de implantação e operação, apenas se justificam caso todas as alternativas disponíveis para a remoção dos subprodutos da desinfecção não surtam o efeito desejado.

O correto manejo da aplicação de agentes oxidantes e desinfetantes e de suas respectivas dosagens durante o processo de tratamento consiste em uma técnica extremamente eficaz para o controle da formação de subprodutos da desinfecção. A utilização da pré-cloração tende a aumentar as concentrações de THMs e AHAs na água tratada, no entanto, se porventura suas concentrações estiverem abaixo dos padrões de potabilidade vigentes, não se constitui um problema.

Contudo, em muitas situações, dependendo da qualidade da água bruta e de suas variações com respeito à concentração de compostos orgânicos precursores, pode ocorrer aumento nas concentrações de subprodutos da desinfecção que excedam os padrões de potabilidade. Assim sendo, a primeira alternativa para a solução do problema é a interrupção da pré-cloração.

Embora seja uma solução aparentemente radical, é de grande importância observar se, porventura, a adoção de algumas ações anteriores não é suficiente para a solução do problema. Por exemplo, em muitas estações de tratamento de água, observa-se a operação da pré-cloração obtendo-se concentrações de cloro residual na água decantada bastante elevadas, em muitas situações, superiores a 2,0 mg Cl_2/L.

Valores de concentrações residuais de cloro livre muito elevadas na água decantada indicam a aplicação de altas dosagens de cloro na forma de pré-cloração, o que é um fator preponderante para o aumento nas concentrações de subprodutos da desinfecção. Muitas vezes, a redução das concentrações de cloro livre na água decantada para valores inferiores a 0,5 mg Cl_2/L já é suficiente para a diminuição das concentrações de THMs e AHAs na água tratada. A eficácia de tal procedimento apenas pode ser avaliada de maneira adequada com o uso de um programa de monitoramento que contemple a execução de análises dos subprodutos de desinfecção de modo regular, sugerindo-se a coleta semanal de amostras.

Ponto Relevante 15: A formação de subprodutos da desinfecção pode ser minimizada reduzindo-se as dosagens de cloro aplicadas na forma de pré-cloração, de modo a manter-se uma concentração de cloro residual livre na água decantada igual ou inferior a 0,5 mg Cl_2/L.

Se, porventura, a redução nas dosagens de cloro efetuados na forma de pré-cloração não for suficiente para a diminuição nas concentrações dos subprodutos da desinfecção, pode-se interromper sazonalmente a operação da pré-cloração ou, mesmo, efetuar a substituição do agente oxidante.

Por conseguinte, como a formação dos subprodutos da desinfecção tende a apresentar sazonalidade, pode-se interromper a pré-cloração ou efetuar a substituição do agente oxidante em períodos em que sejam observadas suas maiores concentrações na água tratada. Uma opção interessante que pode ser empregada para reduzir a formação de subprodutos da desinfecção é a substituição do cloro pelo permanganato de potássio como agente pré-oxidante. A Figura 9-25 apresenta as concentrações de THMs observadas em função do tempo para uma estação de tratamento de água, considerando períodos distintos de utilização do cloro e do permanganato de potássio como agentes pré-oxidantes.

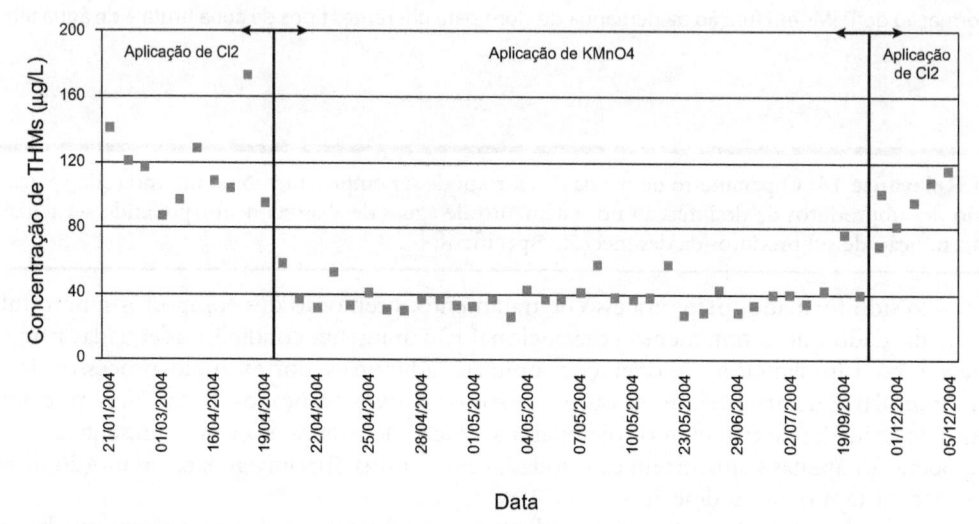

Figura 9-25 Concentrações de THMs na água tratada para condições de operação do sistema de pré-oxidação com cloro e permanganato de potássio.

Para o período em que foi utilizado o cloro como agente oxidante, as dosagens situaram-se em torno de 4,0 a 8,0 mg Cl_2/L, e, como resultado das altas dosagens empregadas na pré-cloração, ocorreu a formação de THMs com concentrações elevadas, com valores algumas vezes superiores a 100 µg/L.

A interrupção da pré-cloração e a utilização do permanganato de potássio como agente pré-oxidante possibilitaram uma significativa redução nas concentrações de THMs na água tratada, com valores médios em torno de 40 µg/L. As dosagens de permanganato de potássio empregadas no processo de tratamento foram da ordem de 0,3 a 0,5 mg/L, bem inferiores quando comparadas com as dosagens de cloro, indicando sua menor reatividade e seu poder de oxidação com os compostos orgânicos precursores.

É relevante notar que, dado o caráter sazonal da formação de subprodutos da desinfecção no processo de tratamento, pode-se efetuar a mudança do agente pré-oxidante do cloro para o permanganato de potássio nos períodos considerados críticos de aumento das concentrações de subprodutos da desinfecção, ou seja, ora utiliza-se o cloro na forma de pré-cloração, ora emprega-se o permanganato de potássio.

Como o permanganato de potássio não é um agente desinfetante, caso a operação do processo de tratamento não queira comprometer a eficiência da desinfecção, pode-se considerar a utilização do dióxido de cloro como agente pré-oxidante. O maior cuidado com relação a sua utilização é que, pelo fato de o dióxido de cloro possibilitar a formação do íon clorito como subproduto da desinfecção, normalmente suas dosagens são limitadas a não mais que 1,5 mg ClO_2/L.

Ponto Relevante 16: A redução nas concentrações de THMs e AHAs na água tratada pode ser obtida mediante a substituição do cloro como agente pré-oxidante pelo permanganato de potássio. A extensão do grau de redução de THMs e AHAs deve ser avaliada por meio de ensaios experimentais específicos.

Ponto Relevante Final: Como o permanganato de potássio não é um agente desinfetante, caso não se deseje comprometer o processo de desinfecção, pode-se utilizar o dióxido de cloro na forma de pré-oxidante, recomendando-se que suas dosagens sejam efetuadas de modo a não permitir concentrações de clorito acima de 1,0 mg ClO_2^-/L.

Referências

ACERO, J. L.; RODRIGUEZ, E.; MERILUOTO, J. Kinetics of reactions between chlorine and the cyanobacterial toxins microcystins. *Water Research*, Oxford, v. 39, n. 8, p. 1628-1638, Apr 2005.

ALSPACH, B. et al. Microfiltration and ultrafiltration membranes for drinking water. *Journal American Water Works Association*, Denver, v. 100, n. 12, p. 84-97, Dec. 2008.

BEDDING, N. D. et al. organic contaminants in the aquatic environment. 2 ed. Behavior and fate in the hydrological cycle. *Science of the Total Environment*, Tokyo, v. 26, n. 3, p. 255-312, 1983.

CHENG, R. C. et al. Enhanced coagulation: a preliminary evaluation. *Journal American Water Works Association*, Denver, v. 87, n. 2, p. 91-103, Feb, 1995.

CHEW, C. M.; AROUA, M. K.; HUSSAIN, M. A. Key issues of ultrafiltration membrane water treatment plant scale-up from laboratory and pilot plant results. *Water Science and Technology-Water Supply*, London, v. 16, n. 2, p. 438-444, Apr. 2016.

CLARK, M. M. et al. Committee report: Membrane processes. *Journal American Water Works Association*, Denver, v. 90, n. 6, p. 91-105, June 1998.

CRITTENDEN, J. C. et al. *Water treatment principles and design*. 3rd ed. New York: Wiley, 2012. 1901 p.

CROZES, G.; WHITE, P.; MARSHALL, M. Enhance coagulation - its effect on nom removal and chemical costs. *Journal American Water Works Association*, Denver, v. 87, n. 1, p. 78-89, Jan. 1995.

DAVIS, C. C.; EDWARDS, M. Coagulation with hydrolyzing metal salts: mechanisms and water quality impacts. *Critical Reviews in Environmental Science and Technology*, Boca Raton, v. 44, n. 4, p. 303-347, Jan. 2014.

DREYFUS, J. et al. Identification and assessment of water quality risks associated with sludge supernatant recycling in the presence of cyanobacteria. *Journal of Water Supply Research and Technology-Aqua*, v. 65, n. 6, p. 441-452, Sep. 2016.

EDWARDS, M. Predicting DOC removal during enhanced coagulation. *Journal American Water Works Association*, Denver, v. 89, n. 5, p. 78-89, May 1997.

EDZWALD, J. K. Coagulation in drinking-water treatment - particles, organics and coagulants. *Water Science and Technology*, Dordrecht, v. 27, n. 11, p. 21-35, 1993.

EDZWALD, J. K.; BECKER, W. C.; WATTIER, K. L. Surrogate parameters for monitoring organic-matter and thm precursors. *Journal American Water Works Association*, Denver, v. 77, n. 4, p. 122-132, 1985.

EDZWALD, J. K.; TOBIASON, J. E. Chemical principles, source water composition, and watershed protection. In: EDZWALD, J. K. (Ed.) *Water quality and treatment*: a handbook on drinking water. 6th ed. Denver: AWWA, 2011b. cap. 3

FAN, J. J. et al. The effects of various control and water treatment processes on the membrane integrity and toxin fate of cyanobacteria. *Journal of Hazardous Materials*, Amsterdam, v. 264, p. 313-322, Jan. 2014.

HAARHOFF, J.; LANGENEGGER, O.; VANDERMERWE, P. J. Practical aspects of water-treatment plant-design for a hypertrophic impoundment. *Water Sa*, Pretoria, v. 18, n. 1, p. 27-36, Jan. 1992.

HAND, D. W. et al. Design and evaluation of an air-stripping tower for removing vocs from groundwater. *Journal American Water Works Association*, Denver. v. 78, n. 9, p. 87-97, Sep. 1986.

HO, L. et al. Application of powdered activated carbon for the adsorption of cylindrospermopsin and microcystin toxins from drinking water supplies. *Water Research*, Oxford, v. 45, n. 9, p. 2954-2964, 4// 2011.

HUBEL, R. E.; EDZWALD, J. K. Removing trihalomethane precursors by coagulation. *Journal American Water Works Association*, Denver, v. 79, n. 7, p. 98-106, July 1987.

JACANGELO, J. G.; PATANIA, N. L.; TRUSSELL, R. R. Membranes in water-treatment. *Civil Engineering*, London, v. 59, n. 5, p. 68-71, May 1989.

KASTL, G. et al. Modeling DOC removal by enhanced coagulation. *Journal American Water Works Association*, Denver, v. 96, n. 2, p. 79-89, Feb. 2004.

KIM, Y.; BAE, B. Design and evaluation of hydraulic baffled-channel PAC contactor for taste and odor removal from drinking water supplies. *Water Research*, Oxford, v. 41, n. 10, p. 2256-2264, May 2007.

KRASNER, S. W.; AMY, G. Jar-test evaluations of enhanced coagulation. *Journal American Water Works Association*, Denver, v. 87, n. 10, p. 93-107, Oct. 1995.

KRASNER, S. W. et al. The occurrence of disinfection by-products in united-states drinking-water. *Journal American Water Works Association*, Denver, v. 81, n. 8, p. 41-53, Aug 1989.

KUO, C. J. J.; AMY, G. L. Factors affecting coagulation with aluminum sulfate. .2. Dissolved organic-matter removal. *Water Research*, Oxford, v. 22, n. 7, p. 863-872, July 1988.

LI, L. et al. Kinetics of cell inactivation, toxin release, and degradation during permanganation of microcystis aeruginosa. *Environmental Science & Technology*, Easton, v. 48, n. 5, p. 2885-2892, Mar. 2014.

MEREL, S. et al. State of knowledge and concerns on cyanobacterial blooms and cyanotoxins. *Environment International*, v. 59, p. 303-327, Sep. 2013.

NAJM, I. et al. Using powdered activated carbon - a critical review. *Journal American Water Works Association*, Denver, v. 83, n. 1, p. 65-76, Jan. 1991.

NEWCOMBE, G. *Optimizing conventional treatment for the removal of cyanobacteria and toxins.* Denver: Water Research Foundation; Adelaide: Water Research Australia, 2015. 156 p.

NEWCOMBE, G. et al. *Management Strategies for Cyanobacteria (Blue-Green Algae)*: A Guide for Water Utilities. Adelaide: Water Quality Research Australia, 2010.

PESTANA, C. J. et al. Fate of cyanobacteria in drinking water treatment plant lagoon supernatant and sludge. *Science of the Total Environment*, Tokyo, v. 565, p. 1192-1200, Sept. 2016.

RAKNESS, K. L. *Ozone in drinking water treatment*: process design, operation, and optimization. Denver: AWWA, 2005. 302 p.

RANDTKE, S. J. Organic contaminant removal by coagulation and related process combinations. *Journal American Water Works Association*, Denver, v. 80, n. 5, May 1988. p. 40-56.

RODRIGUEZ, E. et al. Oxidative elimination of cyanotoxins: Comparison of ozone, chlorine, chlorine dioxide and permanganate. *Water Research*, Oxford, v. 41, n. 15, p. 3381-3393, Aug. 2007.

ROOK, J. J. Haloforms in drinking-water. *Journal American Water Works Association*, Denver, v. 68, n. 3, p. 168-172, 1976.

SINGER, P. C. Control of disinfection by-products in drinking-water. *Journal of Environmental Engineering*, New York, v. 120, n. 4, p. 727-744, July-Aug. 1994..

SUMMERS, R. S.; KNAPPE, D. R. U.; SNOEYINK, V. L. Adsorption of organic compounds by activated carbon. In: EDZWALD, J. K. (Ed.) *Water quality and treatment*: a handbook on drinking water. 6th ed. Denver: AWWA, 2011a. cap. 14

TIJANI, J. O.; FATOBA, O. O.; PETRIK, L. F. A Review of Pharmaceuticals and Endocrine-Disrupting Compounds: Sources, Effects, Removal, and Detections. *Water Air and Soil Pollution*, Dordrecht, v. 224, n. 11, Nov. 2013.

U.S. Environmental Protection Agency. *Drinking Water Health Advisory for the Cyanobacterial Mycrocistin Toxins.* Washington: Environmental Protection Agency, 2015a. 75 p.

U.S. Environmental Protection Agency. *Drinking Water Health Advisory for the Cyanobacterial Toxins Cylindrospermopsin.* Washington: Environmental Protection Agency, 2015b. 52 p.

U.S. Environmental Protection Agency. *Recommendations for Public Water Systems to Manage Cyanotoxins in Drinking Water.* Washington: Environmental Protection Agency, 2015c. 70 p.

U.S. Environmental Protection Agency. *Cyanotoxin Management Plan Template and Example Plans.* Washington: Environmental Protection Agency, 2016. 199 p.

VERLICCHI, P.; AL AUKIDY, M.; ZAMBELLO, E. Occurrence of pharmaceutical compounds in urban wastewater: Removal, mass load and environmental risk after a secondary treatment-A review. *Science of the Total Environment*, v. 429, p. 123-155, Jul 2012.

WHITE, M. C. et al. Evaluating criteria for enhanced coagulation compliance. *Journal American Water Works Association*, v. 89, n. 5, p. 64-77, May 1997.

CAPÍTULO 10

Controle e Remoção de Compostos Causadores de Gosto e de Odor em Águas de Abastecimento

ORIGEM DOS PROBLEMAS DE GOSTO E DE ODOR EM ÁGUAS DE ABASTECIMENTO

Problemas de gosto e de odor em águas de abastecimento não são uma questão ambiental relativamente recente. Há relatos de inúmeras ações desenvolvidas por empresas de saneamento para sua minimização desde o início do século XX (MALLEVIALE; SUFFET, 1987).

As estações de tratamento de água foram inicialmente concebidas como parte constitutiva de sistemas públicos de abastecimento de água, tendo por objetivo o fornecimento de água esteticamente adequada ao consumo humano. Até o início do século XX, sua operação unitária exclusiva era a etapa de filtração, que tinha por objetivo a remoção de partículas coloidais que pudessem acarretar prejuízos a sua aceitabilidade pela população.

No entanto, com a consolidação da Revolução Industrial e o surgimento dos grandes conglomerados urbanos, bem como com o advento da Primeira Grande Guerra Mundial, novos quesitos de qualidade passaram a ser impostos para águas de abastecimento, ressaltando-se o controle das concentrações de compostos químicos orgânicos e inorgânicos que pudessem causar danos à saúde humana.

Com isso, várias modificações operacionais e operações unitárias passaram a ser incorporadas no tratamento de água, ressaltando-se os processos de oxidação química e adsorção em carvão ativado. Embora essas tecnologias de tratamento tenham sido adotadas em função do estabelecimento de padrões de potabilidade cada vez mais restritivos, novos critérios foram impostos quanto aos padrões estéticos mínimos exigidos para uma água de abastecimento, entre estes, a ausência de gosto e de odor.

Como consequência do desenvolvimento das grandes cidades e de sua deficiência nos serviços de coleta, afastamento, tratamento de esgotos sanitários e no controle da poluição industrial, os problemas de gosto e de odor em águas de abastecimento passaram a se tornar muito complexos, de solução tecnológica difícil e extremamente onerosa.

De modo geral, a presença de odor e de sabor em águas de abastecimento pode ser ocasionada pelos seguintes motivos (MALLEVIALE; SUFFET, 1987):

- Presença de constituintes inorgânicos em concentrações elevadas, como o ferro, cloreto, sulfato, gás sulfídrico, entre outros.
- Presença de compostos orgânicos de origem antropogênica (fenóis, nitrofenóis) e demais compostos aromáticos (tetracloreto de carbono, tetracloroetileno etc.).
- Odor e sabor em águas de abastecimento originados do processo de tratamento. Em geral, problemas dessa natureza estão associados à ação do agente de oxidante e/ou desinfetante e suas reações com compostos orgânicos, que podem ser de origem biogênica e ou antropogênica.
- Odor e sabor em águas de abastecimento com origem no sistema público de distribuição de água. Dependendo das condições físicas das redes de distribuição de água, de sua concepção e seu traçado, bem como das características da água bruta e tratada, é comum que estas apresentem concentrações elevadas de ferro e manganês, que podem causar gosto metálico à água distribuída. O crescimento microbiológico nas redes de distribuição também tem sido causa de inúmeros problemas de odor e sabor, bem como a presença de altas concentrações do próprio agente desinfetante.
- Presença de compostos orgânicos de origens biogênicas. É sabido que inúmeros microrganismos, notadamente certas algas, especialmente as cianobactérias, assim como determinados fungos, são responsáveis pela produção de compostos orgânicos resultantes de seu metabolismo, que, sob certas condições ainda não totalmente conhecidas, são liberados para a fase líquida. Esses compostos orgânicos são responsáveis por inúmeros problemas de odor e sabor em águas de abastecimento, sendo, indubitavelmente, os mais difíceis de serem removidos.

Em 1995, foi realizada uma pesquisa pela American Water Works Association (AWWA) junto às empresas de saneamento, com o intuito de avaliar a dimensão dos problemas de gosto e de odor em águas de abastecimento nos Estados Unidos. Entre as principais conclusões, observou-se que a maioria dos casos relatados relacionava-se com a presença de compostos orgânicos produzidos por algas e demais microrganismos no manancial; em razão do agente desinfetante empregado e de problemas decorrentes da operação do sistema de distribuição de água (SUFFET et al., 1995).

A Figura 10-1 apresenta a distribuição dos principais problemas de gosto e de odor informados pelas empresas de saneamento à AWWA.

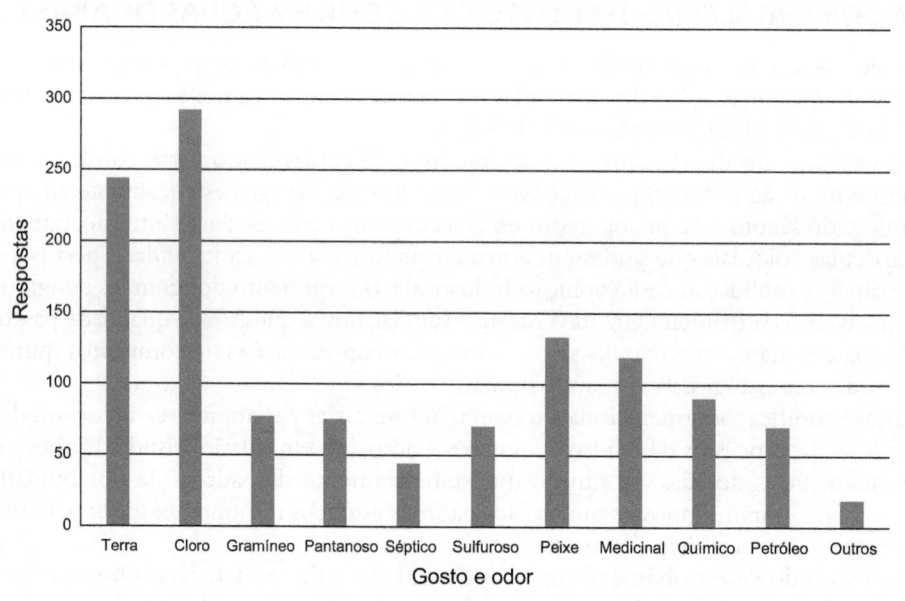

Figura 10-1 Principais ocorrências de problemas de gosto e de odor informados pelas empresas de saneamento à AWWA (SUFFET et al., 1995).

Quando os resultados são compilados distintamente para as empresas de saneamento que utilizam mananciais superficiais e subterrâneos, tem-se que a maioria dos problemas de gosto e de odor enfrentados em mananciais superficiais refere-se à presença de compostos orgânicos oriundos do metabolismo celular de algas e de demais microrganismos e à presença de cloro como agente oxidante.

Por sua vez, para mananciais subterrâneos, os problemas de gosto e de odor estão mais relacionados com a presença e o uso do cloro como agente desinfetante, e com a presença de sulfetos, como apresentado na Figura 10-2.

Historicamente, a solução dos problemas de gosto e de odor em águas de abastecimento tem sido considerada muito mais arte que ciência, em grande parte pela enorme dificuldade na identificação e quantificação dos compostos orgânicos e inorgânicos causadores dos problemas em questão.

Desse modo, a otimização das técnicas de tratamento objetivando a solução dos problemas de gosto e de odor sempre foi grandemente dificultada, o que tem exigido vultosos investimentos financeiros em obras civis e operação.

Como apresentado nas Figuras 10-1 e 10-2, na medida em que os problemas de gosto e de odor podem ser de diferente natureza, também as técnicas de tratamento tenderão a ser diferenciadas. Assim sendo, é importante considerar que os custos de tratamento também apresentarão a mesma tendência. Em função disso, a fim de que seja possível definir as alternativas de tratamento mais adequadas à solução de um problema de gosto e de odor específico, faz-se de extrema importância que este seja caracterizado do modo mais seguro e objetivo possível.

Ponto Relevante 1: A correta solução de problemas de gosto e de odor em águas de abastecimento requer a determinação de sua origem, de modo que possam ser adotadas ações mitigadoras adequadas.

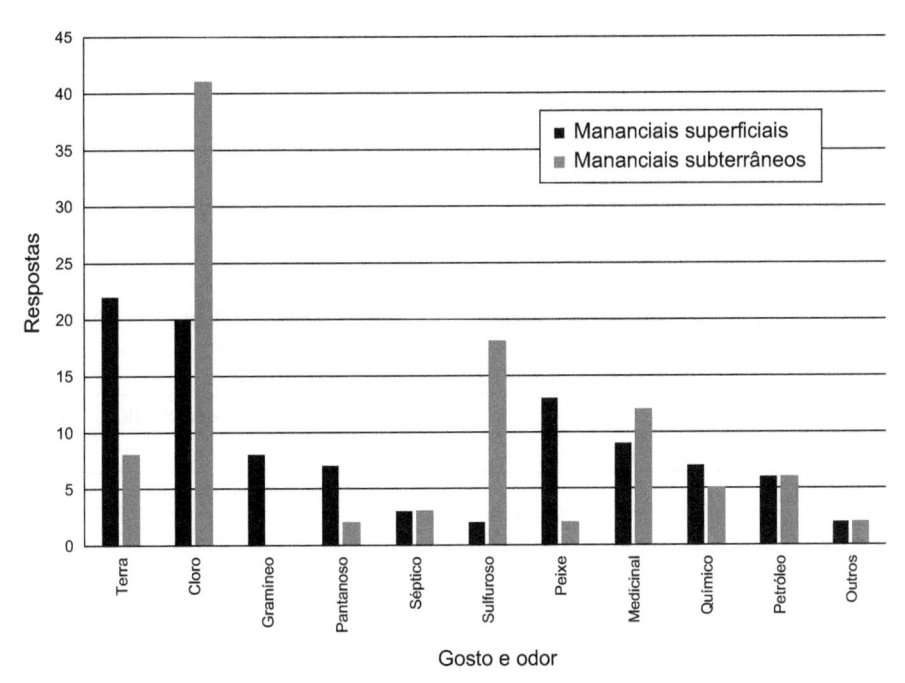

Figura 10-2 Tipos de problema de gosto e de odor informados pelas empresas de saneamento à AWWA em função do tipo de manancial (SUFFET et al., 1995).

Para problemas de gosto e de odor geralmente caracterizados pela presença de compostos inorgânicos na água final, normalmente a percepção de paladar é mais significativa que a olfativa. A fim de que a sensação de paladar para determinada água de abastecimento não seja desagradável para o consumidor, sua concentração de sais dissolvidos não deve ser superior à da saliva humana.

Em função dos problemas de gosto e de odor normalmente associados à presença de compostos inorgânicos, a concentração de sólidos dissolvidos totais (SDTs) é geralmente limitada a 500 mg/L.

Normalmente, águas de abastecimento que apresentam problemas de gosto decorrentes da presença de altas concentrações de SDTs têm como origem mananciais subterrâneos profundos, que, dada sua formação geológica, favoreceram a dissolução do material rochoso da fase sólida para a líquida.

As soluções de engenharia atualmente existentes para a redução da concentração de SDTs são os processos de membrana (nanofiltração e osmose reversa) e demais técnicas de dessalinização.

Normalmente, para que o manancial subterrâneo não seja perdido para fins de abastecimento público, quando este apresenta uma concentração de SDT superior a 500 mg/L, a alternativa para viabilizar sua utilização é a diluição com água final produzida por mananciais que apresentam menores valores de SDTs, de modo que a concentração da água composta não seja superior a 500 mg/L.

Em relação a sua concentração na fase líquida, diferentemente dos problemas de gosto e de odor causados por compostos inorgânicos, a presença de determinados compostos orgânicos em concentrações muito menores pode apresentar transtornos significativos com relação a seu abastecimento público.

A presença de compostos orgânicos sintéticos (COSs) em águas de abastecimento pode gerar dois tipos de problemas de gosto e de odor distintos, a saber:

• Gosto e odor originários diretamente pela presença de específicos COS.
• Gosto e odor causados pela reação de específicos COSs presentes na água bruta com o agente oxidante, notadamente o cloro.

Em função de sua origem, pode-se observar que a melhor alternativa de controle dos problemas de gosto e de odor resultantes da presença de COSs específicos na água bruta está diretamente relacionada com a prevenção e o controle da poluição industrial. Desse modo, os esforços de incorporação de tecnologias de tratamento e reabilitação das estações de tratamento de água podem ser evitados, transferindo-se os custos financeiros na solução do problema para a fonte poluidora.

No entanto, em função do risco ambiental envolvido na operação de determinados setores industriais em uma bacia hidrográfica, muitas vezes, os sistemas públicos de abastecimento de água devem prover as estações de tratamento de água de alternativas de tratamento que possam ser empregadas sazonalmente. Entre estas, pode-se citar a utilização do carvão ativado em pó (CAP), que tem sido considerada a mais interessante por sua flexibilidade.

A Tabela 10-1 apresenta a concentração limiar de gosto e de odor para alguns COSs específicos.

Tabela 10-1 Concentração limiar de gosto e de odor para alguns COSs específicos (MALLEVIALE; SUFFET, 1987)

Composto químico	Concentração limiar de gosto e de odor (mg/L)	Indústria
Acetona	5 a 265	Tintas, vernizes, plásticos e perfumaria
Anilina	70	Borracha
Anisole	0,05	Química
Benzeno	2 a 30	Tintas e vernizes
Bromofórmio	0,3	Química
Clorofórmio	0,1	Plásticos e farmacêutica
Formaldeído	50	Desinfetantes, inseticidas, plásticos e têxtil
Heptano	50	Química
Nitropropano	25	Química
Fenol	1 a 6	Química
Ácido propiônico	20	Química
Sacarina	4,4	Galvanoplastia
Estireno	0,05 a 0,73	Borracha
Tolueno	1	Solventes, vernizes, tintas, farmacêutica, inseticidas
Xileno	0,02 a 1,8	Tintas e inseticidas

De modo geral, as concentrações limiares de gosto e de odor para COSs são menores que os valores associados a compostos inorgânicos.

Uma vez que sua concentração na água bruta se apresenta variável em função do grau da poluição do manancial, seu controle é mais fácil de ser exercido em relação a problemas de gosto e de odor originários da presença de compostos inorgânicos.

Quando os problemas de gosto e de odor em águas de abastecimento têm como origem a reação entre eventuais COSs e o agente oxidante na estação de tratamento de água, estes podem ser minimizados tanto controlando-se os COSs na água bruta, como efetuando-se a mudança do agente oxidante.

Com o crescimento da indústria química a partir da Primeira Grande Guerra Mundial e o aumento da poluição industrial, o lançamento de efluentes contendo compostos fenólicos nos mananciais para abastecimento público e sua posterior reação química com o cloro livre, acentuaram de modo significativo os problemas de gosto e de odor em águas de abastecimento, o que passou a exigir a adoção de novas práticas e tecnologias de tratamento.

Embora a concentração limiar de gosto e de odor para o fenol seja da ordem de 1 mg/L, quando submetidos à cloração, os subprodutos 2-clorofenol, 2,4-diclorofenol e 2,6-diclorofenol apresentam concentrações limiares menores que 10 μg/L.

A relação entre a dosagem de cloro livre e fenol é o maior determinante na produção de subprodutos fenólicos, sendo que quando esta é da ordem de 2:1, é obtida a máxima intensidade de gosto e de odor, pois tende a ocorrer a formação preponderante de 2,6-diclorofenol. Para uma relação mássica aplicada de 4:1 e dosagens de cloro livre superiores a 10 mg/L, não se evidencia a formação de subprodutos fenólicos causadores de gosto e de odor, pelo fato de estes serem destruídos quando submetidos à supercloração.

Infelizmente, dada a possibilidade de formação de subprodutos da desinfecção em águas naturais submetidas ao cloro, seja como agente oxidante, seja como agente desinfetante, o emprego da supercloração no controle de gosto e de odor em águas de abastecimento em decorrência da presença de compostos fenólicos na água bruta deve ser visto com ressalvas, e limitado a casos em que não seja possível a adoção de tecnologias de tratamento mais adequadas.

Como apresentado na Figura 10-2, em mananciais superficiais utilizados para abastecimento público, a maior parte dos problemas de gosto e de odor está diretamente relacionada com a presença do agente oxidante e o gosto e odor descritos como de terra, mofo e gramíneo.

A utilização do agente oxidante e desinfetante em uma estação de tratamento de água deve ser considerada para possibilitar a manutenção de concentrações residuais adequadas no sistema de distribuição. Caso as concentrações residuais sejam muito reduzidas, a segurança microbiológica da água tratada pode ser comprometida. Por outro lado, se essas concentrações forem elevadas, podem comprometer sua qualidade organoléptica. A Tabela 10-2 apresenta as concentrações limiares de gosto e de odor do cloro e de cloraminas.

Tabela 10-2 Concentrações limiares de gosto e de odor do cloro e de cloraminas em águas de abastecimento (KRASNER; HWANG; MCGUIRE, 1980)

Composto químico	Concentração limiar de odor (mg/L)	Concentração limiar de gosto (mg/L)
Ácido hipocloroso	0,28	0,24
Íon hipoclorito	0,36	0,30
Monocloramina	0,65	0,48
Dicloramina	0,15	0,13
Tricloramina	0,02	—

Normalmente, as empresas de saneamento operam seus sistemas de distribuição de água procurando manter concentrações residuais de cloro livre sempre acima de 0,5 mg Cl_2/L em seus pontos mais críticos. Assim, é inevitável que algumas partes do sistema de distribuição de água estejam sujeitas a concentrações residuais de cloro livre superiores a este valor, o que faz com que alguns consumidores apresentem queixas de gosto e de odor associadas à presença do cloro.

Durante o século XX, os organismos mais diretamente relacionados com problemas de gosto e de odor em águas de abastecimento foram os actinomicetos, certos tipos de algas e os odores classificados como gramíneo, de terra e mofo, que são de mais difícil remoção no tratamento convencional de águas de abastecimento.

De acordo com a AWWA (1987), provavelmente o trabalho mais completo relacionado com problemas de gosto e de odor em águas de abastecimento foi desenvolvido por Palmer em 1962. Em face das limitações analíticas impostas até então, não foi possível estabelecer uma relação direta entre determinada espécie de alga e compostos orgânicos específicos causadores de gosto e de odor, no entanto, foram definidos grupos de odores em relação a certos tipos de algas, a saber:

- Odores aromáticos.
- Odores de peixe.
- Odores gramíneos.
- Odores de terra e mofo.

A Tabela 10-3 apresenta algumas algas e os respectivos odores relacionados.

A grande evolução na identificação e no tratamento de problemas de gosto e de odor em águas de abastecimento ocorreu em 1965, quando os pesquisadores Gerber e Lechevalier isolaram e identificaram o composto geosmina, produzido por culturas de actinomicetos, sendo estes causadores de gosto e de odor de terra (GERBER; LECHEVALIER, 1965).

Tabela 10-3 Algas causadoras de gosto e de odor em águas de abastecimento (AWWA, 1987)

Classe da alga	Descrição do odor	
	Quantidades moderadas de algas	**Grandes quantidades de algas**
Cyanophycophyta		
Anabaena	Gramíneo, mofo	Séptico, medicinal, podre
Aphanizomenon	Gramíneo, mofo	Séptico, medicinal, podre
Cylindrospermun	Gramíneo	Séptico
Microcystis	Gramíneo, mofo	Séptico, medicinal, podre
Nostoc	Mofo	Séptico, medicinal, podre
Oscillatoria	Gramíneo	Mofo, picante
Chlorophycophyta		
Chlorella		Mofo
Dictyosphaerium	Gramíneo	Peixe
Nitella	Gramíneo	Gramíneo, podre
Volvox	Peixe	Peixe
Bacillariophycophyta		
Asterionella	Picante, gerânio	Peixe
Diatoma		Aromático
Melosira	Gramíneo, picante, gerânio	Mofo
Synedra	Gramíneo	Mofo, peixe
Tabellaria	Gramíneo, picante, gerânio	Peixe
Chrysophycophyta		
Mallomonas	Violeta	Peixe
Synura	Pepino, podre, medicinal	Peixe
Uroglenopsis	Pepino	Peixe
Euglenophycophyta		
Euglena		Peixe
Pyrrophycophyta		
Ceratium	Peixe	Séptico, medicinal, podre
Peridinium	Pepino	Peixe
Cryptophycophyta		
Cryptomonas	Violeta	Violeta, peixe

Mais tarde, em 1969, Gerber isolou um segundo composto denominado 2-metilisoborneol (MIB), também produzido por culturas de actinomicetos. Dois anos antes, Safferman et al. (1967) isolaram o composto geosmina produzido por cianobactérias, e, posteriormente, o composto MIB também foi isolado de culturas de cianobactérias (MALLEVIALE; SUFFET, 1987).

Com os avanços da química analítica, novos compostos orgânicos passaram a ser identificados como subprodutos metabólicos de microrganismos e causadores de gosto e de odor em águas de abastecimento. Entre estes, os mais significativos estão apresentados na Tabela 10-4.

Analisando-se as concentrações limiares de gosto e de odor dos compostos orgânicos apresentados na Tabela 10-4, pode-se observar que as concentrações são muito baixas quando comparadas com os demais COSs de origem antropogênica.

Tabela 10-4 Compostos orgânicos subprodutos metabólicos de microrganismos causadores de gosto e de odor em águas de abastecimento (WNOROSKI, 1992)

Composto	Nome químico	Concentração limiar de gosto e de odor (ng/L)	Odor
Geosmina	Trans-1, 10-dimetil-trans-9-decalol	10	Terra, mofo
MIB	2-metilisoborneol	29	Terra, mofo, canforoso
IPMP	2-isopropil-metoxipirazina	2	Terra, mofo, batata
IBMP	2-isobutil-metoxipirazina	2	Terra, mofo, pimenta
TCA	2,3,6-tricloroanisole	7	Mofo

No entanto, estes apenas puderam ser identificados e quantificados com o contínuo desenvolvimento da química analítica, o que permitiu que o tratamento dos problemas de gosto e de odor em águas de abastecimento deixasse de apresentar um caráter puramente empírico para ser tratado como ciência, ainda que em parte.

Infelizmente, poucas empresas de saneamento, em especial no Brasil, têm condições técnicas, operacionais, e instrumental analítico para identificar e quantificar os compostos orgânicos eventualmente presentes na água bruta causadores de gosto e de odor em águas de abastecimento. Desse modo, o desenvolvimento de técnicas alternativas tem de serem considerado. Entre estas, pode-se citar a utilização do painel sensorial (*Flavor Profile Analysis*), largamente difundido nas indústrias alimentícia e de bebidas (BARTELS; BURLINGAME; SUFFET, 1986; RASHASH; DIETRICH; HOEHN, 1997).

Assim, uma vez conhecidos os compostos causadores de gosto e de odor, e sua respectiva origem, é possível definir quais tecnologias de tratamento são mais adequadas do ponto de vista técnico e econômico. Dependendo de sua estrutura química, muitas vezes, a aplicação de diferentes agentes oxidantes na forma de pré-oxidantes pode ser suficiente para sua remoção da fase líquida; em outros casos, novas tecnologias de tratamento têm de ser incorporadas na estação de tratamento de água.

A Tabela 10-5 apresenta uma relação de compostos orgânicos identificados como causadores de gosto e de odor em águas de abastecimento e respectivas origens.

Entre os apresentados na Tabela 10-5, os considerados de mais difícil remoção em águas de abastecimento são os compostos geosmina e MIB.

Ambos os compostos, por serem produzidos por actinomicetos e cianobactérias, são largamente encontrados em águas naturais, com relatos na literatura de inúmeras estações de tratamento de água que apresentam problemas de gosto e de odor causados por ambos os microrganismos (MALLEVIALE; SUFFET, 1987; SUFFET et al., 1995).

Os actinomicetos são classificados como bactérias filamentosas e são encontrados em uma grande variedade de *habitats*, incluindo a água e os sedimentos de rios e lagos. Sua ocorrência em águas naturais está diretamente relacionada com o escoamento superficial direto, que os carreia junto com os sedimentos da bacia hidrográfica para o corpo d'água.

Até o momento, sabe-se que os compostos MIB e geosmina são produzidos e liberados para a fase líquida por actinomicetos e cianobactérias. Especialmente para corpos d'água altamente eutrofizados, a presença de cianobactérias é extremamente importante na operação de estações de tratamento de água, por fornecer subsídios ao controle de compostos orgânicos causadores de gosto e de odor em águas de abastecimento.

Durante seu ciclo de vida, as cianobactérias produzem inúmeros compostos voláteis e não voláteis que, não podendo ser utilizados imediatamente ou armazenados para uso futuro, são liberados para a fase líquida. A variedade de compostos extracelulares liberados pelas cianobactérias é significativamente grande, e alguns podem causar problemas de gosto e de odor.

Entre os produtos extracelulares produzidos e liberados para a fase líquida, destacam-se os compostos MIB e geosmina. No entanto, muitos outros que são liberados para o meio aquoso, embora não causem problemas de gosto e de odor diretamente, quando expostos à ação do cloro livre, podem reagir com estes, gerando subprodutos que podem impactar a qualidade organoléptica da água final.

É interessante ressaltar que a grande presença de algas em corpos d'"água com elevado grau de eutrofização podem causar problemas de gosto e de odor por meio de dois mecanismos distintos, a saber: o primeiro está diretamente relacionado com a morte das algas e a subsequente liberação para a fase líquida de compostos

Tabela 10-5 Compostos orgânicos causadores de gosto e de odor em águas de abastecimento (SUFFET et al., 1995)

Composto	Origem	Odor
Odores de terra e gramíneos		
Geosmina	Actinomicetos, algas azuis e cianobactérias	Terra
MIB	Actinomicetos, algas azuis e cianobactérias	Mofo
2-isopropil-metoxipirazina	Actinomicetos	Mofo, batata
Cloroanisole	Metilação de clorofenóis	Mofo
Odores de vegetais, frutífero e florais		
Trans-2, cis-6-nonadienal	Algas	Pepino
Aldeídos (> C_7)	Ozonização	Frutífero
Odores de peixe		
n-Hexanal e n-Heptanal	Algas flageladas, diatomáceas	Peixe
Hepta e decadienal	Algas	Peixe
Odores pantanosos, sépticos e sulfurosos		
Mercaptanas	Decomposição de microrganismos e algas azuis	Sulfuroso
Dimetil-polissulfetos	Bactérias	Pantanoso
Sulfeto de hidrogênio	Bactérias anaeróbias	Ovo podre
Aldeídos (baixo peso molecular)	Cloração de aminoácidos	Pantanoso
Desconhecido	Dióxido de cloro	Urina de gato
Odores medicinais		
Clorofenóis	Cloração de fenóis	Medicinal
Tri-halometanos iodados	Cloraminação	Medicinal
Odores químicos e hidrocarbonetos		
Antioxidantes fenólicos	Tubos de polietileno	Plástico
Odores de cloro e ozônio		
Cloro livre	Desinfecção	Cloro
Monocloramina	Desinfecção	Cloro
Dicloramina	Desinfecção	Piscina
Ozônio	Desinfecção	Ozônio

metabólicos, como MIB e geosmina. O segundo está associado à degradação do material celular morto, que pode servir como substrato para outros microrganismos, notadamente os actinomicetos, que produzem diretamente os compostos causadores de gosto e de odor.

Uma vez que os subprodutos metabólicos podem ser produzidos, armazenados e liberados pelas cianobactérias para a fase líquida, um especial cuidado tem de ser tomado quando do controle de algas no manancial e na operação da estação de tratamento de água.

Muitas vezes, com o objetivo de controlar o desenvolvimento de certas espécies de algas em mananciais para abastecimento público, as empresas de saneamento efetuam a aplicação de algicidas no corpo d'água. Ao realizarem sua aplicação, o cobre pode causar a ruptura da parede celular das algas, permitindo a liberação dos eventuais compostos causadores de gosto e de odor para a fase aquosa, o que pode trazer prejuízos significativos à qualidade da água (FAN et al., 2014).

Com respeito à operação da estação de tratamento de água, a adoção de práticas de pré-oxidação também pode ocasionar a ruptura celular de determinados microrganismos, liberando subprodutos que podem causar prejuízos sanitários à qualidade da água. Pesquisas indicaram que a aplicação do sulfato de cobre e dos agentes oxidantes cloro, permanganato de potássio e peróxido de hidrogênio não apenas causou a inibição de determinadas atividades metabólicas das algas, como também levou a sua ruptura celular e liberação para o meio aquoso de carbono orgânico dissolvido (COD) e geosmina (PETERSON et al., 1995).

Para todos os agentes oxidantes empregados na investigação experimental, observou-se a ruptura da parede celular dos microrganismos na faixa de concentrações comumente empregadas no tratamento de águas de abastecimento, para dosagens de cloro livre, peróxido de hidrogênio e permanganato de potássio superiores a 1,0 mg Cl_2/L, 10 mg/L e 3,0 mg/L, respectivamente.

Normalmente, na operação de estações de tratamento de água, as dosagens de cloro livre aplicadas situam-se na faixa de 1,0 a 2,0 mg Cl_2/L; valores estes muito superiores ao limite máximo observado para a não ruptura da parede celular. Com respeito ao peróxido de hidrogênio, geralmente, as dosagens aplicadas situam-se em torno de 2,0 mg/L e combinadas com outros agentes químicos e físicos, objetivando-se o uso de processos oxidativos avançados (ozônio e ultravioleta). Como a dosagem observada, que ocasionou a ruptura celular, foi superior a 10 mg/L, aparentemente, seu uso em estações de tratamento de água pode ser efetuado com a finalidade de controle e inativação dos processos metabólicos dos microrganismos, sem que ocorra a liberação de compostos orgânicos intracelulares. A mesma conclusão pode ser também aferida para o permanganato de potássio, na medida em que suas dosagens de aplicação geralmente são inferiores a 2,0 mg/L.

Desse modo, os profissionais responsáveis pelo gerenciamento da qualidade das águas dos mananciais e operação das estações de tratamento de água para abastecimento público devem ter bastante cuidado na aplicação de algicidas para controle de algas e na dosagem de agentes oxidantes na forma de pré-oxidação, a fim de que os problemas de gosto e de odor não venham a ser amplificados em vez de minimizados. Isso implica que o projeto e a operação de estações de tratamento de água devam ser efetuados de modo a permitir sua flexibilidade operacional com respeito à aplicação de diferentes agentes oxidantes e em diferentes pontos do processo de tratamento.

IDENTIFICAÇÃO E QUANTIFICAÇÃO DOS PROBLEMAS DE GOSTO E DE ODOR EM ÁGUAS DE ABASTECIMENTO

A gustação é o sentido encarregado da percepção de substâncias químicas dissolvidas. O órgão sensorial do gosto é essencialmente a língua, e as narinas são responsáveis pela percepção dos odores. Os órgãos sensoriais gustativos humanos distinguem substâncias doces, salgadas, ácidas e amargas. Os demais odores resultam da associação com o olfato (SUFFET et al., 1995).

As células gustativas são extremamente sensíveis, sendo que a intensidade da percepção depende do número de papilas, da penetração da substância no interior destas, bem como concentração e composição química das substâncias. Por sua vez, a percepção de odores ocorre quando as moléculas das substâncias odoríferas dispersas no ar estimulam diretamente as células olfativas e transmitem a excitação aos centros cerebrais.

Tanto o olfato como o paladar dependem de estímulos químicos. Assim sendo, para se perceber um odor, é necessário que as moléculas que chegam à mucosa olfativa sejam voláteis, isto é, possam ser liberadas da fase líquida.

As substâncias que causam gosto e odor em águas de abastecimento podem estar presentes em concentrações bastante reduzidas, muitas vezes em torno de ng/L, o que dificulta sua identificação e quantificação. Além disso, pode haver diversas substâncias que conferem gosto e odor à água simultaneamente, e, neste caso, é interessante que seu efeito global seja medido imediatamente.

Do ponto de vista prático, podem ser empregadas duas diferentes técnicas para a identificação e quantificação de compostos causadores de gosto e de odor em águas de abastecimento.

A primeira técnica envolve sua identificação e quantificação por meio de análises químicas específicas, o que normalmente é realizado por técnicas cromatográficas altamente sofisticadas, e que, por esse motivo, são muito onerosas (KRASNER; HWANG; MCGUIRE, 1980; MCGUIRE et al., 1981).

A segunda técnica envolve a realização de análises sensoriais, sendo que a mais comum é o painel sensorial. Esse painel é extensivamente utilizado na indústria alimentícia, tendo sido adaptado para o tratamento de águas de abastecimento (BARTELS; BURLINGAME; SUFFET, 1986; SUFFET et al., 1988).

Para viabilizar a execução do painel sensorial, é necessário efetuar uma classificação dos gostos e odores mais comumente presentes em águas de abastecimento, sendo que esta é normalmente efetuada de acordo com o sugerido pela AWWA (BURLINGAME, 1987; MALLEVIALE; SUFFET, 1987). a saber, um total de quatro e oito classificações para gosto e odor, respectivamente. Estas classificações deram origem à roda de gosto e de odor, que abrange todas as sensações que têm sido documentadas nos últimos tempos para águas de abastecimento público (Fig. 10-3).

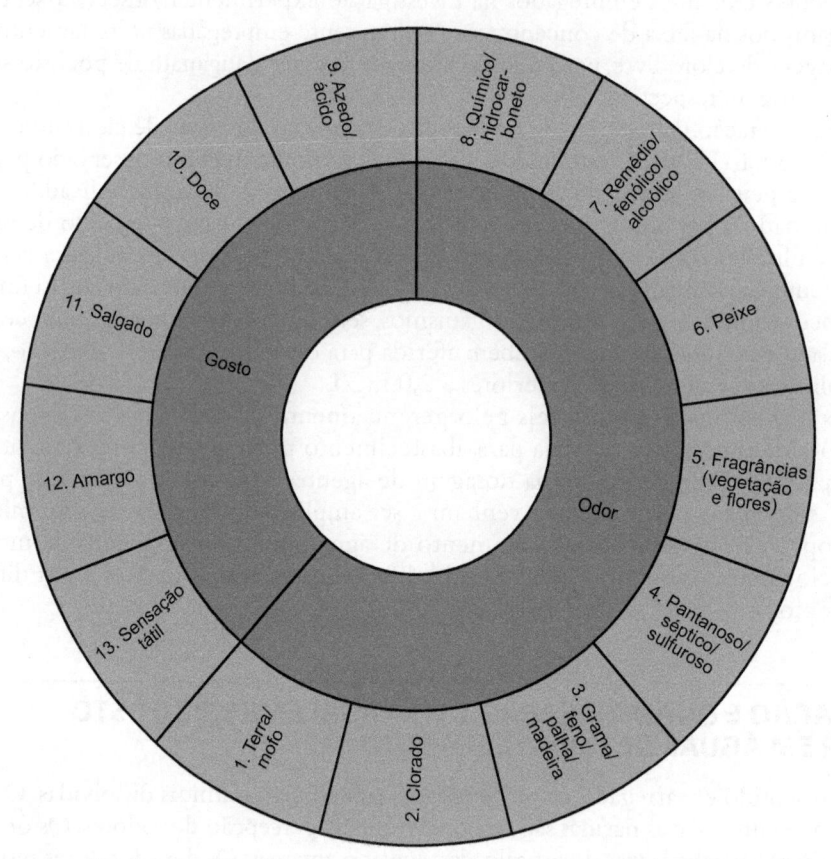

Figura 10-3 Roda de gosto e de odor simplificado para a avaliação das análises sensoriais efetuadas por meio de painel sensorial para as águas de abastecimento.

Os odores mais comuns observados em águas de abastecimento são os relacionados a seguir (SUFFET et al., 1995).

- Grupo 1 – Terra, mofo

Os odores de terra e mofo estão normalmente associados a compostos orgânicos subprodutos metabólicos de algas e demais microrganismos, notadamente os compostos MIB e geosmina. Em geral, são de difícil remoção pelo processo de tratamento.

- Grupo 2 – Clorado

Os odores classificados como clorados estão normalmente associados a concentrações mais elevadas de agentes desinfetantes na água tratada, normalmente cloro e cloraminas.

- Grupo 3 – Grama, feno, palha e madeira

Os odores associados a grama, feno, palha e madeira também estão relacionados com compostos orgânicos subprodutos metabólicos de algas e demais microrganismos. Assim como os do Grupo 1, são também de difícil remoção.

- Grupo 4 – Pantanoso, séptico e sulfuroso

Os odores classificados como pantanoso, séptico e sulfuroso estão normalmente associados à presença de gás sulfídrico em águas subterrâneas ou superficiais, e que têm origem na decomposição de compostos orgânicos em condições anaeróbias. Normalmente, a oxidação química empregada com cloro ou permanganato de potássio é capaz de minimizar problemas de tal natureza.

- Grupo 5 – Fragrâncias (vegetação e flores)

Os odores associados a fragrâncias também apresentam como origem a produção de subprodutos metabólicos de algas. Normalmente se observa a presença de odores de fragrâncias em água submetidas à ozonização, tendo como origem a formação de aldeídos e cetonas como resultados da reação do agente oxidante com os compostos orgânicos naturais presentes na agua bruta.

- Grupo 6 – Peixe

O odor de peixe tem como origem certas classes de compostos orgânicos subprodutos metabólicos de algas e que apresentam grupos funcionais nitrogenados. A ocorrência de odores de peixe em estações de tratamento de água normalmente é observada durante operações de limpeza de decantadores convencionais e se origina da decomposição de algas por processos anaeróbios.

- Grupo 7 – Remédio, fenólico e alcoólico

Os odores de remédio, fenólico e alcoólico são observados quando da reação do cloro com compostos fenólicos. A minimização dos problemas de gosto e de odor desta natureza pode ocorrer por meio de uma supercloração ou mediante controle das fontes de poluição no manancial.

- Grupo 8 – Químico, hidrocarboneto

Os odores associados a hidrocarboneto e químico têm como origem, na maior parte dos casos, a presença de compostos orgânicos sintéticos em águas de abastecimento. Em geral, são de fácil identificação, no entanto, exigem tecnologias de tratamento adicionais, podendo-se citar o emprego de processos de adsorção em carvão ativado em pó.

- Grupo 9 a 12 – Sensação de gosto

A maioria das descrições de reclamações de consumidores a respeito do gosto da água é, na realidade, uma combinação dos quatro padrões de gosto (doce, salgado, ácido e amargo) associados ao odor levando a infinidade de sensações de sabor.

- Grupo 13 – Sensação tátil

Essa categoria de gosto inclui numerosas descrições que podem ser classificadas como a verdadeira sensação de gosto, já que essas sensações são detectadas mais pela boca que pelo olfato. Descrições desse grupo incluem, por exemplo, gostos como o metálico, adstringente, gélido (como o mentol), quente ou ardente.

Os pré-requisitos para a realização de análises sensoriais são: sala própria para efetuar as análises, recursos humanos, preparação que precedam os testes e seleção do método sensorial. A sala para efetuar os testes deve estar isenta de odor, limpa, confortável e com temperatura e umidade controladas. Como os resultados das análises sensoriais são afetados pela fadiga, os analistas precisam estar em ambiente tranquilo, sem ruído, bem iluminado, sem distrações externas e de aparência agradavelmente sóbria (BARTELS; BRADY; SUFFET, 1987).

As amostras são acondicionadas em frascos de vidro (*erlenmeyers*) com capacidade de 500 mL ou 1.000 mL, com tampa de vidro esmerilhado ou teflon e submetidos à análise sensorial em temperatura ambiente para a avaliação de gosto e a 45 °C para a avaliação de odor. Podem ser empregados copos de plástico descartável, desde que estes não confiram gosto e odor às amostras. Alguns analistas sentem cheiro de plástico ou aroma floral nas amostras usando esse tipo de material. No caso, devem ser utilizados frascos de vidro.

Durante a primeira sessão é normalmente efetuada uma descrição geral das impressões e características de cada amostra, para que, nas sessões seguintes, possa ser obtida a concordância quanto ao tipo de gosto, odor e sua intensidade.

Inicialmente, os analistas descrevem suas percepções sem discussões. Cada analista efetua sua própria análise da amostra, para depois serem discutidas as impressões em grupo.

Todos os gostos, odores e sensações táteis são caracterizados, sendo atribuídas notas a suas intensidades. A intensidade de gosto ou de odor é julgada numericamente de acordo com a seguinte escala: isento (0), limiar (2), fraco (4), fraco a moderado (6), moderado (8), moderado a forte (10), forte (12).

Após cada analista reportar a presença de odor ou de gosto em uma amostra, e, tendo sido este reconhecido, é atribuída uma nota, de acordo com a escala apresentada. Caso a maioria dos analistas (número superior a 50%) concorde com determinada descrição, é efetuada uma média das notas individuais dos analistas e atribuída uma nota à amostra.

O emprego do painel sensorial em estações de tratamento de água que normalmente apresentam problemas sazonais de gosto e de odor em águas de abastecimento é uma ferramenta operacional bastante útil, possibilitando a identificação de problemas de gosto e de odor com bastante rapidez e permitindo a adoção de medidas mitigadoras.

Uma vez que a execução de análises químicas específicas para a identificação e quantificação de compostos orgânicos causadores de gosto e de odor demanda tempo, é muito comum a obtenção dos resultados analíticos após a ocorrência dos episódios de gosto e de odor na água tratada, não possibilitando a correta solução do problema.

A Região Metropolitana de São Paulo apresenta uma série de mananciais com histórico de problemas de gosto e de odor, e a Companhia de Saneamento Básico do Estado de São Paulo (Sabesp) tem empregado com sucesso o painel sensorial para fins de controle de seus processos de produção de água. Normalmente, o painel sensorial é utilizado três vezes por dia para as águas bruta e tratada, e, havendo alguma indicação de ocorrência de gosto e de odor em ambas as amostras, são tomadas as medidas operacionais adequadas para o problema em questão.

Dessa maneira, as decisões operacionais mais relevantes para a minimização de problemas de gosto e de odor na águas bruta e tratada são tomadas independentemente da realização de análises químicas específicas, permitindo mais agilidade na implantação de medidas de controle. Os resultados experimentais obtidos pela Sabesp com respeito à realização de análises sensoriais têm apresentado uma correlação bastante satisfatória com determinados compostos orgânicos específicos causadores de gosto e de odor, o que tem sido uma excelente ferramenta de controle operacional.

Ponto Relevante 2: Recomenda-se que estações de tratamento de água sujeitas à ocorrência de problemas de gosto e de odor efetuem análises sensoriais com regularidade, de modo a possibilitar um controle adequado da qualidade organoléptica da água tratada.

MINIMIZAÇÃO DE PROBLEMAS DE GOSTO E DE ODOR EM ÁGUAS DE ABASTECIMENTO

Os problemas de gosto e de odor em águas de abastecimento podem apresentar múltiplas origens, o que faz com que a definição de seus métodos de controle dependa de um diagnóstico adequado de sua causa. A maior parte dos problemas de gosto e de odor relatados pelos consumidores da Região Metropolitana de São Paulo está associada a odor de terra, mofo e gramíneo na água tratada, sendo causados pela presença de compostos orgânicos subprodutos metabólicos de algas, notadamente os compostos MIB e geosmina (Fig. 10-4).

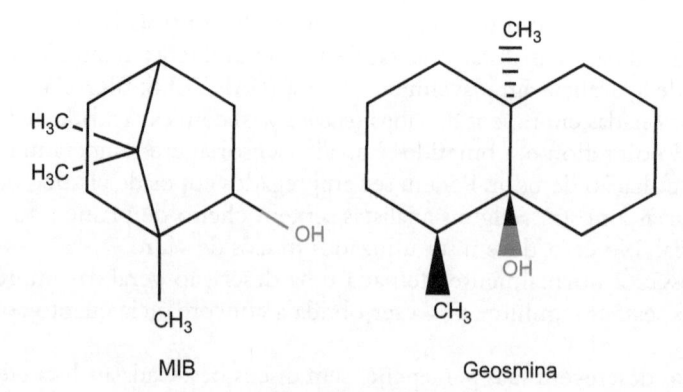

Figura 10-4 Estrutura química dos compostos orgânicos MIB e geosmina, causadores de gosto e de odor em águas de abastecimento.

Como sua presença na água bruta é sazonal, os problemas de gosto e de odor são normalmente amplificados, uma vez que a exposição dos consumidores é efetuada após períodos em que não são observados problemas com a qualidade organoléptica da água tratada. Os resultados de monitoramento da qualidade da água tratada na Região Metropolitana de São Paulo e a avaliação dos consumidores evidenciam de modo bastante claro uma percepção com relação a problemas de gosto e de odor e à presença de ambos os compostos, MIB e geosmina, na água tratada. A Figura 10-5 apresenta a relação entre o número de ocorrências diárias associadas a problemas de gosto e de odor em águas de abastecimento em função da concentração de MIB e geosmina na água tratada para um sistema de produção de água.

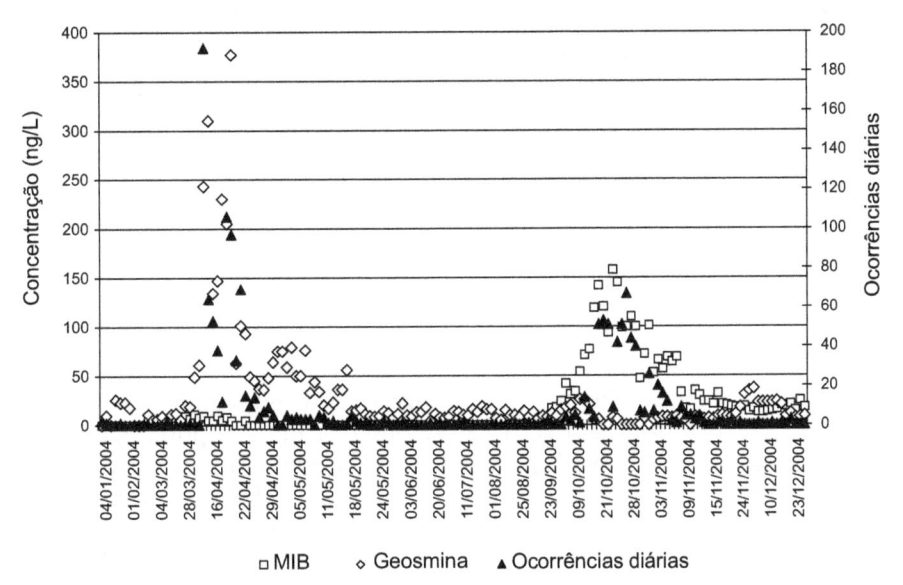

Figura 10-5 Ocorrências diárias de problemas de gosto e de odor reportados por consumidores e sua relação com a concentração de MIB e geosmina na água tratada.

Observa-se na Figura 10-5 que, com a elevação nas concentrações de MIB e geosmina na água tratada, há um simultâneo aumento do número de ocorrências diárias relatadas por consumidores sobre problemas de gosto e de odor. Problemas de gosto e de odor associados à presença de MIB e geosmina na água tratada são facilmente identificados pelos consumidores, uma vez que suas concentrações limiares são muito reduzidas, em torno de 30 e 10 ng/L, respectivamente.

Por serem compostos orgânicos que apresentam baixo peso molecular, tanto MIB como geosmina não são passíveis de remoção pelo processo convencional de tratamento de águas de abastecimento, o que faz com que seja necessário adotar diferentes estratégias e processos de tratamento.

Historicamente, os primeiros problemas de gosto e de odor evidenciados em águas de abastecimento estavam associados à presença de compostos orgânicos fenólicos em águas brutas e que, quando submetidas à cloração, potencialmente formavam compostos fenólicos (clorofenóis) causadores de gosto e de odor. Uma das estratégias de tratamento largamente utilizadas para sua solução era empregar uma supercloração, o que possibilita maior grau de oxidação dos compostos fenólicos em subprodutos de modo a não ocasionar problemas de gosto e de odor (SUFFET et al., 1995). Assim sendo, criou-se uma cultura entre os profissionais do setor de saneamento de que a supercloração efetuada na forma de pré-cloração seria a melhor técnica para a solução de problemas de gosto e de odor.

No entanto, ambos os compostos, MIB e geosmina, por serem álcoois terciários, não são suscetíveis de oxidação pelo cloro, e, por conseguinte, a técnica de supercloração é relativamente ineficaz. Além disso, considerando-se que ambos os compostos são subprodutos metabólicos de algas e demais microrganismos, sua ocorrência na fase líquida pode ser tanto na forma intracelular como na extracelular (LEVI; JESTIN, 1988).

Isso faz com que os compostos orgânicos causadores de gosto e de odor que estejam na forma intracelular sejam potencialmente liberados para a fase líquida quando a água bruta for submetida à pré-cloração, o que faz com que haja uma intensificação do problema. A Figura 10-6 apresenta as concentrações de MIB para águas bruta e tratada observadas em uma estação de tratamento de água para dois períodos distintos; sem e com pré-cloração.

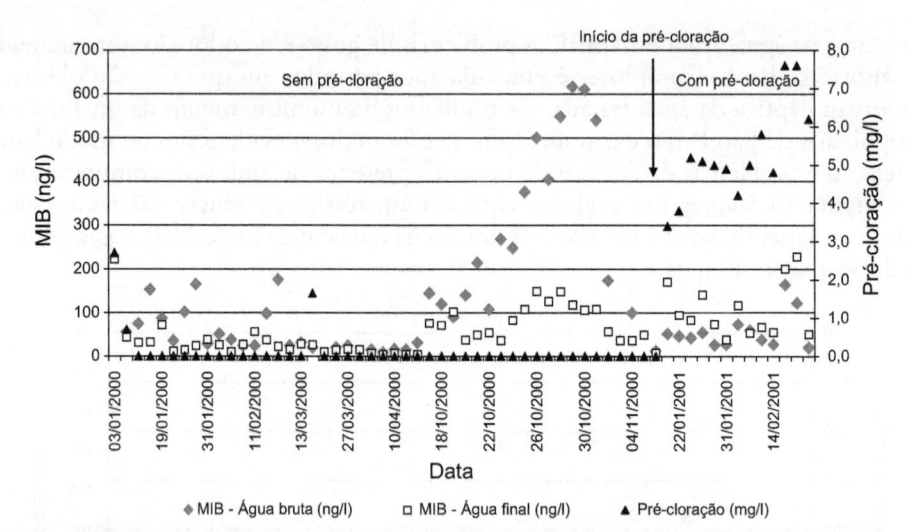

Figura 10-6 Ocorrências diárias de problemas de gosto e de odor reportados por consumidores e sua relação com a concentração de MIB e geosmina na água tratada.

Os resultados apresentados na Figura 10-6 são de uma estação de tratamento de água sujeita a problemas de gosto e de odor e que efetua a remoção dos compostos causadores de gosto e de odor na água bruta mediante processos de adsorção em carvão ativado em pó. Pode-se observar um comportamento bastante distinto nas concentrações de MIB nas águas bruta e tratada para ambos os períodos sem e com a operação da pré-cloração. Para o período em que não houve a pré-cloração, as concentrações de MIB na água tratada foram inferiores às concentrações na água bruta, o que é justificado por sua remoção no processo de adsorção em carvão ativado em pó.

Para o período em que foi efetuada a pré-cloração, as dosagens de cloro situaram-se em torno de 3,0 a 6,0 mg Cl_2/L, valores que podem ser considerados elevados e suficientes para ocasionar a ruptura da membrana celular das algas presentes em meio aquoso. Pode-se notar que as concentrações de MIB na água tratada resultaram superiores às concentrações na água bruta, o que indicaria a ineficácia do processo de adsorção. Ocorre que, com a operação da pré-cloração, houve a ruptura da membrana celular das algas presentes na fase líquida e a consequente liberação dos compostos orgânicos intracelulares para o meio aquoso, o que ocasionou seu aumento na água bruta pré-clorada. Como o monitoramento das concentrações de MIB na água bruta era efetuado em amostras coletadas antes da etapa de pré-cloração, suas concentrações eram subavaliadas, as quais resultaram inferiores às concentrações na água tratada.

Como comentado no Capítulo 9, assim como os subprodutos metabólicos causadores de gosto e de odor podem ser liberados para a fase líquida, é possível ocorrer também a liberação de cianotoxinas. No entanto, muitas destas são passíveis de oxidação quando submetidas à pré-cloração, ao passo que os compostos MIB e geosmina são muito pouco afetados pela cloração em razão de sua estrutura molecular.

Quando há, portanto, problemas de gosto e de odor geralmente caracterizados por terra, mofo ou gramíneo em estações de tratamento de água causados pelos compostos MIB ou geosmina, recomenda-se a interrupção imediata da pré-cloração, do contrário, haverá sua intensificação na água tratada.

Ponto Relevante 3: Estações de tratamento de água que apresentem problemas de gosto e de odor caracterizados como terra, mofo e gramíneo, e cuja origem esteja associada aos compostos MIB e geosmina, devem interromper a etapa de pré-cloração, para evitar a liberação dos compostos orgânicos causadores de gosto e de odor que estejam na forma intracelular e a consequente intensificação dos problemas de gosto e de odor na água tratada.

Ponto Relevante 4: A pré-cloração pode ser uma solução para a redução de problemas de gosto e de odor, caso estes tenham como origem compostos orgânicos e inorgânicos que sejam passíveis de oxidação pelo cloro, podendo-se citar odores classificados como sulfurosos. A definição das dosagens de cloro mais adequados deve ser definida com base em ensaios experimentais específicos.

É interessante ressaltar a importância da realização de análises sensoriais pela equipe de operação de estações de tratamento de água, uma vez que estas podem identificar problemas de gosto e de odor nas águas bruta e tratada, caso seja modificado ou alterado o padrão de operação do processo de tratamento. Dessa maneira, é possível tomar medidas operacionais com antecedência, objetivando-se minimizar os problemas de gosto e de odor e reduzindo-se os impactos negativos junto aos consumidores.

Igualmente, a realização de análises sensoriais permite avaliar a eficiência de medidas mitigadores adotadas para a minimização dos problemas de gosto e de odor, podendo ser efetuadas alterações nos processos de tratamento, julgando-se sua eficácia com mais segurança e critério técnico.

A alteração do agente pré-oxidante do cloro para o permanganato de potássio ou o dióxido de cloro é ineficaz, na medida em que ambos os agentes oxidantes não apresentam capacidade para a oxidação tanto de MIB como de geosmina. O único agente oxidante que apresenta eficiência satisfatória com respeito à remoção de MIB e geosmina é o ozônio, podendo sua aplicação ser efetuada de maneira isolada ou em conjunto com o peróxido de hidrogênio (peroxônio). A literatura tem indicado que, se efetuado de modo adequado, o ozônio é capaz de garantir eficiências de remoção de MIB e geosmina superiores a 90% (FERGUSON et al., 1990; SRINIVASAN; SORIAL, 2011). A Figura 10-7 apresenta alguns resultados de remoção de MIB para ensaios de ozonização efetuados em escala piloto com a água decantada produzida pela estação de tratamento de água Rodolfo José da Costa e Silva (ETA RJCS - Sabesp).

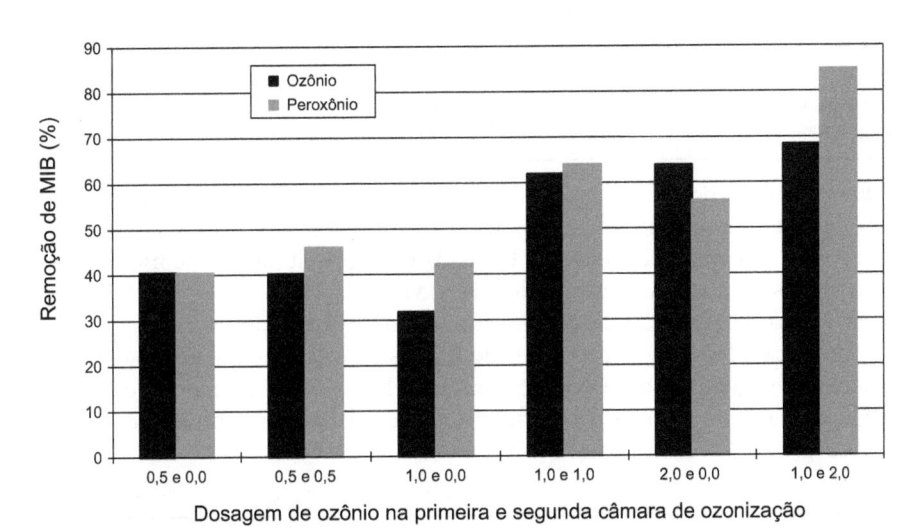

Figura 10-7 Remoção de MIB em função de diferentes dosagens de ozônio efetuado na água decantada produzida pela ETA RJCS (Sabesp).

Com base nos resultados apresentados na Figura 10-7, pode-se observar que foi possível alcançar valores de remoção de MIB em torno de 80% para dosagens de ozônio igual a 3,0 mg O_3/L e combinado com o peróxido de hidrogênio. Para o caso específico da ETA RJCS, a aplicação do ozônio na forma de interozonização foi a mais adequada, tendo em vista que a demanda de ozônio na água bruta resultou ser muito mais elevada que a da água decantada. Desse modo, as dosagens requeridas de ozônio, se aplicado na forma de pré-ozonização, resultariam maiores as da interozonização, o que inviabilizaria sua utilização.

As dificuldades de implantação de sistemas de ozonização em estações de tratamento de água estão associadas à necessidade de construção de reatores de contato, aquisição de sistemas de geração de ozônio e equipamentos auxiliares, além de alto custo operacional, o que torna inviável sua adoção em sistemas de produção de água existentes. Ainda que seja mais fácil a concepção de sistemas de ozonização em estações de tratamento de água em fase de projeto, apenas se justificaria sua construção caso os problemas de gosto e de odor fossem constantes ao longo do tempo, o que justificaria economicamente sua implantação. Infelizmente, para a atual conjuntura econômica no Brasil, a utilização do ozônio é inviável economicamente e do ponto de vista operacional, apenas se justificando para casos e situações excepcionais.

Ponto Relevante 5: O único agente oxidante capaz de garantir a remoção de MIB e geosmina na fase líquida de modo satisfatório é o ozônio, que pode ser aplicado de maneira isolada ou em conjunto com o peróxido de hidrogênio. Os demais agentes oxidantes que potencialmente podem ser aplicados no tratamento de águas de abastecimento (cloro, permanganato de potássio e dióxido de cloro) não apresentam eficiência satisfatória.

Durante a operação do processo de tratamento, a pré-cloração pode ser de grande importância para fins de oxidação de compostos inorgânicos reduzidos, bem como para a manutenção de concentrações residuais de cloro livre ao longo das unidades da estação de tratamento. No entanto, quando são observados os primeiros indícios de ocorrências de gosto e de odor característicos de terra e mofo, recomenda-se que a operação da estação de tratamento de água interrompa a pré-cloração pelo menos durante sua ocorrência. Uma vez necessária a manutenção de uma etapa de pré-oxidação, e considerando a necessidade de interrupção da pré-cloração, pode-se efetuar a troca do agente pré-oxidante do cloro para o permanganato de potássio.

Embora o permanganato de potássio seja um agente oxidante, sua capacidade de ruptura da membrana celular e posterior liberação de compostos orgânicos intracelulares para a fase líquida é bastante minimizada. Dessa maneira, ainda que o permanganato de potássio não seja capaz de oxidar os compostos MIB e geosmina, sua utilização em lugar do cloro possibilita que os compostos orgânicos intracelulares não sejam liberados para a fase líquida e sejam posteriormente removidos pelos processos de separação sólido-líquido.

Ponto Relevante 6: Uma vez necessária a operação da pré-oxidação em estações de tratamento de água sujeitas a problemas de gosto e de odor, recomenda-se que sejam empregados o cloro e o permanganato de potássio como agentes oxidantes. Desse modo, em ausência de gosto e de odor, pode-se efetuar a pré-oxidação mediante o uso do cloro, e, quando de sua ocorrência, procede-se à substituição do cloro pelo permanganato de potássio como agente pré-oxidante.

Considerando que os problemas de gosto e de odor em águas de abastecimento são de caráter fortemente sazonal, a tecnologia de tratamento mais adotada para sua minimização tem sido a aplicação do carvão ativado em pó (CAP). Assim sendo, sua aplicação pode ser efetuada somente durante os episódios de gosto e de odor, o que faz com que seus custos possam ser minimizados (NAJM et al., 1991).

A eficiência do processo de adsorção de compostos orgânicos causadores de gosto e de odor pelo CAP é função de inúmeros fatores, podendo-se citar o tipo de CAP, sua dosagem, qualidade da água bruta e seu ponto de aplicação no processo de tratamento. O comportamento do processo de adsorção em CAP com respeito à remoção de MIB e geosmina pode ser mais bem evidenciada com base nos resultados experimentais apresentados nas Figuras 10-8 e 10-9.

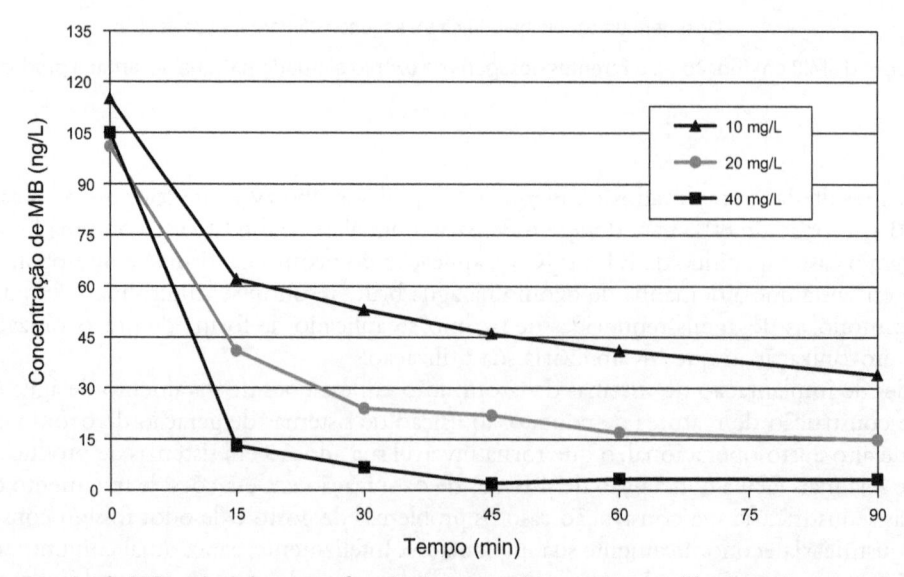

Figura 10-8 Concentração de MIB na água bruta em função do tempo de contato para diferentes dosagens de carvão ativado em pó (Calgon WPH®).

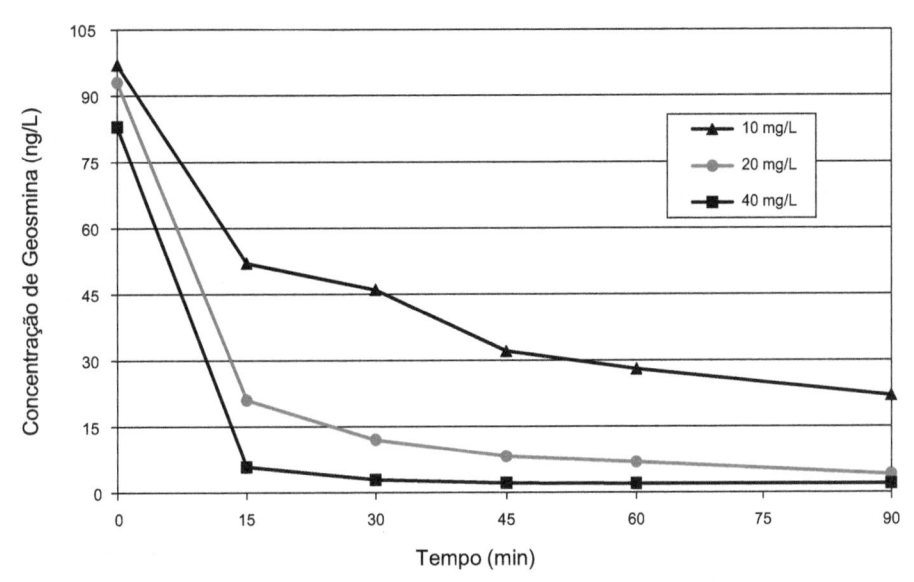

Figura 10-9 Concentração de geosmina na água bruta em função do tempo de contato para diferentes dosagens de carvão ativado em pó (Calgon WPH®).

Os resultados mostrados nas Figuras 10-8 e 10-9 foram obtidos, respectivamente, para estudos de remoção de MIB e geosmina por adsorção em CAP realizados em escala de bancada com a água bruta proveniente do reservatório do Guarapiranga, que, tradicionalmente, apresenta episódios sazonais de problemas de gosto e de odor.

Observando-se os resultados de remoção de MIB (Fig. 10-8) e geosmina (Fig. 10-9), evidencia-se a importância do tempo de contato entre o CAP e a fase líquida. Independentemente da dosagem de CAP, nota-se que as concentrações, tanto de MIB como de geosmina, alcançaram o equilíbrio na fase líquida para tempos de contato iguais ou superiores a 30 min. Desse modo, a otimização do emprego do CAP com o objetivo de remoção de compostos causadores de gosto e de odor em águas de abastecimento requer um tempo mínimo de contato igual a 30 min (GILLOGLY et al., 1998; COOK; NEWCOMBE; SZTAJNBOK, 2001).

Infelizmente, muitas estações de tratamento de água podem não oferecer um tempo de contato mínimo de 30 min entre o CAP e a fase líquida, o que não significa que sua aplicação seja inviabilizada. No entanto, a utilização do CAP como material adsorvedor não será aproveitada integralmente, o que deverá requerer maiores dosagens, para obter determinada remoção de MIB e geosmina.

Ponto Relevante 7: Para que seja possível uma utilização ótima do CAP visando à remoção de compostos orgânicos causadores de gosto e de odor em águas de abastecimento, recomenda-se que o tempo de contato mínimo entre o CAP e a fase líquida seja igual a 30 min.

Os pontos de aplicação de CAP mais comuns em estações de tratamento de água são junto à mistura rápida, podendo ser efetuada a montante ou a jusante do ponto de aplicação de coagulante e diretamente na captação de água bruta.

Caso o CAP seja dosado junto à mistura rápida, o tempo de contato deste com a fase líquida se restringe ao tempo de contato na unidade de floculação. Como normalmente seus tempos de detenção hidráulico situam-se entre 20 e 40 min, o CAP, a princípio, tende a ser adequado. Se, porventura, a distância entre a captação de água bruta e a estação de tratamento de água for tal que permita um aumento do tempo de detenção hidráulico, pode ser mais interessante efetuar a dosagem do CAP diretamente na estrutura de captação de água bruta, possibilitando que este seja a somatória dos tempos de detenção hidráulico na adutora de água bruta e mais do sistema de floculação.

Além da vantagem do aumento do tempo de contato, a aplicação do CAP junto à captação de água bruta permite que não haja cruzamento do CAP com alguns produtos químicos aplicados no processo de tratamento e que podem interferir negativamente no processo de adsorção, podendo-se citar a adição de coagulante e agentes oxidantes, notadamente o cloro (GILLOGLY et al., 1998).

O melhor exemplo de sistema de dosagem de CAP para fins de controle de gosto e de odor em águas de abastecimento que apresenta tal concepção é o atualmente implantado junto ao sistema de produção de água Guarapiranga (Sabesp). Como a distância entre o manancial e a estação de tratamento de água é significativa, o tempo de detenção hidráulico na adução de água bruta é da ordem de 40 min, que somado ao tempo de detenção do sistema de floculação possibilita um tempo de contato igual a 60 min. A Figura 10-10 apresenta uma vista geral da instalação de CAP implantado junto à captação de água bruta.

Figura 10-10 Vista geral do sistema de dosagem de carvão ativado em pó implantado junto ao sistema de produção de água do Guarapiranga (Sabesp).

Para se conseguir uma remoção satisfatória de MIB e geosmina da fase líquida, além da importância do tempo de contato, as Figuras 10-8 e 10-9 ressaltam a necessidade de serem definidas as corretas dosagens de CAP. Para um tempo de contato fixo, a remoção de MIB e geosmina variou de acordo com a dosagem de CAP, sendo que, quanto maior for esta, maior é sua remoção da fase líquida.

É também interessante notar que, para tempos de contato iguais ou superiores a 30 min, a eficiência de remoção de MIB e geosmina apenas alcançou valores superiores a 80% para dosagens de CAP iguais ou superiores a 20 mg/L. Comparando-se a eficiência de remoção de MIB e geosmina, e mantendo-se fixos a dosagem de CAP e o tempo de contato, tem-se que o composto geosmina é removido da fase líquida por processos de adsorção mais facilmente que o MIB. Essa observação é particularmente interessante, uma vez que a percepção dos consumidores para problemas de gosto e de odor é mais sensível para geosmina que para MIB. As observações relatadas pelos consumidores na Região Metropolitana de São Paulo têm associado a presença de MIB na água tratada ao odor de "terra", sendo que este é mais tolerado pela população. Por sua vez, a ocorrência de geosmina na água tratada tem ocasionado muito mais reclamações por parte dos consumidores, uma vez que a percepção de odor é classificada como "mofo" ou "gramíneo", sendo ambos de mais difícil assimilação sensorial.

Embora a correta definição das dosagens de CAP a serem efetuadas em estações de tratamento de água visando à remoção de compostos orgânicos causadores de gosto e de odor seja função da qualidade da água bruta, devendo estar embasada com base em estudos experimentais específicos, os resultados apresentados na literatura e observados em campo indicam que dosagens de CAP inferiores a 10 mg/L são muito pouco efetivas (HUANG; VANBENSCHOTEN; JENSEN, 1996). As Figuras 10-11 e 10-12 apresentam os valores de remoção de MIB e geosmina em função da dosagem de CAP observados para a ETA RJCS (Sabesp).

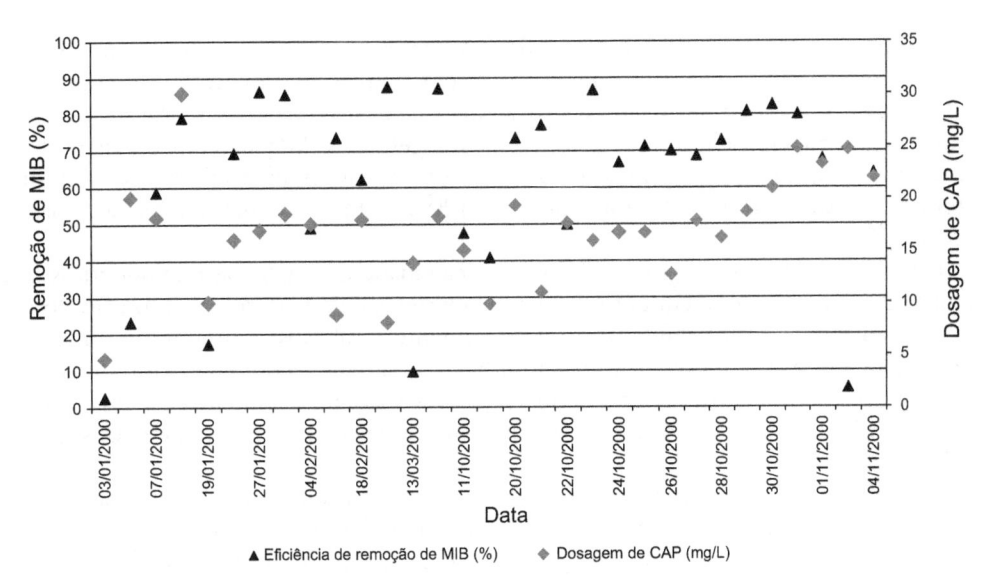

Figura 10-11 Remoção de MIB em função da dosagem de CAP observada para a ETA RJCS durante o período de janeiro a novembro de 2000.

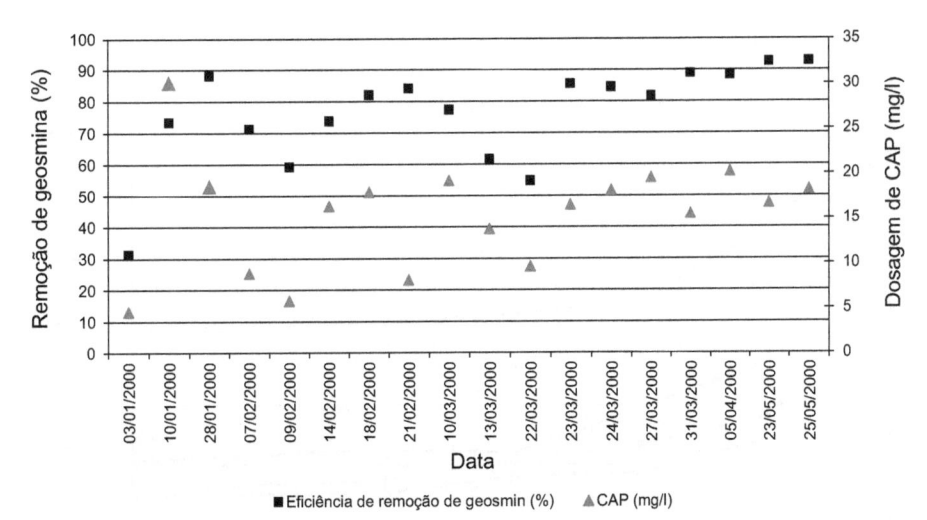

Figura 10-12 Remoção de geosmina em função da dosagem de CAP observada para a ETA RJCS durante o período de janeiro a maio de 2000.

Para ambos os compostos, MIB e geosmina, observa-se que foi possível alcançar valores de remoção superiores a 80% para dosagens de CAP superiores a 15 mg/L. Dosagens de CAP inferiores a 10 mg/L não possibilitaram eficiências de remoção satisfatória, o que sugere que seja desnecessária sua utilização em tais condições. Os resultados de campo observados na ETA RJCS e apresentados nas Figuras 10-11 e 10-12 estão de acordo com outros resultados discutidos na literatura, que indicam a necessidade de adoção de dosagens de CAP iguais ou superiores a 10 mg/L, de modo a garantir eficiências de remoção de MIB e geosmina superiores a 80%.

Ponto Relevante 8: A definição das dosagens de CAP a serem efetuadas em uma estação de tratamento de água específica com o objetivo de controle de gosto e de odor em águas de abastecimento deve, sempre que possível, ser determinada com base em estudos experimentais específicos. No entanto, evidências experimentais indicam que as dosagens de CAP devam ser superiores a 10 mg/L.

Normalmente, o projeto de sistemas de dosagem de CAP concebidos para o controle de gosto e de odor em águas de abastecimento é efetuado para possibilitar que as dosagens se situem até 40 mg/L. Acima desse valor, a utilização do CAP para a remoção de compostos causadores de gosto e de odor tende a ficar antieconômica.

Estudos efetuados pela Sabesp indicam que sistemas de dosagem de CAP para controle de gosto e de odor são economicamente vantajosos, caso a frequência de sua aplicação na fase líquida não exceda 120 dias no ano. Se, porventura, o tempo de utilização do CAP for superior a 120 dias, torna-se mais atrativa a utilização do carvão ativado granular (CAG).

A maior vantagem do CAP em relação ao CAG é sua facilidade de implantação, podendo sua instalação ser facilmente adaptada em estações de tratamento de água já existentes. Por sua vez, a utilização do CAG necessita a implantação de unidades físicas de grande porte, normalmente localizadas a jusante das unidades de filtração existentes e que podem exigir modificações no perfil hidráulico da estação de tratamento de água.

Logo, a adoção de sistemas de CAG é mais adequada para estações de tratamento de água durante sua fase de concepção e projeto, e justificável, caso os problemas de gosto e de odor sejam sempre constantes ao longo do ano no manancial.

Um ponto de grande relevância quando se utilizam processos de adsorção em CAP para o controle de gosto e de odor em águas de abastecimento é a correta seleção do material adsorvedor. Uma vez que diferentes marcas comerciais de CAP tendem a apresentar resultados distintos com respeito à remoção de compostos orgânicos causadores de gosto e de odor, a escolha do CAP mais adequado deve ser efetuada com base em estudos experimentais específicos para a água bruta em questão. A Figura 10-13 apresenta os resultados de remoção de MIB em função do tempo para diferentes marcas comerciais de CAP.

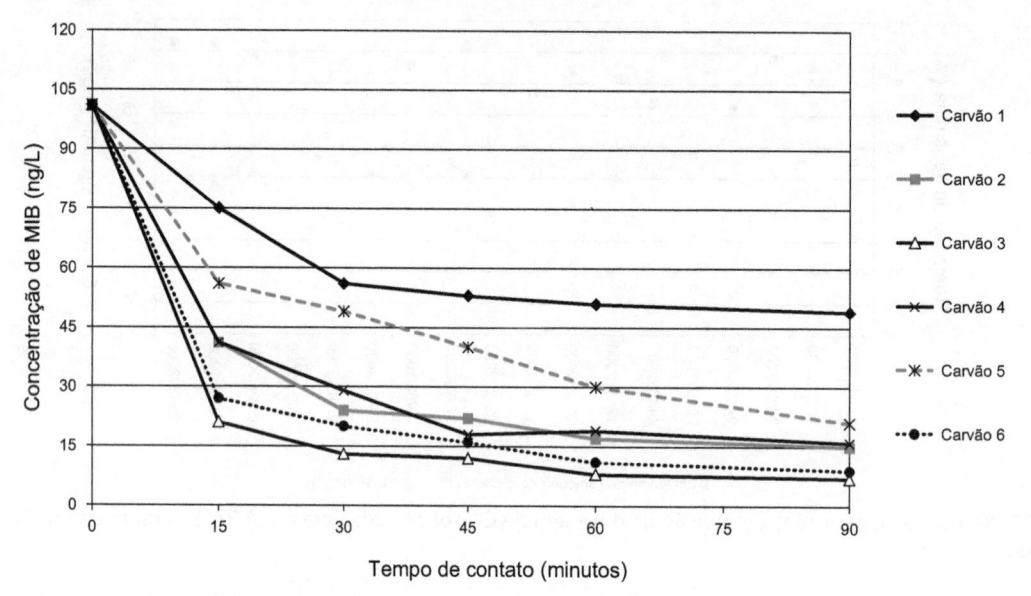

Figura 10-13 Concentração de MIB na água bruta em função do tempo de contato para diferentes marcas comerciais de carvão ativado em pó – dosagem de CAP igual a 20 mg/L.

Os resultados apresentados na Figura 10-13 foram obtidos em escala de bancada, tendo-se utilizado a água bruta afluente à ETA RJCS e empregado diferentes marcas comerciais de CAP. Pode-se notar com bastante clareza a importância da correta definição do material adsorvedor a ser empregado com o objetivo de remoção de compostos orgânicos causadores de gosto e de odor em águas de abastecimento.

Uma vez que a dosagem de CAP é constante e igual a 20 mg/L, para um mesmo tempo de contato, observa-se que foram obtidos diferentes valores de remoção de MIB. Algumas marcas comerciais de CAP apresentaram comportamento cinético com respeito à remoção de MIBs melhores que outros. Para tempos de contato iguais ou superiores a 30 min, os CAPs 1 e 5 apresentaram comportamento com respeito à remoção de MIB inferior quando comparados com os demais CAPs 2, 3, 4 e 6.

Como o CAP pode ser produzido de diferentes tipos de matérias-primas, podendo ser empregadas as mais variadas técnicas de ativação, o seu comportamento em relação à remoção de determinados compostos orgânicos é muito diverso, o que justifica a necessidade de execução de ensaios experimentais específicos para a correta definição do material adsorvedor mais adequado para determinada aplicação. Por conseguinte, a escolha do CAP a ser empregado em uma estação de tratamento de água deve ser efetuada com base em uma avaliação técnico-econômica, uma vez que, para alcançar determinada eficiência de remoção, podem-se utilizar dosagens maiores de um CAP de custo mais reduzido. Esse tipo de avaliação é mais facilmente empregada em empresas de saneamento privadas, dado que podem ser dispensados processos licitatórios para a aquisição de materiais adsorvedores para atendimento de aplicações específicas.

A compra de CAP em empresas de saneamento públicas é mais dificultada, pois o critério de compra normalmente empregado é o preço, não sendo muito comum a incorporação de critérios de desempenho específicos. Ainda assim, é importante ressaltar a necessidade de que sejam estabelecidos procedimentos adequados de compra e avaliação de desempenho de materiais adsorvedores, de maneira a se evitar a aquisição de CAP de procedência duvidosa de fornecedores inidôneos.

Ponto Relevante 9: A seleção do tipo de carvão ativado em pó mais adequado para o controle de gosto e de odor em águas de abastecimento deve, sempre que possível, incorporar uma avaliação técnica e econômica, confrontando-se seus aspectos de desempenho e custos de aquisição.

Já foi comentada anteriormente a importância de ser interrompida a pré-cloração durante os episódios de gosto e de odor em mananciais sujeitas floração de algas. A justificativa para tal procedimento é evitar a ruptura da membrana celular e posterior liberação dos compostos orgânicos intracelulares e que podem intensificar os problemas de gosto e de odor na água tratada (FAN et al., 2013).

Assim sendo, uma vez observados os problemas de gosto e de odor associados a "terra", "mofo" ou "gramíneo" na água bruta, existe a possibilidade de que estes tenham como origem a presença de MIB e geosmina na fase líquida. Logo, os procedimentos operacionais relevantes a serem efetuados são, se for o caso, a interrupção da pré--cloração e a aplicação de CAP na água bruta.

É de suma importância que, ao se aplicar CAP na água bruta, não haja a presença de cloro residual livre na fase líquida. Uma vez que o cloro tem a capacidade de oxidar a superfície das partículas de CAP, dois efeitos se fazem presentes; o primeiro por reduzir as concentrações de cloro livre na fase líquida; e o segundo por acarretar prejuízos ao processo de adsorção (NEWCOMBE; COOK, 2002). Assim, sempre que for necessário efetuar a aplicação do CAP no processo de tratamento, deve-se garantir a interrupção da pré-cloração.

A Figura 10-14 apresenta alguns resultados de remoção de MIB pelo processo de adsorção para tempos de contato iguais a 15 e 40 min e diferentes dosagens de cloro livre.

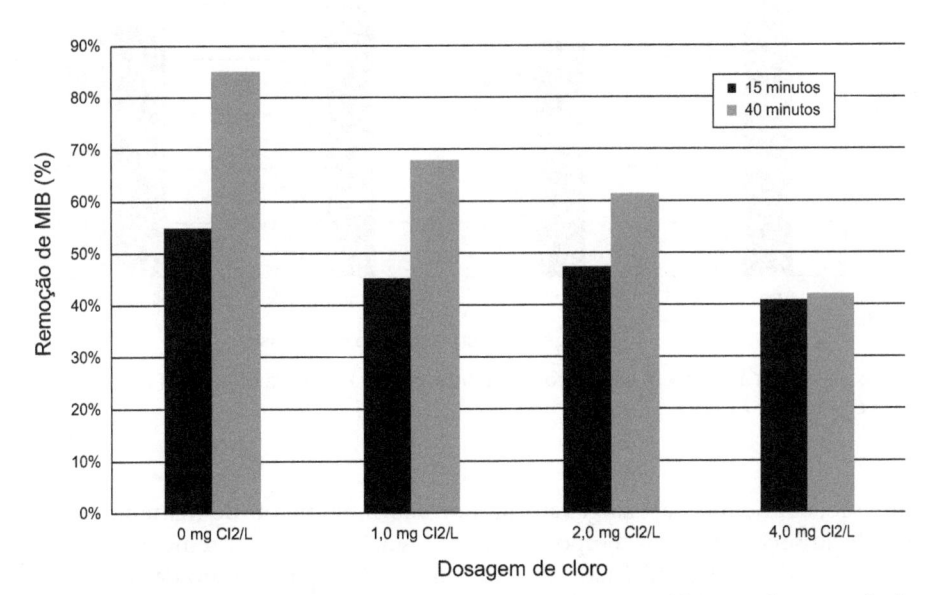

Figura 10-14 Remoção de MIB na água bruta em função do tempo de contato para diferentes dosagens de cloro livre – dosagem de CAP igual a 20 mg/L.

Os ensaios de adsorção foram efetuados com uma dosagem de CAP fixa e igual a 20 mg/L, tendo-se variado as dosagens de cloro livre. Para o ensaio de adsorção realizado sem o cloro livre, obteve-se uma remoção de MIB igual a 55% e a 85% para tempos de contato iguais a 15 e 40 min, respectivamente.

No entanto, para todos os ensaios efetuados em presença de cloro livre, a remoção de MIB na fase líquida sofreu uma redução, sendo esta diretamente proporcional às dosagens de cloro. Por exemplo, para uma dosagem de cloro livre igual a 1,0 mg Cl_2/L e 4,0 mg Cl_2/L e tempo de contato igual a 40 min, os valores de remoção de MIB decresceram para 68% e 42%, respectivamente.

Observa-se, portanto, de modo bastante claro a interferência do cloro livre no processo de adsorção, o que justifica a interrupção da pré-cloração quando da aplicação do CAP na água bruta. Embora o exemplo de interferência do cloro livre no processo de adsorção em carvão ativado tenha sido apresentado para o composto MIB (Fig. 10-14), é importante ressaltar que os efeitos deletérios da presença do cloro livre no processo de adsorção são também observados ao se avaliar a remoção de outros contaminantes, podendo-se citar compostos orgânicos sintéticos (COS) e cianotoxinas.

Ponto Relevante 10: Tendo em vista que o processo de adsorção é significativamente prejudicado quando em presença de cloro residual livre na fase líquida, é altamente recomendável que seja interrompida a pré-cloração na aplicação de CAP na água bruta.

Como muitas vezes é importante que a estação de tratamento de água opere uma etapa de pré-oxidação, pode-se, em tais condições, fazer a substituição do cloro pelo permanganato de potássio, que, além de oferecer menores condições para a ruptura da membrana celular das algas, também interfere menos no processo de adsorção. A Figura 10-15 apresenta resultados de um ensaio em escala de bancada visando à remoção de MIB pelo processo de adsorção para tempos de contato iguais a 15 e 40 min e diferentes dosagens de permanganato de potássio.

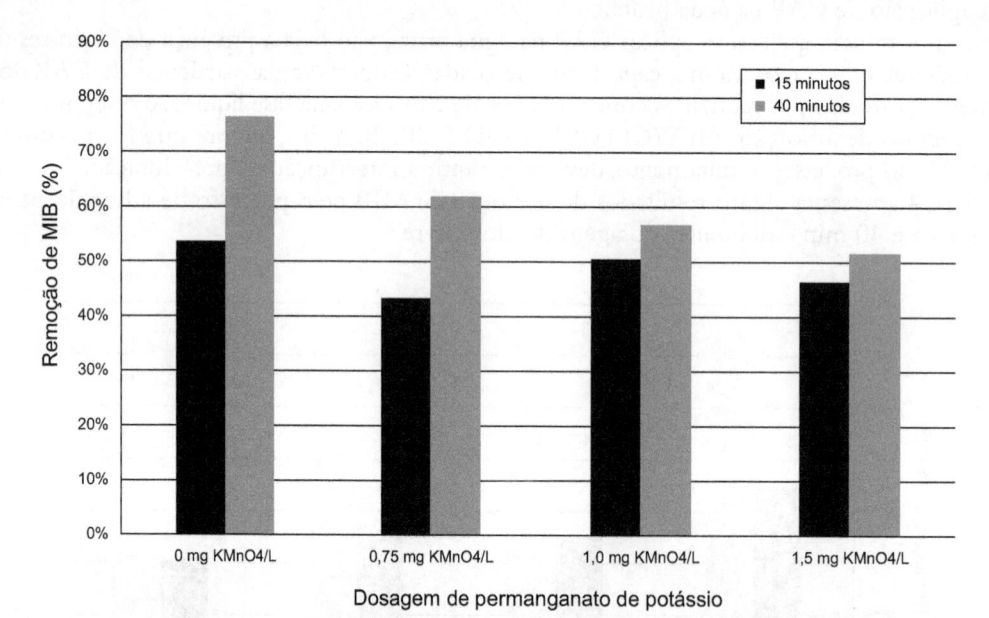

Figura 10-15 Remoção de MIB na água bruta em função do tempo de contato para diferentes dosagens de permanganato de potássio – dosagem de CAP igual a 20 mg/L.

Igualmente ao cloro, também o permanganato de potássio influenciou de maneira negativa a remoção de MIB pelo processo de adsorção. Para um tempo de contato igual a 40 min, a remoção de MIB variou de 76%, sem a adição do agente oxidante, para 52% (adição de 1,5 mg $KMnO_4$/L). Como era de se esperar, a redução da eficiência de remoção de MIB variou de acordo com a dosagem de permanganato de potássio, sendo esta maior para dosagens mais elevadas do agente oxidante.

No entanto, comparando-se ambos os resultados dispostos nas Figuras 10-14 e 10-15, nota-se que a influência negativa do cloro no processo de adsorção é maior do que a do permanganato de potássio.

Os efeitos resultantes da utilização do permanganato de potássio como agente oxidante no processo de adsorção podem ser minimizados, garantindo-se sua aplicação na fase líquida antes da adição do CAP e com uma dosagem tal que atenda a sua demanda inicial, reduzindo sua concentração residual em meio aquoso. Como o permanganato de potássio é um agente oxidante que permite a oxidação de ferro e manganês para baixos tempos de contato, a dosagem a ser aplicada na fase líquida deve ser efetuada com base na estequiometria de oxidação de ambos os elementos. Por conseguinte, uma vez controlada a dosagem de permanganato de potássio de maneira adequada, pode-se garantir a oxidação de ferro e de manganês na fase líquida, possibilitando que suas concentrações residuais em meio aquoso sejam suficientemente reduzidas, de modo a não ocasionar prejuízos ao processo de adsorção.

Ponto Relevante 11: Se houver necessidade de uma etapa de pré-oxidação quando da aplicação do carvão ativado em pó para controle de gosto e de odor em águas de abastecimento, recomenda-se que seja empregado o permanganato de potássio como agente oxidante, tendo em vista que sua interferência no processo de adsorção é menor que quando comparado com o cloro.

Ponto Relevante Final: Os efeitos deletérios resultantes da utilização do permanganato de potássio juntamente com o carvão ativado em pó podem ser minimizados mediante a aplicação do agente oxidante a montante do carvão ativado em pó e com uma dosagem tal que reduza suas concentrações residuais na fase líquida.

Referências

BARTELS, J. H. M.; BRADY, B. M.; SUFFET, I. H. Training panelists for the flavor profile analysis method. *Journal American Water Works Association*, New York, v. 79, n. 1, p. 26-32, Jan. 1987.

BARTELS, J. H. M.; BRADY, B. M.; BURLINGAME, G. A.; SUFFET, I. H. Flavor profile analysis - taste and odor control of the future. *Journal American Water Works Association*, New York, Denver, v. 78, n. 3, p. 50-55, Mar. 1986.

BURLINGAME, G. A. Flavor-profile analysis and consumer attitudes. *Journal American Water Works Association*, Denver, v. 79, n. 9, p. 58-59, Sep. 1987.

COOK, D.; NEWCOMBE, G.; SZTAJNBOK, P. The application of powdered activated carbon for mib and geosmin removal: predicting pac doses in four raw waters. *Water Research*, New York, v. 35, n. 5, p. 1325-1333, 2001. Disponível em: <https://goo.gl/XxNkwd>

FAN, J. et al. Evaluating the effectiveness of copper sulphate, chlorine, potassium permanganate, hydrogen peroxide and ozone on cyanobacterial cell integrity. *Water Research*, Oxford, v. 47, n. 14, p. 5153-5164, Sep. 2013.

FAN, J. et al. The effects of various control and water treatment processes on the membrane integrity and toxin fate of cyanobacteria. *Journal of Hazardous Materials*, Amsterdam, v. 264, p. 313-322, Jan. 2014.

FERGUSON, D. W. et al. Comparing peroxone and ozone for controlling taste and odor compounds, disinfection by-products, and microorganisms. *Journal American Water Works Association*, Denver, v. 82, n. 4, p. 181-191, Apr. 1990.

GERBER, N. N.; LECHEVALIER, H. A. Geosmin an earthy-smelling substance isolated from actinomycetes. *Applied Microbiology*, Baltimore, v. 13, n. 6, p. 935-938, 1965.

GILLOGLY, T. et al. C-14-MIB adsorption on PAC in natural water. *Journal American Water Works Association*, Denver, v. 90, n. 1, p. 98-108, Jan. 1998.

GILLOGLY, T. Effect of chlorine on PAC's ability to adsorb MIB. *Journal American Water Works Association*, Denver, v. 90, n. 2, p. 107-114, Feb. 1998.

HUANG, C.; VANBENSCHOTEN, J. E.; JENSEN, J. N. Adsorption kinetics of MIB and geosmin. *Journal American Water Works Association*, Denver, v. 88, n. 4, p. 116-128, Apr. 1996.

KRASNER, S. W.; HWANG, C. J.; MCGUIRE, M. J. Development of closed-loop stripping technique for the analysis of taste and odor causing substances in drinking-water. *Abstracts of Papers of the American Chemical Society*, Washington, v. 180, Aug. p. 5-ENVR, 1980.

LEVI, Y.; JESTIN, J. M. Offensive tastes and odors occurring after chlorine addition in water-treatment processes. *Water Science and Technology*, Dordrecht, v. 20, n. 8-9, p. 269-274, 1988.

MALLEVIALLE, J. L.; SUFFET, I. H. *Identification and treatment of tastes and odors in drinking water*. Denver: American Water Works Association, 1987. 292 p.

MCGUIRE, M. J. et al. Closed-loop stripping analysis as a tool for solving taste and odor problems. *Journal American Water Works Association*, Denver, v. 73, n. 10, p. 530-537, 1981.

NAJM, I. et al. Using powdered activated carbon - a critical review. *Journal American Water Works Association*, Denver, v. 83, n. 1, p. 65-76, Jan. 1991.

NEWCOMBE, G.; COOK, D. Influences on the removal of tastes and odours by PAC. *Journal of Water Supply Research and Technology-Aqua*, Oxford, v. 51, n. 8, p. 463-474, Dec. 2002.

PETERSON, H. G. et al. Physiological toxicity, cell membrane damage and the release of dissolved organic carbon and geosmin by Aphanizomenon flos-aquae after exposure to water treatment chemicals. *Water Research*, Oxford, v. 29, n. 6, p. 1515-1523. 1995.

RASHASH, D. M. C.; DIETRICH, A. M.; HOEHN, R. C. FPA of selected odorous compounds. *Journal American Water Works Association*, Denver, v. 89, n. 4, p. 131-141, Apr. 1997.

SRINIVASAN, R.; SORIAL, G. A. Treatment of taste and odor causing compounds 2-methyl isoborneol and geosmin in drinking water: A critical review. *Journal of Environmental Sciences*, Beijing, v. 23, n. 1, p. 1-13, 2011. Disponível em: < http://goo.gl/r2rBjg>

SUFFET, I. H. M. et al. *Advances in taste-and-odor treatment and control*. Denver: American Water Works Association Research Foundation, 1995. 385 p.

SUFFET, I. H. M. et al. Development of the flavor profile analysis method into a standard method for sensory analysis of water. *Water Science and Technology*, Dordrecht, v. 20, n. 8-9, p. 1-9, 1988.

SUFFET, I. H. M. et al. AWWA taste and odor survey. *Journal American Water Works Association*, New York, v. 88, n. 4, p. 168-180, Apr. 1996.

WNOROWSKI, A. Tastes and odors n the aquatic environment - a review. *Water Sa*, Pretoria, v. 18, n. 3, p. 203-214, July 1992.

CAPÍTULO 11

Concepção de Sistemas de Tratamento da Fase Sólida em Estações de Tratamento de Água

ORIGEM DOS RESÍDUOS GERADOS NO PROCESSO DE TRATAMENTO DE ÁGUAS DE ABASTECIMENTO

O tratamento e a disposição dos resíduos sólidos gerados pelos processos de tratamento de águas de abastecimento têm recebido atenção no Brasil apenas nos últimos anos. Enquanto nos Estados Unidos e em certos países da Europa o problema de tratamento e disposição dos resíduos sólidos gerados em estações de tratamento de água (ETAs) tem sido estudado extensivamente desde a década de 1970, no Brasil, apenas recentemente os órgãos de controle ambiental têm dado importância a seu tratamento e disposição final.

Uma das grandes dificuldades na escolha de alternativas de engenharia que contemplem o tratamento de resíduos gerados em ETAs é a escassez de dados e de bibliografia nacional a respeito, basicamente porque, no Brasil, poucas ETAs têm apresentado soluções que objetivem a minimização da quantidade de resíduos sólidos gerados, seu tratamento e sua disposição final. A maior parte das ETAs no Brasil ainda efetua a disposição de seus resíduos no sistema de drenagem de águas pluviais, os quais, posteriormente, são direcionados para o corpo receptor, acarretando assoreamento dos corpos d'água e problemas estéticos e visuais relevantes.

Na atualidade, o projeto e a construção de novas ETAs exigem a implantação do tratamento de sua fase sólida, o que, de certo modo, facilita sua concepção. Entretanto, no Brasil, existem inúmeras ETAs construídas antes da década de 1990, sem sistemas de tratamento da fase sólida e cuja implantação é enormemente dificultada.

Assim sendo, os desafios atualmente impostos para a solução do problema relativo ao tratamento dos resíduos gerados em ETAs são significativos, não apenas pela necessidade de implantação de obras, aquisição de equipamentos e operação do sistema, mas também por seus custos operacionais elevados, bem como pelas dificuldades impostas na disposição final do lodo.

Infelizmente, deve-se ressaltar que a implantação de sistemas de tratamento de fase sólida em ETAs, ainda que possibilite a solução de um problema ambiental relevante, induz a aumento dos custos operacionais do processo de tratamento e que devem estar devidamente inseridos na remuneração do operador do sistema de abastecimento de água, seja ele público, seja ele privado.

De modo geral, os resíduos gerados em ETAs podem ser divididos nas quatro grandes categorias a seguir (ASCE; AWWA; EPA, 1996).

- Resíduos gerados durante processos de tratamento de água visando à remoção de cor e turbidez. Em geral, os resíduos sólidos produzidos englobam os lodos gerados nos decantadores (ou eventualmente de flotadores com ar dissolvido) e a água de lavagem dos filtros.
- Resíduos sólidos gerados durante processos de abrandamento.
- Resíduos gerados em processos de tratamento não convencionais visando à redução de compostos orgânicos presentes na água bruta, tais como carvão ativado granular saturado, ar proveniente de processos de arraste com ar etc.
- Resíduos líquidos gerados durante processos visando à redução de compostos inorgânicos presentes na água bruta, tais como processos de membrana (osmose reversa, ultrafiltração, nanofiltração etc.).

No Brasil, a maior parte das ETAs em operação foi concebida como do tipo convencional de ciclo completo ou variante (filtração direta, filtração em linha etc.), não havendo um número significativo de ETAs dotadas de processos de adsorção em carvão ativado granular, arraste com ar ou processos de membrana. Dessa maneira, os resíduos gerados por esses processos de tratamento não serão considerados, enfocando-se, tão somente, os resíduos gerados por estações de tratamento de água do tipo convencionais e suas variantes.

PONTOS DE GERAÇÃO DE RESÍDUOS EM ESTAÇÕES DE TRATAMENTO DE ÁGUA DO TIPO CONVENCIONAIS E CONCEPÇÃO DE SISTEMAS DE TRATAMENTO DA FASE SÓLIDA

Durante o processo convencional de tratamento de águas de abastecimento são produzidos basicamente dois tipos de resíduos, a saber:

- Resíduos sólidos, gerados nos processos de separação sólido-líquido (decantadores convencionais, decantadores de alta taxa ou unidades de flotação por ar dissolvido).
- Resíduos gerados durante a operação de lavagem das unidades de filtração.

Cada linha geradora de resíduos apresenta características distintas quanto a vazão e concentração de sólidos, motivo pelo qual devem ser consideradas diferentes concepções de tratamento para cada uma delas.

A água de lavagem produzida durante a operação de unidades de filtração é normalmente caracterizada por apresentar grande vazão e baixa concentração de sólidos. Por sua vez, os resíduos descartados pelos processos de separação sólido-líquido tendem a apresentar baixa vazão e alta concentração de sólidos (CORNWELL; ROTH, 2011).

Na medida em que a água de lavagem dos filtros apresenta baixa concentração de sólidos e alta vazão, a tendência é que seja efetuado seu reaproveitamento integral pelo processo de tratamento. Estima-se que cerca de 2% a 4% do volume de água bruta aduzido à estação de tratamento de água seja normalmente empregado na lavagem de unidades de filtração. Considerando-se ser este número bastante expressivo, justifica-se o reaproveitamento da água de lavagem dos filtros (KAWAMURA, 2000).

Historicamente, no Brasil, o reaproveitamento da água de lavagem dos filtros é o que tem recebido maior atenção. Como exemplo de ETAs que realizam com sucesso o reaproveitamento de 100% de suas águas de lavagem, podem-se citar a ETA Guaraú e a ETA Rodolfo José da Costa e Silva – ambas da Companhia de Saneamento Básico do Estado de São Paulo (Sabesp) e responsáveis pelo abastecimento de água de parte da Região Metropolitana de São Paulo (RMSP) –, com capacidade nominal igual a 33,0 m³/s e 15,0 m³/s, respectivamente. Os benefícios auferidos no reaproveitamento das águas de lavagem dos filtros dessas ETAs citadas é significativo, representando cerca de 1.400 L/s, o que permite o abastecimento de aproximadamente 500 mil habitantes. A Figura 11-1 apresenta uma vista de um retorno de água de lavagem dos filtros para o início do processo de tratamento.

Figura 11-1 Retorno da água de lavagem para o início do processo de tratamento (ETA Rio Grande [Sabesp] – vazão igual a 5,0 m³/s).

Além de se evitar um dano ambiental, a recuperação de água de lavagem dos filtros constitui-se, portanto, em uma alternativa para o aumento da produção de água tratada, o que é especialmente importante em regiões metropolitanas, onde o aumento na capacidade de produção é extremamente oneroso dada a escassez de mananciais próximos ao centro consumidor.

Para efetuar o reaproveitamento da água de lavagem de unidades de filtração, é necessário que haja a completa segregação entre ambos os sistemas de descarga de água de lavagem dos filtros e o sistema de descarregamento do lodo dos decantadores. Do contrário, sua alta concentração de sólidos ocasionará prejuízos à qualidade da água de lavagem dos filtros, impossibilitando seu reaproveitamento integral.

Ponto Relevante 1: A concepção de sistemas de tratamento da fase sólida em estações de tratamento de água do tipo convencionais de ciclo completo deve, necessariamente, contemplar a segregação entre a água de lavagem dos filtros e a descarga de lodos dos decantadores. Em nenhuma hipótese, ambos os resíduos devem ser misturados.

Estações de tratamento de água antigas normalmente encaminham a água de lavagem dos filtros e o lodo dos decantadores para um sistema de drenagem comum implantado na área da ETA, o que traz inúmeras dificultados no projeto de seus sistemas de tratamento da fase sólida, o que acaba exigindo alguma alternativa hidráulica adequada para a separação de ambos os resíduos.

Por sua vez, o projeto de sistemas de tratamento da fase sólida para novas ETAs tende a ser facilitado, dado o fato de o projeto hidráulico de seus sistemas de afastamento de resíduos poder ser adaptado de acordo com a concepção do sistema de tratamento.

Por sua vez, o lodo produzido pelos processos de separação sólido-líquido (decantadores e flotadores por ar dissolvido), por ter vazão baixa e teores de sólidos bastante elevados, deve seguir para etapas posteriores de adensamento e de desidratação, podendo seus filtrados ser recirculados para o início do processo de tratamento. Uma vez desidratado, o lodo segue para a disposição final adequada.

Dessa maneira, a concepção mais clássica para sistemas de tratamento da fase sólida concebidas para estações de tratamento de água do tipo convencionais de ciclo completo encontra-se apresentada na Figura 11-2.

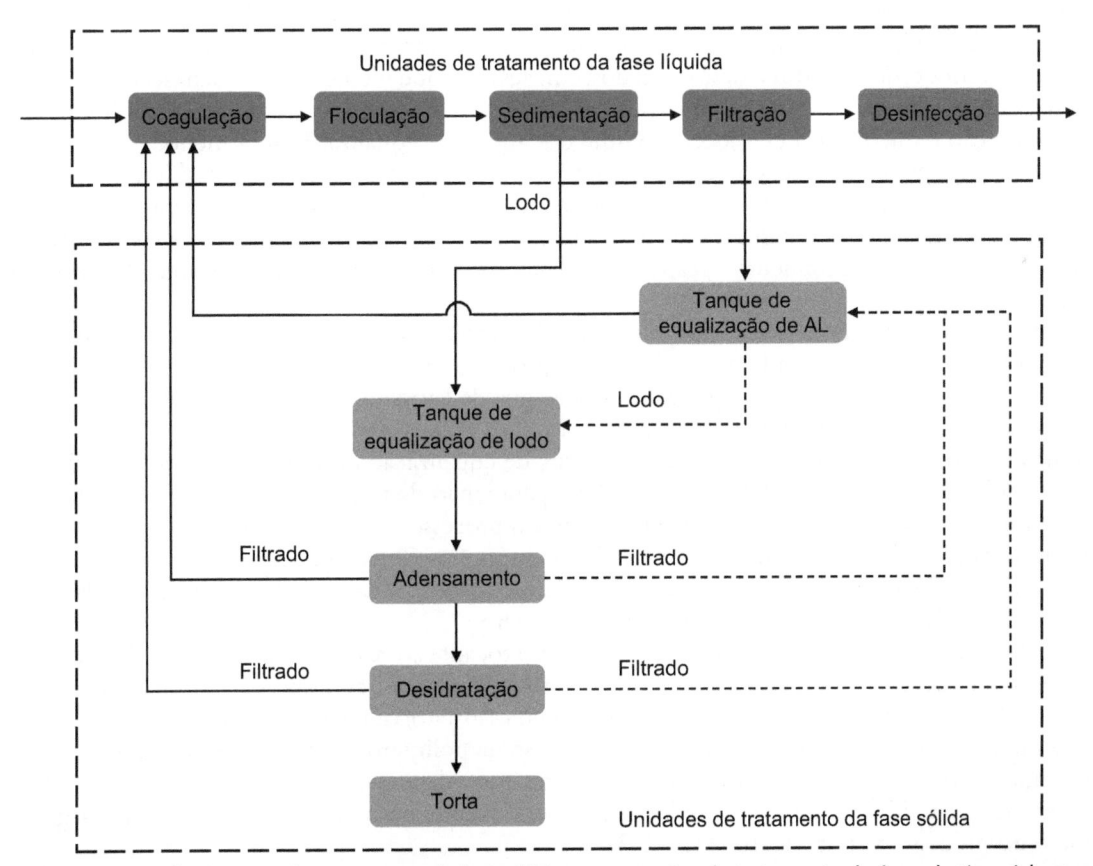

Figura 11-2 Concepção de sistemas de tratamento da fase sólida para estações de tratamento de água do tipo ciclo completo.

Com base nas características dos resíduos gerados durante o processo de tratamento de águas de abastecimento, tem-se, portanto, a segregação da água de lavagem dos filtros e seu posterior retorno ao processo de tratamento. O reaproveitamento da água de lavagem dos filtros e seu envio para o início do processo de tratamento podem ocorrer com ou sem sua clarificação.

Caso se opte por seu reaproveitamento integral sem sua prévia clarificação, a água de lavagem deverá ser enviada a um sistema de equalização, de maneira a possibilitar que seu retorno para o início do processo de tratamento ocorra de modo que sua vazão de recirculação não seja superior a 10% da vazão afluente à ETA (KAWAMURA, 2000).

A recomendação de que a vazão de retorno da água de lavagem para o início do processo de tratamento não exceda 10% da vazão afluente à ETA é justificada pelo fato de esta não ocasionar impactos hidráulicos excessivos no processo de tratamento, e, também, porque um acréscimo na vazão afluente à ETA até 10% de sua vazão afluente não exige correções nas dosagens dos produtos químicos empregados na coagulação.

Se, porventura, se optar pela clarificação da água de lavagem, o lodo separado deverá ser enviado para o tanque de equalização de lodo e posteriormente para as unidades de adensamento e de desidratação. O líquido clarificado será enviado de modo equalizado para o início do processo de tratamento.

Ponto Relevante 2: O reaproveitamento da água de lavagem dos filtros deve ser efetuado de maneira que a vazão seja equalizada e posteriormente retornada para o início do processo de tratamento, a fim de que sua vazão não exceda 10% da vazão afluente à estação de tratamento de água.

Com respeito ao lodo descarregado pelos decantadores, normalmente se prevê seu recebimento em tanques de equalização de lodo, e, daí em diante, seguem vazões de lodo devidamente equalizadas para as unidades de adensamento e de desidratação. A concepção do sistema de equalização de lodos oriundos dos decantadores depende do modo como estes são extraídos das unidades de separação sólido-líquido. Caso o regime de descarga de lodos seja em batelada, no qual os decantadores são operados durante ciclos de tempo em torno de 20 a 40 dias, e, após este período, são isolados e descarregados, é necessário que o tanque de equalização de lodo apresente volume igual ou superior ao descarregado pelos decantadores. Se, porventura, os decantadores forem dotados de sistemas de remoção semicontínua de lodo, o volume do tanque de equalização será menor.

Uma vez equalizado, o lodo deverá seguir para as etapas de adensamento e de desidratação, e os filtrados produzidos em ambas as etapas poderão ser enviados para o início do processo de tratamento.

Dependendo das condições topográficas e da localização das unidades de tratamento da fase sólida, podem ser previstas duas opções para o recebimento e reaproveitamento dos filtrados produzidos nas unidades de adensamento e de filtração.

A primeira opção é seu recebimento em um poço de sucção, em que, mediante uma unidade de recalque específico, sua vazão pode ser enviada para o início do processo de tratamento. Dessa maneira, a ETA contaria com duas estações elevatórias distintas; a primeira para a água de lavagem dos filtros e a segunda para os filtrados gerados nas operações de adensamento e de desidratação.

A segunda opção é seu envio por gravidade ao tanque de equalização de água de lavagem dos filtros, a fim de que possa ser utilizada uma única instalação de recalque para envio de todos os filtrados mais a vazão de água de lavagem dos filtros devidamente equalizada para o início do processo de tratamento.

A definição da solução mais conveniente é função de inúmeros fatores, podendo-se citar as condições topográficas de localização das unidades de tratamento da fase sólida e o regime de funcionamento das unidades de tratamento da fase sólida, que são específicos para cada projeto.

Um aspecto de grande importância a ser considerado no tocante ao reaproveitamento dos filtrados produzidos nas etapas de adensamento e de desidratação é que sua qualidade pode ser prejudicada caso a operação dos sistemas de tratamento da fase sólida não esteja ocorrendo de maneira satisfatória. Diversas razões podem justificar seu não funcionamento adequado, por exemplo, ausência ou excesso de polímero, ajustes em equipamentos mecanizados, falta de energia elétrica ou descontrole das vazões afluentes às unidades de tratamento da fase sólida. Desse modo, a taxa de captura de sólidos tenderá a ser reduzida, o que possibilitará o envio de uma grande carga de sólidos para o início do processo de tratamento (Fig. 11-3).

Figura 11-3 Elevada perda de sólidos nas unidades de tratamento da fase sólida e retorno para o início do processo de tratamento.

Essa maior carga de sólidos afluente para o início do processo de tratamento tende a comprometer a operação das unidades que compõem o tratamento da fase líquida, podendo-se citar como consequências picos de turbidez na água bruta, necessidade de alteração de dosagens de produtos químicos, diminuição da eficiência dos processos de floculação e sedimentação e consequente redução na duração das carreiras de filtração.

É, portanto, importante que sejam oferecidas opções para o desvio dos filtrados de ambas as unidades de adensamento e de desidratação, para que estes não sejam enviados para o início do processo de tratamento, em caso de problemas de ordem operacional que possam comprometer sua qualidade. Entre as opções, pode-se citar encaminhamento para o sistema de coleta e afastamento de esgotos sanitários, envio para tanques ou lagoas de emergência ou mesmo disposição em corpos receptores, caso a legislação ambiental assim o permita.

Ponto Relevante 3: Ainda que a condição normal do sistema de tratamento da fase sólida considere o envio dos filtrados de ambas as operações de adensamento e de desidratação para o início do processo de tratamento, devem ser previstas opções para seu desvio eventual, caso sua qualidade não seja satisfatória, podendo comprometer o processo de tratamento da fase líquida.

Essas considerações são particularmente importantes, uma vez que a operação de sistemas de tratamento da fase sólida em estações de tratamento de água é complexa, exigindo operadores qualificados e atenção constante. Como a implantação de sistemas de tratamento da fase sólida é onerosa, muitas vezes as empresas de saneamento tentam reduzir seus custos de operação por meio da eliminação de mão de obra qualificada, adotando sistemas de automação bastante sofisticados.

As observações efetuadas nos sistemas de tratamento de fase sólida implantadas em muitas estações de tratamento de água sugerem que a presença física do operador é de grande importância, uma vez que as observações visuais acerca do processo de tratamento permitem que sejam tomadas medidas operacionais adequadas, em caso de alterações que comprometam a eficiência dos processos de adensamento e de desidratação. Por conseguinte, a implantação de sistemas de automação para o controle dos processos de tratamento é importante, pois possibilita maior segurança operacional, no entanto, não pode substituir a presença de uma equipe de operação experiente e bem treinada.

Ponto Relevante 4: Ainda que a automação dos sistemas de tratamento da fase sólida seja bastante relevante, recomenda-se que este esteja apoiado na presença física de equipes de operação experientes e devidamente treinadas.

Outra questão relevante diz respeito às equipes de operação de tratamento das unidades de tratamento da fase líquida e sólida. Normalmente, quando uma estação de tratamento de água implanta seu sistema de tratamento de resíduos, em razão da falta de mão de obra e necessidade de redução de custos, a equipe de operação da ETA recebe como incumbência a operação do tratamento da fase sólida.

Como os operadores de ETAs têm maior conhecimento e experiência no tratamento da fase líquida, observa-se a tendência de serem concentradas maiores atenções nesta fase em detrimento da sólida. Ademais, quando ocorre algum problema na operação da fase líquida, os operadores tendem a abandonar o tratamento da fase sólida, o que faz com que qualquer ocorrência de problemas operacionais nesta unidade tenda a não ser devidamente percebida pela operação, acarretando prejuízos operacionais no tratamento da fase líquida.

Ponto Relevante 5: Recomenda-se que a operação de sistemas de tratamento da fase sólida seja dotada de equipes de operação exclusivas e devidamente treinadas, de modo a se evitar o conflito com a operação da fase líquida.

AVALIAÇÃO DA PRODUÇÃO DE LODO EM ESTAÇÕES DE TRATAMENTO DE ÁGUA

De modo a ser possível o correto dimensionamento das unidades de processo que compõem o tratamento da fase sólida de estações de tratamento de água, faz-se necessário avaliar sua produção de lodo, a qual é composta por diferentes elementos, a saber (CRITTENDEN et al., 2012):

- Sólidos presentes na água bruta, por exemplo, partículas coloidais e em suspensão na fase líquida.
- Sólidos gerados em razão da precipitação do coagulante na forma de hidróxido metálico.
- Outros aditivos adicionados durante o processo de tratamento, podendo-se citar polímero e carvão ativado em pó, entre outros.

Os sólidos presentes na água bruta e passíveis de remoção pelo processo de tratamento podem ser avaliados com a realização de análises de sólidos em suspensão totais (SSTs). No entanto, infelizmente, não é prática comum a determinação de SSTs na água bruta como parâmetro operacional em estações de tratamento de água. A alternativa para sua quantificação é estabelecer uma correlação entre ambos os parâmetros SSTs e turbidez, uma vez que este último é rotineiramente empregado como parâmetro de controle em estações de tratamento de água. Além disso, por ser de mais fácil obtenção analítica, o histórico de dados torna-se mais abrangente, o que possibilita a obtenção de dados em intervalos mais curtos, permitindo a avaliação de eventuais períodos hidrológicos com picos de turbidez na água bruta. A Figura 11-4 apresenta uma correlação obtida entre os parâmetros turbidez e SSTs para uma água bruta específica.

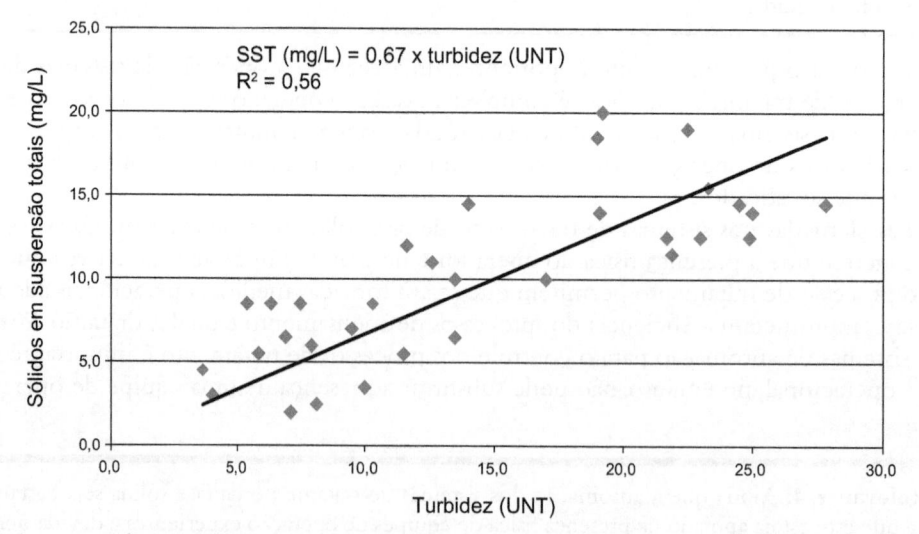

Figura 11-4 Relação entre ambos os parâmetros turbidez e SST para a água bruta afluente à ETA Ribeirão da Estiva (Sabesp) – vazão igual a 0,1 m3/s.

Observando-se os resultados apresentados na Figura 11-4, é possível estabelecer uma relação linear entre ambos os parâmetros SSTs e turbidez. De acordo com observações experimentais efetuadas por Cornwell e validadas por estudos do Laboratório de Saneamento da Escola Politécnica da Universidade de São Paulo (Epusp), pode-se admitir uma relação entre ambos os parâmetros entre 1,0 e 2,0, ou seja (CORNWELL; ROTH, 2011):

$$SST = K.Turbidez \hspace{3cm} \text{(Equação 11-1)}$$

SST = concentração de sólidos em suspensão totais em mg/L
T = turbidez em UNT
K = constante, podendo variar entre 1,0 e 2,0

Como as partículas coloidais que compõem determinada água bruta normalmente apresentam diferentes características físicas, as relações entre SSTs e turbidez são geralmente específicas para cada tipo de água bruta, não devendo ser generalizadas. Em ausência de resultados experimentais específicos, pode-se adotar com segurança um valor de K igual a 1,5.

Ponto Relevante 6: A produção de lodo em razão da presença de partículas coloidais e em suspensão na água bruta pode ser avaliada mediante a determinação de análises de SSTs ou indiretamente pelo parâmetro turbidez. Na ausência de correlações específicas, pode-se adotar uma relação entre SST e turbidez que varie de 1,0 a 2,0.

Os sólidos adicionados à água bruta em razão da precipitação do coagulante na forma de hidróxido metálico podem ser quantificados de maneira experimental ou com base na estequiometria do alumínio e ferro em meio aquoso. A avaliação experimental da produção de sólidos em decorrência da adição do coagulante pode ser efetuada em escala de *jar-test* mediante a utilização de diferentes dosagens de coagulante e posterior quantificação da concentração de SSTs na água coagulada. Uma vez conhecida a concentração de SSTs na água bruta, por diferença, pode-se estimar a contribuição do hidróxido metálico precipitado na geração de lodo em função da dosagem de coagulante. As Figuras 11-5 e 11-6 apresentam algumas relações entre produção de lodo de acordo com a dosagem de coagulante (sulfato férrico e cloreto de polialumínio).

Os resultados experimentais apresentados nas Figuras 11-5 e 11-6 indicam uma relação linear entre a produção de lodo decorrente da precipitação do coagulante na forma de hidróxido metálico e a dosagem de coagulante. Esta linearidade se justifica uma vez que a adição do coagulante, seja um sal de alumínio, seja um ferro, tenderá à precipitação integral na forma de hidróxido metálico, não possibilitando a ocorrência de concentrações residuais solúveis na fase líquida.

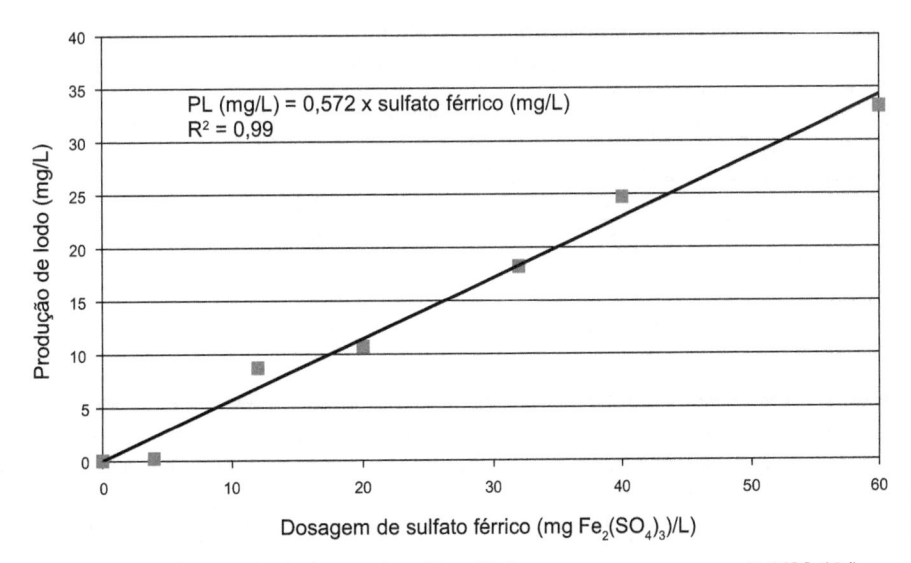

Figura 11-5 Produção de lodo em função da dosagem de sulfato férrico – expresso como mg Fe2(SO4)3/L.

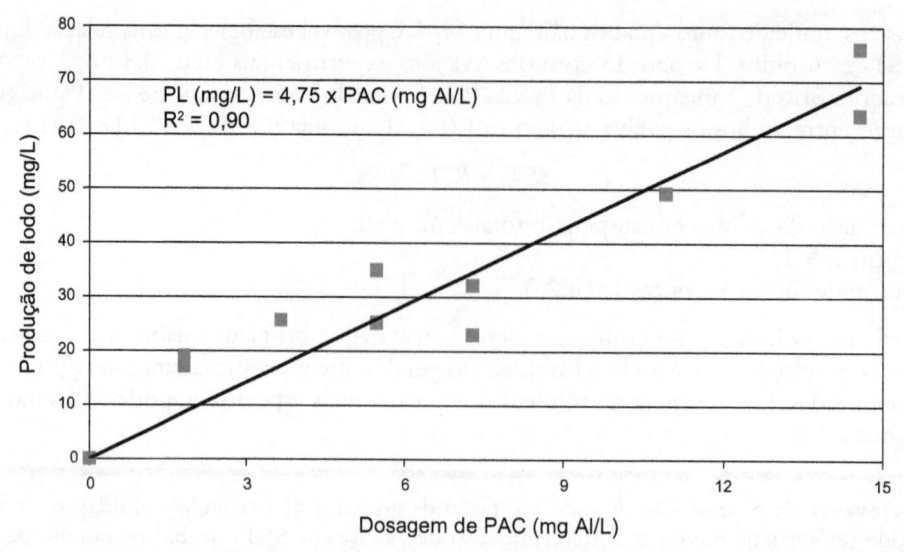

Figura 11-6 Produção de lodo em função da dosagem de cloreto de polialumínio (PAC) – expresso como mg Al+3/L.

Embora a execução de ensaios experimentais para a avaliação da produção de lodo por adição do coagulante seja de execução relativamente simples, as empresas de saneamento não têm por costume sua realização. A justificativa principal reside na necessidade de execução de análises de SSTs, que, por serem onerosas, acabam inibindo a condução de ensaios específicos para a quantificação da produção de lodo.

Como alternativa, pode-se estimar a produção de lodo causada pela adição do coagulante por meio da estequiometria proposta para a precipitação de sais de alumínio e ferro em meio aquoso. Assim, pode-se escrever que:

$$Al^{+3} + 3OH^- + n.H_2O \rightarrow Al(OH)_3.nH_2O_{(s)} \qquad \text{(Equação 11-2)}$$

$$Fe^{+3} + 3OH^- + n.H_2O \rightarrow Fe(OH)_3.nH_2O_{(s)} \qquad \text{(Equação 11-3)}$$

Com base nas Equações 11-2 e 11-3, tem-se que 1 mol de Al e Fe resulta na formação de 1 mol de hidróxido de alumínio e hidróxido férrico, respectivamente. Cada molécula de hidróxido metálico precipitado normalmente está associada a um número de moléculas de águas de hidratação, sendo que o valor de n normalmente varia de 1 a 3.

A Tabela 11-1 apresenta os valores de produção de lodo que tem como origem a adição de sais de alumínio e ferro para diferentes valores de moléculas de hidratação.

Tabela 11-1 Produção de lodo decorrente da adição de sais de alumínio e ferro como coagulante para diferentes valores de moléculas de hidratação

Coagulante	Número de águas de hidratação		
	1	2	3
1 mg Al^{+3}/L	3,56	4,22	4,89
1 mg Fe^{+3}/L	2,23	2,55	2,88

Por conseguinte, cada 1 mg Al^{+3}/L é capaz de gerar de 3,56 a 4,89 mg de lodo por litro. Por sua vez, cada 1 mg Fe^{+3}/L produz de 2,23 mg a 2,88 mg de lodo por litro.

Ponto Relevante 7: A produção de lodo por meio da precipitação do coagulante na forma de hidróxido metálico pode ser avaliada experimentalmente ou pressuposta conhecendo-se a estequiometria da precipitação de sais de alumínio e ferro em meio aquoso. Com base em cálculos estequiométricos, estima-se que cada 1 mg Al^{+3}/L é capaz de produzir de 3,56 a 4,89 mg de lodo por litro. Por sua vez, cada 1 mg Fe^{+3}/L pode gerar de 2,23 a 2,88 mg de lodo por litro.

A adição de outros aditivos que podem ser empregados no processo de tratamento, por exemplo, a utilização de polímeros como auxiliares de floculação ou carvão ativado, deverá contribuir integralmente para a produção de lodo, uma vez que estes tenderão a ser separados da fase líquido pelos processos de separação sólido-líquido. Assim sendo, efetuando-se a somatória das diferentes frações que compõem o lodo produzido em uma estação de tratamento de água, seu cálculo pode ser efetuado pelas seguintes expressões:

$$P_L = Q.\left((3,56\ a\ 4,89).D_{Al} + SST + OA\right).10^{-3}$$ (Equação 11-4)

$$P_L = Q.\left((2,23\ a\ 2,88).D_{Fe} + SST + OA\right).10^{-3}$$ (Equação 11-5)

P_L = produção de lodo seco em kg/dia
Q = vazão em m³/dia
D_{Al} = dosagem de coagulante expressa em mg Al^{+3}/L
D_{Fe} = dosagem de coagulante expressa em mg Fe^{+3}/L
SST = concentração de sólidos em suspensão totais na água bruta em mg/L
OA = outros aditivos em mg/L

Caso não seja possível a obtenção das concentrações de SSTs presentes na água bruta, pode-se empregar a relação entre SST e turbidez, de forma que as Equações 11-4 e 11-5 sejam escritas da seguinte maneira:

$$P_L = Q.\left((3,56\ a\ 4,89).D_{Al} + K.T + OA\right).10^{-3}$$ (Equação 11-6)

$$P_L = Q.\left((2,23\ a\ 2,88).D_{Fe} + K.T + OA\right).10^{-3}$$ (Equação 11-7)

T = turbidez em UNT
K = constante, podendo variar entre 1,0 e 2,0

A utilização das Equações 11-4 a 11-7 para fins de cálculo da produção de lodo em estações de tratamento de água dotada de coagulação química parte do pressuposto de que as dosagens de coagulante sejam expressas na forma de mg Al^{+3}/L e mg Fe^{+3}/L. No entanto, muitas vezes, as dosagens de coagulante são expressas de diferentes formas, ora como sal, ora como produto comercial líquido. A correta utilização de ambas as equações exige, portanto, que as dosagens de coagulante sejam expressas corretamente, do contrário, os valores de produção de lodo calculado serão equivocados.

Exemplo 11-1

Problema: Estimar a produção de lodo em uma estação de tratamento de água cuja vazão afluente é igual a 250 L/s. O valor máximo de turbidez observado para a água bruta é igual a 25 UNT, e o coagulante empregado no processo de tratamento é o sulfato de alumínio líquido. Sua dosagem é igual a 20 mg $Al_2(SO_4)_3.14H_2O$ (expressa como sal), sendo também efetuada a aplicação de uma dosagem igual a 0,05 mg/L de polímero como auxiliar de floculação. Deve-se adotar uma relação entre SSTs e turbidez igual a 1,5.

Solução: Para tornar possível o cálculo da produção de lodo, é necessário que a dosagem de coagulante expressa na forma de mg $Al_2(SO_4)_3.14H_2O$ seja transformada em mg Al^{+3}/L.

- Passo 1: Determinação da dosagem de coagulante expressa como mg Al^{+3}/L

Como a dosagem de coagulante está expressa como mg $Al_2(SO_4)_3.14H_2O$ na forma de sal, pode-se calcular sua dosagem como mg Al^{+3}/L, tomando-se por base a quantidade molar de alumínio presente em 1 mol de $Al_2(SO_4)_3.14H_2O$.

Um mol de $Al_2(SO_4)_3.14H_2O$ tem massa igual a 594 g e apresenta 2 moles de Al. Como o mol do Al é igual a 27 g, tem-se que 594 g de $Al_2(SO_4)_3.14H_2O$ tem o equivalente a 54 g de Al. Desse modo, pode-se escrever que:

$$D_{Al} = \frac{D_{sal}.54}{594} = \frac{20\frac{mg}{L}.54}{594} \cong 1,82\,mg\,Al\,/\,L$$ (Equação 11-8)

D_{Al} = dosagem de coagulante expresso como Al^{+3} (mg Al^{+3}/L)
D_{sal} = dosagem de coagulante como sal (mg $Al_2(SO_4)_3.14H_2O$/L)

- Passo 2: Cálculo da produção de lodo

A produção de lodo pode ser calculada pela Equação 11-6. Será adotada a incorporação de duas moléculas de água de hidratação por molécula de hidróxido metálico precipitado. Tem-se, portanto, que:

$$P_L = Q.\left(4,22.D_{Al} + K.T + OA\right).10^{-3} \qquad \text{(Equação 11-9)}$$

$$P_L = 0,25\frac{m^3}{s}.86400\frac{s}{dia}.\left(4,22.1,82 + 1,5.25 + 0,05\right).10^{-3} \cong 977\frac{kg}{dia} \qquad \text{(Equação 11-10)}$$

Tem-se, então, uma estimativa de produção de lodo seco total igual a 977 kg/dia.

Observação: a produção total diária do lodo deverá ser igual a 977 kg/dia. Desse total, 165,9 kg/dia deverão ter como origem a precipitação do coagulante na forma de hidróxido metálico, enquanto 810 kg/dia precisam ser formados pelos SSTs presentes na água bruta e mais uma pequena parcela de 1,1 kg/dia oriunda da aplicação de polímero com auxiliar de floculação. Por conseguinte, tem-se que a maior parcela do lodo produzido pelo processo de tratamento se origina nos sólidos presentes na água bruta (82,9%), e o restante (17,1%) é resultado da adição de produtos químicos durante o processo de coagulação.

Se, porventura, for estabelecido um volume de controle ao longo de uma estação de tratamento de água (Fig. 11-7), é possível observar dois pontos de entrada e um ponto de saída de sólidos.

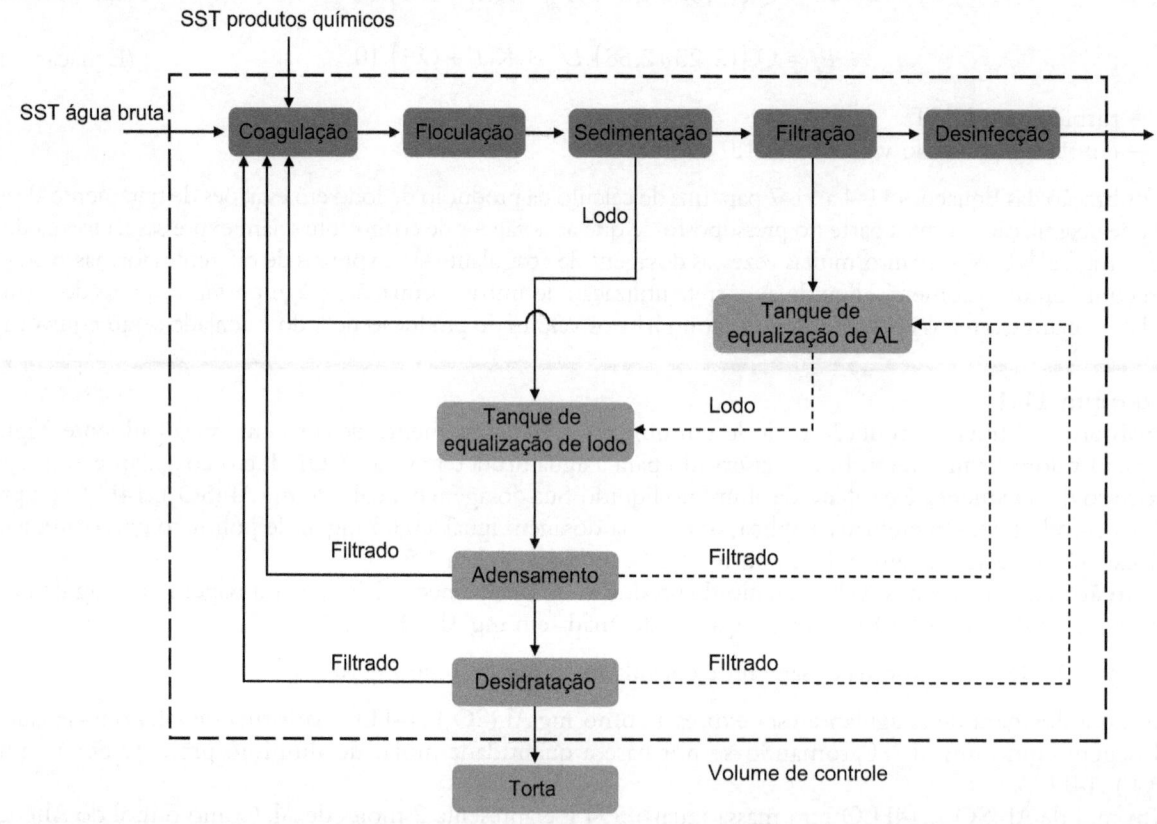

Figura 11-7 Volume de controle estabelecido para uma estação de tratamento de água e respectivos pontos de entrada e saída de sólidos.

As entradas no volume de controle deverão ser os sólidos presentes na água bruta e mais os sólidos produzidos durante o processo de coagulação. Por sua vez, os pontos de saída de sólidos do volume de controle deverão ser na água tratada e no lodo desidratado. Como os sólidos presentes na água tratada são desprezíveis, tem-se que o único ponto de saída deverá ser no lodo desidratado.

Isso significa que, em uma condição de regime permanente, a produção de lodo estimada por meio das Equações 11-4 a 11-7 deverá necessariamente ser idêntica à massa de sólidos secos no lodo desidratado. O cálculo da produção de lodo resultante do processo de tratamento possibilitará também estimar, portanto, a quantidade de sólidos secos no lodo desidratado, que deverá ser posteriormente enviado para a destinação final.

Exemplo 11-2

Problema: De modo análogo ao Exemplo 11-1, deve-se estimar a produção de lodo em uma estação de tratamento de água cuja vazão afluente é igual a 500 L/s. O coagulante empregado no processo de tratamento é o cloreto férrico líquido a 38%. Os valores de turbidez da água bruta afluente e a dosagem máxima de coagulante deverão ser, respectivamente, iguais a 50 UNT e 60 mg $FeCl_3$/L (expresso como produto comercial). Deve ser adotada uma relação entre SSTs e turbidez igual a 1,5.

Solução: O coagulante empregado no processo de tratamento é o cloreto férrico a 38% e sua dosagem expressa como produto comercial. Assim, para o cálculo da produção de lodo, faz-se necessário transformar sua dosagem de mg $FeCl_3$/L expressa como produto comercial em mg Fe^{+3}/L.

- Passo 1: Determinação da dosagem de coagulante expressa como mg Fe^{+3}/L

A dosagem de coagulante está expressa como mg $FeCl_3$/L sob a apresentação de produto comercial, e, inicialmente, pode-se calcular sua dosagem como mg $FeCl_3$/L na forma de sal. Sabendo que a solução de cloreto férrico apresenta concentração igual a 38%, tem-se que:

$$\frac{38\%}{100} = \frac{D_{sal}}{D_{prod}}$$ (Equação 11-11)

$$D_{sal} = \frac{38\%}{100}.D_{prod} = \frac{38\%}{100}.60\frac{mg}{L} \cong 22,8\frac{mg}{L}$$ (Equação 11-12)

- D_{prod} = dosagem de coagulante expresso como produto comercial (mg $FeCl_3$/L)
- D_{sal} = dosagem de coagulante como sal (mg $FeCl_3$/L)

Uma vez conhecida a dosagem de coagulante como sal na forma de mg $FeCl_3$/L, pode-se proceder ao cálculo de sua dosagem como mg Fe^{+3}/L, tomando-se por base a quantidade molar de ferro presente em 1 mol de $FeCl_3$/L.

Um mol de $FeCl_3$/L tem massa igual a 162,5 g e apresenta 1 mol de Fe. Como o mol de Fe é igual a 56 g, tem-se que 162,5 g de $FeCl_3$/L contém o equivalente a 56 g de Fe. Por conseguinte, pode-se escrever que:

$$D_{Fe} = \frac{D_{sal}.56}{162,5} = \frac{22,8\frac{mg}{L}.56}{162,5} \cong 7,86\,mg\,Fe\,/\,L$$ (Equação 11-13)

D_{Fe} = dosagem de coagulante expresso como Fe^{+3} (mg Fe^{+3}/L)

- Passo 2: Cálculo da produção de lodo

A produção de lodo pode ser calculada pela Equação 11-7. Será adotada a incorporação de duas moléculas de água de hidratação por molécula de hidróxido metálico precipitado. Tem-se, portanto, que:

$$P_L = Q.\left(2,55.D_{Fe} + K.T + OA\right).10^{-3}$$ (Equação 11-14)

$$P_L = 0,50\frac{m^3}{s}.86400\frac{s}{dia}.(2,55.7,86 + 1,5.50).10^{-3} \cong 4.106\frac{kg}{dia}$$ (Equação 11-15)

Desse modo, a produção de lodo seco deverá ser igual a 4.106 kg/dia e, por sua vez, também será igual à massa de sólidos secos a ser enviada para a destinação final.

É importante salientar que a produção de lodo em uma estação de tratamento de água tende a apresentar variações temporais, as quais se devem basicamente a alterações na qualidade da água bruta, que, por sua vez, induzem a variações nas dosagens de coagulante.

Quando se empregam mananciais constituídos de reservatórios de acumulação com elevados valores de tempos de detenção, normalmente, seus valores de concentração de SSTs na água bruta tendem a apresentar maior estabilidade, possibilitando que os valores de produção de lodo sejam mais constantes ao longo do tempo.

No entanto, ao serem empregados mananciais superficiais sujeitos a fortes influências do escoamento superficial direto, as variações na qualidade da água bruta tendem a ser bastante significativas, impondo alterações nos valores de turbidez da água bruta. Como exemplo, a Figura 11-8 apresenta a variação temporal dos valores de turbidez da água bruta e as dosagens de coagulante empregadas em uma estação de tratamento de água suprida por um manancial superficial sujeito a variações em sua qualidade.

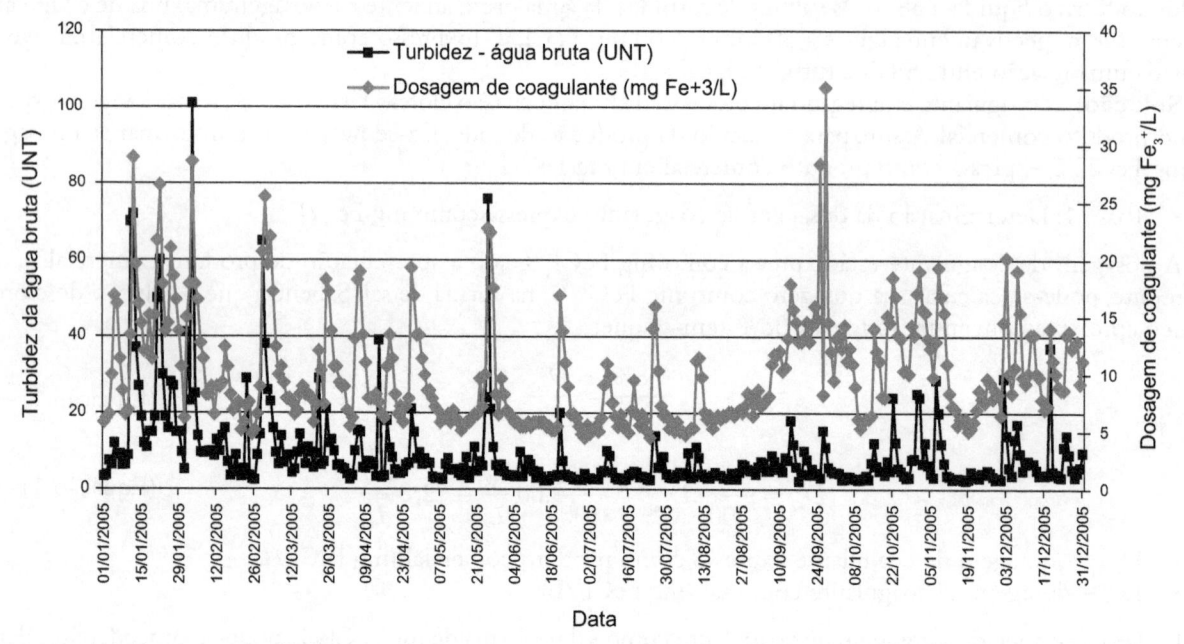

Figura 11-8 Variações temporais da qualidade da água bruta afluente à ETA Cubatão (Sabesp) – vazão igual a 5,0 m3/s – e respectivas dosagens de coagulante empregadas na coagulação para o ano de 2005.

Como se pode observar na Figura 11-8, se houver alterações na concentração de SSTS na água bruta e nas dosagens de coagulante, também deverá ocorrer, como consequência, variações em seus valores de produção de lodo. É difícil estabelecer uma correção entre as dosagens de coagulante ótimas e a turbidez da água bruta, uma vez que não há uma linearidade entre ambos os parâmetros. No entanto, é de senso comum entre os operadores de estações de tratamento de água do tipo convencionais o fato de que, com o aumento da turbidez da água bruta, faz-se necessário elevar a dosagem de coagulante. Com o aumento de ambos os parâmetros, é de se esperar um respectivo crescimento da produção de lodo.

Utilizando-se a Equação 11-7 e os valores de turbidez e as dosagens de coagulante apresentados na Figura 11-8, pode-se efetuar o cálculo da variação temporal da produção de lodo para a ETA Cubatão, estando seus resultados dispostos na Figura 11-9.

Com base nos dados de produção de lodo apresentados na Figura 11-9, tem-se que seu valor médio para o ano de 2005 foi igual a 10.058 kg/dia, e seus valores mínimos e máximos calculados foram iguais a 3.479 kg/dia e 50.608 kg/dia, respectivamente. Esses valores de produção de lodo e suas correspondentes variações remetem a uma questão bastante importante sobre quais valores devem ser considerados para fins de projeto das unidades de tratamento da fase sólida.

A utilização de valores médios de turbidez e dosagens de coagulantes empregados no tratamento da fase líquida com o objetivo de estabelecer parâmetros de projeto para o dimensionamento das unidades de tratamento da fase sólida não é adequada, uma vez que, por serem valores médios, haverá um intervalo bastante longo em que as unidades de processos deverão trabalhar subdimensionadas.

Também não se justifica a adoção pura e simples de um valor máximo, pois as unidades deverão trabalhar durante a maior parte do tempo subdimensionadas. Deve-se, portanto, adotar um critério que seja razoável e

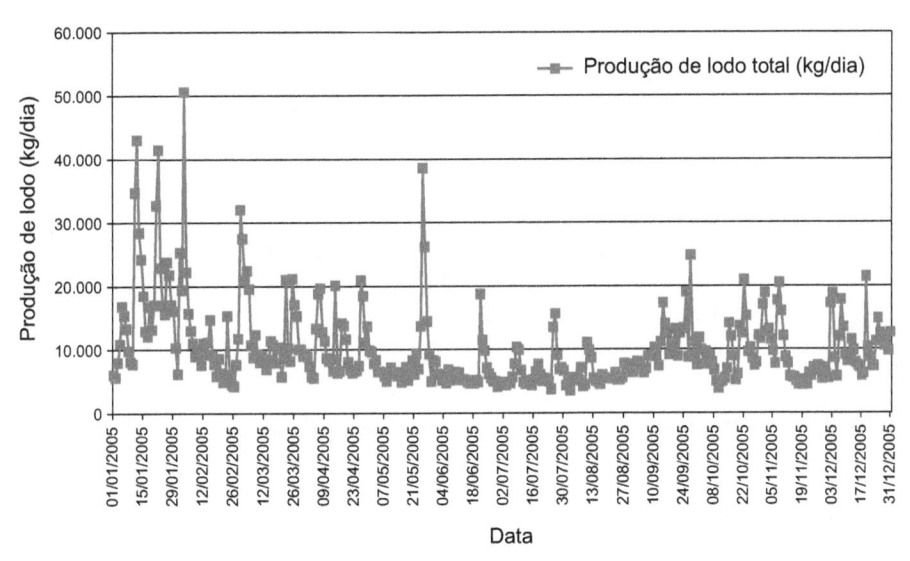

Figura 11-9 Variação temporal da produção de lodo para a ETA Cubatão (Sabesp) – vazão igual a 5,0 m3/s no ano de 2005.

que possibilite que o sistema não seja super ou subdimensionado em excesso. Uma sugestão é admitir-se um valor de produção de lodo com base em critérios estatísticos, definindo-se que este, por exemplo, seja excedido durante 10% do tempo. Assim sendo, possibilita-se que o sistema seja dimensionado de modo a garantir pleno funcionamento durante 90% do tempo, e nos 10% restantes, permite-se seu funcionamento adequado mediante alterações de práticas operacionais, por exemplo, ajustar o funcionamento das unidades de tratamento da fase sólida 24 h/dia.

É de suma importância garantir que as unidades de processo de tratamento da fase sólida não sejam subdimensionadas, uma vez que os problemas decorrentes de sua operação tenderão a acarretar prejuízos ao tratamento da fase líquida, seja por efeitos associados à recirculação dos filtrados das unidades de adensamento e de desidratação para o início do processo de tratamento, seja por incapacidade de processamento dos lodos descarregados das unidades de separação sólido-líquido.

Como a implantação de estações de tratamento de água é bastante cara, existe uma tendência nas empresas de saneamento de buscar uma redução de custos na implantação das obras. No entanto, como o tratamento da fase líquida é considerado a peça principal de uma estação de tratamento de água, em geral, os profissionais envolvidos em sua etapa de concepção e projeto não se sentem muito à vontade para efetuar modificações de processos que resultem em redução de custos de implantação, uma vez que estas podem comprometer o processo de tratamento da fase líquida.

Em face disso, buscam-se, muitas vezes, simplificações no sistema de tratamento da fase sólida, objetivando-se reduzir seus custos de implantação e operação, o que, muitas vezes, resulta em retumbantes fracassos. Assim, ainda que seja aparentemente atrativo efetuar redução de custos na implantação de sistemas de tratamento da fase sólida, é altamente recomendável que tal prática seja evitada, pois os reflexos operacionais recairão indiretamente nas unidades de processo da fase líquida.

Ponto Relevante 8: Ainda que seja uma prática tentadora, recomenda-se que o projeto e o dimensionamento das unidades de tratamento da fase sólida sejam efetuados aplicando-se coeficientes de segurança que permitam que estas não sejam subdimensionadas.

BALANÇO DE MASSA E DETERMINAÇÃO DE VAZÕES LÍQUIDAS E SÓLIDAS DE PROJETO

Uma vez determinada a produção de lodo, é necessário efetuar o balanço de massa da estação de tratamento de água, de modo a ser possível determinar as vazões líquidas e sólidas afluente a/efluente de cada unidade de processo. Como são previstas vazões líquidas e sólidas de retorno para o início do processo de tratamento, estas deverão ser acrescidas às vazões afluentes estação de tratamento de água e posteriormente computadas no balanço de massa.

Cada unidade a ser avaliada durante a execução do balanço de massa apresenta vazões líquidas e sólidas afluente e efluente (Fig. 11-10).

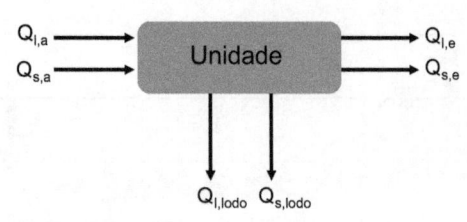

Figura 11-10 Vazões líquidas e sólidas afluente a/efluente de uma unidade de processo.

Para que seja possível o cálculo das vazões efluentes de cada unidade, é necessário que sejam definidas três grandezas, a saber:

- Taxa de captura de sólidos.
- Teor de sólidos do lodo.
- Massa específica do lodo.

A taxa de captura de sólidos é definida como a relação entre a vazão sólida de saída e de entrada. Por conseguinte, tem-se que:

$$\frac{TC(\%)}{100} = \frac{Q_{s,lodo}}{Q_{s,a}}$$ (Equação 11-16)

$TC(\%)$ = taxa de captura de sólidos da unidade em %
$Q_{s,a}$ = vazão sólida afluente à unidade em kg/dia
$Q_{s,lodo}$ = vazão sólida do lodo efluente da unidade em kg/dia

Uma vez conhecida a vazão sólida do lodo efluente, pode-se calcular a vazão sólida efluente da unidade.

$$Q_{s,e} = Q_{s,a} - Q_{s,lodo}$$ (Equação 11-17)

Como a vazão sólida descarregada pela unidade ($Q_{s,lodo}$) deverá estar associada a uma vazão líquida ($Q_{l,lodo}$), esta deverá apresentar um valor de teor de sólidos e massa específica. Desse modo, a vazão líquida descarregada pela unidade pode ser calculada pela seguinte expressão:

$$Q_{l,lodo} = \frac{100.Q_{s,lodo}}{TS(\%).\rho_{lodo}}$$ (Equação 11-18)

- $Q_{l,lodo}$ = vazão líquida do lodo efluente da unidade em m³/dia
- $TS(\%)$ = teor de sólidos do lodo em %
- ρ_{lodo} = massa específica do lodo em kg/m³

Conhecida a vazão de lodo efluente, pode-se também calcular a vazão líquida efluente da unidade.

$$Q_{l,e} = Q_{l,a} - Q_{l,lodo}$$ (Equação 11-19)

Uma vez determinadas as vazões líquidas e sólidas afluentes à unidade e mais sua taxa de captura de sólidos, teor de sólidos do lodo e sua massa específica, todas as demais vazões líquidas e sólidas podem ser calculadas. A Tabela 11-2 apresenta alguns valores característicos de taxa de captura de sólidos, teor de sólidos do lodo e massas específicas esperados para algumas unidades de separação sólido-líquido empregadas em estações de tratamento de água.

Tabela 11-2 Valores de taxa de captura de sólidos, teor de sólidos e massa específica do lodo para algumas unidades de separação sólido- líquido empregadas em estações de tratamento de água

Valores de taxa de captura de sólidos (%)	
Decantadores convencionais e de alta taxa	85 a 95
Flotadores por ar dissolvido	90 a 95
Filtros rápidos por gravidade	100
Adensadores por gravidade	85 a 95
Adensadores mecanizados	90 a 98
Leitos de secagem e drenagem	90 a 98
Unidades de desidratação mecanizadas	90 a 98
Unidades de desidratação do tipo *bags*	90 a 95
Teor de sólidos (%)	
Decantadores convencionais e de alta taxa dotados de sistemas de remoção semicontínua de lodo	0,4 a 0,8
Decantadores convencionais e de alta taxa dotados de remoção de lodo em batelada	Variável
Sistemas de clarificação de água de lavagem	0,4 a 0,6
Flotadores por ar dissolvido	2 a 3
Adensadores por gravidade	1,5 a 2,5
Adensadores mecanizados	2 a 4
Leitos de secagem e drenagem	30 a 40
Unidades de desidratação do tipo *bags*	18 a 25
Unidades de desidratação mecanizadas do tipo centrífugas, filtro prensa de esteira ou filtro prensa parafuso	18 a 25
Filtro prensa de placas	28 a 35
Massa específica do lodo (kg/m³)	
Decantadores convencionais e de alta taxa dotados de sistemas de remoção semicontínua de lodo	1.000 a 1.020
Flotadores por ar dissolvido	1.020 a 1.060
Adensadores por gravidade	1.020 a 1.060
Adensadores mecanizados	1.020 a 1.060
Lodo desidratado em leitos de secagem	1.100 a 1.300
Lodo desidratado por meio de equipamentos mecanizados	1.100 a 1.300
Lodo desidratado em *bags* do tipo membrana filtrante	1.100 a 1.300

A elaboração do balanço de massa exige que sejam efetuadas algumas definições acerca de ambos os sistemas de tratamento da líquida e sólida, a saber:

- Definição da concepção dos processos de tratamento das fases líquida e sólida e interligação entre as unidades.

Inicialmente, deve-se ter com clareza a concepção de ambos os processos de tratamento (fases líquida e sólida). Daí em diante, é necessário que seja estabelecido um fluxograma de processo, indicando-se a interligação entre as unidades e o encaminhamento das vazões líquidas e sólidas.

- Definição das tecnologias de tratamento a serem adotadas para a água de lavagem dos filtros e lodo dos decantadores.

Deve-se definir se, porventura, a água de lavagem dos filtros deverá ou não ser submetida à clarificação antes de seu retorno para o início do processo de tratamento. Caso se opte pela clarificação da água de lavagem dos filtros, deve-se escolher a tecnologia de clarificação a ser adotada e sua expectativa de desempenho. Igualmente, deve-se estabelecer a linha de tratamento do lodo descarregados dos decantadores, definindo-se quais serão as tecnologias de adensamento e de desidratação a serem implantadas.

Essas definições são importantes, uma vez que possibilitarão efetuar previsões acerca dos teores de sólidos e respectivas taxas de captura de sólidos em cada unidade pertinente. Por exemplo, se a opção for pela flotação por ar dissolvido em detrimento de decantadores convencionais ou de alta taxa, pode-se eliminar a etapa de adensamento, uma vez que os teores de sólidos do lodo flotado são geralmente superiores a 2%. Caso se opte por decantadores convencionais ou de alta taxa, é imprescindível a adoção de ambas as etapas de adensamento e de desidratação, pois os lodos efluentes destas unidades de separação sólido-líquido apresentam teores de sólidos em torno de 0,5% a 0,8%.

- Definição das taxas de captura de sólidos, teores de sólidos e massa específica dos lodos afluentes a/efluentes de cada operação unitária.

Uma vez concebidas todas as unidades de tratamento das fases líquida e sólida e suas respectivas tecnologias de tratamento, podem-se fixar os valores de taxas de captura de sólidos, teores de sólidos e massa específica dos lodos afluentes a/efluentes de cada operação unitária. De posse desses valores, pode-se elaborar o balanço de massa do processo de tratamento, o que possibilitará a obtenção de todas as vazões líquida e sólidas pertinentes.

Exemplo 11-3

Problema: Elaborar o balanço de massa de uma estação de tratamento cuja concepção do processo de tratamento encontra-se apresentada na Figura 11-11. As principais características do processo de tratamento e parâmetros de projeto adotadas para a execução do balanço de massa encontram-se dispostas nas Tabelas 11-3 e 11-4. A estação de tratamento de água deve ser do tipo convencional de ciclo completo. e sua vazão nominal é igual a 1,0 m³/s. A concepção do sistema de tratamento da fase sólida envolve a equalização, clarificação e recuperação da água de lavagem dos filtros, sendo que seu lodo separado da fase líquida deverá ser combinado com o lodo descarregado dos decantadores e enviado para as unidades de adensamento e de desidratação. Os filtrados de ambas as operações deverão ser posteriormente retornados para o início do processo de tratamento.

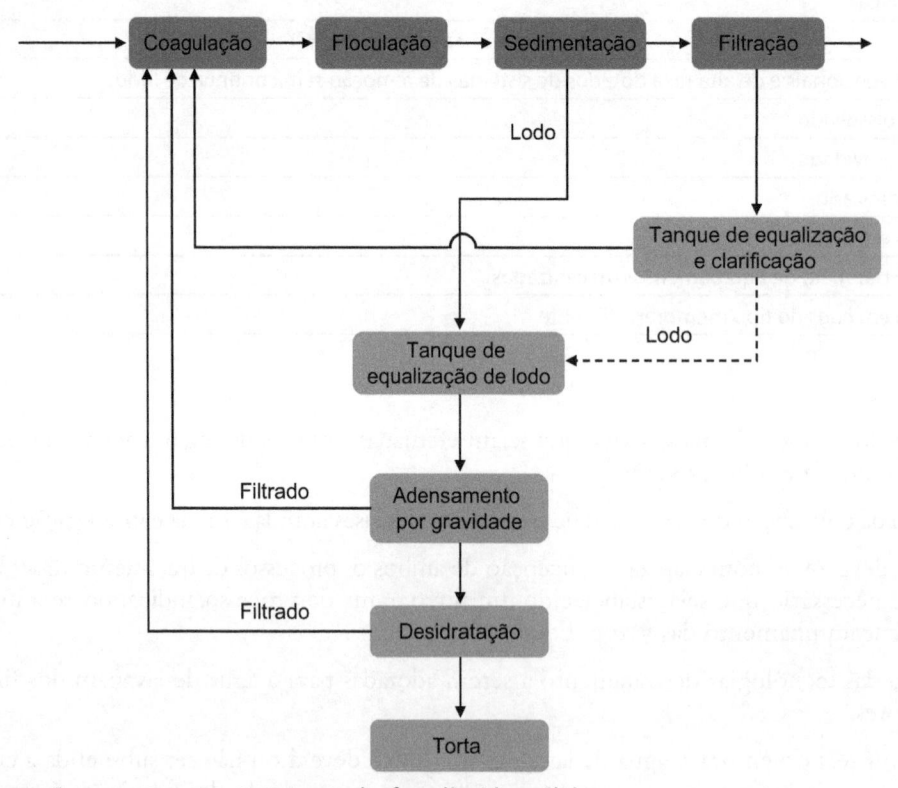

Figura 11-11 Concepção proposta para o tratamento das fases líquida e sólida.

Tabela 11-3 Características básicas da estação de tratamento de água e valores de parâmetros adotados para a execução do balanço de massa

Vazão	1,0 m³/s
Tipo de coagulante	Sulfato de alumínio líquido a 50%
Dosagem de coagulante	40 mg $Al_2(SO_4)_3$.$14H_2O$/L (como sal)
Turbidez da água bruta	50 UNT
Relação entre SSTs e turbidez	1,0
Sistema de floculação	Unidades mecanizadas
Decantadores	4 decantadores de alta taxa
Filtração	Seis filtros rápidos por gravidade do tipo dupla camada areia e antracito
Área unitária de cada unidade de filtração	60 m²
Taxa de retrolavagem	1.000 m³/m².dia
Duração média das carreiras de filtração	24 h
Adensamento do lodo	Adensadores por gravidade
Dosagem de polímero previsto para adensamento	4 g/kg ST
Desidratação	Sistema mecanizado dotado de centrífugas
Dosagem de polímero previsto para desidratação	4 g/kg ST

Tabela 11-4 Parâmetros adotados para a execução do balanço de massa

Valores de taxa de captura de sólidos (%)	
Decantadores de alta taxa	95
Filtros rápidos por gravidade	100
Sistema de clarificação de água de lavagem	85
Adensadores por gravidade	85
Unidades de desidratação mecanizadas	95
Teor de sólidos (%)	
Decantadores de alta taxa dotados de sistemas de remoção semicontínua de lodo	0,5
Sistemas de clarificação de água de lavagem	0,5
Adensadores por gravidade	2,0
Unidades de desidratação mecanizadas	22
Massa específica do lodo (kg/m³)	
Decantadores de alta taxa dotados de sistemas de remoção semicontínua de lodo	1.020
Lodo descarregado do sistema de equalização e clarificação da água de lavagem dos filtros	1.020
Adensadores por gravidade	1.060
Lodo desidratado por meio de equipamentos mecanizados	1.200

Solução: O primeiro passo a ser executado é o cálculo da produção de lodo, podendo este ser efetuado mediante a utilização da Equação 11-6.

- Passo 1: Determinação da dosagem de coagulante expressa como mg Al^{+3}/L

A dosagem de coagulante está expressa como mg $Al_2(SO_4)_3.14H_2O$ na forma de sal e tem-se que 1 mol de $Al_2(SO_4)_3.14H_2O$ tem massa igual a 594 g e apresenta 2 moles de Al. Como o mol de Al é igual a 27 g, tem-se que 594 g de $Al_2(SO_4)_3.14H_2O$ tem o equivalente a 54 g de Al. Assim sendo, pode-se escrever que:

$$D_{Al} = \frac{D_{sal}.54}{594} = \frac{40\frac{mg}{L}.54}{594} \cong 3,64\, mg\, Al\, /\, L \qquad \text{(Equação 11-20)}$$

D_{Al} = dosagem de coagulante expresso como Al^{+3} (mg Al^{+3}/L)
D_{sal} = dosagem de coagulante como sal (mg $Al_2(SO_4)_3.14H_2O/L$)

- Passo 2: Cálculo da produção de lodo

A produção de lodo pode ser calculada pela Equação 11-6. Admitindo-se a incorporação de duas moléculas de água de hidratação por molécula de hidróxido metálico precipitado, tem-se que:

$$P_L = Q.\left(4,22.D_{Al} + K.T + OA\right).10^{-3} \qquad \text{(Equação 11-21)}$$

$$P = 1,0\frac{m^3}{s}.86400\frac{s}{dia}.(4,22.3,64 + 1,0.50).10^{-3} \cong 5.647,2\frac{kg}{dia} \qquad \text{(Equação 11-22)}$$

Desse total, 4.320 kg/dia é a parcela do lodo resultantes dos SSTs presentes na água bruta, e 1.327,2 kg/dia são oriundos do coagulante precipitado como hidróxido metálico. Como, até então, ainda não estão sendo considerados os efeitos das diferentes vazões de recirculação para o início do processo de tratamento, a carga de sólidos afluente à estação de tratamento de água (5.647,2 kg/dia) deverá ser igual à carga de sólidos afluente à sedimentação. Tem-se, portanto, que:

Vazão líquida afluente às unidades de sedimentação = 86.400 m³/dia
Vazão sólida afluente às unidades de sedimentação = 5.647,2 kg/dia

- Passo 3: Cálculo da vazão de água de lavagem dos filtros e produção de água de lavagem por dia

A estação de tratamento de água totaliza seis unidades de filtração com área individual igual a 60 m². Como a taxa de retrolavagem é igual a 1.000 m³/m².dia, sua vazão deverá ser igual a:

$$Q_L = q_L.A_f = \frac{1.000\frac{m^3}{m^2.dia}.60\, m^2}{86,4} \cong 694,4\frac{L}{s} \qquad \text{(Equação 11-23)}$$

Q_L = vazão de retrolavagem dos filtros em L/s
q_L = taxa de retrolavagem dos filtros em m³/m².dia
A_f = área de filtração em m²

Será assumido um tempo de lavagem da unidade de filtração igual a 10 min. Desse modo, o volume de água de lavagem consumido em cada unidade de filtração deverá ser igual a:

$$V_L = Q_L.t_f = \frac{694,4\frac{L}{s}.10\, min.60\frac{s}{min}}{1.000\frac{L}{m^3}} \cong 416,6\frac{m^3}{lavagem} \qquad \text{(Equação 11-24)}$$

V_L = volume de água de lavagem consumido em uma unidade de filtração em m³
t_f = tempo de duração da lavagem de cada unidade de filtração em min

Como a estação de tratamento de água é dotada de seis unidades de filtração e estima-se a duração da carreira de filtração em torno de 24 h, o volume total de água de lavagem gasto em um intervalo de 1 dia deverá ser igual a:

$$V_t = V_L.n_f = 416,6\frac{m^3}{lavagem}.6 \cong 2.499,6\frac{m^3}{dia}$$ (Equação 11-25)

V_t = volume de água de lavagem total consumido na estação de tratamento de água em m^3/dia
n_f = número de unidades de filtração

Uma vez que a vazão afluente à estação de tratamento de água é igual a 1,0 m^3/s, o volume diário aduzido é igual a 86.400 m^3/dia. Por conseguinte, a relação entre o volume consumido com água de lavagem dos filtros e o volume aduzido para a estação de tratamento de água é igual a 2,89%, o que é bastante elevado. Assim sendo, justifica-se o reaproveitamento da água de lavagem dos filtros e seu retorno para o início do processo de tratamento.

- Passo 4: Balanço de massa para a unidade de sedimentação

As vazões líquidas e sólidas afluentes à unidade de sedimentação deverão ser iguais a 86.400 m^3/dia e 5.647,2 kg/dia, respectivamente. Como a taxa de captura de sólidos na unidade de sedimentação é igual a 95%, tem-se que:

$$Q_{s,dec} = \frac{Q_{s,a}.TC(\%)}{100} = \frac{5.647,2\frac{kg}{dia}.95\%}{100} \cong 5.364,8\frac{kg}{dia}$$ (Equação 11-26)

$TC(\%)$ = taxa de captura de sólidos da unidade de sedimentação em %
$Q_{s,a}$ = vazão sólida afluente à unidade de sedimentação em kg/dia
$Q_{s,dec}$ = vazão sólida do lodo efluente da unidade de sedimentação e encaminhada ao tanque de equalização de lodo em kg/dia

Dessa maneira, tem-se que a vazão sólida encaminhada da unidade de sedimentação às unidades de filtração deverá ser igual a:

$$Q_{s,e} = Q_{s,a} - Q_{s,dec} = 5.647,2\frac{kg}{dia} - 5.364,8\frac{kg}{dia} \cong 282,4\frac{kg}{dia}$$ (Equação 11-27)

$Q_{s,e}$ = vazão sólida efluente da unidade de sedimentação e afluente às unidades de filtração em kg/dia

Sabendo-se que o teor de sólidos do lodo descarregado pelos decantadores e sua respectiva massa específica são, respectivamente, iguais a 0,5% e 1.020 kg/m^3, a vazão líquida descarregada pela unidade de sedimentação pode ser calculada por:

$$Q_{l,lodo} = \frac{100.Q_{s,dec}}{TS(\%).\rho_{lodo}} = \frac{100x5.364,8\frac{kg}{dia}}{0,5\%.1.020\frac{kg}{m^3}} \cong 1.051,9\frac{m^3}{dia}$$ (Equação 11-28)

$Q_{l,lodo}$ = vazão líquida do lodo efluente da unidade de sedimentação e afluente ao tanque de equalização de lodo em m^3/dia
$TS(\%)$ = teor de sólidos do lodo em %
ρ_{lodo} = massa específica do lodo em kg/m^3

De posse da vazão de lodo, pode-se calcular a vazão líquida efluente da unidade de sedimentação e afluente ao sistema de filtração.

$$Q_{l,e} = Q_{l,a} - Q_{l,lodo} = 86.400\frac{m^3}{dia} - 1.051,9\frac{m^3}{dia} \cong 85.348,1\frac{m^3}{dia}$$ (Equação 11-29)

$Q_{l,a}$ = vazão líquida afluente à unidade de sedimentação em m^3/dia
$Q_{l,e}$ = vazão líquida efluente da unidade de sedimentação e afluente às unidades de filtração em m^3/dia

Desse modo, uma vez tendo-se efetuado o balanço de massa da unidade de sedimentação, obtêm-se os seguintes valores de vazões líquidas e sólidas, a saber:

Vazão líquida efluente das unidades de sedimentação e afluente ao sistema de filtração = 85.348,1 m³/dia

Vazão sólida efluente das unidades de sedimentação e afluente ao sistema de filtração = 282,4 kg/dia

Vazão líquida efluente das unidades de sedimentação e afluente ao tanque de equalização de lodo = 1.051,9 m³/dia

Vazão sólida efluente das unidades de sedimentação e afluente ao tanque de equalização de lodo = 5.364,8 kg/dia

- Passo 5: Balanço de massa para a unidade de filtração

Uma vez conhecidas as vazões líquidas e sólidas afluentes à unidade de filtração, e sabendo as vazões de água de lavagem, pode-se efetuar seu balanço de massa. Como a taxa de captura de sólidos da unidade de filtração é igual a 100%, toda a carga de sólidos afluente deverá sem encaminhada para o sistema de equalização e clarificação de água de lavagem. Por conseguinte, tem-se que:

$$Q_{s,e} \cong 282,4 \frac{kg}{dia} \qquad \text{(Equação 11-30)}$$

$Q_{s,e}$ = vazão sólida efluente da unidade de filtração e afluente ao sistema de clarificação de água de lavagem dos filtros em kg/dia

Por sua vez, a vazão líquida que deverá ser enviada do sistema de filtração ao sistema de clarificação de água de lavagem deverá ser igual a:

$$V_t \cong 2.499,6 \frac{m^3}{dia} \qquad \text{(Equação 11-31)}$$

V_t = volume de água de lavagem total consumido na estação de tratamento de água em m³/dia

Por diferença, pode-se calcular a vazão líquida efluente do sistema de filtração e que corresponde à vazão de água tradada, ou seja:

$$Q_{l,e} = Q_{l,a} - V_t = 85.348,1 \frac{m^3}{dia} - 2.499,6 \frac{m^3}{dia} \cong 82.848,5 \frac{m^3}{dia} \qquad \text{(Equação 11-32)}$$

$Q_{l,a}$ = vazão líquida afluente à unidade de filtração em m³/dia

$Q_{l,e}$ = vazão líquida efluente da unidade de filtração correspondente à vazão de água tratada em m³/dia

As vazões efluentes de interesse ao sistema de filtração são, portanto, as seguintes:

Vazão líquida efluente das unidades de filtração considerada como vazão de água tratada = 82.848,5 m³/dia

Vazão sólida efluente das unidades de filtração = 0,0 kg/dia

Vazão líquida efluente das unidades de filtração e afluente ao sistema de clarificação de água de lavagem = 2.499,6 m³/dia

Vazão sólida efluente das unidades de filtração e afluente ao sistema de clarificação de água de lavagem = 282,4 kg/dia

Passo 6: Balanço de massa para o sistema de equalização e clarificação de água de lavagem dos filtros

De posse das vazões líquidas e sólidas afluentes ao sistema de equalização e clarificação de água de lavagem dos filtros, e sabendo-se que a taxa de captura de sólidos adotada é igual a 85%, tem-se que:

$$Q_{s,clar} = \frac{Q_{s,a}.TC(\%)}{100} = \frac{282,4 \frac{kg}{dia}.85\%}{100} \cong 240,0 \frac{kg}{dia} \qquad \text{(Equação 11-33)}$$

$TC(\%)$ = taxa de captura de sólidos da unidade de clarificação de água de lavagem dos filtros em %

$Q_{s,a}$ = vazão sólida afluente à unidade de clarificação de água de lavagem dos filtros em kg/dia

$Q_{s,clar}$ = vazão sólida do lodo efluente do sistema de clarificação de água de lavagem dos filtros e encaminhada ao tanque de lodo em kg/dia

Logo, a vazão sólida encaminhada do tanque de clarificação de água de lavagem dos filtros para o início do processo de tratamento deverá ser igual a:

$$Q_{s,e} = Q_{s,a} - Q_{s,clar} = 282,4\frac{kg}{dia} - 240,0\frac{kg}{dia} \cong 42,4\frac{kg}{dia}$$ (Equação 11-34)

$Q_{s,e}$ = vazão sólida efluente do sistema de clarificação de água de lavagem dos filtros e encaminhada para o início do processo de tratamento em kg/dia

Admitindo-se um teor de sólidos do lodo descarregado pelo sistema de clarificação de água de lavagem dos filtros e respectiva massa específica iguais a 0,5% e 1.020 kg/m³, tem-se que a vazão líquida descarregada pela unidade de clarificação deverá ser igual a:

$$Q_{l,lodo} = \frac{100.Q_{s,clar}}{TS(\%).\rho_{lodo}} = \frac{100x240,0\frac{kg}{dia}}{0,5\%.1.020\frac{kg}{m^3}} \cong 47,1\frac{m^3}{dia}$$ (Equação 11-35)

$Q_{l,lodo}$ = vazão líquida do lodo efluente da unidade de clarificação de água de lavagem dos filtros e afluente ao tanque de lodo em m³/dia
TS(%) = teor de sólidos do lodo em %
ρ_{lodo} = massa específica do lodo em kg/m³

A vazão líquida efluente do sistema de clarificação de água de lavagem dos filtros e retornada para o início do processo de tratamento deverá ser igual a:

$$Q_{l,e} = Q_{l,a} - Q_{l,lodo} = 2.499,6\frac{m^3}{dia} - 47,1\frac{m^3}{dia} \cong 2.452,5\frac{m^3}{dia}$$ (Equação 11-36)

$Q_{l,a}$ = vazão líquida afluente à unidade de clarificação em m³/dia
$Q_{l,e}$ = vazão líquida efluente da unidade de clarificação retornada para o início do processo de tratamento em m³/dia

As vazões líquidas e sólidas efluentes do sistema de clarificação de água de lavagem dos filtros deverão ser iguais a:
Vazão líquida efluente do sistema de clarificação e afluente ao tanque de lodo =47,1 m³/dia
Vazão sólida efluente do sistema de clarificação e afluente ao tanque de lodo = 240,0 kg/dia
Vazão líquida efluente do sistema de clarificação enviada para o início do processo de tratamento = 2.452,5 m³/dia
Vazão sólida efluente do sistema de clarificação enviada para o início do processo de tratamento = 42,4 kg/dia

- Passo 7: Balanço de massa para o tanque de equalização de lodo bruto

O tanque de lodo bruto deverá receber o lodo descarregado pelas unidades de sedimentação, mais o lodo oriundo do sistema de clarificação da água de lavagem dos filtros. Como não haverá nesta unidade nenhuma operação que resulte em alteração em suas vazões líquidas e sólidas afluentes, havendo somente uma operação de equalização, suas vazões afluentes deverão ser numericamente iguais a suas vazões efluentes. Dessa maneira, tem-se que:

$$Q_{l,a} = Q_{l,dec} + Q_{l,clar} = 1.051,9\frac{m^3}{dia} + 47,1\frac{m^3}{dia} \cong 1.099,0\frac{m^3}{dia}$$ (Equação 11-37)

$$Q_{s,a} = Q_{s,dec} + Q_{s,clar} = 5.364,8\frac{kg}{dia} + 240,0\frac{kg}{dia} \cong 5.604,8\frac{kg}{dia}$$ (Equação 11-38)

$Q_{l,dec}$ = vazão líquida do lodo efluente da unidade de sedimentação e afluente ao tanque de equalização de lodo em m³/dia
$Q_{l,clar}$ = vazão líquida efluente do sistema de clarificação e afluente ao tanque de lodo em m³/dia
$Q_{s,dec}$ = vazão sólida do lodo efluente da unidade de sedimentação e encaminhada ao tanque de equalização de lodo em kg/dia

$Q_{s,clar}$ = vazão sólida do lodo efluente do sistema de clarificação de água de lavagem dos filtros e encaminhada ao tanque de lodo em kg/dia

$Q_{l,a}$ = vazão líquida do lodo afluente ao tanque de equalização de lodo em m³/dia

$Q_{s,a}$ = vazão sólida do lodo afluente ao tanque de equalização de lodo em kg/dia

Dessa maneira, as vazões líquidas e sólidas efluentes do sistema de equalização de lodo e que deverão ser enviadas para a unidade de adensamento deverão ser iguais a:

Vazão líquida efluente do tanque de equalização de lodo e afluente ao sistema de adensamento = 1.099,0 m³/dia

Vazão sólida efluente do tanque de equalização de lodo e afluente ao sistema de adensamento = 5.604,8 kg/dia

- Passo 8: Balanço de massa para a unidade de adensamento

As vazões líquidas e sólidas afluentes à unidade de adensamento são iguais a 1.099,0 m³/dia e 5.604,8 kg/dia, respectivamente. De modo que a etapa de adensamento do lodo possa ocorrer de maneira satisfatória, deve ser prevista uma dosagem de polímero, e normalmente seus valores situam-se em torno de 3 a 6 g/kg ST. Será adotada uma dosagem média igual a 4 g/kg ST. A massa de polímero incorporado ao lodo a ser adensado deverá ser, portanto, igual a:

$$M_{p,ad} = \frac{Q_{s,a}.D_{p,ad}}{1.000} = \frac{5.604,8\frac{kg}{dia}.4\frac{g}{kg}}{1.000\frac{g}{kg}} \cong 22,4\frac{kg}{dia} \qquad \text{(Equação 11-39)}$$

$M_{p,ad}$ = massa de polímero adicionado ao lodo afluente à unidade de adensamento em kg/dia

$Q_{s,a}$ = vazão sólida afluente à unidade de adensamento em kg/dia

$D_{p,ad}$ = dosagem de polímero em g/kg ST

Como a taxa de captura de sólidos na unidade de adensamento é igual a 85%, tem-se que:

$$Q_{s,ad} = \frac{\left(Q_{s,a} + M_{p,ad}\right).TC(\%)}{100} = \frac{\left(5.604,8\frac{kg}{dia} + 22,4\frac{kg}{dia}\right).85\%}{100} \cong 4.783,1\frac{kg}{dia} \quad \text{(Equação 11-40)}$$

$TC(\%)$ = taxa de captura de sólidos da unidade de adensamento em %

$Q_{s,ad}$ = vazão sólida do lodo efluente da unidade de adensamento e encaminhada ao sistema de desidratação em kg/dia

Por diferença, tem-se, portanto, que a vazão sólida encaminhada da unidade de adensamento para o início do processo de tratamento deverá ser igual a:

$$Q_{s,e} = Q_{s,a} - Q_{s,ad} = 5.627,2\frac{kg}{dia} - 4.783,1\frac{kg}{dia} \cong 844,1\frac{kg}{dia} \qquad \text{(Equação 11-41)}$$

$Q_{s,e}$ = vazão sólida efluente da unidade de adensamento e enviada para o início do processo de tratamento em kg/dia

O teor de sólidos do lodo adensado e sua respectiva massa específica são iguais a 2,0% e 1.060 kg/m³, respectivamente. Por conseguinte, a vazão líquida descarregada pela unidade de adensamento deverá ser igual a:

$$Q_{l,lodo} = \frac{100.Q_{s,ad}}{TS(\%).\rho_{lodo}} = \frac{100 x 4.783,1\frac{kg}{dia}}{2,0\%.1.060\frac{kg}{m^3}} \cong 225,6\frac{m^3}{dia} \qquad \text{(Equação 11-42)}$$

$Q_{l,lodo}$ = vazão líquida do lodo efluente da unidade de adensamento e afluente ao sistema de desidratação em m³/dia

$TS(\%)$ = teor de sólidos do lodo em %

ρ_{lodo} = massa específica do lodo em kg/m³

Uma vez conhecida a vazão de lodo adensado, pode-se calcular a vazão líquida efluente da unidade de adensamento e encaminhada para o início do processo de tratamento.

$$Q_{l,e} = Q_{l,ad} - Q_{l,lodo} = 1.099,0\frac{m^3}{dia} - 225,6\frac{m^3}{dia} \cong 873,4\frac{m^3}{dia}$$ (Equação 11-43)

$Q_{l,ad}$ = vazão líquida afluente à unidade de adensamento em m³/dia
$Q_{l,e}$ = vazão líquida efluente da unidade de adensamento e enviada para o início do processo de tratamento em m³/dia

Com base no balanço de massa da unidade de adensamento, obtêm-se os seguintes valores de vazões líquidas e sólidas de interesse, a saber:
Vazão líquida efluente da unidade de adensamento e afluente à unidade de desidratação = 225,6 m³/dia
Vazão sólida efluente da unidade de adensamento e afluente à unidade de desidratação = 4.783,1 kg/dia
Vazão líquida efluente da unidade de adensamento e enviada para o início do processo de tratamento = 873,4 m³/dia
Vazão sólida efluente da unidade de adensamento e enviada para o início do processo de tratamento = 844,1 kg/dia
Acerca da importância da etapa de adensamento a montante da etapa de desidratação, é interessante observar que as vazões de lodo afluente e efluente do sistema de adensamento são, respectivamente, iguais a 1.099,0 m³/dia e 225,6 m³/dia, ou seja, o aumento em seu teor de sólidos de 0,5% para 2,0% possibilitou uma redução significativa na vazão de lodo adensado a ser enviado para desidratação. Com a redução da vazão afluente ao sistema de desidratação, tem-se a necessidade de equipamentos de menor capacidade.

* Passo 9: Balanço de massa para a unidade de desidratação

Assim como para a etapa de adensamento, também deve ser previsto a aplicação de polímero na desidratação. Será adotada uma dosagem Igual a 4 g/kg ST, e, sabendo que a vazão sólida afluente à etapa de desidratação é igual a 4.783,1 kg/dia, tem-se que a massa de polímero incorporado ao lodo desidratado deverá ser igual a:

$$M_{p,des} = \frac{Q_{s,a}.D_{p,des}}{1.000} = \frac{4.783,1\frac{kg}{dia}.4\frac{g}{kg}}{1.000\frac{g}{kg}} \cong 19,1\frac{kg}{dia}$$ (Equação 11-44)

$M_{p,des}$ = massa de polímero adicionado ao lodo afluente à unidade de desidratação em kg/dia
$Q_{s,a}$ = vazão sólida afluente à unidade de desidratação em kg/dia
$D_{p,des}$ = dosagem de polímero em g/kg ST
Para uma taxa de captura de sólidos na unidade de desidratação igual a 95%, tem-se que:

$$Q_{s,des} = \frac{\left(Q_{s,a} + M_{p,des}\right).TC(\%)}{100} = \frac{\left(4.783,1\frac{kg}{dia} + 19,1\frac{kg}{dia}\right).95\%}{100} \cong 4.562,1\frac{kg}{dia}$$ (Equação 11-45)

$TC(\%)$ = taxa de captura de sólidos da unidade de desidratação em %
$Q_{s,des}$ = vazão sólida do lodo efluente da unidade de desidratação em kg/dia

Logo, a vazão sólida encaminhada da unidade de desidratação para o início do processo de tratamento deverá ser igual a:

$$Q_{s,e} = Q_{s,a} - Q_{s,des} = 4.802,2\frac{kg}{dia} - 4.562,1\frac{kg}{dia} \cong 240,1\frac{kg}{dia}$$ (Equação 11-46)

$Q_{s,e}$ = vazão sólida efluente da unidade de desidratação e enviada para o início do processo de tratamento em kg/dia

Com base na massa de sólidos secos produzida por dia e admitido um valor de teor de sólidos e massa específica no lodo desidratado iguais a 22% e 1.200 kg/m³, respectivamente, pode-se, então, estimar o volume de lodo "úmido" produzido na etapa de desidratação:

$$V_{lodo} = \frac{100.Q_{s,des}}{TS(\%).\rho_{lodo}} = \frac{100 x 4.562,1 \dfrac{kg}{dia}}{22\%.1.200 \dfrac{kg}{m^3}} \cong 17,3 \ \frac{m^3}{dia} \qquad \text{(Equação 11-47)}$$

V_{lodo} = volume de lodo produzido pelo sistema de desidratação em m³/dia
TS(%) = teor de sólidos do lodo desidratado em %
ρ_{lodo} = massa específica do lodo desidratado em kg/m³

A vazão líquida retornada da etapa de desidratação para o início do processo de tratamento pode ser calculada estimando-se a massa de água incorporada no lodo e que pode ser calculada da seguinte maneira:

$$V_{água} = \frac{Q_{s,des}.(100 - TS(\%))}{TS(\%).\rho_{água}} = \frac{4.562,1 \dfrac{kg}{dia}.(100\% - 22\%)}{22\%.1.000 \dfrac{kg}{m^3}} \cong 16,2 \ \frac{m^3}{dia} \qquad \text{(Equação 11-48)}$$

Por conseguinte, a vazão de retorno para o início do processo de tratamento deverá ser igual a:

$$Q_{l,e} = Q_{l,des} - V_{água} = 225,6 \frac{m^3}{dia} - 16,2 \ \frac{m^3}{dia} \cong 209,4 \frac{m^3}{dia} \qquad \text{(Equação 11-49)}$$

$Q_{l,des}$ = vazão líquida afluente à unidade de desidratação em m³/dia
$V_{água}$ = volume de água incorporado no lodo desidratado em m³/dia
$Q_{l,e}$ = vazão líquida efluente da unidade de adensamento e enviada para o início do processo de tratamento em m³/dia

Com base no balanço de massa da unidade de desidratação, obtêm-se, portanto, os seguintes valores de vazões líquidas e sólidas de interesse, a saber:
Vazão líquida efluente da unidade de desidratação e enviada para o início do processo de tratamento = 209,4 m³/dia
Vazão sólida efluente da unidade de desidratação e enviada para o início do processo de tratamento = 240,1 kg/dia

- Passo 10: Apresentação dos resultados referentes à primeira iteração do balanço de massa

Os resultados dos cálculos efetuados referentes às vazões líquidas e sólidas afluente às/efluente das principais unidades de processos estão apresentados na Figura 11-12.

Com base nos resultados calculados, tem-se que as vazões líquidas e sólidas a serem enviadas para o início do processo de tratamento são iguais a 3.535,3 m³/dia e 1.126,6 kg/dia, respectivamente, e correspondem à somatória das vazões oriundas do sistema de clarificação de água de lavagem dos filtros e dos filtrados produzidos nas operações de adensamento e de desidratação.

As novas vazões líquidas e sólidas afluentes a unidades de sedimentação deverão, portanto, ser iguais a:

$$Q_{l,a} = Q_l + Q_{l,rec} = 86.400 \frac{m^3}{dia} + 3.535,3 \ \frac{m^3}{dia} \cong 89.935,3 \ \frac{m^3}{dia} \qquad \text{(Equação 11-50)}$$

$Q_{l,a}$ = vazão líquida afluente à unidade de sedimentação em m³/dia
Q_l = vazão líquida afluente à ETA em m³/dia
$Q_{l,rec}$ = vazão líquida de recirculação enviada para o início do processo de tratamento em m³/dia

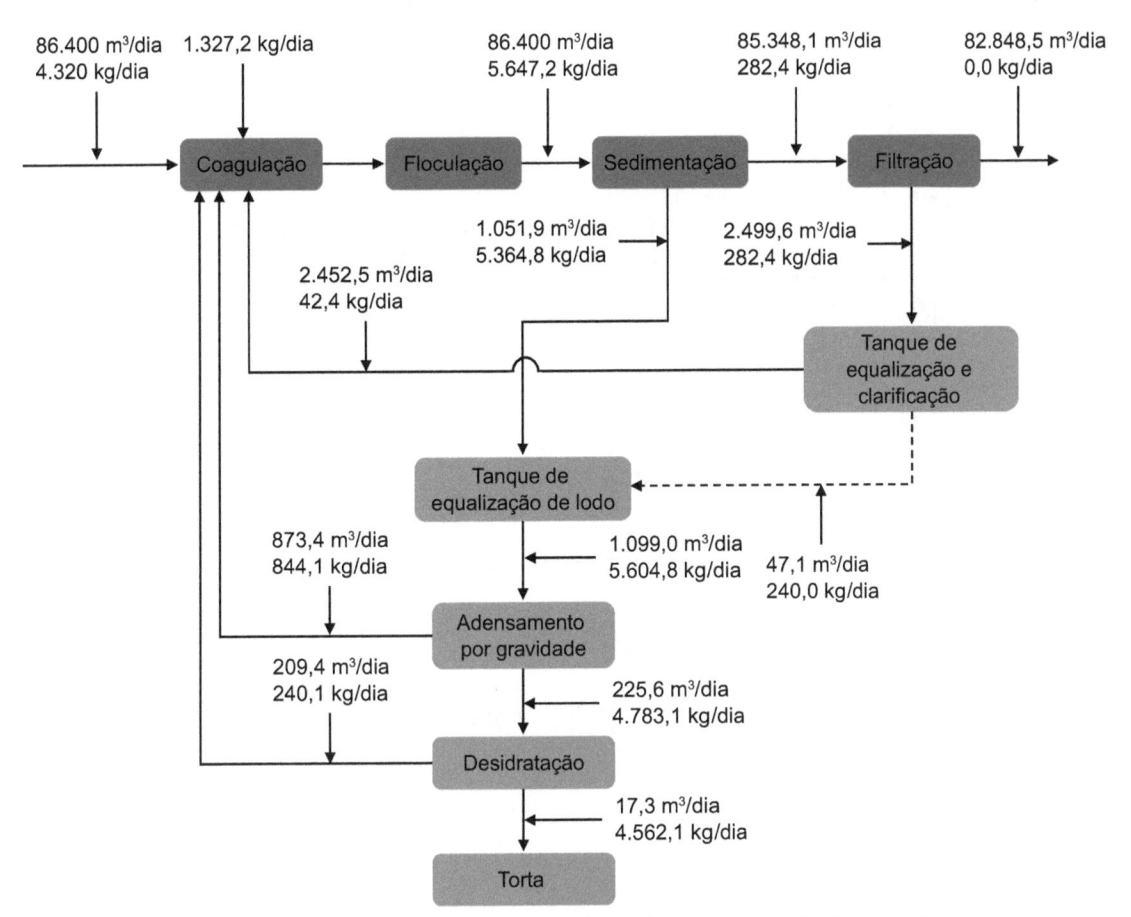

Figura 11-12 Vazões líquidas e sólidas afluente a/efluente de unidades de processo – primeira iteração.

$$Q_{s,a} = Q_s - Q_{s,rec} = 5.647,2 \frac{kg}{dia} + 1.126,6 \frac{kg}{dia} \cong 6.773,8 \frac{kg}{dia} \qquad \text{(Equação 11-51)}$$

$Q_{s,a}$ = vazão sólida afluente à unidade de sedimentação em kg/dia
Q_s = vazão sólida afluente à ETA em kg/dia
$Q_{s,rec}$ = vazão sólida de recirculação enviada para o início do processo de tratamento em kg/dia

De posse das novas vazões líquidas e sólidas afluentes à unidade de sedimentação, procede-se ao cálculo da segunda iteração, retornando novamente ao Passo 4. O balanço de massa é encerrado até que as diferenças entre as vazões de recirculação entre iterações sucessivas resultem inferiores a 1%. Normalmente, após a sexta iteração, os valores de vazões líquidas e sólidas já convergem, podendo-se encerrar a etapa de cálculo. Como sua execução manual é extremamente entediante, pode-se efetuá-la com o uso do programa Microsoft Excel®.

• Passo 11: Apresentação dos resultados finais do balanço de massa

Os resultados finais do balanço de massa efetuado e respectivas vazões líquidas e sólidas afluentes às/efluentes das principais unidades de processos estão apresentados na Figura 11-13.

A execução do balanço de massa possibilita que as vazões líquidas e sólidas afluentes a/efluentes de unidades de processo possam ser calculadas e, com estas, pode-se efetuar seu dimensionamento.

Como a base de tempo normalmente empregada na execução do balanço de massa é o dia, é importante que as vazões de dimensionamento sejam devidamente corrigidas, de acordo com o regime de funcionamento

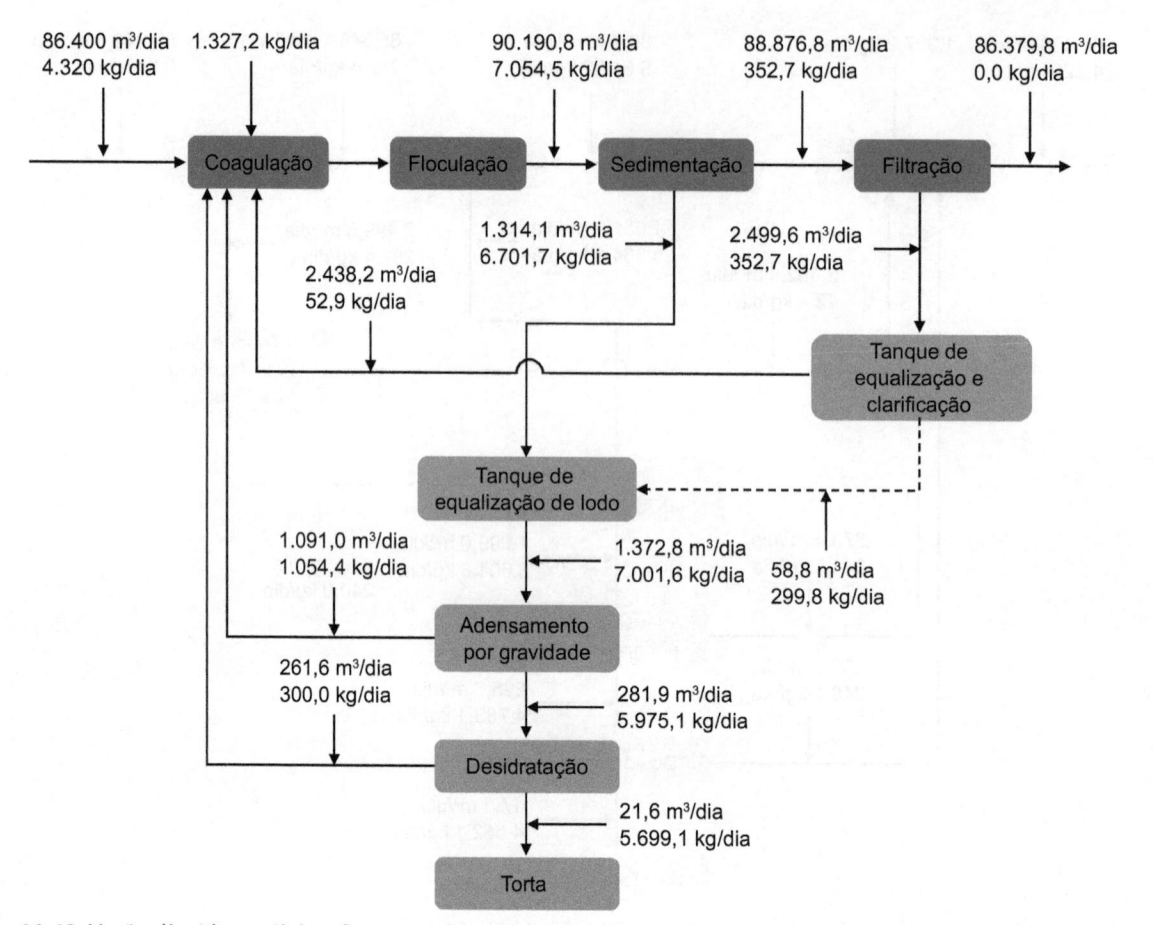

Figura 11-13 Vazões líquidas e sólidas afluente a/efluente de unidades de processo – resultados finais.

de cada processo unitário. Além disso, considerando as incertezas envolvidas na execução de balanços de massa em ETAs, é também conveniente que as vazões de projeto sejam majoradas em torno de 20% (QASIM; MOTLEY; ZHU, 2000).

Ponto Relevante 9: A execução do balanço de massa permite que sejam obtidas as vazões de dimensionamento dos processos unitários que compõem as unidades de tratamento da fase sólida, as quais devem ser corrigidas de acordo com seu regime de funcionamento.

Ponto Relevante Final: Dadas as incertezas envolvidas na execução de balanços de massa em estações de tratamento de água, recomenda-se que as vazões de projeto sejam majoradas em torno de 20%.

Referências

ASCE; AWWA; EPA. *Management of water treatment plant residuals:* technology transfer handbook. New York: ASCE, 1996. 284 p.

CORNWELL, D. A.; ROTH, D. K. Water treatment plant residuals management. In: EDZWALD, J.K. (Ed.). *Water quality & treatment: a handbook on drinking water.* 6th ed. New York: McGraw-Hill, 2011. cap. 22.

CRITTENDEN, J. C. et al. *Water treatment principles and design.* 3rd ed. New York: Wiley, 2012. 1901 p.

KAWAMURA, S. *Integrated design and operation of water treatment facilities.* 2nd ed. New York: Wiley, 2000. 691 p.

QASIM, S. R.; MOTLEY, E. M.; ZHU, G. *Water works engineering:* planning, design, and operation. Upper Saddle River: Prentice Hall, 2000. 844 p.

CAPÍTULO 12

Equalização, Tratamento e Recuperação de Água de Lavagem de Filtros

CONCEPÇÃO DE SISTEMAS DE EQUALIZAÇÃO, TRATAMENTO E RECUPERAÇÃO DE ÁGUA DE LAVAGEM DE FILTROS

Os principais resíduos produzidos em estações de tratamento de água do tipo convencionais de ciclo completo são o lodo gerado nas unidades de separação sólido-líquido (decantadores convencionais ou de lata taxa e flotadores por ar dissolvido) e a água de lavagem dos filtros. Como comentado no Capítulo 11, em razão de ambos os resíduos apresentarem características distintas, a concepção dos sistemas de tratamento da fase sólida de ETAs (ETAs) convencionais de ciclo completo envolve sua segregação e posterior tratamento. Em geral, o lodo descarregado pelas unidades de sedimentação ou por flotação por ar dissolvido apresenta baixa vazão e alta concentração de sólidos, ao passo que a água de lavagem dos filtros tem elevada vazão e baixa concentração de sólidos.

Em razão de sua baixa concentração de sólidos em suspensão totais e considerando que seu consumo se situa entre 2% e 5% do volume de água bruta aduzido por dia, justifica-se, sempre que possível, o reaproveitamento da água de lavagem dos filtros pelo processo de tratamento (KAWAMURA, 2000; QASIM; MOTLEY; ZHU, 2000). Inclusive, este tem sido um dos maiores motivos de a implantação de sistemas de tratamento da água de lavagem dos filtros ter recebido grande atenção nos últimos tempos.

Quando se analisa a concepção de sistemas de recuperação de água de lavagem em estações de tratamento de água do tipo convencional de ciclo completo, podem ser consideradas duas opções, a saber:

- Recuperação da água de lavagem dos filtros e sua recirculação integral sem a separação de sólidos

A recuperação da água de lavagem dos filtros e sua recirculação integral sem a separação dos sólidos envolve a construção de um sistema de equalização e estação elevatório, cuja função deverá ser possibilitar o recalque da água de lavagem devidamente equalizada para o início do processo de tratamento. A Figura 12-1 apresenta um fluxograma indicando as principais partes constitutivas dessa alternativa.

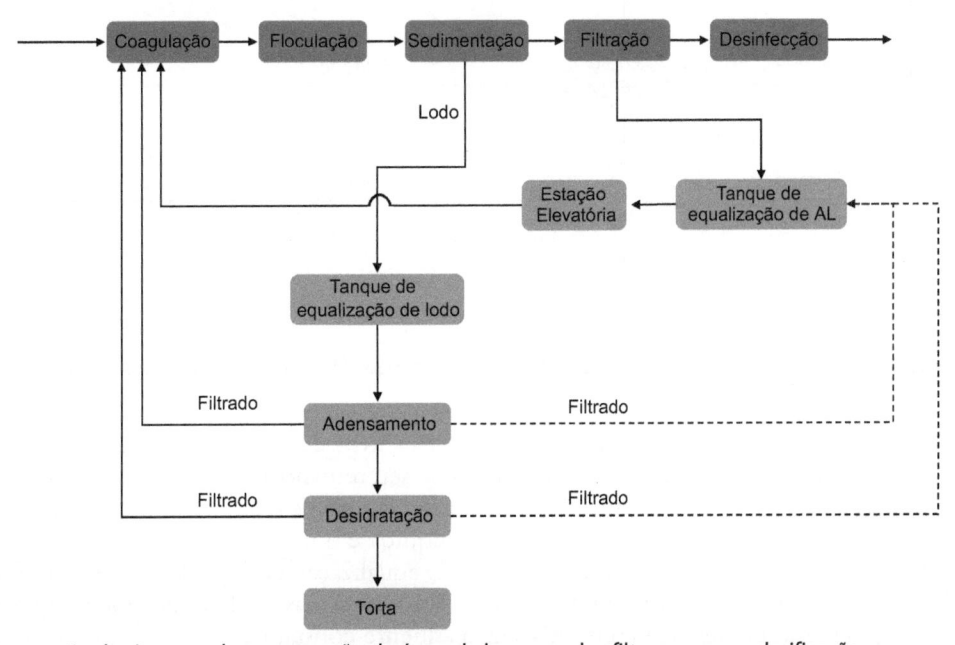

Figura 12-1 Concepção de sistemas de recuperação de água de lavagem dos filtros sem sua clarificação.

Como comentado, é sempre necessária a segregação da água de lavagem dos filtros e do lodo descarregado pelas unidades de separação sólido-líquido (unidades de sedimentação ou flotação por ar dissolvido).

Na medida em que o volume consumido de água na lavagem de uma unidade de filtração é bastante elevado e sua geração ocorre em um intervalo bastante reduzido, não é possível efetuar seu retorno para o início do processo de tratamento sem sua devida equalização. Por conseguinte, a água de lavagem dos filtros deve ser enviada a um sistema de equalização e posteriormente recalcada para o início do processo de tratamento.

O sistema de equalização pode, como opção, também receber os filtrados oriundos das unidades de adensamento e de desidratação, e, por meio de uma única instalação de recalque, permitir o envio da vazão equalizada para o início do processo de tratamento. Essa possibilidade depende do arranjo das unidades e suas respectivas cotas de implantação. Caso os filtrados possam ser enviados por gravidade ao sistema de equalização, esta opção é bastante interessante, do contrário, pode ser mais adequado prever uma estação de recalque específica.

Assim, caso se opte pela não clarificação da água de lavagem dos filtros, seu sistema de recuperação será composto por somente duas unidades: um sistema de equalização e uma estação elevatória.

- Recuperação da água de lavagem dos filtros, clarificação e recirculação para o início do processo de tratamento

A segunda opção envolve a clarificação da água de lavagem dos filtros antes de seu retorno para o início do processo de tratamento. Para que seja possível efetuar a clarificação da água de lavagem dos filtros, é necessária a sua equalização, como apresentado na Figura 12-2.

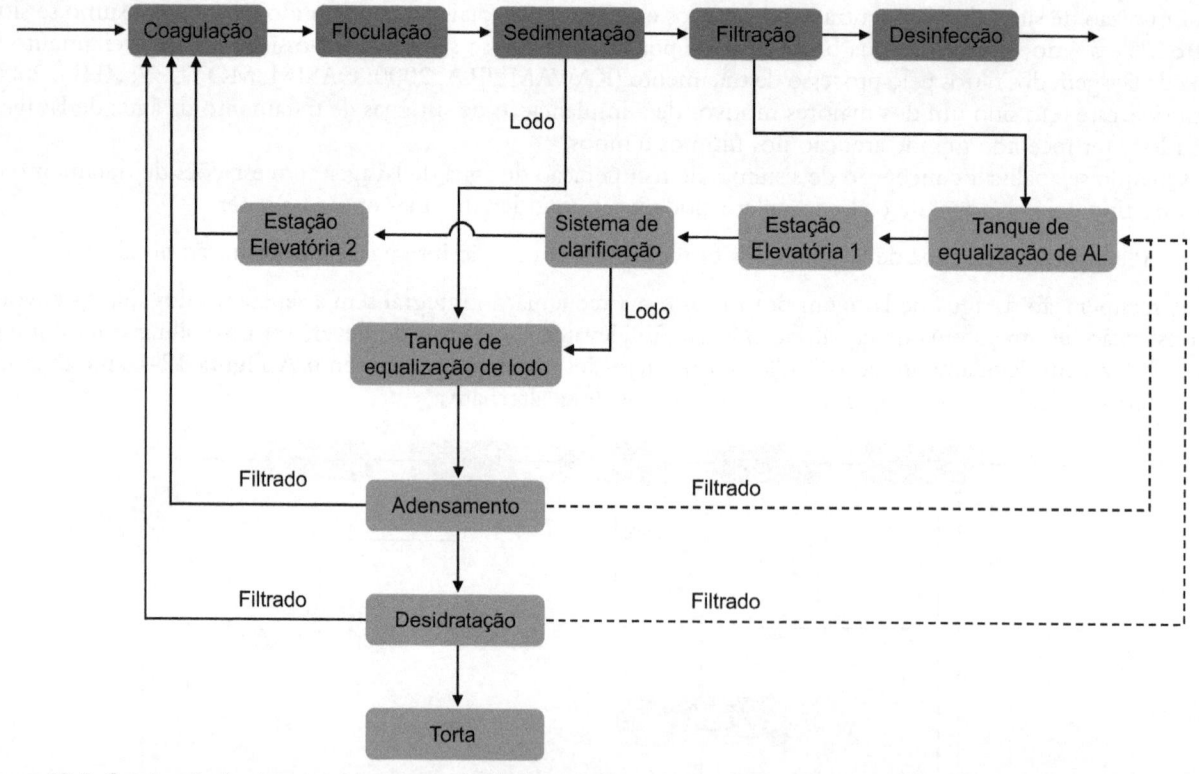

Figura 12-2 Concepção de sistemas de recuperação de água de lavagem dos filtros dotados de sistemas de clarificação.

Em função dos motivos expostos, a água de lavagem dos filtros deverá ser encaminhada a um sistema de equalização. Como deverá ser prevista sua clarificação antes de seu retorno ao início do processo de tratamento, a jusante do sistema de equalização, deve-se prever a implantação de um sistema de clarificação, com o objetivo de possibilitar a separação parcial dos sólidos presentes na fase líquida e o posterior envio da água clarificada para o início do processo de tratamento. Para tal situação, o sistema de equalização de água de lavagem dos filtros apresenta a função de não apenas equalizar as vazões de retrolavagem dos filtros, mas também possibilitar que a operação da unidade de clarificação possa ser efetuada com uma vazão afluente constante.

Para que a clarificação da água de lavagem dos filtros possa ocorrer de maneira satisfatória, é recomendável que seja efetuada uma dosagem de polímero, sendo que esta normalmente varia de 1,0 a 5,0 mg/L. Como sempre, a dosagem mais adequada depende das características da água de lavagem, do polímero utilizado e de suas características físico-químicas, que devem ser definidas por ensaios experimentais específicos (DENTEL, 1989).

Uma vantagem de se optar pela clarificação da água de lavagem dos filtros é a possibilidade de envio dos filtrados de ambas as unidades, de adensamento e de desidratação, para o sistema de equalização e posteriormente para a unidade de clarificação, o que permite maior segurança com respeito ao reaproveitamento de ambos os filtrados pelo processo de tratamento.

Uma vez separados da água de lavagem dos filtros, os sólidos devem juntar-se com o lodo descarregado dos decantadores, seguindo para um sistema de equalização de lodos e posteriormente para as unidades de adensamento e de desidratação. Por sua vez, o efluente clarificado segue para o início do processo de tratamento, o que pode ser efetuado por meio de uma unidade de recalque específica. O fluxograma apresentado na Figura 12-2 apresenta duas estações elevatórias, denominadas 1 e 2; no entanto, cabe ressaltar que sua construção ou não depende das condições topográficas da área de implantação da ETA e da disposição das unidades de tratamento de fases líquida e sólida.

A opção pela clarificação da água de lavagem dos filtros torna seu sistema de recuperação mais complexo e dotado de maior número de unidades, por exemplo, o sistema de equalização, clarificação, estações elevatórias e dosagem de polímero. Desse modo, com base nos resultados operacionais observados de sistemas de recuperação de água de lavagem dos filtros implantados pela Companhia de Saneamento Básico do Estado de São Paulo (Sabesp) na Região Metropolitana de São Paulo (RMSP) e em demais empresas de saneamento, recomenda-se, sempre que possível, que se opte pela recuperação da água de lavagem dos filtros sem sua clarificação.

Particularmente, a Sabesp vem operando sistemas de recuperação de água de lavagem dos filtros sem sua clarificação e posterior retorno para o início do processo de tratamento na RMSP desde a década de 1980 sem serem observados problemas operacionais relevantes. O Vídeo 12-1 apresenta um tanque de equalização de água de lavagem e seu retorno para o início do processo de tratamento e seu respectivo. O Vídeo 12-2 apresenta o retorno da água de lavagem para o início do processo de tratamento (ETA Guaraú – Sabesp).

A opção pela clarificação da água de lavagem dos filtros apenas se justifica para condições específicas, por exemplo, a utilização de águas brutas para abastecimento público com severo comprometimento de qualidade microbiológica. É importante observar que há uma preocupação por parte dos operadores de estações de tratamento de água com a qualidade microbiológica da água de lavagem dos filtros e seu eventual impacto quando de seu retorno para o início do processo de tratamento.

Muitas vezes, tal preocupação, ainda que relevante, justifica-se pela interrupção da operação dos sistemas de pré e intercloração, não possibilitando o estabelecimento de concentrações residuais de cloro livre nas unidades de filtração, o que resulta em uma significativa redução na qualidade microbiológica da água de lavagem. Mais uma vez, ressalta-se, portanto, a importância da implantação e operação de sistemas de pré e intercloração em estações de tratamento de água, que deve ser cessada caso se observem questões específicas que recomendem sua interrupção.

Observações experimentais indicam que a manutenção de concentrações de cloro residual livre em torno de 0,5 mg Cl_2/L é suficiente para proteger ás unidades de filtração, não permitindo o desenvolvimento de biofilmes e crescimento microbiológico inadequado na caixa do filtro e no material filtrante.

Ponto Relevante 1: Sempre que possível, recomenda-se que os sistemas de recuperação de água de lavagem dos filtros sejam implantados de modo a possibilitar seu retorno integral ao processo de tratamento e sem sua clarificação. Assim, garante-se menor custo para a implantação das obras e maior facilidade operacional, sem necessidade de operação de um sistema de clarificação.

Ponto Relevante 2: Os eventuais efeitos negativos do retorno da água de lavagem dos filtros sem sua clarificação para o início do processo de tratamento podem ser minimizados garantindo-se o estabelecimento de uma concentração de cloro residual livre na unidade de filtração em torno de 0,5 mg Cl_2/L, podendo esta ser garantida por meio da operação de sistemas de pré-cloração e intercloração.

É extremamente importante fazer uma consideração especial a sistemas de recuperação de água de lavagem de filtros para estações de tratamento de água concebidas como filtração direta ou filtração em linha. Para ambos os tipos, o único ponto gerador de resíduos é a água de lavagem dos filtros, e, por conseguinte, não é possível seu retorno ao processo de tratamento sem sua prévia clarificação.

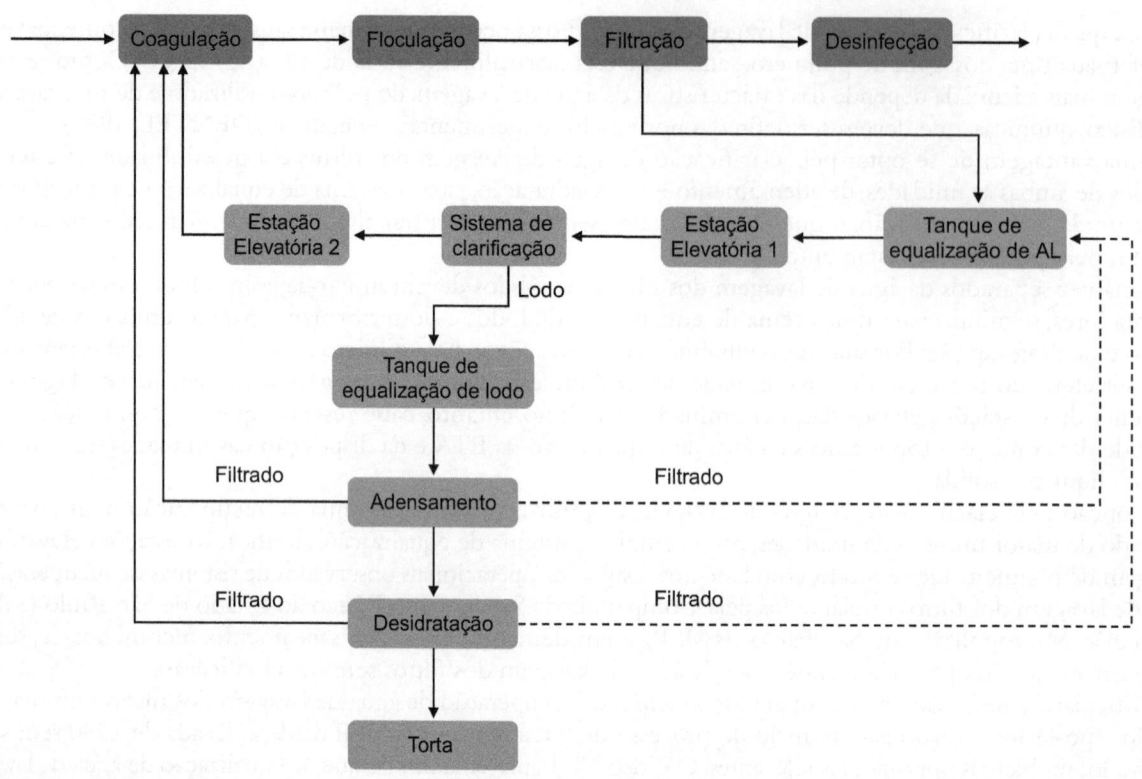

Figura 12-3 Concepção de sistemas de recuperação de água de lavagem dos filtros para estações de tratamento de águas concebidas como filtração direta ou filtração em linha.

Como a vazão sólida afluente à ETA deverá ser purgada do volume de controle que engloba ambas as unidades de tratamento de fases líquida e sólida, seu único ponto de descarga é a partir da água de lavagem dos filtros, o que requer seu tratamento (Fig. 12-3).

Assim, ETAs concebidas como filtração direta ou filtração em linha exigem que a água de lavagem dos filtros seja submetida à clarificação antes de seu retorno para o início do processo de tratamento. Com relação ao lodo produzido na unidade de clarificação, em razão de seu baixo teor de sólidos (em torno de 0,4% a 0,6%), seu tratamento consiste em adensamento e posterior desidratação.

O filtrado produzido nas etapas de adensamento e de desidratação pode tanto ser enviado diretamente para o início do processo de tratamento, como ser encaminhado para o tanque de equalização de água de lavagem dos filtros para ser submetido a posterior tratamento.

Ponto Relevante 3: Estações de tratamento de água concebidas como filtração direta ou filtração em linha têm a água de lavagem dos filtros como seu único ponto gerador de resíduos. É imprescindível, portanto, que a água de lavagem dos filtros seja submetida à clarificação antes de seu retorno para o início do processo de tratamento.

PROJETO E OPERAÇÃO DE SISTEMAS DE RECUPERAÇÃO E EQUALIZAÇÃO DE ÁGUA DE LAVAGEM DE FILTROS

Como a vazão de retrolavagem de unidades de filtração em relação à vazão afluente à estação de tratamento de água é bastante elevada, não é possível seu envio para o início do processo de tratamento sem sua prévia equalização. O correto dimensionamento de sistemas de equalização de água de lavagem depende do modo de operação do sistema de filtração, devendo haver compatibilidade entre ambos. Como não é possível prever a duração das carreiras de filtração e o intervalo entre lavagens consecutivas, a concepção e o dimensionamento dos sistemas de equalização de água de lavagem de filtros devem ser realizados com folga operacional adequada.

Como regra clássica, recomenda-se que sempre sejam previstos dois tanques de equalização independentes, de modo que, em caso de necessidade, uma unidade possa ser posta em manutenção sem prejuízo à operação do processo de tratamento da fase líquida.

Com relação a seu volume, sugere-se que cada tanque de equalização permita o recebimento do volume consumido na lavagem de duas unidades de filtração em sequência. A Figura 12-4 apresentam tanques de equalização de água de lavagem implantados em diferentes estações de tratamento de água.

Figura 12-4 Tanques de equalização de água de lavagem dos filtros implantados nas ETAs 3 e 4 (Sociedade de Abastecimento de Água e Saneamento S/A [Sanasa] de Campinas/SP) – vazão igual a 4,0 m³/s.

Ponto Relevante 4: Recomenda-se, sempre que possível, a implantação de dois tanques de equalização de água de lavagem dos filtros, a fim de que se possa retirar qualquer unidade para manutenção.

Ponto Relevante 5: O volume útil de cada tanque deve ser definido com base no regime de operação esperado para o sistema de filtração. Recomenda-se que o volume útil de cada tanque tenha capacidade para receber o volume consumido na lavagem de duas unidades de filtração sequencialmente.

O Vídeo 12-3 apresenta um sistema de equalização de água de lavagem de filtros composto por dois tanques operando em paralelo.

Um dos maiores problemas operacionais evidenciados em sistemas de equalização de água de lavagem de filtros é a deposição de sólidos na unidade, o que exige a parada da unidade com posterior esgotamento e limpeza. Como a duração da lavagem de unidades de filtração não é superior a 15 min e, muitas vezes, o completo esgotamento da unidade pode ocorrer em horas, existe a tendência de deposição dos sólidos no tanque de equalização. Caso sejam previstas duas unidades, pode-se prever a retirada de uma delas para fins de manutenção e limpeza, ficando um tanque de equalização em operação.

No entanto, muitas vezes, o projeto do sistema de recuperação de água de lavagem dos filtros é efetuado prevendo-se apenas a implantação de um único tanque de equalização, motivado pela necessidade de redução de custos na implantação das obras dos sistemas de tratamento da fase sólida. A consequência da implantação de somente um tanque de equalização é a baixa flexibilidade da operação do tratamento da fase sólida, por não permitir sua parada para manutenção preventiva. A Figura 12-5 apresenta um sistema de equalização de água de lavagem dos filtros dotados de apenas uma única unidade e sólidos depositados em seu interior.

Outro ponto bastante importante a ser ressaltado é que muitas estações de tratamento de água têm adotado como prática regular a interrupção da lavagem de unidades de filtração durante o período horossazonal, objetivando redução nos custos com energia elétrica.

Por conseguinte, os tanques de equalização normalmente tendem a ficar sem o recebimento de água de lavagem dos filtros por aproximadamente 4 a 5 h, o que possibilita maior tendência à separação dos sólidos na unidade e seu posterior adensamento. O comportamento dos sólidos adensados nos tanques de equalização de água de lavagem

Figura 12-5 Sistema de equalização de água de lavagem de filtros dotados de um único tanque de equalização.

dos filtros tem comportamento semelhante ao lodo, que, porventura, adensa em decantadores convencionais e de alta taxa, ou seja, dificilmente são removidos por meio de descargas hidráulicas, exigindo a parada da unidade para fins de esgotamento e limpeza.

Os projetos mais recentes de tanques de equalização para recebimento da água de lavagem de unidades de filtração têm contemplado a implantação de sistemas de agitação e mistura; os mais recomendados contam com a implantação de misturadores submersíveis. Para garantir uma boa homogeneização da fase líquida visando não permitir a sedimentabilidade dos sólidos em seu interior, recomenda-se que a densidade de potência adotada esteja situada entre 10 e 20 W/m³. As Figuras 12-6 a 12-8 apresentam, respectivamente, planta e cortes de um sistema de equalização de água de lavagem de filtros dotados de sistemas de agitação submersíveis.

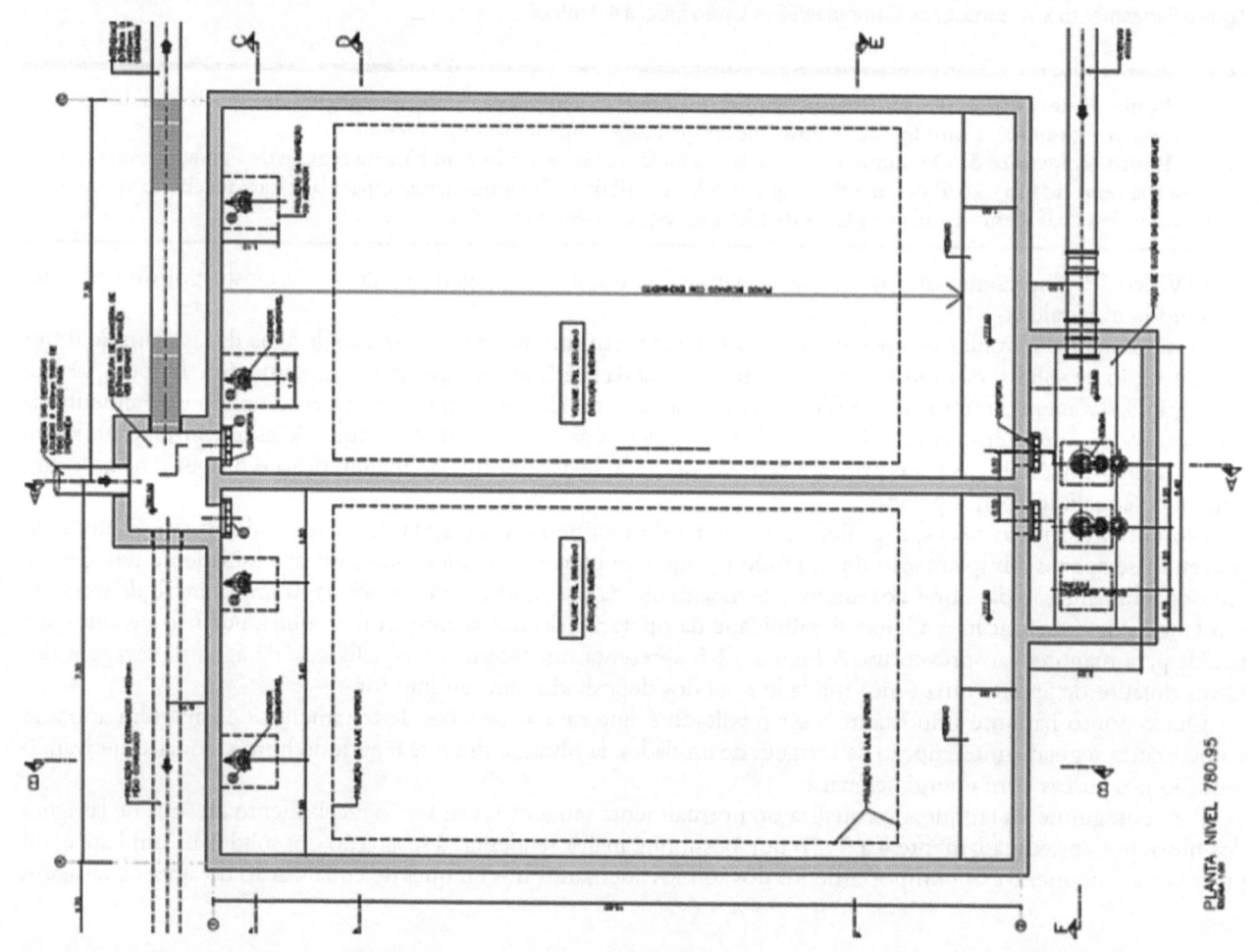

Figura 12-6 Planta de um sistema de equalização para recebimento da água de lavagem de filtros dotados de agitadores submersíveis.

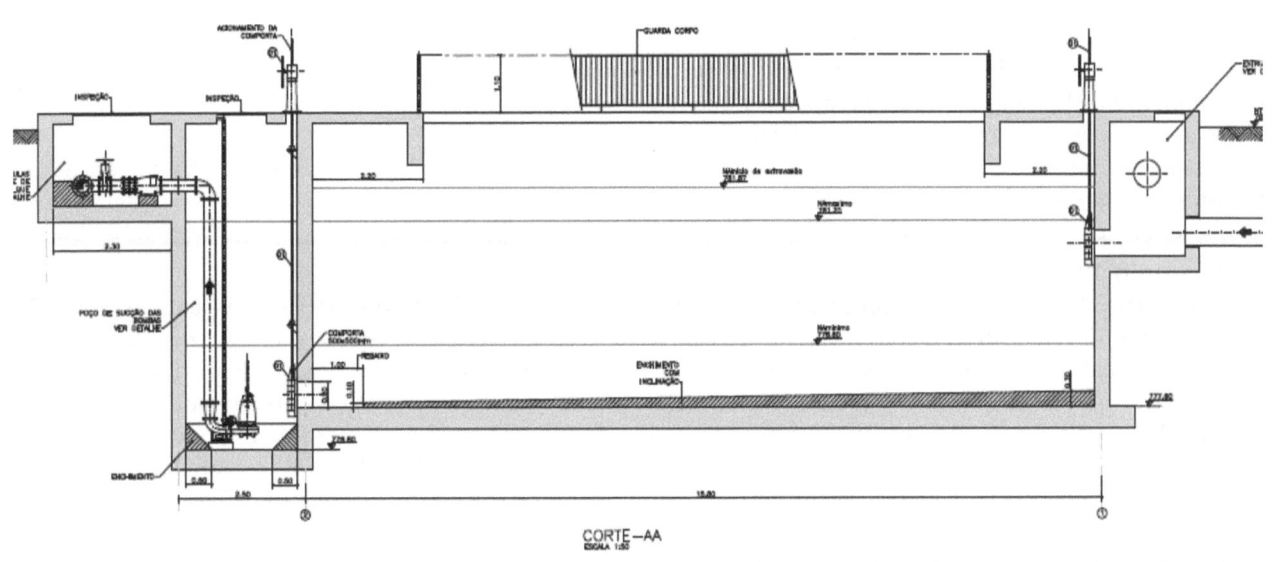

Figura 12-7 Corte de um sistema de equalização para recebimento da água de lavagem de filtros dotados de agitadores submersíveis.

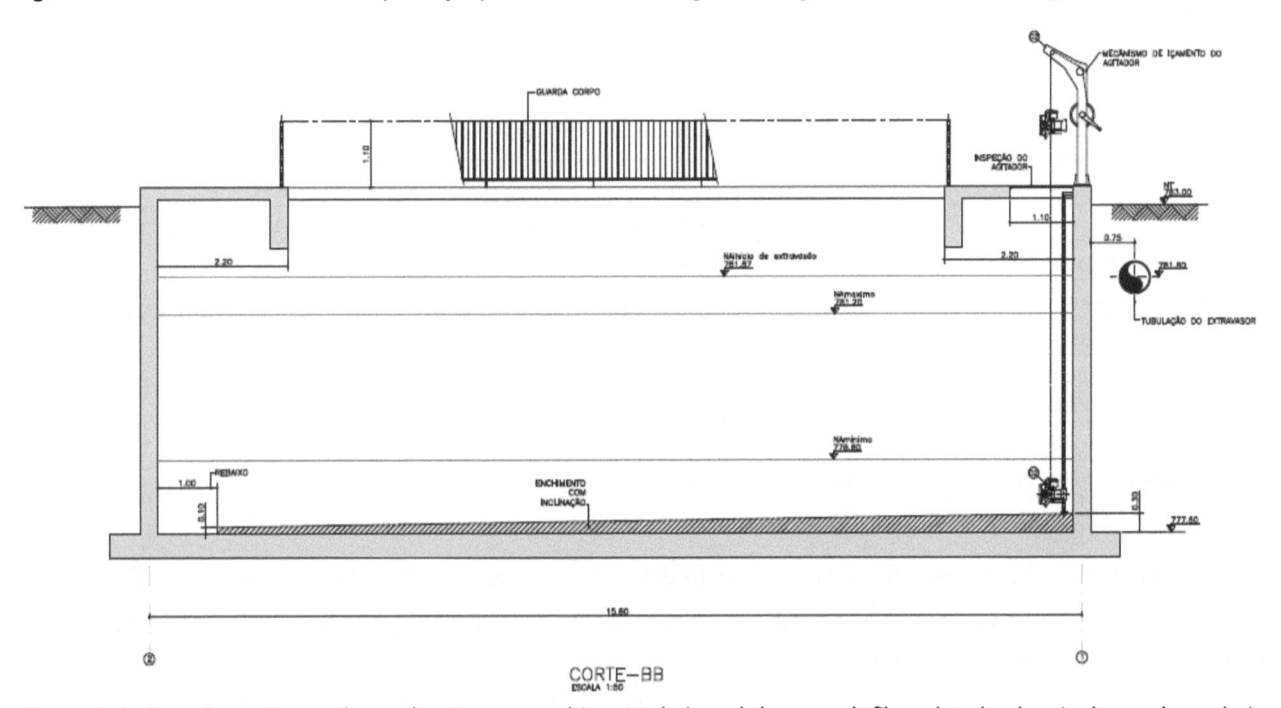

Figura 12-8 Corte de um sistema de equalização para recebimento da água de lavagem de filtros dotados de agitadores submersíveis.

O dimensionamento do sistema de agitação, o número de unidades e seu arranjo nos tanques de equalização devem ser objeto de análise e verificação por parte de fornecedores de boa reputação e qualificação técnica adequada, para que se possa garantir a máxima eficiência do sistema.

Embora possa ser objeto de questionamento por parte dos órgãos ambientais, é necessário que os tanques de recebimento e equalização de água de lavagem de filtros sejam dotados de sistemas de descarga e limpeza e possam extravasar, de modo que a unidade possa ser preservada em caso de ocorrências operacionais não previstas.

Ponto Relevante 6: Recomenda-se que os tanques de equalização de água de lavagem de filtros sejam sempre dotados de sistemas de agitação, possibilitando uma densidade de potência instalada entre 10 e 20 W/m³, de modo a não possibilitar a sedimentação dos sólidos em seu interior.

Como a concentração de sólidos na água de lavagem é bastante reduzida, o retorno da água de lavagem dos filtros para o início do processo de tratamento pode ser efetuado por meio de bombas centrífugas, não havendo a necessidade de adoção de bombas especiais.

A escolha por bombas submersíveis é bastante interessante, pois evita a construção de poço seco para implantação de bombas centrífugas de eixo horizontal, o que torna as obras mais simples. A desvantagem é que normalmente o rendimento de bombas submersíveis é menor que o de bombas centrífugas de eixos horizontal e vertical, o que tende a aumentar os custos com energia elétrica.

Qualquer que seja o sistema de recalque adotado, é interessante que seu dimensionamento seja dotado de inversores de frequência, de modo a possibilitar a variação da vazão de retorno para o início do processo de tratamento.

Exemplo 12-1

Problema: Efetuar o dimensionamento de um sistema de recuperação de água de lavagem para uma estação de tratamento de água, do tipo convencional de ciclo completo, cuja vazão afluente deverá ser igual a 500 L/s. O sistema de equalização deverá receber a água de lavagem dos filtros e mais os filtrados oriundos das unidades de adensamento e de desidratação. As principais características do processo de tratamento encontram-se apresentadas na Tabela 12-1. O sistema de recuperação de água de lavagem dos filtros deverá ser concebido de modo a possibilitar seu retorno integral para o início do processo de tratamento sem sua clarificação. O dimensionamento do sistema de recuperação de água de lavagem dos filtros deve considerar duas opções de operação, a saber: (a) lavagem das unidades de filtração distribuídas ao longo de 24 h/dia; e (b) lavagem das unidades de filtração durante 18 h/dia.

Solução: Para tornar possível a solução do problema, é necessário que seja efetuado o balanço de massa da ETA, determinando-se as vazões líquidas e sólidas dos filtrados produzidos nas etapas de adensamento e de desidratação do lodo. Partindo-se do pressuposto de que seus valores tenham sido calculados, seus valores encontram-se apresentados na Tabela 12-1.

Tabela 12-1 Características básicas da estação de tratamento de água e parâmetros de projeto adotados

Vazão	0,5 m³/s
Filtração	Seis filtros rápidos por gravidade do tipo dupla camada areia e antracito
Área unitária de cada unidade de filtração	30 m²
Taxa de retrolavagem	1.000 m³/m².dia
Duração média das carreiras de filtração	24 h
Tempo de operação do sistema de adensamento e desidratação por dia	8 h
Vazões líquida e sólida oriunda do adensamento	272,8 m³/dia e 263,6 kg/dia
Vazões líquida e sólida oriunda da desidratação	65,4 m³/dia e 75,0 kg/dia

- Passo 1: Cálculo da vazão de água de lavagem dos filtros e produção de água de lavagem por dia

A ETA totaliza seis unidades de filtração com área individual igual a 30 m². Para uma taxa de retrolavagem igual a 1.000 m³/m².dia, sua vazão deverá ser igual a:

$$Q_L = q_L.A_f = \frac{1.000\,\frac{m^3}{m^2.dia}.30\,m^2}{86,4} \cong 347,2\,\frac{L}{s} \qquad \text{(Equação 12-1)}$$

Q_L = vazão de retrolavagem dos filtros em L/s
q_L = taxa de retrolavagem dos filtros em m³/m².dia
A_f = área de filtração em m²

Como a duração da lavagem de cada unidade de filtração deverá ser igual a 10 min, tem-se que o volume de água de lavagem consumido em cada unidade de filtração deverá ser igual a:

$$V_L = Q_L.t_f = \frac{347,2\,\frac{L}{s}.10\,min.60\,\frac{s}{min}}{1.000\,\frac{L}{m^3}} \cong 208,3\,\frac{m^3}{lavagem} \qquad \text{(Equação 12-2)}$$

V_L = volume de água de lavagem consumido em uma unidade de filtração em m^3

t_f = tempo de duração da lavagem de cada unidade de filtração em min

A vazão afluente à ETA é igual a 500 L/s, e a vazão de lavagem de uma unidade de filtração é igual a 347,2 L/s. Pode-se observar que a vazão produzida durante a lavagem de uma unidade de filtração corresponde a 69,4% da vazão afluente à ETA, o que não permite seu envio para o início do processo de tratamento sem sua prévia equalização.

- Passo 2: Determinação das vazões afluentes ao sistema de equalização

Com base no esquema operacional proposto para o sistema de equalização, tem-se o encaminhamento das diferentes vazões apresentadas a seguir.

- Vazão oriunda da lavagem de uma unidade de filtração qualquer

Será inicialmente admitido que a lavagem das unidades de filtração possa ser intercalada durante 24 h/dia. Uma vez que a ETA tem seis unidades de filtração e a duração da carreira de filtração é estimada em 24 h, pode-se assumir um intervalo entre lavagens sucessivas em torno de 4 h. Desse modo, a cada 4 h, um volume igual a 208,3 m^3 é encaminhado para o sistema de equalização.

- Vazão proveniente dos filtrados produzidos nas etapas de adensamento e de desidratação

De acordo com o balanço de massa efetuado para a ETA em questão, as vazões líquidas dos filtrados a serem encaminhadas para o sistema de equalização deverão ser iguais a 272,8 m^3/dia (adensamento) e 65,4 m^3/dia (desidratação). Como foi admitido um tempo de operação para o tratamento da fase sólida igual a 8 h/dia, a vazão estimada pelo balanço de massa deve sofrer uma correção. Dessa maneira, tem-se que:

$$Q_{l,aden,c} = \frac{Q_{l,aden}}{8\frac{h}{dia}} = \frac{272,8\frac{m^3}{dia}}{8\frac{h}{dia}} \cong 34,1\frac{m^3}{h} \qquad \text{(Equação 12-3)}$$

$$Q_{l,des,c} = \frac{Q_{l,des}}{8\frac{h}{dia}} = \frac{65,4\frac{m^3}{dia}}{8\frac{h}{dia}} \cong 8,2\frac{m^3}{h} \qquad \text{(Equação 12-4)}$$

$Q_{l,aden}$ = vazão líquida efluente da unidade de adensamento e enviada ao sistema de equalização em m^3/dia
$Q_{l,des}$ = vazão líquida efluente da unidade de desidratação e enviada ao sistema de equalização em m^3/dia
$Q_{l,aden,c}$ = vazão líquida efluente da unidade de adensamento e enviada ao sistema de equalização corrigida em função de seu número de horas de operação por dia em m^3/h
$Q_{l,des,c}$ = vazão líquida efluente da unidade de desidratação e enviada ao sistema de equalização corrigida em função de seu número de horas de operação por dia em m^3/h

A vazão total de filtrado a ser encaminhado para o tanque de equalização deverá, então, ser igual a:

$$Q_{total} = Q_{l,aden,c} + Q_{l,des,c} = 34,1\frac{m^3}{h} + 8,2\frac{m^3}{h} \cong 42,3\frac{m^3}{h} \qquad \text{(Equação 12-5)}$$

Q_{total} = vazão líquida total afluente ao sistema de equalização proveniente das unidades de adensamento e de desidratação em m^3/h

Assumindo-se que as lavagens das unidades de filtração possam ser distribuídas durante um período de 24 h, é possível formular um hidrograma de vazões afluentes ao sistema de equalização (Fig. 12-9).

- Passo 3: Determinação da vazão efluente do sistema de equalização

Durante um período de 24 h, o tanque de equalização deverá receber o volume correspondente à lavagem de seis unidades de filtração e mais uma vazão igual a 42,3 m^3/h durante um período de 8 h. Desse modo, o volume total encaminhado ao tanque de equalização deverá ser igual a:

$$V_{total} = V_L + Q_{total}.8\,h = 208,3\frac{m^3}{lavagem}.6\,filtros + 42,3\frac{m^3}{h}.8\,h \cong 1.588,2\,m^3 \qquad \text{(Equação 12-6)}$$

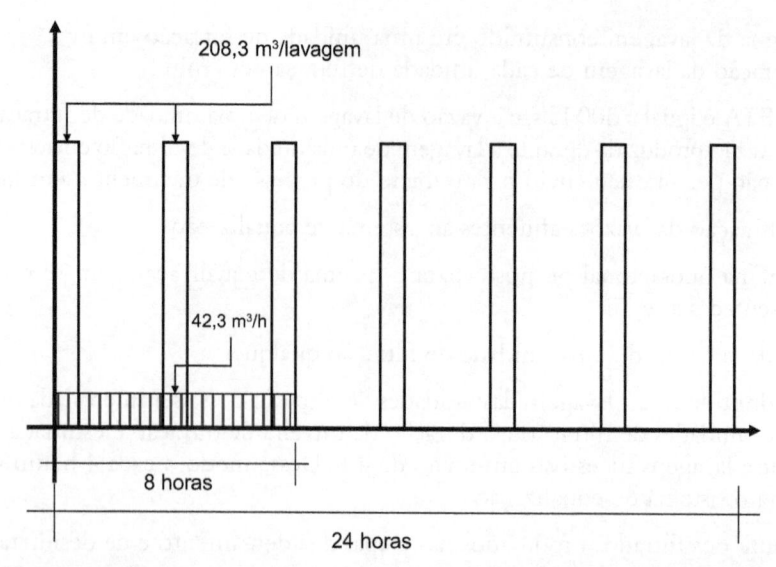

Figura 12-9 Hidrograma de vazões afluentes ao tanque de equalização para um período de 24 h – lavagem das unidades de filtração distribuídas em um período de 24 h.

Logo, a vazão mínima de recalque a ser enviada para o início do processo de tratamento deverá ser igual a:

$$Q_{r,mín} = \frac{V_{total}}{24\,h} = \frac{1.588,2\,m^3}{24\,h} \cong 66,2\,\frac{m^3}{h}\left(18,4\,\frac{L}{s}\right)$$ (Equação 12-7)

$Q_{r,mín}$ = vazão mínima de recalque a ser enviada para o início do processo de tratamento em m^3/dia.

Observe que o retorno de uma vazão igual a 18,4 L/s para o início do processo de tratamento corresponde a 3,7% da vazão afluente, o que não deverá ocasionar perturbações hidráulicas na operação da estação de tratamento de água.

Vamos adotar uma vazão de recirculação igual a 25,0 L/s, o que corresponde a 5% da vazão afluente à ETA. O sistema de recalque deverá ser composto por um conjunto de duas bombas centrífugas (1O + 1R) que deverão trabalhar de modo alternado.

Para condições normais de operação, é possível adotar uma bomba em operação e, se necessário, pode-se pôr a segunda bomba operando em paralelo, o que permitirá um aumento na vazão de recirculação. Todas as bombas deverão ser dotadas de inversores de frequência, o que possibilitará variar a vazão de recirculação.

- Passo 4: Determinação do número de unidades e volume mínimo do tanque de equalização para a condição de lavagem das unidades de filtração distribuídas ao longo de 24 h

Para garantir flexibilidade operacional ao sistema de equalização de água de lavagem dos filtros, pode-se optar pela implantação de dois tanques de equalização independentes, o que permitirá que qualquer unidade possa ser posta fora de operação sem comprometimento do sistema de recuperação de água de lavagem.

Com base nas vazões afluentes ao/efluentes do sistema de equalização, pode-se efetuar um balanço de massa para a unidade, avaliando-se a variação de seu volume ao longo do tempo e regime de funcionamento do sistema de recirculação de água de lavagem. Os resultados calculados encontram-se apresentados na Figura 12-10.

Durante as primeiras 8 h, o tanque de equalização deverá receber a água de lavagem dos filtros 1, 2 e 3, bem como os filtrados provenientes das etapas de adensamento e de desidratação. Os resultados calculados indicam que o volume máximo do tanque de equalização será observado no tempo de 8 h, sendo este igual a 244 m^3. Dessa maneira, pode-se adotar a implantação de dois tanques de equalização com volume unitário útil igual a 250 m^3.

Caso um único tanque esteja em funcionamento, tem-se um volume útil total igual a 250 m^3, e, para duas unidades em operação, o volume útil total deverá ser igual a 500 m^3.

- Passo 5: Determinação do número de unidades e volume mínimo do tanque de equalização para a condição de lavagem das unidades de filtração distribuídas ao longo de 18 h/dia

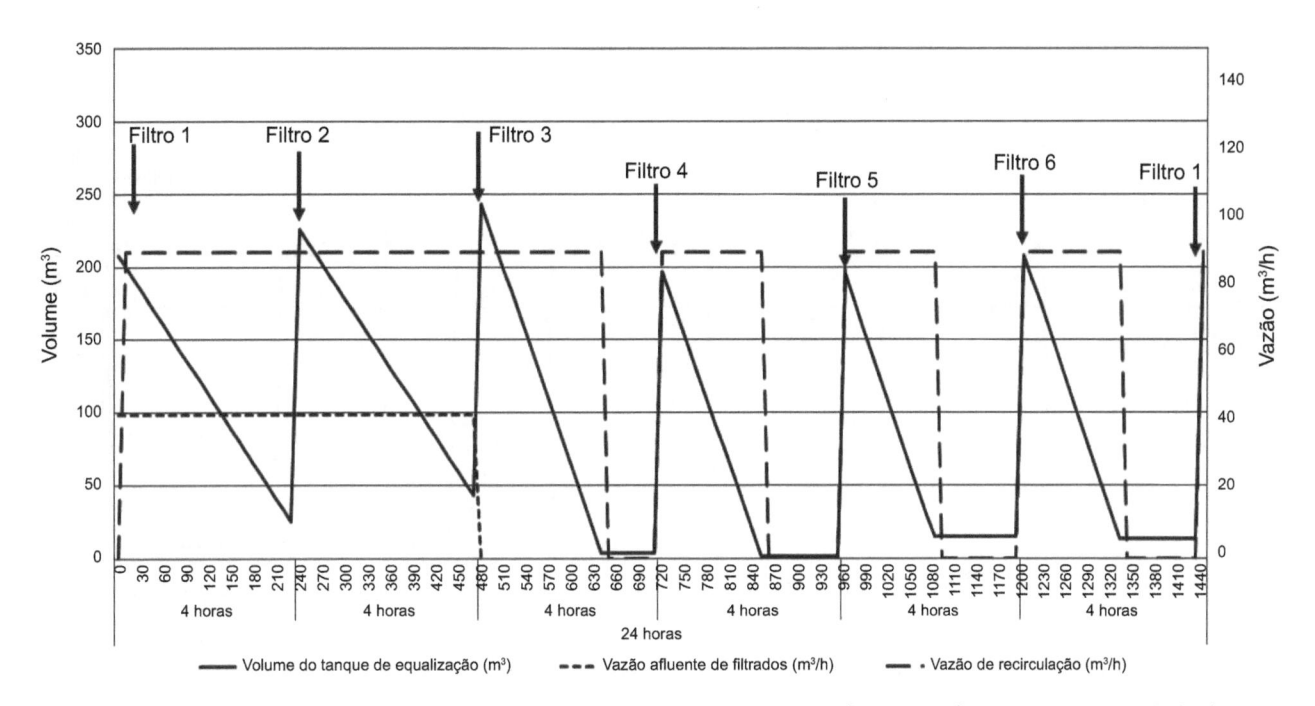

Figura 12-10 Variação do volume do sistema de equalização e respectivas vazões afluentes e efluentes para um período de 24 h.

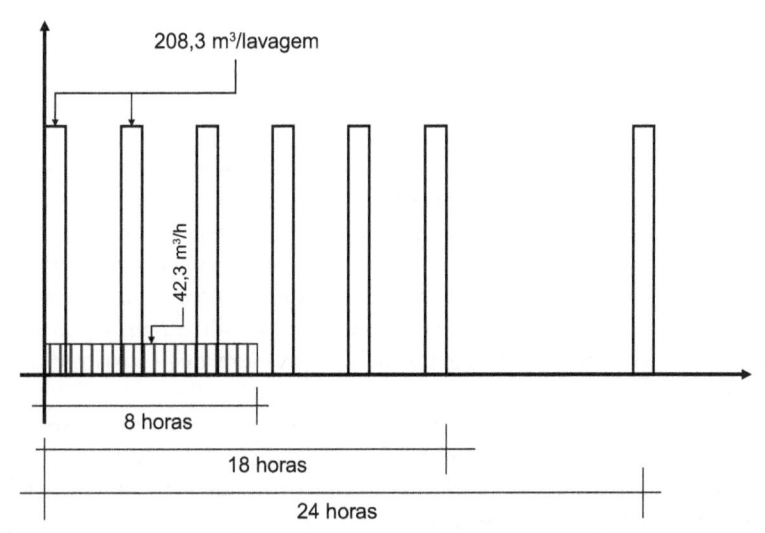

Figura 12-11 Hidrograma de vazões afluentes ao tanque de equalização para um período de 24 h – lavagem das unidades de filtração distribuídas em um período de 24 h.

Para essa condição, admite-se que as lavagens de filtros não sejam realizadas durante o período horossazonal, o que corresponde a 6 h/dia. Logo, as lavagens das seis unidades de filtração deverão ser intercaladas em um período igual a 18 h/dia. A Figura 12-11 apresenta o hidrograma de vazões afluentes ao/efluentes do tanque de equalização para esta condição operacional.

Efetuando-se um balanço de massa para o sistema de equalização de modo análogo ao efetuado no Passo 4, obtém-se uma variação do volume e vazões afluentes à/efluentes da unidade (Fig. 12-12).

Os cálculos efetuados, cujos resultados encontram-se apresentados na Figura 12-12, indicam a necessidade de um volume mínimo para o tanque de equalização igual a 284 m³. Caso se opte por lavagem das unidades de filtração durante 18 h e manutenção da vazão de recirculação igual a 25,0 L/s, portanto, haverá a necessidade de aumento do volume do tanque de equalização.

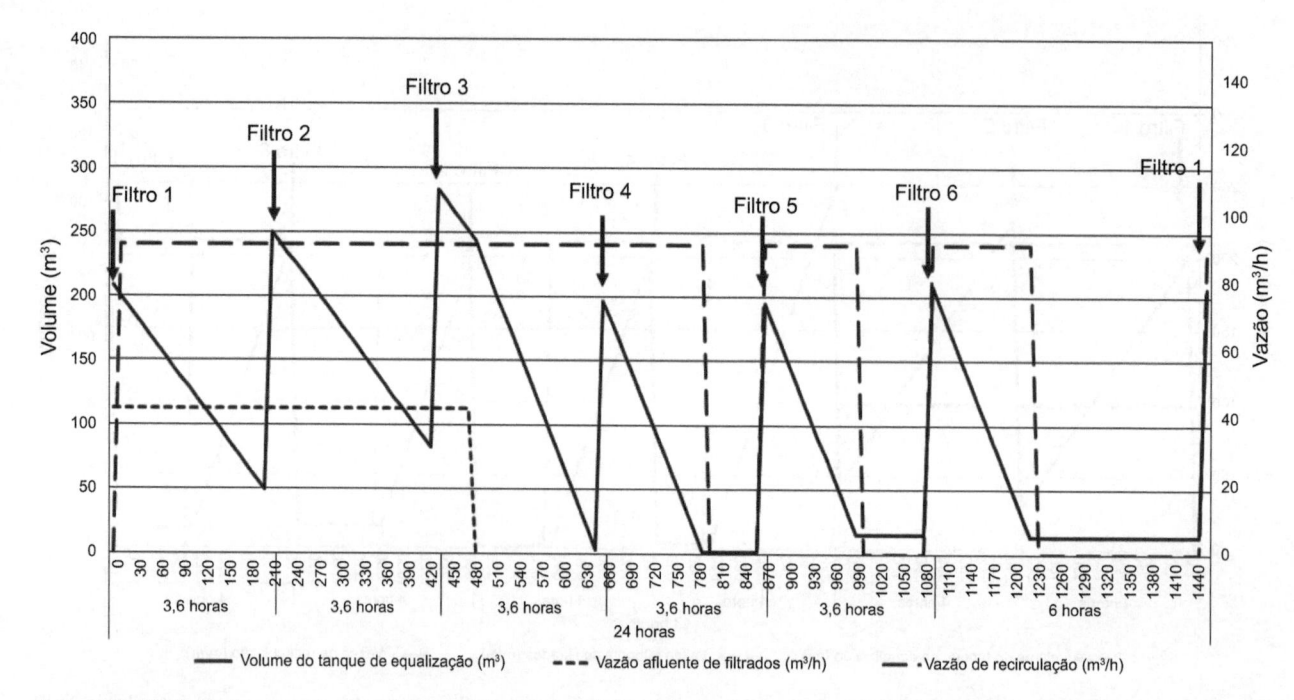

Figura 12-12 Variação do volume do sistema de equalização e respectivas vazões afluentes e efluentes para um período de 24 h, assumindo-se as lavagens das unidades de filtração durante 18 h/dia.

Desse modo, pode-se adotar a implantação de dois tanques de equalização com volume unitário útil igual a 300 m³. Para um único tanque em funcionamento, tem-se volume útil total igual a 300 m³, e, para duas unidades em operação, o volume útil total deverá ser igual a 600 m³.

O Exemplo 12-1 é bastante interessante, pois possibilita extrair algumas observações relevantes. O primeiro ponto é a importância da correta definição do perfil de vazões afluentes ao sistema de equalização, especialmente o sequenciamento da lavagem das unidades de filtração. Observa-se, muitas vezes, que os operadores tendem a concentrar a lavagem de unidades de filtração em determinados horários do dia, e, em razão disso, pode ocorrer o extravasamento do sistema de equalização de água de lavagem dos filtros, em razão de seu dimensionamento inadequado ou estabelecimento de condições operacionais de lavagem dos filtros incompatíveis com o projeto do sistema de equalização.

Como é muito difícil efetuar uma previsão acerca das condições operacionais esperadas para a lavagem das unidades de filtração, uma vez que estas dependem da duração das carreiras de filtração, justifica-se a adoção de dois tanques de equalização. Assim sendo, é possível a lavagem de mais de uma unidade de filtração em sequência sem prejuízo do sistema de tratamento da fase sólida.

Outra importante vantagem de prever mais de um tanque de equalização é a possibilidade de realização de manutenções periódicas em cada unidade e análise de eventual perda de material filtrante nas unidades de filtração durante seus procedimentos de lavagem. Caso haja perda de material filtrante durante sua lavagem, a tendência deverá ser sua acumulação no tanque de equalização de água de lavagem, podendo essa avaliação ser efetuada visualmente. A Figura 12-13 apresenta um tanque de equalização de água de lavagem com deposição de material filtrante como resultado de procedimentos de lavagem inadequados.

Se, porventura, não houvesse a possibilidade de esgotamento do tanque de equalização, em razão da implantação de uma única unidade, não seria possível observar a perda de material filtrante. Daí resulta a importância da realização de manutenções periódicas nos tanques de equalização de água de lavagem dos filtros.

Ponto Relevante 7: A realização de manutenções periódicas em tanques de equalização de água de lavagem de filtros permite avaliar a ocorrência ou não de eventual perda de material filtrante durante os procedimentos de lavagem das unidades de filtração, o que facilita a adoção de ações mitigadoras.

Figura 12-13 Acúmulo de material filtrante no tanque de equalização de água de lavagem em razão de procedimentos de lavagem inadequados.

O segundo ponto que merece destaque é o comportamento das vazões de recirculação para o início do processo de tratamento apresentado nas Figuras 12-10 e 12-12. Pode-se notar que o sistema de recirculação da água de lavagem para o início do processo de tratamento não funciona em regime contínuo ao longo do tempo, geralmente apresentando regime intermitente.

Esse é um dos principais motivos pelo qual se procura limitar a vazão de recirculação para o início do processo de tratamento em no máximo 10% da vazão afluente. Além de evitarem sobrecarga hidráulica nas unidades de processo, os acréscimos de vazão afluente à ETA em torno de 10% não exigem a correção de dosagens de produtos químicos, não acarretam variações significativas na qualidade da água bruta e, o mais importante, não impactam a qualidade da água decantada e filtrada (ARORA; DI GIOVANNI; LECHEVALIER, 2001; TOBIASON et al., 2003; GOTTFRIED et al., 2008).

Ponto Relevante 8: Recomenda-se que as vazões de recirculação para o início do processo de tratamento não sejam superiores a 10% da vazão afluente à ETA, evitando-se, assim, sobrecargas hidráulicas no processo de tratamento e correções nas dosagens de produtos químicos.

Um modo de se otimizar o sistema de recuperação de água de lavagem dos filtros é efetuar periodicamente um monitoramento da qualidade da água de lavagem dos filtros, por exemplo, por meio de determinações do seu perfil de turbidez ao longo de um procedimento de lavagem.

Em geral, a duração da lavagem de uma unidade de filtração varia em torno de 8 a 15 min, sendo variável em função das condições operacionais do processo de tratamento. Como a otimização dos procedimentos de lavagem de unidades de filtração envolve minimizar seus gastos com água, é possível reduzir seu tempo avaliando-se o perfil da turbidez da água de lavagem e impondo-se um valor limite abaixo do qual se deve proceder à interrupção de sua lavagem. A Figura 12-14 apresenta um perfil típico de turbidez e sólidos em suspensão totais (SSTs) em função do tempo para a água de lavagem produzida em uma unidade de filtração concebida como dupla camada areia e antracito.

A qualidade da água de lavagem varia em função do tempo, sendo que, no início do procedimento, seus valores de turbidez e SSTs são mais elevados e decaem temporalmente. Pode-se, por exemplo, estabelecer um limite inferior de turbidez, interrompendo-se o procedimento de lavagem da unidade de filtração quando se chega a esse valor. Um valor limite de turbidez que tem sido utilizado com frequência em muitas estações de tratamento de água é algo próximo de 10 UNT. Alcançado este valor, pode-se interromper a lavagem da unidade de filtração.

Por exemplo, com base nos resultados apresentados na Figura 12-14, a lavagem da unidade de filtração poderia ser encerrada após 7 min, o que evitaria o prolongamento de sua duração e traria como consequência a maior produção de água de lavagem.

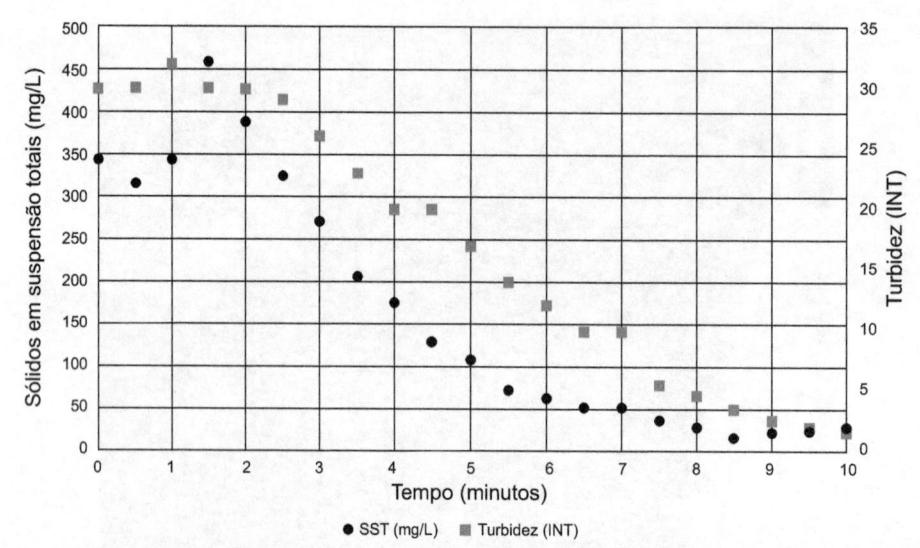

Figura 12-14 Perfil típico de concentração de sólidos em suspensão totais (SSTs) e turbidez em função do tempo para a água de lavagem de filtros.

RETORNO DA ÁGUA DE LAVAGEM PARA O INÍCIO DO PROCESSO DE TRATAMENTO

A vazão de recirculação proveniente do sistema de equalização da água de lavagem dos filtros normalmente é enviada para o início do processo de tratamento, podendo fisicamente ser efetuada a montante ou a jusante da mistura rápida. As Figuras 12-15 e 12-16 apresentam diferentes sistemas de recirculação da água de lavagem dos filtros para o início do processo de tratamento.

Não existe uma regra geral que imponha que o retorno da água de lavagem dos filtros tenha de ocorrer a montante ou a jusante da mistura rápida. Para ambas as condições, desde que a vazão de reciclo não seja superior a 10% da vazão afluente, não se observam maiores problemas operacionais nos processos de tratamento.

Alguns profissionais recomendam que o retorno da água de lavagem dos filtros seja efetuado a montante da unidade de mistura rápida, uma vez que a ação do coagulante deverá atingir não apenas as partículas coloidais presentes na água bruta, mas, também, os sólidos provenientes do retorno da água de lavagem dos filtros.

Figura 12-15 Retorno da água de lavagem dos filtros a montante da unidade de mistura rápida – ETA Rio Grande (Sabesp) – vazão igual a 5,0 m³/s.

Figura 12-16 Retorno da água de lavagem dos filtros a montante da unidade de mistura rápida – ETA Guaraú (Sabesp) – vazão igual a 33,0 m³/s.

Normalmente, para estações de tratamento de água que implantam posteriormente seus sistemas de recuperação de água de lavagem dos filtros, seu retorno a montante ou a jusante da mistura rápida depende de aspectos construtivos e arranjo das unidades. Muitas vezes, não é possível efetuar o retorno da água de lavagem dos filtros a montante da unidade de mistura rápida, em razão da necessidade de passagem da tubulação de recalque em estruturas de concreto ou por causa de outras interferências. Desse modo, a única opção é efetuar sua disposição a jusante da unidade de mistura rápida.

Por sua vez, para estações de tratamento de água em fase de projeto, o traçado da linha de recalque pode ser mais bem estudado e compatibilizado com o projeto estrutural e geotécnico, possibilitando definir melhor o ponto de retorno da água de lavagem dos filtros para o início do processo de tratamento.

Seja a montante, seja a jusante da mistura rápida, é conveniente que o retorno das vazões de reciclo não traga impacto à medição da vazão afluente à ETA. Muitas ETAs de pequeno e médio portes utilizam calhas Parshall como unidade de mistura rápida e elemento de macromedição. Caso o retorno da água de lavagem dos filtros ocorra a montante, a medição de vazão afluente à ETA deverá ser comprometida pelo efeito do retorno das vazões de recirculação. Dessa maneira, pode ser mais adequado efetuar seu retorno a jusante da calha Parshall. É, portanto, sempre recomendável que as vazões de recirculação sejam sempre quantificadas, sugerindo-se que todas as linhas de recalque de vazões de recirculação sejam dotadas de medidores de fluxo.

Ponto Relevante 9: O retorno das vazões de recirculação para o início do processo de tratamento não deve interferir na medição de vazão da água bruta afluente à ETA. Recomenda-se, sempre que possível, que todas as vazões de recirculação sejam quantificadas de modo instantâneo por meio de medidores de vazão convenientemente instalados em suas linhas de recalque.

Um aspecto bastante importante, e que sempre é recomendado pelos operadores, é a necessidade de o retorno da água de lavagem dos filtros ser sempre visível, devendo-se evitar que esse ocorra de modo submerso. Dessa maneira, os operadores podem efetuar inspeções visuais com bastante facilidade, bem como é possível a fácil coleta de amostras, se necessário.

Ponto Relevante 10: O retorno das vazões de recirculação para o início do processo de tratamento deve ocorrer de modo que seja possível efetuar sua fácil inspeção visual e coleta de amostras, ou seja, deve-se evitar sua chegada em estruturas submersas.

CLARIFICAÇÃO DA ÁGUA DE LAVAGEM DE FILTROS

Em algumas situações, faz-se necessário prever a clarificação da água de lavagem antes de seu retorno para o início do processo de tratamento. Ainda que deva ser considerada uma condição excepcional, algumas empresas de saneamento solicitam que a recuperação de água de lavagem de unidades de filtração seja efetuada levando em conta sua clarificação.

Como comentado, a opção pela clarificação de água de lavagem dos filtros torna o sistema de recuperação de água de lavagem mais complexo, uma vez que exige a implantação de unidades de processo adicionais, mais especificamente, unidades de clarificação a jusante do sistema de equalização, estações elevatórias adicionais e sistema de aplicação de polímeros, visando ao aumento das taxas de clarificação da água de lavagem (EADES; BATES; MACPHEE, 2001; ARENDZE; SIBIYA, 2014).

A alternativa mais clássica para sistemas de recuperação da água de lavagem de filtros dotados de sistemas de clarificação considera a implantação de uma unidade de clarificação a jusante do sistema de equalização e funcionando em regime contínuo ao longo do tempo (Fig. 12-17).

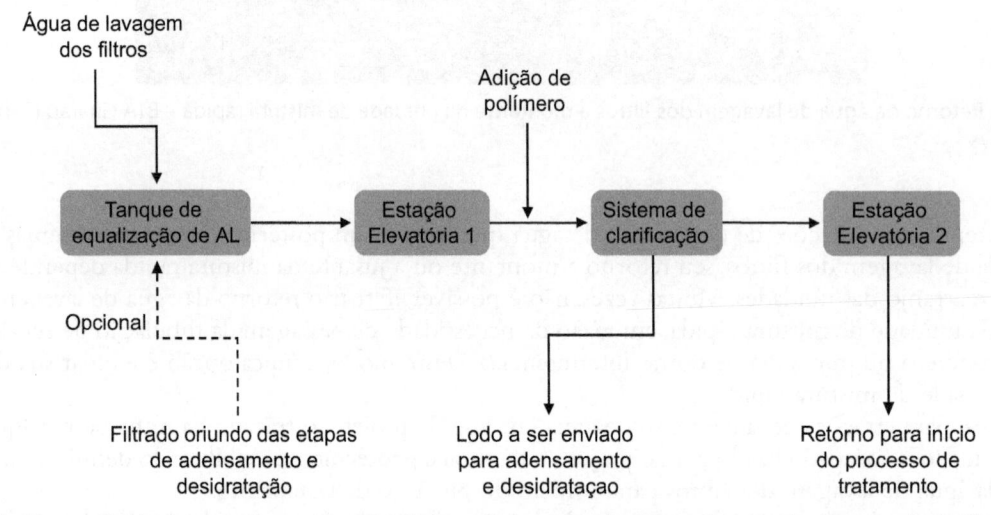

Figura 12-17 Concepção de sistemas de recuperação de água de lavagem dos filtros dotados de sistemas de clarificação a jusante do sistema de equalização.

Para essa condição, a água de lavagem dos filtros é recebida em um sistema de equalização, cuja função é equalizar as vazões a serem enviadas a um sistema de clarificação. Opcionalmente, pode-se prever o envio dos filtrados produzidos nas etapas de adensamento e de desidratação para o sistema de equalização, o que possibilita que ambos possam ser devidamente clarificados antes de seu retorno para o início do processo de tratamento.

Normalmente, os tanques de equalização recebem a água de lavagem das unidades de filtração por gravidade e, assim, tendem a ser localizados em pontos de cota mais baixa na área de implantação da ETA. O envio da água de lavagem ao sistema de clarificação é geralmente efetuado por meio de um sistema de recalque específico, o que possibilita que seja mantida uma vazão constante afluente ao sistema de clarificação.

Para que a clarificação da água de lavagem dos filtros possa ser otimizada, é recomendável a aplicação de uma dosagem de polímero, com o objetivo de possibilitar o aumento da velocidade de sedimentação das partículas. A Figura 12-18 apresenta resultados experimentais relativos à variação da velocidade de sedimentação dos flocos presentes na água de lavagem de filtros precondicionados com e sem polímero.

A adição do polímero na água de lavagem dos filtros possibilita um aumento na velocidade de sedimentação dos flocos e, consequentemente, oferece melhores condições para sua clarificação. Como se pode observar nos resultados experimentais apresentados na Figura 12-18, tem-se que, para a mesma velocidade de sedimentação, a turbidez do sobrenadante da água de lavagem dos filtros condicionada com polímero foi sempre inferior à da água de lavagem sem condicionamento químico. Isso posto, recomenda-se que, sempre que for necessária a clarificação da água de lavagem dos filtros, seja prevista a aplicação de polímero, devendo este e sua respectiva dosagem ótima ser definidos com base em estudos experimentais específicos.

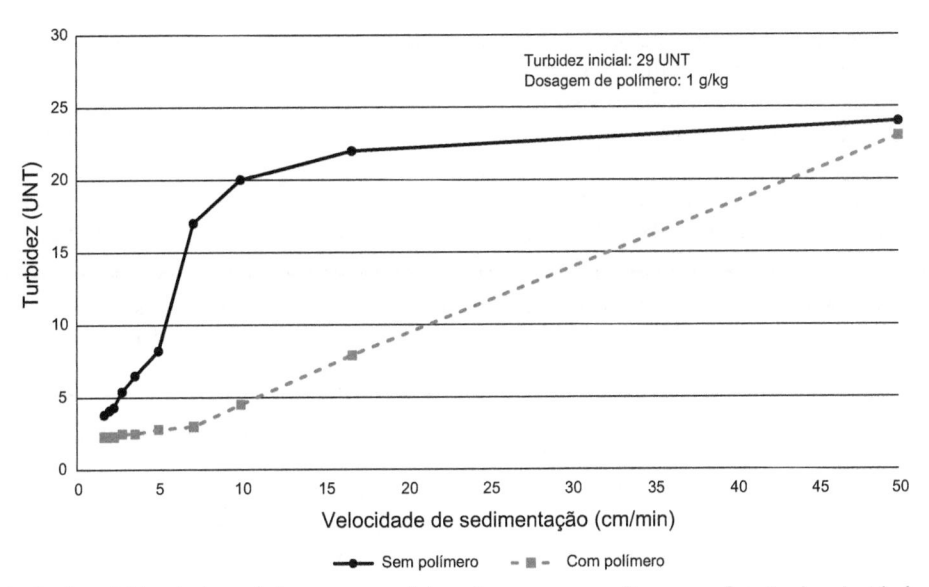

Figura 12-18 Variação da turbidez da água de lavagem condicionada com e sem polímero em função da velocidade de sedimentação.

Uma vez garantido um condicionamento químico adequado da água de lavagem dos filtros, é possível alcançar taxas de captura de sólidos na unidade de clarificação em torno de 80% a 90%.

Ponto Relevante 11: Se houver necessidade de clarificação da água de lavagem dos filtros, recomenda-se que seja efetuado seu condicionamento químico com polímero, devendo sua dosagem ótima ser definida por meio de ensaios experimentais específicos.

O lodo removido na unidade de clarificação deve ser enviado para o sistema de equalização do lodo descarregado a partir dos decantadores e seguir para as etapas de adensamento e de desidratação. Por sua vez, o clarificado deve seguir para o início do processo de tratamento.

Em função das cotas de implantação do sistema de clarificação, a água clarificada pode seguir por gravidade ou por recalque até a estrutura de chegada de água bruta. Assim sendo, a implantação da estação elevatória 2 deverá ficar condicionada à topografia da área da ETA, do arranjo das unidades e de suas respectivas cotas de implantação.

A unidade de clarificação da água de lavagem dos filtros pode ser concebida como decantador do tipo convencional de fluxo horizontal, decantador de alta taxa ou por meio de flotação por ar dissolvido (KAWAMURA, 2000; CONRWELL; Roth, 2011). A opção por decantadores convencional de fluxo horizontal é normalmente preterida pelo fato de estas unidades ocuparem uma área de implantação significativa. Do mesmo modo, em razão de sua maior complexidade operacional, a flotação por ar dissolvido não tem sido uma opção de clarificação muito vantajosa. Por conseguinte, sempre que for necessária a implantação de sistemas de clarificação de água de lavagem de unidades de filtração operando em regime contínuo, sugere-se que sejam adotados decantadores de alta taxa, podendo ser utilizados os parâmetros de projeto apresentados no Capítulo 4.

O dimensionamento de decantadores de alta taxa para a clarificação da água de lavagem de filtros deve ser efetuado adotando-se os mesmos cuidados e recomendações do Capítulo 4, especialmente com respeito à remoção do lodo sedimentado. Em nenhuma hipótese deve-se permitir que o lodo sedimentado sofra adensamento na unidade de clarificação, do contrário, sua remoção por meio de descargas hidráulicas deverá ser severamente comprometida. Assim sendo, a expectativa dos teores de sólidos no lodo efluente de sistemas de clarificação de água de lavagem de filtros situa-se entre 0,4% e 0,8%.

Ponto Relevante 12: Caso seja efetuada a opção pela clarificação da água de lavagem de filtros em regime contínuo de operação, recomenda-se a utilização de decantadores de alta taxa. As unidades podem ser dimensionadas adotando-se parâmetros de projeto semelhantes para a clarificação da água decantada, caso seja garantido seu condicionamento químico com polímero.

Outra opção que pode ser empregada para a clarificação da água de lavagem de filtros é efetuar a separação dos sólidos diretamente no tanque de equalização. Dessa maneira, a operação da etapa de clarificação passa a ocorrer em batelada, em vez de em regime contínuo. Assim sendo, a operação do ciclo do tanque de equalização incorpora não apenas a equalização de vazões e seu retorno para o início do processo de tratamento, mas também uma etapa para a separação dos sólidos da fase líquida. Esta etapa de separação deve, sempre que possível, ser assistida com o uso de polímeros. Mediante um condicionamento químico adequado, é possível alcançar valores de turbidez do efluente clarificado menores que 10 UNT para tempos de sedimentação em torno de 1,0 a 2,0 h.

Ponto Relevante 13: A clarificação da água de lavagem dos filtros em batelada pode ser efetuada de maneira adequada, caso seja garantido um tempo de sedimentação em torno de 1,0 a 2,0 h e mediante seu condicionamento químico com polímero.

As maiores vantagens da clarificação da água de lavagem dos filtros diretamente no tanque de equalização são a possibilidade de melhor controle da operação de separação dos sólidos, podendo-se trabalhar com diferentes tempos de sedimentação até que a qualidade do sobrenadante alcance um valor predeterminado, além de se evitar a implantação de uma unidade de clarificação a jusante do tanque de equalização.

As etapas envolvidas na operação de um sistema de clarificação de água de lavagem dos filtros operado em batelada estão apresentadas na Figura 12-19.

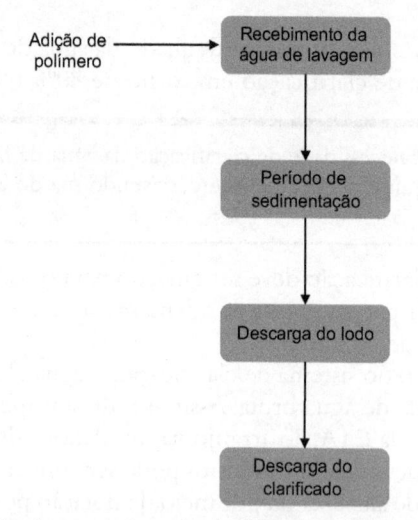

Figura 12-19 Etapas envolvidas na operação de um sistema de clarificação de água de lavagem operado em batelada.

A operação do sistema de clarificação da água de lavagem dos filtros em regime de batelada envolve o recebimento da água de lavagem, devendo ser efetuada concomitantemente uma dosagem de polímero, a fim de possibilitar a agregação dos flocos e o aumento de sua velocidade de sedimentação.

Uma vez recebida a água de lavagem do filtro, segue-se um tempo de espera, que pode variar entre 1,0 e 2,0 h. Durante esse período, os sólidos deverão ser separados da fase líquida, ficando retidos no fundo da unidade. Como o acúmulo dos sólidos ocorrerá diretamente no tanque de equalização, este deverá ser dotado de dispositivos para a remoção do lodo, que podem ser mecanizados ou por meio de descargas hidráulicas. Como os custos de equipamentos de remoção mecanizada de lodo são bastante elevados, é mais comum o emprego de sistemas hidráulicos, podendo-se prever o fundo do tanque de equalização e clarificação dotado de poços de lodo distribuídos ao longo de sua área superficial (Fig. 12-20).

Uma vez encerrado o período de sedimentação, deve-se efetuar a descarga do lodo, e somente após seu término, procede-se ao retorno da água clarificada para o início do processo de tratamento.

Uma das questões mais importantes com respeito à operação de sistemas de clarificação de água de lavagem operado em batelada é a necessidade de sempre serem efetuadas descargas do lodo sedimentado após a etapa de clarificação. Muitas vezes, os operadores esperam para efetuar a descarga do lodo sedimentado após sucessivas

Figura 12-20 Tanque de equalização e clarificação de água de lavagem dotado de sistema de descarga hidráulica de lodo.

operações de clarificação da água de lavagem, o que é um equívoco. Ao permitir o acúmulo do lodo no tanque de equalização, haverá a tendência de este sofrer adensamento, o que não possibilitará sua descarga por meio de dispositivos hidráulicos em razão do aumento de seu teor de sólidos.

Ressalte-se que o teor de sólidos do lodo sedimentado que, porventura, for descarregado entre operações sucessivas de clarificação deverá alcançar teores de sólidos entre 0,4% e 0,8%. Dentro desses valores, é possível garantir sua remoção de maneira adequada por meio de descargas hidráulicas. Caso esses valores situem-se superiores a 1,0%, a remoção do lodo ficará severamente comprometida.

Ponto Relevante Final: A operação de um sistema de equalização e clarificação de água de lavagem dos filtros em batelada exige que a descarga do lodo sedimentado sempre seja efetuada imediatamente após sua etapa de clarificação, não devendo ser permitido que o lodo sofra adensamento na unidade.

Após a descarga do lodo removido durante a etapa de sedimentação, segue-se a descarga do líquido clarificado, devendo este ser encaminhado para o início do processo de tratamento. Encerrado o ciclo de operação do tanque de equalização e clarificação, este se encontra apto para o recebimento do volume correspondente à lavagem de mais uma unidade de filtração.

Exemplo 12-2

Problema: Efetuar o dimensionamento de um sistema de equalização e clarificação de água de lavagem para uma estação de tratamento de água com características operacionais idênticas à do Exercício 12-1. O sistema de equalização deverá receber somente a água de lavagem dos filtros, devendo os filtrados oriundos das unidades de adensamento e de desidratação ser submetidos a tratamento individualizado. O sistema de equalização e clarificação da água de lavagem dos filtros deverá ser operado em batelada, possibilitando seu retorno da água clarificada para o início do processo de tratamento. O dimensionamento do sistema de recuperação de água de lavagem dos filtros deve considerar duas opções de operação, a saber: (a) lavagem das unidades de filtração distribuídas ao longo de 24 h/dia; e (b) lavagem das unidades de filtração durante 18 h/dia.

Solução: Com base nos cálculos do Exemplo 12-1, tem-se que a vazão de água de lavagem é igual a 347,2 L/s e o volume consumido durante a lavagem de uma unidade de filtração deve ser igual a 208,3 m³.

- Passo 1: Definição do volume mínimo do tanque de equalização

O tanque de equalização deverá receber somente o volume de água consumido na lavagem de uma unidade de filtração. Desse modo, seu volume mínimo deverá ser igual 208,3 m³. Por medida de segurança, será adotado um volume útil igual a 250 m³.

- Passo 2: Determinação do ciclo de operação do tanque de equalização admitindo a lavagem das unidades de filtração durante 24 h/dia

Admitindo-se que a lavagem das unidades de filtração possa ser intercalada durante 24 h/dia, o intervalo entre lavagens sucessivas deverá ser igual a 4,0 h.

O hidrograma de vazões afluentes ao tanque de equalização e clarificação deverá ser idêntico ao apresentado na Figura 12-9, com exceção das vazões de filtrados oriundos das etapas de adensamento e de desidratação. Assim sendo, o tempo de ciclo máximo de operação do tanque de equalização e clarificação deverá ser igual a 4,0 h. Podem-se adotar os seguintes tempos operacionais:

- Tempo de recebimento da água de lavagem de qualquer unidade de filtração: 10 min.
- Tempo de sedimentação: 1 h e 40 min.
- Tempo de descarga de lodo: 10 min.
- Tempo de descarga da água clarificada: 2,0 h.
- Passo 3: Determinação da vazão mínima de recalque da água clarificada para o início do processo de tratamento

Como o tanque de equalização e clarificação deverá ser esvaziado em tempo não superior a 2,0 h, a vazão mínima de recalque a ser enviada para o início do processo de tratamento deverá ser igual a:

$$Q_{r,mín} = \frac{V_{aflu}}{2,0\,h} = \frac{250\,m^3}{2,0\,h} \cong 125\,\frac{m^3}{h}\left(34,7\,\frac{L}{s}\right) \qquad \text{(Equação 12-8)}$$

V_{aflu} = volume afluente ao tanque de equalização e clarificação em m³/dia
$Q_{r,mín}$ = vazão mínima de recalque a ser enviada para o início do processo de tratamento em m³/dia

A vazão de retorno para o início do processo de tratamento deverá ser igual a 34,7 L/s, o que corresponde a 6,9% da vazão afluente. Como seu valor situa-se inferior a 10%, tem-se que o ciclo operacional proposto para o tanque de equalização é adequado.

Assim sendo, pode-se adotar uma vazão de recirculação igual a 35,0 L/s, o que corresponde a 7,0% da vazão afluente à ETA. O sistema de recalque deverá ser composto por um conjunto de duas bombas centrífugas (1O + 1R) que deverão trabalhar de modo alternado e dotados de inversores de frequência, a fim de possibilitar a variação das vazões de recirculação.

- Passo 4: Determinação do número de tanques de equalização a serem implantados para a condição de lavagem das unidades de filtração distribuídas ao longo de 24 h

Em princípio, a implantação de um único tanque de equalização e clarificação seria adequada para o atendimento das condições propostas, ou seja, intercalando-se a lavagem das unidades de filtração a cada 4,0 h. No entanto, pode haver situações atípicas que exijam a lavagem de unidades de filtração em intervalos menores, por exemplo, como consequência da diminuição da duração das carreiras de filtração. Assim sendo, tendo em vista garantir flexibilidade operacional ao sistema de equalização e clarificação da água de lavagem dos filtros pode-se optar pela implantação de dois tanques de equalização independentes.

- Passo 5: Determinação do ciclo de operação do tanque de equalização admitindo-se a lavagem das unidades de filtração durante 18 h/dia

As lavagens das seis unidades de filtração deverão ser intercaladas em um período igual a 18 h/dia, e, assim sendo, o hidrograma de vazões afluentes ao tanque de equalização será semelhante ao apresentado na Figura 12-11, excetuando-se as vazões de filtrados oriundos das etapas de adensamento e de desidratação. Dessa maneira, o intervalo entre lavagens sucessivas deverá ser igual a 3,6 h (216 min). Por conseguinte, poderão ser adotados os seguintes tempos operacionais:

- Tempo de recebimento da água de lavagem de qualquer unidade de filtração: 10 min.
- Tempo de sedimentação: 90 min.

- Tempo de descarga de lodo: 10 min.
- Tempo de descarga da água clarificada: 106 min.

- Passo 6: Determinação da vazão mínima de recalque da água clarificada para o início do processo de tratamento

O tanque de equalização e clarificação deverá ser esvaziado em um tempo não superior a 106 min. Logo, a vazão mínima de recalque a ser enviada para o início do processo de tratamento deverá ser igual a:

$$Q_{r,min} = \frac{V_{aflu}}{106\,min} = \frac{250\,m^3}{106\,min} \cong 2,36\,\frac{m^3}{min}\left(39,3\frac{L}{s}\right)$$ (Equação 12-9)

V_{aflu} = volume afluente ao tanque de equalização e clarificação em m³/dia
$Q_{r,mín}$ = vazão mínima de recalque a ser enviada para o início do processo de tratamento em m³/dia

Comparada com a condição operacional de lavagem dos filtros espaçados durante 24 h/dia, a vazão de retorno para o início do processo de tratamento deverá ser ligeiramente superior (39,3 L/s), o que corresponde a 7,9% da vazão afluente. Uma vez que seu valor resulta inferior a 10%, o ciclo operacional proposto para o tanque de equalização é adequado.

Pode-se adotar uma vazão de recirculação igual a 40,0 L/s, o que corresponde a 8,0% da vazão afluente à ETA. O sistema de recalque deverá ser dotado de duas bombas centrífugas (1O + 1R), que deverão trabalhar de modo alternado e deverão ser equipadas com inversores de frequência, a fim de possibilitar a variação das vazões de recirculação.

- Passo 7: Determinação do número de tanques de equalização a serem implantados para a condição de lavagem das unidades de filtração distribuídas ao longo de 18 h

A implantação de um único tanque de equalização e clarificação seria, a princípio, adequada. Adotando-se a linha de raciocínio seguida anteriormente, pode-se optar pela implantação de dois tanques de equalização independentes, o que deverá conferir flexibilidade à operação do sistema de recuperação da água de lavagem dos filtros.

- Passo 8: Determinação do consumo de polímero previsto para a etapa de clarificação

Para ser possível a otimização da etapa de clarificação, deverá ser prevista a dosagem de polímero na água de lavagem dos filtros a montante do tanque de equalização. As dosagens normalmente empregadas situam-se em torno de 1,0 mg/L a 5,0 mg/L. Admitindo-se dosagens média e máxima iguais, respectivamente, a 3,0 mg/L e 5,0 mg/L, tem-se que:

$$C_{pol,média} = \frac{Vol.D_{pol,média}}{1.000\,g\,/\,kg} = \frac{250\,m^3.3,0\frac{g}{m^3}}{1.000\,g\,/\,kg} \cong 0,75\,kg\,/\,lav$$ (Equação 12-10)

$$C_{pol,máx} = \frac{Vol.D_{pol,máx}}{1.000\,g\,/\,kg} = \frac{250\,m^3.5,0\frac{g}{m^3}}{1.000\,g\,/\,kg} \cong 1,25\,kg\,/\,lav$$ (Equação 12-11)

Vol = volume consumido na lavagem de uma unidade de filtração em m³
$D_{pol,média}$ = dosagem média de polímero em mg/L
$D_{pol,máx}$ = dosagem máxima de polímero em mg/L
$C_{pol,média}$ = consumo de polímero médio previsto por lavagem em kg/lavagem
$C_{pol,máx}$ = consumo de polímero médio previsto por lavagem em kg/lavagem

Como é prevista a lavagem de seis unidades de filtração por dia, tem-se um consumo diário médio de polímero igual a 4,5 kg/dia.

A dosagem de polímero deverá ser efetuada durante o tempo previsto para a lavagem da unidade de filtração, isto é, em torno de 10 min. Por conseguinte, a vazão mássica de polímero deverá ser igual a:

$$Q_{pol,média} = \frac{C_{pol,médio}}{10\,min} = \frac{0,75\,kg\,/\,lav}{10\,min} \cong 0,075\,kg\,/\,min$$ (Equação 12-12)

$$Q_{pol,máx} = \frac{C_{pol,máx}}{10\,min} = \frac{1,25\,kg/lav}{10\,min} \cong 0,125\,kg/min \qquad \text{(Equação 12-13)}$$

$Q_{pol,média}$ = vazão mássica média de polímero previsto por lavagem em kg/min
$Q_{pol,máx}$ = vazão mássica máxima de polímero previsto por lavagem em kg/min

Admitindo-se uma concentração para a solução de polímero igual a 0,2% (2,0 kg/m³), a vazão máxima do sistema de dosagem deverá ser igual a:

$$Q_{b,máx} = \frac{Q_{pol,máx}}{2,0\frac{kg}{m^3}} = \frac{0,125\,kg/min}{2,0\frac{kg}{m^3}} \cong 0,0625\,m^3/min\left(62,5\frac{L}{min}\right) \qquad \text{(Equação 12-14)}$$

$Q_{b,máx}$ = vazão máxima do sistema de dosagem de polímero em m³/min

Assim sendo, a vazão máxima prevista de solução de polímero a 0,2% deverá ser igual a 62,5 L/min.

Observação: uma vez que a dosagem de polímero deverá ser efetuada somente durante a duração do procedimento de lavagem, é interessante que o sistema de aplicação de polímero seja automatizado, evitando-se a intervenção dos operadores.

Sistemas de clarificação de água de lavagem operados em batelada são uma opção interessante para estações de tratamento de água de pequeno e médio portes, uma vez que o número de filtros é relativamente pequeno, possibilitando que o intervalo entre lavagens sucessivas seja elevado e demandando não mais que dois tanques de equalização e clarificação.

Para estações de tratamento de água de grande porte e dotada de grande quantidade de filtros, a operação de sistemas de clarificação em batelada é extremamente dificultada, na medida em que o intervalo entre lavagens sucessivas é muito reduzido, o que exige a implantação de muitos tanques de equalização. Dessa maneira, torna-se mais interessante optar por sistemas de equalização e clarificação operando em regime contínuo.

Referências

ARENDZE, S.; SIBIYA, M. Filter backwash water treatment options. *Journal of Water Reuse and Desalination,* London, v. 4, n. 2, p. 85-91, 2014.

ARORA, H.; DI GIOVANNI, G.; LECHEVALLIER, M. Spent filter backwash water contaminants and treatment strategies. *Journal American Water Works Association,* Denver, v. 93, n. 5, p. 100-+, May 2001.

CORNWELL, D. A.; ROTH, D. K. Water treatment plant residuals management. In: EDZWALD, J. K. (Ed.). *Water quality & treatment:* a handbook on drinking water. 6th ed. New York: McGraw-Hill, 2011. cap. 22.

DENTEL, S. K. et al. *Procedures manual for polymer selection in water treatment plants.* Denver: AWWA, 1989. 216 p.

EADES, A.; BATES, B. J.; MACPHEE, M. J. Treatment of spent filter backwash water using dissolved air flotation. *Water Science and Technology,* Dordrecht, v. 43, n. 8, p. 59-66, 2001.

GOTTFRIED, A. et al. Impact of recycling filter backwash water on organic removal in coagulation-sedimentation processes. *Water Research,* New York, v. 42, n. 18, p. 4683-4691, Nov. 2008.

KAWAMURA, S. *Integrated design and operation of water treatment facilities.* 2nd ed. New York: Wiley, 2000. 691 p.

QASIM, S. R.; MOTLEY, E. M.; ZHU, G. *Water works engineering:* planning, design, and operation. Upper Saddle River: Prentice Hall, 2000. 844 p.

TOBIASON, J. E. et al. Effects of waste filter backwash recycle operation on clarification and filtration. *Journal of Water Supply Research and Technology-Aqua,* London, v. 52, n. 4, p. 259-275, June 2003.

CAPÍTULO 13

Adensamento, Desidratação e Disposição Final de Resíduos

ADENSAMENTO DE LODOS PRODUZIDOS EM UNIDADES DE SEPARAÇÃO SÓLIDO-LÍQUIDO

Os resíduos produzidos nas unidades de separação sólido-líquido (decantadores convencionais de fluxo horizontal e de alta taxa) geralmente empregadas em estações de tratamento de água do tipo convencionais de ciclo completo apresentam baixos teores de sólidos, em geral inferiores a 1,0%. Desse modo, requer-se que se passe por etapas de adensamento e desidratação, cuja função principal deverá ser elevar seus teores de sólidos para valores que permitam seu manuseio de modo adequado, visando sua destinação final.

As alternativas mais comuns para o adensamento de lodos gerados em processos de tratamento de água são: a utilização de adensadores por gravidade, adensadores mecanizados ou flotação por ar dissolvido (CORNWELL; Roth, 2011; CRITTENDEN et al., 2012).

Os adensadores por gravidade são empregados há bastante tempo, e, por conseguinte, sua utilização já é consagrada, existindo parâmetros de projeto que possibilitam um dimensionamento adequado das unidades. Por sua vez, o uso de adensadores do tipo mecanizados é mais recente, sendo que o sucesso de sua aplicação no tratamento de lodos gerados em estações de tratamento de água depende fundamentalmente da escolha de equipamentos de fabricantes idôneos e de boa reputação no mercado. A opção pela flotação por ar dissolvido para adensamento de lodos gerados em estações de tratamento de água não é muito frequente, em razão de sua alta complexidade operacional, sendo seu emprego mais comum no adensamento de lodo biológico em estações de tratamento de esgotos sanitários de médio a grande porte.

Os adensadores por gravidade são geralmente de geometria circular e dotados de sistemas de remoção mecânica de lodos com operação relativamente simples (Fig. 13-1).

Quando operados de modo adequado, esse tipo de adensador pode alcançar valores de teor de sólidos no lodo adensado em torno de 2% a 3%, sendo mais comum algo mais próximo a 2%. As taxas de captura de sólidos em adensadores por gravidade tendem a variar entre 85% w 95%, o que permite que o líquido clarificado possa retornar para o início do processo de tratamento. A Figura 13-2 apresenta uma vista do líquido clarificado produzido em um adensador por gravidade.

Para que a etapa de adensamento possa ocorrer de maneira satisfatória, é necessário o precondicionamento do lodo com polímero, sendo que as dosagens mais usuais se situam em torno de 2 a 6 g/kg ST. Como há uma grande variedade de polímeros disponíveis no mercado, a definição do produto mais indicado e de sua respectiva dosagem é função das características do lodo a ser adensado, devendo, portanto, ser definido com base em ensaios experimentais específicos (DENTEL et al., 1988).

Ponto Relevante 1: Para que o lodo produzido em unidades de separação sólido-líquido possa ser adensado com eficiência, é necessário seu precondicionamento com polímero, devendo sua escolha e respectivas dosagens ser definidas por meio de ensaios experimentais específicos.

Como o objetivo das unidades de adensamento é a produção de lodo adensado com teores de sólidos superiores a 2%, seu parâmetro de projeto mais relevante para fins de dimensionamento é a carga de sólidos aplicada, sendo que seus valores dependem da natureza e características físico-químicas do lodo, bem como da eficiência de seu precondicionamento químico. Embora importante no projeto de sistemas de separação sólido-líquido, a taxa de escoamento superficial não deve ser utilizado como parâmetro de projeto.

(a)

(b)

Figura 13-1 Adensadores por gravidade empregados em sistemas de tratamento da fase sólida – ETAs 3 e 4 (Sanasa) – vazão igual a 4,0 m3/s. (a) Em operação. (b) Vazio.

Parâmetros de projeto – Adensadores por gravidade
- Carga de sólidos para lodos formados mediante a utilização de coagulante à base de sais de alumínio e ferro: 20 a 50 kg/m².dia
- Carga de sólidos para lodos formados durante operações de abrandamento: 100 a 150 kg/m².dia
- Taxa de escoamento superficial para lodos formados mediante a utilização de coagulante à base de sais de alumínio e ferro: 4 a 10 m³/m².dia
- Altura: variável e função dos equipamentos de remoção de lodo disponíveis no mercado
- Dosagem de polímero requerido para o adensamento: 2,0 a 6,0 g/kg ST

Uma das grandes limitações associadas a adensadores por gravidade e sua utilização em sistemas de tratamento da fase sólida em estações de tratamento de água é que seu desempenho depende das características do lodo. A expectativa de teor de sólidos para o lodo adensado normalmente situa-se entre 2% e 3%, sendo que os valores mais elevados são obtidos para lodos produzidos em estações de tratamento de água cuja água bruta apresente valores mais elevados de turbidez, em geral superiores a 50 UNT.

Figura 13-2 Líquido clarificado gerado em um adensador por gravidade – ETAs 3 e 4 (Sanasa) – vazão igual a 4,0 m3/s.

Figura 13-3 Equipamento de adensamento mecanizado empregado no tratamento de lodos gerados em estações de tratamento de água – ETA Taiaçupeba (Sabesp) – vazão igual a 15 m³/s.

Por sua vez, para águas brutas caracterizadas por baixa turbidez e alta concentração de algas, típicas de mananciais formados por reservatórios de acumulação, os lodos tendem a apresentar baixa capacidade de serem adensados por gravidade, o que faz com que seus teores de sólidos muitas vezes não consigam alcançar valores superiores a 2%. Em razão disso, como alternativa ao adensamento por gravidade, podem ser utilizadas unidades de adensamento mecanizadas cujo desempenho é geralmente superior, sendo capazes de produzir lodos com valores de teor de sólidos entre 2% e 5%. A Figura 13-3 apresenta um equipamento de adensamento mecanizado utilizado no adensamento de lodo produzido em uma estação de tratamento de água.

Há diferentes unidades de adensamento mecanizadas disponíveis no mercado, e o dimensionamento da instalação depende do fornecimento de dados de desempenho dos equipamentos por parte dos fabricantes. Considerando que muitos equipamentos disponíveis no mercado nacional são, muitas vezes, cópias de equipamentos patenteados no exterior, a seleção dos fornecedores deve ser feita com bastante critério.

O processo de adensamento mecanizado normalmente envolve o bombeamento do lodo precondicionado com polímero em uma tela móvel cuja porosidade permite a drenagem da água livre ao longo de sua área,

Figura 13-4 Característica do lodo no início e no fim do processo de adensamento em unidades do tipo mecanizadas. (a) Início. (b) Fim.

viabilizando, assim, o adensamento do lodo. A Figura 13-4 apresenta uma vista do lodo no início e no fim da etapa de adensamento.

A eficiência de unidades de adensamento do tipo mecanizadas com respeito ao teor de sólidos do lodo adensado é normalmente superior à do adensamento por gravidade, podendo alcançar valores próximos de 5%. Além disso, seu desempenho é relativamente independente das características do lodo de alimentação, podendo ser utilizado para uma grande variedade de lodos gerados em diferentes estações de tratamento de água. A Figura 13-5 apresenta os resultados médios mensais de teor de sólidos produzidos em unidades de adensamento do tipo mecanizadas.

É possível observar que, ao longo do tempo, os teores de sólidos médios mensais foram sempre superiores a 3%, alcançando valores em torno de 5%. A grande vantagem com relação ao teor de sólidos no lodo adensado é que, quanto maior for seu valor, menores deverão ser os volumes de lodo adensado produzido, o que reduz as capacidades hidráulicas requeridas para as unidades de desidratação.

Do ponto de vista prático, é importante comentar que normalmente deve ser imposto um limite superior para o teor de sólidos no lodo adensado, não se recomendando que seus valores sejam superiores a 5%. O principal motivo reside no fato de o manuseio e transporte hidráulico do lodo adensado com valores de teor de sólidos superiores a 5% ficam bastante dificultados, o que pode favorecer a obstrução de tubulações e válvulas (Qasim et al., 2000).

Assim como os adensadores de lodo por gravidade, os equipamentos de adensamento mecanizados possibilitam alcançar altas taxas de captura de sólidos (90% a 98%), o que permite que o filtrado produzido possa ser retornado

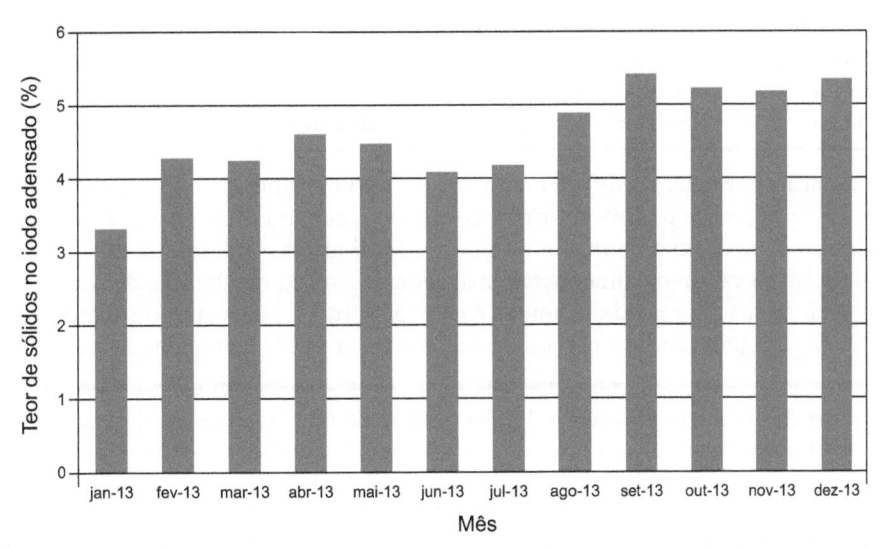

Figura 13-5 Variação do teor de sólidos médio mensal obtidos para o lodo adensado por meio de equipamentos mecanizados.

Figura 13-6 Líquido clarificado produzido em uma unidade de adensamento mecanizada – ETA Taiaçupeba (Sabesp) – vazão igual a 15 m³/s.

para o início do processo de tratamento (Fig. 13-6). A qualidade do filtrado depende da tecnologia do equipamento de adensamento e de seu correto precondicionamento químico com polímero.

O Vídeo 13-1 apresenta o funcionamento de uma unidade de adensamento mecanizado empregado no tratamento de lodos, podendo-se observar a qualidade do lodo adensado e características do filtrado.

Quando se comparam os sistemas de adensamento mecanizados com o adensamento por gravidade, sua implantação requer uma área muito menor, além de serem mais simples do ponto de vista construtivo, necessitando tão somente de uma área coberta para a disposição dos equipamentos e demais itens acessórios.

No entanto, é sempre importante reforçar que a viabilidade do adensamento de lodos por meio de equipamentos mecanizados é altamente dependente da tecnologia de adensamento empregada e da qualidade dos equipamentos adquiridos. É muito comum diversos operadores de sistemas de tratamento de água efetuarem queixas acerca do comportamento de algumas tecnologias de tratamento, mencionando seu mau funcionamento e baixo desempenho. No entanto, na maioria das vezes, o problema não está na tecnologia de tratamento propriamente dita, e sim na qualidade dos equipamentos adquiridos. Como muitas vezes estes são adquiridos por processos licitatórios, torna-se muito difícil a compra de equipamentos de comprovada eficiência técnica pelo fato de estes apresentarem maior custo.

Ponto Relevante 2: A opção por sistemas de adensamento de lodos por meio de equipamentos mecanizados deve somente ser adotada se houver plena garantia de que os equipamentos podem ser adquiridos com fornecedores idôneos e de boa reputação no mercado. Não havendo esta garantia, recomenda-se a implantação de adensadores por gravidade.

Se considerada a opção por sistemas de adensamento do tipo mecanizados, é de grande importância que sua concepção seja efetuada em conjunto com os fornecedores de equipamentos, uma vez que a seleção e o dimensionamento das máquinas envolvem a definição de suas vazões líquidas e sólidas máximas admissíveis.

Sugere-se, inclusive, que a vazão máxima operacional adotada para equipamentos de adensamento mecanizados não seja superior a 80% de sua capacidade nominal. Assim, procura-se evitar que o funcionamento das unidades ocorra em sua condição de operação limite, o que pode ocasionar perda de eficiência na etapa de adensamento.

Ponto Relevante 3: O projeto de sistemas de adensamento do tipo mecanizados deve sempre ser efetuado em conjunto com os fabricantes, sugerindo-se que as vazões máximas adotadas não excedam 80% da capacidade nominal dos equipamentos.

Um aspecto de grande relevância e que muitas vezes é negligenciado no projeto de sistemas de tratamento da fase sólida em estações de tratamento de água é a necessidade de implantação de um sistema de equalização de lodo bruto, que deve estar situado a montante do sistema de adensamento. O sistema de equalização deve apresentar duas funções principais, a saber:

- Adequar o regime de descarga de lodo dos decantadores e sua compatibilização com o modo de operação do sistema de adensamento, ou seja, permitir uma equalização de vazões.
- Possibilitar uma regularização do teor de sólidos no lodo bruto, a fim de que seu precondicionamento químico possa ser efetuado de maneira adequada.

Para decantadores convencionais de fluxo horizontal e decantadores laminares dotados de sistemas de remoção semicontínua de lodo, as descargas de lodo são normalmente efetuadas em intervalos regulares, recomendando-se que não excedam 30 min. Assim, o lodo é descarregado na forma de pulso, e, como a alimentação de lodo bruto às unidades de adensamento são normalmente efetuadas em regime de operação contínua, requer-se que as vazões afluentes sejam devidamente equalizadas.

Outro ponto particularmente importante é que muitas empresas de saneamento optam por operar o sistema de tratamento da fase sólida em um único turno operacional, com o objetivo de reduzirem os custos operacionais. Como a geração de lodo das unidades de separação sólido-líquido deve ocorrer de maneira praticamente contínua ao longo de 24 h/dia, torna-se imprescindível a implantação de um sistema robusto de equalização.

A recomendação norte-americana para dimensionamento de tanques de equalização de lodo situados a montante de unidades de adensamento e desidratação sugere que seu volume seja, no mínimo, igual ou superior ao volume diário de lodo afluente. O conceito de *one day tank* é justificado pela necessidade de se oferecer segurança operacional ao sistema de adensamento, em caso de interrupção da operação do sistema de adensamento durante um período de 1 dia (KAWAMURA, 2000; QASIM; MOTLEY; ZHU, 2000; TCHOBANOGLOUS, 2014). Dessa maneira, o tanque de equalização de lodo bruto apresenta condições de recebimento do lodo descarregado pelas unidades de separação sólido-líquido, ainda que o sistema de adensamento tenha sua operação interrompida durante o período de um dia.

Ponto Relevante 4: Recomenda-se que, sempre que possível, o tanque de equalização de lodo apresente um volume mínimo igual ao volume de lodo bruto diário afluente, de modo a garantir segurança operacional na operação do sistema de adensamento.

Um dos erros operacionais mais comuns é permitir a retenção do lodo nos decantadores, a fim de que suas operações de descarga possam estar sincronizadas com o funcionamento do sistema de adensamento. Tal procedimento não é recomendado, pois, como discutido no Capitulo 4, o lodo separado em decantadores convencionais de fluxo horizontal e decantadores de alta taxa não pode sofrer processos de adensamento nas respectivas unidades, do contrário, seu descarregamento não ocorrerá de modo adequado. Assim sendo, caso se opte pelo funcionamento do sistema de tratamento da fase sólida em um único turno operacional, o dimensionamento do sistema de equalização de lodo bruto deve ser efetuado de modo a contemplar que as descargas de lodo das unidades de sedimentação sempre estejam ocorrendo de maneira ininterrupta durante 24 h/dia.

Além de permitir a correta equalização de vazões, uma segunda função importante do tanque de equalização de lodo bruto consiste em regularizar os valores de teor de sólidos no lodo. Embora as descargas de lodo dos decantadores ocorram em intervalos regulares, seus valores de teor de sólidos não são constantes ao longo do tempo.

Por conseguinte, o tanque de equalização de lodo bruto deve também possibilitar que haja uma regularidade nos teores de sólidos do lodo bruto, de modo que possa ser efetuado seu precondicionamento químico com polímero adequadamente. A uniformidade nos teores de sólidos do lodo bruto no tanque de equalização pode ser assegurada por meio de uma homogeneização apropriada, podendo esta ser efetuada por meio de equipamentos mecanizados ou por agitação pneumática.

Para se garantir a boa homogeneização do lodo bruto, visando não permitir a sedimentabilidade dos sólidos em seu interior e permitir a uniformidade de seus teores de sólidos, recomenda-se que a densidade de potência do sistema de mistura esteja situada entre 10 e 20 W/m³. A Figura 13-7 apresenta um tanque de equalização de lodo bruto implantado em uma estação de tratamento de água convencional de ciclo completo.

Figura 13-7 Tanque de equalização de lodo bruto dotado de sistema de agitação do tipo pneumático – ETA Taiaçupeba (Sabesp) – vazão igual a 15 m³/s.

O maior problema operacional que pode ocorrer, caso não seja garantida a regularização dos teores de sólidos no lodo bruto, é a dificuldade no controle das dosagens de polímero requeridas para a etapa de adensamento. Como as dosagens de polímero são normalmente definidas em função da concentração de sólidos no lodo bruto, caso suas variações sejam muito intensas ao longo do tempo, pode ser muito difícil efetuar um controle adequado das dosagens de polímero.

Dessa maneira, podem ocorrer períodos em que haverá excesso de polímero e que este tenderá a sair junto com o filtrado, o que pode ser observado facilmente mediante uma análise táctil do mesmo. As consequências da superdosagem de polímero são de duas naturezas distintas. A primeira é econômica, uma vez que há um gasto desnecessário de produtos químicos, e a segunda é de ordem técnica, pois se espera que o filtrado seja retornado para o início do processo de tratamento. Se houver excesso de polímero no filtrado, pode ocorrer algum tipo de perturbação do processo de tratamento da fase líquida e que deve ser evitado a todo custo.

Por outro lado, pode também haver a falta de polímero necessário à etapa de precondicionamento químico, o que trará consequências diretas à operação da etapa de adensamento, seja na redução dos teores de sólidos no lodo adensado, seja na redução de sua taxa de captura de sólidos, o que ocasionará alta perda de sólidos na unidade de adensamento e posterior prejuízos no tratamento da fase líquida.

Ponto Relevante 5: O tanque de equalização de lodo bruto deve ser necessariamente submetido à agitação, de modo que as concentrações de sólidos possam ser devidamente equalizadas, facilitando, desse modo, sua etapa de precondicionamento químico a montante da unidade de adensamento.

Os maiores desafios impostos no tratamento dos lodos produzidos em decantadores convencionais de fluxo horizontal e decantadores de alta taxa ocorrem quando estas unidades não dispõem de sistemas de remoção semicontínua de lodo. Dessa maneira, seu regime de descarregamento é em batelada, o que exige a interrupção do funcionamento da unidade para o descarregamento do lodo e sua posterior limpeza.

Normalmente, a operação de esgotamento e limpeza de unidades de separação sólido-líquido dura não mais que 6 a 8 h, o que faz com que o volume total da unidade mais a água de lavagem tenham de ser equalizados antes de seu envio para o sistema de adensamento. Isso faz com que o volume mínimo do tanque de equalização tenha de ser, no mínimo, igual ao volume da unidade de sedimentação.

Uma alternativa que pode ser adotada para reduzir o volume do tanque de equalização de lodo bruto é prever a instalação de descargas seletivas nos decantadores localizada em sua metade superior, de modo que possa ser efetuada a recuperação de, pelo menos, metade de seu volume.

Normalmente, decantadores operados em regime de descarregamento de lodo em batelada, cujo tempo de funcionamento situe-se em torno de 20 a 30 dias, são dotados de um volume em torno de 40% a 50% composto por água com baixa concentração de sólidos e que pode ser reaproveitada. Este reaproveitamento pode ser efetuado prevendo-se seu envio para os tanques de recebimento de água de lavagem e posterior encaminhamento para o início do processo de tratamento. Uma vez realizado seu esgotamento inicial, o volume restante pode ser dirigido para o sistema de equalização de lodo bruto. A Figura 13-8 apresenta um decantador de alta taxa dotado de uma

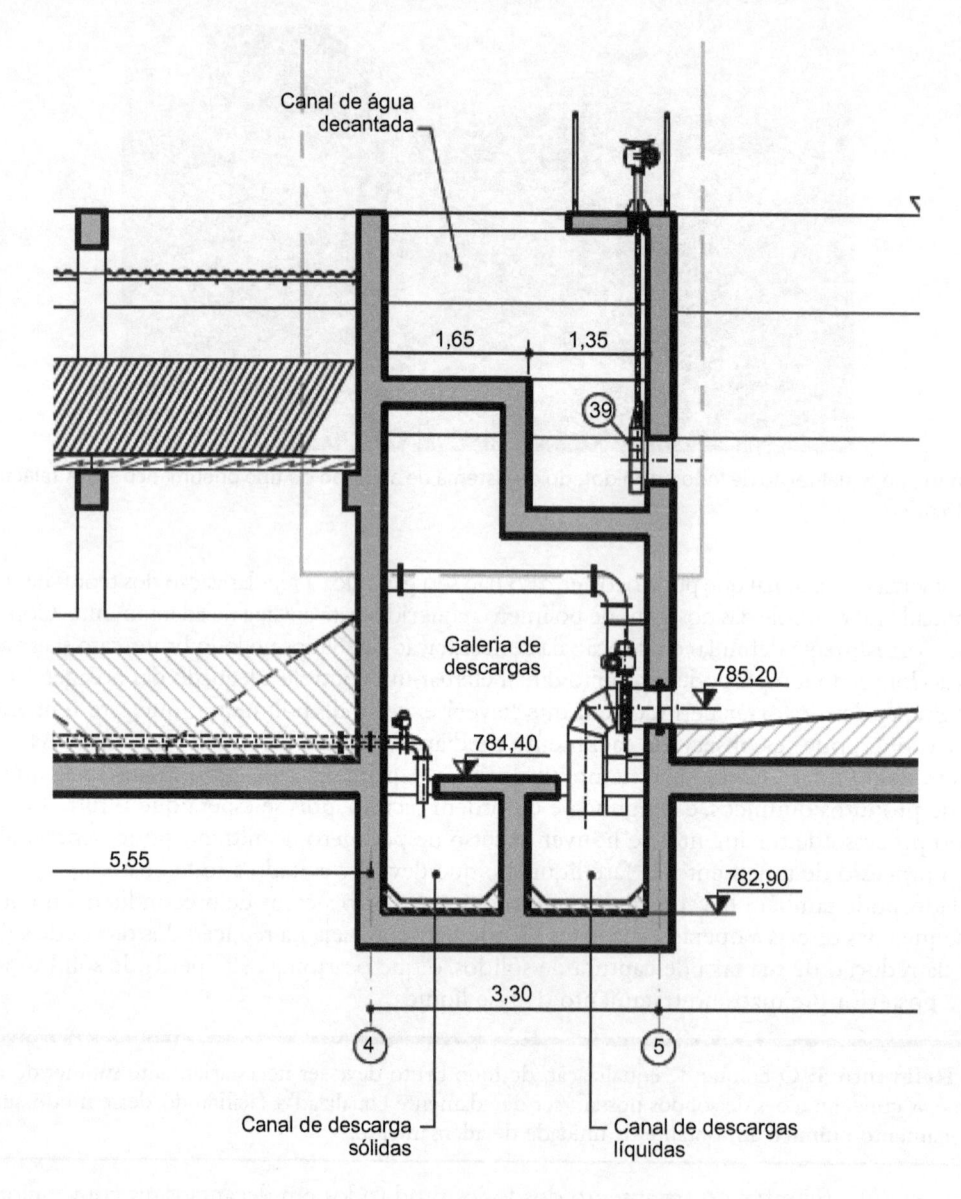

Figura 13-8 Decantador de alta taxa dotado de descarga seletiva localizado abaixo do módulo de sedimentação laminar.

descarga seletiva localizada imediatamente abaixo dos módulos de sedimentação e que possibilita o envio de seu volume superior para o sistema de recuperação de água de lavagem.

Considerando-se a operação das unidades de sedimentação, estas, mesmo que dotadas de sistemas de remoção semicontínua de lodo, necessitam ser esvaziadas para fins de manutenção e inspeção geral de equipamentos pelo menos uma vez por ano. Portanto, devem-se prever no projeto condições para o aproveitamento, ainda que parcial, de parte de seu volume.

Esse reaproveitamento pode considerar o envio desse volume para o sistema de equalização de água de lavagem dos filtros, devendo esta unidade ser dimensionada para permitir seu recebimento. Para estações de tratamento de água em fase de projeto, pode-se prever a instalação de descargas seletivas nas unidades de sedimentação, o que torna o problema de mais fácil solução. No entanto, para estações de tratamento de água já existentes, pode ser mais difícil sua instalação em razão de interferências existentes. Como alternativa, é possível prever a instalação de uma caixa de válvula junto à descarga de fundo do decantador e, por meio de manobras convenientes, pode-se enviar a descarga inicial do decantador para o sistema de recuperação de água de lavagem e seu volume final contendo o lodo sedimentado para o tanque de equalização de lodo bruto.

Esse procedimento é justificado em função das características reológicas do lodo descarregado hidraulicamente a partir de descargas de fundo. No início do processo de descarregamento existe a tendência de escoamento da água livre, não ocorrendo o carreamento dos sólidos retidos. Após a saída da água livre, o lodo começa a ser removido e, consequentemente, passa a ocorrer o aumento gradual do teor de sólidos. A Figura 13-9 apresenta dois perfis temporais de teor de sólidos observados para o lodo descarregado hidraulicamente para dois diferentes decantadores convencionais de fluxo horizontal.

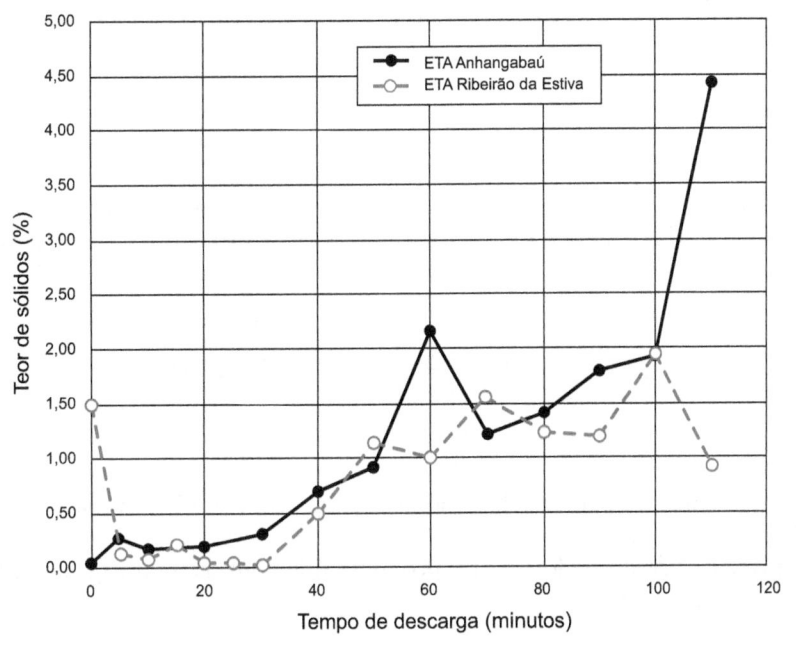

Figura 13-9 Teor de sólidos observados em função do tempo para o lodo descarregado hidraulicamente de decantadores convencionais de fluxo horizontal.

Para ambos os decantadores apresentados na Figura 13-9, é possível observar que, até 30 min de descarga, os valores de teores de sólidos no lodo descarregado são relativamente baixos, o que faz com que esse volume possa ser encaminhado para o sistema de recuperação de água de lavagem. Do ponto de vista operacional, o controle pode ser efetuado visualmente, ou seja, enquanto a qualidade do efluente descarregado apresentar uma baixa concentração de sólidos, é possível permitir seu envio ao sistema de recuperação de água de lavagem. Ao se observar o aumento das concentrações de sólidos no lodo descarregado, interrompe-se seu direcionamento para o sistema de recuperação de água de lavagem e passa-se a enviá-lo para o tanque de equalização de lodo bruto.

Exemplo 13-1

Problema: Efetuar o dimensionamento de um sistema de adensamento de lodo e respectivo tanque de equalização de lodo bruto para a estação de tratamento de água cujas características principais estão apresentadas no Exemplo 11-3. Devem-se considerar as alternativas de adensamento por gravidade e adensamento mecanizado, admitindo-se que a operação do sistema de adensamento por gravidade ocorra durante 24 h/dia e o adensamento mecanizado opere 8 h/dia. As vazões líquidas e sólidas efluentes das unidades de sedimentação foram extraídas de seu balanço de massa (ver Fig. 13-13), estando seus valores apresentados na Tabela 13-1.

Tabela 13-1 Vazões líquidas e sólidas afluente à unidade de adensamento

Vazões líquidas oriundas dos decantadores	1.314,1 m³/dia
Vazões sólidas oriundas dos decantadores	6.701,7 kg/dia

Solução: De posse das vazões líquidas e sólidas afluentes ao sistema de adensamento, e tendo-se definido seu regime de funcionamento, é possível realizar seu dimensionamento propriamente dito. É importante sempre lembrar que os valores de vazões líquidas e sólidas determinados no balanço de massa correspondem a um valor médio diário e, de modo que possa ser transformado em um valor de projeto, devem-se efetuar correções com base em seu regime de funcionamento.

• Passo 1: Determinação do volume do tanque de equalização de lodo bruto

A vazão efluente do sistema de sedimentação e afluente à unidade de adensamento deverá ser igual a 1.314,1 m³/dia. Se, porventura, for adotado o critério de *one day tank*, o volume mínimo do tanque de equalização de lodo bruto deverá ser igual a 1.314,1 m³/dia. Podem-se adotar dois tanques com volume unitário igual a 750 m³, totalizando um volume igual a 1.500 m³.

A adoção de dois tanques de equalização se justifica em caso de necessidade de parada de qualquer unidade para fins de manutenção.

• Passo 2: Dimensionamento dos adensadores por gravidade

A carga de sólidos afluentes aos adensadores por gravidade deverá ser igual a 6.701,7 kg/dia. Será adotada uma carga de sólidos igual a 40 kg/m².dia. Dessa maneira, a área superficial total requerida para os adensadores deverá ser igual a:

$$CS_{ad} = \frac{Q_s}{A_{ad}} \Rightarrow A_{ad} = \frac{Q_s}{CS_{ad}} = \frac{6.701,7 \ \frac{kg}{dia}}{40 \ \frac{kg}{m^2.dia}} \cong 167,5 \ m^2 \qquad \text{(Equação 13-1)}$$

Q_s = vazão sólida afluente aos adensadores em kg/dia
CS_{ad} = carga de sólidos admitida para os adensadores por gravidade em kg/m².dia
A_{ad} = área dos adensadores em m²

Será adotada a implantação de dois adensadores por gravidade com diâmetro igual a 10,0 m. Desse modo, a carga de sólidos aplicada deverá ser igual a:

$$CS_{ad} = \frac{Q_s}{A_{ad}} = \frac{6.701,7 \ \frac{kg}{dia}}{2.\pi.\frac{10,0^2}{4} \ m^2} \cong 42,7 \ \frac{kg}{m^2.dia} \qquad \text{(Equação 13-2)}$$

Uma vez que a carga de sólidos se encontra dentro da faixa recomendada de projeto (20 a 50 kg/m².dia), o dimensionamento pode ser considerado adequado. Mais uma vez, sempre se recomenda a implantação de, no mínimo, duas unidades, uma vez que sempre será necessário interromper o funcionamento de uma delas para fins de manutenção. Assim, no caso de parada de qualquer unidade, haverá sempre uma unidade em operação.

O diâmetro das unidades de adensamento deve sempre ser determinado com base na dimensão comercial dos equipamentos de remoção de lodo existentes no mercado.

- Passo 3: Verificação da carga de sólidos aplicada nos adensadores em caso de parada de uma unidade

Se houver parada de um adensador por gravidade, a carga de sólidos aplicada deverá ser igual a:

$$CS_{ad} = \frac{Q_s}{A_{ad}} = \frac{6.701,7 \ \frac{kg}{dia}}{\pi.\frac{10,0^2}{4} \ m^2} \cong 85,4 \ \frac{kg}{m^2.dia} \qquad \text{(Equação 13-3)}$$

Embora o valor seja elevado e superior a 50 kg/m².dia, a necessidade de parada de qualquer uma das unidades de adensamento é uma ocorrência esporádica e programável, podendo-se efetuar em períodos de menor produção de lodo.

- Passo 4: Verificação da taxa de escoamento superficial nos adensadores por gravidade

Embora não seja um parâmetro de projeto, pode-se verificar a taxa de escoamento superficial nos adensadores por gravidade. Desse modo, tem-se que:

$$q_{ad} = \frac{Q_l}{A_{ad}} = \frac{1.314,1 \ \frac{m^3}{dia}}{2.\pi.\frac{10,0^2}{4} \ m^2} \cong 8,4 \ \frac{m^3}{m^2.dia} \qquad \text{(Equação 13-4)}$$

q_{ad} = taxa de escoamento superficial nos adensadores por gravidade em m³/m².dia
Q_l = vazão líquida afluente aos adensadores em m³/dia

- Passo 5: Dimensionamento do sistema de dosagem de polímero requerida para o adensamento por gravidade

A vazão total de lodo a ser adensado diariamente deverá ser igual a 1.314,1 m³/dia e 6.701,7 kg/dia, tendo-se admitido seu funcionamento durante 24 h/dia. Será adotada uma dosagem de polímero máxima igual a 6,0 g/kg ST. Desse modo, o consumo de polímero estimado para adensamento deverá ser igual a:

$$Q_{pol,máx} = \frac{Q_{s,af}.D_{pol,máx}}{1.000 \ g/kg} = \frac{6.701,7 \ \frac{kg}{dia}.6,0 \ \frac{g}{kg}}{1.000\frac{g}{kg}. \ 24 \ \frac{h}{dia}} \cong 1,68 \ kg/h \qquad \text{(Equação 13-5)}$$

$Q_{pol,máx}$ = vazão mássica de polímero previsto para adensamento em kg/h
$Q_{s,af}$ = vazão sólida afluente aos adensadores em kg/dia
$D_{pol,máx}$ = dosagem máxima de polímero em g/kg ST
O sistema de adensamento deverá trabalhar durante 24 h/dia, e, assim sendo, o consumo de polímero diário máximo deverá ser igual a 40,2 kg/dia. Admitindo-se uma autonomia de 20 dias para o sistema de polímero requerido para o adensamento, sua necessidade de estocagem deverá ser igual a 804 kg. Pode-se adotar um total de 40 sacos de polímero em pó com capacidade igual a 20 kg cada um.

Será assumida uma concentração para a solução de polímero igual a 0,2% (2,0 kg/m³). Logo, a vazão volumétrica máxima requerida para o adensamento deverá ser igual a:

$$Q_{b,máx} = \frac{Q_{pol,máx}}{2,0 \ \frac{kg}{m^3}} = \frac{1,68 \ kg/h}{2,0 \ \frac{kg}{m^3}} \cong 0,84 \ m^3/h \ (840\frac{L}{h}) \qquad \text{(Equação 13-6)}$$

$Q_{b,máx}$ = vazão máxima do sistema de dosagem de polímero em m³/h
Pode-se optar pela implantação de um total de dois equipamentos de preparação de polímero em pó com capacidade individual igual a 1.000 L/h (1O + 1R), devendo uma unidade estar em operação e outra como reserva. A dosagem de polímero pode ser efetuada na entrada do sistema de adensamento por gravidade mediante a instalação de um misturador estático na linha de condução de lodo bruto entre o tanque de equalização de lodo e os adensadores por gravidade. A vazão máxima de solução de polímero a 0,2% prevista deverá ser igual a

840 L/h, podendo-se adotar a implantação de um total de duas bombas dosadoras (1O + 1R) com capacidade individual máxima igual a 1.000 L/h.

- Passo 6: Dimensionamento do sistema de adensamento mecanizado

Admitiu-se que o sistema de adensamento mecanizado apresentará funcionamento de 8 h/dia. Desse modo, suas vazões líquida e sólida afluentes deverão ser iguais a:

$$Q_{l,af} = \frac{Q_l}{8 \ horas} = \frac{1.314,1 \ \frac{m^3}{dia}}{8 \ horas/dia} \cong 164,3 \ \frac{m^3}{h} \qquad \text{(Equação 13-7)}$$

$$Q_{s,af} = \frac{Q_s}{8 \ horas} = \frac{6.701,7 \ \frac{kg}{dia}}{8 \ horas/dia} \cong 837,7 \ \frac{kg}{h} \qquad \text{(Equação 13-8)}$$

Q_l = vazão líquida afluente aos adensadores em m^3/dia
$Q_{l,af}$ = vazão líquida afluente aos adensadores em m^3/h
Q_s = vazão sólida afluente aos adensadores em kg/dia
$Q_{s,af}$ = vazão sólida afluente aos adensadores em kg/h

Com base em informações fornecidas pelos fabricantes, foi sugerida a utilização de mesas adensadores com capacidade nominal igual a 60 m^3/h. Admitindo-se que sua máxima vazão operacional não exceda 80% de sua vazão nominal, pode-se impor uma vazão hidráulica limite igual a 48 m3/h. Por conseguinte, o número mínimo de equipamentos em operação deverá ser igual a:

$$N_{ad} = \frac{164,3 \ \frac{m^3}{h}}{48 \ \frac{m^3}{h}} \cong 3,4 \qquad \text{(Equação 13-9)}$$

N_{ad} = número mínimo de equipamentos de adensamento em operação

Dessa maneira, pode-se adotar um total de cinco equipamentos de adensamento mecanizado (4O + 1R) com vazão individual nominal igual a 60 m^3/h, devendo quatro unidades estar em operação e uma unidade como reserva.

- Passo 7: Dimensionamento do sistema de dosagem de polímero requerida para o adensamento mecanizado

A vazão total de lodo a ser adensado diariamente deverá ser igual a 1.314,1 m^3/dia, e cada equipamento de adensamento deverá trabalhar com vazão máxima igual a 48 m^3/h. Admitindo-se um total de quatro equipamentos em operação, tem-se um número de horas de funcionamento da unidade igual a:

$$h_{ad} = \frac{1.314,1 \ \frac{m^3}{dia}}{4.48 \ \frac{m^3}{h}} \cong 6,9 \ horas \qquad \text{(Equação 13-10)}$$

h_{ad} = número de horas de operação do sistema de adensamento

A vazão mássica total e a vazão mássica afluente a cada unidade de adensamento deverão, portanto, ser iguais a:

$$Q_{s,af,t} = \frac{Q_s}{6,9 \ horas} = \frac{6.701,7 \ \frac{kg}{dia}}{6,9 \ horas/dia} \cong 971,3 \ \frac{kg}{h} \qquad \text{(Equação 13-11)}$$

$$Q_{s,af,ind} = \frac{971,3 \ \frac{kg}{h}}{4 \ unidades} = 242,8 \ \frac{kg}{h} \qquad \text{(Equação 13-12)}$$

$Q_{s,af,t}$ = vazão sólida total afluente aos adensadores em kg/h
$Q_{s,af,ind}$ = vazão sólida individual afluente aos adensadores em kg/h

Admitindo-se uma dosagem máxima de polímero igual a 6 g/kg ST, os consumos de polímero por dia e por unidade de adensamento deverão ser iguais a:

$$Q_{pol,máx,ind} = \frac{Q_{s,af,ind} \cdot D_{pol,máx}}{1.000 \; g/kg} = \frac{242,8 \; \frac{kg}{h} \cdot 6,0 \; \frac{g}{kg}}{1.000 \; g/kg} \cong 1,46 \; kg/h \qquad \text{(Equação 13-13)}$$

$$Q_{pol,máx,t} = 1,46 \frac{kg}{h} \cdot 4 \; unidades \cong 5,9 \; kg/h \qquad \text{(Equação 13-14)}$$

$D_{pol,máx}$ = dosagem máxima de polímero em g/kg ST
$Q_{pol,máx,ind}$ = vazão mássica de polímero previsto por equipamento de adensamento em kg/h
$Q_{pol,máx,t}$ = vazão mássica de polímero total previsto no sistema de adensamento em kg/h

Como o sistema de adensamento deverá trabalhar um total de 6,9 h/dia, o consumo de polímero diário máximo deverá ser igual a 40,7 kg/dia. Admitindo-se uma autonomia de 20 dias para o sistema de polímero requerido para o adensamento, sua necessidade de estocagem deverá ser igual a 814 kg. Pode-se adotar um total de 40 sacos de polímero em pó com capacidade igual a 20 kg cada um.

Admitindo-se uma concentração para a solução de polímero igual a 0,2% (2,0 kg/m³), a vazão volumétrica máxima por equipamento de adensamento deverá ser igual a:

$$Q_{b,máx,ind} = \frac{Q_{pol,máx,ind}}{2,0 \; \frac{kg}{m^3}} = \frac{1,47 \; kg/h}{2,0 \; \frac{kg}{m^3}} \cong 0,74 \; m^3/h \; (740 \frac{L}{h}) \qquad \text{(Equação 13-15)}$$

$Q_{b,máx,ind}$ = vazão máxima do sistema de dosagem de polímero individual para cada unidade de adensamento em m³/h

Uma vez que está previsto um total de quatro equipamentos de adensamento funcionando em paralelo, a vazão total de solução de polímero deverá ser igual a 2.960 L/h. Pode-se optar pela implantação de um total de dois equipamentos de preparação de polímero com capacidade individual igual a 3.000 L/h (1O + 1R), devendo uma unidade estar em operação e outra como reserva.

A alimentação de polímero em cada equipamento de adensamento deve ser efetuada individualmente por meio de bombas dosadoras específicas. A vazão máxima de solução de polímero a 0,2% prevista para cada unidade de adensamento é igual a 740 L/h. Por conseguinte, pode-se adotar a implantação de um total de cinco bombas dosadoras com capacidade individual máxima igual a 1.000 L/h, cada qual alimentando individualmente uma unidade de adensamento específica.

Observe que, tanto para o adensamento por gravidade como mecanizado, os consumos diários de polímero são semelhantes. No entanto, como se optou pelo funcionamento parcial do sistema de adensamento mecanizado, seu sistema de preparação e dosagem de polímero resultou de maior porte.

DESIDRATAÇÃO DE LODOS

A etapa de adensamento permite a elevação do teor de sólidos do lodo bruto para valores situados entre 2,0% e 5,0%, no entanto, estes ainda são reduzidos, não permitindo que seu manuseio para fins de disposição final possa ser efetuado de modo satisfatório. Dessa maneira, o lodo previamente adensado deve ser submetido a operações adicionais de remoção de água denominada desidratação. Entre os métodos mais comumente empregados para o tratamento de lodos gerados em estações de tratamento de água, destacam-se os métodos de desidratação naturais e mecanizados.

Métodos de desidratação naturais

Os métodos de desidratação naturais mais empregados para lodos oriundos de processos de tratamento de água são os leitos de secagem, leitos de drenagem ou *bags* dotados de membranas do tipo geotêxtil.

Os leitos de secagem têm sido extensivamente empregados nos processos de secagem de lodos em estações de tratamento de esgotos e estações de tratamento de água de pequeno porte. O princípio básico de funcionamento de um leito de secagem envolve a disposição do lodo sobre um sistema de drenagem, cuja função é permitir a drenagem de sua água livre. Após a etapa de drenagem da água livre, parte da umidade do lodo é retirada por evaporação. A Figura 13-10 apresenta uma vista geral de leitos de secagem empregados em estações de tratamento de água e estações de tratamento de esgoto.

(a)

(b)

Figura 13-10 Vista geral de leitos de secagem comumente empregados em estações de tratamento de água (ETAs) e estações de tratamento de esgoto (ETEs). (a) Leito de secagem em ETA. (b) Leito de secagem em ETE.

A eficiência de leitos de secagem na desidratação de lodos depende de fatores climáticos, sendo que os melhores resultados são obtidos em regiões de elevada temperatura e baixa umidade. O parâmetro de projeto mais relevante é sua carga de sólidos aplicada, recomendando-se que seus valores se situem entre 10 e 15 kg/m².ciclo. Estes valores podem ser maiores, aconselhando-se que as condições locais justifiquem sua adoção.

O tempo de ciclo de operação de um leito de secagem pode variar de 20 a 30 dias, também podendo ser menor em função de características meteorológicas locais. Normalmente, a expectativa de teor de sólidos para o lodo desidratado é superior a 30%, podendo-se alcançar até 50% para tempos de ciclo iguais ou superiores a 30 dias.

Os projetos originalmente concebidos para leitos de secagem sempre consideraram unidades abertas e sujeitas a intensidades pluviométricas, o que normalmente ocasiona um aumento do tempo de ciclo e redução nos valores de teor de sólido do lodo desidratado. É possível, como opção, efetuar o projeto de leitos de secagem prevendo

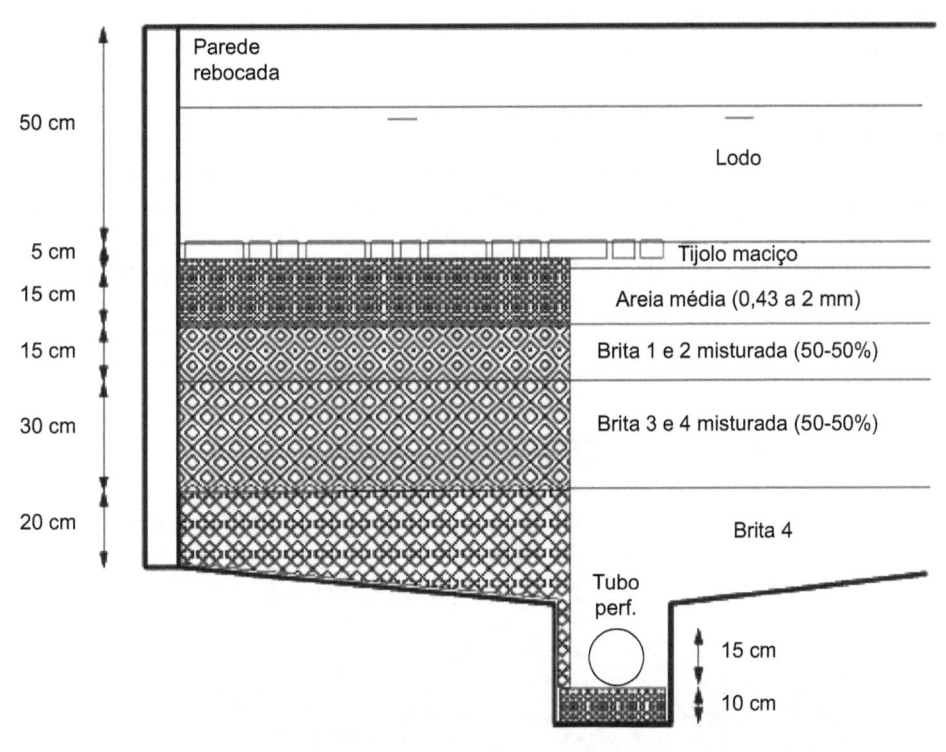

Figura 13-11 Corte típico de um leito de secagem empregado para secagem de lodo (MELO, 2006).

sua cobertura simples por meio de lonas transparentes resistentes à radiação ultravioleta comumente empregadas em estufas agrícolas.

Um dos maiores problemas observados com relação à utilização de leitos de secagem é o seu alto custo de implantação em razão de sua estrutura composta por brita e areia (Fig. 13-11).

Em razão de dificuldades construtivas e seu alto custo de implantação, foram propostas modificações nos leitos de secagem, sendo que a principal envolve a eliminação da camada de areia e parte substancial da camada de brita 3 e 4, bem como a colocação de uma membrana geotêxtil sobre uma camada de, aproximadamente, 20 cm de brita 4 e respectivo sistema de drenagem. Com base nas modificações sugeridas para os leitos de secagem, as novas unidades propostas foram denominadas leitos de drenagem. Os resultados apresentados indicam o excelente desempenho de leitos de drenagem para a desidratação de lodos de estações de tratamento de água, alcançando teores de sólidos superiores a 50% para tempos de ciclo em torno de 30 dias (FONTANA, 2004; SILVEIRA et al., 2015). Para possibilitar o maior aumento da vida útil da membrana geotêxtil, a recomendação é que sua densidade superficial seja igual ou superior a 600 g/m².

A operação de leitos de secagem e drenagem possibilita que seja enviado lodo bruto diretamente para a unidade de desidratação sem sua operação prévia de adensamento. Pode-se aumentar sua eficiência antecipando-se seu precondicionamento com polímero imediatamente a montante da unidade de desidratação. A formação de flocos com maior tamanho físico composto pela adição de polímero permite que a etapa de drenagem da água livre seja sensivelmente melhorada, o que possibilita a redução em seu tempo de ciclo e, inclusive, a superposição de descargas de lodo em um mesmo leito de secagem e drenagem.

A operação dos leitos de drenagem e secagem está diretamente atrelada ao regime de produção de lodo a partir dos decantadores. Caso estes sejam dotados de sistemas de descarregamento semicontínuo de lodo por meio de dispositivos hidráulicos ou mecanizados, é necessário que o lodo seja removido em intervalos entre descargas sucessivas não superiores a 30 min. Dessa maneira, a operação de leitos de secagem ou drenagem é extremamente dificultada, pois exige a implantação de um grande número de unidades.

Por conseguinte, a adoção de leitos de secagem ou drenagem é recomendada para estações de tratamento de água de pequeno e médio portes, cujos sistemas de descarregamento de lodo dos decantadores sejam operados em regime de batelada, o que permite um gerenciamento otimizado dos leitos implantados.

Ponto Relevante 6: Leitos de secagem e drenagem são unidades de desidratação normalmente recomendadas para estações de tratamento de água de pequeno e médio portes, cujo sistema de remoção do lodo dos decantadores seja operado em batelada.

A terceira opção para desidratação do lodo por meio de métodos naturais envolve a utilização de sistemas de contenção de lodo denominado *bags* do tipo membrana filtrante (GUIMARÃES; URASHIMA; VIDAL, 2014). Sua operação envolve o bombeamento do lodo bruto para elementos compostos por membranas filtrantes fechadas, sendo que os sólidos são retidos no interior dos *bags*, e o filtrado drenado ao longo de sua área superficial externa (Fig. 13-12).

Figura 13-12 *Bags* do tipo membrana filtrante empregados na desidratação de lodos de estações de tratamento de água.

A pressão de alimentação nos *bags* situa-se em torno de 1,5 a 2,5 bar, e, dessa maneira, o bombeamento do lodo aos *bags* deve ser efetuado com bombas do tipo deslocamento positivo, uma vez que a vazão de alimentação de lodo bruto deverá ser aproximadamente constante ao longo do tempo.

Para que a desidratação dos lodos nos *bags* ocorra de modo satisfatório, é necessário que o lodo bruto seja precondicionado com polímero. Sua aplicação pode ser efetuada diretamente na linha de alimentação de lodo bruto mediante a instalação de um misturador estático. As dosagens de polímero requeridas normalmente situam-se na faixa de 2 a 8 g/kg ST, devendo o polímero mais adequado ser selecionado com base em ensaios experimentais específicos.

A operação do sistema de *bag* do tipo membrana filtrante na desidratação do lodo envolve seu bombeamento para a unidade, retenção do lodo na unidade, drenagem do filtrado e seu posterior retorno para o início do processo

Figura 13-13 Procedimento de abertura de *bags* do tipo membrana filtrante e retirada do lodo desidratado.

de tratamento. Como o *bag* apresenta um volume útil máximo, pode-se efetuar o bombeamento do lodo até que se chegue a sua altura máxima. Uma vez alcançada sua capacidade, interrompe-se o bombeamento do lodo na unidade, seguindo uma etapa de consolidação do lodo e drenagem final, recomendando-se que a duração da etapa de consolidação do lodo seja em torno de 30 dias. Encerrada a operação do bag, procede-se a sua abertura e consequente à retirada do lodo e ao posterior envio para destinação final (Fig. 13-13).

É recomendável que a operação do sistema de desidratação do lodo por meio de *bags* seja sempre efetuada com duas ou mais unidades trabalhando em paralelo e de maneira alternada. Assim sendo, procede-se ao bombeamento do lodo de alternadamente nos *bags*, permitindo-se a operação do *bag* 1 no dia 1 e do *bag* 2 no dia 2, retornando o bombeamento do lodo do *bag* 1 no dia 3, e assim sucessivamente. Nos dias em que não houver bombeamento de lodo no *bag*, permite-se a consolidação do lodo e drenagem do líquido clarificado.

O teor de sólidos no lodo desidratado por *bags* do tipo membrana filtrante depende de suas características físico-químicas, podendo variar de 20% a 30%. Há no mercado *bags* com diferentes dimensões e volumes de contenção, devendo os fabricantes ser consultados na fase de projeto.

Sua utilização apresenta algumas vantagens em relação aos leitos de secagem e drenagem, podendo-se citar a independência de sua eficiência em relação a fatores climáticos, maior facilidade de operação e simplicidade construtiva. Como desvantagem principal, tem-se a necessidade de aquisição contínua dos *bags*, uma vez que, efetuada sua abertura para a retirada do lodo, a manta geotêxtil filtrante não pode ser mais reaproveitada. Em razão do tecido de o *bag* ser importado, seu preço varia em função da cotação do dólar, o que pode impedir um gerenciamento de custos adequado do sistema de tratamento da fase sólida.

É importante ressaltar que a operação de *bags* do tipo membrana filtrante envolve riscos operacionais, uma vez que a altura máxima de lodo em seu interior deve necessariamente ser respeitada, do contrário, pode ocorrer seu rompimento. Além disso, é importante que sempre sejam utilizados *bags* fabricados por fornecedores de elevada reputação, uma vez que a compra de *bags* cuja construção seja efetuada com tecido geotêxtil de baixa qualidade pode causar acidentes, pondo em risco a saúde dos operadores.

Ponto Relevante 7: Os *bags* do tipo membrana filtrante para desidratação do lodo devem ser utilizados somente com fornecedores idôneos e cujos produtos tenham ampla aceitação no mercado, devendo-se evitar sistemas não patenteados em razão da possibilidade de ocorrência de acidentes.

Exemplo 13-2

Problema: Efetuar o dimensionamento de um sistema de desidratação de lodo por meio de *bags* do tipo membrana filtrante para a estação de tratamento de água cujas características principais estão apresentadas no Exemplo 11-3. A operação do sistema de desidratação deverá ocorrer 24 h/dia, e as vazões líquidas e sólidas efluentes das unidades de sedimentação e encaminhadas para desidratação deverão ser iguais a 1.314,1 m³/dia e 6.701,7 kg/dia, respectivamente. Serão admitidos valores de taxa de captura de sólidos no *bag* e teor de sólidos no lodo desidratado iguais a 95% e 22%, respectivamente.

Solução: A utilização de *bags* do tipo membrana filtrante para desidratação de lodos permite que as operações de adensamento e de desidratação possam ocorrer em uma mesma unidade.

- Passo 1: Dimensionamento dos *bags* do tipo membrana filtrante

A carga de sólidos afluente aos *bags* deverá ser igual a 6.701,7 kg/dia. Uma vez que a taxa de captura de sólidos na unidade de desidratação é igual a 95%, tem-se que a massa retida por dia deverá ser igual a:

$$M_r = M_a.TC_b = 6.701,7\frac{kg}{dia}.0,95 \cong 6.366,6\frac{kg}{dia} \qquad \text{(Equação 13-16)}$$

M_r = massa de sólidos retida no *bag* por dia em kg/dia
M_a = massa de sólidos afluente ao *bag* por dia em kg/dia
TCb = taxa de captura de sólidos no *bag*

Admitido um tempo de operação para cada *bag* igual a 30 dias, a massa de sólidos retida por bag deverá ser igual a:

$$M_t = M_r.t = 6.366,6\frac{kg}{dia}.30\ dias \cong 190.998\ kg \qquad \text{(Equação 13-17)}$$

M_t = massa de sólidos total retida no *bag* em kg
t = tempo de operação do *bag* em dias

Dado o fato de que o teor de sólidos no lodo desidratado é igual a 22%, o volume útil do bag pode ser calculado da seguinte forma:

$$V_b = \frac{100.M_t}{TS(\%).\rho_{lodo}} = \frac{100x190.998\ kg}{22\%.1.100\frac{kg}{m^3}} \cong 789,2\ m^3 \qquad \text{(Equação 13-18)}$$

Vb = volume do *bag* em m³
$TS(\%)$ = teor de sólidos do lodo em %
ρ_{lodo} = massa específica do lodo em kg/m³

Será adotada a implantação de quatro *bags* com dimensões unitárias iguais a 8,3 m de comprimento por 61,0 m de comprimento, resultando em um volume unitário igual a 880 m³. Dessa maneira, deverão estar em operação dois *bags*, cujo volume total deverá ser igual a 1.760 m³. Uma vez que o volume diário de lodo desidratado deverá ser igual a 26,3 m3/dia, a autonomia do sistema de desidratação composto por dois *bags* deverá ser igual a 66,9 dias.

- Passo 2: Definição do esquema operacional do sistema de desidratação composto pelos *bags* do tipo membrana filtrante

O sistema de desidratação deverá ser dotado de um total de quatro *bags*, devendo duas unidades estar em operação e as outras duas ser unidades reservas. O tempo total de operação no modo enchimento de dois *bags* deverá ser igual a 66 dias.

Após seu enchimento, as duas unidades reservas deverão ser postas em operação, o que possibilitará seu uso por mais 66 dias. Durante esse período em operação das unidades reserva, deve-se garantir um tempo de consolidação do lodo nos *bags* cheios em torno de 30 dias, sobrando um total de 33 dias para seu esvaziamento, envio do lodo para disposição final e colocação de novos *bags*.

Após esse período de 66 dias, inicia-se a operação de bombeamento do lodo para os novos *bags* instalados, repetindo-se o ciclo operacional para os *bags* anteriormente em operação.

- Passo 3: Dimensionamento do sistema de dosagem de polímero requerida para desidratação por meio de *bags* do tipo membrana filtrante

A vazão total de lodo a ser desidratado diariamente deverá ser igual a 1.314,1 m³/dia e 6.701,7 kg/dia, assumindo-se seu funcionamento durante 24 h/dia. Se, porventura, for adotada uma dosagem de polímero máxima igual a 6,0 g/kg ST, seu consumo máximo diário deverá ser igual ao calculado anteriormente (Exemplo 13-1 – Passo 5). Assim sendo, seu consumo horário deverá ser igual a 1,68 kg/h.

Caso a concentração da solução de polímero seja igual a 0,2% (2,0 kg/m³), a vazão volumétrica máxima requerida para o adensamento deverá ser igual a 840 L/h.

Desse modo, pode-se optar pela implantação de um total de dois equipamentos de preparação de polímero em pó com capacidade individual igual a 1.000 L/h (1O + 1R), devendo uma unidade estar em operação e outra como reserva. A dosagem de polímero deverá ser efetuada diretamente na tubulação de recalque de lodo bruto por meio de um misturador estático. A vazão máxima de solução de polímero a 0,2% prevista deverá ser igual a 840 L/h, podendo-se adotar a implantação de um total de duas bombas dosadoras (1O + 1R) com capacidade individual máxima igual a 1.000 L/h.

Métodos de desidratação mecanizados

Os métodos de desidratação de lodo do tipo mecanizados são preferencialmente empregados em estações de tratamento de água de médio a grande portes, e sua escolha é normalmente efetuada pelo fato de esta ocupar menor área de implantação e por possibilitar maior flexibilidade na operação do sistema de tratamento da fase sólida.

Os equipamentos de desidratação mais empregados atualmente no Brasil têm sido centrífugas, filtros-prensa de esteira, filtros-prensa do tipo parafuso e filtros-prensa de placas. Cada tecnologia apresenta vantagens e desvantagens, devendo ser devidamente compatibilizadas com a realidade do local de implantação da obra e com os aspectos econômicos envolvendo a disposição final do lodo.

O equipamento que atualmente tem apresentado maior aceitabilidade no mercado nacional tem sido centrífugas, em razão de sua simplicidade operacional e elevada capacidade hidráulica instalada em relação a sua área de implantação.

O princípio de funcionamento de centrífugas na desidratação de lodos envolve a aplicação de uma força centrífuga no lodo, o que possibilita a separação da fase sólida da fase líquida. A intensidade da força centrífuga aplicada depende da rotação imposta ao equipamento. A alimentação do lodo adensado na centrífuga é efetuada de modo contínuo, o que permite que a produção de lodo desidratado e líquido clarificado também ocorra de maneira simultânea (Fig. 13-14).

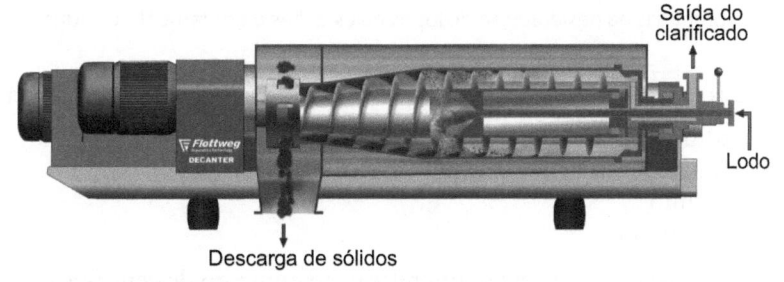

Figura 13-14 Princípio de funcionamento de centrífugas empregadas na desidratação de lodos.

(Fonte: https://www.flottweg.com/product-lines/decanter/). Reproduzida com permissão.

Como os lodos produzidos em estações de tratamento de água apresentam grande quantidade de água incorporada no lodo, sua desidratação é normalmente efetuada com dificuldade. Os teores de sólidos produzidos por centrífugas variam de 18% a 22%, podendo estes valores ser maiores, dependendo das características do lodo.

Como o projeto mecânico de centrífugas é bastante flexível, é possível encontrar no mercado equipamentos cuja vazão de alimentação varia desde 2,0 a 250 m³/h, o que permite muita flexibilidade na execução do projeto, viabilizando grande capacidade de desidratação de sólidos em relação a sua área de implantação (Fig. 13-15).

Figura 13-15 Centrífugas empregadas na desidratação de lodos de estações de tratamento de água.

Por conseguinte, entre as principais vantagens que se destacam quando do emprego de centrífugas, pode-se citar:

- Relativo baixo custo de implantação.
- Alta capacidade hidráulica instalada por área de implantação.
- Funcionamento contínuo.
- Ambiente de trabalho limpo.

Sem sombra de dúvida, as maiores vantagens com relação ao emprego de centrífugas na desidratação de lodos é sua simplicidade do projeto, podendo ser instaladas muitas máquinas operando em paralelo e ocupando uma área de implantação bastante reduzida. Pode também ressaltar que, por ser uma unidade fechada, as centrífugas permitem um ambiente de trabalho limpo, sem que seja observada perda de sólidos nos equipamentos. No entanto, a utilização de centrífugas apresenta algumas desvantagens, como:

- Alto consumo energético.
- Elevado custo de manutenção.
- Alto nível de ruídos, o que pode exigir sua instalação em uma sala com proteção acústica.
- O fato de o lodo adensado não poder conter areia, do contrário, o desgaste de suas partes constitutivas tende a ser bastante elevado.
- Sua operação requer uma equipe bem treinada.

A operação de centrífugas próximas de áreas urbanizadas tem ocasionado inúmeras reclamações por parte de sua vizinhança, o que tem limitado seu número de horas de operação máxima diária. Com vistas a minimizar o problema, normalmente as estações de tratamento de água têm imposto como limite de horas de operação das unidades de desidratação o máximo de 8 h/dia. Como alternativa, pode-se considerar sua implantação em salas com proteção acústica, no entanto, os custos da instalação passam a ser maiores. Outra questão bastante relevante está associada ao lodo a ser desidratado. Pelo fato de as rotações de operação serem bastante elevadas, recomenda-se que o lodo adensado não contenha quantidades significativas de areia, do contrário, as centrífugas deverão apresentar um desgaste bastante prematuro.

O dimensionamento de centrífugas para desidratação de lodos é normalmente efetuado com base em suas vazões líquidas e sólidas afluentes, devendo, portanto, ser realizado com base em informações fornecidas pelos fabricantes.

Como todo equipamento de desidratação mecanizado, seu funcionamento requer que o lodo adensado seja precondicionado com polímero, sendo que suas dosagens se situam entre 2,0 e 8,0 g/kg ST. O controle das dosagens de polímero é um ajuste operacional que deve ser efetuado *in loco* e de modo contínuo, o que requer sempre a presença de equipes de operação muito bem treinadas. A Figura 13-16 apresenta a qualidade do filtrado produzido por duas diferentes centrifugas, a primeira com dosagem de polímero devidamente ajustada e a segunda com dosagem abaixo do mínimo requerido.

Uma tecnologia muito empregada para a desidratação de lodos de estações de tratamento de água e esgotos sanitários, especialmente nos Estados Unidos, tem sido os filtros-prensa de esteiras (Fig. 13-17).

Seu princípio de funcionamento envolve o transporte do lodo por meio de duas esteiras porosas e que são continuamente prensadas por meio de um conjunto de roletes com diferentes diâmetros. Dessa maneira, o líquido separado do lodo é drenado pelas esteiras, e o lodo desidratado é transportado e coletado na parte final do equipamento. Existem equipamentos disponíveis no mercado que podem estar associados a unidades de adensamento mecanizado, o que possibilita que ambas as etapas, de adensamento e de desidratação, possam ser efetuadas em um único equipamento.

A eficiência de filtros-prensa de esteira da desidratação de lodos de estações de tratamento de água é muito semelhante à das centrífugas, com o teor de sólidos no lodo desidratado variando de 18% a 22%. Embora largamente empregado nos Estados Unidos, na área de saneamento, seu uso no Brasil é bastante limitado, restringindo-se a segmentos industriais específicos.

As principais vantagens do uso de filtros-prensa de esteira na desidratação de lodos são as seguintes:

- Baixo custo de implantação.
- Baixo consumo de energia, elétrica.
- Baixo custo operacional.
- Baixo nível de ruídos.
- Menor complexidade em relação aos demais equipamentos existentes no mercado.
- Relativamente fáceis de serem ligados e desligados.

Por sua vez, apresenta como desvantagens:

- Operação muito sensível em função das características do lodo adensado.
- Operação automática não recomendada, requerendo sempre a presença de um operador.
- Impossibilidade de um ambiente de trabalho limpo, podendo ocorrer perda de sólidos entre as esteiras e roletes de prensagem.

(a)

(b)

Figura 13-16 Diferente qualidade do filtrado produzido em unidades de desidratação de lodos em função das suas condições de pré-tratamento. (a) Dosagem de polímero ajustada. (b) Dosagem de polímero abaixo do mínimo requerido.

Como o equipamento tem suas estruturas abertas à atmosfera, pode ocorrer a perda de sólidos entre as esteiras, o que faz com que o ambiente de trabalho fique bastante sujo. Esta perda de sólidos acontece quando as dosagens de polímero não são devidamente ajustadas, o que é normalmente comum quando são observadas intensas variações nos valores de teor de sólidos do lodo adensado.

Por conseguinte, seja nas etapas de adensamento, seja na de desidratação, é de grande importância que as variações nos valores de teor de sólidos no lodo adensado sejam minimizadas, devendo sempre prever uma unidade de equalização de lodo adensado a montante do sistema de desidratação.

A alternativa bastante interessante para a desidratação de lodos tem sido o emprego de filtros-prensa do tipo parafuso, cuja tecnologia tem sido empregada em algumas estações de tratamento de água (Fig. 13-18).

O princípio de funcionamento do filtro-prensa do tipo parafuso baseia-se no bombeamento do lodo e seu transporte por meio de uma rosca sem fim, que rotaciona ao longo de uma tela perfurada permitindo, desta forma, a drenagem do liquido clarificado. Na extremidade da rosca sem fim, o lodo desidratado é coletado, sendo possível alcançar valores de teor de sólidos no lodo entre 18% e 25%.

O que torna o filtro-prensa do tipo parafuso interessante, é que suas rotações operacionais são muito reduzidas, da ordem de 1 a 3 rpm, o que faz com que seu desgaste ao longo do tempo seja bastante diminuto. Além disso, seu consumo energético é muito menor que o das centrífugas.

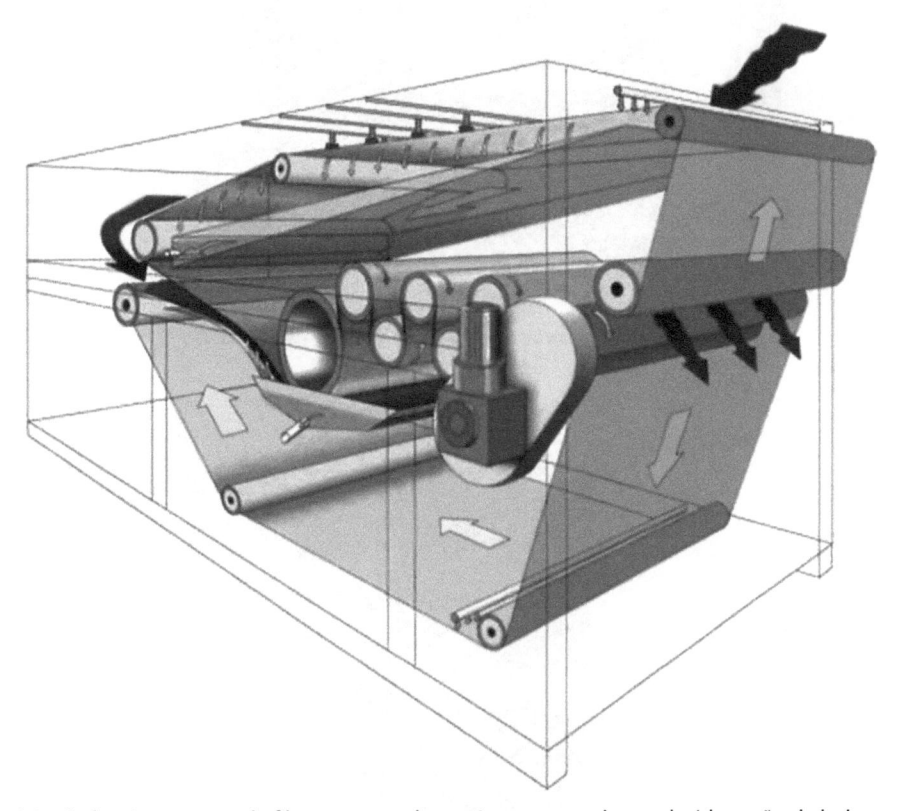

Figura 13-17 Princípio de funcionamento de filtros-prensa de esteira empregadas na desidratação de lodos.

(Fonte: http://www.huber-technology.com.br/fileadmin/01_products/04_sludge/03_entwaessern/03_bogenpresse/pro_b-press_en.pdf) Reproduzido com permissão.

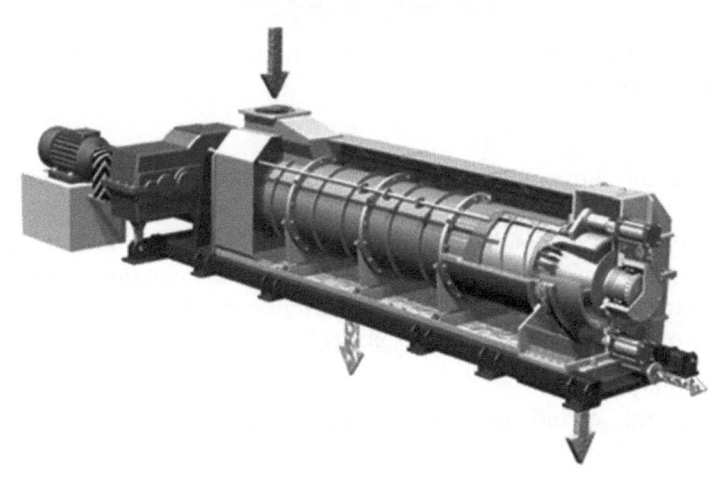

Figura 13-18 Princípio de funcionamento de filtros-prensa do tipo parafuso utilizado na desidratação de lodos.

(Fonte: http://www.andritz.com/products-and-services/pf-detail.htm?productid=11948.) Reproduzido com permissão.

(a)

(b)

Figura 13-19 Filtro-prensa do tipo parafuso em operação na desidratação de lodos de estações de tratamento de água. (a) Drenagem do líquido clarificado. (b) Saída do lodo desidratado.

A Figura 13-19 apresenta um filtro-prensa do tipo parafuso em operação, podendo-se observar a drenagem do filtrado e a saída do lodo desidratado.

No que se refere a desempenho na desidratação, quando alimentado com lodo adensado de idênticas características, o filtro-prensa do tipo parafuso, o filtro-prensa de esteira e as centrífugas são capazes de alcançar teores de sólidos no lodo desidratado bastante semelhantes, não havendo grande diferença entre seus valores. Entre as principais vantagens do filtro-prensa do tipo parafuso, podem-se citar:

- Baixo custo de implantação.
- Baixo consumo de energia, quando comparado com centrífugas.
- Facilidade operacional.
- Operação contínua.
- Ausência de ruídos.
- Ambiente final de trabalho limpo.

Como desvantagens, podem-se citar:

- Maior consumo de polímeros, quando comparado com centrífugas.
- Ausência de dados operacionais até o momento no Brasil para o setor de saneamento.
- Pequeno número de fornecedores no mercado nacional, o que pode restringir a condução de processos licitatórios.

Apesar de apresentar algumas vantagens em relação a centrífugas, o custo de aquisição de filtros-prensa do tipo parafuso é cerca de 20% a 30% superior ao das centrífugas, o que faz com que sua escolha como tecnologia de desidratação seja normalmente considerada para aplicações específicas.

No caso de estações de tratamento de água cujos processos de desarenação não sejam muito eficientes, o que faz com que o lodo retido nos decantadores apresente altas concentrações de areia, não se recomenda a utilização de centrífugas, uma vez que existe um alto risco de danos em suas partes constitutivas principais. Assim sendo, a seleção de filtros-prensa do tipo parafuso é uma alternativa bastante atrativa, ainda que seu custo de implantação seja mais elevado.

As maiores restrições ao emprego de filtros-prensa do tipo parafuso no Brasil são o pequeno número de fornecedores, no máximo dois fabricantes, e o reduzido número de instalações em operação. Dessa maneira, seus dados operacionais e respectivas eficiências para a desidratação de lodos de estações de tratamento de água são bastante limitados, o que faz com que os operadores e projetistas ainda tenham restrições com relação a sua escolha como tecnologia de desidratação.

A última tecnologia de desidratação mecanizada comumente empregada na desidratação de lodos de estações de tratamento de água é o filtro-prensa de placa. Enquanto as outras tecnologias apresentadas (centrífugas, filtro-prensa de esteira e filtro-prensa do tipo parafuso) geralmente possibilitam a obtenção de lodo desidratado com valores de teor de sólidos entre 18% e 25%, o filtro-prensa de placa é a única alternativa de desidratação que permite a produção de lodo desidratado com valores superiores a 30%, normalmente entre 30% e 35% dependendo das características do lodo e de suas condições de precondicionamento com polímero. A Figura 13-20 apresenta um esquema de montagem de um filtro-prensa de placas e seu funcionamento.

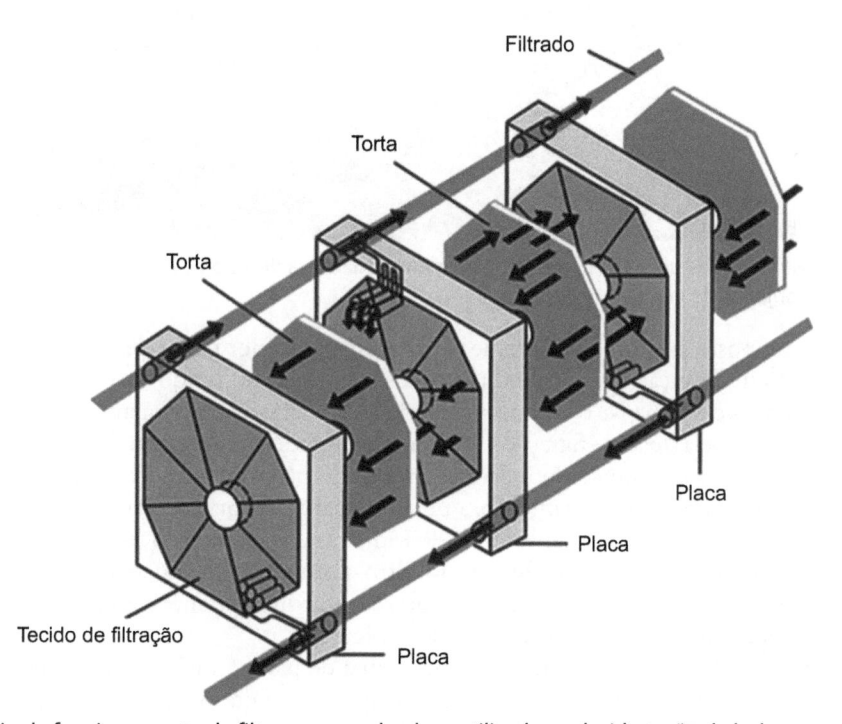

Figura 13-20 Princípio de funcionamento de filtros-prensa de placa utilizado na desidratação de lodos.

(Fonte: http://www.beckart.com/wastewater_treatment/filter_presses.php.)

(a)

(b)

Figura 13-21 Partes constitutivas de um filtro-prensa de placas empregado na desidratação de lodos. (a) Placa e tecido de filtração durante montagem. (b) Conjunto de placas montadas.

O equipamento é composto por um conjunto de câmaras formadas por placas de secção quadrada ou retangular e envoltas por um tecido de filtração que possibilita que os sólidos sejam retidos e a água removida (Fig. 13-21).

A operação de um filtro-prensa envolve o bombeamento do lodo adensado previamente condicionado com polímero, sendo inicialmente removido pelas telas de filtração. Desse modo, a tendência ao longo do tempo de operação da etapa de bombeamento é a remoção e o acúmulo do lodo nas câmaras do filtro-prensa e a drenagem do líquido clarificado.

Como no início do processo de bombeamento, a perda de carga decorrente da retenção de sólidos no tecido de filtração é baixa, as vazões de bombeamento do lodo são altas e a pressão no interior das câmaras é reduzida. Com o acúmulo e a retenção dos sólidos nas câmaras do filtro-prensa, passam a ocorrer gradual aumento da perda de carga e redução na vazão de alimentação de lodo. A pressão máxima de operação de um filtro-prensa de placa pode chegar a 60 bar, dependendo de suas condições de projeto.

Como as vazões de lodo de alimentação de um filtro-prensa de placa é variável no tempo, o condicionamento do lodo deve ser um processo automatizado, evitando-se que haja falta ou excesso de polímero. As dosagens de polímero variam de 2,0 a 6,0 g/kg ST, sendo bastante semelhantes em comparação às demais tecnologias de desidratação mecanizadas. Em geral, os filtros de prensa mais modernos são fornecidos com sistemas de controle automático de dosagem de polímero.

As etapas de operação de um filtro-prensa de placa envolvem seu enchimento, filtração do lodo, descarregamento da torta desidratada e lavagem das telas de filtração. Normalmente, o tempo de ciclo de operação de um filtro-prensa de placa situa-se em torno de 4 a 6 h. Diferentemente das demais tecnologias de desidratação, a operação de um filtro-prensa de placa não é um processo contínuo, uma vez que, no fim do ciclo de bombeamento do lodo, deve-se interromper sua operação para descarregamento do lodo desidratado. Assim, sua operação é muito mais complexa que as demais, exigindo que os sistemas de abertura das placas e sua limpeza sejam automatizados.

Embora seja um equipamento comercial, seu projeto e dimensionamento são efetuados pelo fabricante, considerando as características do lodo de alimentação, seu teor de sólidos de entrada e variáveis operacionais, a saber: pressão máxima de operação, tamanho e número das placas. A utilização do filtro-prensa de placas apresenta como vantagens:

- Altos valores de teor de sólidos no lodo desidratado.
- Excelente captura de sólidos.

Como desvantagens, podem-se citar:

- Operação em batelada.
- Alto custo de investimento.
- Alto custo operacional.
- Necessidade de operação automatizada.
- Equipamento de grande peso, o que exige estrutura civil robusta para sua implantação.

Embora filtros-prensa de placas permitam a produção de lodos com os maiores teores de sólidos no lodo desidratado, sua utilização tem sido preterida em relação às demais, basicamente em função de seu alto custo de implantação e maior dificuldade operacional por ser um processo operado em batelada.

Como o mercado oferece diferentes alternativas para a desidratação mecanizada de lodos, a tecnologia a ser implantada em sistemas de tratamento da fase sólida deve sempre ser selecionada com base em uma análise técnica e econômica, envolvendo o exame de custos de implantação dos equipamentos, custos de operação e manutenção e custos de transporte e disposição final do lodo.

Como recomendações gerais acerca da utilização de sistemas de desidratação mecanizadas para lodos produzidos em estações de tratamento de água, podem-se citar:

Ponto Relevante 8: Todos os equipamentos de desidratação mecanizados exigem que o lodo de alimentação seja precondicionamento com polímero, devendo sua escolha e respectivas dosagens ser definidas por meio de ensaios experimentais específicos e confirmados em escala real.

Ponto Relevante 9: O projeto de sistemas de desidratação mecanizado envolve a definição de suas vazões mássica e volumétrica máximas admissíveis, devendo sempre ser efetuado em conjunto com os fabricantes. Recomenda-se que as vazões máximas adotadas não excedam 80% da capacidade nominal dos equipamentos.

Ponto Relevante 10: Entre as etapas de adensamento e desidratação, deve ser prevista a implantação de um tanque de equalização de lodo adensado cujo volume mínimo seja igual ao volume de lodo adensado diário afluente ao sistema de desidratação.

Ponto Relevante Final: O tanque de equalização de lodo adensado deve ser sempre submetido à agitação, de modo que as concentrações de sólidos possam ser devidamente equalizadas, facilitando, assim, sua etapa de precondicionamento químico a montante das unidades de desidratação.

Exemplo 13-3

Problema: Efetuar o dimensionamento de um sistema de desidratação de lodo por meio de centrífugas e respectivo tanque de equalização de lodo adensado para a estação de tratamento de água cujas características principais estão apresentadas no Exemplo 11-3. Assume-se que o sistema de desidratação opere durante 8 h/dia. As vazões líquidas e sólidas afluentes ao sistema de desidratação foram extraídas de seu balanço de massa, estando seus valores apresentados na Tabela 13-2.

Tabela 13-2 Vazões líquidas e sólidas afluentes ao sistema de desidratação

Vazões líquidas oriundas do sistema de adensamento	281,9 m³/dia
Vazões sólidas oriundas do sistema de adensamento	5.975,1 kg/dia

Solução: As vazões líquidas e sólidas afluentes ao sistema de desidratação foram extraídas do balanço de massa efetuado para a estação de tratamento de água. Mediante correções pertinentes, as vazões poderão ser utilizadas para o dimensionamento das unidades.

- Passo 1: Determinação do volume do tanque de equalização de lodo adensado

A vazão a ser encaminhada ao sistema de desidratação deverá ser igual a 281,9 m^3/dia. Empregando-se o conceito de *one day tank*, o volume mínimo do tanque de equalização de lodo adensado deverá ser igual a 282 m^3/dia. Podem-se adotar dois tanques com volume unitário igual a 300 m^3, totalizando um volume igual a 600 m^3.Vale lembrar sempre que é interessante que sejam adotados dois tanques de equalização de lodo adensado, considerando a eventual necessidade de parada de qualquer unidade para fins de manutenção.

- Passo 2: Dimensionamento do sistema de desidratação mecanizado

Admitiu-se que o sistema de desidratação deverá funcionar durante 8 h/dia. Dessa maneira, suas vazões líquida e sólida afluentes deverão ser iguais a:

$$Q_{l,af} = \frac{Q_l}{8 \text{ horas}} = \frac{281,9 \; \frac{m^3}{dia}}{8 \text{ horas} / dia} \cong 35,2 \; \frac{m^3}{h} \qquad \text{(Equação 13-19)}$$

$$Q_{s,af} = \frac{Q_s}{8 \text{ horas}} = \frac{5.975,1 \; \frac{kg}{dia}}{8 \text{ horas} / dia} \cong 746,9 \; \frac{kg}{h} \qquad \text{(Equação 13-20)}$$

Q_l = vazão líquida afluente ao sistema de desidratação em m^3/dia
$Q_{l,af}$ = vazão líquida afluente ao sistema de desidratação em m^3/h
Q_s = vazão sólida afluente ao sistema de desidratação em kg/dia
$Q_{s,af}$ = vazão sólida afluente ao sistema de desidratação em kg/h
De acordo com informações fornecidas pelos fabricantes, as capacidades nominais dos equipamentos disponíveis no mercado são iguais a 10, 15, 20, 30 e 40 m^3/h. Será escolhida, então, a implantação de centrífugas com capacidade nominal igual a 30 m^3/h. Admitindo-se que sua máxima vazão operacional não exceda 80% de sua vazão nominal, pode-se impor uma vazão hidráulica limite igual a 24 m^3/h. Por conseguinte, o número mínimo de equipamentos de desidratação em operação deverá ser igual a:

$$N_{de} = \frac{35,2 \; \frac{m^3}{h}}{24 \; \frac{m^3}{h}} \cong 1,5 \qquad \text{(Equação 13-21)}$$

N_{de} = número mínimo de centrífugas em operação
Pode-se adotar um total de três centrífugas (2O + 1R) com vazão individual nominal igual a 30 m^3/h, devendo duas unidades estar em operação e uma unidade como reserva.

- Passo 3: Dimensionamento do sistema de dosagem de polímero requerida para a desidratação

A vazão total de lodo a ser desidratado diariamente deverá ser igual a 35,2 m^3/dia, e cada centrífuga deverá trabalhar com vazão máxima igual a 24 m^3/h. Assumindo-se um total de dois equipamentos em operação, tem-se que o número de horas de funcionamento do sistema de desidratação deverá ser igual a:

$$h_{de} = \frac{281,9 \; \frac{m^3}{dia}}{2.24 \; \frac{m^3}{h}} \cong 5,9 \; h \qquad \text{(Equação 13-22)}$$

h_{de} = número de horas de operação do sistema de desidratação
Logo, a vazão mássica total e a vazão mássica afluente a cada centrífuga deverão ser iguais a:

$$Q_{s,af,t} = \frac{Q_s}{5,9 \ horas} = \frac{5.975,1 \ \frac{kg}{dia}}{5,9 \ horas / dia} \cong 1.012,7 \ \frac{kg}{h}$$ (Equação 13-23)

$$Q_{s,af,ind} = \frac{1.012,7 \ \frac{kg}{h}}{2 \ unidades} = 506,4 \ \frac{kg}{h}$$ (Equação 13-24)

$Q_{s,af,t}$ = vazão sólida total afluente ao sistema de desidratação em kg/h
$Q_{s,af,ind}$ = vazão sólida individual afluente a cada centrífuga em kg/h
Admitindo-se uma dosagem máxima de polímero igual a 6 g/kg ST, os consumos de polímero por dia e por centrífuga deverão ser iguais a:

$$Q_{pol,máx,ind} = \frac{Q_{s,af,ind}.D_{pol,máx}}{1.000 \ g / kg} = \frac{506,4 \ \frac{kg}{h}.6,0 \ \frac{g}{kg}}{1.000 \ g / kg} \cong 3,04 \ kg / h$$ (Equação 13-25)

$$Q_{pol,máx,t} = 3,04 \frac{kg}{h} . \ 2 \ unidades \cong 6,1 \ kg / h$$ (Equação 13-26)

$D_{pol,máx}$ = dosagem máxima de polímero em g/kg ST
$Q_{pol,máx,ind}$ = vazão mássica de polímero previsto por centrífuga em kg/h
$Q_{pol,máx,t}$ = vazão mássica de polímero total previsto no sistema de desidratação em kg/h
O sistema de desidratação deverá trabalhar um total de 5,9 h/dia, logo, o consumo de polímero diário máximo deverá ser igual a 36 kg/dia. Admitindo-se uma autonomia de 20 dias, a necessidade de estocagem de polímero para desidratação deverá ser igual a 720 kg. Pode-se, então, adotar um total de 36 sacos de polímero em pó com capacidade igual a 20 kg cada.
Admitindo-se uma concentração para a solução de polímero igual a 0,2% (2,0 kg/m³), a vazão volumétrica máxima por centrífuga deverá ser igual a:

$$Q_{b,máx,ind} = \frac{Q_{pol,máx,ind}}{2,0 \ \frac{kg}{m^3}} = \frac{3,04 \ kg / h}{2,0 \ \frac{kg}{m^3}} \cong 1,52 \ m^3 / h \ (1.520 \frac{L}{h})$$ (Equação 13-27)

$Q_{b,máx,ind}$ = vazão máxima individual de solução de polímero em cada centrífuga em m³/h
Uma vez que está previsto um total de duas centrífugas em operação, a vazão total de solução de polímero deverá ser igual a 3.040 L/h. Pode-se, então, optar pela implantação de um total de dois equipamentos de preparação de polímero com capacidade individual igual a 4.000 L/h (1O + 1R), devendo uma unidade estar em operação e outra como reserva.
A alimentação de polímero em cada centrífuga deve ser efetuada individualmente por meio de bombas dosadoras específicas. A vazão máxima de solução de polímero a 0,2% prevista para cada centrífuga deverá ser igual a 1.520 L/h. Será adotada a implantação de um total de três bombas dosadoras com capacidade individual máxima igual a 2.000 L/h, cada qual alimentando individualmente uma centrífuga específica.
Observação: Um aspecto de grande importância é que os polímeros normalmente requeridos para adensamento e desidratação costumam apresentar diferentes características: muitas vezes são catiônicos para adensamento e aniônicos para desidratação, e vice-versa. Dessa maneira, os sistemas de preparação de solução de polímero para atendimento das necessidades de adensamento e desidratação devem ser independentes.

• Passo 4: Produção de lodo desidratado e disposição final

Com base no balanço de massa apresentado na Figura 13-13, tem-se que a massa de sólidos secos e o volume de lodo produzido diariamente deverão ser iguais a 5.699,1 kg/dia e 21,6 m³/dia respectivamente, com teor de sólidos igual a 22%. O lodo desidratado deverá ser disposto em caçambas com volume unitário igual a 30 m³ e transportado diariamente para um aterro sanitário.

PÓS-SECAGEM E DISPOSIÇÃO FINAL DE LODOS

Pós-secagem de lodos

A desidratação de lodos por meio de sistemas mecanizados é capaz de produzir lodos com teor de sólidos que podem variar de 18% a 22%, com exceção de filtros-prensa de placas, que podem alcançar até 35%. Atualmente, os maiores custos associados à operação de sistemas de tratamento da fase sólida estão no transporte e na disposição final do lodo, o que pode situar entre R$ 120,00 e R$ 180,00 por tonelada. Assim sendo, quanto maior for o teor de sólidos no lodo desidratado, menores serão os custos operacionais (KURT; AKSOY; SANIN, 2015). Além disso, é importante ressaltar que a disposição final mais comum para lodos de estações de tratamento de água é em aterros sanitários ou em aterros industriais. Estes, comumente, exigem teores de sólidos superiores a 30% para fins de recebimento, uma vez que valores inferiores tendem a dificultar seu manuseio, podendo ocasionar atolamento de máquinas e caminhões (WANG et al., 1992).

Atualmente, são as duas alternativas para a pós-secagem de lodos de estações de tratamento de água: mediante a utilização de secagem térmica ou por meio de secagem natural. A opção por secadores térmicos é somente viável para estações de tratamento de água de grande porte, localizadas próximas de áreas urbanas e que não disponham de alternativas para disposição final do lodo. No Brasil, ainda não existem instalações dotadas de secadores térmicos em operação para lodos de estações de tratamento de água, sendo, no entanto, uma opção a ser considerada no futuro.

Uma opção bastante interessante para algumas estações de tratamento de água é a construção de pátios de pós-secagem de lodos que permitam a secagem natural do lodo e a elevação de seu teor de sólidos para valores que podem alcançar 50% ou mais (BENNAMOUN, 2012; AL-OTOOM et al., 2015). A Figura 13-22 apresenta alguns pátios de pós-secagem de lodos implantados em algumas estações de tratamento de água.

(a)

(b)

Figura 13-22 Pátios de pós-secagem de lodos implantados em algumas estações de tratamento de água. (a) ETA 3 e 4 (Sanasa). (b) ETA Taiaçupeba (Sabesp).

Figura 13-23 Disposição de lodos em pátios de pós-secagem e formação das leiras.

A operação de pátios de pós-secagem de lodos é relativamente simples, devendo o lodo ser disposto em leiras com altura em torno de 0,8 a 1,2 m (Fig. 13-23) e removido diariamente por via mecânica, a fim de possibilitar a exposição da água retida no lodo à atmosfera para posterior evaporação. Para que seja reduzida a influência de chuva e permitida a penetração da luz solar, os pátios de pós-secagem de lodos devem ser cobertos com lonas compostas por filmes transparentes e resistentes à radiação ultravioleta comumente empregadas em estufas agrícolas.

O Vídeo 13-2 apresenta uma vista geral de um pátio de pós-secagem e a característica do lodo desidratado nas respectivas leiras de secagem.

O revolvimento diário do lodo é de fundamental importância para que a umidade retida do material possa ser exposta ao sol e sofra processo de evaporação. A experiência na operação de sistemas de pós-secagem de lodos indica que uma operação de revolvimento diário da leira é suficiente, não sendo necessárias operações adicionais. As operações de revolvimento podem ser efetuadas por meio de equipamentos mecanizados específicos, como apresentado na Figura 13-24.

Figura 13-24 Equipamentos de revolvimento de lodos empregados em pátios de pós-secagem.

A eficiência de sistemas de pós-secagem naturais de lodo depende das condições climáticas de seu local de implantação. A experiência obtida na operação de alguns sistemas de pós-secagem de lodos na região Sudeste do Brasil indica que, no verão, é possível alcançar valores de teor de sólidos do lodo superiores a 50% com tempo de secagem em torno de 60 dias. Por sua vez, no inverno, os tempos de disposição do lodo nas leiras de secagem sofre um aumento considerável, subindo para valores entre 120 e 180 dias.

Os sistemas de pós-secagem de lodos podem ser dimensionados por meio de modelos de transferência de calor, envolvendo a intensidade de incidência de radiação solar no local do empreendimento e demais variáveis relevantes nos processos de transferência de massa por convecção (SEGINER; BUX, 2006; GHARAIBEH; SIVAKUMAR; HAGARE, 2007). Uma alternativa bastante interessante e que viabiliza a avaliação do comportamento de sistemas de pós-secagem na desidratação de lodos e obtenção de parâmetros de projeto em escala real considera a implantação de unidades em escala piloto e sua operação durante um intervalo representativo das condições climáticas locais. Embora demandem mais tempo, os dados para projeto são mais seguros e confiáveis, permitindo que a implantação das unidades possa ocorrer com mais segurança.

Disposição final de lodos de estações de tratamento de água

O lodo desidratado produzido em estações de tratamento de água, esteja sujeitos ou não a sistemas de pós-secagem, deverá ser conduzido para a destinação final, sendo que a alternativa mais comumente empregada tem sido seu envio para aterros sanitários ou aterro específico (BABBATUNDE; ZHAO, 2007).

A utilização de lodos de estações de tratamento de água em agricultura não tem sido uma alternativa comum em razão de seu baixo valor agronômico. Como os lodos gerados em processos de coagulação normalmente contêm grande quantidade de sólidos fixos e reduzida concentração de matéria orgânica, seu aproveitamento na agricultura não tem sido muito frequente. Ainda que algumas experiências tenham sido realizadas, os resultados não têm sido promissores (ELLIOT, 1990; LOMBI; STEVENS; MCLAUGHIN, 2010).

Deve-se observar que lodos de estações de tratamento de água formados da adição de coagulantes à base de alumínio apresentam a capacidade de complexar fósforo, o que pode criar deficiências nutricionais em algumas culturas. Por sua vez, lodos gerados de sais de ferro são mais suscetíveis de utilização na agricultura, devendo sua aplicação ser estudada do ponto de vista agronômico. Como alternativa, pode-se considerar uma disposição conjunta de lodos de estações de tratamento de água e estações de tratamento de esgoto, aproveitando-se o potencial agronômico de lodos de estações de tratamento de esgoto, lembrando sempre que essa possibilidade de aplicação deve estar apoiada em estudos agronômicos e ser acompanhada por profissional especializado.

Mais recentemente, têm sido realizadas algumas experiências com lodos desidratados e seu aproveitamento como material de construção civil, mais especificamente, sua incorporação na fabricação de blocos de vedação (BENLALLA et al., 2015; WOLFF; SCHWABE; CONCEIÇÃO, 2015). As conclusões auferidas até o momento indicam que a incorporação de massa de lodo por massa de matéria prima na fabricação de tijolos deve ser limitada, do contrário, as propriedades do produto final podem diferir do produto original, dificultando sua aceitação pelo mercado. Além disso, considerando que o lodo desidratado produzido em estações de tratamento de água tende a apresentar variações sazonais de qualidade, sua incorporação em processos de produção de materiais cerâmicos deve ser avaliada com bastante cuidado (MONTEIRO et al., 2008; KIZINICVIC et al., 2013).

Uma das maiores restrições à utilização de lodos de estações de tratamento de água e sua incorporação na produção de tijolos são a logística e os custos envolvidos no transporte do lodo desidratado desde a estação de tratamento de água até as olarias. Caso a olaria esteja próxima da estação de tratamento de água, pode ser viável seu envio, do contrário, a distância e os custos de transporte podem inviabilizar a alternativa.

Uma opção que pode reduzir os custos de transporte e disposição final do lodo é a implantação em área interna, ou próxima da estação de tratamento de água, de aterros próprios objetivando sua destinação final. Ainda que a operação de aterros próprios envolva custos operacionais, pode ser uma alternativa interessante para estações de tratamento de água de médio e grande portes. A Figura 13-25 apresenta uma vista de um aterro próprio operado pela Sabesp para a disposição de lodos de estação de tratamento de água.

A viabilidade de implantação de aterros próprios para disposição final de lodos depende de inúmeros fatores, tais como área disponível para sua implantação e capacidade técnica para a operação do aterro; essa alternativa deve ser sempre estudada com base em estudos técnicos, econômicos e ambientais.

Uma opção que tem sido altamente considerada por algumas empresas de saneamento é o envio do lodo da estação de tratamento de água para posterior processamento em estações de tratamento de esgotos sanitários (CORNWELL; ROTH, 2011). Dessa maneira, o lodo descarregado pelos decantadores segue até o tanque de equalização e, posteriormente, pela rede coletora de esgotos sanitários (Opção 1), até a estações de tratamento de esgotos. Uma alternativa é o envio do lodo bruto equalizado por lododuto específico (Opção 2) até a estação de tratamento de esgotos sanitários (Fig. 13-26).

Figura 13-25 Aterro próprio para disposição final de lodo gerado em estação de tratamento de água – ETA Taiaçupeba (Sabesp) – vazão igual a 15 m³/s.

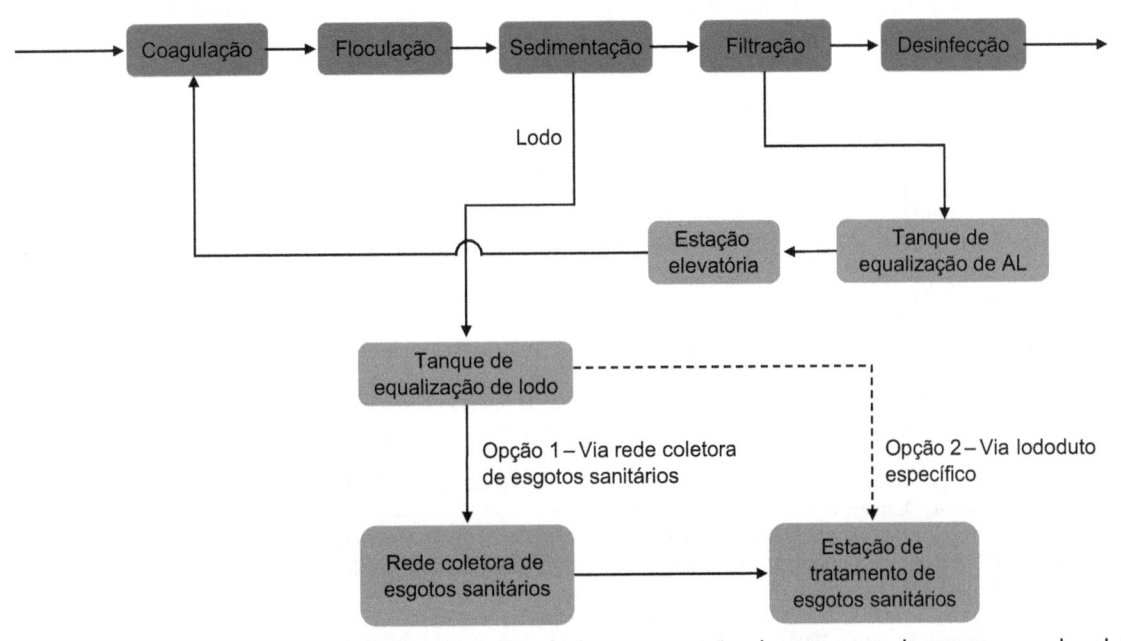

Figura 13-26 Disposição de lodos de estações de tratamento de água em estações de tratamento de esgoto por rede coletora de esgotos sanitários ou por lododuto específico.

A grande vantagem do envio do lodo da estação de tratamento de água para processamento na estação de tratamento de esgoto é evitar a construção de unidades de adensamento e de desidratação nas dependências da estação de tratamento de água, transferindo-as para a estação de tratamento de esgoto. Assim, é possível aproveitar suas instalações existentes e, o mais importante, a concentração das operações na estação de tratamento de esgoto possibilita somente uma instalação operacional para tratamento de lodos, o que permite uma redução significativa em seus custos de operação e manutenção (MIYANOSHITA et al., 2009).

Existem inúmeras instalações no Brasil que fazem uso da alternativa de tratamento de lodos de estações de tratamento de água, podendo-se citar o envio do lodo da ETA RJCS (15,0 m³/s) para a ETE Barueri (15,0 m³/s), do lodo da ETA Rio Grande (5,0 m³/s) para a ETE ABC (3,0 m³/s) e do lodo da ETA Anhangabaú (2,0 m³/s) para a ETE Jundiaí (1,2 m³/s).

A viabilidade de envio do lodo da estação de tratamento de água para posterior processamento na estação de tratamento de esgoto deve sempre ser estudada caso a caso, pois os aspectos hidráulicos envolvidos na operação do sistema de coleta e no afastamento de esgotos sanitários devem avaliados. Na maioria das vezes, o impacto hidráulico do envio do lodo bruto equalizado para a estação de tratamento de esgoto por rede coletora de esgotos sanitários é muito reduzido, não sendo um maior impeditivo, uma vez que o lodo bruto é equalizado antes de sua disposição na rede coletora.

Os resultados de campo obtidos até o momento não indicam maiores problemas na operação dos processos biológicos de tratamento. No entanto, o impacto da carga de sólidos afluente à estação de tratamento de esgoto oriundo da estação de tratamento de água deve ser estudado com bastante cuidado, visando à ausência de problemas em suas operações unitárias (ASADA et al., 2010; FERREIRA et al., 2013).

É importante ressaltar que a disposição de lodos de estações de tratamento de água em estações de tratamento de esgoto, ainda que seja uma alternativa viável do ponto de vista técnico, introduz custos operacionais na estação de tratamento de esgoto, Isto deve sempre ser levado em conta, e muitas vezes são requeridas adaptações em sua fase sólida por meio de ampliação de sua capacidade de tratamento, aumento no consumo de polímero e demais insumos e maior custo no transporte e na disposição final do lodo.

Além disso, a incorporação dos sólidos da estação de tratamento de água no lodo desidratado na estação de tratamento de esgoto deverá alterar suas características físico-químicas, com o aumento de concentrações dos metais oriundos do coagulante metálico empregado no processo de tratamento de água. Por conseguinte, caso o lodo desidratado na estação de tratamento de esgoto apresente algum tipo de destinação final diferente do convencional (disposição em aterros sanitários), os impactos decorrentes da incorporação do lodo da estação de tratamento de água no lodo produzido pela estação de tratamento de esgoto deve ser objeto de estudos específicos (LAI; LIU, 2004).

Referências

AL-OTOOM, A. et al. Semicontinuous solar drying of sludge from a waste water treatment plant. *Journal of Renewable and Sustainable Energy,* Melville, v. 7, n. 4, July 2015.

ASADA, L. N. et al. Water treatment plant sludge discharge to wastewater treatment works: effects on the operation of upflow anaerobic sludge blanket reactor and activated sludge systems. *Water Environment Research,* Alexandria, v. 82, n. 5, p. 392-400, May 2010.

BABATUNDE, A. O.; ZHAO, Y. Q. Constructive approaches toward water treatment works sludge management: an international review of beneficial reuses. *Critical Reviews in Environmental Science and Technology,* Boca Raton, v. 37, n. 2, p. 129-164, Mar.-Apr. 2007.

BENLALLA, A. et al. Utilization of water treatment plant sludge in structural ceramics bricks. *Applied Clay Science,* Amsterdam, v. 118, p. 171-177, Dec. 2015.

BENNAMOUN, L. Solar drying of wastewater sludge: a review. *Renewable & Sustainable Energy Reviews,* Oxford, v. 16, n. 1, p. 1061-1073, Jan. 2012.

CORNWELL, D. A.; ROTH, D. K. Water treatment plant residuals management. In: EDZWALD, J. K. (Ed.). *Water quality and treatment: a handbook on drinking water.* 6th ed. New York: McGraw-Hill, 2011. cap. 22.

CRITTENDEN, J. C. et al. *Water treatment principles and design.* 3rd ed. New York: Wiley, 2012. 1901 p.

DENTEL, S. K. et al. SELECTING COAGULANT, FILTRATION, AND SLUDGE-CONDITIONING AIDS. *Journal American Water Works Association,* Denver, v. 80, n. 1, p. 72-84, Jan. 1988.

ELLIOTT, H. A. *Land application of water treatment sludges: impacts and management.* Denver: AWWA, 1990. 100 p.

FERREIRA, S. et al. Water treatment plant sludge disposal into stabilization ponds. *Water Science and Technology,* Dordrecht, v. 67, n. 5, p. 1017-1025, 2013.

FONTANA, A. O. *Sistema de leito de drenagem e sedimentador como solução para a redução de volume de lodo de decantadores e reuso de água de lavagem de filtros: estudo de caso - ETA Cardoso.* 2004. 161p. Dissertação (Mestrado). Centro de Ciências Exatas e Tecnologia, Universidade Federal de São Carlos, São Carlos, 2004.

GHARAIBEH, A.; SIVAKUMAR, M.; HAGARE, D. Mathematical model to predict solids content of water treatment residuals during drying. *Journal of Environmental Engineering,* New York, v. 133, n. 2, p. 165-172, Feb. 2007.

GUIMARAES, M. G. A.; URASHIMA, D. C.; VIDAL, D. M. Dewatering of sludge from a water treatment plant in geotextile closed systems. *Geosynthetics International,* St. Paul, v. 21, n. 5, p. 310-320, 2014.

KAWAMURA, S. *Integrated design and operation of water treatment facilities.* 2nd ed. New York: Wiley, 2000. 691 p.

KIZINIEVIC, O. et al. Utilisation of sludge waste from water treatment for ceramic products. *Construction and Building Materials,* Reigate, v. 41, p. 464-473, Apr. 2013.

KURT, M.; AKSOY, A.; SANIN, F. D. Evaluation of solar sludge drying alternatives by costs and area requirements. *Water Research,* Oxford, v. 82, p. 47-57, Oct. 2015.

LAI, J.; LIU, J. Co-conditioning and dewatering of alum sludge and waste activated sludge. *Water Science and Technology,* Dordrecht, v. 50, n. 9, p. 41-48, 2004.

LOMBI, E.; STEVENS, D.; MCLAUGHLIN, M. Effect of water treatment residuals on soil phosphorus, copper and aluminium availability and toxicity. *Environmental Pollution,* Barking, v.156, n.6, p. 2110-2116, June 2010.

MELO, A. S. *Contribuição para o dimensionamento de leitos de secagem de lodo.* 2006. 82 p. Dissertação (Mestrado). Centro de Tecnologia e Recursos Naturais, Universidade Federal de Campina Grande, Campina Grande, 2006.

MIYANOSHITA, T. et al. Economic evaluation of combined treatment for sludge from drinking water and sewage treatment plants in Japan. *Journal of Water Supply Research and Technology-Aqua,* Oxford, v. 58, n. 3, p. 221-227, 2009.

MONTEIRO, S. N. et al. Incorporation of sludge waste from water treatment plant into red ceramic. *Construction and Building Materials,* Reigate, v. 22, n. 6, p. 1281-1287, June 2008.

QASIM, S. R.; MOTLEY, E. M.; ZHU, G. *Water works engineering:* planning, design, and operation. Upper Saddle River: Prentice Hall, 2000. 844 p.

SEGINER, I.; BUX, M. Modeling solar drying rate of wastewater sludge. *Drying Technology,* New York, v. 24, n. 11, p. 1353-1363, 2006.

SILVEIRA, C. et al. Dewatering of sludge from water treatment plants using drainage/drying bed. *Engenharia Sanitária e Ambiental,* Rio de Janeiro, v. 20, n. 2, p. 297-306, abr.-jun. 2015.

TCHOBANOGLOUS, G. et al. (Ed.) *Wastewater engineering:* treatment and resource recovery. 5th ed. New York: McGraw-Hill, 2014. 2048 p.

WANG, M. C. et al. Engineering behavior of water-treatment sludge. *Journal of Environmental Engineering,* New York, v. 118, n. 6, p. 848-64, Nov.-Dec. 1992.

WOLFF, E.; SCHWABE, W. K.; CONCEICAO, S. V. Utilization of water treatment plant sludge in structural ceramics. *Journal of Cleaner Production,* Oxford, v. 96, p. 282-89, June 2015.

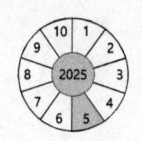